Non-Stop High-Pass
소방시설관리사
제2차

소방시설의 점검실무행정

소방기술사 / 소방시설관리사 / 전기안전기술사

김상현 저

머리말

1 저자 생각

건축물이 고층화, 대형화 및 복합화 되어감에 따라 화재발생 시 인명피해 및 재산피해가 증가하고 있습니다. 이러한 사유로 건축물의 화재안전성 및 피난안전성을 확보하기 위하여 설치된 소방시설에 대한 철저한 점검과 유지관리의 중요성이 절실히 요구되고 있습니다. 관련법에 따라 소방시설관리사가 종합정밀점검은 물론 작동기능점검에도 참여하여야 함에 따라서 관리사의 수요는 현재보다 더욱 증가될 것이며, 이론과 실무를 겸비한 능력 있는 관리사가 인정받는 시대가 올 것입니다.

이러한 시대의 흐름에 맞추어 본인에 맞는 미래를 체계적으로 설계해야 할 때입니다.

남과는 다른! 남보다 앞서가는! 눈부신 미래를 위한 첫걸음!
제가 안내하겠습니다. Follow Me !!!

2 본서의 특징
① 출제경향을 철저히 분석하여 집필한 소방시설관리사 Non-Stop High-Pass
② 현장실무 사진을 수록하여 학습 이해도 향상
③ 실무형 문제를 대폭 수록하여 최신 출제 경향 철저대비
④ 단원별 출제 예상문제만 수록하여 교재를 Slim하게 알짜만 담았습니다.
⑤ 과년도 기출문제 수록(7~25회)

3 소방시설관리사 실기공부 방법
① 쉬운 내용부터 어려운 내용으로 단계적으로 학습할 것
② 가장 취약한 과목부터 공부할 것
③ 자신감을 가질 것
④ 오답노트를 작성할 것
⑤ 학습순서 : 화재안전기준 정리→소방시설의 설계 및 시공 또는 소방시설의 점검실무행정
⑥ 과목별 득점 전략을 세울 것
⑦ 계산문제와 서술형 문제에 시간을 균등히 분배할 것
⑧ 매일 공부하는 습관을 만들 것(1일 공부량을 설정할 것)
⑨ 문제풀이보다 이론공부가 먼저임을 잊지 말 것
⑩ 암기수첩을 만들 것

4 소방시설관리사 합격을 위한 준비사항
① 주변을 정리하자, 친목모임이 많을수록 공부시간이 줄어든다.
② 내가 공부하고 있음을 주변에 알리자. 그래야 감시의 눈이 많아진다.
③ 주변의 시선을 무시하자. 대신 공부해 주지 않는다.
④ 집안일, 경조사보다 먼저 공부를 우선시 하자.
⑤ 합격 후 구체적인 목표를 세우자.
⑥ 투명인간이 되자.
⑦ 이제 나도 "관리사"라는 생각을 갖고 공부에 임하자. 간절하면 이루어진다.
⑧ 포기하고 싶을 때마다 합격의 순간을 생각하자.
⑨ 소방시설관리사 응시자격이 됨을 감사하게 생각하자.
⑩ 초심을 잃지 말자.

5 소방시설의 점검실무행정 공부전략
① 화재안전기준(NFSC) 정리할 것(전체 기준 서술형태보다 짧은 기준부터 상세하게 정리)
② 화재예방법, 소방시설법 정리할 것
③ 건축물의 피난·방화구조 등의 기준에 관한 규칙 정리할 것
④ 소방기술사에 기출된 소방관련법령 정리할 것
⑤ 최신 출제경향에 따른 실무형 문제를 철저히 준비할 것
⑥ 오답노트를 작성하여 답안작성 시 실수를 줄일 수 있도록 할 것
⑦ 소방시설 점검표 반드시 암기
⑧ 공부순서 : 화재안전기준 → 실무형 문제 → 소방관련 법규 → 점검표
⑨ 점검현장에서 활용되는 NFSC 관련 계산공식 및 계산문제를 정리할 것
⑩ 설비별 동작원리 및 동작순서(Block Diagram) 정리할 것
⑪ 설비별 계통도 작성

6 출제경향 분석

구분/회차	7	8	9	10	11	12	13	14	15	16	17	18	19	20	21	22	23	24	25
NFSC	40	40		22	10	40	30	54	15	3	27	19	38	21	23	17	35	18	28
관련법규	30	30	15	40	70	60	60	20	55	29	35	14	16	46	10	40	11	43	24
자체점검 고시		30	20		20			10	26	30	33	18	22	11	33	24	43	44	35	14
시 험			45	38						35	20	26			24		5	4	34
계통도			20																
밸 브	30																		
기 타												19	35		19				

7 소방시설관리사

① 시험시간

시험구분	시험과목		시험시간	문항수
제1차 시험	5개 과목		09 : 30 ~ 11 : 35(125분) (09 : 00까지 입실)	과목별 25문항 (총 125문항)
	4개 과목 (일부면제자)		09 : 30 ~ 11 : 10(100분) (09 : 00까지 입실)	
제2차 시험	1교시	소방시설의 점검실무행정	09 : 30 ~ 11 : 00(90분) (09 : 00까지 입실)	과목별 3문항 (총 6문항)
	2교시	소방시설의 설계 및 시공	11 : 50 ~ 13 : 20(90분) (11 : 20까지 입실)	

② 2차 시험과목 및 시험방법

구분	시험과목	시험방법
2차시험	1. 소방시설의 점검실무행정(점검절차 및 점검기구 사용법 포함) 2. 소방시설의 설계 및 시공	논문형을 원칙으로 기입형을 가미

③ 합격결정 기준

2차시험	매 과목 100점을 만점으로 하되, 시험위원의 채점 점수 중 최고점수와 최저점수를 제외한 점수가 매 과목 평균 40점 이상, 전 과목 평균 60점 이상을 득점한 자

8 맺음말

본 교재에 대한 오타신고, 개선사항 및 질의사항은 아래 홈페이지에 올려주시면 감사하겠습니다. 교재 정오표 및 보충자료 또한 아래 홈페이지에 게시하겠습니다.

> ▶ 배울학 http://www.baeulhak.com
> ▶ 동일출판사 http://www.dongilbook.co.kr

소방시설관리사 관련 동영상 강의는 아래의 배울학 사이트에서 보실 수 있습니다.

> ▶ 동영상 강좌 http://www.baeulhak.com

관리사 공부는 단거리가 아닌 지구력을 요하는 마라톤과 같습니다. 끝까지 페이스를 잃지 않고 꾸준히 하시는 분 만이 결승선을 통과할 수 있습니다. 앞만 보고 달리십시오. 힘들면 잠시 쉬었다가 가셔도 됩니다. 절대로 뒤를 돌아보시거나 앞으로 달리기를 주저하시면 안 됩니다.

본 수험서가 관리사 시험을 합격하는데 조금이나마 도움이 되었으면 하는 작은 바람을 가져 봅니다. 또한, 최적의 수험서가 될 수 있도록 최선의 노력을 다하겠습니다.

끝으로 본 교재가 출판되기까지 도움을 주신 동일출판사 관계자 분들과 물심양면(物心兩面)으로 도움을 준 사랑하는 아내와 두 아이에게 미안함과 고마움을 전합니다.

저자 김상현 드림

• 現 배울학 소방분야 대표교수 / • 소방기술사

• 소방시설관리사 / • 전기안전기술사

책의 차례

1 핵심 요약정리

1. 펌프의 압력 설정방법 ··· 12
2. 감시제어반에서 설비별로 도통시험 및 작동시험을 하여야 하는 확인회로 ···· 12
3. 설비별 주요내용정리 ··· 13
4. 이산화탄소, 할로겐화합물 및 불활성기체 소화설비 계통도 ············· 18
5. 이산화탄소 소화설비 비교 ·· 19
6. 포 소화약제 혼합방식 ·· 19
7. 자체점검 ··· 20
8. 소방안전관리자를 두어야 하는 소방안전관리대상물 ··················· 22
9. 소방안전관리보조자 선임기준 ····································· 23
10. 화재안전기술기준(NFTC) 설비별 별표정리 ························ 24
11. 화재안전기준(NFPC, NFTC) 설비별 설치제외 및 감소기준 ········· 46
12. 소방시설법 시행령 [별표 4] ···································· 59
13. 소방용품, 성능인증의 대상이 되는 소방용품의 품목 ················ 72
14. 소방시설 자체점검사항 등에 관한 고시 ·························· 74

2 소방시설의 점검실무행정

01. 소방시설의 도시기호 ·· 78
02. 소화기구 및 자동소화장치의 점검 ································ 89
03. 옥내소화전설비의 점검 ·· 95
04. 스프링클러설비의 점검 ··· 120
05. 물분무소화설비의 점검 ··· 168
06. 미분무소화설비의 점검 ··· 176
07. 포소화설비의 점검 ··· 180
08. 이산화탄소소화설비의 점검 ····································· 185
09. 할론 소화설비의 점검 ·· 202
10. 할로겐화합물 및 불활성기체 소화설비의 점검 ···················· 205
11. 분말소화설비의 점검 ··· 212

12. 옥외소화전설비의 점검 · 218
13. 비상경보설비 및 단독경보감지기의 점검 · 222
14. 비상방송설비의 점검 · 223
15. 자동화재탐지설비 및 시각경보장치의 점검 · 225
16. 누전경보기의 점검 · 259
17. 가스누설경보기의 점검 · 262
18. 피난기구 및 인명구조기구의 점검 · 263
19. 유도등 및 유도표지의 점검 · 267
20. 비상조명등설비의 점검 · 271
21. 소화수조 및 저수조의 점검 · 272
22. 제연설비의 점검 · 273
23. 특별피난계단 및 부속실 제연설비의 점검 · 275
24. 연결송수관설비의 점검 · 285
25. 연결살수설비의 점검 · 290
26. 비상콘센트설비의 점검 · 292
27. 무선통신보조설비의 점검 · 294
28. 지하구의 점검 · 295
29. 도로터널설비의 점검 · 296
30. 점검기구 사용법 · 297
31. 화재예방법 · 304
32. 화재예방법 시행령 · 307
33. 화재예방법 시행규칙 · 311
34. 소방시설법 · 314
35. 소방시설법 시행령 · 319
36. 소방시설법 시행규칙 · 344
37. 건축물의 화재안전성능보강 방법 등에 관한 기준 · 378
38. 소방시설공사업법 시행령 · 381
39. 다중이용업소법 · 382
40. 다중이용업소법 시행령 · 385
41. 다중이용업소법 시행규칙 · 390
42. 소방설비별 주요 계통도 · 400
43. 초고층재난관리법 · 405
44. 초고층재난관리법 시행령 · 406
45. 초고층재난관리법 시행규칙 · 408
46. 건축법 시행령 · 410
47. 건축물의 피난·방화구조 등의 기준에 관한 규칙 · 414
48. 건축물의 설비기준 등에 관한 규칙 · 422

3 점검실무행정 심화문제(문제 01~25) / 425

4 점검실무행정 기출문제

- ▶ 제 7 회 점검실무행정 기출문제 ･･･ 454
- ▶ 제 8 회 점검실무행정 기출문제 ･･･ 457
- ▶ 제 9 회 점검실무행정 기출문제 ･･･ 460
- ▶ 제 10 회 점검실무행정 기출문제 ･･･ 464
- ▶ 제 11 회 점검실무행정 기출문제 ･･･ 467
- ▶ 제 12 회 점검실무행정 기출문제 ･･･ 470
- ▶ 제 13 회 점검실무행정 기출문제 ･･･ 475
- ▶ 제 14 회 점검실무행정 기출문제 ･･･ 479
- ▶ 제 15 회 점검실무행정 기출문제 ･･･ 483
- ▶ 제 16 회 점검실무행정 기출문제 ･･･ 489
- ▶ 제 17 회 점검실무행정 기출문제 ･･･ 494
- ▶ 제 18 회 점검실무행정 기출문제 ･･･ 505
- ▶ 제 19 회 점검실무행정 기출문제 ･･･ 514
- ▶ 제 20 회 점검실무행정 기출문제 ･･･ 524
- ▶ 제 21 회 점검실무행정 기출문제 ･･･ 532
- ▶ 제 22 회 점검실무행정 기출문제 ･･･ 539
- ▶ 제 23 회 점검실무행정 기출문제 ･･･ 548
- ▶ 제 24 회 점검실무행정 기출문제 ･･･ 556
- ▶ 제 25 회 점검실무행정 기출문제 ･･･ 566

5 부록

- ▶ 부록 1(소방시설등 점검표 출제예상문제) ･･ 577
- ▶ 부록 2(소방시설등 외관점검표 출제예상문제) ･･･････････････････････････････････････ 637

MEMO

소방시설관리사 2차

1편
핵심 요약정리

01 핵심 요약정리

1 펌프의 압력 설정방법

(1) 국내 설정방법

구 분	펌 프	기동점	정지점
옥내·외 소화전	주펌프	자연낙차압 + 0.2 MPa	체절운전점
	충압펌프	주펌프 기동점 + 0.05 MPa 이상	주펌프 정지점-(0.05~0.1 MPa)
스프링클러	주펌프	자연낙차압 + 0.15 MPa	체절운전점
	충압펌프	주펌프의 기동점 + 0.05 MPa 이상	주펌프 정지점-(0.05~0.1 MPa)

수동정지 및 릴리프밸브 개방압력
※ 적용시점 : 스프링클러설비(2006.12.30. 이후), 옥내소화전설비(2007.12.28. 이후)
※ 릴리프밸브 개방압력 : 체절압력 미만

(2) NFPA 압력 설정방법

① 충압펌프 정지점 : 체절압력 + 최소 급수압력
② 충압펌프 기동점 : 충압펌프 정지점-10psi
③ 주펌프 기동점 : 충압펌프 기동점-5psi
④ 예비펌프 기동점 : 주펌프 기동점-10psi
⑤ 주펌프 정지점 : 충압펌프 정지점과 동일(수동으로 정지)

2 감시제어반에서 설비별로 도통시험 및 작동시험을 하여야 하는 확인회로

(1) 옥내소화전설비
① 기동용수압개폐장치의 압력스위치회로
② 수조 또는 물올림수조의 저수위감시회로
③ 2.3.10에 따른 개폐밸브의 폐쇄상태 확인회로
④ 그 밖의 이와 비슷한 회로

(2) 옥외소화전설비, 물분무소화설비
① 기동용수압개폐장치의 압력스위치회로
② 수조 또는 물올림수조의 저수위감시회로

(3) 포화설비
① 기동용수압개폐장치의 압력스위치회로
② 수조 또는 물올림수조의 저수위감시회로

③ 2.4.12에 따른 개폐밸브의 폐쇄상태 확인회로
④ 그 밖의 이와 비슷한 회로

(4) 스프링클러설비
① 기동용수압개폐장치의 압력스위치회로
② 수조 또는 물올림수조의 저수위감시회로
③ 유수검지장치 또는 일제개방 밸브의 압력스위치회로
④ 일제개방밸브를 사용하는 설비의 화재감지기회로
⑤ 2.5.16에 따른 개폐밸브의 폐쇄상태 확인회로
⑥ 그 밖의 이와 비슷한 회로

(5) 화재조기진압용스프링클러설비
① 기동용수압개폐장치의 압력스위치회로
② 수조 또는 물올림수조의 저수위감시회로
③ 유수검지장치 또는 압력스위치회로
④ 2.5.15에 따른 개폐밸브의 폐쇄상태 확인회로
⑤ 그 밖의 이와 비슷한 회로

(6) 미분무소화설비
① 수조의 저수위감시회로
② 개방식 미분무소화설비의 화재감지기회로
③ 2.8.11에 따른 개폐밸브의 폐쇄상태 확인회로
④ 그 밖의 이와 비슷한 회로

3 설비별 주요내용정리

(1) 방출시간

설비	구분	방출시간
이산화탄소 소화설비	국소방출방식	30초 이내
	전역방출방식(표면화재)	1분 이내
	전역방출방식(심부화재)	7분 이내 (2분이내 30% 농도 도달)
할론 소화설비	전역방출방식, 국소방출방식	10초 이내
할로겐화합물 및 불활성기체 소화설비	할로겐화합물 소화약제	10초 이내
	불활성기체 소화약제	B급 화재 : 1분 이내 A, C급 화재 : 2분 이내
분말소화약제 소화설비	전역방출방식, 국소방출방식	30초 이내

(2) 분사헤드의 방사압력

설비	구분	방사압력
이산화탄소 소화설비	저압식	1.05MPa 이상
	고압식	2.1MPa 이상
할론 소화설비	할론 1301	0.9MPa 이상
	할론 1211	0.2MPa 이상
	할론 2402	0.1MPa 이상

(3) 충전비

설비	구분		방사압력
이산화탄소 소화설비	저압식		1.1 이상 1.4 이하
	고압식		1.5 이상 1.9 이하
할론 소화설비	할론 1301		0.9 이상 1.6 이하
	할론 1211		0.7 이상 1.4 이하
	할론 2402	가압식	0.51 이상 0.67 이하
		축압식	0.67 이상 2.75 이하
분말소화약제 소화설비	제1종 분말		0.8[L/kg] 이상
	제2종, 제3종 분말		1.0[L/kg] 이상
	제4종 분말		1.25[L/kg] 이상

(4) 수계소화설비별 방수량 및 방수압력

설비	방수량(토출량)[L/min]		방수압력[MPa]
옥내소화전설비	130[L/min] 이상 (도로터널 190[L/min] 이상)		0.17[MPa] 이상~0.7[MPa] 이하 (도로터널 0.35[MPa] 이상~ 0.7[MPa] 이하)
스프링클러설비	80[L/min] 이상		0.1[MPa] 이상~1.2[MPa] 이하
간이 스프링클러설비	50[L/min] 이상 (주차장에 표준반응형 스프링클러헤드 사용시 80[L/min] 이상)		0.1[MPa] 이상
옥외소화전설비	350[L/min] 이상		0.25[MPa] 이상~0.7[MPa] 이하
물분무소화설비	특수가연물	10[L/min] 이상	-
	차고 또는 주차장	20[L/min] 이상	
	절연유 봉입 변압기	10[L/min] 이상	
	케이블트레이, 케이블 덕트	12[L/min] 이상	
	콘베이어 벨트	10[L/min] 이상	

설비	방수량(토출량)[L/min]		방수압력[MPa]
미분무소화설비	–	저압	최고사용압력이 1.2[MPa] 이하
		중압	1.2[MPa] 초과~ 3.5[MPa] 이하
		고압	최저사용압력이 3.5[MPa] 초과
포소화설비	호스릴포소화설비 또는 포소화전	300[L/min] 이상 (1개층 바닥면적이 200 m² 이하인 경우 230[L/min] 이상)	
	압축공기포소화설비의 설계방출밀도	① 일반가연물, 탄화수소류 : 1.63 L/min·m² 이상 ② 특수가연물, 알코올류와 케톤류 : 2.3 L/min·m² 이상	
	포워터스프링클러헤드	75[L/min] 이상	
소화수조 및 저수조	가압송수장치의 소요수량	20 m³ 이상 40 m³ 미만	1,100[L/min] 이상
		40 m³ 이상 100 m³ 미만	2,200[L/min] 이상
		100 m³ 이상	3,300[L/min] 이상
연결송수관설비	2,400[L/min] 이상 (계단식 아파트의 경우 1,200[L/min] 이상)		0.35[MPa] 이상
임시소방시설	65[L/min] 이상		0.1[MPa] 이상

(5) 설치장소의 최고 주위온도에 따른 헤드의 표시온도

설치장소의 최고 주위온도	표시온도
39℃ 미만	79℃ 미만
39℃ 이상 64℃ 미만	79℃ 이상 121℃ 미만
64℃ 이상 106℃ 미만	121℃ 이상 162℃ 미만
106℃ 이상	162℃ 이상

(6) 가스계 호스릴 방식 정리

설비	약제종류	저장량 (kg)	방사량 (kg/min)	수평거리
이산화탄소		90	60 이상	15m 이하
할론	할론 2402	50 이상	45 이상	20m 이하
	할론 1211	50 이상	40 이상	
	할론 1301	45 이상	35 이상	
분말	제1종	50 이상	45 이상	15m 이하
	제2종, 제3종	30 이상	27 이상	
	제4종	20 이상	18 이상	

(7) 주요설비별 수원계산

설비	구분	계산
옥내소화전설비	30층 미만	N×130 L/min×20 min N : 방수구의 수량(2개 이상은 2개)
	30층 이상 49층 이하	N×130 L/min×40 min N : 방수구의 수량(5개 이상은 5개)
	50층 이상	N×130 L/min×60 min N : 방수구의 수량(5개 이상은 5개)
	도로터널	N×190 L/min×40 min N : 2개(4차로 이상의 터널인 경우 3개)
스프링클러설비	30층 미만	N×80 L/min×20 min N : 기준개수와 설치개수 중 작은 값
	30층 이상 49층 이하	N×80 L/min×40 min N : 기준개수와 설치개수 중 작은 값
	50층 이상	N×80 L/min×60 min N : 기준개수와 설치개수 중 작은 값
포소화설비	포헤드, 포워터스프링클러헤드	N×표준방사량×10 min N : 층의 바닥면적 200 m² 내 설치된 수량
	호스릴포, 포소화전	N×6 m³ N : 설치개수(5개 이상은 5개)
옥외소화전설비		N×350 L/min×20 min N : 설치개수(2개 이상은 2개)
소화수조 및 저수조		N×20 m³ N : 연면적을 아래의 기준면적으로 나누어 얻은 수 (소수점이하 절상) | 소방대상물의 구분 | 면적 | |---|---| | 1층 및 2층의 바닥면적 합계가 15,000 m² 이상인 소방대상물 | 7,500 m² | | 그 밖의 소방대상물 | 12,500 m² |
임시소방시설	간이소화장치	65 L/min×20 min

(8) 옥내소화전과 호스릴옥내소화전의 비교

구 분	호스릴옥내소화전설비	옥내소화전설비
토출량 (30층 미만)	N×130 [L/min]이상 (N : 2개 이상은 2개)	N×130 [L/min]이상 (N : 2개 이상은 2개)
수평거리	25 m 이하	25 m 이하
호스구경	25 mm 이상	40 mm 이상
가지배관	25 mm 이상	40 mm 이상
수직배관	32 mm 이상	50 mm 이상
연결송수관설비의 배관과 겸용할 경우의 주배관은 구경 100 mm 이상, 방수구로 연결되는 배관의 구경은 65 mm 이상의 것으로 하여야 한다.		

(9) 팽창비율에 따른 포의 종류

팽창비율에 따른 포의 종류	포방출구의 종류
팽창비가 20 이하인 것(저발포)	포헤드, 압축공기포헤드
팽창비가 80 이상 1,000 미만인 것(고발포)	고발포용 고정포방출구

(10) 가연성 액체 또는 가연성 가스의 소화에 필요한 설계농도

방호대상물	설계농도(%)
수소(Hydrogen)	75
아세틸렌(Acetylene)	66
일산화탄소(Carbon Monoxide)	64
산화에틸렌(Ethylene Oxide)	53
에틸렌(Ethylene)	49
에탄(Ethane)	40
석탄가스, 천연가스(Coal, Natural gas)	37
사이크로 프로판(Cyclo Propane)	37
이소부탄(Iso Butane)	36
프로판(Propane)	36
부탄(Butane)	34
메탄(Methane)	34

(11) 할로겐화합물 및 불활성기체 소화약제의 종류

	소화약제	설계농도(%)	화학식
할로겐화합물	퍼플루오로 부탄 (FC-3-1-10)	40	C_4F_{10}
	도데카플루오로-2-메틸펜탄-3-원 (FK-5-1-12)	10	$CF_3CF_2C(O)CF(CF_3)_2$
	하이드로클로로 플루오로 카본 혼화제 (HCFC BLEND A)	10	$C_{10}H_{16}$: 3.75% HCFC-22($CHClF_2$) : 82% HCFC-123($CHCl_2CF_3$) : 4.75% HCFC-124($CHClFCF_3$) : 9.5%
	클로로 테트라 플루오로에탄 (HCFC-124)	1	$CHClFCF_3$
	트리플루오로 메탄 (HFC-23)	30	CHF_3
	펜타플루오로 에탄 (HFC-125)	11.5	CHF_2CF_3
	헵타플루오로 프로판 (HFC-227ea)	10.5	CF_3CHFCF_3
	헥사플루오로 프로판 (HFC-236fa)	12.5	$CF_3CH_2CF_3$
	트리플루오로 이오다이드 FIC-13I1	0.3	CF_3I

	소화약제	설계농도(%)	화 학 식
불활성기체	IG-01	43	Ar
	IG-100	43	N_2
	IG-541	43	N_2 : 52%, Ar : 40%, CO_2 : 8%
	IG-55	43	N_2 : 50%, Ar : 50%

4 이산화탄소, 할로겐화합물 및 불활성기체 소화설비 계통도

(1) 할로겐화합물 및 불활성기체 소화설비

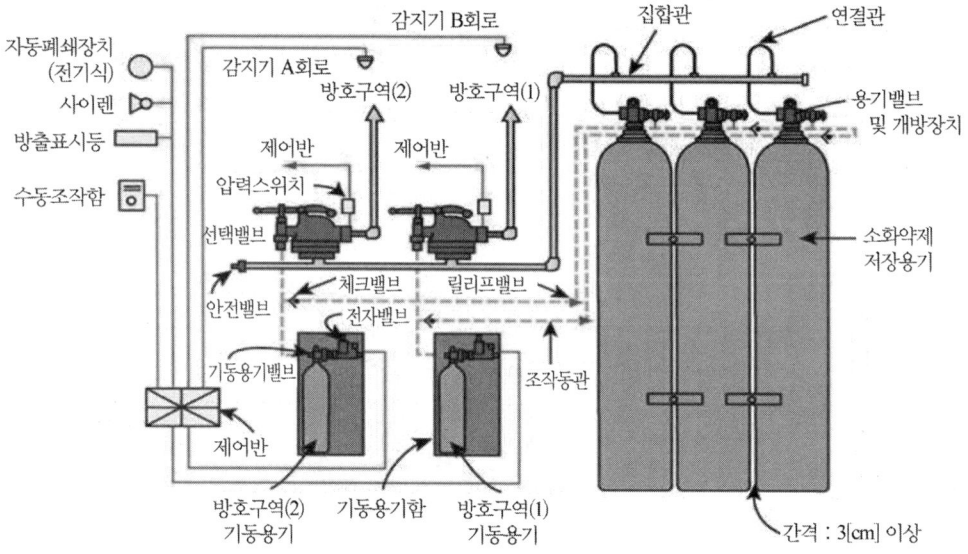

(2) 이산화탄소소화설비

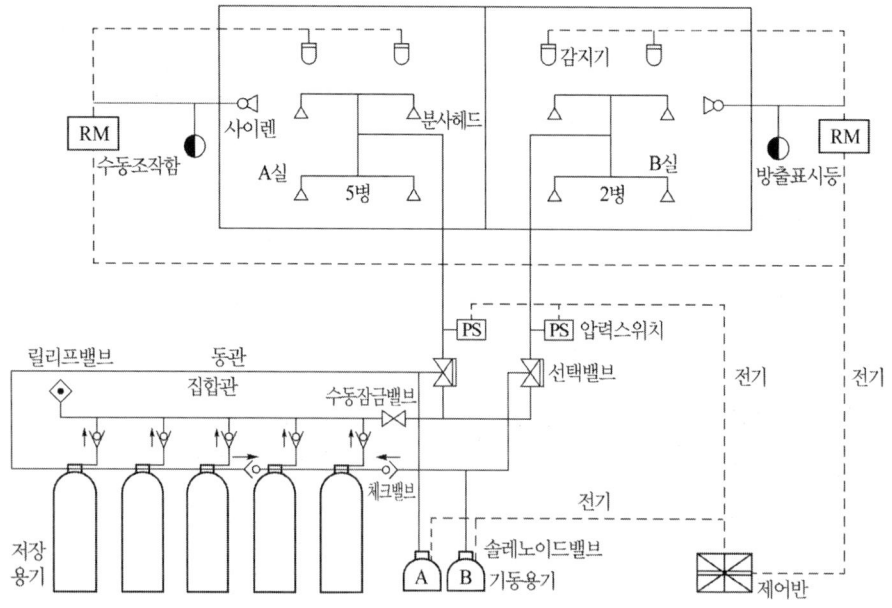

5 이산화탄소 소화설비 비교

구 분	고압식	저압식
충 전 비	1.5이상 1.9이하	1.1이상 1.4이하
저장압력	6.0[MPa](20℃ 기준)	2.1[MPa](-18℃ 기준)
저장용기	68[L]/45[kg]	1.5~60[ton]/저장탱크 1대
압력배관용 탄소강관 (Sch No)	80	40
충 전	불편	편리
안전장치	안전밸브	액면계, 압력계, 압력경보장치, 안전밸브, 봉판
적용구역	소용량 방호구역	대용량 방호구역
냉동장치	불필요	필요
압력경보장치	불필요	필요

6 포 소화약제 혼합방식

혼합방식	그 림	정 의
펌프 프로포셔너방식	(그림)	펌프의 토출관과 흡입관 사이의 배관도 중에 설치한 흡입기에 펌프에서 토출된 물의 일부를 보내고, 농도 조정밸브에서 조정된 포 소화약제의 필요량을 포 소화약제 탱크에서 펌프 흡입측으로 보내어 이를 혼합하는 방식
프레셔 프로포셔너방식	(그림)	펌프와 발포기의 중간에 설치된 벤추리관의 벤추리작용과 펌프 가압수의 포 소화약제 저장탱크에 대한 압력에 따라 포 소화약제를 흡입·혼합하는 방식
라인 프로포셔너방식	(그림)	펌프와 발포기의 중간에 설치된 벤추리관의 벤추리작용에 따라 포 소화약제를 흡입·혼합하는 방식

혼합방식	그 림	정 의
프레셔사이드 프로포셔너방식		펌프의 토출관에 압입기를 설치하여 포 소화약제 압입용펌프로 포 소화약제를 압입시켜 혼합하는 방식

7 자체점검

(1) 가감계수

구분	대상용도	가감계수
1류	문화 및 집회시설, 종교시설, 판매시설, 의료시설, 노유자시설, 수련시설, 숙박시설, 위락시설, 창고시설, 교정시설, 발전시설, 지하가, 복합건축물	1.1
2류	공동주택, 근린생활시설, 운수시설, 교육연구시설, 운동시설, 업무시설, 방송통신시설, 공장, 항공기 및 자동차 관련 시설, 군사시설, 관광휴게시설, 장례시설, 지하구	1.0
3류	위험물 저장 및 처리시설, 문화재, 동물 및 식물 관련 시설, 자원순환 관련 시설, 묘지 관련 시설	0.9

(2) 점검면적의 산출 : A – B

1) A : 실제 점검면적 × 가감계수
2) B : 해당 설비가 설치되지 않은 경우 감소면적
  ① 스프링클러설비가 설치되지 않은 경우 : A×0.1
  ② 물분무등소화설비가 설치되지 않은 경우 : A×0.1
  ③ 제연설비가 설치되지 않은 경우 : A×0.1
3) 실제 점검면적
  지하구는 그 길이에 폭의 길이 1.8 m를 곱하여 계산된 값을 말하며, 터널은 3차로 이하인 경우에는 그 길이에 폭의 길이 3.5 m를 곱하고, 4차로 이상인 경우에는 그 길이에 폭의 길이 7 m를 곱한 값을 말한다. 다만, 한쪽 측벽에 소방시설이 설치된 4차로 이상인 터널의 경우에는 그 길이와 폭의 길이 3.5 m를 곱한 값

(3) 점검세대수의 산출 : A – B

⑴ A : 실제 점검세대수
⑵ B : 해당 설비가 설치되지 않은 경우 감소세대수
  ① 스프링클러설비가 설치되지 않은 경우 : A×0.1
  ② 물분무등소화설비가 설치되지 않은 경우 : A×0.1
  ③ 제연설비가 설치되지 않은 경우 : A×0.1

(4) 종합점검 점검면적 또는 점검세대수

작동점검의 점검면적 또는 점검세대수에 0.8을 곱한 값

(5) 점검일수의 산출

① 점검일수 = $\dfrac{점검면적}{점검한도\ 면적}$

② 점검일수 = $\dfrac{점검세대수}{점검한도\ 세대수}$

(6) 점검한도면적

1) 점검한도면적

구 분	1단위 (관1, 보조2)	관1, 보조3	관1, 보조4	2단위 (관2, 보조4)
(종합)	8,000[m²]	10,000[m²]	12,000[m²]	16,000[m²]
(작동)	10,000[m²]	12,500[m²]	15,000[m²]	20,000[m²]

2) 2개 이상의 특정소방대상물을 하루에 점검하는 경우에는 특정소방대상물 상호간의 좌표 최단거리 5[km]마다 점검한도면적에 0.02를 곱한 값을 점검한도면적에서 **뺀다**.

(7) 점검한도 세대수

구 분	1단위 (관1, 보조2)	관1, 보조3	관1, 보조4	2단위 (관2, 보조4)
(종합)	250세대	310세대	370세대	500세대
(작동)				

※ 점검인력 1단위에 보조 기술인력을 1명씩 추가할 때마다 60세대씩을 점검한도 세대수에 더한다.

(8) 점검인력 1단위

관리업자가 점검하는 경우	주된 점검인력인 특급점검자 1명과 보조 점검인력인 영 별표 9에 따른 주된 기술인력 또는 보조 기술인력 2명을 점검인력 1단위로 하되, 점검인력 1단위에 보조 점검인력으로 2명(같은 건축물을 점검할 때는 4명) 이내의 주된 기술인력 또는 보조 기술인력을 추가할 수 있다.
소방안전관리자로 선임된 소방시설관리사 또는 소방기술사가 점검하는 경우	주된 점검인력인 소방시설관리사 또는 소방기술사 중 1명과 보조 점검인력 2명을 점검인력 1단위로 하되, 점검인력 1단위에 2명 이내의 보조 점검인력을 추가할 수 있다. 이 경우 보조 점검인력은 해당 특정소방대상물의 관계인, 소방안전관리보조자 또는 관리업자 소속의 소방기술인력으로 할 수 있다.
관계인이 점검하는 경우	주된 점검인력인 관계인 1명과 보조 점검인력 2명을 점검인력 1단위로 한다. 이 경우 보조 점검인력은 해당 특정소방대상물의 관계인, 소방안전관리자, 소방안전관리보조자 또는 관리업자 소속의 소방기술인력으로 할 수 있다.

8 소방안전관리자를 두어야 하는 소방안전관리대상물

소방안전관리대상물	종 류
특급	동·식물원, 철강 등 불연성 물품을 저장·취급하는 창고, 위험물 저장 및 처리 시설 중 위험물 제조소등, 지하구를 제외 1) 50층 이상(지하층은 제외한다)이거나 지상으로부터 높이가 200미터 이상인 아파트 2) 30층 이상(지하층을 포함한다)이거나 지상으로부터 높이가 120미터 이상인 특정소방대상물(아파트는 제외한다) 3) 2)에 해당하지 않는 특정소방대상물로서 연면적이 10만제곱미터 이상인 특정소방대상물(아파트는 제외한다)
1급	동·식물원, 철강 등 불연성 물품을 저장·취급하는 창고, 위험물 저장 및 처리 시설 중 위험물 제조소등, 지하구를 제외 1) 30층 이상(지하층은 제외한다)이거나 지상으로부터 높이가 120미터 이상인 아파트 2) 연면적 1만5천제곱미터 이상인 특정소방대상물(아파트 및 연립주택은 제외한다) 3) 2)에 해당하지 않는 특정소방대상물로서 지상층의 층수가 11층 이상인 특정소방대상물(아파트는 제외한다) 4) 가연성 가스를 1천톤 이상 저장·취급하는 시설
2급	1) 옥내소화전설비, 스프링클러설비, 물분무등소화설비[호스릴(Hose Reel) 방식의 물분무등소화설비만을 설치할 수 있는 특정소방대상물은 제외한다]를 설치해야하는 특정소방대상물 2) 가스 제조설비를 갖추고 도시가스사업의 허가를 받아야 하는 시설 또는 가연성 가스를 100톤 이상 1천톤 미만 저장·취급하는 시설 3) 지하구 4) 공동주택(옥내소화전설비 또는 스프링클러설비가 설치된 공동주택으로 한정) 5) 「문화유산의 보존 및 활동에 관한 법률」 제23조에 따라 보물 또는 국보로 지정된 목조건축물
3급	1) 간이스프링클러설비(주택전용 간이스프링클러설비는 제외)를 설치해야 하는 특정소방대상물 2) 자동화재탐지설비를 설치하여야 하는 특정소방대상물

9 소방안전관리보조자 선임기준

(1) 특정소방대상물과 최소 선임기준

특정소방대상물	최소 선임기준
아파트(300세대 이상인 아파트만 해당)	1명. 다만, 초과되는 300세대마다 1명 이상을 추가로 선임.
제1호에 따른 아파트를 제외한 연면적이 1만5천제곱미터 이상인 특정소방대상물(아파트 및 연립주택은 제외)	1명. 다만, 초과되는 연면적 1만5천제곱미터(특정소방대상물의 방재실에 자위소방대가 24시간 상시 근무하고 「소방장비관리법 시행령」 별표 1 제1호가목에 따른 소방자동차 중 소방펌프차, 소방물탱크차, 소방화학차 또는 무인방수차를 운용하는 경우에는 3만제곱미터로 한다)마다 1명 이상을 추가로 선임해야 한다.
제1호 및 제2호에 따른 특정소방대상물을 제외한 특정소방대상물 중 다음 각 목의 어느 하나에 해당하는 특정소방대상물 가. 공동주택 중 기숙사 나. 의료시설 다. 노유자시설 라. 수련시설 마. 숙박시설(숙박시설로 사용되는 바닥면적의 합계가 1천500제곱미터 미만이고 관계인이 24시간 상시 근무하고 있는 숙박시설은 제외)	1명 다만, 해당 특정소방대상물이 소재하는 지역을 관할하는 소방서장이 야간이나 휴일에 해당 특정소방대상물이 이용되지 않는다는 것을 확인한 경우에는 소방안전관리보조자를 선임하지 않을 수 있다.

(2) 산출방법

1) 아파트 $= \dfrac{\text{세대수}}{300}$ (소수점 이하 절삭)

　① 300~599세대 : 1명　　② 600~899세대 : 2명

　③ 900~1199세대 : 3명　　④ 1200~1499세대 : 4명

　⑤ 1500~1799세대 : 5명　　⑥ 1800~2099세대 : 6명

2) 연면적 1만5천[m^2] 이상 특정소방대상물(아파트 제외)

　$= \dfrac{\text{연면적}[m^2]}{15,000[m^2]}$ (소수점 이하 절삭)

　① 15,000~29,999[m^2] : 1명

　② 30,000~44,999[m^2] : 2명

　③ 45,000~59,999[m^2] : 3명

　④ 60,000~74,999[m^2] : 4명

　⑤ 75,000~89,999[m^2] : 5명

　⑥ 90,000~104,999[m^2] : 6명

3) 기숙사, 의료시설, 노유자시설, 수련시설 및 숙박시설 : 1명

10 화재안전기술기준(NFTC) 설비별 별표정리

(1) 소화기구 및 자동소화장치(★★★)

표 2.1.1.1 소화기구의 소화약제별 적응성

소화약제 구분 / 적응대상	가스			분말		액체				기타			
	이산화탄소소화약제	할론소화약제	할로겐화합물 및 불활성기체소화약제	인산염류소화약제	중탄산염류소화약제	산알칼리소화약제	강화액소화약제	포소화약제	물·침윤소화약제	고체에어로졸화합물	마른모래	팽창질석·팽창진주암	그 밖의 것
일반화재 (A급 화재)	-	○	○	○	-	○	○	○	○	○	○	○	-
유류화재 (B급 화재)	○	○	○	○	○	○	○	○	○	○	○	○	-
전기화재 (C급 화재)	○	○	○	○	○	*	*	*	*	○	-	-	-
주방화재 (K급 화재)	-	-	-	*	-	*	*	*	-	-	-	-	*
금속화재 (D급 화재)	-	-	-	*	-	-	-	-	-	-	○	○	*

[비고] "*"의 소화약제별 적응성은 「소방시설 설치 및 관리에 관한 법률」 제37조에 의한 형식승인 및 제품검사의 기술기준에 따라 화재 종류별 적응성에 적합한 것으로 인정되는 경우에 한한다.

표 2.1.1.2 특정소방대상물 별 소화기구의 능력단위

특정소방대상물	소화기구의 능력단위
1. 위락시설	해당 용도의 바닥면적 30[m²] 마다 능력단위 1단위 이상
2. 공연장·집회장·관람장·문화재·장례식장 및 의료시설	해당 용도의 바닥면적 50[m²] 마다 능력단위 1단위 이상
3. 근린생활시설·판매시설·운수시설·숙박시설·노유자시설·전시장·공동주택·업무시설·방송통신시설·공장·창고시설·항공기 및 자동차 관련 시설 및 관광휴게시설	해당 용도의 바닥면적 100[m²] 마다 능력단위 1단위 이상
4. 그 밖의 것	해당 용도의 바닥면적 200[m²] 마다 능력단위 1단위 이상

[비고] 소화기구의 능력단위를 산출함에 있어서 건축물의 주요구조부가 **내화구조**이고, 벽 및 반자의 실내에 면하는 부분이 **불연재료·준불연재료 또는 난연재료**로 된 특정소방대상물에 있어서는 위 표의 **기준면적의 2배**를 해당 특정소방대상물의 기준면적으로 한다.

표 1.7.1.6 소화약제 외의 것을 이용한 간이소화용구의 능력단위

간 이 소 화 용 구		능력단위
1. 마른모래	삽을 상비한 50 L이상의 것 1포	0.5 단위
2. 팽창질석 또는 팽창진주암	삽을 상비한 80 L이상의 것 1포	

표 2.1.1.3 부속용도별로 추가해야 할 소화기구 및 자동소화장치 〈개정 2023.8.9.〉

용 도 별		소화기구의 능력단위
1. 다음 각목의 시설. 다만, 스프링클러설비·간이스프링클러설비·물분무등소화설비 또는 상업용 주방자동소화장치가 설치된 경우에는 자동확산소화기를 설치하지 않을 수 있다. 가. 보일러실·건조실·세탁소·대량화기취급소 나. 음식점(지하가의 음식점을 포함한다)·다중이용업소·호텔·기숙사·노유자시설·의료시설·업무시설·공장·장례식장·교육연구시설·교정 및 군사시설의 주방 다만, 의료시설·업무시설 및 공장의 주방은 공동취사를 위한 것에 한한다. 다. 관리자의 출입이 곤란한 변전실·송전실·변압기실 및 배전반실(불연재료로된 상자 안에 장치된 것을 제외한다)		1. 해당 용도의 바닥면적 25 m² 마다 능력단위 1단위 이상의 소화기로 할 것. 이 경우 나목의 주방에 설치하는 소화기 중 1개 이상은 주방화재용 소화기(K급)로 설치해야 한다. 2. 자동확산소화기는 해당 용도의 바닥면적을 기준으로 10 m² 이하는 1개, 10 m² 초과는 2개 이상을 설치하되, 보일러, 가스레인지 등 방호대상에 유효하게 분사될 수 있는 위치에 배치될 수 있는 수량으로 설치할 것
2. 발전실·변전실·송전실·변압기실·배전반실·통신기기실·전산기기실·기타 이와 유사한 시설이 있는 장소. 다만, 제1호 다목의 장소를 제외한다.		해당 용도의 바닥면적 50 m²마다 적응성이 있는 소화기 1개 이상 또는 유효설치방호체적 이내의 가스·분말·고체에어로졸 자동소화장치, 캐비닛형자동소화장치(다만, 통신기기실·전자기기실을 제외한 장소에 있어서는 교류 600 V 또는 직류 750 V 이상의 것에 한한다)
3. 「위험물안전관리법 시행령」 별표 1에 따른 지정수량의 1/5 이상 지정수량 미만의 위험물을 저장 또는 취급하는 장소		능력단위 2단위 이상 또는 유효설치방호체적 이내의 가스·분말·고체에어로졸 자동소화장치, 캐비닛형자동소화장치
4. 「화재의 예방 및 안전관리에 관한 법률 시행령」 별표 2에 따른 특수가연물을 저장 또는 취급하는 장소	「화재의 예방 및 안전관리에 관한 법률 시행령」 별표 2에서 정하는 수량 이상	「화재의 예방 및 안전관리에 관한 법률 시행령」 별표 2에서 정하는 수량의 50배 이상마다 능력단위 1단위 이상
	「화재의 예방 및 안전관리에 관한 법률 시행령」 별표 2에서 정하는 수량의 500배 이상	대형소화기 1개 이상
5. 「고압가스안전관리법」·「액화석유가스의 안전관리 및 사업법」 및 「도시가스사업법」에서 규정하는 가연성가스를 연료로 사용하는 장소	액화석유가스 기타 가연성가스를 연료로 사용하는 연소기기가 있는 장소	각 연소기로부터 보행거리 10 m 이내에 능력단위 3단위 이상의 소화기 1개 이상. 다만, 상업용 주방자동소화장치가 설치된 장소는 제외한다.
	액화석유가스 기타 가연성가스를 연료로 사용하기 위하여 저장하는 저장실(저장량 300 kg 미만은 제외한다)	능력단위 5단위 이상의 소화기 2개 이상 및 대형소화기 1개 이상

용 도 별			소화기구의 능력단위
6. 「고압가스안전관리법」・「액화석유가스의 안전관리 및 사업법」 또는 「도시가스사업법」에서 규정하는 가연성가스를 제조하거나 연료외의 용도로 저장・사용하는 장소	저장하고 있는 양 또는 1개월동안 제조・사용하는 양	200 kg 미만 / 저장하는 장소	능력단위 3단위 이상의 소화기 2개 이상
		제조・사용하는 장소	능력단위 3단위 이상의 소화기 2개 이상
		200 kg 이상 300 kg 미만 / 저장하는 장소	능력단위 5단위 이상의 소화기 2개 이상
		제조・사용하는 장소	바닥면적 50 m²마다 능력단위 5단위 이상의 소화기 1개 이상
		300 kg 이상 / 저장하는 장소	대형소화기 2개 이상
		제조・사용하는 장소	바닥면적 50 m² 마다 능력단위 5단위 이상의 소화기 1개 이상
7. 마그네슘 합금 칩을 저장 또는 취급하는 장소			금속화재용 소화기(D급) 1개 이상을 금속재료로부터 보행거리 20 m 이내로 설치할 것

[비고] 액화석유가스・기타 가연성가스를 제조하거나 연료 외의 용도로 사용하는 장소에 소화기를 설치하는 때에는 해당 장소 바닥면적 50 m² 이하인 경우에도 해당 소화기를 2개 이상 비치해야 한다.

(2) 옥내소화전설비(★★★)

표 2.7.2 배선에 사용되는 전선의 종류 및 공사방법

1) 내화배선

사용 전선의 종류	공 사 방 법
1. 450/750 V 저독성 난연 가교 폴리올레핀 절연 전선 2. 0.6/1 kV 가교 폴리에틸렌 절연 저독성 난연 폴리올레핀 시스 전력 케이블 3. 6/10 kV 가교 폴리에틸렌 절연 저독성 난연 폴리올레핀 시스 전력용 케이블 4. 가교 폴리에틸렌 절연 비닐시스 트레이용 난연 전력 케이블 5. 0.6/1 kV EP 고무절연 클로로프렌 시스 케이블 6. 300/500 V 내열성 실리콘 고무 절연전선(180 ℃) 7. 내열성 에틸렌-비닐 아세테이트 고무절연 케이블 8. 버스덕트(Bus Duct) 9. 기타 「전기용품 및 생활용품 안전관리법」 및 「전기설비기술기준」에 따라 동등 이상의 내화성능이 있다고 주무부장관이 인정하는 것	**금속관・2종 금속제 가요전선관 또는 합성수지관**에 수납하여 내화구조로 된 벽 또는 바닥 등에 벽 또는 바닥의 표면으로부터 **25 mm 이상**의 깊이로 매설해야 한다. 다만, 다음의 기준에 적합하게 설치하는 경우에는 그렇지 않다. 가. 배선을 내화성능을 갖는 배선전용실 또는 배선용 샤프트・피트・덕트 등에 설치하는 경우 나. 배선전용실 또는 배선용 샤프트・피트・덕트 등에 다른 설비의 배선이 있는 경우에는 이로부터 **15 cm 이상** 떨어지게 하거나 소화설비의 배선과 이웃하는 다른 설비의 배선 사이에 배선지름(배선의 지름이 다른 경우에는 가장 큰 것을 기준으로 한다)의 **1.5배 이상**의 높이의 불연성 격벽을 설치하는 경우
내화전선	케이블공사의 방법에 따라 설치하여야 한다.

[비고] 내화전선의 내화성능은 KS C IEC 60331-1과 2(**온도 830 ℃ / 가열시간 120분**) 표준 이상을 충족하고 난연성능 확보를 위해 KS C IEC 60332-3-24 성능 이상을 충족할 것

2. 내열배선

사 용 전 선 의 종 류	공 사 방 법
1. 450/750 V 저독성 난연 가교 폴리올레핀 절연 전선 2. 0.6/1 kV 가교 폴리에틸렌 절연 저독성 난연 폴리올레핀 시스 전력 케이블 3. 6/10 kV 가교 폴리에틸렌 절연 저독성 난연 폴리올레핀 시스 전력용 케이블 4. 가교 폴리에틸렌 절연 비닐시스 트레이용 난연 전력 케이블 5. 0.6/1 kV EP 고무절연 클로로프렌 시스 케이블 6. 300/500 V 내열성 실리콘 고무 절연전선(180 ℃) 7. 내열성 에틸렌-비닐 아세테이트 고무절연 케이블 8. 버스덕트(Bus Duct) 9. 기타 「전기용품 및 생활용품 안전관리법」 및 「전기설비기술기준」에 따라 동등 이상의 내열성능이 있다고 주무부장관이 인정하는 것	**금속관 · 금속제 가요전선관 · 금속덕트 또는 케이블**(불연성덕트에 설치하는 경우에 한한다) 공사방법에 따라야 한다. 다만, 다음의 기준에 적합하게 설치하는 경우에는 그렇지 않다. 가. 배선을 내화성능을 갖는 배선전용실 또는 배선용 샤프트 · 피트 · 덕트 등에 설치하는 경우 나. 배선전용실 또는 배선용 샤프트 · 피트 · 덕트 등에 다른 설비의 배선이 있는 경우에는 이로부터 15 cm 이상 떨어지게 하거나 소화설비의 배선과 이웃하는 다른 설비의 배선사이에 배선지름(배선의 지름이 다른 경우에는 가장 큰 것을 기준으로 한다)의 1.5배 이상의 높이의 불연성 격벽을 설치하는 경우
내화전선	케이블공사의 방법에 따라 설치해야 한다.

(3) 스프링클러설비(★★★★★)

표 2.1.1.1 스프링클러설비의 설치장소별 스프링클러헤드의 기준개수

스프링클러설비의 설치장소			기준개수
지하층을 제외한 층수가 10층 이하인 특정소방대상물	공장	특수가연물을 저장 · 취급하는 것	30
		그 밖의 것	20
	근린생활시설 · 판매시설 · 운수시설 또는 복합건축물	판매시설 또는 복합건축물(판매시설이 설치되는 복합건축물을 말한다)	30
		그 밖의 것	20
	그 밖의 것	헤드의 부착 높이가 8 m 이상인 것	20
		헤드의 부착 높이가 8 m 미만인 것	10
지하층을 제외한 층수가 11층 이상인 특정소방대상물 · 지하가 또는 지하역사			30

[비고] 하나의 소방대상물이 2 이상의 "스프링클러헤드의 기준개수"란에 해당하는 때에는 기준개수가 많은 것을 기준으로 한다. 다만, 각 기준개수에 해당하는 수원을 별도로 설치하는 경우에는 그렇지 않다.

표 2.5.3.3 스프링클러헤드 수별 급수관의 구경 (단위: mm)

구분\급수관의 구경	25	32	40	50	65	80	90	100	125	150
가	2	3	5	10	30	60	80	100	160	161 이상
나	2	4	7	15	30	60	65	100	160	161 이상
다	1	2	5	8	15	27	40	55	90	91 이상

[비고] 1. 폐쇄형스프링클러헤드를 사용하는 설비의 경우로서 1개 층에 하나의 급수배관(또는 밸브 등)이 담당하는 구역의 최대면적은 3,000 m²를 초과하지 않을 것
2. 폐쇄형스프링클러헤드를 설치하는 경우에는 "가"란의 헤드수에 따를 것. 다만 100개 이상의 헤드를 담당하는 급수배관(또는 밸브)의 구경을 100 mm로 할 경우에는 수리계산을 통하여 2.5.3.3의 단서에서 규정한 배관의 유속에 적합하도록 할 것
3. 폐쇄형스프링클러헤드를 설치하고 반자 아래의 헤드와 반자속의 헤드를 동일 급수관의 가지관상에 병설하는 경우에는 "나"란의 헤드수에 따를 것
4. 2.7.3.1의 경우로서 폐쇄형스프링클러헤드를 설치하는 설비의 배관구경은 "다"란에 따를 것
5. 개방형스프링클러헤드를 설치하는 경우 하나의 방수구역이 담당하는 헤드의 개수가 30개 이하일 때는 "다"란의 헤드수에 의하고, 30개를 초과할 때는 수리계산 방법에 따를 것

표 2.7.8 보의 수평거리에 따른 스프링클러헤드의 수직거리

스프링클러헤드의 반사판 중심과 보의 수평거리	스프링클러헤드의 반사판 높이와 보의 하단 높이의 수직거리
0.75 m 미만	보의 하단보다 낮을 것
0.75 m 이상 1 m 미만	0.1 m 미만일 것
1 m 이상 1.5 m 미만	0.15 m 미만일 것
1.5 m 이상	0.3 m 미만일 것

(4) 간이스프링클러설비(★★★★★)

표 2.5.3.3 간이헤드 수별 급수관의 구경 (단위 : mm)

구분\급수관의 구경	25	32	40	50	65	80	100	125	150
가	2	3	5	10	30	60	100	160	161이상
나	2	4	7	15	30	60	100	160	161이상

[비고] 1. 폐쇄형스프링클러헤드를 사용하는 설비의 경우로서 1개 층에 하나의 급수배관(또는 밸브등)이 담당하는 구역의 최대면적은 1,000 m²를 초과하지 않을 것
2. 폐쇄형간이헤드를 설치하는 경우에는 "가"란의 헤드수에 따를 것
3. 폐쇄형간이헤드를 설치하고 반자 아래의 헤드와 반자속의 헤드를 동일 급수관의 가지관상에 병설하는 경우에는 "나"의 헤드수에 따를 것
4. "캐비닛형" 및 "상수도직결형"을 사용하는 경우 주배관은 32 mm, 수평주행배관은 32 mm, 가지배관은 25 mm 이상으로 할 것. 이 경우 최장배관은 2.2.6에 따라 인정받은 길이로 하며 하나의 가지배관에는 간이헤드를 3개 이내로 설치해야 한다.

(5) 화재조기진압용 스프링클러설비(★)

표 2.2.1 화재조기진압용 스프링클러헤드의 최소방사압력(MPa)

최대층고	최대저장높이	화재조기진압용 스프링클러헤드				
		K=360 하향식	K=320 하향식	K=240 하향식	K=240 상향식	K=200 하향식
13.7 m	12.2 m	0.28	0.28	-	-	-
13.7 m	10.7 m	0.28	0.28	-	-	-
12.2 m	10.7 m	0.17	0.28	0.36	0.36	0.52
10.7 m	9.1 m	0.14	0.24	0.36	0.36	0.52
9.1 m	7.6 m	0.10	0.17	0.24	0.24	0.34

(6) 미분무소화설비(★★)

표 2.7.2 전기기기와 물분무헤드 사이의 거리

전압(kV)	거리(cm)
66 이하	70 이상
66 초과 77 이하	80 이상
77 초과 110 이하	110 이상
110 초과 154 이하	150 이상
154 초과 181 이하	180 이상
181 초과 220 이하	210 이상
220 초과 275 이하	260 이상

(7) 미분무소화설비(★★)

1. 공통사항

설계도서는 건축물에서 발생 가능한 상황을 선정하되, 건축물의 특성에 따라 제2호의 설계도서 유형 중 가목의 일반설계도서와 나목부터 사목까지의 특별설계도서 중 1개 이상을 작성한다.

2. 설계도서 유형

가. 일반설계도서

  1) 건물용도, 사용자 중심의 일반적인 화재를 가상한다.

  2) 설계도서에는 다음 사항이 필수적으로 명확히 설명되어야 한다.

    가) 건물사용자 특성

    나) 사용자의 수와 장소

    다) 실 크기

라) 가구와 실내 내용물

마) 연소 가능한 물질들과 그 특성 및 발화원

바) 환기조건

사) 최초 발화물과 발화물의 위치

3) 설계자가 필요한 경우 기타 설계도서에 필요한 사항을 추가할 수 있다.

나. 특별설계도서 1
1) 내부 문들이 개방되어 있는 상황에서 피난로에 화재가 발생하여 급격한 화재 연소가 이루어지는 상황을 가상한다.
2) 화재 시 가능한 피난 방법의 수에 중심을 두고 작성한다.

다. 특별설계도서 2
1) 사람이 상주하지 않는 실에서 화재가 발생하지만, 잠재적으로 많은 재실자에게 위험이 되는 상황을 가상한다.
2) 건축물 내의 재실자가 없는 곳에서 화재가 발생하여 많은 재실자가 있는 공간으로 연소 확대되는 상황에 중심을 두고 작성한다.

라. 특별설계도서 3
1) 많은 사람이 있는 실에 인접한 벽이나 덕트 공간 등에서 화재가 발생한 상황을 가상한다.
2) 화재감지기가 없는 곳이나 자동으로 작동하는 소화설비가 없는 장소에서 화재가 발생하여 많은 재실자가 있는 곳으로의 연소 확대가 가능한 상황에 중심을 두고 작성한다.

마. 특별설계도서 4
1) 많은 거주자가 있는 아주 인접한 장소 중 소방시설의 작동범위에 들어가지 않는 장소에서 아주 천천히 성장하는 화재를 가상한다.
2) 작은 화재에서 시작하지만 큰 대형화재를 일으킬 수 있는 화재에 중심을 두고 작성한다.

바. 특별설계도서 5
1) 건축물의 일반적인 사용 특성과 관련, 화재하중이 가장 큰 장소에서 발생한 아주 심각한 화재를 가상한다.
2) 재실자가 있는 공간에서 급격하게 연소 확대되는 화재를 중심으로 작성한다.

사. 특별설계도서 6
1) 외부에서 발생하여 본 건물로 화재가 확대되는 경우를 가상한다.
2) 본 건물에서 떨어진 장소에서 화재가 발생하여 본 건물로 화재가 확대되거나 피난로를 막거나 거주가 불가능한 조건을 만드는 화재에 중심을 두고 작성한다.

(8) 포소화설비(★★)

표 2.3.5 가압송수장치의 표준방사량

구분	표준방사량
포워터스프링클러헤드	75 L/min 이상
포헤드·고정포방출구 또는 이동식포노즐·압축공기포헤드	각 포헤드·고정포방출구 또는 이동식포노즐의 설계압력에 따라 방출되는 소화약제의 양

표 2.9.1 팽창비율에 따른 포 및 포방출구의 종류

팽창비율에 따른 포의 종류	포방출구의 종류
팽창비가 20 이하인 것(저발포)	포헤드, 압축공기포헤드
팽창비가 80 이상 1,000 미만인 것(고발포)	고발포용 고정포방출구

표 2.9.2.3 소방대상물 및 포소화약제의 종류에 따른 포헤드의 방사량(L/m²·min)

소방대상물	포 소화약제의 종류	바닥면적 1 m²당 방사량
차고·주차장 및 항공기격납고	단백포 소화약제	6.5 L 이상
	합성계면활성제포 소화약제	8.0 L 이상
	수성막포 소화약제	3.7 L 이상
「화재의 예방 및 안전관리에 관한 법률 시행령」 별표 2의 특수가연물을 저장·취급하는 소방대상물	단백포 소화약제	6.5 L 이상
	합성계면활성제포 소화약제	6.5 L 이상
	수성막포 소화약제	6.5 L 이상

표 2.9.2.4 포헤드와 보의 하단 수직거리 및 수평거리

포헤드와 보의 하단의 수직거리	포헤드와 보의 수평거리
0 m	0.75 m 미만
0.1 m 미만	0.75 m 이상 1 m 미만
0.1 m 이상 0.15 m 미만	1 m 이상 1.5 m 미만
0.15 m 이상 0.3 m 미만	1.5 m 이상

표 2.9.2.7 방호대상물별 압축공기포 분사헤드의 방출량(L/m²·min)

방호대상물	방호면적 1 m²에 대한 1분당 방출량
특수가연물	2.3 L
기타의 것	1.63 L

표 2.9.4.1.2 소방대상물 및 포의 팽창비에 따른 고정포방출구의 방출량(L/m^3·min)

소방대상물	포의 팽창비	1 m^3에 대한 분당 포수용액 방출량
항공기격납고	팽창비 80 이상 250 미만의 것	2.00 L
	팽창비 250 이상 500 미만의 것	0.50 L
	팽창비 500 이상 1,000 미만의 것	0.29 L
차고 또는 주차장	팽창비 80 이상 250 미만의 것	1.11 L
	팽창비 250 이상 500미만의 것	0.28 L
	팽창비 500 이상 1,000 미만의 것	0.16 L
특수가연물을 저장 또는 취급하는 소방대상물	팽창비 80 이상 250 미만의 것	1.25 L
	팽창비 250 이상 500 미만의 것	0.31 L
	팽창비 500 이상 1,000 미만의 것	0.18 L

표 2.9.4.2.2 방호대상물별 고정포방출구의 방출량(L/m^2·min)

방호대상물	방호면적 1 m^2에 대한 1분당 방출량
특수가연물	3 L
기타의 것	2 L

(9) 이산화탄소소화설비(★★)

표 2.2.1.1.1 방호구역 체적에 따른 소화약제 및 최저한도의 양

방호구역 체적	방호구역의 체적 1 m^3에 대한 소화약제의 양	소화약제 저장량의 최저한도의 양
45 m^3 미만	1.00 kg	45 kg
45 m^3 이상 150 m^3 미만	0.90 kg	
150 m^3 이상 1,450 m^3 미만	0.80 kg	135 kg
1,450 m^3 이상	0.75 kg	1,125 kg

표 2.2.1.1.2 가연성액체 또는 가연성가스의 소화에 필요한 설계농도

방호대상물	설계농도(%)
수소(Hydrogen)	75
아세틸렌(Acetylene)	66
일산화탄소(Carbon Monoxide)	64
산화에틸렌(Ethylene Oxide)	53
에틸렌(Ethylene)	49
에탄(Ethane)	40
석탄가스, 천연가스(Coal, Natural gas)	37
사이크로 프로판(Cyclo Propane)	37
이소부탄(Iso Butane)	36
프로판(Propane)	36
부탄(Butane)	34
메탄(Methane)	34

표 2.2.1.2.1 방호대상물 및 방호구역 체적에 따른 소화약제의 양과 설계농도

방호대상물	방호구역의 체적 1 m³에 대한 소화약제의 양	설계농도 (%)
유압기기를 제외한 전기설비, 케이블실	1.3 kg	50
체적 55 m³ 미만의 전기설비	1.6 kg	50
서고, 전자제품창고, 목재가공품창고, 박물관	2.0 kg	65
고무류, 면화류창고, 모피창고, 석탄창고, 집진설비	2.7 kg	75

(10) 할론소화설비(★)

표 2.2.1.1.1 소방대상물 및 소화약제 종류에 따른 소화약제의 양

소방대상물 또는 그 부분		소화약제의 종류	방호구역의 체적 1 m³당 소화약제의 양
차고·주차장·전기실·통신기기실·전산실 기타 이와 유사한 전기설비가 설치되어 있는 부분		할론 1301	0.32 kg 이상 0.64 kg 이하
「화재의 예방 및 안전관리에 관한 법률 시행령」 별표 2의 특수가연물을 저장·취급하는 소방대상물 또는 그 부분	가연성고체류·가연성액체류	할론 2402 할론 1211 할론 1301	0.40 kg 이상 1.10 kg 이하 0.36 kg 이상 0.71 kg 이하 0.32 kg 이상 0.64 kg 이하
	면화류·나무껍질 및 대팻밥·넝마 및 종이부스러기·사류·볏짚류·목재가공품 및 나무부스러기를 저장·취급하는 것	할론 1211 할론 1301	0.60 kg 이상 0.71 kg 이하 0.52 kg 이상 0.64 kg 이하
	합성수지류를 저장·취급하는 것	할론 1211 할론 1301	0.36 kg 이상 0.71 kg 이하 0.32 kg 이상 0.64 kg 이하

표 2.2.1.1.2 소방대상물 및 소화약제 종류에 따른 개구부 가산량

소방대상물 또는 그 부분		소화약제의 종류	가산량(개구부의 면적 1 m³당 소화약제의 양)
차고·주차장·전기실·통신기기실·전산실 기타 이와 유사한 전기설비가 설치되어 있는 부분		할론 1301	2.4 kg
「화재의 예방 및 안전관리에 관한 법률 시행령」 별표 2의 특수가연물을 저장·취급하는 소방대상물 또는 그 부분	가연성고체류·가연성액체류	할론 2402 할론 1211 할론 1301	3.0 kg 2.7 kg 2.4 kg
	면화류·나무껍질 및 대팻밥·넝마 및 종이부스러기·사류·볏짚류·목재가공품 및 나무부스러기를 저장·취급하는 것	할론 1211 할론 1301	4.5 kg 3.9 kg
	합성수지류를 저장·취급하는 것	할론 1211 할론 1301	2.7 kg 2.4 kg

표 2.2.1.2.1 개방용기 및 가연물의 비산 우려가 없는 경우의 소화약제 종류에 따른 소화약제의 양

소화약제의 종류	방호대상물의 표면적 1 m³에 대한 소화약제의 양
할론 2402	8.8 kg
할론 1211	7.6 kg
할론 1301	6.8 kg

표 2.2.1.3 호스릴할론소화설비의 소화약제 종류에 따른 소화약제의 양

소화약제의 종류	소화약제의 양
할론 2402 또는 1211	50 kg
할론 1301	45 kg

표 2.7.4.4 호스릴할론소화설비의 소화약제 종별 1분당 방출하는 소화약제의 양

소화약제의 종별	1분당 방출하는 소화약제의 양
할론 2402	45 kg
할론 1211	40 kg
할론 1301	35 kg

(11) 할로겐화합물 및 불활성기체 소화설비(★★★★★)

표 2.1.1 소화약제의 종류 및 화학식

소 화 약 제	화 학 식
퍼플루오로부탄(FC-3-1-10)	C_4F_{10}
하이드로클로로플루오로카본혼화제 (HCFC BLEND A)	HCFC-123($CHCl_2CF_3$) : 4.75% HCFC-22($CHClF_2$) : 82% HCFC-124($CHClFCF_3$) : 9.5% $C_{10}H_{16}$: 3.75%
클로로테트라플루오르에탄 (이하 "HCFC-124"라 한다)	$CHClFCF_3$
펜타플루오로에탄(이하 "HFC-125"라 한다)	CHF_2CF_3
헵타플루오로프로판(이하 "HFC-227ea"라 한다)	CF_3CHFCF_3
트리플루오로메탄(이하 "HFC-23"이라 한다)	CHF_3
헥사플루오로프로판(이하 "HFC-236fa"라 한다)	$CF_3CH_2CF_3$
트리플루오로이오다이드(이하 "FIC-13I1"이라 한다)	CF_3I
불연성·불활성기체혼합가스(이하 "IG-01"이라 한다)	Ar
불연성·불활성기체혼합가스(이하 "IG-100"이라 한다)	N_2
불연성·불활성기체혼합가스(이하 "IG-541"이라 한다)	N_2 : 52%, Ar : 40%, CO_2 : 8%
불연성·불활성기체혼합가스(이하 "IG-55"라 한다)	N_2 : 50%, Ar : 50%
도데카플루오로-2-메틸펜탄-3-원(이하 "FK-5-1-12"라 한다)	$CF_3CF_2C(O)CF(CF_3)_2$

표 2.4.2 할로겐화합물 및 불활성기체소화약제 최대허용 설계농도

소 화 약 제	최대허용 설계농도(%)
FC-3-1-10	40
HCFC BLEND A	10
HCFC-124	1.0
HFC-125	11.5
HFC-227ea	10.5
HFC-23	30
HFC-236fa	12.5
FIC-13I1	0.3
FK-5-1-12	10
IG-01	43
IG-100	43
IG-541	43
IG-55	43

(12) 분말소화설비(★★)

표 2.1.2.1 소화약제 종류에 따른 저장용기의 내용적

소화약제의 종류	소화약제 1 kg당 저장용기의 내용적
제1종 분말(탄산수소나트륨을 주성분으로 한 분말)	0.8 L
제2종 분말(탄산수소칼륨을 주성분으로 한 분말)	1.0 L
제3종 분말(인산염을 주성분으로 한 분말)	1.0 L
제4종 분말(탄산수소칼륨과 요소가 화합된 분말)	1.25 L

표 2.3.2.1.1 소화약제 종류에 따른 소화약제의 양

소화약제의 종류	방호구역의 체적 1 m^3에 대한 소화약제의 양
제1종 분말	0.60 kg
제2종 분말 또는 제3종 분말	0.36 kg
제4종 분말	0.24 kg

표 2.3.2.1.2 소화약제 종류에 따른 개구부 가산량

소화약제의 종류	가산량(개구부의 면적 1 m^2에 대한 소화약제의 양)
제1종 분말	4.5 kg
제2종 분말 또는 제3종 분말	2.7 kg
제4종 분말	1.8 kg

표 2.3.2.3 호스릴분말소화설비의 소화약제 종류에 따른 소화약제의 양

소화약제의 종류	소화약제의 양
제1종 분말	50 kg
제2종 분말 또는 제3종 분말	30 kg
제4종 분말	20 kg

표 2.8.4.4 호스릴분말소화설비의 소화약제 종별 1분당 방출하는 소화약제의 양

소화약제의 종별	1분당 방출하는 소화약제의 양
제1종 분말	45 kg
제2종 분말 또는 제3종 분말	27 kg
제4종 분말	18 kg

(13) 자동화재탐지설비 및 시각경보장치(★★★★★)

표 2.4.1 부착 높이에 따른 감지기의 종류

부착 높이	감지기의 종류
4 m 미만	차동식(스포트형, 분포형) 보상식 스포트형 정온식(스포트형, 감지선형) 이온화식 또는 광전식(스포트형, 분리형, 공기흡입형) 열복합형 연기복합형 열연기복합형 불꽃감지기
4 m 이상 8 m 미만	차동식(스포트형, 분포형) 보상식 스포트형 정온식(스포트형, 감지선형) 특종 또는 1종 이온화식 1종 또는 2종 광전식(스포트형, 분리형, 공기흡입형) 1종 또는 2종 열복합형 연기복합형 열연기복합형 불꽃감지기
8 m 이상 15 m 미만	차동식 분포형 이온화식 1종 또는 2종 광전식(스포트형, 분리형, 공기흡입형) 1종 또는 2종 연기복합형 불꽃감지기
15 m 이상 20 m 미만	이온화식 1종 광전식(스포트형, 분리형, 공기흡입형) 1종 연기복합형 불꽃감지기
20 m 이상	불꽃감지기 광전식(분리형, 공기흡입형)중 아날로그방식

[비고] 1. 감지기별 부착 높이 등에 대하여 별도로 형식승인을 받은 경우에는 그 성능인정 범위 내에서 사용할 수 있다.
2. 부착 높이 20 m 이상에 설치되는 광전식 중 아날로그방식의 감지기는 공칭 감지농도 하한값이 감광율 5 %/m 미만인 것으로 한다.

표 2.4.3.5 부착 높이 및 특정소방대상물의 구분에 따른 차동식 · 보상식 · 정온식스포트형감지기의 종류

부착 높이 및 특정소방대상물의 구분		감지기의 종류 (단위 : m²)						
		차동식스포트형		보상식스포트형		정온식스포트형		
		1종	2종	1종	2종	특종	1종	2종
4m 미만	주요구조부가 내화구조로 된 특정소방대상물 또는 그 부분	90	70	90	70	70	60	20
	기타 구조의 특정소방대상물 또는 그 부분	50	40	50	40	40	30	15
4m 이상 8m 미만	주요구조부가 내화구조로 된 특정소방대상물 또는 그 부분	45	35	45	35	35	30	-
	기타 구조의 특정소방대상물 또는 그 부분	30	25	30	25	25	15	-

표 2.4.3.9.1 부착 높이 및 특정소방대상물의 구분에 따른 열반도체식 차동식분포형감지기의 종류

부착 높이 및 특정소방대상물의 구분		감지기의 종류 (단위: m²)	
		1종	2종
8 m 미만	주요구조부를 내화구조로 한 소방대상물 또는 그 부분	65	36
	기타 구조의 소방대상물 또는 그 부분	40	23
8 m 이상 15 m 미만	주요구조부가 내화구조로 된 소방대상물 또는 그 부분	50	36
	기타 구조의 소방대상물 또는 그 부분	30	23

표 2.4.3.10.1 부착 높이에 따른 연기감지기의 종류

부착 높이	감지기의 종류 (단위: m²)	
	1종 및 2종	3종
4 m 미만	150	50
4 m 이상 20 m 미만	75	-

표 2.4.6(1) 설치장소별 감지기의 적응성(연기감지기를 설치할 수 없는 경우 적용)

설치장소		적응 열감지기								불꽃감지기	비고
환경상태	적응장소	차동식 스포트형		차동식 분포형		보상식 스포트형		정온식		열아날로그식		
		1종	2종	1종	2종	1종	2종	특종	1종			
1. 먼지 또는 미분 등이 다량으로 체류하는 장소	쓰레기장, 하역장, 도장실, 섬유·목재·석재 등 가공공장	○	○	○	○	○	○	○	×	○	○	1. 불꽃감지기에 따라 감시가 곤란한 장소는 적응성이 있는 열감지기를 설치할 것 2. 차동식분포형감지기를 설치하는 경우에는 검출부에 먼지, 미분 등이 침입하지 않도록 조치할 것 3. 차동식스포트형감지기 또는 보상식스포트형감지기를 설치하는 경우에는 검출부에 먼지, 미분 등이 침입하지 않도록 조치할 것 4. 섬유, 목재가공 공장 등 화재확대가 급속하게 진행될 우려가 있는 장소에 설치하는 경우 정온식감지기는 특종으로 설치할 것. 공칭작동온도 75 ℃ 이하, 열아날로그식스포트형 감지기는 화재표시 설정은 80 ℃ 이하가 되도록 할 것
2. 수증기가 다량으로 머무는 장소	증기세정실, 탕비실, 소독실 등	×	×	×	○	×	○	○	○	○	○	1. 차동식분포형감지기 또는 보상식스포트형감지기는 급격한 온도변화가 없는 장소에 한하여 사용할 것 2. 차동식분포형감지기를 설치하는 경우에는 검출부에 수증기가 침입하지 않도록 조치할 것 3. 보상식스포트형감지기, 정온식감지기 또는 열아날로그식감지기를 설치하는 경우에는 방수형으로 설치할 것 4. 불꽃감지기를 설치할 경우 방수형으로 할 것
3. 부식성 가스가 발생할 우려가 있는 장소	도금공장, 축전지실, 오수처리장 등	×	×	○	○	○	○	○	×	○	○	1. 차동식분포형감지기를 설치하는 경우에는 감지부가 피복되어 있고 검출부가 부식성가스에 영향을 받지 않는 것 또는 검출부에 부식성가스가 침입하지 않도록 조치할 것 2. 보상식스포트형감지기, 정온식감지기 또는 열아날로그식스포트형감지기를 설치하는 경우에는 부식성가스의 성상에 반응하지 않는 내산형 또는 내알칼리형으로 설치할 것

설치장소		적응 열감지기								불꽃감지기	비고
환경상태	적응장소	차동식 스포트형		차동식 분포형		보상식 스포트형		정온식		열아날로그식	
		1종	2종	1종	2종	1종	2종	특종	1종		
4. 주방, 기타 평상시에 연기가 체류하는 장소	주방, 조리실, 용접작업장 등	×	×	×	×	×	×	○	○	○	○	1. 주방, 조리실 등 습도가 많은 장소에는 방수형 감지기를 설치할 것 2. 불꽃감지기는 UV/IR형을 설치할 것
5. 현저하게 고온으로 되는 장소	건조실, 살균실, 보일러실, 주조실, 영사실, 스튜디오	×	×	×	×	×	×	○	○	×		—
6. 배기가스가 다량으로 체류하는 장소	주차장, 차고, 화물취급소 차로, 자가발전실, 트럭터미널, 엔진시험실	○	○	○	○	○	○	×	×	○	○	1. 불꽃감지기에 따라 감시가 곤란한 장소는 적응성이 있는 열감지기를 설치할 것 2. 열아날로그식스포트형감지기는 화재표시 설정이 60 ℃ 이하가 바람직하다.
7. 연기가 다량으로 유입할 우려가 있는 장소	음식물배급실, 주방전실, 주방내 식품저장실, 음식물운반용 엘리베이터, 주방 주변의 복도 및 통로, 식당 등	○	○	○	○	○	○	○	○	○	×	1. 고체연료 등 가연물이 수납되어 있는 음식물배급실, 주방전실에 설치하는 정온식감지기는 특종으로 설치할 것 2. 주방 주변의 복도 및 통로, 식당 등에는 정온식감지기를 설치하지 않을 것 3. 제1호 및 제2호의 장소에 열아날로그식스포트형감지기를 설치하는 경우에는 화재표시 설정을 60 ℃ 이하로 할 것
8. 물방울이 발생하는 장소	스레트 또는 철판으로 설치한 지붕창고·공장, 패키지형냉각기전용 수납실, 밀폐된 지하창고, 냉동실 주변 등	×	×	○	○	○	○	○	○	○	○	1. 보상식스포트형감지기, 정온식감지기 또는 열아날로그식 스포트형감지기를 설치하는 경우에는 방수형으로 설치할 것 2. 보상식스포트형감지기는 급격한 온도변화가 없는 장소에 한하여 설치할 것 3. 불꽃감지기를 설치하는 경우에는 방수형으로 설치할 것
9. 불을 사용하는 설비로서 불꽃이 노출되는 장소	유리공장, 용선로가 있는장소, 용접실, 주방, 작업장, 주조실 등	×	×	×	×	×	×	○	○	○	×	—

[비고] 1. "○"는 당해 설치장소에 적응하는 것을 표시, "×"는 당해 설치장소에 적응하지 않는 것을 표시
      2. 차동식스포트형, 차동식분포형 및 보상식스포트형 1종은 감도가 예민하기 때문에 비화재보 발생은 2종에 비해 불리한 조건이라는 것을 유의할 것
      3. 차동식분포형 3종 및 정온식 2종은 소화설비와 연동하는 경우에 한해서 사용할 것
      4. 다신호식감지기는 그 감지기가 가지고 있는 종별, 공칭작동온도별로 따르지 말고 상기 표에 따른 적응성이 있는 감지기로 할 것

표 2.4.6(2) 설치장소별 감지기의 적응성

설치장소		적응 열감지기					적응 연기감지기						불꽃감지기	비고
환경상태	적응장소	차동식스포트형	차동식분포형	보상식스포트형	정온식	열아날로그식	이온화식스포트형	광전식스포트형	이온아날로그식스포트형	광전아날로그식스포트형	광전식분리형	광전아날로그식분리형		
1. 흡연에 의해 연기가 체류하며 환기가 되지 않는 장소	회의실, 응접실, 휴게실, 노래연습실, 오락실, 다방, 음식점, 대합실, 카바레 등의 객실, 집회장, 연회장 등	○	○	○	-	-	-	◎	-	◎	○	○	-	
2. 취침시설로 사용하는 장소	호텔 객실, 여관, 수면실 등	-	-	-	-	-	◎	◎	◎	◎	-	-	-	
3. 연기 이외의 미분이 떠다니는 장소	복도, 통로 등	-	-	-	-	-	-	◎	-	◎	○	○	-	
4. 바람에 영향을 받기 쉬운 장소	로비, 교회, 관람장, 옥탑에 있는 기계실	-	○	-	-	-	-	◎	-	◎	○	○	-	
5. 연기가 멀리 이동해서 감지기에 도달하는 장소	계단, 경사로	-	-	-	-	-	-	○	-	○	○	○	-	광전식스포트형감지기 또는 광전아날로그식스포트형감지기를 설치하는 경우에는 당해 감지기회로에 축적기능을 갖지 않는 것으로 할 것
6. 훈소화재의 우려가 있는 장소	전화기기실, 통신기기실, 전산실, 기계제어실	-	-	-	-	-	-	◎	-	◎	○	○	-	
7. 넓은 공간으로 천장이 높아 열 및 연기가 확산하는 장소	체육관, 항공기 격납고, 높은 천장의 창고·공장, 관람석 상부 등 감지기 부착 높이가 8m 이상의 장소	-	○	-	-	-	-	-	-	-	○	○	○	

[비고] 1. "○"는 당해 설치장소에 적응하는 것을 표시
　　　 2. "◎" 당해 설치장소에 연기감지기를 설치하는 경우에는 당해 감지회로에 축적기능을 갖는 것을 표시
　　　 3. 차동식스포트형, 차동식분포형, 보상식스포트형 및 연기식(당해 감지기회로에 축적기능을 갖지 않는 것) 1종은 감도가 예민하기 때문에 비화재보 발생은 2종에 비해 불리한 조건이라는 것을 유의할 것
　　　 4. 차동식분포형 3종 및 정온식 2종은 소화설비와 연동하는 경우에 한해서 사용할 것

5. 광전식분리형감지기는 평상시 연기가 발생하는 장소 또는 공간이 협소한 경우에는 적응성이 없음
6. 넓은 공간으로 천장이 높아 열 및 연기가 확산하는 장소로서 차동식분포형 또는 광전식분리형 2종을 설치하는 경우에는 제조사의 사양에 따를 것
7. 다신호식감지기는 그 감지기가 가지고 있는 종별, 공칭작동온도별로 따르고 표에 따른 적응성이 있는 감지기로 할 것
8. 축적형감지기 또는 축적형중계기 혹은 축적형수신기를 설치하는 경우에는 2.4에 따를 것

(14) 피난기구(★★★★★)

표 2.1.1 설치장소별 피난기구의 적응성

설치장소별 \ 층별	1층	2층	3층	4층 이상 10층 이하
1. 노유자시설	・미끄럼대 ・구조대 ・피난교 ・다수인피난장비 ・승강식 피난기	・미끄럼대 ・구조대 ・피난교 ・다수인피난장비 ・승강식 피난기	・미끄럼대 ・구조대 ・피난교 ・다수인피난장비 ・승강식 피난기	・구조대[1] ・피난교 ・다수인피난장비 ・승강식 피난기
2. 의료시설・근린생활시설중 입원실이 있는 의원・접골원・조산원			・미끄럼대 ・구조대 ・피난교 ・피난용트랩 ・다수인피난장비 ・승강식 피난기	・구조대 ・피난교 ・피난용트랩 ・다수인피난장비 ・승강식 피난기
3. 「다중이용업소의 안전관리에 관한 특별법 시행령」제2조에 따른 다중이용업소로서 영업장의 위치가 4층 이하인 다중이용업소		・미끄럼대 ・피난사다리 ・구조대 ・완강기 ・다수인피난장비 ・승강식 피난기	・미끄럼대 ・피난사다리 ・구조대 ・완강기 ・다수인피난장비 ・승강식 피난기	・미끄럼대 ・피난사다리 ・구조대 ・완강기 ・다수인피난장비 ・승강식 피난기
4. 그 밖의 것			・미끄럼대 ・피난사다리 ・구조대 ・완강기 ・피난교 ・피난용트랩 ・간이완강기[2] ・공기안전매트 ・다수인피난장비 ・승강식 피난기	・피난사다리 ・구조대 ・완강기 ・피난교 ・간이완강기[2] ・공기안전매트 ・다수인피난장비 ・승강식 피난기

[비고] 1) 구조대의 적응성은 장애인 관련 시설로서 주된 사용자 중 스스로 피난이 불가한 자가 있는 경우 2.1.2.4에 따라 추가로 설치하는 경우에 한한다.
2) 간이완강기의 적응성은 2.1.2.2에 따라 숙박시설의 3층 이상에 있는 객실에 추가로 설치하는 경우에 한한다.

(15) 인명구조기구(★★★★)

표 2.1.1.1 특정소방대상물의 용도 및 장소별로 설치해야 할 인명구조기구

특정소방대상물	인명구조기구	설치 수량
1. 지하층을 포함하는 층수가 7층 이상인 관광호텔 및 5층 이상인 병원	방열복 또는 방화복(안전모, 보호장갑 및 안전화를 포함한다), 공기호흡기, 인공소생기	각 2개 이상 비치할 것. 다만, 병원의 경우에는 인공소생기를 설치하지 않을 수 있다.
2. 문화 및 집회시설 중 수용인원 100명 이상의 영화상영관 3. 판매시설 중 대규모 점포 4. 운수시설 중 지하역사 5. 지하가 중 지하상가	공기호흡기	층마다 2개 이상 비치할 것. 다만, 각 층마다 갖추어 두어야 할 공기호흡기 중 일부를 직원이 상주하는 인근 사무실에 갖추어 둘 수 있다.
6. 물분무등소화설비 중 이산화탄소소화설비를 설치해야 하는 특정소방대상물	공기호흡기	이산화탄소소화설비가 설치된 장소의 출입구 외부 인근에 1개 이상 비치할 것

(16) 유도등 및 유도표지(★★★)

표 2.1.1 설치장소별 유도등 및 유도표지의 종류

설치장소	유도등 및 유도표지의 종류
1. 공연장 · 집회장(종교집회장 포함) · 관람장 · 운동시설	· 대형피난구유도등 · 통로유도등 · 객석유도등
2. 유흥주점영업시설(「식품위생법 시행령」 제21조 제8호라목의 유흥주점영업 중 손님이 춤을 출 수 있는 무대가 설치된 카바레, 나이트클럽 또는 그 밖에 이와 비슷한 영업시설만 해당한다)	
3. 위락시설 · 판매시설 · 운수시설 · 「관광진흥법」 제3조제1항제2호에 따른 관광숙박업 · 의료시설 · 장례식장 · 방송통신시설 · 전시장 · 지하상가 · 지하철역사	· 대형피난구유도등 · 통로유도등
4. 숙박시설(제3호의 관광숙박업 외의 것을 말한다) · 오피스텔	· 중형피난구유도등 · 통로유도등
5. 제1호부터 제3호까지 외의 건물로서 지하층 · 무창층 또는 층수가 11층 이상인 특정소방대상물	
6. 제1호부터 제5호까지 외의 건물로서 근린생활시설 · 노유자시설 · 업무시설 · 발전시설 · 종교시설(집회장 용도로 사용하는 부분 제외) · 교육연구시설 · 수련시설 · 공장 · 교정 및 군사시설(국방 · 군사시설 제외) · 기숙사 · 자동차정비공장 · 운전학원 및 정비학원 · 다중이용업소 · 복합건축물	· 소형피난구유도등 · 통로유도등
7. 그 밖의 것	· 피난구유도표지 · 통로유도표지

[비고] 1. 소방서장은 특정소방대상물의 위치 · 구조 및 설비의 상황을 판단하여 대형피난구유도등을 설치해야 할 장소에 중형피난구유도등 또는 소형피난구유도등을 설치하게 할 수 있다.
2. 복합건축물의 경우, 주택의 세대 내에는 유도등을 설치하지 않을 수 있다.

(17) 소화수조 또는 저수조(★★)

표 2.1.2 소방대상물별 기준면적

소방대상물의 구분	기준면적
1. 1층 및 2층의 바닥면적의 합계가 15,000 m² 이상인 소방대상물	7,500 m²
2. 제1호에 해당하지 않는 그 밖의 소방대상물	12,500 m²

표 2.1.3.2.1 소요수량에 따른 채수구의 수

소요수량	20 m³ 이상 40 m³ 미만	40 m³ 이상 100 m³ 미만	100 m³ 이상
채수구의 수(개)	1	2	3

표 2.2.1 소요수량에 따른 가압송수장치의 1분당 양수량

소요수량	20 m³ 이상 40 m³ 미만	40 m³ 이상 100 m³ 미만	100 m³ 이상
가압송수장치의 1분당 양수량	1,100 L 이상	2,200 L 이상	3,300 L 이상

(18) 제연설비(★★★)

표 2.6.2.1 배출풍도의 크기에 따른 강판의 두께

풍도단면의 긴 변 또는 직경의 크기	450 mm 이하	450 mm 초과 750 mm 이하	750 mm 초과 1,500 mm 이하	1,500 mm 초과 2,250 mm 이하	2,250 mm 초과
강판 두께	0.5 mm	0.6 mm	0.8 mm	1.0 mm	1.2 mm

(19) 특별피난계단의 계단실 및 부속실 제연설비(★★★★★)

표 2.7.1 제연구역에 따른 방연풍속

제연구역		방연풍속
계단실 및 그 부속실을 동시에 제연하는 것 또는 계단실만 단독으로 제연하는 것		0.5 m/s 이상
부속실만 단독으로 제연하는 것	부속실이 면하는 옥내가 거실인 경우	0.7 m/s 이상
	부속실이 면하는 옥내가 복도로서 그 구조가 방화구조(내화시간이 30분 이상인 구조를 포함한다)인 것	0.5 m/s 이상

표 2.15.1.2.1 풍도의 크기에 따른 강판의 두께

풍도단면의 긴 변 또는 직경의 크기	450 mm 이하	450 mm 초과 750 mm 이하	750 mm 초과 1,500 mm 이하	1,500 mm 초과 2,250 mm 이하	2,250 mm 초과
강판 두께	0.5 mm	0.6 mm	0.8 mm	1.0 mm	1.2 mm

(20) 연결살수설비(★★★)

표 2.2.3.1 연결살수설비 전용헤드 수별 급수관의 구경

하나의 배관에 부착하는 연결살수설비 전용헤드의 개수	1개	2개	3개	4개 또는 5개	6개 이상 10개 이하
배관의 구경	32 mm	40 mm	50 mm	65 mm	80 mm

표 2.3.3.1 설치장소의 평상시 최고 주위온도에 따른 폐쇄형스프링클러헤드의 표시온도

설치장소의 최고 주위온도	표시온도
39 ℃ 미만	79 ℃ 미만
39 ℃ 이상 64 ℃ 미만	79 ℃ 이상 121 ℃ 미만
64 ℃ 이상 106 ℃ 미만	121 ℃ 이상 162 ℃ 미만
106 ℃ 이상	162 ℃ 이상

(21) 소방시설용 비상전원수전설비(★★★★★)

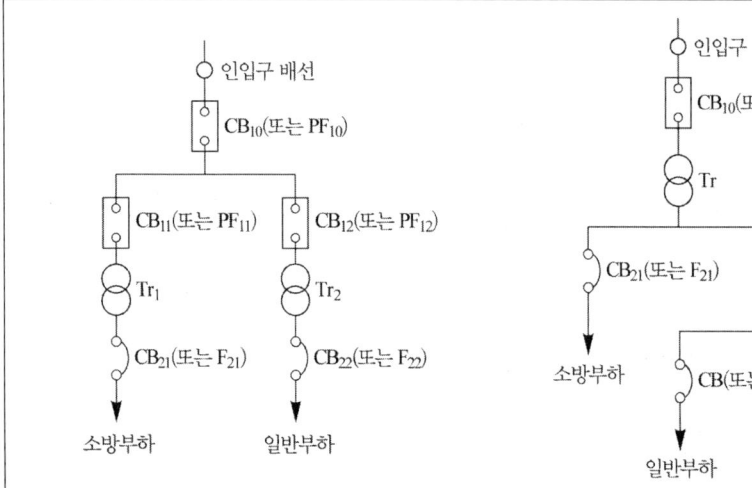

1. 전용의 전력용변압기에서 소방부하에 전원을 공급하는 경우
   가. 일반회로의 과부하 또는 단락 사고 시에 CB_{10}(또는 PF_{10})이 CB_{12}(또는 PF_{12}) 및 CB_{22}(또는 F_{22})보다 먼저 차단되어서는 안 된다.
   나. CB_{11}(또는 PF_{11})은 CB_{12}(또는 PF_{12})와 동등 이상의 차단용량일 것

2. 공용의 전력용변압기에서 소방부하에 전원을 공급하는 경우
   가. 일반회로의 과부하 또는 단락 사고 시에 CB_{10}(또는 PF_{10})이 CB_{22}(또는 F_{22}) 및 CB(또는 F)보다 먼저 차단되어서는 안 된다.
   나. CB_{21}(또는 PF_{21})은 CB_{22}(또는 F_{22})와 동등 이상의 차단용량일 것

약호	명칭	약호	명칭
CB	전력차단기	CB	전력차단기
PF	전력퓨즈(고압 또는 특별고압용)	PF	전력퓨즈(고압 또는 특별고압용)
F	퓨즈(저압용)	F	퓨즈(저압용)
Tr	전력용변압기	Tr	전력용변압기

그림 2.2.1.5 고압 또는 특별고압 수전의 전기회로

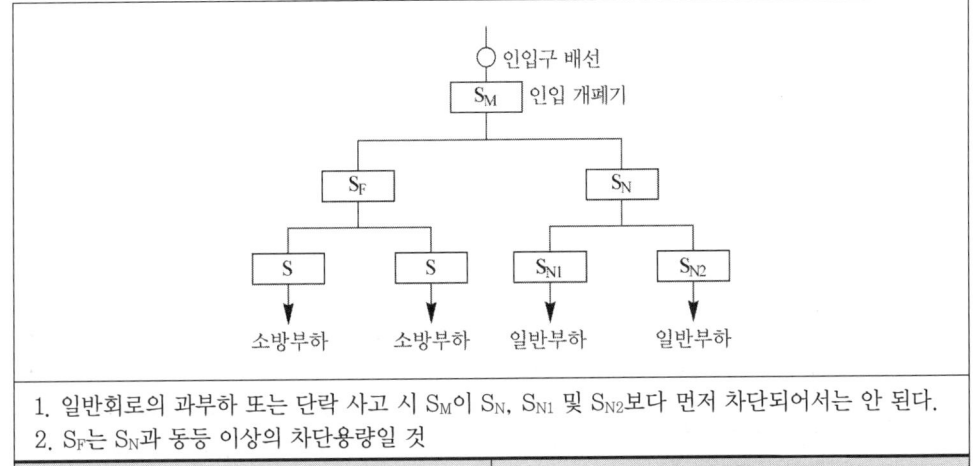

1. 일반회로의 과부하 또는 단락 사고 시 S_M이 S_N, S_{N1} 및 S_{N2}보다 먼저 차단되어서는 안 된다.
2. S_F는 S_N과 동등 이상의 차단용량일 것

약호	명칭
S	저압용개폐기 및 과전류차단기

그림 2.3.1.3.3 저압수전의 전기회로

(22) 고층건축물(★★★★★)

표 2.6.1 피난안전구역에 설치하는 소방시설의 설치기준

구분	설치기준
1. 제연설비	피난안전구역과 비 제연구역간의 차압은 50 Pa(옥내에 스프링클러설비가 설치된 경우에는 12.5 Pa) 이상으로 해야 한다. 다만 피난안전구역의 한쪽 면 이상이 외기에 개방된 구조의 경우에는 설치하지 않을 수 있다.
2. 피난유도선	피난유도선은 다음의 기준에 따라 설치해야 한다. 가. 피난안전구역이 설치된 층의 계단실 출입구에서 피난안전구역의 주 출입구 또는 비상구까지 설치할 것 나. 계단실에 설치하는 경우 계단 및 계단참에 설치할 것 다. 피난유도 표시부의 너비는 최소 25 mm 이상으로 설치할 것 라. 광원점등방식(전류에 의하여 빛을 내는 방식)으로 설치하되, 60분 이상 유효하게 작동할 것
3. 비상조명등	피난안전구역의 비상조명등은 상시 조명이 소등된 상태에서 그 비상조명등이 점등되는 경우 각 부분의 바닥에서 조도는 10 lx 이상이 될 수 있도록 설치할 것

4. 휴대용 비상조명등	가. 피난안전구역에는 휴대용비상조명등을 다음의 기준에 따라 설치해야 한다.
	  1) 초고층 건축물에 설치된 피난안전구역: 피난안전구역 위층의 재실자수(「건축물의 피난·방화구조 등의 기준에 관한 규칙」 별표 1의2에 따라 산정된 재실자 수를 말한다)의 10분의 1 이상
	  2) 지하연계 복합건축물에 설치된 피난안전구역: 피난안전구역이 설치된 층의 수용인원(영 별표 7에 따라 산정된 수용인원을 말한다)의 10분의 1 이상
	나. 건전지 및 충전식 건전지의 용량은 40분 이상 유효하게 사용할 수 있는 것으로 한다. 다만, 피난안전구역이 50층 이상에 설치되어 있을 경우의 용량은 60분 이상으로 할 것

구분	설치기준
5. 인명구조기구	가. 방열복, 인공소생기를 각 2개 이상 비치할 것 나. 45분 이상 사용할 수 있는 성능의 공기호흡기(보조마스크를 포함한다)를 2개 이상 비치해야 한다. 다만, 피난안전구역이 50층 이상에 설치되어 있을 경우에는 동일한 성능의 예비용기를 10개 이상 비치할 것 다. 화재 시 쉽게 반출할 수 있는 곳에 비치할 것 라. 인명구조기구가 설치된 장소의 보기 쉬운 곳에 "인명구조기구"라는 표지판 등을 설치할 것

(23) 지하구(★★★)

표 2.4.1.3.1 연소방지설비 전용헤드 수별 급수관의 구경

하나의 배관에 부착하는 연소방지설비 전용헤드의 개수	1개	2개	3개	4개 또는 5개	6개 이상 10개 이하
배관의 구경	32 mm	40 mm	50 mm	65 mm	80 mm

11 화재안전기준(NFPC, NFTC) 설비별 설치제외 및 감소기준

(1) 소화기구 및 자동소화장치(★★)

1) 화재안전성능기준(NFPC) 제5조(소화기의 감소)→기출 17회 설계

① 소형소화기를 설치해야 할 특정소방대상물 또는 그 부분에 옥내소화전설비·스프링클러설비·물분무등소화설비·옥외소화전설비 또는 대형소화기를 설치한 경우에는 해당 설비의 유효범위의 부분에 대하여는 제4조제1항제2호 및 제4호에 따른 소형소화기의 일부를 감소할 수 있다.

② 대형소화기를 설치해야 할 특정소방대상물 또는 그 부분에 옥내소화전설비·스프링클러설비·물분무등소화설비 또는 옥외소화전설비를 설치한 경우에는 해당 설비의 유효범위 안의 부분에 대하여는 대형소화기를 설치하지 않을 수 있다.

2) 화재안전기술기준(NFTC)

2.2.1 소형소화기를 설치해야 할 특정소방대상물 또는 그 부분에 옥내소화전설비 · 스프링클러설비 · 물분무등소화설비 · 옥외소화전설비 또는 대형소화기를 설치한 경우에는 해당 설비의 유효범위의 부분에 대하여는 2.1.1.2 및 2.1.1.3에 따른 소형소화기의 3분의 2(대형소화기를 둔 경우에는 2분의 1)를 감소할 수 있다. 다만, 층수가 11층 이상인 부분, 근린생활시설, 위락시설, 문화 및 집회시설, 운동시설, 판매시설, 운수시설, 숙박시설, 노유자시설, 의료시설, 업무시설(무인변전소를 제외한다), 방송통신시설, 교육연구시설, 항공기 및 자동차관련 시설, 관광 휴게시설은 그렇지 않다.

2.2.2 대형소화기를 설치해야 할 특정소방대상물 또는 그 부분에 옥내소화전설비·스프링클러설비·물분무등소화설비 또는 옥외소화전설비를 설치한 경우에는 해당 설비의 유효범위 안의 부분에 대하여는 대형소화기를 설치하지 않을 수 있다.

(2) 옥내소화전설비(★★★★)

1) 화재안전성능기준(NFPC) 제11조(방수구의 설치 제외)

불연재료로 된 특정소방대상물 또는 그 부분으로서 옥내소화전설비 작동 시 소화효과를 기대할 수 없는 장소이거나 2차 피해가 예상되는 장소 또는 화재발생 위험이 적은 장소에는 옥내소화전 방수구를 설치하지 않을 수 있다.

2) 화재안전기술기준(NFTC) 2.8 방수구의 설치제외→기출 12회 설계

2.8.1 불연재료로 된 특정소방대상물 또는 그 부분으로서 다음의 어느 하나에 해당하는 곳에는 옥내소화전 방수구를 설치하지 않을 수 있다.

    2.8.1.1 냉장창고 중 온도가 영하인 냉장실 또는 냉동창고의 냉동실

    2.8.1.2 고온의 노가 설치된 장소 또는 물과 격렬하게 반응하는 물품의 저장 또는 취급 장소

    2.8.1.3 발전소·변전소 등으로서 전기시설이 설치된 장소

    2.8.1.4 식물원·수족관·목욕실·수영장(관람석 부분을 제외한다) 또는 그 밖의 이와 비슷한 장소

    2.8.1.5 야외음악당·야외극장 또는 그 밖의 이와 비슷한 장소

(3) 스프링클러설비(★★★)

1) 화재안전성능기준(NFPC) 제15조(헤드의 설치제외)

① 스프링클러설비를 설치해야 할 특정소방대상물에 있어서 스프링클러설비 작동 시 소화효과를 기대할 수 없는 장소이거나 2차 피해가 예상되는 장소 또는 화재 발생 위험이 적은 장소에는 스프링클러헤드를 설치하지 않을 수 있다.

② 제10조제7항제2호의 연소할 우려가 있는 개구부에 드렌처설비를 적합하게 설치한 경우에는 해당 개구부에 한하여 스프링클러헤드를 설치하지 않을 수 있다.

2) 화재안전기술기준(NFTC) 2.12 헤드의 설치제외

2.12.1 스프링클러설비를 설치해야 할 특정소방대상물에 있어서 다음의 어느 하나에 해당하는 장소에는 스프링클러헤드를 설치하지 않을 수 있다.

    2.12.1.1 계단실(특별피난계단의 부속실을 포함한다)·경사로·승강기의 승강로·비상용승강기의 승강장·파이프덕트 및 덕트피트(파이프·덕트를 통과시키기 위한 구획된 구멍에 한한다)·목욕실·수영장(관람석부분을 제외한다)·화장실·직접 외기에 개방되어 있는 복도·기타 이와 유사한 장소

2.12.1.2 통신기기실 · 전자기기실 · 기타 이와 유사한 장소

2.12.1.3 발전실 · 변전실 · 변압기 · 기타 이와 유사한 전기설비가 설치되어 있는 장소

2.12.1.4 병원의 수술실 · 응급처치실 · 기타 이와 유사한 장소

2.12.1.5 천장과 반자 양쪽이 불연재료로 되어 있는 경우로서 그 사이의 거리 및 구조가 다음의 어느 하나에 해당하는 부분

2.12.1.5.1 천장과 반자 사이의 거리가 2 m 미만인 부분

2.12.1.5.2 천장과 반자 사이의 벽이 불연재료이고 천장과 반자사이의 거리가 2 m 이상으로서 그 사이에 가연물이 존재하지 않는 부분

2.12.1.6 천장 · 반자 중 한쪽이 불연재료로 되어 있고 천장과 반자사이의 거리가 1 m 미만인 부분

2.12.1.7 천장 및 반자가 불연재료 외의 것으로 되어 있고 천장과 반자사이의 거리가 0.5 m 미만인 부분

2.12.1.8 펌프실 · 물탱크실 엘리베이터 권상기실 그 밖의 이와 비슷한 장소

2.12.1.9 현관 또는 로비 등으로서 바닥으로부터 높이가 20 m 이상인 장소

2.12.1.10 영하의 냉장창고의 냉장실 또는 냉동창고의 냉동실

2.12.1.11 고온의 노가 설치된 장소 또는 물과 격렬하게 반응하는 물품의 저장 또는 취급장소

2.12.1.12 불연재료로 된 특정소방대상물 또는 그 부분으로서 다음의 어느 하나에 해당하는 장소 → 기출 25회 설계

2.12.1.12.1 정수장 · 오물처리장 그 밖의 이와 비슷한 장소

2.12.1.12.2 펄프공장의 작업장 · 음료수공장의 세정 또는 충전하는 작업장 그 밖의 이와 비슷한 장소

2.12.1.12.3 불연성의 금속 · 석재 등의 가공공장으로서 가연성물질을 저장 또는 취급하지 않는 장소

2.12.1.12.4 가연성 물질이 존재하지 않는 「건축물의 에너지절약설계기준」에 따른 방풍실

2.12.1.13 실내에 설치된 테니스장 · 게이트볼장 · 정구장 또는 이와 비슷한 장소로서 실내 바닥 · 벽 · 천장이 불연재료 또는 준불연재료로 구성되어 있고 가연물이 존재하지 않는 장소로서 관람석이 없는 운동시설(지하층은 제외한다)

2.12.2 2.7.7.6의 연소할 우려가 있는 개구부에 다음의 기준에 따른 드렌처설비를 설치한 경우에는 해당 개구부에 한하여 스프링클러헤드를 설치하지 않을 수 있다.

2.12.2.1 드렌처헤드는 개구부 위 측에 2.5 m 이내마다 1개를 설치할 것

2.12.2.2 제어밸브(일제개방밸브·개폐표시형밸브 및 수동조작부를 합한 것을 말한다. 이하 같다)는 특정소방대상물 층마다에 바닥 면으로부터 0.8 m 이상 1.5 m 이하의 위치에 설치할 것

2.12.2.3 수원의 수량은 드렌처헤드가 가장 많이 설치된 제어밸브의 드렌처헤드의 설치개수에 1.6 m3를 곱하여 얻은 수치 이상이 되도록 할 것

2.12.2.4 드렌처설비는 드렌처헤드가 가장 많이 설치된 제어밸브에 설치된 드렌처헤드를 동시에 사용하는 경우에 각각의 헤드선단에 방수압력이 0.1 MPa 이상, 방수량이 80 L/min 이상이 되도록 할 것

2.12.2.5 수원에 연결하는 가압송수장치는 점검이 쉽고 화재 등의 재해로 인한 피해우려가 없는 장소에 설치할 것

(4) 화재조기진압용 스프링클러설비(★★★)

1) 화재안전성능기준(NFPC) 제17조(설치제외)

제4류 위험물 또는 타이어, 두루마리 종이 및 섬유류, 섬유제품 등 연소 시 화염의 확산속도가 빠르고 방사된 물이 하부까지에 도달하지 못하는 것에 해당하는 물품의 경우에는 화재조기진압용 스프링클러를 설치해서는 안 된다.

2) 화재안전기술기준(NFTC) 2.14 설치제외→기출 17회 점검

2.14.1 다음의 기준에 해당하는 물품의 경우에는 화재조기진압용 스프링클러를 설치해서는 안 된다. 다만, 물품에 대한 화재시험등 공인기관의 시험을 받은 것은 제외한다.
  (1) 제4류 위험물
  (2) 타이어, 두루마리 종이 및 섬유류, 섬유제품 등 연소 시 화염의 속도가 빠르고 방사된 물이 하부까지에 도달하지 못하는 것

(5) 물분무소화설비(★★★★★)

1) 화재안전성능기준(NFPC) 제15조(물분무헤드의 설치제외)

물에 심하게 반응하는 물질, 고온의 물질 또는 직접 분무를 하는 경우 그 부분에 손상을 입힐 우려가 있는 기계장치 등이 있는 장소에는 물분무헤드를 설치하지 않을 수 있다.

2) 화재안전기술기준(NFTC) 2.12 물분무헤드의 설치제외

2.12.1 다음의 장소에는 물분무헤드를 설치하지 않을 수 있다.
  2.12.1.1 물에 심하게 반응하는 물질 또는 물과 반응하여 위험한 물질을 생성하는 물질을 저장 또는 취급하는 장소
  2.12.1.2 고온의 물질 및 증류범위가 넓어 끓어 넘치는 위험이 있는 물질을 저장 또는 취급하는 장소

2.12.1.3 운전시에 표면의 온도가 260 ℃ 이상으로 되는 등 직접 분무를 하는 경우 그 부분에 손상을 입힐 우려가 있는 기계장치 등이 있는 장소

(6) 이산화탄소소화설비(★★★★★)

1) 화재안전성능기준(NFPC) 제11조(분사헤드 설치제외)

이산화탄소소화설비의 분사헤드는 사람이 상시 근무하거나 다수인이 출입·통행하는 곳과 자기연소성물질 또는 활성금속물질 등을 저장하는 장소에는 설치해서는 안 된다.

2) 화재안전기술기준(NFTC) 2.8 분사헤드 설치제외→기출 21회 설계

2.8.1 이산화탄소소화설비의 분사헤드는 다음의 장소에 설치해서는 안 된다.
    2.8.1.1 방재실·제어실 등 사람이 상시 근무하는 장소
    2.8.1.2 니트로셀룰로스·셀룰로이드제품 등 자기연소성물질을 저장·취급하는 장소
    2.8.1.3 나트륨·칼륨·칼슘 등 활성금속물질을 저장·취급하는 장소
    2.8.1.4 전시장 등의 관람을 위하여 다수인이 출입·통행하는 통로 및 전시실 등

(7) 할로겐화합물 및 불활성기체 소화설비(★★★★★)

1) 화재안전성능기준(NFPC) 제5조(설치제외)

할로겐화합물 및 불활성기체소화설비는 사람이 상주하는 곳으로 최대허용 설계농도를 초과하는 장소 또는 소화성능이 인정되지 않는 위험물을 저장·보관·사용하는 장소 등에는 설치할 수 없다.

2) 화재안전기술기준(NFTC) 2.2 설치제외→기출 10회 설계

2.2.1 할로겐화합물 및 불활성기체소화설비는 다음의 장소에는 설치할 수 없다.
    2.2.1.1 사람이 상주하는 곳으로써 2.4.2의 최대허용 설계농도를 초과하는 장소
    2.2.1.2 「위험물안전관리법 시행령」 별표 1의 제3류위험물 및 제5류위험물을 저장·보관·사용하는 장소. 다만, 소화성능이 인정되는 위험물은 제외한다.

(8) 고체에어로졸소화설비(★★★★★)

1) 화재안전성능기준(NFPC) 제5조(설치제외)

고체에어로졸소화설비는 산화성 물질, 자기반응성 금속, 금속 수소화물 또는 자동 열분해를 하는 화학물질 등을 포함한 화재와 폭발성 물질이 대기에 존재할 가능성이 있는 장소 등에는 사용할 수 없다.

2) 화재안전기술기준(NFTC) 2.2 설치제외

2.2.1 고체에어로졸소화설비는 다음의 물질을 포함한 화재 또는 장소에는 사용할 수 없다. 다만, 그 사용에 대한 국가 공인시험기관의 인증이 있는 경우에는 그렇지 않다.
    2.2.1.1 니트로셀룰로오스, 화약 등의 산화성 물질
    2.2.1.2 리튬, 나트륨, 칼륨, 마그네슘, 티타늄, 지르코늄, 우라늄 및 플루토늄과

같은 자기반응성 금속

2.2.1.3 금속 수소화물

2.2.1.4 유기 과산화수소, 히드라진 등 자동 열분해를 하는 화학물질

2.2.1.5 가연성 증기 또는 분진 등 폭발성 물질이 대기에 존재할 가능성이 있는 장소

(9) 자동화재탐지설비 및 시각경보장치(★★★★★)

1) 화재안전성능기준(NFPC) 제7조(감지기)

⑤ 화재발생을 유효하게 감지할 수 없는 장소 또는 감지기의 기능이 정지되기 쉽거나 화재 발생의 위험이 적은 장소로서 감지기의 유지관리가 어려운 장소 등에는 감지기를 설치하지 않을 수 있다.

2) 화재안전기술기준(NFTC)

2.4.5 다음의 장소에는 감지기를 설치하지 않을 수 있다.

2.4.5.1 천장 또는 반자의 높이가 20 m 이상인 장소. 다만, 2.4.1 단서의 감지기로서 부착 높이에 따라 적응성이 있는 장소는 제외한다.

2.4.5.2 헛간 등 외부와 기류가 통하는 장소로서 감지기에 따라 화재 발생을 유효하게 감지할 수 없는 장소

2.4.5.3 부식성가스가 체류하고 있는 장소

2.4.5.4 고온도 및 저온도로서 감지기의 기능이 정지되기 쉽거나 감지기의 유지관리가 어려운 장소

2.4.5.5 목욕실·욕조나 샤워시설이 있는 화장실·기타 이와 유사한 장소

2.4.5.6 파이프덕트 등 그 밖의 이와 비슷한 것으로서 2개 층마다 방화구획된 것이나 수평단면적이 5 m^2 이하인 것

2.4.5.7 먼지·가루 또는 수증기가 다량으로 체류하는 장소 또는 주방 등 평상시 연기가 발생하는 장소(연기감지기에 한한다)

2.4.5.8 프레스공장·주조공장 등 화재 발생의 위험이 적은 장소로서 감지기의 유지관리가 어려운 장소

(10) 누전경보기(★★★★★)

1) 화재안전성능기준(NFPC) 제5조(수신부)

② 누전경보기의 수신부는 화재, 부식, 폭발의 위험성이 없고, 습도, 온도, 대전류 또는 고주파 등에 의한 영향을 받지 않는 장소에 설치해야 한다.

2) 화재안전기술기준(NFTC) → 기출 1회 점검

2.2.2 누전경보기의 수신부는 다음의 장소 이외의 장소에 설치해야 한다. 다만, 해당 누전경보기에 대하여 방폭·방식·방습·방온·방진 및 정전기 차폐 등의 방호조치를 한 것은 그렇지 않다.

2.2.2.1 가연성의 증기 · 먼지 · 가스 등이나 부식성의 증기 · 가스 등이 다량으로 체류하는 장소

2.2.2.2 화약류를 제조하거나 저장 또는 취급하는 장소

2.2.2.3 습도가 높은 장소

2.2.2.4 온도의 변화가 급격한 장소

2.2.2.5 대전류회로 · 고주파 발생회로 등에 따른 영향을 받을 우려가 있는 장소

(11) 가스누설경보기(★)

1) 화재안전성능기준(NFPC) 제6조(설치장소)

분리형 경보기의 탐지부 및 단독형 경보기는 외부의 기류가 통하는 곳, 연소기의 폐가스에 접촉하기 쉬운 곳 등 누설가스를 유효하게 탐지하기 어려운 장소 이외의 장소에 설치해야 한다.

2) 화재안전기술기준(NFTC) 2.3 설치장소→기출 22회 점검

2.3.1 분리형 경보기의 탐지부 및 단독형 경보기는 다음의 장소 이외의 장소에 설치해야 한다.

2.3.1.1 출입구 부근 등으로서 외부의 기류가 통하는 곳

2.3.1.2 환기구 등 공기가 들어오는 곳으로부터 1.5 m 이내인 곳

2.3.1.3 연소기의 폐가스에 접촉하기 쉬운 곳

2.3.1.4 가구·보·설비 등에 가려져 누설가스의 유통이 원활하지 못한 곳

2.3.1.5 수증기 또는 기름 섞인 연기 등이 직접 접촉될 우려가 있는 곳

(12) 피난기구(★★★★★)

1) 화재안전성능기준(NFPC) 제6조(설치제외)

영 별표 5 제14호 피난구조설비의 설치면제 요건의 규정에 따라 피난 상 지장이 없다고 인정되는 특정소방대상물 또는 그 부분에는 피난기구를 설치하지 않을 수 있다. 다만, 제4조제2항제2호에 따라 숙박시설(휴양콘도미니엄을 제외한다)에 설치되는 완강기 및 간이완강기의 경우에는 그렇지 않다.

2) 화재안전성능기준(NFPC) 제7조(피난기구설치의 감소)

① 피난기구를 설치해야 할 특정소방대상물 중 주요구조부가 내화구조이고, 피난계단 또는 특별피난계단이 둘 이상 설치되어 있는 층에는 제5조제2항에 따른 피난기구의 일부를 감소할 수 있다.

② 피난기구를 설치해야 할 특정소방대상물 중 주요구조부가 내화구조이고 건널 복도가 설치되어 있는 층에는 제5조제2항에 따른 피난기구의 일부를 감소할 수 있다.

③ 피난기구를 설치해야 할 특정소방대상물 중 피난에 유효한 노대가 설치된 거실의 바닥면적은 제5조제2항에 따른 피난기구의 설치개수 산정을 위한 바닥면적에서 이를 제외한다.

3) 화재안전기술기준(NFTC) 2.2 설치제외

2.2.1 영 별표 5 제14호 피난구조설비의 설치면제 요건의 규정에 따라 다음의 어느 하나에 해당하는 특정소방대상물 또는 그 부분에는 피난기구를 설치하지 않을 수 있다. 다만, 2.1.2.2에 따라 숙박시설(휴양콘도미니엄을 제외한다)에 설치되는 완강기 및 간이완강기의 경우에는 그렇지 않다.

2.2.1.1 다음의 기준에 적합한 층
2.2.1.1.1 주요구조부가 내화구조로 되어 있어야 할 것
2.2.1.1.2 실내의 면하는 부분의 마감이 불연재료·준불연재료 또는 난연재료로 되어 있고 방화구획이 「건축법 시행령」 제46조의 규정에 적합하게 구획되어 있어야 할 것
2.2.1.1.3 거실의 각 부분으로부터 직접 복도로 쉽게 통할 수 있어야 할 것
2.2.1.1.4 복도에 2 이상의 피난계단 또는 특별피난계단이 「건축법 시행령」 제35조에 적합하게 설치되어 있어야 할 것
2.2.1.1.5 복도의 어느 부분에서도 2 이상의 방향으로 각각 다른 계단에 도달할 수 있어야 할 것

2.2.1.2 다음의 기준에 적합한 특정소방대상물 중 그 옥상의 직하층 또는 최상층(문화 및 집회시설, 운동시설 또는 판매시설을 제외한다)
2.2.1.2.1 주요구조부가 내화구조로 되어 있어야 할 것
2.2.1.2.2 옥상의 면적이 1,500 ㎡ 이상이어야 할 것
2.2.1.2.3 옥상으로 쉽게 통할 수 있는 창 또는 출입구가 설치되어 있어야 할 것
2.2.1.2.4 옥상이 소방사다리차가 쉽게 통행할 수 있는 도로(폭 6 m 이상의 것을 말한다. 이하 같다) 또는 공지(공원 또는 광장 등을 말한다. 이하 같다)에 면하여 설치되어 있거나 옥상으로부터 피난층 또는 지상으로 통하는 2 이상의 피난계단 또는 특별피난계단이 「건축법 시행령」 제35조의 규정에 적합하게 설치되어 있어야 할 것

2.2.1.3 주요구조부가 내화구조이고 지하층을 제외한 층수가 4층 이하이며 소방사다리차가 쉽게 통행할 수 있는 도로 또는 공지에 면하는 부분에 영 제2조제1호 각 목의 기준에 적합한 개구부가 2 이상 설치되어 있는 층(문화집회 및 운동시설·판매시설 및 영업시설 또는 노유자시설의 용도로 사용되는 층으로서 그 층의 바닥면적이 1,000 ㎡ 이상인 것을 제외한다)

2.2.1.4 갓복도식 아파트 또는 「건축법 시행령」 제46조제5항에 해당하는 구조 또는 시설을 설치하여 인접(수평 또는 수직)세대로 피난할 수 있는 아파트

2.2.1.5 주요구조부가 내화구조로서 거실의 각 부분으로 직접 복도로 피난할 수

있는 학교(강의실 용도로 사용되는 층에 한한다)
2.2.1.6 무인공장 또는 자동창고로서 사람의 출입이 금지된 장소(관리를 위하여 일시적으로 출입하는 장소를 포함한다)
2.2.1.7 건축물의 옥상부분으로서 거실에 해당하지 아니하고 「건축법 시행령」 제119조제1항제9호에 해당하여 층수로 산정된 층으로 사람이 근무하거나 거주하지 않는 장소

4) 화재안전기술기준(NFTC) 2.3 피난기구 설치의 감소→기출 15회 점검

2.3.1 피난기구를 설치하여야 할 특정소방대상물중 다음의 기준에 적합한 층에는 2.1.2에 따른 피난기구의 2분의 1을 감소할 수 있다. 이 경우 설치하여야 할 피난기구의 수에 있어서 소수점 이하의 수는 1로 한다.
2.3.1.1 주요구조부가 내화구조로 되어 있을 것
2.3.1.2 직통계단인 피난계단 또는 특별피난계단이 2 이상 설치되어 있을 것

2.3.2 피난기구를 설치해야 할 소방대상물 중 주요구조부가 내화구조이고 다음의 기준에 적합한 건널 복도가 설치되어 있는 층에는 2.1.2에 따른 피난기구의 수에서 해당 건널 복도의 수의 2배의 수를 뺀 수로 한다.
2.3.2.1 내화구조 또는 철골조로 되어 있을 것
2.3.2.2 건널 복도 양단의 출입구에 자동폐쇄장치를 한 60분+ 방화문 또는 60분 방화문(방화셔터를 제외한다)이 설치되어 있을 것
2.3.2.3 피난·통행 또는 운반의 전용 용도일 것

2.3.3 피난기구를 설치하여야 할 특정소방대상물 중 다음의 기준에 적합한 노대가 설치된 거실의 바닥면적은 2.1.2에 따른 피난기구의 설치개수 산정을 위한 바닥면적에서 이를 제외한다.
2.3.3.1 노대를 포함한 특정소방대상물의 주요구조부가 내화구조일 것
2.3.3.2 노대가 거실의 외기에 면하는 부분에 피난 상 유효하게 설치되어 있어야 할 것
2.3.3.3 노대가 소방사다리차가 쉽게 통행할 수 있는 도로 또는 공지에 면하여 설치되어 있거나, 거실부분과 방화 구획되어 있거나 또는 노대에 지상으로 통하는 계단 그 밖의 피난기구가 설치되어 있어야 할 것

(13) 유도등 및 유도표지(★★★★★)

1) 화재안전성능기준(NFPC) 제11조(유도등 및 유도표지의 제외)
① 바닥면적이 1,000제곱미터 미만인 층으로서 옥내로부터 직접 지상으로 통하는 출입구 또는 거실 각 부분으로부터 쉽게 도달할 수 있는 출입구 등의 경우에는 피난구유도등을 설치하지 않을 수 있다.

② 구부러지지 아니한 복도 또는 통로로서 그 길이가 30미터 미만인 복도 또는 통로 등의 경우에는 통로유도등을 설치하지 않을 수 있다.

③ 주간에만 사용하는 장소로서 채광이 충분한 객석 등의 경우에는 객석유도등을 설치하지 않을 수 있다.

④ 유도등이 제5조와 제6조에 따라 적합하게 설치된 출입구·복도·계단 및 통로 등의 경우에는 유도표지를 설치하지 않을 수 있다.

2) 화재안전기술기준(NFTC) 2.8 유도등 및 유도표지의 제외

2.8.1 다음의 어느 하나에 해당하는 경우에는 피난구유도등을 설치하지 않을 수 있다.

→ 기출 12회 점검

2.8.1.1 바닥면적이 1,000 m² 미만인 층으로서 옥내로부터 직접 지상으로 통하는 출입구(외부의 식별이 용이한 경우에 한한다)

2.8.1.2 대각선 길이가 15 m 이내인 구획된 실의 출입구

2.8.1.3 거실 각 부분으로부터 하나의 출입구에 이르는 보행거리가 20 m 이하이고 비상조명등과 유도표지가 설치된 거실의 출입구

2.8.1.4 출입구가 3개소 이상 있는 거실로서 그 거실 각 부분으로부터 하나의 출입구에 이르는 보행거리가 30 m 이하인 경우에는 주된 출입구 2개소 외의 출입구(유도표지가 부착된 출입구를 말한다). 다만, 공연장·집회장·관람장·전시장·판매시설·운수시설·숙박시설·노유자시설·의료시설·장례식장의 경우에는 그렇지 않다.

2.8.2 다음의 어느 하나에 해당하는 경우에는 통로유도등을 설치하지 않을 수 있다.

2.8.2.1 구부러지지 아니한 복도 또는 통로로서 길이가 30 m 미만인 복도 또는 통로

2.8.2.2 2.8.2.1에 해당하지 않는 복도 또는 통로로서 보행거리가 20 m 미만이고 그 복도 또는 통로와 연결된 출입구 또는 그 부속실의 출입구에 피난구유도등이 설치된 복도 또는 통로

2.8.3 다음의 어느 하나에 해당하는 경우에는 객석유도등을 설치하지 않을 수 있다.

2.8.3.1 주간에만 사용하는 장소로서 채광이 충분한 객석

2.8.3.2 거실 등의 각 부분으로부터 하나의 거실출입구에 이르는 보행거리가 20 m 이하인 객석의 통로로서 그 통로에 통로유도등이 설치된 객석

2.8.4 다음의 어느 하나에 해당하는 경우에는 유도표지를 설치하지 않을 수 있다.

2.8.4.1 유도등이 2.2와 2.3에 따라 적합하게 설치된 출입구·복도·계단 및 통로

2.8.4.2 2.8.1.1·2.8.1.2와 2.8.2에 해당하는 출입구·복도·계단 및 통로

(14) 비상조명등(★★★★★)
　1) 화재안전성능기준(NFPC) 제5조(비상조명등의 제외)
　　① 거실의 각 부분으로부터 하나의 출입구에 이르는 보행거리가 15미터 이내인 부분 또는 의원·경기장·공동주택·의료시설·학교의 거실 등의 경우에는 비상조명등을 설치하지 않을 수 있다.
　　② 지상 1층 또는 피난층으로서 복도나 통로 또는 창문 등의 개구부를 통하여 피난이 용이한 경우와 숙박시설로서 복도에 비상조명등을 설치한 경우에는 휴대용비상조명등을 설치하지 않을 수 있다.

　2) 화재안전기술기준(NFTC) 2.2 비상조명등의 제외
　　2.2.1 다음의 어느 하나에 해당하는 경우에는 비상조명등을 설치하지 않을 수 있다.
　　　　2.2.1.1 거실의 각 부분으로부터 하나의 출입구에 이르는 보행거리가 15 m 이내인 부분
　　　　2.2.1.2 의원 · 경기장 · 공동주택 · 의료시설 · 학교의 거실
　　2.2.2 지상 1층 또는 피난층으로서 복도나 통로 또는 창문 등의 개구부를 통하여 피난이 용이한 경우 숙박시설로서 복도에 비상조명등을 설치한 경우에는 휴대용비상조명등을 설치하지 않을 수 있다.

(15) 제연설비(★★★)
　1) 화재안전성능기준(NFPC) 제12조(설치제외)→기출 16회 점검
　　제연설비를 설치해야 할 특정소방대상물 중 화장실·목욕실·주차장·발코니를 설치한 숙박시설(가족호텔 및 휴양콘도미니엄에 한 한다)의 객실과 사람이 상주하지 않는 기계실·전기실·공조실·50제곱미터 미만의 창고 등으로 사용되는 부분에 대하여는 배출구와 공기유입구의 설치 및 배출량 산정에서 이를 제외할 수 있다.

　2) 화재안전기술기준(NFTC) 2.9 설치제외
　　2.9.1 제연설비를 설치해야 할 특정소방대상물 중 화장실 · 목욕실 · 주차장 · 발코니를 설치한 숙박시설(가족호텔 및 휴양콘도미니엄에 한한다)의 객실과 사람이 상주하지 않는 기계실 · 전기실 · 공조실 · 50 m^2 미만의 창고 등으로 사용되는 부분에 대하여는 배출구 · 공기유입구의 설치 및 배출량 산정에서 이를 제외할 수 있다.

(15) 연결송수관설비(★★★)
　1) 화재안전기술기준(NFTC)
　　2.3.1.1 연결송수관설비의 방수구는 그 특정소방대상물의 층마다 설치할 것. 다만, 다음의 어느 하나에 해당하는 층에는 설치하지 않을 수 있다.
　　　(1) 아파트의 1층 및 2층
　　　(2) 소방차의 접근이 가능하고 소방대원이 소방차로부터 각 부분에 쉽게 도달할

수 있는 피난층

(3) 송수구가 부설된 옥내소화전을 설치한 특정소방대상물(집회장·관람장·백화점·도매시장·소매시장·판매시설·공장·창고시설 또는 지하가를 제외한다)로서 다음의 어느 하나에 해당하는 층

(3-1) 지하층을 제외한 층수가 4층 이하이고 연면적이 6,000 m² 미만인 특정소방대상물의 지상층

(3-2) 지하층의 층수가 2 이하인 특정소방대상물의 지하층

(16) 연결살수설비(★)

1) 화재안전성능기준(NFPC) 제7조(헤드의 설치제외)

연결살수설비를 설치해야 할 특정소방대상물 또는 그 부분으로서 연결살수설비 작동 시 소화효과를 기대할 수 없는 장소이거나 2차 피해가 예상되는 장소 또는 화재발생 위험이 적은 장소에는 연결살수설비의 헤드를 설치하지 않을 수 있다.

2) 화재안전기술기준(NFTC) 2.4 헤드의 설치제외

2.4.1 연결살수설비를 설치해야 할 특정소방대상물 또는 그 부분으로서 다음의 어느 하나에 해당하는 장소에는 연결살수설비의 헤드를 설치하지 않을 수 있다.

2.4.1.1 상점(영 별표 2 제5호와 제6호의 판매시설과 운수시설을 말하며, 바닥면적이 150 m² 이상인 지하층에 설치된 것을 제외한다)으로서 주요구조부가 내화구조 또는 방화구조로 되어 있고 바닥면적이 500 m² 미만으로 방화구획되어 있는 특정소방대상물 또는 그 부분

2.4.1.2 계단실(특별피난계단의 부속실을 포함한다)·경사로·승강기의 승강로·파이프덕트·목욕실·수영장(관람석부분을 제외한다)·화장실·직접 외기에 개방되어 있는 복도 그 밖의 이와 유사한 장소

2.4.1.3 통신기기실·전자기기실·기타 이와 유사한 장소

2.4.1.4 발전실·변전실·변압기·기타 이와 유사한 전기설비가 설치되어 있는 장소

2.4.1.5 병원의 수술실·응급처치실·기타 이와 유사한 장소

2.4.1.6 천장과 반자 양쪽이 불연재료로 되어 있는 경우로서 그 사이의 거리 및 구조가 다음의 어느 하나에 해당하는 부분

2.4.1.6.1 천장과 반자사이의 거리가 2 m 미만인 부분

2.4.1.6.2 천장과 반자사이의 벽이 불연재료이고 천장과 반자사이의 거리가 2 m 이상으로서 그 사이에 가연물이 존재하지 않는 부분

2.4.1.7 천장·반자 중 한쪽이 불연재료로 되어 있고 천장과 반자사이의 거리가 1 m 미만인 부분

2.4.1.8 천장 및 반자가 불연재료외의 것으로 되어 있고 천장과 반자사이의 거리가 0.5 m 미만인 부분

2.4.1.9 펌프실·물탱크실 그 밖의 이와 비슷한 장소

2.4.1.10 현관 또는 로비 등으로서 바닥으로부터 높이가 20 m 이상인 장소

2.4.1.11 냉장창고의 영하의 냉장실 또는 냉동창고의 냉동실

2.4.1.12 고온의 노가 설치된 장소 또는 물과 격렬하게 반응하는 물품의 저장 또는 취급장소

2.4.1.13 불연재료로 된 특정소방대상물 또는 그 부분으로서 다음의 어느 하나에 해당하는 장소

2.4.1.13.1 정수장·오물처리장 그 밖의 이와 비슷한 장소

2.4.1.13.2 펄프공장의 작업장·음료수공장의 세정 또는 충전하는 작업장 그 밖의 이와 비슷한 장소

2.4.1.13.3 불연성의 금속·석재 등의 가공공장으로서 가연성물질을 저장 또는 취급하지 않는 장소

2.4.1.14 실내에 설치된 테니스장·게이트볼장·정구장 또는 이와 비슷한 장소로서 실내바닥·벽·천장이 불연재료 또는 준불연재료로 구성되어 있고 가연물이 존재하지 않는 장소로서 관람석이 없는 운동시설 부분(지하층은 제외한다)

(17) 무선통신보조설비(★★★)

1) 화재안전성능기준(NFPC) 제4조(설치제외)→기출 17회 점검

지하층으로서 특정소방대상물의 바닥부분 2면 이상이 지표면과 동일하거나 지표면으로부터의 깊이가 1미터 이하인 경우에는 해당 층에 한해 무선통신보조설비를 설치하지 아니할 수 있다.

2) 화재안전기술기준(NFTC) 2.1 무선통신보조설비의 설치제외

2.1.1 지하층으로서 특정소방대상물의 바닥부분 2면 이상이 지표면과 동일하거나 지표면으로부터의 깊이가 1 m 이하인 경우에는 해당 층에 한해 무선통신보조설비를 설치하지 아니할 수 있다.

(18) 지하구

1) 화재안전기술기준(NFTC)

2.1.2 지하구 내 발전실·변전실·송전실·변압기실·배전반실·통신기기실·전산기기실·기타 이와 유사한 시설이 있는 장소 중 바닥면적이 300 m² 미만인 곳에는 유효설치 방호체적 이내의 가스·분말·고체에어로졸·캐비닛형 자동소화장치를 설치해야 한다. 다만, 해당 장소에 물분무등소화설비를 설치한 경우에는 설치하지 않을 수 있다.

(20) 건설현장(★★★)

1) 화재안전성능기준(NFPC)

설비	설치제외
제6조 (간이소화장치)	영 제18조제2항 별표 8 제3호가목에 따라 당해 특정소방대상물에 설치되는 다음 각 목의 소방시설을 사용승인 전이라도 「소방시설공사업법」 제14조에 따른 완공검사(이하 "완공검사"라 한다)를 받아 사용할 수 있게 된 경우 간이소화장치를 배치하지 않을 수 있다. 가. 옥내소화전설비 나. 연결송수관설비와 연결송수관설비의 방수구 인근에 대형소화기를 6개 이상 배치한 경우
제7조 (비상경보장치)	영 제18조제2항 별표 8 제3호나목에 따라 당해 특정소방대상물에 설치되는 자동화재탐지설비 또는 비상방송설비를 사용승인 전이라도 완공검사를 받아 사용할 수 있게 된 경우 비상경보장치를 설치하지 않을 수 있다.
제9조 (간이피난유도선)	영 제18조제2항 별표 8 제3호다목에 따라 당해 특정소방대상물에 설치되는 피난유도선, 피난구유도등, 통로유도등 또는 비상조명등을 사용승인 전이라도 완공검사를 받아 사용할 수 있게 된 경우 간이피난유도선을 설치하지 않을 수 있다.

12 소방시설법 시행령 [별표 4] 〈개정 2024. 5. 7.〉

특정소방대상물의 관계인이 특정소방대상물에 설치·관리해야 하는 소방시설의 종류
(제11조 관련)

(1) 소화설비

가. 화재안전기준에 따라 소화기구를 설치하여야 하는 특정소방대상물은 다음의 어느 하나와 같다.

1) 연면적 33 ㎡ 이상인 것. 다만, 노유자시설의 경우에는 투척용 소화용구 등을 화재안전기준에 따라 산정된 소화기 수량의 2분의 1 이상으로 설치할 수 있다.

2) 1)에 해당하지 않는 시설로서 가스시설, 발전시설 중 전기저장시설 및 국가유산

3) 터널

4) 지하구

나. 자동소화장치를 설치해야 하는 특정소방대상물은 다음의 어느 하나에 해당하는 특정소방대상물 중 후드 및 덕트가 설치되어 있는 주방이 있는 특정소방대상물로 한다. 이 경우 해당 주방에 자동소화장치를 설치해야 한다.

1) 주거용 주방자동소화장치를 설치해야 하는 것: 아파트등 및 오피스텔의 모든 층
2) 상업용 주방자동소화장치를 설치해야 하는 것[시행일: 2023. 12. 1.]
   가) 판매시설 중「유통산업발전법」제2조제3호에 해당하는 대규모점포에 입점해 있는 일반음식점
   나)「식품위생법」제2조제12호에 따른 집단급식소
3) 캐비닛형 자동소화장치, 가스자동소화장치, 분말자동소화장치 또는 고체에어로졸자동소화장치를 설치해야 하는 것: 화재안전기준에서 정하는 장소

다. 옥내소화전설비를 설치해야 하는 특정소방대상물은 다음의 어느 하나에 해당하는 것으로 한다. 다만, 위험물 저장 및 처리 시설 중 가스시설, 지하구 및 업무시설 중 무인변전소(방재실 등에서 스프링클러설비 또는 물분무등소화설비를 원격으로 조정할 수 있는 무인변전소로 한정한다)는 제외한다.
1) 다음의 어느 하나에 해당하는 경우에는 모든 층
   가) 연면적 3천 m^2 이상인 것(지하가 중 터널은 제외한다)
   나) 지하층·무창층(축사는 제외한다)으로서 바닥면적이 600 m^2 이상인 층이 있는 것
   다) 층수가 4층 이상인 것 중 바닥면적이 600 m^2 이상인 층이 있는 것
2) 1)에 해당하지 않는 근린생활시설, 판매시설, 운수시설, 의료시설, 노유자 시설, 업무시설, 숙박시설, 위락시설, 공장, 창고시설, 항공기 및 자동차 관련 시설, 교정 및 군사시설 중 국방·군사시설, 방송통신시설, 발전시설, 장례시설 또는 복합건축물로서 다음의 어느 하나에 해당하는 경우에는 모든 층
   가) 연면적 1천5백 m^2 이상인 것
   나) 지하층·무창층으로서 바닥면적이 300 m^2 이상인 층이 있는 것
   다) 층수가 4층 이상인 것 중 바닥면적이 300 m^2 이상인 층이 있는 것
3) 건축물의 옥상에 설치된 차고·주차장으로서 사용되는 면적이 200 m^2 이상인 경우 해당 부분
4) 지하가 중 터널로서 다음에 해당하는 터널
   가) 길이가 1천m 이상인 터널
   나) 예상교통량, 경사도 등 터널의 특성을 고려하여 행정안전부령으로 정하는 터널
5) 1) 및 2)에 해당하지 않는 공장 또는 창고시설로서「화재의 예방 및 안전관리에 관한 법률 시행령」별표 2에서 정하는 수량의 750배 이상의 특수가연물을 저장·취급하는 것

라. 스프링클러설비를 설치해야 하는 특정소방대상물(위험물 저장 및 처리 시설 중 가스시설 및 지하구는 제외한다)은 다음의 어느 하나에 해당하는 것으로 한다.

[19회 설계]
　　특정소방대상물의 규모, 용도 및 수용인원 등을 고려하여 갖추어야 하는 소방시설의 종류 중 문화 및 집회시설(동·식물원 제외), 종교시설(주요구조부가 목조인 것은 제외), 운동시설(물놀이형 시설제외)의 모든층에 설치하여야 하는 경우에 해당하는 스프링클러 설치대상 4가지를 쓰시오.(4점)

[17회 설계]
　　특정소방대상물의 관계인이 특정소방대상물의 규모, 용도 및 수용인원 등을 고려하여 스프링클러설비를 설치하고자 한다. "지붕 또는 외벽이 불연재료가 아니거나 내화구조가 아닌 공장 또는 창고시설"로서 스프링클러설비 설치대상이 되는 경우 5가지를 쓰시오.(5점)

[15회 설계]
　　화재예방, 소방시설설치·유지 및 안전관리에 관한 법률 시행령 별표5에 의거하여 문화 및 집회시설(동·식물원은 제외)의 전층에 스프링클러설비를 설치하여야 하는 특정소방대상물 4가지를 쓰시오.

1) 층수가 6층 이상인 특정소방대상물의 경우에는 모든 층. 다만, 다음의 어느 하나에 해당하는 경우는 제외한다.
　　가) 주택 관련 법령에 따라 기존의 아파트등을 리모델링하는 경우로서 건축물의 연면적 및 층의 높이가 변경되지 않는 경우. 이 경우 해당 아파트등의 사용검사 당시의 소방시설의 설치에 관한 대통령령 또는 화재안전기준을 적용한다.
　　나) 스프링클러설비가 없는 기존의 특정소방대상물을 용도변경하는 경우. 다만, 2)부터 6)까지 및 9)부터 12)까지의 규정에 해당하는 특정소방대상물로 용도변경하는 경우에는 해당 규정에 따라 스프링클러설비를 설치한다.
2) 기숙사(교육연구시설·수련시설 내에 있는 학생 수용을 위한 것을 말한다) 또는 복합건축물로서 연면적 5천 m^2 이상인 경우에는 모든 층
3) 문화 및 집회시설(동·식물원은 제외한다), 종교시설(주요구조부가 목조인 것은 제외한다), 운동시설(물놀이형 시설 및 바닥이 불연재료이고 관람석이 없는 운동시설은 제외한다)로서 다음의 어느 하나에 해당하는 경우에는 모든 층 → 기출 25회 점검
　　가) 수용인원이 100명 이상인 것
　　나) 영화상영관의 용도로 쓰는 층의 바닥면적이 지하층 또는 무창층인 경우에는 500 m^2 이상, 그 밖의 층의 경우에는 1천 m^2 이상인 것
　　다) 무대부가 지하층·무창층 또는 4층 이상의 층에 있는 경우에는 무대부의 면적이 300 m^2 이상인 것
　　라) 무대부가 다) 외의 층에 있는 경우에는 무대부의 면적이 500 m^2 이상인 것
4) 판매시설, 운수시설 및 창고시설(물류터미널로 한정한다)로서 바닥면적의 합계가 5천

m² 이상이거나 수용인원이 500명 이상인 경우에는 모든 층

5) 다음의 어느 하나에 해당하는 용도로 사용되는 시설의 바닥면적의 합계가 600㎡ 이상인 것은 모든 층

    가) 근린생활시설 중 조산원 및 산후조리원
    나) 의료시설 중 정신의료기관
    다) 의료시설 중 종합병원, 병원, 치과병원, 한방병원 및 요양병원
    라) 노유자 시설
    마) 숙박이 가능한 수련시설
    바) 숙박시설

6) 창고시설(물류터미널은 제외한다)로서 바닥면적 합계가 5천 m² 이상인 경우에는 모든 층

7) 특정소방대상물의 지하층·무창층(축사는 제외한다) 또는 층수가 4층 이상인 층으로서 바닥면적이 1천 m² 이상인 층이 있는 경우에는 해당 층

8) 랙식 창고(rack warehouse) : 랙(물건을 수납할 수 있는 선반이나 이와 비슷한 것을 말한다. 이하 같다)을 갖춘 것으로서 천장 또는 반자(반자가 없는 경우에는 지붕의 옥내에 면하는 부분을 말한다)의 높이가 10 m를 초과하고, 랙이 설치된 층의 바닥면적의 합계가 1천5백 m² 이상인 경우에는 모든 층

9) 공장 또는 창고시설로서 다음의 어느 하나에 해당하는 시설

    가) 「화재의 예방 및 안전관리에 관한 법률 시행령」 별표 2에서 정하는 수량의 1천 배 이상의 특수가연물을 저장·취급하는 시설
    나) 「원자력안전법 시행령」 제2조제1호에 따른 중·저준위방사성폐기물(이하 "중·저준위방사성폐기물"이라 한다)의 저장시설 중 소화수를 수집·처리하는 설비가 있는 저장시설

10) 지붕 또는 외벽이 불연재료가 아니거나 내화구조가 아닌 공장 또는 창고시설로서 다음의 어느 하나에 해당하는 것

    가) 창고시설(물류터미널로 한정한다) 중 4)에 해당하지 않는 것으로서 바닥면적의 합계가 2천5백 m² 이상이거나 수용인원이 250명 이상인 경우에는 모든 층
    나) 창고시설(물류터미널은 제외한다) 중 6)에 해당하지 않는 것으로서 바닥면적의 합계가 2천5백 m² 이상인 경우에는 모든 층
    다) 공장 또는 창고시설 중 7)에 해당하지 않는 것으로서 지하층·무창층 또는 층수가 4층 이상인 것 중 바닥면적이 500 m² 이상인 경우에는 모든 층
    라) 랙식 창고 중 8)에 해당하지 않는 것으로서 바닥면적의 합계가 750 m² 이상인 경우에는 모든 층
    마) 공장 또는 창고시설 중 9)가)에 해당하지 않는 것으로서 「화재의 예방 및 안전관리

에 관한 법률 시행령」 별표 2에서 정하는 수량의 500배 이상의 특수가연물을 저장·취급하는 시설

11) 교정 및 군사시설 중 다음의 어느 하나에 해당하는 경우에는 해당 장소
   가) 보호감호소, 교도소, 구치소 및 그 지소, 보호관찰소, 갱생보호시설, 치료감호시설, 소년원 및 소년분류심사원의 수용거실
   나) 「출입국관리법」 제52조제2항에 따른 보호시설(외국인보호소의 경우에는 보호대상자의 생활공간으로 한정한다. 이하 같다)로 사용하는 부분. 다만, 보호시설이 임차건물에 있는 경우는 제외한다.
   다) 「경찰관 직무집행법」 제9조에 따른 유치장
12) 지하가(터널은 제외한다)로서 연면적 1천 m^2 이상인 것
13) 발전시설 중 전기저장시설
14) 1)부터 13)까지의 특정소방대상물에 부속된 보일러실 또는 연결통로 등

마. 간이스프링클러설비를 설치해야 하는 특정소방대상물은 다음의 어느 하나에 해당하는 것으로 한다.

> **[20회 설계]**
> 화재예방, 소방시설설치·유지 및 안전관리에 관한 법령상 간이스프링클러설비를 설치해야 하는 특정소방대상물을 쓰시오.(11점)

1) 공동주택 중 연립주택 및 다세대주택(연립주택 및 다세대주택에 설치하는 간이스프링클러설비는 화재안전기준에 따른 주택전용 간이스프링클러설비를 설치한다)
2) 근린생활시설 중 다음의 어느 하나에 해당하는 것
   가) 근린생활시설로 사용하는 부분의 바닥면적 합계가 1천 m^2 이상인 것은 모든 층
   나) 의원, 치과의원 및 한의원으로서 입원실이 있는 시설
   다) 조산원 및 산후조리원으로서 연면적 600 m^2 미만인 시설
3) 의료시설 중 다음의 어느 하나에 해당하는 시설
   가) 종합병원, 병원, 치과병원, 한방병원 및 요양병원(의료재활시설은 제외한다)으로 사용되는 바닥면적의 합계가 600 m^2 미만인 시설
   나) 정신의료기관 또는 의료재활시설로 사용되는 바닥면적의 합계가 300 m^2 이상 600 m^2 미만인 시설
   다) 정신의료기관 또는 의료재활시설로 사용되는 바닥면적의 합계가 300 m^2 미만이고, 창살(철재·플라스틱 또는 목재 등으로 사람의 탈출 등을 막기 위하여 설치한 것을 말하며, 화재 시 자동으로 열리는 구조로 되어 있는 창살은 제외한다)이 설치된 시설
4) 교육연구시설 내에 합숙소로서 연면적 100 m^2 이상인 경우에는 모든 층

5) 노유자 시설로서 다음의 어느 하나에 해당하는 시설
　가) 제7조제1항제7호 각 목에 따른 시설[같은 호 가목2) 및 같은 호 나목부터 바목까지의 시설 중 단독주택 또는 공동주택에 설치되는 시설은 제외하며, 이하 "노유자 생활시설"이라 한다]
　나) 가)에 해당하지 않는 노유자 시설로 해당 시설로 사용하는 바닥면적의 합계가 300 m^2 이상 600 m^2 미만인 시설
　다) 가)에 해당하지 않는 노유자 시설로 해당 시설로 사용하는 바닥면적의 합계가 300 m^2 미만이고, 창살(철재·플라스틱 또는 목재 등으로 사람의 탈출 등을 막기 위하여 설치한 것을 말하며, 화재 시 자동으로 열리는 구조로 되어 있는 창살은 제외한다)이 설치된 시설
6) 숙박시설로 사용되는 바닥면적의 합계가 300 m^2 이상 600 m^2 미만인 시설
7) 건물을 임차하여 「출입국관리법」 제52조제2항에 따른 보호시설로 사용하는 부분
8) 복합건축물(별표 2 제30호나목의 복합건축물만 해당한다)로서 연면적 1천 m^2 이상인 것은 모든 층

바. 물분무등소화설비를 설치해야 하는 특정소방대상물(위험물 저장 및 처리 시설 중 가스시설 및 지하구는 제외한다)은 다음의 어느 하나에 해당하는 것으로 한다.
1) 항공기 및 자동차 관련 시설 중 항공기 격납고
2) 차고, 주차용 건축물 또는 철골 조립식 주차시설. 이 경우 연면적 800 m^2 이상인 것만 해당한다.
3) 건축물의 내부에 설치된 차고·주차장으로서 차고 또는 주차의 용도로 사용되는 면적이 200 m^2 이상인 경우 해당 부분(50세대 미만 연립주택 및 다세대주택은 제외한다)
4) 기계장치에 의한 주차시설을 이용하여 20대 이상의 차량을 주차할 수 있는 시설
5) 특정소방대상물에 설치된 전기실·발전실·변전실(가연성 절연유를 사용하지 않는 변압기·전류차단기 등의 전기기기와 가연성 피복을 사용하지 않은 전선 및 케이블만을 설치한 전기실·발전실 및 변전실은 제외한다)·축전지실·통신기기실 또는 전산실, 그 밖에 이와 비슷한 것으로서 바닥면적이 300 m^2 이상인 것[하나의 방화구획 내에 둘 이상의 실(室)이 설치되어 있는 경우에는 이를 하나의 실로 보아 바닥면적을 산정한다]. 다만, 내화구조로 된 공정제어실 내에 설치된 주조정실로서 양압시설(외부 오염공기 침투를 차단하고 내부의 나쁜 공기가 자연스럽게 외부로 흐를 수 있도록 한 시설을 말한다)이 설치되고 전기기기에 220볼트 이하인 저전압이 사용되며 종업원이 24시간 상주하는 곳은 제외한다.
6) 소화수를 수집·처리하는 설비가 설치되어 있지 않은 중·저준위방사성폐기물의 저장시설. 이 시설에는 이산화탄소소화설비, 할론소화설비 또는 할로겐화합물 및 불활성기체 소화설비를 설치해야 한다.

7) 지하가 중 예상 교통량, 경사도 등 터널의 특성을 고려하여 행정안전부령으로 정하는 터널. 이 시설에는 물분무소화설비를 설치해야 한다.

8) 국가유산 중 「문화유산의 보존 및 활용에 관한 법률」에 따른 지정문화유산(문화유산자료를 제외한다) 또는 「자연유산의 보존 및 활용에 관한 법률」에 따른 천연기념물등(자연유산자료를 제외한다)으로서 소방청장이 국가유산청장과 협의하여 정하는 것

사. 옥외소화전설비를 설치해야 하는 특정소방대상물(아파트등, 위험물 저장 및 처리 시설 중 가스시설, 지하구 및 지하가 중 터널은 제외한다)은 다음의 어느 하나에 해당하는 것으로 한다.

1) 지상 1층 및 2층의 바닥면적의 합계가 9천 m^2 이상인 것. 이 경우 같은 구(區) 내의 둘 이상의 특정소방대상물이 행정안전부령으로 정하는 연소(延燒) 우려가 있는 구조인 경우에는 이를 하나의 특정소방대상물로 본다.

2) 문화유산 중 「문화유산의 보존 및 활용에 관한 법률」 제23조에 따라 보물 또는 국보로 지정된 목조건축물

3) 1)에 해당하지 않는 공장 또는 창고시설로서 「화재의 예방 및 안전관리에 관한 법률 시행령」 별표 2에서 정하는 수량의 750배 이상의 특수가연물을 저장·취급하는 것

(2) 경보설비

가. 단독경보형 감지기를 설치해야 하는 특정소방대상물은 다음의 어느 하나에 해당하는 것으로 한다. 이 경우 5)의 연립주택 및 다세대주택에 설치하는 단독경보형 감지기는 연동형으로 설치해야 한다.

> [19회 점검]
> 화재예방, 소방시설설치·유지 및 안전관리에 관한 법률에 따른 특정소방대상물의 관계인이 특정소방대상물의 규모, 용도 및 수용인원 등을 고려하여 갖추어야 하는 소방시설의 종류에서 다음 물음에 답하시오.(10점)
> 1) 단독경보형 감지기를 설치하여야 하는 특정소방대상물(6점)
> 2) 시각경보기를 설치하여야 하는 특정소방대상물(4점)

1) 교육연구시설 내에 있는 기숙사 또는 합숙소로서 연면적 2천 m^2 미만인 것
2) 수련시설 내에 있는 기숙사 또는 합숙소로서 연면적 2천 m^2 미만인 것
3) 다목7)에 해당하지 않는 수련시설(숙박시설이 있는 것만 해당한다)
4) 연면적 400 m^2 미만의 유치원
5) 공동주택 중 연립주택 및 다세대주택

나. 비상경보설비를 설치해야 하는 특정소방대상물(모래·석재 등 불연재료 공장 및 창고시설, 위험물 저장 및 처리 시설 중 가스시설, 사람이 거주하지 않거나 벽이 없는 축사 등 동물 및 식물 관련 시설 및 지하구는 제외한다)은 다음의 어느 하나에 해당하는 것으

로 한다.
　　1) 연면적 400 m² 이상인 것은 모든 층
　　2) 지하층 또는 무창층의 바닥면적이 150 m²(공연장의 경우 100 m²) 이상인 것은 모든 층
　　3) 지하가 중 터널로서 길이가 500 m 이상인 것
　　4) 50명 이상의 근로자가 작업하는 옥내 작업장

다. 자동화재탐지설비를 설치해야 하는 특정소방대상물은 다음의 어느 하나에 해당하는 것으로 한다.
　　1) 공동주택 중 아파트등·기숙사 및 숙박시설의 경우에는 모든 층
　　2) 층수가 6층 이상인 건축물의 경우에는 모든 층
　　3) 근린생활시설(목욕장은 제외한다), 의료시설(정신의료기관 및 요양병원은 제외한다), 위락시설, 장례시설 및 복합건축물로서 연면적 600 m² 이상인 경우에는 모든 층
　　4) 근린생활시설 중 목욕장, 문화 및 집회시설, 종교시설, 판매시설, 운수시설, 운동시설, 업무시설, 공장, 창고시설, 위험물 저장 및 처리 시설, 항공기 및 자동차 관련 시설, 교정 및 군사시설 중 국방·군사시설, 방송통신시설, 발전시설, 관광 휴게시설, 지하가(터널은 제외한다)로서 연면적 1천 m² 이상인 경우에는 모든 층
　　5) 교육연구시설(교육시설 내에 있는 기숙사 및 합숙소를 포함한다), 수련시설(수련시설 내에 있는 기숙사 및 합숙소를 포함하며, 숙박시설이 있는 수련시설은 제외한다), 동물 및 식물 관련 시설(기둥과 지붕만으로 구성되어 외부와 기류가 통하는 장소는 제외한다), 자원순환 관련 시설, 교정 및 군사시설(국방·군사시설은 제외한다) 또는 묘지 관련 시설로서 연면적 2천 m² 이상인 경우에는 모든 층
　　6) 노유자 생활시설의 경우에는 모든 층
　　7) 6)에 해당하지 않는 노유자 시설로서 연면적 400 m² 이상인 노유자 시설 및 숙박시설이 있는 수련시설로서 수용인원 100명 이상인 경우에는 모든 층
　　8) 의료시설 중 정신의료기관 또는 요양병원으로서 다음의 어느 하나에 해당하는 시설
　　　가) 요양병원(의료재활시설은 제외한다)
　　　나) 정신의료기관 또는 의료재활시설로 사용되는 바닥면적의 합계가 300 m² 이상인 시설
　　　다) 정신의료기관 또는 의료재활시설로 사용되는 바닥면적의 합계가 300 m² 미만이고, 창살(철재·플라스틱 또는 목재 등으로 사람의 탈출 등을 막기 위하여 설치한 것을 말하며, 화재 시 자동으로 열리는 구조로 되어 있는 창살은 제외한다)이 설치된 시설
　　9) 판매시설 중 전통시장
　　10) 지하가 중 터널로서 길이가 1천 m 이상인 것
　　11) 지하구

12) 3)에 해당하지 않는 근린생활시설 중 조산원 및 산후조리원
13) 4)에 해당하지 않는 공장 및 창고시설로서「화재의 예방 및 안전관리에 관한 법률 시행령」별표 2에서 정하는 수량의 500배 이상의 특수가연물을 저장·취급하는 것
14) 4)에 해당하지 않는 발전시설 중 전기저장시설

라. 시각경보기를 설치해야 하는 특정소방대상물은 다목에 따라 자동화재탐지설비를 설치해야 하는 특정소방대상물 중 다음의 어느 하나에 해당하는 것으로 한다.

> **[19회 점검]**
> 화재예방, 소방시설설치·유지 및 안전관리에 관한 법률에 따른 특정소방대상물의 관계인이 특정소방대상물의 규모, 용도 및 수용인원 등을 고려하여 갖추어야 하는 소방시설의 종류에서 다음 물음에 답하시오.(10점)
> 1) 단독경보형 감지기를 설치하여야 하는 특정소방대상물(6점)
> 2) 시각경보기를 설치하여야 하는 특정소방대상물(4점)

1) 근린생활시설, 문화 및 집회시설, 종교시설, 판매시설, 운수시설, 의료시설, 노유자 시설
2) 운동시설, 업무시설, 숙박시설, 위락시설, 창고시설 중 물류터미널, 발전시설 및 장례시설
3) 교육연구시설 중 도서관, 방송통신시설 중 방송국
4) 지하가 중 지하상가

마. 화재알림설비를 설치해야 하는 특정소방대상물은 판매시설 중 전통시장으로 한다.
[시행일: 2023. 12. 1.]

바. 비상방송설비를 설치해야 하는 특정소방대상물(위험물 저장 및 처리 시설 중 가스시설, 사람이 거주하지 않거나 벽이 없는 축사 등 동물 및 식물 관련 시설, 지하가 중 터널 및 지하구는 제외한다)은 다음의 어느 하나에 해당하는 것으로 한다.
1) 연면적 3천5백 m^2 이상인 것은 모든 층
2) 층수가 11층 이상인 것은 모든 층
3) 지하층의 층수가 3층 이상인 것은 모든 층

사. 자동화재속보설비를 설치해야 하는 특정소방대상물은 다음의 어느 하나에 해당하는 것으로 한다. 다만, 방재실 등 화재 수신기가 설치된 장소에 24시간 화재를 감시할 수 있는 사람이 근무하고 있는 경우에는 자동화재속보설비를 설치하지 않을 수 있다.
1) 노유자 생활시설
2) 노유자 시설로서 바닥면적이 500 m^2 이상인 층이 있는 것
3) 수련시설(숙박시설이 있는 것만 해당한다)로서 바닥면적이 500 m^2 이상인 층이 있는 것
4) 문화유산 중「문화유산의 보존 및 활용에 관한 법률」제23조에 따라 보물 또는 국보로 지정된 목조건축물

5) 근린생활시설 중 다음의 어느 하나에 해당하는 시설
   가) 의원, 치과의원 및 한의원으로서 입원실이 있는 시설
   나) 조산원 및 산후조리원
6) 의료시설 중 다음의 어느 하나에 해당하는 것
   가) 종합병원, 병원, 치과병원, 한방병원 및 요양병원(의료재활시설은 제외한다)
   나) 정신병원 및 의료재활시설로 사용되는 바닥면적의 합계가 500 m^2 이상인 층이 있는 것
7) 판매시설 중 전통시장

아. 통합감시시설을 설치해야 하는 특정소방대상물은 지하구로 한다.
자. 누전경보기는 계약전류용량(같은 건축물에 계약 종류가 다른 전기가 공급되는 경우에는 그중 최대계약전류용량을 말한다)이 100암페어를 초과하는 특정소방대상물(내화구조가 아닌 건축물로서 벽·바닥 또는 반자의 전부나 일부를 불연재료 또는 준불연재료가 아닌 재료에 철망을 넣어 만든 것만 해당한다)에 설치해야 한다. 다만, 위험물 저장 및 처리 시설 중 가스시설, 지하가 중 터널 및 지하구의 경우에는 그렇지 않다.
차. 가스누설경보기를 설치해야 하는 특정소방대상물(가스시설이 설치된 경우만 해당한다)은 다음의 어느 하나에 해당하는 것으로 한다.
   1) 문화 및 집회시설, 종교시설, 판매시설, 운수시설, 의료시설, 노유자 시설
   2) 수련시설, 운동시설, 숙박시설, 창고시설 중 물류터미널, 장례시설

(3) 피난구조설비

가. 피난기구는 특정소방대상물의 모든 층에 화재안전기준에 적합한 것으로 설치해야 한다. 다만, 피난층, 지상 1층, 지상 2층(노유자 시설 중 피난층이 아닌 지상 1층과 피난층이 아닌 지상 2층은 제외한다), 층수가 11층 이상인 층과 위험물 저장 및 처리시설 중 가스시설, 지하가 중 터널 및 지하구의 경우에는 그렇지 않다.

나. 인명구조기구를 설치해야 하는 특정소방대상물은 다음의 어느 하나에 해당하는 것으로 한다.
   1) 방열복 또는 방화복(안전모, 보호장갑 및 안전화를 포함한다), 인공소생기 및 공기호흡기를 설치해야 하는 특정소방대상물: 지하층을 포함하는 층수가 7층 이상인 것 중 관광호텔 용도로 사용하는 층
   2) 방열복 또는 방화복(안전모, 보호장갑 및 안전화를 포함한다) 및 공기호흡기를 설치해야 하는 특정소방대상물: 지하층을 포함하는 층수가 5층 이상인 것 중 병원 용도로 사용하는 층
   3) 공기호흡기를 설치해야 하는 특정소방대상물은 다음의 어느 하나에 해당하는 것으로 한다.

가) 수용인원 100명 이상인 문화 및 집회시설 중 영화상영관

나) 판매시설 중 대규모점포

다) 운수시설 중 지하역사

라) 지하가 중 지하상가

마) 제1호바목 및 화재안전기준에 따라 이산화탄소소화설비(호스릴이산화탄소소화설비는 제외한다)를 설치해야 하는 특정소방대상물

다. 유도등을 설치해야 하는 특정소방대상물은 다음의 어느 하나에 해당하는 것으로 한다.
1) 피난구유도등, 통로유도등 및 유도표지는 특정소방대상물에 설치한다. 다만, 다음의 어느 하나에 해당하는 경우는 제외한다.

가) 동물 및 식물 관련 시설 중 축사로서 가축을 직접 가두어 사육하는 부분

나) 지하가 중 터널

2) 객석유도등은 다음의 어느 하나에 해당하는 특정소방대상물에 설치한다.

가) 유흥주점영업시설(「식품위생법 시행령」 제21조제8호라목의 유흥주점영업 중 손님이 춤을 출 수 있는 무대가 설치된 카바레, 나이트클럽 또는 그 밖에 이와 비슷한 영업시설만 해당한다)

나) 문화 및 집회시설

다) 종교시설

라) 운동시설

3) 피난유도선은 화재안전기준에서 정하는 장소에 설치한다.

라. 비상조명등을 설치해야 하는 특정소방대상물(창고시설 중 창고 및 하역장, 위험물 저장 및 처리 시설 중 가스시설 및 사람이 거주하지 않거나 벽이 없는 축사 등 동물 및 식물 관련 시설은 제외한다)은 다음의 어느 하나에 해당하는 것으로 한다.

1) 지하층을 포함하는 층수가 5층 이상인 건축물로서 연면적 3천 m^2 이상인 경우에는 모든 층

2) 1)에 해당하지 않는 특정소방대상물로서 그 지하층 또는 무창층의 바닥면적이 450 m^2 이상인 경우에는 해당 층

3) 지하가 중 터널로서 그 길이가 500 m 이상인 것

마. 휴대용비상조명등을 설치해야 하는 특정소방대상물은 다음의 어느 하나에 해당하는 것으로 한다.

1) 숙박시설

2) 수용인원 100명 이상의 영화상영관, 판매시설 중 대규모점포, 철도 및 도시철도 시설 중 지하역사, 지하가 중 지하상가

(4) 소화용수설비

상수도소화용수설비를 설치해야 하는 특정소방대상물은 다음 각 목의 어느 하나에 해당하는 것으로 한다. 다만, 상수도소화용수설비를 설치해야 하는 특정소방대상물의 대지 경계선으로부터 180 m 이내에 지름 75 mm 이상인 상수도용 배수관이 설치되지 않은 지역의 경우에는 화재안전기준에 따른 소화수조 또는 저수조를 설치해야 한다.

가. 연면적 5천 m^2 이상인 것. 다만, 위험물 저장 및 처리 시설 중 가스시설, 지하가 중 터널 또는 지하구의 경우에는 제외한다.

나. 가스시설로서 지상에 노출된 탱크의 저장용량의 합계가 100톤 이상인 것

다. 자원순환 관련 시설 중 폐기물재활용시설 및 폐기물처분시설

(5) 소화활동설비

가. 제연설비를 설치해야 하는 특정소방대상물은 다음의 어느 하나에 해당하는 것으로 한다.

> **[16회 점검]**
> 특정소방대상물의 규모, 용도 및 수용인원 등을 고려하여 갖추어야 하는 소방시설의 종류 중 제연설비에 대하여 다음 물음에 답하시오.(6점)
> 1) 화재예방, 소방시설설치·유지 및 안전관리에 관한 법령에 따라 "제연설비를 설치하여야 하는 특정소방대상물"을 쓰시오.(6점)

1) 문화 및 집회시설, 종교시설, 운동시설 중 무대부의 바닥면적이 200 m^2 이상인 경우에는 해당 무대부

2) 문화 및 집회시설 중 영화상영관으로서 수용인원 100명 이상인 경우에는 해당 영화상영관

3) 지하층이나 무창층에 설치된 근린생활시설, 판매시설, 운수시설, 숙박시설, 위락시설, 의료시설, 노유자 시설 또는 창고시설(물류터미널로 한정한다)로서 해당 용도로 사용되는 바닥면적의 합계가 1천 m^2 이상인 경우 해당 부분

4) 운수시설 중 시외버스정류장, 철도 및 도시철도 시설, 공항시설 및 항만시설의 대기실 또는 휴게시설로서 지하층 또는 무창층의 바닥면적이 1천 m^2 이상인 경우에는 모든 층

5) 지하가(터널은 제외한다)로서 연면적 1천 m^2 이상인 것

6) 지하가 중 예상 교통량, 경사도 등 터널의 특성을 고려하여 행정안전부령으로 정하는 터널

7) 특정소방대상물(갓복도형 아파트등은 제외한다)에 부설된 특별피난계단, 비상용 승강기의 승강장 또는 피난용 승강기의 승강장

나. 연결송수관설비를 설치해야 하는 특정소방대상물(위험물 저장 및 처리 시설 중 가스시설 및 지하구는 제외한다)은 다음의 어느 하나에 해당하는 것으로 한다.

1) 층수가 5층 이상으로서 연면적 6천 m² 이상인 경우에는 모든 층
2) 1)에 해당하지 않는 특정소방대상물로서 지하층을 포함하는 층수가 7층 이상인 경우에는 모든 층
3) 1) 및 2)에 해당하지 않는 특정소방대상물로서 지하층의 층수가 3층 이상이고 지하층의 바닥면적의 합계가 1천 m² 이상인 경우에는 모든 층
4) 지하가 중 터널로서 길이가 1천 m 이상인 것

다. 연결살수설비를 설치해야 하는 특정소방대상물(지하구는 제외한다)은 다음의 어느 하나에 해당하는 것으로 한다.
1) 판매시설, 운수시설, 창고시설 중 물류터미널로서 해당 용도로 사용되는 부분의 바닥면적의 합계가 1천 m² 이상인 경우에는 해당 시설
2) 지하층(피난층으로 주된 출입구가 도로와 접한 경우는 제외한다)으로서 바닥면적의 합계가 150 m² 이상인 경우에는 지하층의 모든 층. 다만, 「주택법 시행령」 제46조제1항에 따른 국민주택규모 이하인 아파트등의 지하층(대피시설로 사용하는 것만 해당한다)과 교육연구시설 중 학교의 지하층의 경우에는 700 m² 이상인 것으로 한다.
3) 가스시설 중 지상에 노출된 탱크의 용량이 30톤 이상인 탱크시설
4) 1) 및 2)의 특정소방대상물에 부속된 연결통로

라. 비상콘센트설비를 설치해야 하는 특정소방대상물(위험물 저장 및 처리 시설 중 가스시설 및 지하구는 제외한다)은 다음의 어느 하나에 해당하는 것으로 한다.
1) 층수가 11층 이상인 특정소방대상물의 경우에는 11층 이상의 층
2) 지하층의 층수가 3층 이상이고 지하층의 바닥면적의 합계가 1천 m² 이상인 것은 지하층의 모든 층
3) 지하가 중 터널로서 길이가 500 m 이상인 것

마. 무선통신보조설비를 설치해야 하는 특정소방대상물(위험물 저장 및 처리 시설 중 가스시설은 제외한다)은 다음의 어느 하나에 해당하는 것으로 한다.

[22회 점검]
화재예방, 소방시설 설치유지 및 안전관리에 관한 법령에 따라 무선통신보조설비를 설치하여야하는 특정소방대상물(위험물 저장 및 처리시설 중 가스시설은 제외한다) 5가지를 쓰시오.(5점)

1) 지하가(터널은 제외한다)로서 연면적 1천 m² 이상인 것
2) 지하층의 바닥면적의 합계가 3천 m² 이상인 것 또는 지하층의 층수가 3층 이상이고 지하층의 바닥면적의 합계가 1천 m² 이상인 것은 지하층의 모든 층
3) 지하가 중 터널로서 길이가 500 m 이상인 것

    4) 지하구 중 공동구
    5) 층수가 30층 이상인 것으로서 16층 이상 부분의 모든 층

  바. 연소방지설비는 지하구(전력 또는 통신사업용인 것만 해당한다)에 설치하여야 한다.

> [비고]
> 1. 별표 2 제1호부터 제27호까지 중 어느 하나에 해당하는 시설(이하 이 호에서 "근린생활시설등"이라 한다)의 소방시설 설치기준이 복합건축물의 소방시설 설치기준보다 강화된 경우 복합건축물 안에 있는 해당 근린생활시설등에 대해서는 그 근린생활시설등의 소방시설 설치기준을 적용한다.
> 2. 원자력발전소 중 「원자력안전법」 제2조에 따른 원자로 및 관계시설에 설치하는 소방시설에 대해서는 「원자력안전법」 제11조 및 제21조에 따른 허가기준에 따라 설치한다.
> 3. 특정소방대상물의 관계인은 제8조제1항에 따른 내진설계 대상 특정소방대상물 및 제9조에 따른 성능위주설계 대상 특정소방대상물에 설치·관리해야 하는 소방시설에 대해서는 법 제7조에 따른 소방시설의 내진설계기준 및 법 제8조에 따른 성능위주설계의 기준에 맞게 설치·관리해야 한다.

13 소방용품, 성능인증의 대상이 되는 소방용품의 품목

(1) 소방용품(소방시설 설치 및 관리에 관한 법률 시행령 [별표 3])

  1) 소화설비를 구성하는 제품 또는 기기
    가. 별표 1 제1호가목의 소화기구(소화약제 외의 것을 이용한 간이소화용구는 제외한다)
    나. 별표 1 제1호나목의 자동소화장치
    다. 소화설비를 구성하는 소화전, 관창(菅槍), 소방호스, 스프링클러헤드, 기동용 수압개폐장치, 유수제어밸브 및 가스관선택밸브

  2) 경보설비를 구성하는 제품 또는 기기
    가. 누전경보기 및 가스누설경보기
    나. 경보설비를 구성하는 발신기, 수신기, 중계기, 감지기 및 음향장치(경종만 해당한다)

  3) 피난구조설비를 구성하는 제품 또는 기기
    가. 피난사다리, 구조대, 완강기(지지대를 포함한다) 및 간이완강기(지지대를 포함한다)
    나. 공기호흡기(충전기를 포함한다)
    다. 피난구유도등, 통로유도등, 객석유도등 및 예비 전원이 내장된 비상조명등

4) 소화용으로 사용하는 제품 또는 기기
   가. 소화약제[별표 1 제1호나목2) 및 3)의 자동소화장치와 같은 호 마목3)부터 9)까지의 소화설비용만 해당한다]
   나. 방염제(방염액·방염도료 및 방염성물질을 말한다)
5) 그 밖에 행정안전부령으로 정하는 소방 관련 제품 또는 기기

(2) 성능인증의 대상이 되는 소방용품의 품목(성능인증의 대상이 되는 소방용품의 품목에 관한 고시)
1. 분기배관
2. 포소화약제혼합장치〈개정 2016. 5. 13.〉
3. 가스계소화설비 설계프로그램〈개정 2016. 5. 13.〉
4. 시각경보장치
5. 자동차압급기댐퍼〈개정 2023. 3. 28.〉
6. 자동폐쇄장치
7. 가압수조식가압송수장치〈개정 2016. 5. 13.〉
8. 피난유도선
9. 방염제품〈신설 2012. 2. 9.〉
10. 다수인피난장비〈신설 2012. 2. 9., 개정 2016. 5. 13.〉
11. 캐비닛형 간이스프링클러설비〈신설 2012. 11. 1., 개정 2016. 5. 13.〉
12. 승강식피난기〈신설 2012. 11. 1.〉
13. 미분무헤드〈신설 2013. 11. 13.〉
14. 방열복〈신설 2014. 8. 14.〉
15. 상업용주방자동소화장치〈신설 2014. 8. 14.〉
16. 압축공기포헤드〈신설 2015. 1. 15.〉
17. 압축공기포혼합장치〈신설 2015. 1. 15.〉
18. 플랩댐퍼〈신설 2015. 4. 21.〉
19. 비상문자동개폐장치〈신설 2016. 1. 11.〉
20. 가스계소화설비용 수동식 기동장치〈신설 2023. 1. 13.〉
21. 휴대용비상조명등〈신설 2023. 1. 13.〉
22. 소방전원공급장치〈신설 2023. 1. 13.〉
23. 호스릴이산화탄소소화장치〈신설 2023. 1. 13.〉
24. 과압배출구〈신설 2023. 1. 13.〉
25. 흔들림 방지 버팀대〈신설 2023. 1. 13.〉
26. 소방용 수격흡수기〈신설 2023. 1. 13.〉
27. 소방용 행가〈신설 2023. 1. 13.〉

28. 간이형수신기〈신설 2023. 1. 13.〉
29. 방화포〈신설 2023. 3. 28.〉
30. 간이소화장치〈신설 2023. 3. 28.〉
31. 유량측정장치〈신설 2023. 3. 28.〉
32. 배출댐퍼〈신설 2023. 3. 28.〉
33. 송수구〈신설 2023. 3. 28.〉

14 소방시설 자체점검사항 등에 관한 고시

제3조(점검인력 배치상황 신고사항 수정) 관리업자 또는 평가기관은 배치신고 시 오기로 인한 수정사항이 발생한 경우 다음 각 호의 기준에 따라 수정이력이 남도록 전산망을 통해 수정하여야 한다.

1. 공통기준
    가. 배치신고 기간 내에는 관리업자가 직접 수정하여야 한다. 다만 평가기관이 배치기준 적합여부 확인 결과 부적합인 경우에는 제2호에 따라 수정한다.
    나. 배치신고 기간을 초과한 경우에는 제2호에 따라 수정한다.
2. 관할 소방서의 담당자 승인 후에 평가기관이 수정할 수 있는 사항은 다음과 같다.
    가. 소방시설의 설비 유무
    나. 점검인력, 점검일자
    다. 점검 대상물의 추가·삭제
    라. 건축물대장에 기재된 내용으로 확인할 수 없는 사항
        1) 점검 대상물의 주소, 동수
        2) 점검 대상물의 주용도, 아파트(세대수를 포함한다) 여부, 연면적 수정
        3) 점검 대상물의 점검 구분
3. 평가기관은 제2호에도 불구하고 건축물대장 또는 제출된 서류 등에 기재된 내용으로 확인이 가능한 경우에는 수정할 수 있다.

제4조(점검인력 배치상황의 확인) 소방본부장 또는 소방서장은 규칙 제23조제2항에 따라 소방시설등 자체점검 실시결과 보고서를 접수한 때에는 다음 각 호의 사항을 확인하여야 한다. 이 경우 전산망을 이용하여 확인할 수 있다.

1. 해당 자체점검을 위한 점검인력 배치가 규칙 제20조제2항에 따른 점검인력의 배치기준에 적합한지 여부
2. 제3조제2호에 따른 점검인력 배치 수정사항이 적합한지 여부

제5조(점검사항·세부점검방법 및 소방시설등점검표 등) ① 특정소방대상물에 설치된 소방시설등에 대하여 자체점검을 실시하고자 하는 경우 별지

제4호서식의 소방시설등(작동점검·종합점검)점검표에 따라 실시하여야 한다. 이 경우 전자적 기록방식을 활용할 수 있다.
② 제1항의 자체점검을 실시하는 경우 별지 제4호서식의 점검표는 별표의 소방시설도시기호를 이용하여 작성할 수 있다.
③ 건축물을 신축·증축·개축·재축·이전·용도변경 또는 대수선 등으로 소방시설이 신설되는 경우에는 건축물의 사용승인을 받은 날 또는 소방시설 완공검사증명서(일반용)를 받은 날로부터 **60일 이내 최초점검을 실시**하고, 다음 연도부터 작동점검과 종합점검을 실시한다.

제6조(소방시설 종합점검표의 준용) 「소방시설공사업법」 제20조 및 같은 법 시행규칙 제19조에 따른 감리결과보고서에 첨부하는 서류 중 **소방시설 성능시험조사표** 별지 제5호서식의 소방시설 성능시험조사표에 의한다.

제8조(자체점검대상 등 표본조사) 〔기출 23회 점검〕
① 소방청장, 소방본부장 또는 소방서장은 부실점검을 방지하고 점검품질을 향상시키기 위하여 다음 각 호의 어느 하나에 해당하는 특정소방대상물에 대해 표본조사를 실시하여야 한다.
  1. 점검인력 배치상황 확인 결과 점검인력 배치기준 등을 부적정하게 신고한 대상
  2. 표준자체점검비 대비 현저하게 낮은 가격으로 용역계약을 체결하고 자체점검을 실시하여 부실점검이 의심되는 대상
  3. 특정소방대상물 관계인이 자체점검한 대상
  4. 그 밖에 소방청장, 소방본부장 또는 소방서장이 필요하다고 인정한 대상
③ 제1항에 따른 표본조사를 실시할 경우 소방본부장 또는 소방서장은 필요하면 소방기술사, 소방시설관리사, 그 밖에 소방·방재 분야에 관한 전문지식을 갖춘 사람을 참여하게 할 수 있다.
④ 제1항에 따른 표본조사 업무를 수행할 경우에는 「소방시설 설치 및 관리에 관한 법률」 제52조제2항 및 제3항의 규정을 준용한다.

제9조(소방시설등 종합점검 면제 대상 및 기간)
① 소방청장, 소방본부장 또는 소방서장은 규칙 별표 3 제3호다목에 따라 안전관리가 우수한 소방대상물을 포상하고 자율적인 안전관리를 유도하기 위해 다음 각 호의 어느 하나에 해당하는 특정소방대상물의 경우에는 각 호에서 정하는 기간 동안에는 종합점검을 면제할 수 있다. 이 경우 특정소방대상물의 관계인은 1년에 1회 이상 작동점검은 실시하여야 한다.
  1. 「화재의 예방 및 안전관리에 관한 법률」 제44조 및 「우수소방대상물의 선정 및 포상 등에 관한 규정」에 따라 대한민국 안전대상을 수상한 우수소방대상물: 다음 각 목에서

정하는 기간

　　가. 대통령, 국무총리 표창(상장·상패를 포함한다. 이하 같다): 3년

　　나. 장관, 소방청장 표창: 2년

　　다. 시·도지사 표창: 1년

2. 사단법인 한국안전인증원으로부터 공간안전인증을 받은 특정소방대상물: 공간안전인증 기간(연장기간을 포함한다. 이하 같다)

3. 사단법인 국가화재평가원으로부터 화재안전등급 지정을 받은 특정소방대상물: 화재안전등급 지정 기간

4. 규칙 별표 3 제3호가목에 해당하는 특정소방대상물로서 그 안에 설치된 다중이용업소 전부가 안전관리우수업소로 인증 받은 대상: 그 대상의 안전관리우수업소 인증기간

② 제1항의 종합점검 면제기간은 포상일(상장 명기일) 또는 인증(지정) 받은 다음 연도부터 기산한다. 다만, 화재가 발생한 경우에는 그러하지 아니하다.

③ 제1항에도 불구하고 특급 소방안전관리대상물 중 연 2회 종합점검 대상인 경우에는 종합점검 1회를 면제한다.

소방시설관리사 2차

2편
소방시설의 점검실무행정

01 소방시설의 도시기호

분류	명칭		도시기호	분류	명칭	도시기호
배관	일반배관		———	헤드류	스프링클러헤드폐쇄형 상향식 (평면도)	
	옥내·외소화전		—H—		스프링클러헤드폐쇄형 하향식 (평면도) 12회 점검	
	스프링클러		—SP—		스프링클러헤드개방형 상향식 (평면도)	
	물분무		—WS—		스프링클러헤드개방형 하향식 (평면도) 12회 점검	
	포소화		—F—		스프링클러헤드폐쇄형 상향식 (계통도)	
	배수관		—D—		스프링클러헤드폐쇄형 하향식 (입면도)	
	전선관	입상			스프링클러헤드폐쇄형 상·하향식 (입면도)	
		입하			스프링클러헤드 상향형 (입면도)	
		통과			스프링클러헤드 하향형 (입면도)	
관이음쇠	후렌지		—||—		분말·탄산가스·할로겐헤드	
	유니온		—|||—		연결살수헤드 15회 점검	
	플러그		←|—		물분무헤드(평면도) 1회 점검	
	90°엘보 18회 점검				물분무헤드(입면도)	
	45°엘보				드랜쳐헤드(평면도)	
	티 18회 점검				드랜쳐헤드(입면도)	
	크로스				포헤드(평면도)	
	맹후렌지		—||—		포헤드(입면도)	
	캡		—⊐		감지헤드(평면도)	

분류	명칭	도시기호	분류	명칭	도시기호
헤드류	감지헤드(입면도)		밸브류	릴리프밸브(이산화탄소용)	
	청정소화약제방출헤드(평면도)			릴리프밸브(일반) 15회 점검	
	청정소화약제방출헤드(입면도)			동체크밸브	
밸브류	체크밸브 18회 점검			앵글밸브 16,18회 점검	
	가스체크밸브 16회 점검			FOOT밸브 16회 점검	
	게이트밸브(상시개방) 18회 점검			볼밸브 18회 점검	
	게이트밸브(상시폐쇄)			배수밸브	
	선택밸브			자동배수밸브 16회 점검	
	조작밸브(일반)			여과망	
	조작밸브(전자식)			자동밸브	
	조작밸브(가스식)			감압밸브 16회 점검	
	경보밸브(습식)			공기조절밸브	
	경보밸브(건식)		계기류	압력계	
	프리액션밸브 12회 점검			연성계	
	경보델류지밸브 12회 점검			유량계	
	프리액션밸브 수동조작함	SVP	소화전	옥내소화전함	
	플렉시블조인트			옥내소화전 방수용 기구 병설 23회 설계	
	솔레노이드밸브 12회 점검	S		옥외소화전 23회 설계	
	모터밸브			포말소화전 1회 점검	

1. 소방시설의 도시기호 **79**

분류	명칭	도시기호	분류	명칭	도시기호
소화전	송수구 (23회 설계)		경보설비기기류	차동식스포트형감지기	
	방수구			보상식스포트형감지기	
스트레이너	Y형			정온식스포트형감지기	
	U형			연기감지기	S
저장탱크류	고가수조 (물올림장치)			감지선	
	압력챔버			공기관	
	포말원액탱크	(수직) (수평)		열전대	
레듀셔	편심레듀셔			열반도체	∞
	원심레듀셔			차동식분포형 감지기의검출기	
혼합장치류	프레져프로포셔너			발신기셋트 단독형	P B L
	라인프로포셔너			발신기셋트 옥내소화전내장형	P B L
	프레져사이드 프로포셔너			경계구역번호	△
	기타	P		비상용누름버튼	F
펌프류	일반펌프			비상전화기	ET
	펌프모터(수평)	M		비상벨	B
	펌프모토(수직)	M		사이렌	
저장용기류	분말약제 저장용기	P.D		모터사이렌	M
	저장용기 [1회 점검]			전자사이렌	S
				조작장치	E P
				증폭기	AMP

분류	명칭	도시기호	분류	명칭	도시기호
경보설비기기류	기동누름버튼	Ⓔ	경보설비 기기류	종단저항	Ω
	이온화식감지기 (스포트형)	S_I	제연설비	수동식제어	□
	광전식연기감지기 (아나로그)	S_A		천장용배풍기	
	광전식연기감지기 (스포트형)	S_P		벽부착용 배풍기	
	감지기간선, HIV1.2mm×4 (22C)	—F—///		배풍기 - 일반배풍기	
	감지기간선, HIV1.2mm×8 (22C)	—F—///—///		배풍기 - 관로배풍기	
	유도등간선 HIV2.0mm×3(22C)	—EX—		댐퍼 - 화재댐퍼 15회 점검	
	경보부저	BZ		댐퍼 - 연기댐퍼	
	제어반	✕		댐퍼 - 화재/연기 댐퍼	
	표시반	☰	스위치류	압력스위치	PS
	회로시험기 15회 점검	⊙		탬퍼스위치	TS
	화재경보벨	Ⓑ	방연·방화문	연기감지기(전용)	S
	시각경보기(스트로브) 17회 점검	◇		열감지기(전용)	
	수신기	✕		자동폐쇄장치 1회 점검	ER
	부수신기	☰		연동제어기 17회 점검	
	중계기 1회 점검	☐		배연창기동 모터	M
	표시등	◐		배연창수동조작함	8
	피난구유도등	✸	피뢰침	피뢰부(평면도)	⊙
	통로유도등	→︎		피뢰부(입면도)	
	표시판	△		피뢰도선 및 지붕위 도체	———
	보조전원	TR			

분류	명칭	도시기호	분류	명칭	도시기호
제연설비	접지	⏚	기타	비상콘센트	●● ●●●
	접지저항 측정용단자	⊗		비상분전반	▶◀
소화기류	ABC소화기	소		가스계소화설비의 수동조작함	RM
	자동확산 소화기	자		전동기구동	M
	자동식소화기	◀소▶		엔진구동	E
	이산화탄소 소화기	C		배관행거	⌒⌒⌒
	할로겐화합물 소화기	△		기압계 **17회 점검**	〣
기타	안테나	⅄		배기구	─↑─
	스피커	▽		바닥은폐선	-----
	연기 방연벽	▨		노출배선	────
	화재방화벽	───		소화가스 패키지	PAC
	화재 및 연기방벽	▨			

01 관이음쇠의 명칭에 대한 도시기호를 그리시오.

명칭	도시기호
후렌지	①
유니온	②
플러그	③
90°엘보	④
45°엘보	⑤
티	⑥
크로스	⑦
맹후렌지	⑧
캡	⑨

풀이&답

명 칭	도시기호
후렌지	① ─┤├─
유니온	② ─┤├─
플러그	③ ─◁┤
90°엘보	④ ┴┐
45°엘보	⑤ ×┐
티	⑥ ─┴─
크로스	⑦ ─┼─
맹후렌지	⑧ ───┤
캡	⑨ ───┤

02 밸브류 중 아래표의 명칭에 대한 도시기호를 그리시오.

명 칭	도시기호
체크밸브	①
가스체크밸브	②
게이트밸브(상시개방)	③
게이트밸브(상시폐쇄)	④
선택밸브	⑤

풀이&답

명 칭	도시기호
체크밸브	① ─▷│─
가스체크밸브	② ─◁─
게이트밸브(상시개방)	③ ─▷◁─
게이트밸브(상시폐쇄)	④ ─▶◀─
선택밸브	⑤ ─▷◁─

03 다음 명칭에 따른 도시기호를 답안지에 그리시오.

명 칭	도시기호
옥내소화전함	①
옥내소화전 방수용기구 병설	②
옥외소화전	③
송수구	④

명 칭	도시기호
방수구	⑤

풀이&답

명 칭	도시기호
옥내소화전함	① ◿
옥내소화전 방수용기구 병설	② ◿●
옥외소화전	③ H
송수구	④
방수구	⑤ ♀♀

04 다음 명칭에 대한 도시기호를 답안지에 그리시오.

명 칭	도시기호
비상벨	①
사이렌	②
모터사이렌	③
전자사이렌	④
증폭기	⑤

풀이&답

명 칭	도시기호
비상벨	① (B)
사이렌	② ◁
모터사이렌	③ (M)◁
전자사이렌	④ (S)◁
증폭기	⑤ AMP

05 다음 명칭에 대한 도시기호를 답안지에 그리시오.

명 칭	도시기호
차동식스포트형감지기	①
보상식스포트형감지기	②
정온식스포트형감지기	③
연기감지기	④
감지선	⑤

명 칭	도시기호
공기관	⑥
열전대	⑦
열반도체	⑧
차동식분포형 감지기의 검출기	⑨
발신기셋트 단독형	⑩
발신기셋트 옥내소화전내장형	⑪

풀이&답

명 칭	도시기호
차동식스포트형감지기	① ⌒
보상식스포트형감지기	② ⌒
정온식스포트형감지기	③ ⌒
연기감지기	④ [S]
감지선	⑤ —●—
공기관	⑥ ———
열전대	⑦ —■—
열반도체	⑧ ∞
차동식분포형 감지기의 검출기	⑨ ⋈
발신기셋트 단독형	⑩ Ⓟ Ⓑ Ⓛ
발신기셋트 옥내소화전내장형	⑪ Ⓟ Ⓑ Ⓛ

06 다음 명칭에 대한 도시기호를 그리시오.

명 칭	도시기호
기동누름버튼	①
이온화식감지기(스포트형)	②
광전식연기감지기(아나로그)	③
광전식연기감지기(스포트형)	④

풀이&답

명 칭	도시기호
기동누름버튼	① Ⓔ
이온화식감지기(스포트형)	② [S]$_I$

명 칭	도시기호
광전식연기감지기(아나로그)	③ $\boxed{S}_A$
광전식연기감지기(스포트형)	④ $\boxed{S}_P$

07 방연·방화문에 적용하는 아래의 명칭에 대한 도시기호를 답안지에 그리시오.

명 칭	도시기호
연기감지기(전용)	①
열감지기(전용)	②
자동폐쇄장치	③
연동제어기	④
배연창 기동 모터	⑤
배연창 수동조작함	⑥

풀이&답

명 칭	도시기호
연기감지기(전용)	① $\boxed{S}$
열감지기(전용)	② ⌒
자동폐쇄장치	③ (ER)
연동제어기	④
배연창 기동 모터	⑤ (M)
배연창 수동조작함	⑥

08 다음 명칭에 대한 도시기호를 답안지에 그리시오.

명 칭	도시기호
제어반	①
표시반	②
회로시험기	③
화재경보벨	④
시각경보기(스트로브)	⑤
수신기	⑥
부수신기	⑦
중계기	⑧

명 칭	도시기호
표시등	⑨
피난구유도등	⑩
통로유도등	⑪

풀이&답

명 칭	도시기호	
제어반	①	⊠
표시반	②	▤
회로시험기	③	⊙
화재경보벨	④	Ⓑ
시각경보기(스트로브)	⑤	◇
수신기	⑥	⊠
부수신기	⑦	▤
중계기	⑧	⊓
표시등	⑨	◐
피난구유도등	⑩	⊗
통로유도등	⑪	→

09 소방시설 설계도에서 표시하는 기호(Symbol)를 도시하시오.

(1) 드랜쳐헤드(평면도)
(2) 물분무헤드(평면도)
(3) 감지헤드(평면도)
(4) 릴리프밸브(일반)
(5) 릴리프밸브(이산화탄소용)
(6) 청정소화약제 방출헤드(평면도)

풀이&답

번호	기호	번호	기호
(1)	—⌀—	(4)	⚡▲
(2)	—⊗—	(5)	◇•
(3)	—⊙—	(6)	⊕

10 소방시설 자체점검 등에 관한 고시에서 규정한 소방시설의 도시기호의 일부를 나타낸 것이다. 번호에 알맞은 답안을 답안지에 그리시오.

포헤드(입면도)	①	포헤드(평면도)	⑥
물분무헤드(평면도)	②	청정소화약제 방출헤드(평면도)	⑦
연결살수헤드	③	릴리프밸브(이산화탄소용)	⑧
드렌처헤드(평면도)	④	프레져프로포셔너	⑨
감지헤드(평면도)	⑤	프레져사이드 프로포셔너	⑩

풀이&답

포헤드(입면도)	①	▼	포헤드(평면도)	⑥	⊕
물분무헤드(평면도)	②	—⊗—	청정소화약제 방출헤드(평면도)	⑦	⊙
연결살수헤드	③	+⬡+	릴리프밸브(이산화탄소용)	⑧	◆
드렌처헤드(평면도)	④	—⊘—	프레져프로포셔너	⑨	⊏⊐
감지헤드(평면도)	⑤	—⊙—	프레져사이드 프로포셔너	⑩	⊏⊐⊢

02 소화기구 및 자동소화장치의 점검

01 주거용 주방자동소화장치의 점검에 대한 다음 각 물음에 답하시오.
(1) 주거용 주방자동소화장치의 작동순서
　　① 화재발생 시
　　② 가스누설 시
(2) 주거용 주방자동소화장치의 기능 4가지
(3) 가스누설탐지부 작동점검방법
(4) 가스누설차단밸브 작동시험방법
(5) 감지부 시험방법
(6) 예비전원 시험
(7) 제어반(수신부 점검)
(8) 약제 저장용기 점검

풀이&답

(1) 주거용 주방자동소화장치의 작동순서
　① 화재발생 시
　　• 1차 감지부(감지센서)가 작동
　　• 화재 경보음 발생
　　• 가스차단밸브가 작동하여 가스를 차단
　　• 온도가 더욱 상승하여 2차 감지부가 작동
　　• 소화약제를 방사
　② 가스누설 시

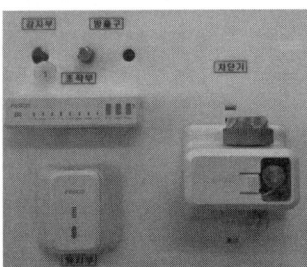

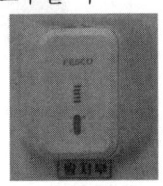

　　• 가스누설탐지부가 가스누설을 탐지
　　• 수신부에서 화재 경보음 발생
　　• 가스차단밸브가 작동하여 가스를 차단
(2) 주거용 주방자동소화장치의 기능 4가지
　① 주방의 연소기 화재시 소화약제 자동 방사기능
　② 주방의 연소기 화재시 감지 및 경보 기능
　③ 가연성가스 누설시 가스밸브의 자동 차단기능
　④ 가연성가스 누설의 감지 및 자동 경보 기능
(3) 가스누설탐지부 작동점검 방법
　점검용 가스를 탐지부에 분사하여 다음을 확인한다.
　① 화재 경보음 발생여부
　② 가스누설차단밸브 작동여부(가스차단밸브 잠김 여부) 확인

(4) 가스누설차단밸브 작동시험방법
  ① 온도 감지센서에 가열시험을 하여 1차 감지온도(80~100[℃])에서 가스차단밸브가 작동하는지 점검하는 방법
  ② 가스누설탐지부 작동시험 시 가스 차단밸브의 작동여부 확인
  ③ 수동작동버튼을 눌러 작동여부를 확인

(5) 감지부 시험방법
  온도 감지센서에 가열시험기로 가열하여 다음을 확인
  ① 1차(80~100[℃]) 감지시 경보 및 가스차단밸브 작동여부 확인
  ② 2차(100~120[℃]) 감지시 소화약제 방출여부 확인

(6) 예비전원 시험
  ① 예비전원 점검버튼을 눌러 점검
  ② 전원을 차단시킨 상태에서 수신부의 예비전원램프가 점등되면 정상

(7) 제어반(수신부 점검)

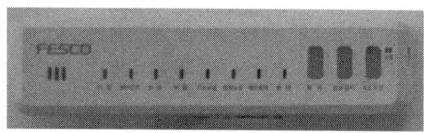

  ① 자동점검 기능이 있다.
  ② 가스센서나 온도센서 및 예비전원의 이상이 생길 경우 자동으로 점등이 되며, 소화기 상태의 이상이 있을 경우 경보음이 발생

(8) 약제 저장용기 점검
  축압식과 가압식이 있으며 대부분 축압식이 설치, 소화약제는 분말소화약제, 강화액소화약제 등이 사용된다.
  ① 축압식 : 지시압력계가 녹색의 범위 내 있는지 확인
  ② 가압식 : 가압설비 및 약제 상태를 점검

02 다음의 조건을 참고하여 분말소화기의 능력단위를 산출하시오.

[조건]
① 바닥면적이 25m×40m인 장소이다.
② 내부에 구획된 실은 별도로 없으며, 보행거리 등은 고려하지 않는다.
③ 능력단위의 산출은 소화기구 및 자동소화장치의 화재안전기준에 따른다.
④ 소수점이 발생할 경우 소수점이하 절상한다.

(1) 전시장(주요구조부는 내화구조, 준불연재료로 마감)

풀이&답 $\dfrac{25[m] \times 40[m]}{100[m^2] \times 2} = 5단위$

(2) 위락시설(주요구조부는 비내화구조, 준불연재료로 마감)

풀이&답

$$\frac{25[m] \times 40[m]}{30[m^2]} = 33.33 ≒ 34단위$$

(3) 집회장(주요구조부는 내화구조, 불연재료로 마감)

풀이&답

$$\frac{25[m] \times 40[m]}{50[m^2] \times 2} = 10단위$$

03 소화기구 및 자동소화장치의 화재안전기술기준 표 2.1.1.1 소화기구의 소화약제별 적응성에 따른 A급, B급, C급 화재에 적응성 있는 소화약제 4가지를 쓰시오.(4점)

풀이&답

① 할론소화약제
② 할로겐화합물 및 불활성기체 소화약제
③ 인산염류 소화약제
④ 고체에어로졸화합물

보충설명

소화약제 구분 / 적응대상	가스			분말		액체				기타		
	이산화탄소소화약제	할론소화약제	할로겐화합물 및 불활성기체소화약제	인산염류소화약제	중탄산염류소화약제	산알칼리소화약제	강화액소화약제	포소화약제	물·침윤소화약제	고체에어로졸화합물	마른모래	팽창질석·팽창진주암	그밖의 것
일반화재 (A급 화재)	-	○	○	○	-	○	○	○	○	○	○	○	-
유류화재 (B급 화재)	○	○	○	○	○	○	○	○	○	○	○	○	-
전기화재 (C급 화재)	○	○	○	○	○	*	*	*	*	○	-	-	*
주방화재 (K급 화재)	-	-	-	-	*	-	*	*	*	-	-	-	*
금속화재 (D급 화재)	-	-	-	-	*	-	-	-	-	-	○	○	*

04 소화기구 및 자동소화장치의 점검표상 소화기구(소화기, 자동확산소화기, 간이소화용구)의 점검항목을 쓰시오.

풀이&답

◦ 거주자 등이 손쉽게 사용할 수 있는 **장소**에 설치되어 있는지 여부
◦ 설치**높이** 적합 여부
◦ **배치거리**(보행거리 소형 20[m] 이내, 대형 30[m] 이내) 적합 여부

- 구획된 **거실**(바닥면적 33[m²] 이상)마다 소화기 설치 여부
- 소화기 **표지** 설치상태 적정 여부
- 소화기의 **변형·손상** 또는 부식 등 외관의 이상 여부
- **지시압력계**(녹색범위)의 적정 여부
- 수동식 분말소화기 **내용연수**(10년) 적정 여부
- 설치**수량** 적정 여부
- **적응성** 있는 소화약제 사용 여부

05 소화기구 및 자동소화장치의 점검표상 주거용 주방 자동소화장치의 점검항목을 쓰시오.

풀이&답
- **수신부**의 설치상태 적정 및 정상(예비전원, 음향장치 등) 작동 여부
- 소화약제의 **지시압력** 적정 및 **외관**의 이상 여부
- 소화약제 **방출구**의 설치상태 적정 및 외관의 이상 여부
- **감지부** 설치상태 적정 여부
- **탐지부** 설치상태 적정 여부
- **차단장치** 설치상태 적정 및 정상 작동 여부

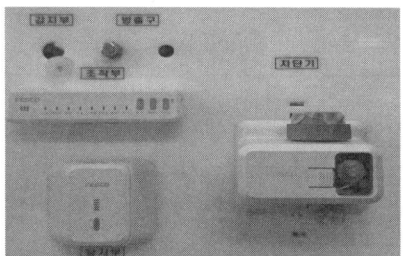

[그림] 주방용 자동소화장치의 구성

06 소화기구 및 자동소화장치의 점검표상 상업용 주방 자동소화장치의 점검항목을 쓰시오.

풀이&답
- 소화약제의 **지시압력** 적정 및 외관의 이상 여부
- **후드 및 덕트**에 감지부와 분사헤드의 설치상태 적정 여부
- **수동기동장치**의 설치상태 적정 여부

07 소화기구 및 자동소화장치의 점검표상 캐비닛형 자동소화장치의 점검항목을 쓰시오.

풀이&답
- **분사헤드**의 설치상태 적합 여부
- **화재감지기** 설치상태 적합 여부 및 정상 작동 여부
- **개구부 및 통기구** 설치 시 **자동폐쇄장치** 설치 여부

08 소화기구 및 자동소화장치의 점검표상 가스·분말·고체에어로졸 자동소화장치의 점검항목을 쓰시오.

풀이&답
- **수신부**의 정상(예비전원, 음향장치 등) 작동 여부
- 소화약제의 **지시압력** 적정 및 외관의 이상 여부
- **감지부**(또는 화재감지기) 설치상태 적정 및 정상 작동 여부

09 소방시설외관점검표상 소화기구 및 자동소화장치 중 소화기의 점검내용을 쓰시오.

풀이&답
- **거주자** 등이 손쉽게 사용할 수 있는 장소에 설치되어 있는지 여부
- **구획된 거실**(바닥면적 33㎡ 이상)마다 소화기 설치 여부
- 소화기 **표지** 설치 여부
- 소화기의 **변형·손상 또는 부식**이 있는지 여부
- **지시압력계(녹색범위)**의 적정 여부
- 수동식 분말소화기 **내용연수(10년)** 적정 여부

10 소방시설외관점검표상 소화기구 및 자동소화장치 중 자동소화장치의 점검내용을 쓰시오.

풀이&답
- **수신부**가 설치된 경우 수신부 정상(예비전원, 음향장치 등) 여부
- 본체용기, 방출구, 분사헤드 등의 **변형·손상 또는 부식**이 있는지 여부
- 소화약제의 **지시압력** 적정 및 외관의 이상 여부
- **감지부**(또는 화재감지기) 및 **차단장치** 설치상태 적정 여부

11 소방시설외관점검표상 소화기구 및 자동소화장치 중 자동확산소화기의 점검내용을 쓰시오.

풀이&답
- 견고하게 **고정**되어 있는지 여부
- 소화기의 **변형·손상 또는 부식**이 있는지 여부
- **지시압력계(녹색범위)**의 적정 여부

12 소방시설관리사가 종합점검을 실시하고 있다. 다음의 조건을 활용하여 소화기의 최소 수량을 산출하고 설치수량 적정 여부를 판단하시오.

[조건]
- 지하층에서 지상 5층까지는 구획된 실이 없으며 각층의 바닥면적은 750 m²
- 지상 6층의 바닥면적은 750 m², 구획된 실이 있음(20 m² 2개소, 40 m² 2개소, 50 m² 4개소)
- 주요구조부는 내화구조, 내장재는 불연재료이다.
- 각층별 용도는 지하 1층~지하 2층은 주차장, 지상 1층~지상 6층은 사무실(일반 업무시설)임
- A급 3단위의 분말소화기가 24개 비치
- 기타 보행거리 등, 주어지지 않은 조건은 무시한다.

풀이&답

1. 수량 산출

    층별 수량 : $\dfrac{750\ m^2}{100\ m^2 \times 2} = 3.75 = 4단위$, 수량 : $\dfrac{4단위}{3단위} = 1.33 = 2개$

    층별 2개 × 8개층 = 16개

    구획된 실 추가수량 : 40 m² 2개소 → 2개, 50 m² 4개소 → 4개

    최소수량 : 16개 + 2개 + 4개 = 22개

2. 적정여부 판단

    24개가 비치되어 있으므로 양호하다.

보충설명

특정소방대상물	소화기구의 능력단위
위락시설	해당 용도의 바닥면적 30 m² 마다 능력단위 1단위 이상
공연장 · 집회장 · 관람장 · 문화재 · 장례식장 및 의료시설	해당 용도의 바닥면적 50 m² 마다 능력단위 1단위 이상
근린생활시설 · 판매시설 · 운수시설 · 숙박시설 · 노유자시설 · 전시장 · 공동주택 · 업무시설 · 방송통신시설 · 공장 · 창고시설 · 항공기 및 자동차 관련 시설 및 관광휴게시설	해당 용도의 바닥면적 100 m² 마다 능력단위 1단위 이상
그 밖의 것	해당 용도의 바닥면적 200 m² 마다 능력단위 1단위 이상

[비고] 건축물의 주요구조부가 내화구조이고, 벽 및 반자의 실내에 면하는 부분이 불연재료 · 준불연재료 또는 난연재료로 된 특정소방대상물에 있어서는 위 표의 바닥면적의 2배를 해당 특정소방대상물의 기준면적으로 한다.

03 옥내소화전설비의 점검

01 다음은 옥내소화전설비의 펌프 주변 배관에 있는 부속자재의 일부를 나타낸 것이다. 이에 대한 도시기호를 그리고 기능을 설명하시오.

명 칭	도시기호	기 능
편심레듀셔		
체크밸브		
풋밸브		
릴리프밸브		
압력계		
자동배수밸브		
앵글밸브		
감압밸브		
Y형 스트레이너		
플렉시블조인트		

풀이&답

명 칭	도시기호	기 능
편심레듀셔	─▷─	흡입측 배관 내 공기고임을 방지하여 공동현상을 방지
체크밸브	─▷│─	배관 내 유체의 흐름을 한쪽으로만 흐르게 함
풋밸브	⊠	수원이 펌프보다 낮은 경우에 설치하여 이물질을 제거, 역류방지기능
릴리프밸브	⦅▲⦆	체절운전 시 수온의 상승을 방지
압력계	⦵	대기압 이상의 압력을 측정
자동배수밸브	▯	배관 내 고인 물을 자동으로 배수하여 배관의 동파 및 부식을 방지
앵글밸브	⦣	옥내소화전 방수구를 개폐
감압밸브	Ⓡ⊠	배관 내 과압 발생 시 압력을 감압
Y형 스트레이너	─╱─	펌프 흡입측에 설치하여 배관 내 이물질을 제거
플렉시블조인트	─▯▨▯─	펌프 등에서 발생하는 진동을 흡수하여 배관에 전달되는 것을 방지

02 기동용수압개폐장치의 형식승인 및 제품검사의 기술기준에서 정한 아래의 용어 정의를 쓰시오.
(1) 압력챔버
(2) 기동용압력스위치
(3) 압력스위치

풀이&답
(1) 압력챔버
수격 또는 순간압력변동 등으로부터 안정적으로 압력을 검지할 수 있도록 동체와 경판으로 구성된 원통형 탱크에 압력스위치를 부착한 기동용수압개폐장치
(2) 기동용압력스위치
수격 또는 순간압력변동 등으로부터 안정적으로 압력을 검지할 수 있도록 부르동관 또는 압력검지신호 제어장치(전자식) 등을 사용하는 기동용수압개폐장치
(3) 압력스위치
설정된 압력이 되는 때에 전기적 신호를 보낼 수 있는 스위치로서 2개 이상의 압력값을 임의적으로 설정할 수 있는 스위치

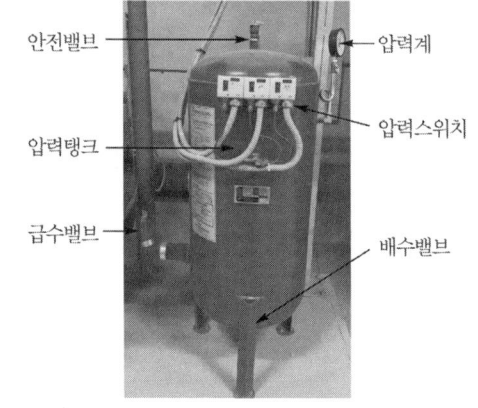

압력챔버의 구성

기동용수압개폐장치
1. 압력챔버
2. 기동용압력스위치 : 부르동관식, 전자식

03 압력챔버의 구조(또는 구성기기) 6가지를 쓰시오.

풀이&답
몸체, 압력스위치, 안전밸브, 드레인밸브, 유입구 및 압력계

기동용수압개폐장치의 형식승인 및 제품검사의 기술기준 제7조(압력챔버의 구조 등)제1호
1. 압력챔버의 구조는 몸체, 압력스위치, 안전밸브, 드레인밸브, 유입구 및 압력계로 이루어져야 한다.

04 기동용수압개폐장치의 형식승인 및 제품검사의 기술기준 제9조(내부용적 및 호칭압력)에서 정한 기준 2가지를 쓰시오.

풀이&답
1. 압력챔버의 내부용적은 100 L 이상이어야 하며 내부용적을 증가하는 경우에는 100단위로 하여야 한다.

2. 압력챔버의 호칭압력은 사용압력에 따라 다음과 같이 구분한다.

호칭압력	1MPa(10kg/cm²)	2MPa(20kg/cm²)
사용압력 (MPa(10kg/cm²))	1MPa(10kg/cm²)미만	1MPa(10kg/cm²)이상 2MPa(20kg/cm²)미만

05 기동용수압개폐장치의 형식승인 및 제품검사의 기술기준 제10조(기능시험)에서 정한 압력챔버의 기능 적합기준 2가지를 쓰시오.

[풀이&답]
1. 압력챔버의 압력스위치는 용기내의 압력이 작동압력이 되는 경우와 중지압력이 되는 경우에 즉시 작동 및 정지되어야 한다.
2. 압력챔버의 안전밸브는 호칭압력과 호칭압력의 1.3배의 압력범위 내에서 작동되어야 한다.

06 옥내소화전설비의 배관에 설치하는 밸브에 대한 다음 각 물음에 답하시오.
(1) 개폐표시가 가능한 밸브의 종류 2가지
(2) 개폐표시형 밸브를 사용하는 이유
(3) 펌프 흡입측에 사용하면 안 되는 밸브의 명칭과 이유 3가지

[풀이&답]
(1) 개폐표시가 가능한 밸브의 종류 2가지
① 버터플라이밸브
② OS&Y 밸브

OS&Y 밸브

버터플라이밸브

(2) 개폐표시형 밸브를 사용하는 이유
밸브의 개폐상태를 쉽게 확인하기 위해
(3) 펌프 흡입측에 사용하면 안 되는 밸브의 명칭과 이유 3가지
① 버터플라이밸브
② 이유 3가지
 • 공동현상의 발생우려
 • 수격작용의 발생우려
 • 유체저항이 커 흡입장애

07 옥내소화전설비의 배관에 사용할 수 있는 소방용 합성수지배관(CPVC)의 주요 특성 5가지를 쓰시오.

[풀이&답]
1. 자기소화성   2. 화재안전성   3. 탁월한 열 보존력
4. 마찰손실이 적다.   5. 높은 경제성 및 시공성 편리

08 수원이 펌프보다 낮은 위치에 설치할 때 필요한 설비 3가지를 쓰시오.

풀이&답
1. 풋밸브
2. 진공계
3. 물올림장치

09 옥내소화전설비의 배관에 설치하는 밸브 중 아래에 설명하는 밸브의 명칭을 쓰시오.
(1) 유체의 흐름방향을 90°로 변환
(2) 입구와 출구가 수평으로 되어 있으며, 유수의 흐름이 S자 형태, 유체의 흐름방향을 180°로 변환

풀이&답
(1) 앵글밸브
(2) 글로브밸브

앵글밸브

글로브밸브

10 옥내소화전설비 펌프의 성능시험배관 적합기준 2가지를 쓰시오.

풀이&답
1. 성능시험배관은 펌프의 토출측에 설치된 개폐밸브 이전에서 분기하여 설치하고, 유량측정장치를 기준으로 전단 직관부에 개폐밸브를 후단 직관부에는 유량조절밸브를 설치할 것
2. 유량측정장치는 성능시험배관의 직관부에 설치하되, 펌프의 정격토출량의 175[%] 이상 측정할 수 있는 성능이 있을 것

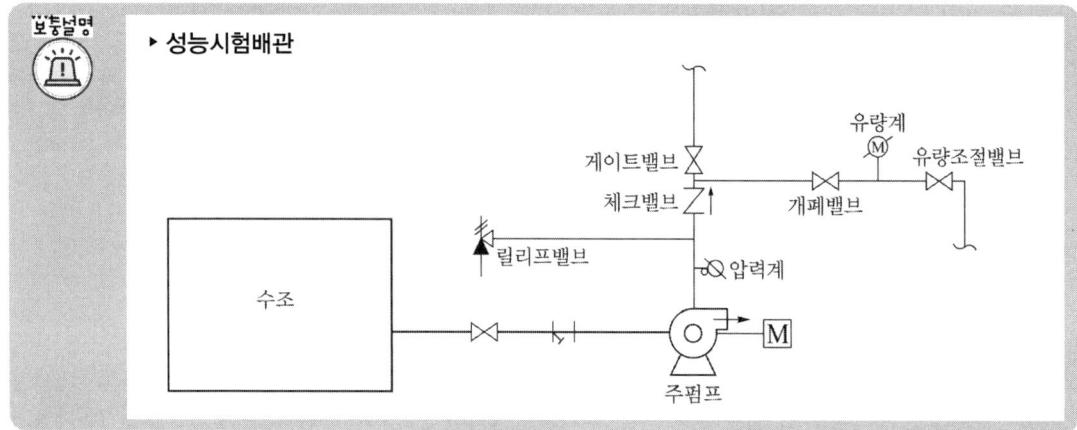
▶ 성능시험배관

11 성능시험배관과 순환배관에 대한 다음 각 물음에 답하시오.
(1) 성능시험배관 설치기준
(2) 성능판정기준
(3) 유량측정장치기준
(4) 소화펌프의 성능시험 배관과 순환배관을 설치하는 이유

풀이&답

(1) 성능시험배관 설치기준
성능시험배관은 펌프의 토출측에 설치된 개폐밸브 이전에서 분기하여 설치하고, 유량측정장치를 기준으로 전단 직관부에 개폐밸브를 후단 직관부에는 유량조절밸브를 설치할 것
(2) 성능판정기준
펌프의 성능은 체절운전 시 정격토출압력의 140[%]를 초과하지 아니하고, 정격토출량의 150[%]로 운전 시 정격토출압력의 65[%] 이상일 것
(3) 유량측정장치기준
유량측정장치는 성능시험배관의 직관부에 설치하되, 펌프의 정격토출량의 175[%] 이상 측정할 수 있는 성능이 있을 것
(4) 성능시험배관과 순환배관 설치이유
　① 성능시험배관 설치이유 : 정격부하 운전 시 펌프의 성능을 시험하기 위하여
　② 순환배관 설치이유 : 펌프내의 체절운전 시 공회전에 의한 수온상승을 방지하기 위하여

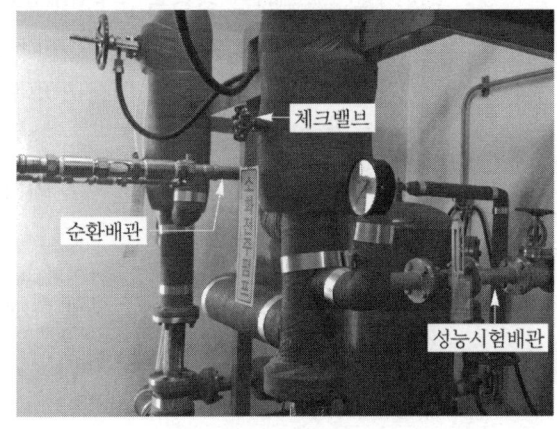

12 옥내소화전설비에서 소방호스 노즐을 개방하여 방수압력을 측정한 결과 방수압력이 0.7 [MPa]를 초과하였다. 압력을 감소시킬 수 있는 방법 4가지를 쓰고 설명하시오. 25회 점검

풀이&답
1. 고가수조 방식 : 고가수조를 건축물의 옥상에 설치하여 저층부에 대하여 압력을 초과하지 않는 범위 내에서 사용하는 방식
2. 전용배관 방식 : 저층부와 고층부로 분리하여 별도의 입상관 및 펌프를 설치하여 압력을 공급하는 방식
3. 부스터(중계)펌프 방식 : 별도의 중간 부스터펌프 및 중간 수조를 설치하여 고층부에 압력을 공급하는 방식
4. 감압밸브 방식 : 압력을 초과하는 배관 상에 감압밸브를 설치하여 감압하는 방식
5. 감압용 오리피스방식 : 호스 접결구의 인입측에 감압용 오리피스를 설치하여 감압하는 방식

13 도면은 옥내소화전설비 계통도의 일부분을 나타낸 것이다. 도면을 참고하여 다음 각 물음에 답하시오.

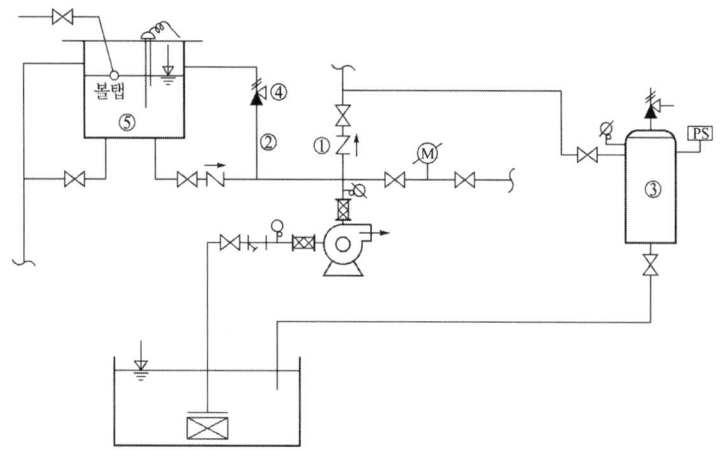

(1) 기호 ①은 체크밸브이다. 이것의 상품명을 쓰시오.
(2) 기호 ① 체크밸브의 주요기능 2가지를 쓰시오.
(3) 기호 ②의 배관 명칭과 구경(mm)을 쓰시오.
(4) 기호 ③은 기동용 수압개폐장치라고 하는데 이것의 다른 명칭은 무엇인가?
(5) 기호 ③의 용적은 몇 L 이상이어야 하는가?
(6) 기호 ④의 명칭을 쓰시오.
(7) 기호 ⑤의 명칭과 용량은 몇 L 이상이어야 하는지 쓰시오.

풀이&답
(1) 스모렌스키 체크밸브
(2) ① 수격방지 기능　　② 바이패스 기능　　③ 역류방지기능
(3) ① 명칭 : 순환배관　　② 구경 : 20[mm] 이상
(4) 압력챔버
(5) 100[L] 이상
(6) 릴리프밸브
(7) ① 명칭 : 물올림수조　　② 용량 : 100[L] 이상

14 수격(Water hammering)현상에 대하여 간단하게 설명하고, 발생원인 및 방지대책에 대하여 기술하시오.

풀이&답

(1) 수격(Water hammering)현상
배관 속을 흐르고 있는 액체의 속도를 급격하게 변화시켰을 때 액체에는 심한 압력변화가 생기는데 이 현상을 수격현상이라 한다.
(2) 발생원인
① 펌프에서 물을 압송하고 있을 때 정전 등으로 급히 펌프가 멈춘 경우
② 유량조절밸브를 급히 개폐한 경우
(3) 방지대책
① 배관 내의 유속을 작게 한다.
② 관의 직경을 크게 한다.
③ 펌프에 플라이휠(Fly wheel)을 설치한다.
④ 조압수조(Surge tank)를 관선에 설치한다.
⑤ 수격방지기(Water Hammering Cushion)를 설치한다.
⑥ 밸브는 송출구 가까이에 설치하고 밸브를 적당히 제어한다.

15 맥동현상(Surging)의 개념, 발생원인, 방지대책 및 시스템에 미치는 영향에 대하여 설명하시오.

풀이&답

(1) 개념
펌프를 운전하였을 때에 주기적으로 운동·양정·토출량이 규칙 바르게 변하는 현상으로 서징현상이라고도 하며, 펌프 및 송풍기에서 발생한다.
(2) 발생원인
① 펌프의 $H-Q$곡선이 산고모양으로 곡선의 상승부에서 운전하는 경우

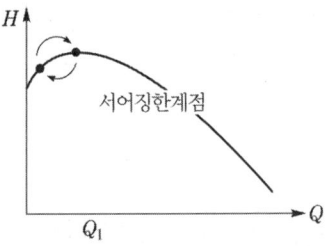

② 배관 중에 수조가 존재하는 경우 또는 공기고임 부분이 있는 경우
③ 유량조절밸브가 수조의 후단에 있을 때
(3) 방지대책
① 펌프의 $H-Q$ 곡선이 우하향 특성을 가진 펌프를 선정한다.
② 유량조절밸브는 펌프의 토출측 직후에 설치
③ 배관 도중에 불필요한 수조를 제거한다.
④ 배관 내 기체를 제거한다.
(4) System에 미치는 영향
① 압력계의 눈금이 어떤 주기를 가지고 큰 진폭으로 흔들린다.
② 토출량은 일정한 주기를 가지고 변동한다.
③ 흡입 및 토출배관에 주기적인 진동과 소음이 발생한다.

16 공동현상에 대한 다음 각 물음에 답하시오.
(1) 개념   (2) 발생현상
(3) 발생원인   (4) 방지대책

[풀이&답]
(1) 개념
펌프의 흡입측 배관에서 발생하는 현상으로 유수 중에서 그 수온의 증기압보다 낮은 부분이 생겼을 때 물이 증발하거나 수중에 용해하고 있는 공기가 석출하여 기포가 다수 생성되는 현상
(2) 발생현상
① 소음과 진동이 생긴다. ② 깃에 대한 침식이 생긴다.
③ 토출량·양정·효율이 점차 감소한다. ④ 심하면 양수불능이 된다.
(3) 발생원인
① 펌프의 흡입측 수두가 클 경우 ② 펌프의 흡입측 마찰손실이 클 경우
③ 펌프의 임펠러 속도가 클 경우 ④ 펌프의 흡입관경이 작을 경우
⑤ 유체가 고온일 경우
(4) 방지대책
① 펌프의 설치위치를 수원보다 낮게 한다. ② 펌프의 흡입양정을 작게 한다.
③ 펌프의 흡입관경을 크게 한다. ④ 펌프의 회전수를 낮추고, 비속도를 작게 한다.
⑤ 양 흡입펌프를 사용한다. ⑥ 펌프를 2대 이상 설치한다.

17 에어락(air lock)현상에 대하여 설명하시오.

[풀이&답]
펌프 내부 또는 배관에 부분적으로 공기가 차서 air pocket을 형성하여 펌프가 흡입을 제대로 하지 못하거나 배관 내 물의 흐름을 방해하는 현상

18 기동용수압개폐장치(압력챔버)의 일반적인 역할 3가지를 쓰고 설명하시오.

[풀이&답]

펌프의 자동기동 및 정지	소화설비 배관 내 압력변동을 검지하여 자동적으로 펌프를 기동 및 정지시킨다.
압력변화의 완충작용	압력챔버내 상부의 공기가 완충작용을 하여 급격한 압력의 변동을 방지한다.
압력변동에 따른 설비의 보호	펌프 기동시 압력챔버 내 상단의 공기가 완충역할을 하여 주변 기기의 충격과 손상을 방지한다.

▶ 압력스위치의 구성요소
① Diff : 펌프의 정지점(정지압력)과 기동점(기동압력)의 차이(정지점−기동점)
② Range : 펌프의 정지점(정지압력)
③ 조절나사 : Diff와 Range의 눈금을 조절

19 옥내소화전설비 펌프의 체크기능 확인 방법(풋밸브, 스모렌스키 체크밸브)에 대하여 설명하시오.

[풀이&답]
1. 물올림관의 물올림밸브를 폐쇄
2. 펌프를 정지
3. 펌프의 물올림 컵을 서서히 개방
4. 물올림 컵의 수위상태 확인(물이 상승하는 경우 스모렌스키 체크밸브 이상, 물이 하강하는 경우 풋밸브의 이상)

20 옥내소화전설비 풋밸브의 정상상태 점검 방법에 대하여 설명하시오.

[풀이&답]
1. 펌프 몸체 상부의 물올림 컵 밸브를 개방
2. 물올림 컵에 물이 가득차면 물올림밸브를 폐쇄
3. 물올림 컵의 수위 상태 확인
  ① 수위변화 없는 경우 : 정상
  ② 물이 하강하는 경우 : 풋밸브 이상
  ③ 물이 계속 넘치는 경우 : 스모렌스키 체크밸브 이상

21 옥내소화전설비에서 물올림장치의 감수경보 원인 3가지를 쓰시오.

[풀이&답]
1. 물올림장치 급수밸브의 폐쇄
2. 자동급수장치의 고장
3. 물올림장치 배수밸브 개방

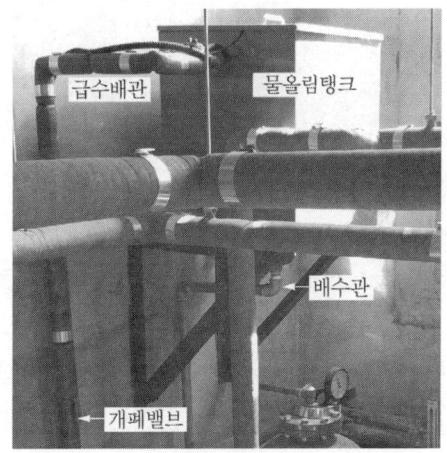

물올림탱크

22. 수계소화설비의 감수경보장치 정상여부 점검방법을 설명하시오.

[풀이&답]
1. 자동급수밸브 폐쇄
2. 배수밸브를 개방
3. 물올림수조 내 수위가 1/2로 되었을 때 감수경보장치 동작
4. 수신기에 물올림탱크 저수위 표시등 점등 및 음향 경보되는지 확인
5. 배수밸브 폐쇄
6. 자동급수밸브 개방
7. 수신기 물올림탱크 저수위 표시등 소등 및 음향경보 정지되는지 확인

23. 옥내소화전설비의 펌프는 정상적으로 기동되나 압력계상의 압력이 차지 않는 원인과 조치방법 5가지 이상을 쓰시오.

[풀이&답]

원인	조치방법
수조에 물이 없는 경우	수조에 물을 채움
전동기의 회전방향이 반대인 경우	동력제어반에서 전자접촉기(MC) 입력전원 중 2상의 접속을 변경
펌프 흡입측 배관의 개폐밸브 폐쇄	개폐밸브를 개방
펌프 흡입측 스트레이너에 이물질이 있는 경우	스트레이너를 분해하여 이물질을 제거
펌프 흡입측 배관에 에어가 있는 경우	물올림밸브를 개방하여 에어를 제거
펌프 회전축의 연결이음쇠가 분리되어 있는 경우	연결이음쇠를 확실하게 결합
펌프가 고장인 경우	펌프를 수리 또는 교체
부압수조방식의 경우 펌프 흡입측 배관을 겸용으로 사용하는 경우	펌프마다 흡입측 배관을 별도로 분리

부압수조 방식

펌프 흡입측 설비

24. 성능시험배관 점검에 대한 다음 각 물음에 답하시오.
(1) 성능시험배관의 외관점검 사항 4가지
(2) 펌프 성능시험 시 기포발생 원인 5가지
(3) 펌프는 정상 기동하였으나 물이 흡입되지 않는 원인 4가지
　　(단, 펌프는 수조보다 위에 위치한다.)

[풀이&답] (1) 성능시험배관의 외관점검
① 펌프 토출측 개폐밸브 이전에서 분기하여 설치되어 있는지 여부
② 유량측정장치가 성능시험배관의 직관부에 설치되어 있는지 여부
③ 유량측정장치를 기준으로 전단직관부에 개폐밸브를, 후단직관부에 유량조절밸브의 설치여부
④ 유량측정장치는 펌프의 정격토출량의 175[%]이상 측정할 수 있는 성능여부

성능시험배관 설비

(2) 펌프 성능시험시 기포발생 원인
① 풋밸브가 수면에 너무 가까이 설치된 경우 (소용돌이 현상에 의해 공기흡입)
② 유량계 전·후의 개폐밸브와 유량조절밸브가 너무 가까운 경우
③ 수조에 물을 공급하는 급수배관의 말단과 풋밸브가 가까이 설치된 경우
④ 성능시험배관상의 개폐밸브를 완전히 개방하지 않은 경우
⑤ 펌프 흡입측 배관의 연결부분이 견고하지 않아 공기흡입

(3) 펌프는 정상 기동하였으나 물이 흡입되지 않는 원인(부압방식)
① 수조에 물이 없는 경우
② 전동기의 회전방향이 반대
③ 펌프 흡입측 배관의 개폐밸브가 폐쇄된 경우
④ 펌프 흡입측에서 캐비테이션 발생
⑤ 펌프 흡입측 스트레이너에 이물질이 꽉 찬 경우
⑥ 펌프 흡입측 배관을 겸용으로 사용한 경우

펌프실

25 아래의 그림을 참고하여 압력탱크 내의 공기 충전방법에 대하여 설명하시오. 16회 점검

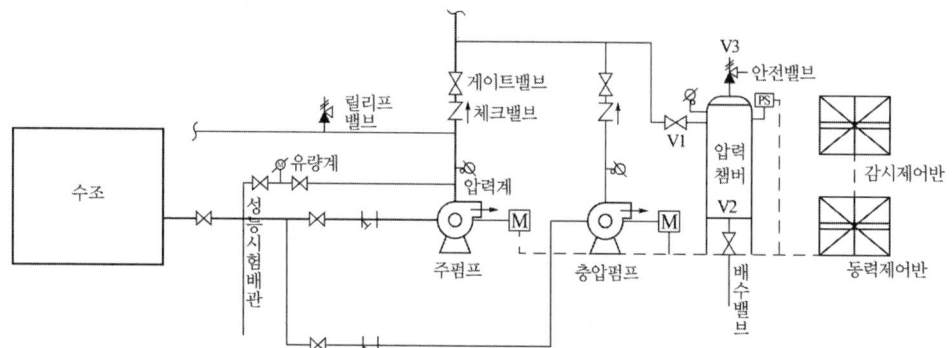

풀이&답
① 동력제어반(MCC)에서 주펌프 및 충압펌프의 작동스위치 정지(수동)
② V1 폐쇄
③ V2 및 V3 개방하여 압력탱크 내의 물을 완전 배수
④ V2 및 V3 폐쇄
⑤ V1 개방
⑥ 동력제어반(MCC)에서 충압펌프의 작동스위치를 자동위치
⑦ 충압펌프 정지 후 동력제어반(MCC)에서 주펌프의 작동스위치를 자동위치에 놓는다.

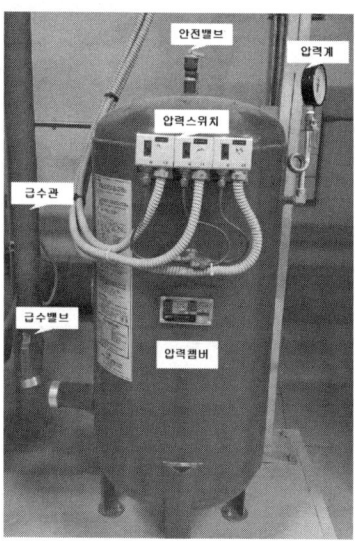

압력챔버

26 기동용수압개폐장치(압력챔버)의 점검에 대한 다음 각 물음에 답하시오.
(1) NFPA에서 규정한 펌프(충압펌프, 소화펌프, 예비펌프)의 압력스위치 설정방법을 설명하시오.
(2) 펌프의 기동점 및 정지점을 설정하는 방법에 대하여 설명하시오.
(3) 주펌프 및 충압펌프의 압력스위치 설정방법을 상세히 설명하시오.

풀이&답
(1) NFPA에서 규정한 펌프의 압력스위치 설정방법
① 충압펌프 정지점 : 펌프 체절압력에 최소정수압(최소흡입압력)을 더한 것과 같다.
② 충압펌프 기동점 : 충압펌프의 정지점보다 적어도 10[psi] 낮아야 한다.
③ 소화펌프 기동점 : 충압펌프 기동점보다 5[psi] 낮아야 한다.
④ 예비펌프 기동점 : 소화펌프보다 10[psi] 낮아야 한다.
⑤ 소화펌프 정지점 : 소화펌프는 수동으로 정지되도록 한다.

(2) 펌프의 기동점 및 정지점을 설정하는 방법

구분	펌프	기동점	정지점
옥내·외 소화전설비	주펌프	자연낙차압 + 0.2MPa	체절운전점
	충압펌프	주펌프 기동점 + 0.05MPa 이상	주펌프 정지점 −(0.05~0.1MPa)
스프링클러 설비	주펌프	자연낙차압 + 0.15MPa	체절운전점
	충압펌프	주펌프의 기동점 + 0.05MPa 이상	주펌프 정지점 −(0.05~0.1MPa)

(3) 압력스위치의 설정방법
① 감시제어반의 주펌프 및 충압펌프 정지위치
② 주펌프, 충압펌프의 압력스위치를 확인하기 위해 어느 하나의 압력스위치의 동작확인 침을 내려 접점을 붙인다.(접점은 자동으로 복구됨)
③ 감시제어반의 압력스위치 표시등이 점등되는 것을 확인하여 주펌프인지 충압펌프인지 여부를 확인
④ 주펌프의 압력스위치 Range 눈금위에 설치된 조절볼트를 드라이버로 조정하여 주펌프의 정지점으로 설정
⑤ 주펌프의 압력스위치 Diff 눈금위에 설치된 조절볼트를 드라이버로 조정하여 주펌프의 기동점과 정지점의 차이만큼 설정
⑥ 충압펌프의 압력스위치 Range 눈금위에 설치된 조절볼트를 드라이버로 조정하여 충압펌프의 정지점으로 설정
⑦ 충압펌프의 압력스위치 Diff 눈금위에 설치된 조절볼트를 드라이버로 조정하여 충압펌프의 기동점과 정지점의 차이만큼 설정
⑧ 동력제어반, 감시제어반에서 주펌프 및 충압펌프를 모두 자동으로 전환
⑨ 압력챔버의 배수밸브를 열거나 시험밸브를 개방하여 주펌프 및 충압펌프의 기동점이 정확하게 설정되었는지 여부를 확인
⑩ 개방한 밸브를 폐쇄하여 주펌프 및 충압펌프의 정지점이 정확하게 설정되었는지 여부를 확인

압력챔버의 압력스위치

국내 압력 설정방법(신축의 경우)

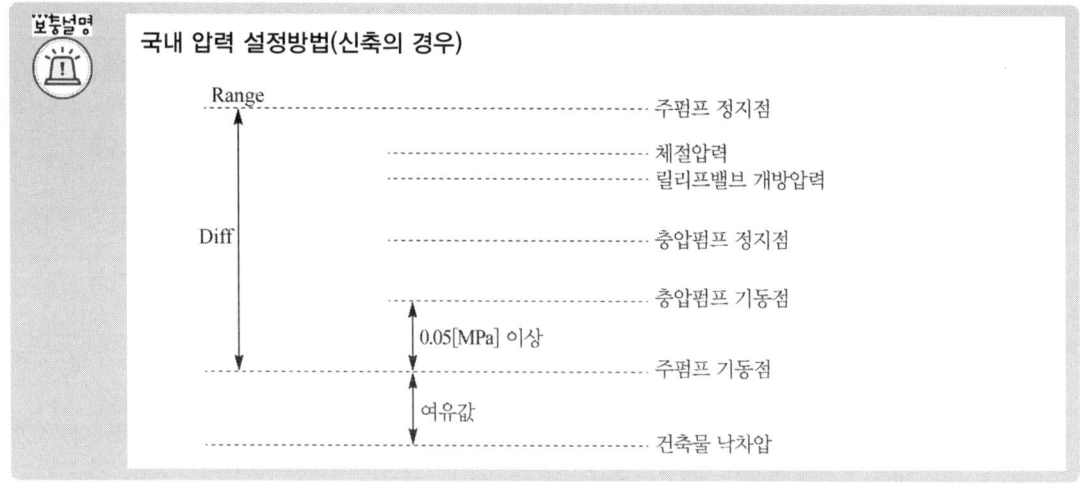

27 옥내소화전설비의 동력제어반을 점검하는 방법에 대하여 설명하시오.

[풀이&답]
1. 동력제어반의 차단기가 "ON"위치에 있는지를 확인
2. 펌프운전 선택(Selector)스위치가 자동(AUTO)위치에 있는지 확인
3. 동력제어반 표시등 점등상태 확인
    ① 녹색등 미점등시 : 퓨즈단선, 램프단선, 전자식과전류계전기의 동작여부 확인
    ② 황색등 소등상태로 유지되는지 확인

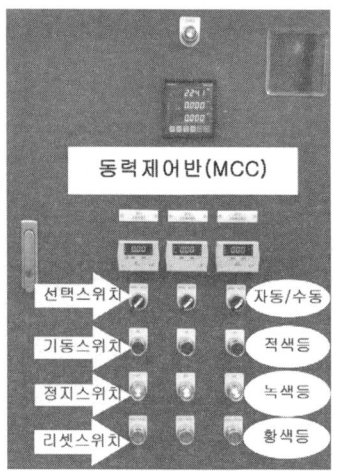 

동력제어반

28 옥내소화전설비의 충압펌프가 일정시간마다 기동과 정지를 반복하는 원인에 설명하시오.

[풀이&답]
1. 주펌프 및 충압펌프의 토출측 체크밸브가 역류되는 경우
2. 옥상수조에 설치된 체크밸브의 역류

3. 송수구와 연결된 체크밸브가 역류
4. 압력챔버 배수밸브의 미세한 개방 또는 누수
5. 앵글밸브(소화전 방수구)의 미세한 개방 또는 누수

스프링클러설비의 경우
1. 주펌프 및 충압펌프의 토출측 체크밸브가 역류되는 경우
2. 옥상수조에 설치된 체크밸브의 역류
3. 송수구와 연결된 체크밸브가 역류
4. 압력챔버 배수밸브의 미세한 개방 또는 누수
5. 말단시험밸브의 미세한 개방 또는 누수시

29 옥내소화전설비의 소화펌프를 압력챔버의 배수밸브를 이용(자동기동방식)하여 성능을 시험하려고 한다. 아래의 도면을 참고하여 다음 각 물음에 답하시오.

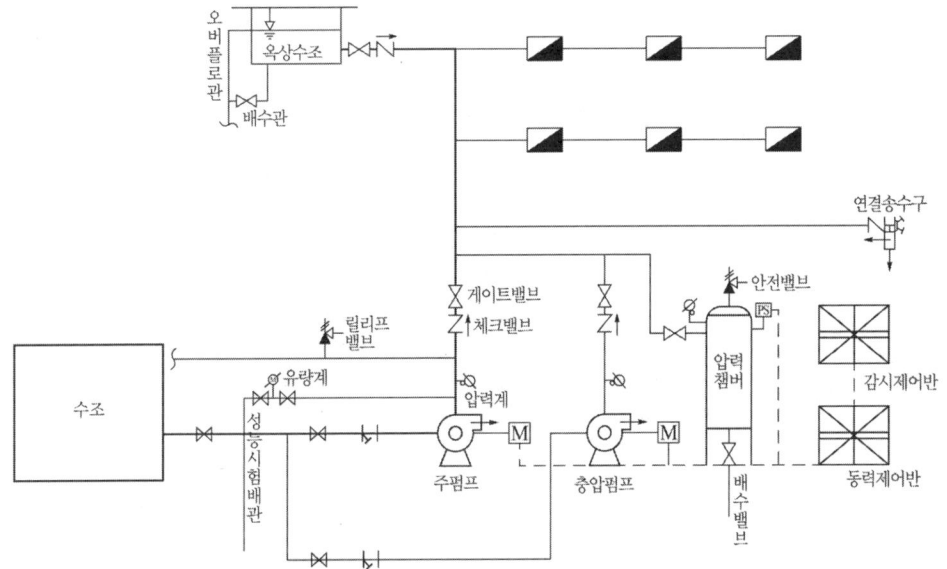

(1) 시험방법

(2) 복구방법

풀이&답
(1) 시험방법
① 동력제어반에서 충압펌프 작동스위치를 정지 위치로 조정
② 소화펌프 2차측의 게이트밸브 및 순환배관상의 릴리프밸브 폐쇄
③ 압력챔버에서 배수밸브를 개방하여 소화펌프를 자동으로 기동 후 배수밸브 폐쇄
④ 체절운전(토출량 0[%])에서 정격토출압력의 140[%] 이하 여부 확인
⑤ 릴리프밸브 개방하여 체절압력 미만으로 조절
⑥ 성능시험배관의 개폐밸브 완전개방 및 유량조절밸브를 개방하여 정격토출량의 100[%]로 유량 조절, 정격토출압력의 100[%]이상 여부 확인
⑦ 유량조절밸브를 더욱 개방하여 정격토출량의 150[%]로 유량조절, 정격토출압력의 65[%] 이상 여부 확인

(2) 복구방법
① 동력제어반에서 주펌프 작동 스위치를 정지 위치로 조정, 감시제어반에서 화재복구
② 성능시험 배관의 개폐밸브 및 유량조절밸브 폐쇄
③ 주펌프 2차측의 게이트밸브 개방
④ 동력제어반에서 충압펌프 작동스위치를 자동위치로 조정
⑤ 충압펌프 작동으로 인한 충압 후 동력제어반 주펌프 작동 스위치를 자동위치로 조정

30 동력제어반(MCC)에서 수동기동스위치를 이용하여 펌프의 성능시험을 하는 경우에 대한 다음 각 물음에 답하시오.

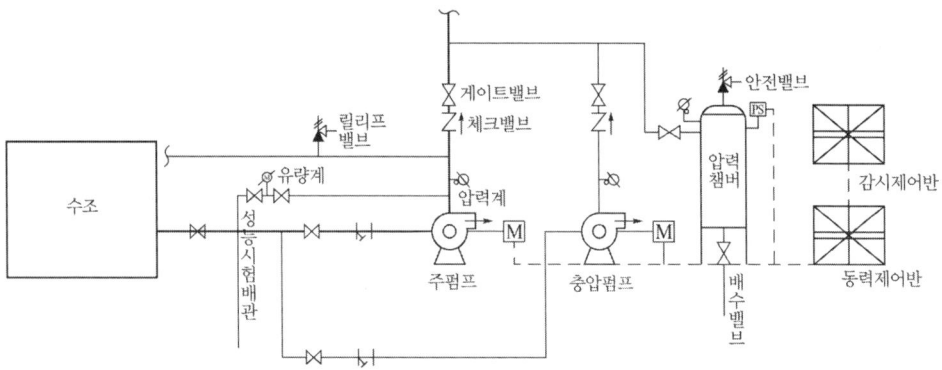

(1) 시험방법
(2) 복구방법

풀이&답 (1) 시험방법
① 소화펌프 2차측의 게이트밸브 및 순환배관상의 릴리프밸브 폐쇄
② 동력제어반(MCC)에서 주펌프를 수동으로 기동
③ 체절운전(토출량 0[%])에서 정격토출압력의 140[%] 이하 여부 확인
④ 릴리프밸브 개방하여 체절압력 미만으로 조절
⑤ 성능시험배관의 개폐밸브 완전개방 및 유량조절밸브를 개방하여 정격토출량의 100[%]로 유량 조절, 정격토출압력의 100[%] 이상 여부 확인
⑥ 유량조절밸브를 더욱 개방하여 정격토출량의 150[%]로 유량 조절, 정격토출압력의 65[%] 이상 여부 확인

(2) 복구방법
① 주펌프 기동 스위치를 정지위치로 한다.
② 성능시험배관의 개폐밸브 및 유량조절밸브 폐쇄
③ 주펌프 2차측의 게이트밸브 개방
④ 주펌프 기동 스위치를 자동 위치로 한다.

31 소화펌프의 토출측 배관 상에 설치된 릴리프밸브의 점검방법 및 재조정방법에 대하여 설명하시오.
(1) 점검방법
(2) 재조정 방법

풀이&답 (1) 점검방법
① 주펌프의 정격토출압력 확인
② 주펌프 토출측 개폐밸브 폐쇄
③ 동력제어반(MCC)에서 주펌프를 수동기동.
④ 릴리프밸브 개방 여부 확인(정격토출압력의 140% 미만의 압력)
⑤ 동력제어반(MCC)에서 주펌프를 수동정지
⑥ 주펌프 토출측 개폐밸브 개방
⑦ 주펌프 작동스위치를 자동 위치로 한다.

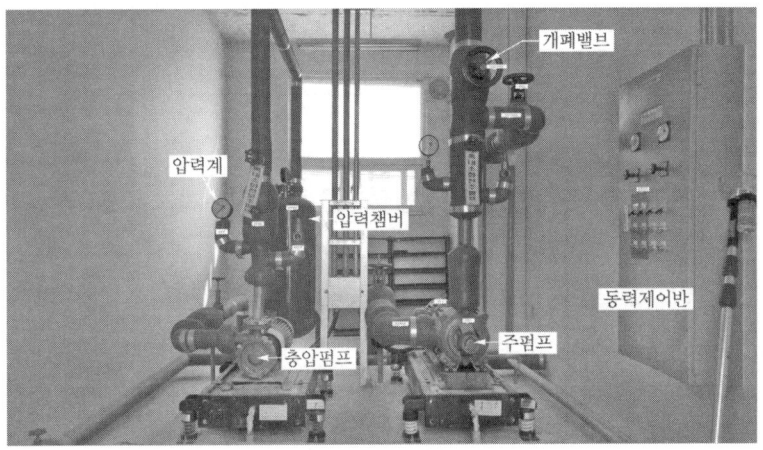

옥내소화전 가압송수장치(전동기 이용)

(2) 재조정 방법
① 주펌프의 정격토출압력 확인
② 주펌프의 토출측 개폐밸브 폐쇄
③ 릴리프밸브 완전 폐쇄
④ 동력제어반(MCC)에서 주펌프를 수동기동
⑤ 릴리프밸브를 서서히 개방
⑥ 릴리프밸브에서 배수되기 시작하면 압력계의 지침이 정격양정의 140[%] 미만인지 확인
⑦ 동력제어반(MCC)에서 주펌프를 수동 정지
⑧ 주펌프 토출측 개폐밸브 개방
⑨ 주펌프 작동스위치를 자동 위치로 한다.

32 옥내소화전설비의 화재안전기술기준에서 정한 표지의 명칭과 설치개소를 아래의 표를 참고하여 5가지 적으시오.

표지 명칭	설치개소

풀이&답

표지 명칭	설치개소
옥내소화전설비용 수조	수조의 외측 보기 쉬운 곳
옥내소화전설비용 배관	소화설비용 펌프의 흡수배관 또는 소화설비의 수직배관과 수조의 접속부분
옥내소화전펌프	전동기 또는 내연기관에 따른 펌프를 이용하는 가압송수장치
옥내소화전설비용 동력제어반	동력제어반 앞면
옥내소화전설비용 과전류차단기 또는 개폐기	소화설비의 과전류차단기 및 개폐기
옥내소화전설비 단자	소화설비용 전기배선의 양단 및 접속단자

33 소방시설관리사가 건축물의 소방펌프를 점검한 결과 소화펌프를 기동할 때 압력계의 압력이 상승하지 않았다. 다음 각 물음에 답하시오.

(1) 소방시설관리사는 주된 원인으로 에어락 현상(Air Lock)이 발생한 것으로 판단하였다. 이 현상을 설명하시오.

풀이&답 펌프 내부 또는 배관에 부분적으로 공기가 차서 air pocket을 형성하여 펌프가 흡입을 제대로 하지 못하거나 배관 내 물의 흐름을 방해하는 현상

(2) 에어락 현상(Air Lock)을 해결하는 대책 5가지를 쓰시오.

풀이&답
① 펌프 기동전에 펌프 상단의 공기 빼기밸브를 조작하여 공기를 배출한다.
② 펌프의 흡입측에 편심 레듀셔를 설치한다.
③ 펌프 흡입측 배관상 스트레이너를 청소한다.
④ 펌프 흡입측 배관상 배관과 관부속의 연결부위를 조인다.
⑤ 펌프 흡입측 배관을 수조의 하단에 설치한다.
⑥ 펌프 회전부의 누수여부를 확인하고 펌프를 보수한다.
⑦ 펌프 흡입측 개폐표시형 밸브를 개폐여부를 확인하여 잠겨 있는 경우 밸브를 개방한다. "끝" 중 5가지를 선택

34 국가화재안전기준(NFSC)에 따라 전동기 또는 내연기관에 따른 펌프를 이용하는 가압송수장치가 기동이 된 경우에는 자동으로 정지되지 아니하도록 하여야 한다. 그렇다면 가압송수장치의 자동정지가 금지된 시기를 표의 번호에 맞게 쓰시오.

구 분	옥내소화전설비	스프링클러설비
자동정지 금지시기	①	②

풀이&답
① 2007년 12월 28일 이후
② 2006년 12월 30일 이후

35 옥내소화전설비의 화재안전기준에 대한 다음 각 물음에 답하시오.

(1) 비상전원을 설치하여야 하는 특정소방대상물 기준을 쓰시오.

풀이&답
1. 층수가 7층 이상으로서 연면적이 2,000[m²] 이상인 것
2. 제1호에 해당하지 아니하는 특정소방대상물로서 지하층의 바닥면적의 합계가 3,000[m²] 이상인 것

(2) ( )의 번호에 알맞은 답을 쓰시오.

> 비상전원은 자가발전설비, (①) 또는 (②)로서 다음 각 호의 기준에 따라 설치하여야 한다.
> 1. (③)에 설치할 것
> 2. 옥내소화전설비를 유효하게 20분 이상 작동할 수 있어야 할 것
> 3. (④)에는 자동으로 비상전원으로부터 전력을 공급받을 수 있도록 할 것
> 4. 비상전원(내연기관의 기동 및 제어용 축전기를 제외한다)의 설치장소는 (⑤) 이 경우 그 장소에는 비상전원의 공급에 필요한 기구나 설비외의 것(열병합발전설비에 필요한 기구나 설비는 제외한다)을 두어서는 아니 된다.
> 5. 비상전원을 실내에 설치하는 때에는 그 실내에 비상조명등을 설치할 것

풀이&답
① 축전지설비(내연기관에 따른 펌프를 사용하는 경우에는 내연기관의 기동 및 제어용 축전지를 말한다)
② 전기저장장치(외부 전기에너지를 저장해 두었다가 필요한 때 전기를 공급하는 장치)
③ 점검에 편리하고 화재 및 침수 등의 재해로 인한 피해를 받을 우려가 없는 곳
④ 상용전원으로부터 전력의 공급이 중단된 때
⑤ 다른 장소와 방화구획 할 것.

36 다음은 옥내소화전설비(호스릴 옥내소화전설비 제외)와 옥외소화전설비의 방수구(호스접결구) 설치기준을 비교한 표이다. 표의 번호에 알맞은 답을 쓰시오.

구 분	옥내소화전설비	옥외소화전설비
유효반경 (수평거리에 관한 세부기준)	①	②
호스의 구경	③	④
설치높이	⑤	⑥
노즐의 구경	13[mm]	19[mm]

풀이&답
① 특정소방대상물의 층마다 설치하되, 해당 특정소방대상물의 각 부분으로부터 하나의 옥내소화전방수구까지의 수평거리가 25[m] 이하
② 특정소방대상물의 각 부분으로부터 하나의 호스접결구까지의 수평거리가 40[m] 이하
③ 40[mm] 이상
④ 65[mm] 이상
⑤ 바닥으로부터의 높이가 1.5[m] 이하
⑥ 지면으로부터 높이가 0.5[m] 이상 1[m] 이하

37 다음은 수계소화설비의 배관기준을 나타낸 것이다. (   )번호에 알맞은 답을 쓰시오.

> 배관과 배관이음쇠는 다음 각 호의 어느 하나에 해당하는 것 또는 동등 이상의 강도 · 내식성 및 내열성을 국내 · 외 공인기관으로부터 인정받은 것을 사용하여야 하고, 배관용 스테인리스강관(KS D 3576)의 이음을 용접으로 할 경우에는 알곤용접방식에 따른다.
> 1. 배관 내 사용압력이 1.2 MPa 미만일 경우에는 다음 각 목의 어느 하나에 해당하는 것
>   가. (①)
>   나. (②)
>   다. (③)
>   라. (④)
> 2. 배관 내 사용압력이 1.2 MPa 이상일 경우에는 다음 각 목의 어느 하나에 해당하는 것
>   가. (⑤)
>   나. (⑥)

[풀이&답]
① 배관용 탄소강관(KS D 3507)
② 이음매 없는 구리 및 구리합금관(KS D 5301). 다만, 습식의 배관에 한한다.
③ 배관용 스테인리스강관(KS D 3576) 또는 일반배관용 스테인리스강관(KS D 3595)
④ 덕타일 주철관(KS D 4311)
⑤ 압력배관용탄소강관(KS D 3562)
⑥ 배관용 아크용접 탄소강강관(KS D 3583)

38 옥내소화전설비 점검표상 수원의 점검항목을 쓰시오.

[풀이&답]
- **주된수원**의 유효수량 적정 여부(겸용설비 포함)
- **보조수원(옥상)**의 유효수량 적정 여부

39 옥내소화전설비 점검표상 수조의 점검항목을 쓰시오.

[풀이&답]
- **동결방지조치** 상태 적정 여부
- **수위계** 설치상태 적정 또는 수위 확인 가능 여부
- 수조 외측 **고정사다리** 설치상태 적정 여부(바닥보다 낮은 경우 제외)
- 실내설치 시 **조명설비** 설치상태 적정 여부
- "옥내소화전설비용 수조" **표지** 설치상태 적정 여부
- 다른 소화설비와 **겸용** 시 겸용설비의 이름 표시한 표지 설치상태 적정 여부
- **수조-수직배관** 접속부분 "옥내소화전설비용 배관" 표지 설치상태 적정 여부

40 옥내소화전설비 점검표상 가압송수장치[펌프방식]의 점검항목을 쓰시오.

[풀이&답]
- **동결방지조치** 상태 적정 여부
- 옥내소화전 **방수량 및 방수압력** 적정 여부
- **감압장치** 설치 여부(방수압력 0.7[MPa] 초과 조건)
- **성능시험배관**을 통한 펌프 성능시험 적정 여부

- 다른 소화설비와 **겸용**인 경우 펌프 성능 확보 가능 여부
- 펌프 흡입측 **연성계·진공계** 및 토출측 **압력계** 등 부속장치의 변형·손상 유무
- **기동장치** 적정 설치 및 기동압력 설정 적정 여부
- **기동스위치** 설치 적정 여부(ON/OFF 방식)
- 주펌프와 동등이상 **펌프 추가**설치 여부
- **물올림장치** 설치 적정(전용 여부, 유효수량, 배관구경, 자동급수) 여부
- **충압펌프** 설치 적정(토출압력, 정격토출량) 여부
- **내연기관** 방식의 펌프 설치 적정(정상기동(기동장치 및 제어반) 여부, 축전지 상태, 연료량) 여부
- 가압송수장치의 "옥내소화전펌프" **표지설치** 여부 또는 다른 소화설비와 겸용 시 겸용설비 이름 표시 부착 여부

[그림] 가압송수장치 및 주변배관

41 옥내소화전설비 점검표상 다음에 대한 가압송수장치의 점검항목을 쓰시오.

(1) 고가수조방식

(2) 압력수조방식

(3) 가압수조방식

풀이&답

(1) 고가수조방식
- 수위계·배수관·급수관·오버플로우관·맨홀 등 부속장치의 변형·손상 유무

(2) 압력수조방식
- 압력수조의 압력 적정 여부
- 수위계·급수관·급기관·압력계·안전장치·공기압축기 등 부속장치의 변형·손상 유무

(3) 가압수조방식
- 가압수조 및 가압원 설치장소의 방화구획 여부
- 수위계·급수관·배수관·급기관·압력계 등 부속장치의 변형·손상 유무

42 옥내소화전설비 점검표상 송수구의 점검항목을 쓰시오.

[풀이&답]
- **설치장소** 적정 여부
- 연결배관에 **개폐밸브**를 설치한 경우 개폐상태 확인 및 조작가능 여부
- 송수구 설치 **높이 및 구경** 적정 여부
- **자동배수밸브**(또는 배수공)·**체크밸브** 설치 여부 및 설치 상태 적정 여부
- 송수구 **마개** 설치 여부

 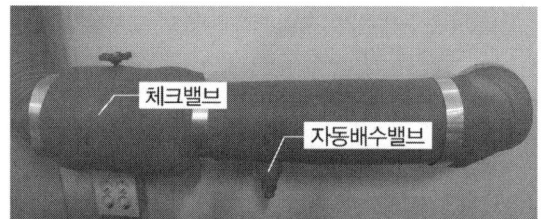

[그림] 송수구, 자동배수밸브, 체크밸브

43 옥내소화전설비 점검표상 배관 등에 대한 점검항목을 쓰시오.

[풀이&답]
- 펌프의 흡입측 배관 **여과장치**의 상태 확인
- **성능시험배관** 설치(개폐밸브, 유량조절밸브, 유량측정장치) 적정 여부
- **순환배관** 설치(설치위치·배관구경, 릴리프밸브 개방압력) 적정 여부
- **동결방지조치** 상태 적정 여부
- **급수배관** 개폐밸브 설치(개폐표시형, 흡입측 버터플라이 제외) 적정 여부
- 다른 설비의 배관과의 **구분 상태** 적정 여부

44 옥내소화전설비 점검표상 함 및 방수구 등에 대한 점검항목을 쓰시오.

[풀이&답]
- 함 **개방** 용이성 및 **장애물** 설치 여부 등 사용 편의성 적정 여부
- **위치·기동 표시등** 적정 설치 및 정상 점등 여부

- "**소화전**" **표시 및 사용요령**(외국어 병기) 기재 표지판 설치상태 적정 여부
- **대형공간**(기둥 또는 벽이 없는 구조) 소화전 함 설치 적정 여부
- **방수구** 설치 적정 여부
- 함 내 **소방호스 및 관창** 비치 적정 여부
- **호스**의 접결상태, 구경, 방수 압력 적정 여부
- **호스릴방식** 노즐 개폐장치 사용 용이 여부

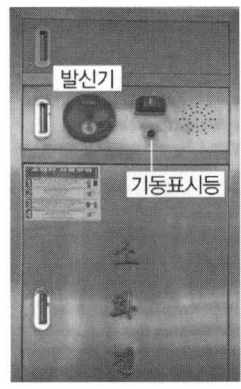
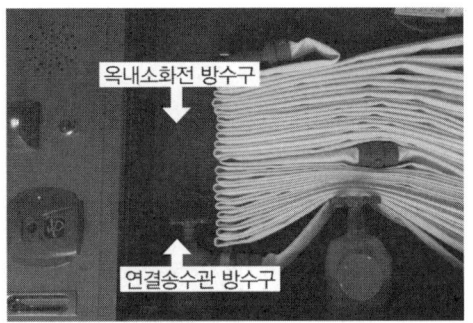

[그림] 소화전, 방수구

45 옥내소화전설비 점검표상 전원 등에 대한 점검항목을 쓰시오.

[풀이&답]
- 대상물 **수전방식**에 따른 상용전원 적정 여부
- 비상전원 **설치장소** 적정 및 관리 여부
- 자가발전설비인 경우 **연료** 적정량 보유 여부
- 자가발전설비인 경우 「전기사업법」에 따른 **정기점검** 결과 확인

[그림] 자가발전기

46 옥내소화전설비 점검표상 감시제어반에 대한 점검항목을 쓰시오.

[풀이&답]
- 펌프 작동 여부 확인 **표시등 및 음향경보장치** 정상작동 여부
- 펌프 별 **자동·수동 전환스위치** 정상작동 여부

- 펌프 별 **수동기동 및 수동중단** 기능 정상작동 여부
- **상용전원 및 비상전원** 공급 확인 가능 여부(비상전원 있는 경우)
- 수조·물올림탱크 **저수위 표시등 및 음향경보장치** 정상작동 여부
- 각 확인회로 별 **도통시험 및 작동시험** 정상작동 여부
- **예비전원** 확보 유무 및 시험 적합 여부
- 감시제어반 **전용실** 적정 설치 및 관리 여부
- 기계·기구 또는 시설 등 **제어 및 감시설비** 외 설치 여부

47 옥내소화전설비 점검표상 동력제어반 및 발전기제어반에 대한 점검항목을 쓰시오.

[동력제어반]
- 앞면은 적색으로 하고, "옥내소화전설비용 동력제어반" 표지 설치 여부

[발전기제어반]
- 소방전원보존형발전기는 이를 식별할 수 있는 표지 설치 여부

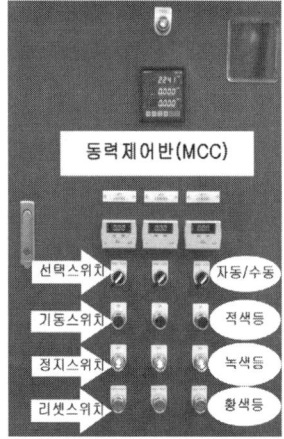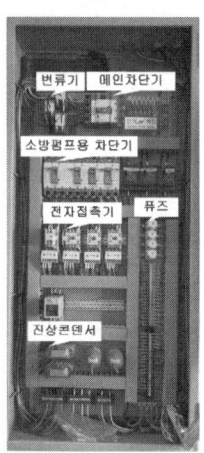

[그림] 동력제어반

※ 펌프성능시험(펌프 명판 및 설계치 참조)

구분		체절 운전	정격운전 (100%)	정격유량의 150% 운전	적정 여부
토출량 (L/min)	주				1. 체절운전 시 토출압은 정격토출압의 140[%] 이하일 것 ( )
	예비				2. 정격운전 시 토출량과 토출압이 규정치 이상일 것 ( )
토출압 (MPa)	주				3. 정격토출량의 150%에서 토출압이 정격토출압의 65% 이상일 것 ( )
	예비				

- 설정압력:
- 주펌프
  기동: MPa
  정지: MPa
- 예비펌프
  기동: MPa
  정지: MPa
- 충압펌프
  기동: MPa
  정지: MPa

※ 릴리프밸브 작동압력 :   MPa

48 소방시설외관점검표상 옥내·외 소화전 설비의 점검내용을 쓰시오.
(1) 수원
(2) 가압송수장치
(3) 송수구
(4) 배관
(5) 함 및 방수구등
(6) 제어반

풀이&답
(1) 수원
  ◦ 주된 수원의 유효수량 적정여부(겸용설비 포함)
  ◦ 보조수원(옥상)의 유효수량 적정여부
  ◦ 수조 표시 설치상태 적정 여부
(2) 가압송수장치
  ◦ 펌프 흡입측 연성계·진공계 및 토출측 압력계 등 부속장치의 변형·손상 유무
(3) 송수구
  ◦ 송수구 설치장소 적정 여부(소방차가 쉽게 접근할 수 있는 장소)
(4) 배관
  ◦ 급수배관 개폐밸브 설치(개폐표시형, 흡입측 버터플라이 제외) 적정 여부
(5) 함 및 방수구 등
  ◦ 함 개방 용이성 및 장애물 설치 여부 등 사용 편의성 적정 여부
  ◦ 위치표시등 적정 설치 및 정상 점등 여부
  ◦ 소화전 표시 및 사용요령(외국어 병기)기재 표지판 설치상태 적정 여부
  ◦ 함 내 소방호스 및 관창 비치 적정 여부
(6) 제어반
  ◦ 펌프별 자동·수동 전환스위치 위치 적정 여부

04 스프링클러설비의 점검

01 습식 스프링클러설비의 화재발생부터 소화까지의 블록 다이아그램(동작순서도)를 그리시오.

[풀이&답]

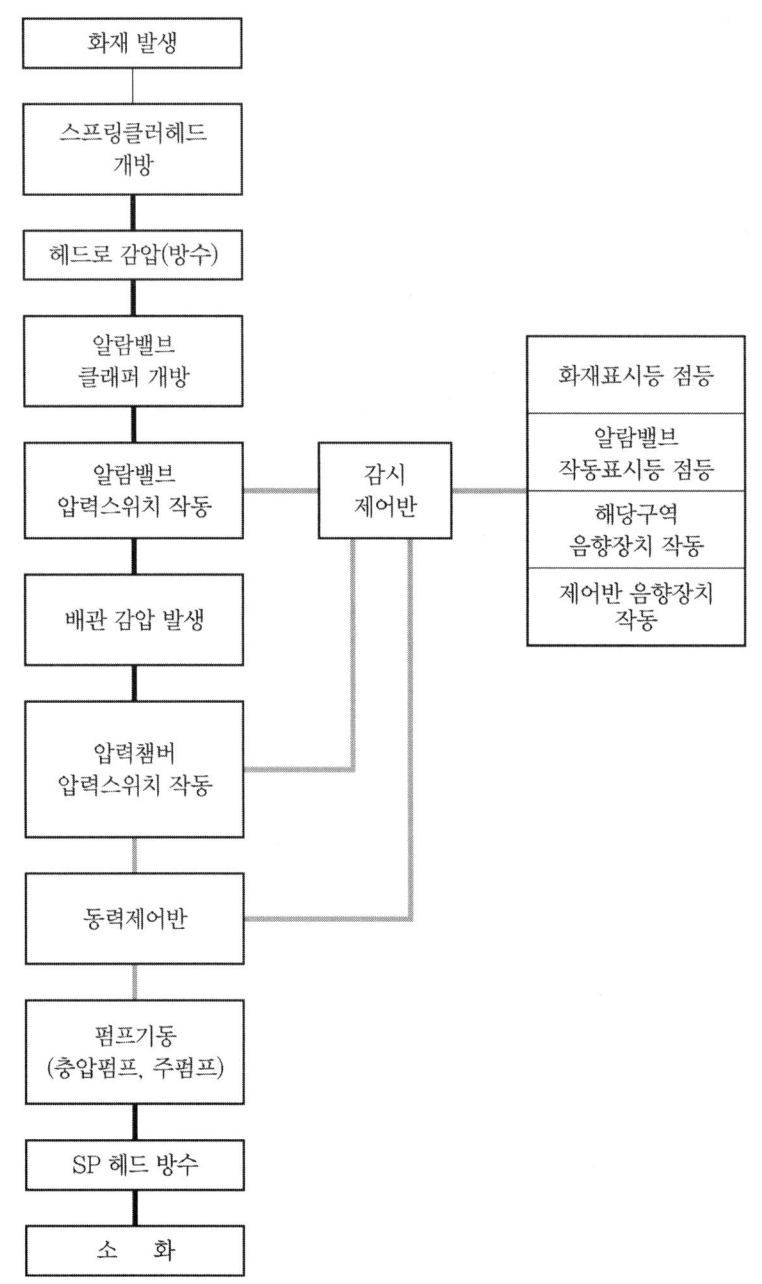

02 건식 스프링클러설비의 화재발생부터 소화까지의 블록 다이아그램(동작순서도)를 그리시오.

[풀이&답]

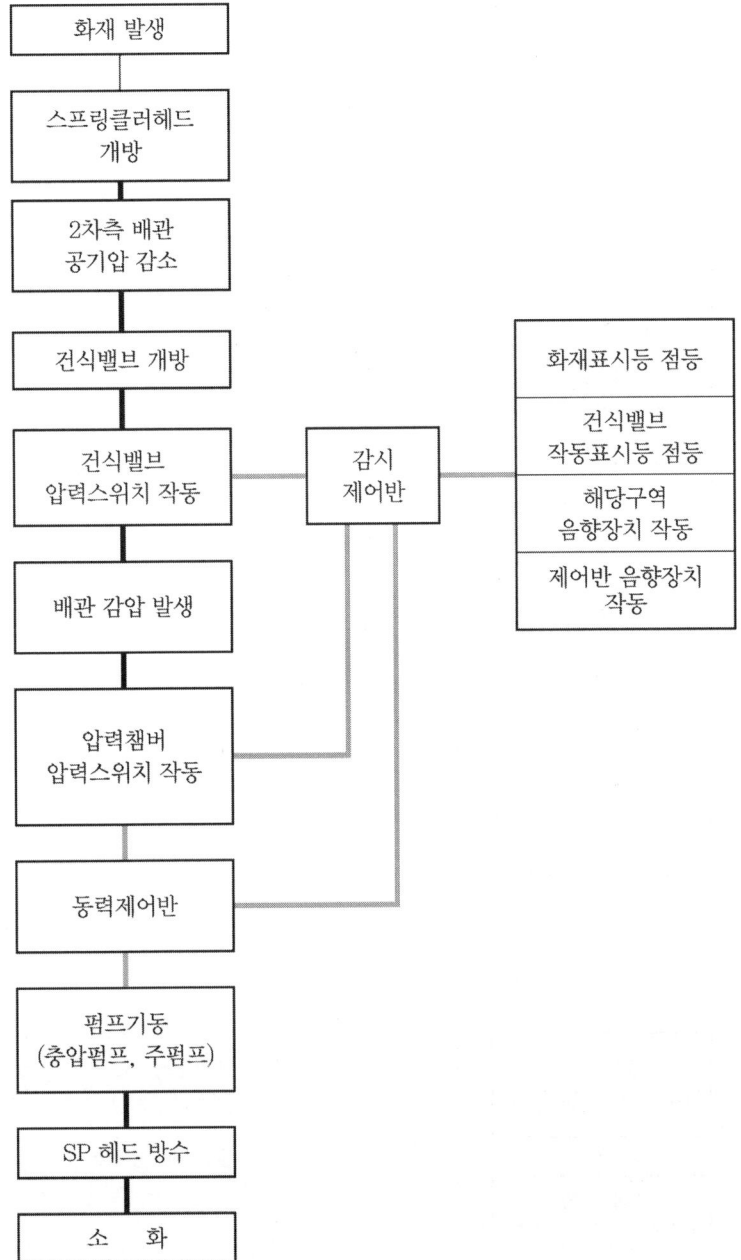

03 준비작동식 스프링클러설비의 화재발생부터 소화까지의 블록 다이아그램(동작순서도)를 그리시오.

[풀이&답]

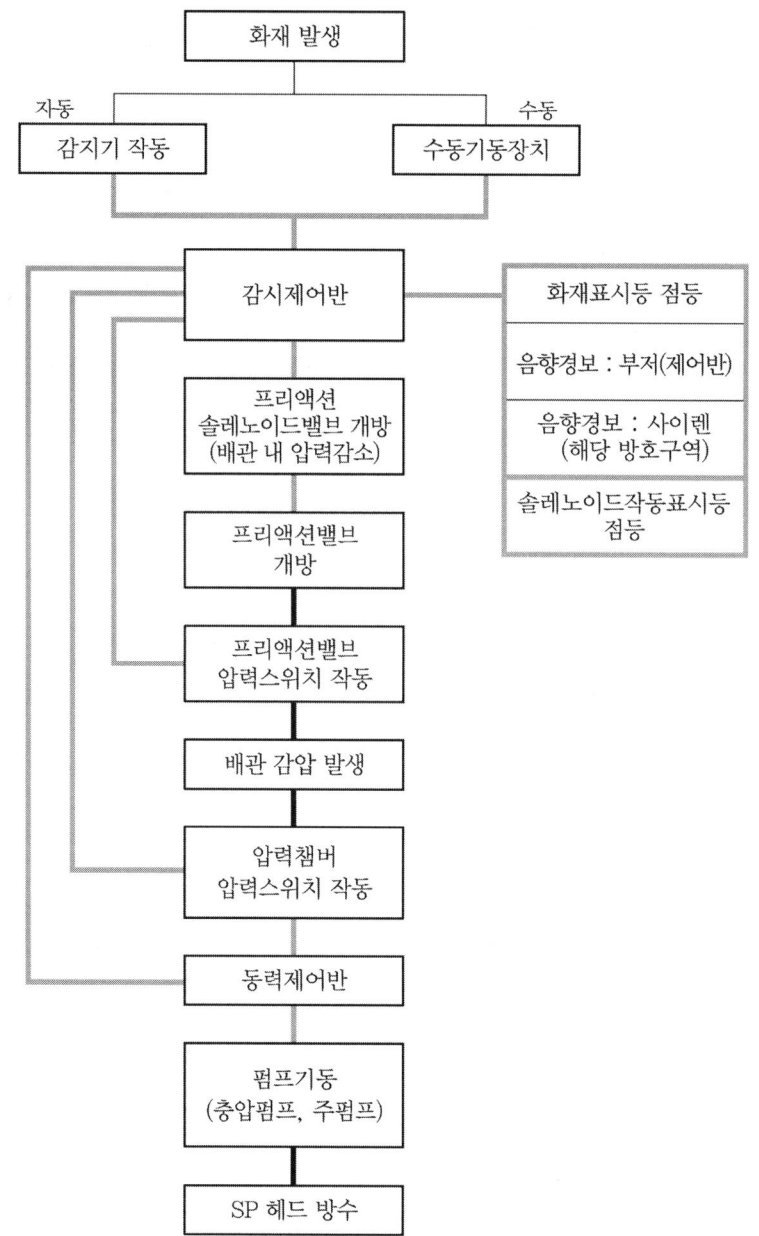

04 부압식 스프링클러설비의 화재발생부터 소화까지의 블록 다이아그램(동작순서도)를 그리시오.

[풀이&답]

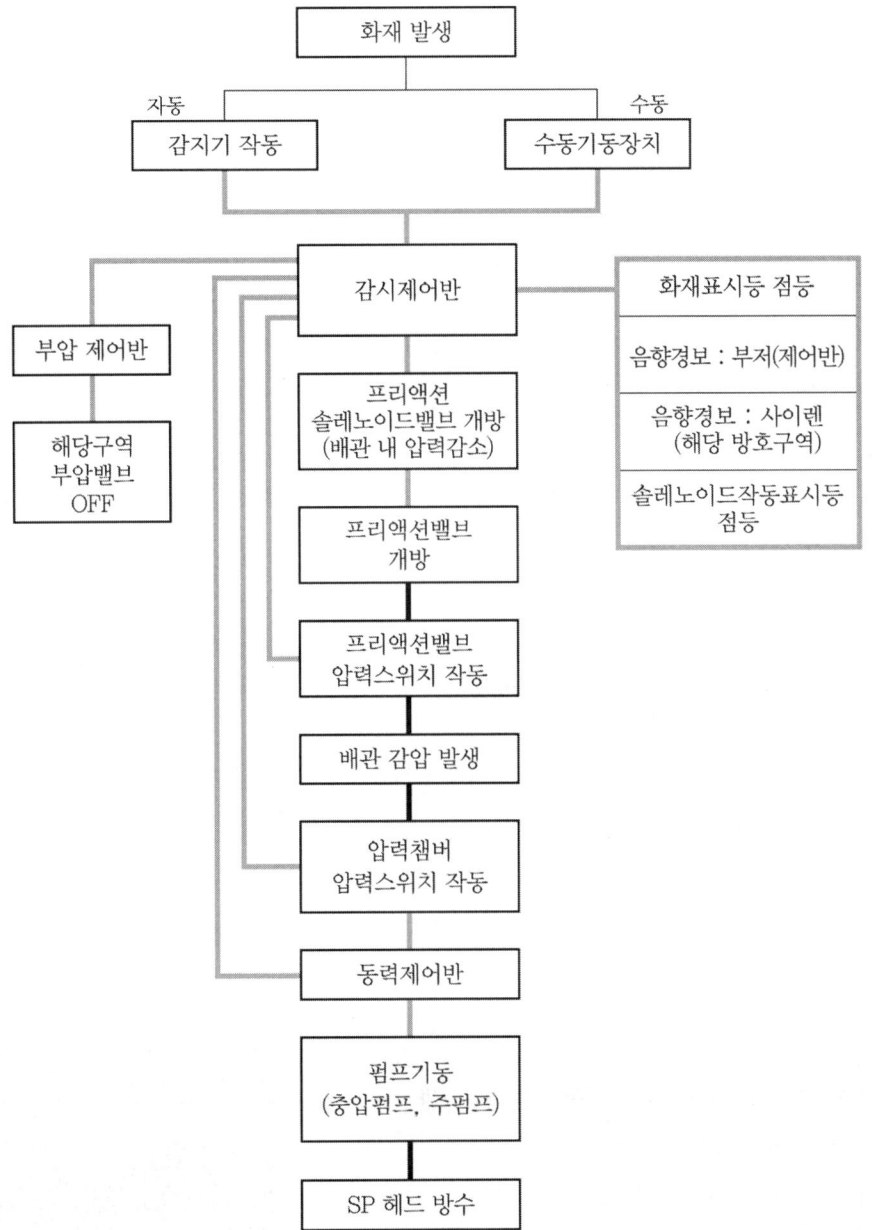

05 다음은 습식 스프링클러설비의 작동과 관련 부대 전기설비의 배선을 나타낸 것이다. 화재 발생부터 각 기기들의 작동순서를 도면의 용어를 이용하여 간략하게 설명하시오.

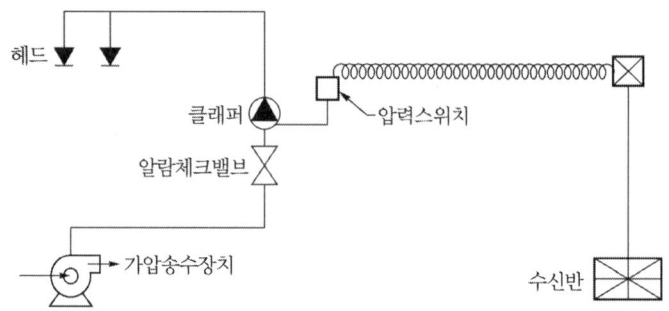

풀이&답 화재발생 → 헤드개방 → 알람체크밸브 2차측 압력감소 → 클래퍼 개방 → 압력스위치 작동 → 수신반에 신호 → 가압송수장치 작동 → 헤드에서 소화수가 방사

06 스프링클러헤드의 형식승인 및 제품검사의 기술기준에서 정의한 다음의 용어에 대하여 설명하시오.
  (1) 주거형 스프링클러헤드
  (2) 라지드롭형 스프링클러헤드
  (3) 화재조기진압용 스프링클러헤드

풀이&답
(1) 주거형 스프링클러헤드
  폐쇄형헤드의 일종으로 주거지역의 화재에 적합한 감도·방수량 및 살수분포를 갖는 헤드(간이형스프링클러헤드를 포함한다)
(2) 라지드롭형 스프링클러헤드
  동일조건의 수압력에서 큰 물방울을 방출하여 화염의 전파속도가 빠르고 발열량이 큰 저장창고 등에서 발생하는 대형화재를 진압할 수 있는 헤드
(3) 화재조기진압용 스프링클러헤드
  특정 높은장소의 화재위험에 대하여 조기에 진화할 수 있도록 설계된 스프링클러헤드

07 기동용수압개폐장치로 사용하는 압력챔버의 역할 3가지를 쓰시오.

풀이&답
① 펌프의 자동기동 및 정지
② 압력변화에 대한 완충작용
③ 압력변동에 따른 설비를 보호

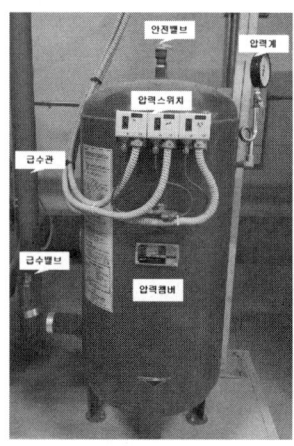

압력챔버

08 RDD(필요방사밀도)와 ADD(실제방사밀도)에 대하여 설명하시오.

풀이&답

(1) RDD(필요방사밀도)

화재진압에 필요한 물의 양 = $\dfrac{\text{화재진압을 위해 연소물 표면에서 필요로 하는 방사량}[l/min]}{\text{연소물 상단의 표면적}[m^2]}$

(2) ADD(실제방사밀도)

화면에 실제 도달한 물의 양 = $\dfrac{\text{화재시 실제로 연소물 표면에 도달한 방사량}[l/min]}{\text{연소물 상단의 표면적}[m^2]}$

09 다음은 스프링클러설비에 대한 특성을 요약한 것이다. 아래의 표에 해당하는 것에 "○"표를 하여 답안지에 답안을 작성하시오.

구 분		습식	건식	준비작동식	일제살수식
헤드종류	폐쇄형				
	개방형				
감지기	설 치				
	미설치				
1차측 배관상태	가압수				
	압축공기				
	대기압				
2차측 배관상태	가압수				
	압축공기				
	대기압				

풀이&답

구 분		습식	건식	준비작동식	일제살수식
헤드종류	폐쇄형	○	○	○	
	개방형				○
감지기	설 치			○	○
	미설치	○	○		
1차측 배관상태	가압수	○	○	○	○
	압축공기				
	대기압				
2차측 배관상태	가압수	○			
	압축공기		○		
	대기압			○	○

10 습식, 건식, 준비작동식 및 일제살수식 스프링클러설비에 대한 다음표의 빈칸을 완성하시오.

구분	습식	건식	준비작동식	일제살수식
주요설치장소	일반 건축물 등	습식과 동일, 주차장	습식과 동일, 주차장	연소 확대 우려가 있는 장소, 무대부
작동	폐쇄형헤드	폐쇄형헤드	화재감지기 + 폐쇄형 헤드	화재감지기 + 개방형 헤드
1차측				
2차측				
밸브 종류				
헤드 종류				
감지기				
수동기동장치				
말단시험밸브				

풀이&답

구분	습식	건식	준비작동식	일제살수식
주요설치장소	일반건축물 등	습식과 동일, 주차장	습식과 동일, 주차장	연소 확대 우려가 있는 장소, 무대부
작동	폐쇄형헤드	폐쇄형헤드	화재감지기 + 폐쇄형 헤드	화재감지기 + 개방형 헤드
1차측	가압수	가압수	가압수	가압수
2차측	가압수	압축공기	대기압 또는 저압공기	대기압
밸브 종류	경보체크밸브 (Alarm valve)	건식밸브 (Dry valve)	준비작동식밸브 (Preaction valve)	일제개방밸브 (Deluge valve)
헤드 종류	폐쇄형	폐쇄형	폐쇄형	개방형
감지기	없음	없음	필요	필요
수동기동장치	없음	없음	필요	필요
말단시험밸브	있음	있음	없음	없음

11 스프링클러설비에서 사용하는 유수검지장치의 기능과 표시시항 5가지를 쓰시오.

풀이&답

1. 기능 : 본체 내의 유수현상을 자동으로 검지하여 신호 또는 경보를 발하는 장치
2. 표시사항
    ① 종별 및 형식
    ② 형식승인번호
    ③ 제조연월 및 제조번호
    ④ 제조업체명 또는 상호
    ⑤ 설치방향

> **유수제어밸브의 형식승인 및 제품검사의 기술기준 제6조(표시)**
> 1. 종별 및 형식
> 2. 형식승인번호
> 3. 제조연월 및 제조번호
> 4. 제조업체명 또는 상호
> 5. 안지름, 호칭압력 및 사용압력범위
> 6. 유수 방향의 화살 표시
> 7. 설치방향
> 8. 2차측에 압력설정이 필요한 것에는 압력설정값
> 9. 검지유량상수
> 10. 습식유수검지장치에 있어서는 최저사용압력에 있어서 부작동 유량

11. 일제개방밸브 개방용 제어부의 사용압력범위(제어동력에 1차측의 압력과 다른 압력을 사용하는 것에 한한다)
12. 일제개방밸브 제어동력에 사용하는 유체의 종류(제어동력에 가압수 등 이외에 유체의 압력을 사용하는 것에 한한다)
13. 일제개방밸브 제어동력의 종류(제어동력에 압력을 사용하지 아니하는 것에 한한다)
14. 설치방법 및 취급상의 주의사항
15. 품질보증에 관한 사항(보증기간, 보증내용, A/S방법, 자체검사필증 등)

12 스프링클러설비에서 도통시험 및 작동시험을 하여야 하는 회로 5가지를 쓰시오. 〔11회 점검〕

키워드 : 유수검지장치/수조 물올림수조/일제개방밸브/기동용수압개폐장치/개폐밸브/그 밖
1. 기동용수압개폐장치의 압력스위치회로
2. 수조 또는 물올림수조의 저수위감시회로
3. 유수검지장치 또는 일제개방밸브의 압력스위치회로
4. 일제개방밸브를 사용하는 설비의 화재감지기회로
5. 2.5.16에 따른 개폐밸브의 폐쇄상태 확인회로
6. 그 밖의 이와 비슷한 회로

유 / 수물 / 일 / 기 / 개 / 그

개폐밸브의 폐쇄상태 확인회로 : 탬퍼스위치 회로

13 습식 스프링클러설비의 동절기 배관의 동파 방지방법 4가지를 쓰시오.

1. 보온재를 이용한 배관보온   2. 열선(히팅코일)을 이용한 가열
3. 부동액 주입   4. 순환펌프를 이용한 물의 유동
5. 수조 내 히팅배관 설치   6. 동결심도 이상으로 매설

14 소화설비의 배관방식 중 루프형과 격자(Grid)형 배관방식에 대하여 비교 설명하시오.

구 분	루프형 배관방식	격자형 배관방식
평면도		
가지배관	가지배관에서 유수의 흐름이 분산되지 않으므로 유수량이 크고, 마찰손실이 크다.	가지배관에서 유수의 흐름이 분산되어 유수량이 적고, 마찰손실이 작다.

구 분	루프형 배관방식	격자형 배관방식
교차배관	교차배관에서 유수의 흐름이 분산되어 유수량이 적고, 마찰손실이 작다.	교차배관에서 유수의 흐름이 분산되어 유수량이 적고, 마찰손실이 작다.
배관 차단시	가지배관 차단시 소화수 공급이 중단된다. 교차배관 차단시 소화수 공급이 가능하다.	가지배관 차단시 소화수 공급이 가능하다. 교차배관 차단시 소화수 공급이 가능하다.

15 온도변화에 따라서 배관이 팽창 또는 수축을 하므로 배관·기구의 파손이나 굽힘을 방지하기 위해 배관 도중에 신축이음을 사용한다. 신축이음의 종류 5가지를 쓰시오.

풀이&답
① 벨로즈형(bellows type) 이음
② 슬리브형(sleeve type) 이음
③ 루프형(loop type) 이음
④ 스위블형(swivel type) 이음
⑤ 볼 조인트(ball joint)

16 건식밸브의 급속개방장치(Quick Opening Device)의 2종류에 대하여 기술하시오. 16회 점검

풀이&답
(1) 가속기(Accelerator)
헤드의 작동에 따라 건식밸브 2차측의 공기압력이 세팅압력보다 낮아졌을 때 가속기가 작동하여 2차측의 압축공기 일부를 클래퍼 1차측 중간챔버로 보내어 건식밸브가 신속히 개방되도록 한다.
(2) 공기배출기(Exhauster)
헤드의 작동에 따라 건식밸브 2차측의 공기압력이 세팅압력보다 낮아졌을 때 공기배출기가 작동하여 2차측의 압축공기가 대기 중으로 빠르게 배출되도록 한다.

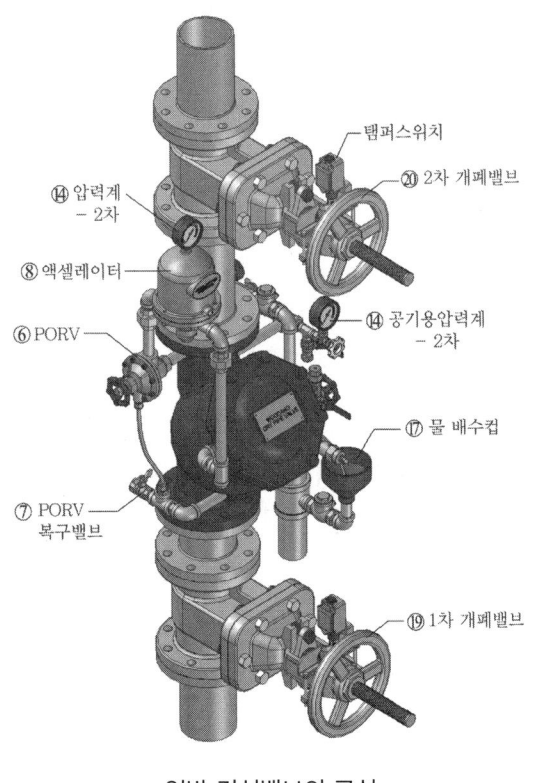

일반 건식밸브의 구성
▶ 출처 : 우당기술산업 홈페이지

구분	가속기(Accelerator)
설치위치	건식밸브에 설치
특징	수량이 적고, 설치비가 작다. 초기투자비용이 작고, 국내에서 주로 설치한다.
원리	클래퍼의 개방속도를 가속함으로서 SP헤드에서 공기배출속도를 빠르게 한다.(빠른 배출)

구분	공기배출기(Exhauster)
설치위치	교차배관마다 설치
특징	수량이 많고, 설치비가 크다. 초기투자비용이 크고, 설치관리상의 문제로 국내에서는 거의 설치하지 않는다.
원리	헤드에서 공기 배출시 공기배출기에서도 추가로 공기를 배출한다.(이중 배출)

17 건식밸브의 방사시간은 압축공기의 배출시간(Trip time)과 소화수 이송시간(Transit time)으로 나타낼 수 있다. 이를 설명하시오.

(1) 압축공기의 배출시간(Trip time)

(2) 소화수 이송시간(Transit time)

풀이&답
(1) 압축공기의 배출시간(Trip time) : 헤드가 개방된 후 건식밸브 2차측 압축공기가 배출되어 1차측 가압수가 건식밸브 2차측으로 유입되는데 소요되는 시간
(2) 소화수 이송시간(Transit time) : 건식밸브 2차측에 유입된 가압수가 개방된 헤드까지 가는데 소요되는 시간

18 저압 건식밸브의 주요특징 4가지를 쓰시오.

풀이&답
① 클래퍼 개방시간과 방수시간을 단축
② 방수개시시간이 단축, 초기화재 진압에 효과적
③ 2차측 공기압이 낮아 컴프레서 용량을 감소
④ 다수의 건식밸브에 대용량의 컴프레서 1개를 연결하여 사용가능

19 스프링클러설비의 가지배관을 토너먼트배관으로 하지 않는 이유 2가지를 쓰시오.

풀이&답
① 마찰손실이 크다.   ② 수격작용이 발생한다.

20 말단 시험밸브 개방 시 펌프가 기동되지 않는 원인을 설명하시오.

풀이&답
(1) 동력제어반
  ① 펌프 기동 선택스위치가 정지(또는 수동)위치
  ② 배선용차단기(MCCB)가 OFF된 경우   ③ 전자접촉기(MC)가 고장
  ④ 열동계전기 또는 전자식 과전류계전기가 트립된 경우
  ⑤ 동력제어반 내 조작회로 배선의 오결선, 단자의 풀림
  ⑥ 퓨즈의 단선

보충설명

열동계전기 또는 전자식 과전류계전기가 트립된 경우 : 황색등이 점등

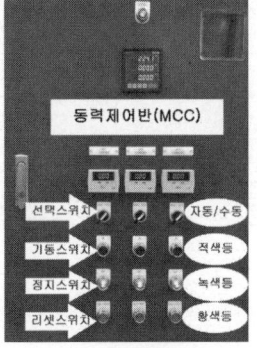 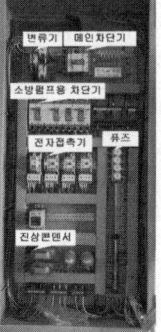

동력제어반 함 및 내부

(2) 감시제어반
   ① 펌프기동스위치가 정지위치
   ② 감시제어반의 고장
   ③ 상용전원의 정전 또는 차단
   ④ 감시제어반과 압력스위치 사이 배선의 단선
   ⑤ 동력제어반사이의 배선 단선
(3) 기동용수압개폐장치(압력챔버)
   ① 압력스위치의 손상
   ② 개폐밸브의 폐쇄

▶ 계통도

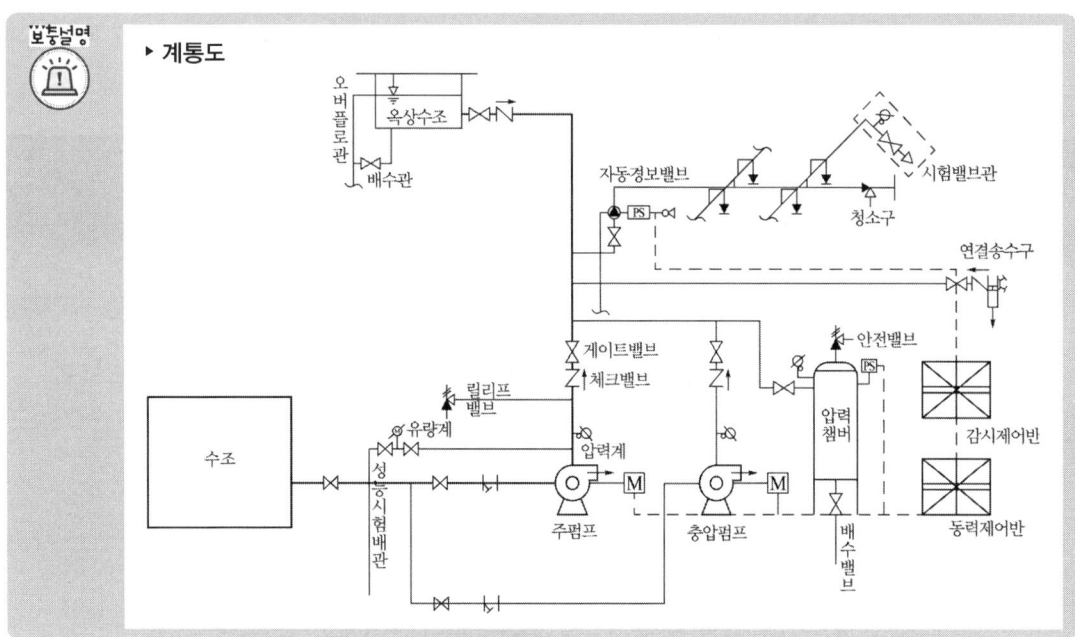

21 스프링클러설비에서 말단시험밸브를 열어도 사이렌이 울리지 않는 원인과 조치방법을 쓰시오.

원 인	조치방법
압력스위치의 접점 불량	압력스위치 교체
압력스위치 연결배선이 오결선	재결선
경보정지밸브 폐쇄	밸브 개방
압력스위치 또는 사이렌 연결전선이 단선	단선부분 정비
감시제어반의 사이렌 정지	정상상태로 전환

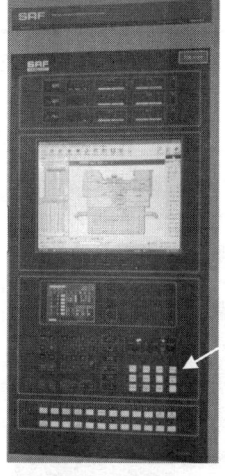

압력스위치 및 감시제어반

22 습식 스프링클러설비 가압송수장치(펌프방식)의 성능시험을 실시하고자 한다. 다음 주어진 도면을 참조하여 도면의 번호를 이용한 성능시험순서 및 시험결과 판정기준을 쓰시오.

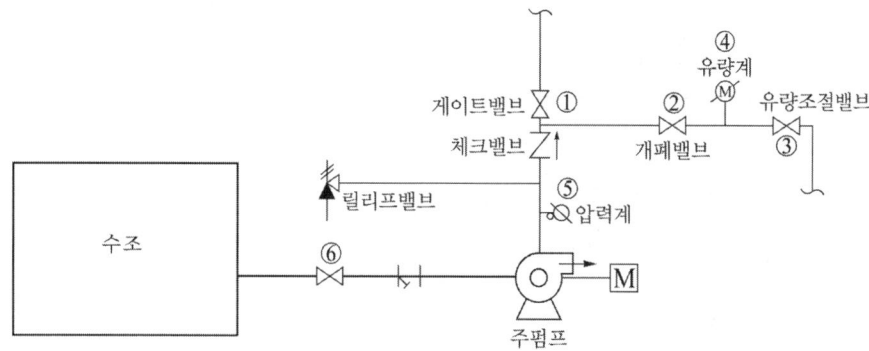

(1) 성능시험순서
(2) 판정기준

[풀이&답] (1) 성능시험순서
1) ① 밸브 폐쇄
2) 펌프 수동기동으로 전환
3) 펌프 수동기동 후 ⑤압력계 정격압력 140% 이하 확인(체절운전시험)
4) ②밸브개방, ③밸브개방, ④유량계를 확인하며, ③밸브를 조절하여 정격유량의 100%개방 후 ⑤압력계를 확인하여 정격압력의 100% 이상인지 확인(정격운전시험)
5) ③밸브를 더욱 개방, ④유량계를 확인하며 정격유량의 150% 개방 후 ⑤압력계 확인하여 정격압력의 65% 이상인지 확인(과부하운전시험)
6) 펌프 수동정지 및 ②밸브 폐쇄, ③밸브 폐쇄
7) ①밸브 개방 및 펌프 자동으로 전환

(2) 판정기준

판정기준	유량(Q)	압력(P)
체절운전	0[%]	140[%] 이하
정격운전	100[%]	100[%] 이상
과부하운전	150[%]	65[%] 이상

펌프류와 성능시험배관

23 소방펌프의 성능시험에 대한 다음 각 물음에 답하시오.
(1) 소방펌프의 성능곡선($H-Q$)을 그리고 체절 운전점, 최대 운전점, 정격부하 운전점을 표시하시오.
(2) 체절운전(무부하) 시험방법
(3) 정격부하운전 시험방법
(4) 최대운전(피크부하) 시험방법

풀이&답 (1) 펌프의 성능 곡선($H-Q$)

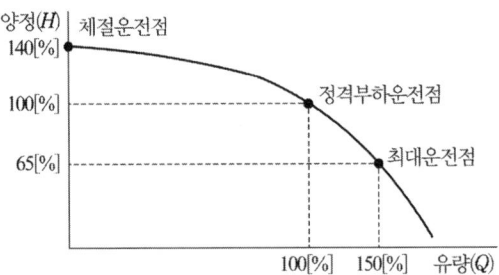

(2) 체절운전(무부하) 시험방법
① 펌프 토출측 밸브와 성능시험배관의 유량조절밸브를 잠근 상태에서 운전을 하게 될 경우
② 압력계의 지시압이 정격토출양정(토출압력)의 140[%] 이하인지 확인
(3) 정격부하운전 시험방법
① 펌프를 기동한 상태에서 유량조절밸브를 개방하여 유량계의 유량이 정격토출량 상태(100% 상태)일 때
② 압력계의 지시압이 정격토출양정(토출압력) 이상이 되는지 확인
(4) 최대운전(피크부하) 시험방법
① 유량조절밸브를 더욱 개방하여, 정격토출량이 150[%]가 되었을 때
② 압력계의 지시압이 정격토출양정(토출압력)의 65[%]이상이 되는지 확인

24 습식유수검지장치의 점검에서 압력스위치에 압력을 가하여 경보를 발하는 방법 3가지를 쓰시오.

[풀이&답]
① 알람밸브 2차측 말단시험밸브 개방
② 알람밸브 2차측 배수밸브 개방
③ 알람밸브 1차측 경보시험밸브 개방

25 습식유수검지장치의 점검에서 알람체크밸브(alarm check valve) 개방 시 확인하여야 하는 사항 5가지를 쓰시오.

[풀이&답]
① 감시제어반 내 화재표시등 점등 확인
② 감시제어반 내 알람체크밸브 작동표시등 점등 확인
③ 감시제어반 내 부저 작동확인
④ 해당 방호구역의 사이렌 작동 확인
⑤ 주펌프 자동기동여부 확인

26 알람체크밸브(alarm check valve)가 설치된 습식 스프링클러설비에서 수시로 오보가 울릴 경우 그 원인을 찾기 위해서 확인하여야 하는 사항 3가지를 쓰시오.(단, 리타딩챔버가 설치되어 있다.)

[풀이&답]
① 리타딩챔버 상단 압력스위치 확인
② 리타딩챔버 하단의 오리피스 확인
③ 리타딩챔버 상단 압력스위치 배선의 확인

알람밸브와 리타딩 챔버

27 습식스프링클러설비의 알람밸브가 오동작 되어 경보가 울릴 경우 원인과 조치방법을 쓰시오.

원 인	조치방법
압력스위치 연결배관상 오리피스가 막힘	오리피스 내 이물질 제거
알람밸브 내부 클래퍼와 시트 부위에 이물질이 침투	이물질 제거
알람밸브의 압력스위치 자체 불량	압력스위치 교체
주펌프 및 충압펌프가 자주 기동	압력챔버 압력스위치 재설정 또는 압력챔버 누수부분 정비

28 말단시험밸브를 이용한 습식유수검지장치의 점검에서 알람체크밸브 복구방법에 대하여 설명하시오.

① 말단시험밸브 폐쇄, 충압펌프는 자동위치, 주펌프는 수동정지
② 경보정지밸브 폐쇄하여 경보정지, 1차측, 2차측 압력계의 균압 여부확인
③ 경보정지밸브를 개방
④ 감시제어반의 스위치를 정상상태로 복구
⑤ 주펌프를 자동위치

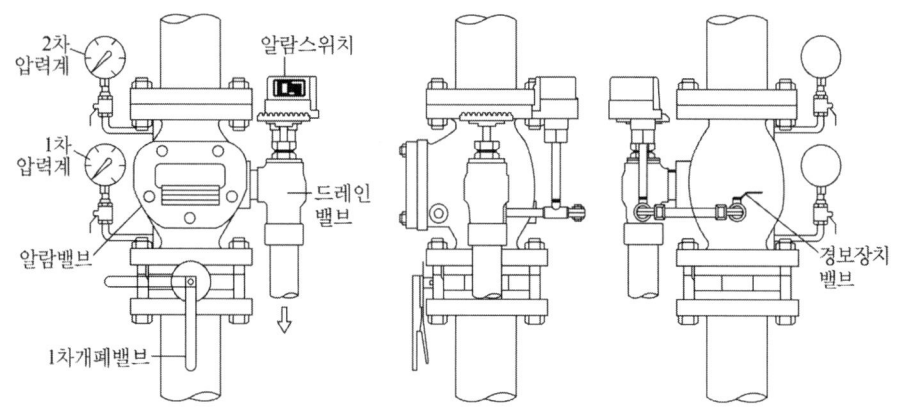

29 습식유수검지장치의 점검에서 말단시험밸브를 열어도 경보가 울리지 않는 원인 5가지를 쓰시오.

① 압력스위치의 접점불량 또는 연결용 배선이 오결선
② 경보정지밸브의 폐쇄
③ 사이렌(음향장치)의 불량
④ 압력스위치와 사이렌 연결용 전선의 단선
⑤ 감시제어반 내 경보정지스위치가 ON
⑥ 감시제어반의 고장(전원 OFF, 퓨즈의 단선 등)
⑦ 상용전원의 정전. 중 5가지 선택

30 습식유수검지장치의 점검에서 충압펌프가 잦은 기동을 하는 원인을 5가지 쓰시오.

풀이&답
① 옥상수조 체크밸브의 역류
② 주펌프, 충압펌프의 토출측 체크밸브의 역류
③ 송수구 체크밸브 역류
④ 알람체크밸브의 배수밸브 미세한 개방 또는 누수
⑤ 말단시험밸브의 미세한 개방 또는 누수
⑥ 배관에서의 누수
⑦ 기동용수압개폐장치 배수밸브의 미세한 개방 또는 누수
⑧ 헤드에서의 누수

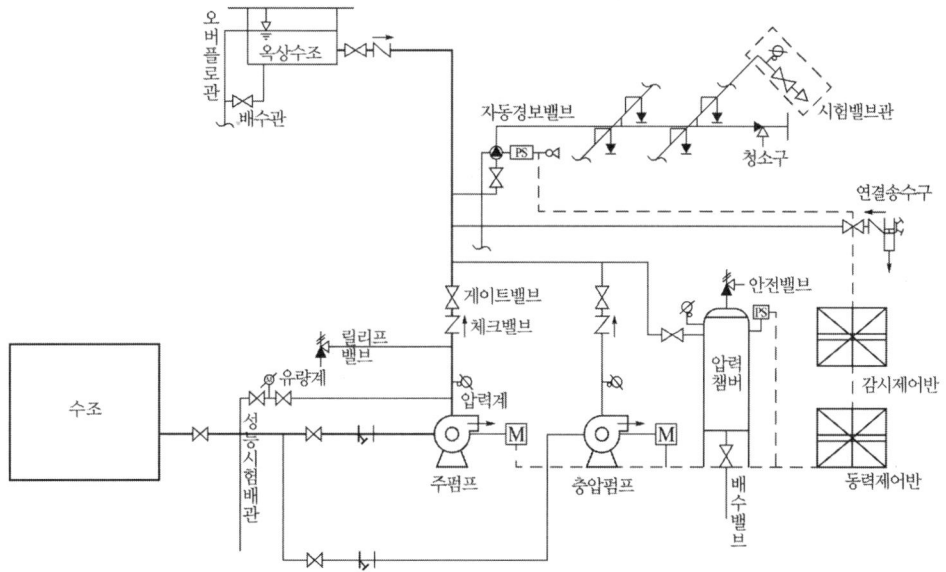

31 건식스프링클러설비에서 건식 밸브의 클래퍼(Clapper) 상부에 일정한 수면(Priming water level)을 유지하는 이유를 5가지 쓰시오.

풀이&답
① 클래퍼 상부의 기밀유지
② 화재시 클래퍼의 쉬운 개방
③ 저압의 공기로 클래퍼의 닫힘상태 유지
④ 저압의 공기로 클래퍼 상부·하부의 동일한 압력유지
⑤ 화재시 신속한 소화활동

32 스프링클러설비에서 스프링클러헤드의 Skipping 현상에 대하여 설명하시오.

풀이&답 화재초기 개방된 헤드로부터 방사된 물이 주변헤드를 적시거나 열기류에 의해 상승하여 인접헤드의 감열부를 냉각시켜 인접헤드의 개방을 지연시키거나 개방이 되지 않는 현상을 말한다.

33 습식유수검지장치의 점검에서 알람밸브가 복구되지 않을 경우의 원인 및 조치사항 5가지를 쓰시오.

원인	조치사항
알람밸브 내부의 고무시트의 파손 또는 변형	고무시트를 교환
알람밸브 2차측의 배수밸브 개방	배수밸브 완전폐쇄
말단시험밸브의 개방	말단시험밸브 완전폐쇄
알람밸브 2차측 배관의 누수	누수부분 보수
알람밸브 1차측 경보시험밸브 개방	경보시험밸브 완전폐쇄
알람밸브에 부착된 경보정지밸브를 폐쇄시 압력스위치가 복구되는 경우에는 클래퍼에 이물질 침입한 경우	클래퍼 내부 이물질 제거
알람밸브에 부착된 경보정지밸브를 폐쇄시 압력스위치가 복구되지 않는 경우는 압력스위치 연결배관상의 오리피스 구멍이 막힘	오리피스 구멍에서 이물질 제거

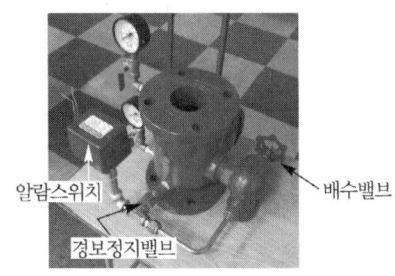

습식밸브(알람밸브)

34 건식 스프링클러설비의 점검순서에 대하여 설명하시오.

(1) 점검전 안전조치
 ① 감시제어반에서 연동되는 설비의 정지
 ② 감시제어반에서 음향장치(사이렌)의 정지
 ③ 2차측 개폐밸브 폐쇄
 ④ 공기 주입밸브 폐쇄
(2) 테스트밸브 또는 수위조절밸브(예비수 조정밸브)를 개방
(3) 동작확인
 ① 감시제어반에서 화재표시등 및 건식밸브 개방 표시등 점등 확인
 ② 압력스위치 동작확인, 경보 발령여부 확인
 ③ 펌프 자동기동 확인
 ④ 에어컴프레셔의 기동상태
(4) 점검 후 복구방법
 ① 펌프 정지, 1차측 개폐밸브 폐쇄, 배수밸브 개방 후 폐쇄
 ② 압력스위치 복구
 ③ 클래퍼 복구
  • PORV 복구밸브 개방으로 배수 후 폐쇄   • PORV 폐쇄
  • 클래퍼 복구밸브 개방 후 폐쇄   • 클래퍼 안착
 ④ 2차측 개폐밸브 개방, 공기 주입밸브 개방하여 클래퍼 세팅
 ⑤ 누수 확인밸브로 클래퍼 시트 밀착상태 확인
 ⑥ 1차측 개폐밸브 개방
 ⑦ 수신기(감시제어반) 정상위치, 펌프 자동위치로 전환

건식밸브의 구성〈(주) 우당기술산업〉

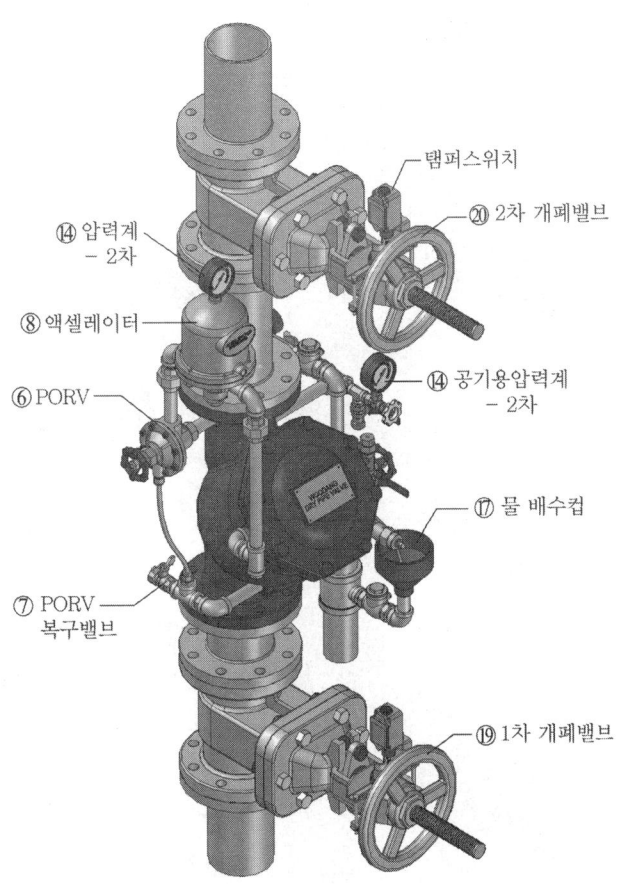

일반 건식밸브의 구성1

▶ 출처 : 우당기술산업

건식밸브 개방시 복구방법	세팅 방법
1차 개폐밸브 폐쇄 공기주입밸브 폐쇄, PORV 폐쇄 주 배수밸브 개방 PORV 복구밸브 압력제거 액셀레이터 압력제거 클래퍼 복구밸브 개방	공기주입밸브 개방 누수확인밸브 누수확인 2차개폐밸브 개방 PORV 밸브 개방 액셀레이터 압력충전확인 드라이릴리프 상단핀 확인(나오지 않아야 정상임) 1차 개폐밸브 개방

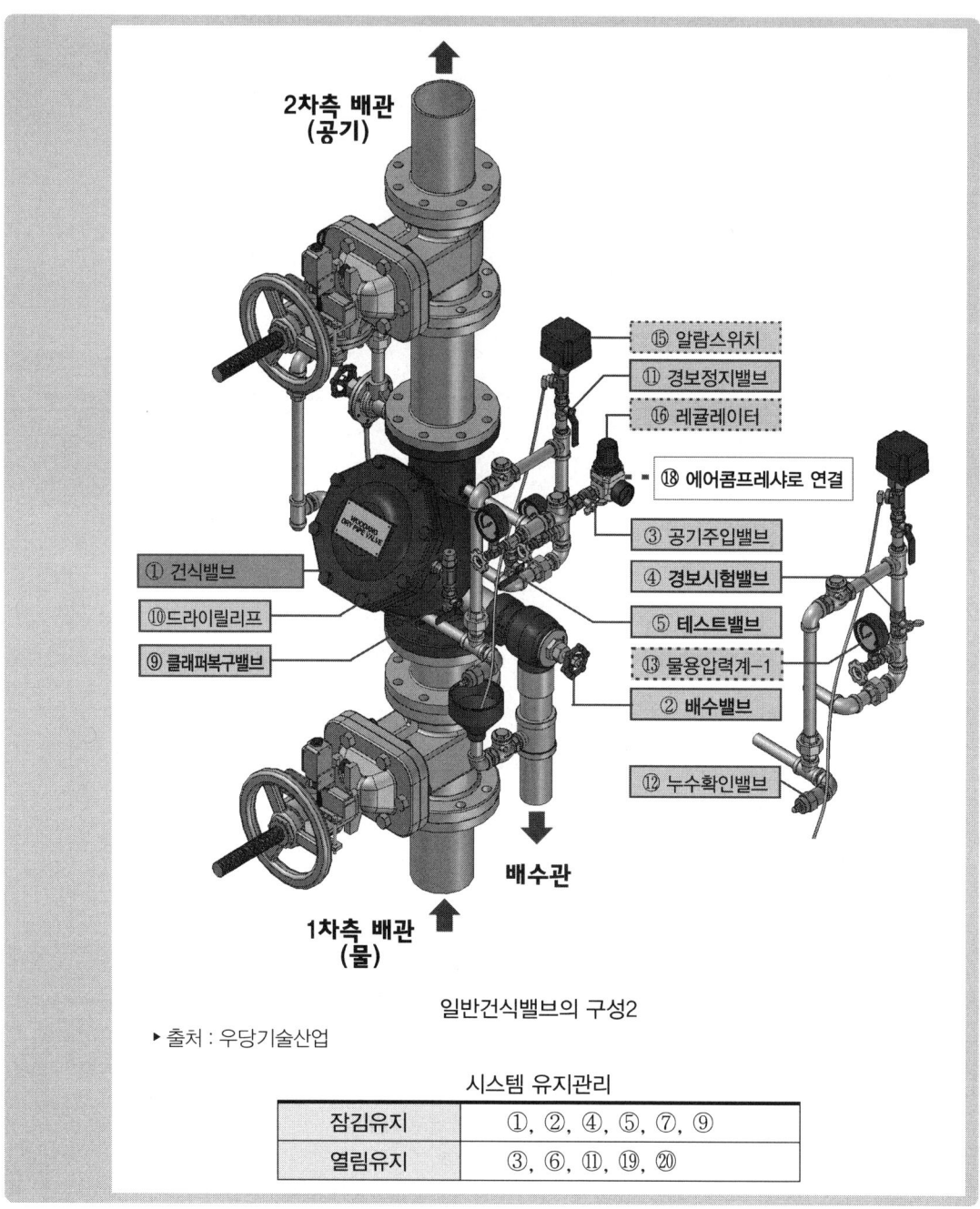

일반건식밸브의 구성2

▶ 출처 : 우당기술산업

시스템 유지관리

잠김유지	①, ②, ④, ⑤, ⑦, ⑨
열림유지	③, ⑥, ⑪, ⑲, ⑳

35 아래 그림과 같이 전동볼밸브 형식을 사용하는 준비작동식 유수검지장치의 점검에 대한 다음 각 물음에 답하시오.

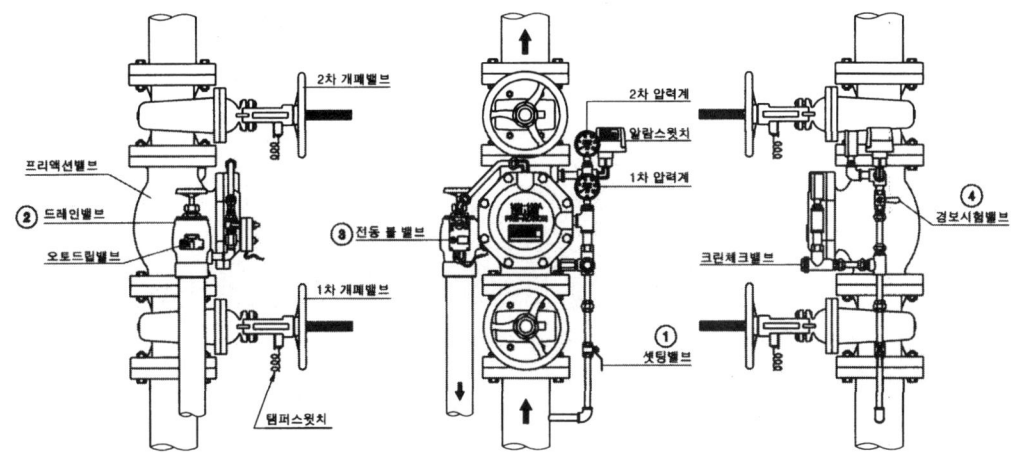

(1) 그림에 표시된 ①~④까지의 평상시 개폐상태와 그 밸브의 기능을 간단히 설명하시오.
(2) 준비작동식 밸브를 개방(동작)시키는 방법 5가지
(3) 준비작동식 밸브가 개방되는 경우에 확인하여야 하는 사항 5가지
(4) 작동순서(밸브개방 시 확인사항은 제외한다.)
(5) 작동 후 조치방법(배수 및 복구방법)
(6) 프리액션밸브가 복구되지 않는 원인 5가지
(7) 비화재시 경보가 울릴 경우의 원인 4가지

풀이&답 (1) 그림에 표시된 ①~④까지의 평상시 개폐상태와 기능

구 분	평상시 개폐상태	밸브의 기능
① 셋팅밸브	폐쇄	중간챔버에 급수하기 위한 밸브
② 배수밸브	폐쇄	2차측의 가압수를 배수
③ 전동볼밸브	폐쇄	자동, 수동, 원격에 의해 자동개방밸브가 개방 수동개방밸브 기능이 내장되어 있다. 프리액션밸브의 자동복구 방지
④ 경보시험밸브	폐쇄	프리액션밸브를 개방하지 않고 압력스위치를 동작시켜 경보시험

(2) 준비작동식 밸브를 개방(동작)시키는 방법 5가지를 쓰시오.
① 해당 방호구역의 감지기 A, B작동
② 슈퍼비조리판넬(SVP)의 수동기동스위치 작동
③ 감시제어반에서 수동기동스위치 작동
④ 감시제어반에서 동작시험스위치와 회로선택스위치 작동
⑤ 준비작동식밸브의 수동개방밸브를 개방시켜 작동

준비작동식 유수검지장치

(3) 준비작동식 밸브가 개방되는 경우에 확인하여야 하는 사항 5가지
① 감시제어반에서 화재표시등 점등 확인
② 감시제어반에서 해당 방호구역 감지기 동작표시등 점등 확인
③ 감시제어반에서 해당 방호구역 준비작동식밸브 개방 표시등 점등 확인
④ 감시제어반에서 부저 작동 확인
⑤ 해당 방호구역의 사이렌 작동 확인
⑥ 펌프 자동기동여부 확인

(4) 작동순서(밸브개방 시 확인사항은 제외한다.)
① 2차측 개폐밸브 잠금, 배수밸브 개방
② 감지기 1개회로 작동 : 경보장치 작동
③ 감지기 2개회로 작동 : 자동개방밸브(전동 볼 밸브) 개방
④ 중간챔버 압력의 저하, 밸브시트 개방하여 준비작동식 밸브가 개방
⑤ 2차측 개폐밸브까지 송수
⑥ 압력스위치에 의해 경보장치 작동 및 펌프 자동기동 확인

(5) 작동 후 조치방법(배수 및 복구방법)
① 펌프를 수동정지 (또는 1차측 개폐밸브를 폐쇄하여 펌프 자동정지)
② 1차측 개폐밸브를 폐쇄한 후 배수밸브 및 전동 볼밸브를 통해 배수
③ 감시제어반 복구
④ 배수밸브 폐쇄
⑤ 전동 볼 밸브 복구(밸브 내 푸시버튼을 누른 상태에서 수동으로 복구)
⑥ 중간챔버 급수용 볼밸브(세팅밸브)개방
⑦ 중간챔버내 가압수 공급에 의해 밸브시트 자동복구
⑧ 1차측 개폐밸브를 서서히 개방(압력계의 압력이 상승하지 않으면 세팅 정상)
⑨ 중간챔버 급수용 볼밸브 폐쇄
⑩ 감시제어반 스위치 상태 확인(정상여부)
⑪ 2차측 개폐밸브 개방
⑫ 주 펌프를 자동위치로 전환

(6) 프리액션밸브가 복구되지 않는 원인 5가지
① 수동개방밸브가 개방된 경우
② 크린체크밸브에 이물질이 침입하여 중간챔버에 소화수 공급이 원활하지 않은 경우
③ 자동개방밸브(전동볼 밸브)가 복구되지 않은 경우
④ 다이아프램이 손상된 경우

⑤ 프리액션밸브 밸브시트에 이물질이 침입한 경우
⑥ 세팅밸브가 폐쇄
(7) 비화재시 경보가 울릴 경우의 원인 4가지
① 경보시험밸브의 개방
② 압력스위치의 고장, 접점불량 또는 오결선
③ 작동시험 후 프리액션밸브와 압력스위치 사이 연결된 오리피스의 막힘
④ 작동시험 후 2차측 잔류압력에 의해 가압된 경우

▶ 밸브의 기능

명 칭	평상시 유지상태	밸브의 기능
셋팅밸브	폐쇄	중간챔버 급수용
경보시험밸브	폐쇄	프리액션밸브를 개방하지 않고 압력스위치를 동작시켜 경보시험
전동볼밸브	폐쇄	• 자동, 수동, 원격에 의해 자동개방밸브가 개방 • 수동개방밸브 기능이 내장되어 있다. • 프리액션밸브의 자동복구 방지
볼체크밸브	-	중간챔버로만 가압수를 공급, 중간챔버 내의 압력을 1차측과 동일하게 유지하는 기능
크린체크밸브	-	중간챔버 가압수 공급용 배관에 설치하여 이물질을 제거, 체크밸브 기능이 내장
배수밸브	폐쇄	2차측의 가압수를 배수

자동개방밸브 복구방법 : 감시제어반에서 복구스위치를 눌러도 전동볼밸브에 의해 복구되지 않으며, 현장에서 수동으로 복구시켜야 한다.

36 준비작동식밸브의 PORV(Pressure Operated Relief Valve)에 대하여 설명하시오.

[풀이&답] 준비작동식밸브의 기동밸브가 수동 및 자동으로 기동되었다가 폐쇄되더라도 밸브 본체 중간챔버의 물을 계속 배수시킴으로서 한번 개방된 준비작동식밸브는 계속 개방상태를 유지할 수 있도록 하는 장치

37 건식밸브와 준비작동식밸브의 PORV(Pressure Operated Relief Valve)에 대하여 간략하게 설명하시오.

[풀이&답]
1. 건식밸브의 PORV
   액셀레이터, 건식밸브의 다이어프램실 내부로 소화수의 유입을 차단하는 밸브
2. 준비작동식밸브의 PORV
   준비작동식 밸브가 개방된 동안 중간챔버에 물이 유입되는 것을 차단하여 준비작동식밸브의 폐쇄를 방지하는 밸브

38 스프링클러헤드의 형식승인 및 제품검사의 기술기준에 대한 다음 각 물음에 답하시오.
  (1) 주거형 스프링클러헤드와 라지드롭형 스프링클러헤드의 정의
  (2) 헤드의 표시사항 5가지
  (3) 감도시험에서 다음의 RTI 값
      ① 표준반응의 RTI값
      ② 특수반응의 RTI값
      ③ 조기반응의 RTI값

풀이&답
(1) 주거형스프링클러헤드와 라지드롭형스프링클러헤드의 정의
    ① 주거형 스프링클러헤드 : 폐쇄형헤드의 일종으로 주거지역의 화재에 적합한 감도 · 방수량 및 살수분포를 갖는 헤드를(간이형스프링클러헤드를 포함한다) 말한다.
    ② 라지드롭형 스프링클러헤드(ELO) : 동일조건의 수압력에서 큰 물방울을 방출하여 화염의 전파속도가 빠르고 발열량이 큰 저장창고 등에서 발생하는 대형화재를 진압할 수 있는 헤드를 말한다.
(2) 헤드의 표시사항 5가지
    ① 종별   ② 형식   ③ 형식승인번호
    ④ 제조번호 또는 로트번호   ⑤ 제조년도
(3) 감도시험에서 다음의 RTI 값
    ① 표준반응의 RTI값 : 80초과~350이하
    ② 특수반응의 RTI값 : 50초과~80이하
    ③ 조기반응의 RTI값 : 50이하

▶ RTI : 반응시간지수
기류의 온도 · 속도 및 작동시간에 대하여 스프링클러헤드의 반응을 예상한 지수
$$RTI = \tau\sqrt{u}$$
여기에서, τ : 감열체의 시간상수[초], u : 기류속도[m/s]

39 스프링클러설비의 화재안전기술기준에서 정한 표지의 명칭과 설치개소를 아래의 표를 참고하여 7가지 적으시오.

표지 명칭	설치개소

표지 명칭	설치개소
스프링클러소화설비용 수조	수조의 외측의 보기 쉬운 곳
스프링클러소화설비용 배관	소화설비용 펌프의 흡수배관 또는 소화설비의 수직배관과 수조의 접속부분
스프링클러소화펌프	전동기 또는 내연기관에 따른 펌프를 이용하는 가압송수장치
유수검지장치실	유수검지장치실 출입문 상단 또는 기계실 출입문 상단
스프링클러소화설비용 동력제어반	동력제어반 앞면
스프링클러소화설비용 과전류 차단기 또는 개폐기	소화설비의 과전류차단기 및 개폐기
스프링클러소화설비 단자	소화설비용 전기배선의 양단 및 접속단자
일제개방밸브실	일제개방밸브실 출입문 상단
송수압력범위	송수구

중 7가지 선택

40 화재안전기술기준에서 규정한 감시제어반에서 설비별로 도통시험 및 작동시험을 하여야 하는 확인회로를 아래의 물음에 맞춰 모두 쓰시오.
(1) 옥내소화전설비   (2) 옥외소화전설비, 물분무소화설비
(3) 포소화설비   (4) 스프링클러설비
(5) 화재조기진압용스프링클러설비   (6) 미분무소화설비

풀이&답
(1) 옥내소화전설비
   ① 기동용수압개폐장치의 압력스위치회로
   ② 수조 또는 물올림수조의 저수위감시회로
   ③ 2.3.10에 따른 개폐밸브의 폐쇄상태 확인회로
   ④ 그 밖의 이와 비슷한 회로
(2) 옥외소화전설비, 물분무소화설비
   ① 기동용수압개폐장치의 압력스위치회로
   ② 수조 또는 물올림수조의 저수위감시회로
(3) 포소화설비
   ① 기동용수압개폐장치의 압력스위치회로
   ② 수조 또는 물올림수조의 저수위감시회로
   ③ 2.4.12에 따른 개폐밸브의 폐쇄상태 확인회로
   ④ 그 밖의 이와 비슷한 회로
(4) 스프링클러설비
   ① 기동용수압개폐장치의 압력스위치회로
   ② 수조 또는 물올림수조의 저수위감시회로
   ③ 유수검지장치 또는 일제개방 밸브의 압력스위치회로
   ④ 일제개방밸브를 사용하는 설비의 화재감지기회로
   ⑤ 2.5.16에 따른 개폐밸브의 폐쇄상태 확인회로
   ⑥ 그 밖의 이와 비슷한 회로
(5) 화재조기진압용스프링클러설비
   ① 기동용수압개폐장치의 압력스위치회로
   ② 수조 또는 물올림수조의 저수위감시회로

③ 유수검지장치 또는 압력스위치회로
④ 2.5.15에 따른 개폐밸브의 폐쇄상태 확인회로
⑤ 그 밖의 이와 비슷한 회로
(6) 미분무소화설비
① 수조의 저수위감시회로
② 개방식 미분무소화설비의 화재감지기회로
③ 2.8.11에 따른 개폐밸브의 폐쇄상태 확인회로
④ 그 밖의 이와 비슷한 회로

41 소방시설관리사가 스프링클러설비의 감시제어반을 확인한 결과 펌프실 내 급수를 차단할 수 있는 개폐밸브는 정상적으로 개방되어 있으나 감시제어반(수신기)에 밸브주의(탬퍼스위치) 표시등이 점등되어 있을 때, 다음 각 물음에 답하시오.

(1) 급수개폐밸브 작동표시 스위치(탬퍼스위치)를 설치하는 목적

풀이&답 밸브의 개폐상태를 감시제어반에서 확인하기 위해

(2) 점등된 원인 3가지를 쓰시오.

풀이&답 ① 탬퍼스위치의 작동접점이 부정확하여 작동신호를 준 경우
② 탬퍼스위치가 고장난 경우
③ 탬퍼스위치의 선로가 단락된 경우

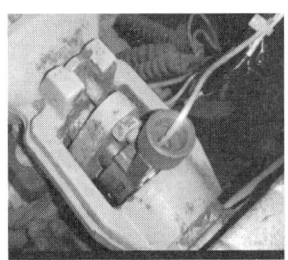  

(3) 스프링클러설비의 화재안전기술기준(NFTC 103)에 따른 급수개폐밸브 작동표시 스위치 설치기준 3가지를 쓰시오.

풀이&답 ① 급수개폐밸브가 잠길 경우 탬퍼 스위치의 동작으로 인하여 감시제어반 또는 수신기에 표시되어야 하며 경보음을 발할 것
② 탬퍼 스위치는 감시제어반 또는 수신기에서 동작의 유무확인과 동작시험, 도통시험을 할 수 있을 것
③ 급수개폐밸브의 작동표시 스위치에 사용되는 전기배선은 내화전선 또는 내열전선으로 설치할 것

(4) 화재안전기준에서 정하고 있는 탬퍼스위치를 설치하여야 하는 소방시설 7가지를 쓰시오.

풀이&답 ① 스프링클러설비　　② 간이스프링클러설비
③ 화재조기진압용 스프링클러설비
④ 물분무소화설비　　⑤ 미분무소화설비
⑥ 포소화설비　　　　⑦ 연결송수관설비

42 국가화재안전기준 및 다음 조건에 따라 각 물음에 답하시오.

[조건] 스프링클러설비 펌프 일람표

장비명	수량	유량 [L/min]	양정 [m]	비고
주펌프	1	2,400	120	전자식 압력스위치 적용
예비펌프	1	2,400	120	
충압펌프	1	60	120	

(1) 기동용수압개폐장치의 압력 설정치를 쓰시오.(단, 10[m] = 0.1 [MPa]로 하고, 충압펌프의 자동정지는 정격치로 하되 기동~정지 압력차는 0.1MPa, 나머지 압력차는 0.05[MPa]로 설정하며 압력강하시 자동기동은 충압-주-예비펌프순으로 한다.)

① 주펌프 기동점, 정지점

② 예비펌프 기동점, 정지점

③ 충압펌프 기동점, 정지점

[풀이&답] ① 주펌프 기동점, 정지점
주펌프 정지점 : 120[m]=1.2[MPa](자기유지 기능 사용하는 경우)
또는 120[m]×1.4=168[m]=1.68[MPa](체절압력을 정지점으로 하는 경우)
주펌프 기동점 : 충압펌프 기동점-0.05[MPa]=1.1[MPa]-0.05[MPa]=1.05[MPa]
② 예비펌프 기동점, 정지점
예비펌프 정지점 : 120[m]=1.2[MPa](자기유지 기능 사용하는 경우)
또는 120[m]×1.4=168[m]=1.68[MPa](체절압력을 정지점으로 하는 경우)
예비펌프 기동점 : 주펌프 기동점-0.05[MPa]=1.05[MPa]-0.05[MPa]=1.0[MPa]
③ 충압펌프 기동점, 정지점
충압펌프 정지점 : 120[m]=1.2[MPa]
충압펌프 기동점 : 1.2[MPa]-0.1[MPa]=1.1[MPa]

체절압력을 정지점으로 하는 경우 압력의 설정	
주펌프 및 예비펌프 정지점	1.68 [MPa]
충압펌프 정지점	1.2 [MPa]
충압펌프 기동점	1.1 [MPa]
주펌프 기동점	1.05 [MPa]
예비펌프 기동점	1.0 [MPa]

(2) 주펌프 또는 예비펌프 성능시험시 성능기준에 적합한 양정[m]을 쓰시오.

① 체절운전시

② 정격토출량의 150% 운전시

[풀이&답] ① 체절운전시 : 120[m]×1.4=168[m] 이하
② 정격토출량의 150[%] 운전시 : 120[m]×0.65=78[m] 이상

> 펌프의 성능은 체절운전 시 정격토출압력의 140[%]를 초과하지 아니하고, 정격토출량의 150[%]로 운전 시 정격토출압력의 65[%] 이상이 되어야 하며, 펌프의 성능시험배관은 다음 각 호의 기준에 적합하여야 한다.

(3) 펌프의 성능시험배관에 적합한 유량측정장치의 유량범위를 쓰시오.
　① 최소유량 [L/min]
　② 최대유량 [L/min]

【풀이&답】
① 최소유량(L/min) : 2,400[L/min]
② 최대유량(L/min) : 2,400[L/min]×1.75=4,200[L/min]

> 1. 유량측정장치는 성능시험배관의 직관부에 설치하되, 펌프의 정격토출량의 175% 이상 측정할 수 있는 성능이 있을 것
> 2. 유량측정범위 : 정격토출량 ~ 정격토출량의 1.75배 이상

43 다음은 습식스프링클러설비를 점검하는 과정에서 알람밸브를 작동시켜 동작상황을 확인하고 복구하는 과정에서 알람밸브가 정상적으로 복구되지 않았다. 이에 따른 조치방법을 표의 번호에 맞게 답하시오.

원 인	조치방법
경보정지밸브를 잠그면 압력(알람)스위치가 복구되는 경우	(1)
경보정지밸브를 잠궈도 압력(알람)스위치가 복구되지 않는 경우	(2)

【풀이&답】
(1) ① 배수밸브를 개방하여 플러싱으로 이물질 제거
　　② 알람밸브의 커버를 분리하여 클래퍼와 시트 부위 사이 이물질을 제거
(2) 압력(알람)스위치 연결배관상 오리피스 부분의 이물질을 제거

[그림] 습식밸브(알람밸브)

44 수계소화설비에 대한 다음 각 물음에 답하시오.

(1) 기동용수압개폐장치의 역할 3가지를 간략히 설명하시오.

풀이&답
① 펌프의 자동기동 및 정지
② 압력변화의 완충작용
③ 압력변동에 따른 설비의 보호

(2) 배관 내 유체의 흐름을 한쪽으로만 흐르게 하는 역류방지기능이 있는 밸브를 체크밸브라 한다. 현재 많이 사용하고 있는 체크밸브의 종류 2가지를 쓰시오.

풀이&답
① 스모렌스키 체크밸브
② 스윙 체크밸브

45 동력제어반(M.C.C)을 외관점검하는 방법에 대하여 설명하시오.(단, 표시등의 점등상태를 포함하여 작성한다)

풀이&답
1. 동력제어반의 차단기가 "ON" 위치에 있는지 확인
2. 펌프운전 선택스위치(셀렉터스위치)가 자동(AUTO) 위치에 있는지 확인
3. 동력제어반 표시등 점등상태 확인
   ① 적색등 : 소등상태인지 확인
   ② 녹색등 : 점등상태인지 확인
   ③ 황색등 : 소등상태인지 확인

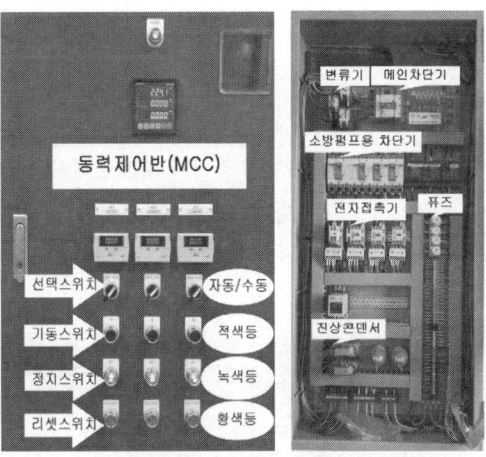

[그림] 동력제어반 함 및 내부

46 스프링클러설비에서 스프링클러헤드의 Skipping 현상에 대하여 설명하시오.

풀이&답 화재초기 개방된 헤드로부터 방사된 물이 주변헤드를 적시거나 열기류에 의해 상승하여 인접헤드의 감열부를 냉각시켜 인접헤드의 개방을 지연시키거나 개방이 되지 않는 현상

47 스프링클러헤드의 작동불량 현상 중 배관내 채워진 물로 인하여 헤드가 정상적으로 개방되지 않는 콜드 솔더링(Cold Soldering) 현상에 대하여 설명하시오.

풀이&답 저성장 화재에서 헤드의 용융합금이 열에 의하여 완전히 용융되지 못해 헤드의 감열부가 완전하게 개방되지 못하여 용융부의 틈새로 헤드 1차측의 가압수가 누설되면서 용융된 합금을 재 냉각하여 헤드가 개방되지 않는 현상

저성장 화재에서 스프링클러헤드 내 금속재질의 감열부가 일부 개방되었다가 배관 내 채워진 물로 인해 냉각되면서 제대로 이탈되지 않는 현상

48 스프링클러설비에 대한 다음 각 물음에 답하시오.

(1) 건식스프링클러 2차측 급속개방장치(Quick opening device)인 액셀레이터(Accelerator), 익져스터(Exhauster)에 대한 작동원리를 표의 번호에 맞게 쓰시오.

구분	작동원리
액셀레이터(Accelerator)	①
익져스터(Exhauster)	②

풀이&답

구 분	작동원리
액셀레이터(Accelerator)	① 헤드의 작동에 따라 건식밸브 2차측의 공기압력이 세팅압력보다 낮아졌을 때 가속기가 작동하여 2차측의 압축공기 일부를 클래퍼 1차측 중간챔버로 보내어 건식밸브가 신속히 개방되도록 한다.
익져스터(Exhauster)	② 헤드의 작동에 따라 건식밸브 2차측의 공기압력이 세팅압력보다 낮아졌을 때 공기배출기가 작동하여 2차측의 압축공기가 대기 중으로 빠르게 배출되도록 한다.

(2) 저압건식밸브 2차측 설정압력이 낮은 경우 장점 4가지를 쓰시오.

풀이&답
① 소화수의 이송시간을 단축할 수 있다.
② 저압건식밸브의 개방시간을 단축할 수 있다.
③ 공기압축기(컴프레셔)의 용량을 줄일 수 있다.
④ 유지관리가 쉽다.
⑤ 초기 세팅 및 복구가 쉽다. "끝" 중 4가지 선택

49 건식밸브의 방사시간은 압축공기의 배출시간(Trip time)과 소화수 이송시간(Transit time)으로 나타낼 수 있다. 이를 설명하시오.

배출시간(Trip time)	①
소화수 이송시간(Transit time)	②

풀이&답

① 배출시간(Trip time)
헤드가 개방된 후 건식밸브 2차측 압축공기가 배출되어 1차측 가압수가 건식밸브 2차측으로 유입되는데 소요되는 시간
② 소화수 이송시간(Transit time)
건식밸브 2차측에 유입된 가압수가 개방된 헤드까지 가는데 소요되는 시간

50 화재가 아님에도 건식(드라이)밸브가 개방이 되는 경우에 판단할 수 있는 원인 및 조치방법 5가지를 쓰시오.

번호	원 인	조치방법
(1)		
(2)		
(3)		
(4)		
(5)		

풀이&답

번호	원 인	조치방법
(1)	1차측 수압대비 2차측 공기공급 압력설정이 저압일 경우	2차측 공기압력을 재설정
(2)	수위조절밸브가 개방된 경우	수위조절밸브 폐쇄
(3)	배관 말단의 청소용 앵글밸브가 개방된 경우	청소용 앵글밸브 완전 폐쇄조치
(4)	말단시험밸브의 완전 폐쇄가 안 된 경우	말단시험밸브를 완전히 폐쇄
(5)	2차측 배관이 누기가 되는 경우	누기부분을 찾아서 보수조치

51 말단시험밸브를 개방 시 소화펌프가 기동되지 않았다. 이에 따른 원인을 아래의 물음에 맞게 답하시오.

(1) 동력제어반(MCC) 5가지

풀이&답

① 소화펌프 기동 선택스위치가 정지 또는 수동위치
② 배선용차단기(MCCB)가 OFF된 경우
③ 전자접촉기(MC)의 고장
④ 열동계전기(THR) 또는 전자식 과전류계전기(EOCR)가 트립된 경우
⑤ 동력제어반 내 조작회로의 배선 오결선, 단자의 풀림
⑥ 퓨즈의 단선 중 5가지 선택

(2) 감시제어반 3가지(단, 상용전원은 정상적으로 공급되며, 감시제어반은 정상적으로 작동한다)

풀이&답
① 소화펌프 기동 선택스위치가 정지 또는 수동위치
② 감시제어반과 압력스위치 사이 배선의 단선
③ 동력제어반사이의 배선 단선

(3) 기동용수압개폐장치(압력챔버) 2가지

풀이&답
① 압력스위치의 손상
② 개폐밸브의 폐쇄

52
준비작동식 스프링클러설비에 대한 다음 각 물음에 답하시오.

(1) A감지기 또는 B감지기 작동하는 경우 확인사항 2가지

풀이&답
① 화재표시등 점등, A감지기 또는 B감지기 지구표시등 점등
② 해당 방호구역에 사이렌 또는 지구경종 경보

(2) A감지기 및 B감지기를 작동하는 경우 확인사항 5가지

풀이&답
① 화재표시등 점등, A감지기 및 B감지기 지구표시등 점등
② 해당 방호구역에 사이렌 또는 지구경종 경보
③ 전자밸브(솔레노이드 밸브) 작동
④ 준비작동식 밸브개방 표시등 점등
⑤ 소화펌프 기동

(3) 다음은 준비작동식스프링클러설비의 동작순서 block diagram을 나타낸 것이다. 보기를 참고하여 번호 ①~⑬에 들어갈 내용을 답안지에 쓰시오.

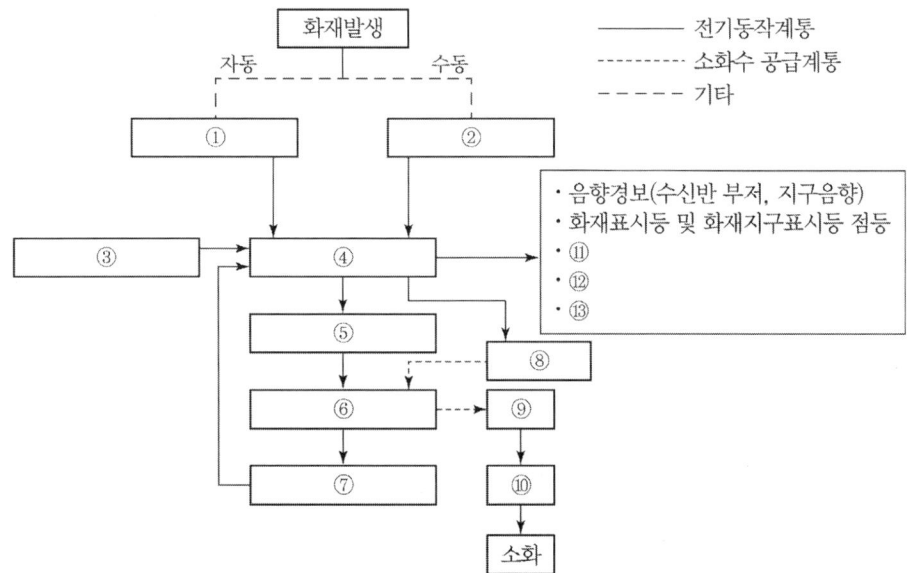

<보기>
감지기 작동,
기동용수압개폐장치의 압력스위치 동작,
전자밸브 개방(솔레노이드 밸브 개방),
압력스위치 작동,
배관,   헤드,
펌프기동 확인

수동기동장치(SVP) 작동,
감시제어반(수신반)
준비작동식 밸브 개방
펌프기동
밸브개방확인(준비작동식 밸브)
기동용수압개폐장치의 압력스위치 동작확인

풀이&답
① 감지기 작동
③ 기동용수압개폐장치의 압력스위치 동작
⑤ 전자밸브 개방(솔레노이드 밸브 개방)
⑦ 압력스위치 작동
⑨ 배관
⑪ 밸브개방확인(준비작동식 밸브)
⑬ 펌프기동 확인
② 수동기동장치(SVP) 작동
④ 감시제어반(수신반)
⑥ 준비작동식 밸브 개방
⑧ 펌프기동
⑩ 헤드
⑫ 기동용수압개폐장치의 압력스위치 동작확인

보충설명

준비작동식스프링클러설비의 동작순서 block diagram

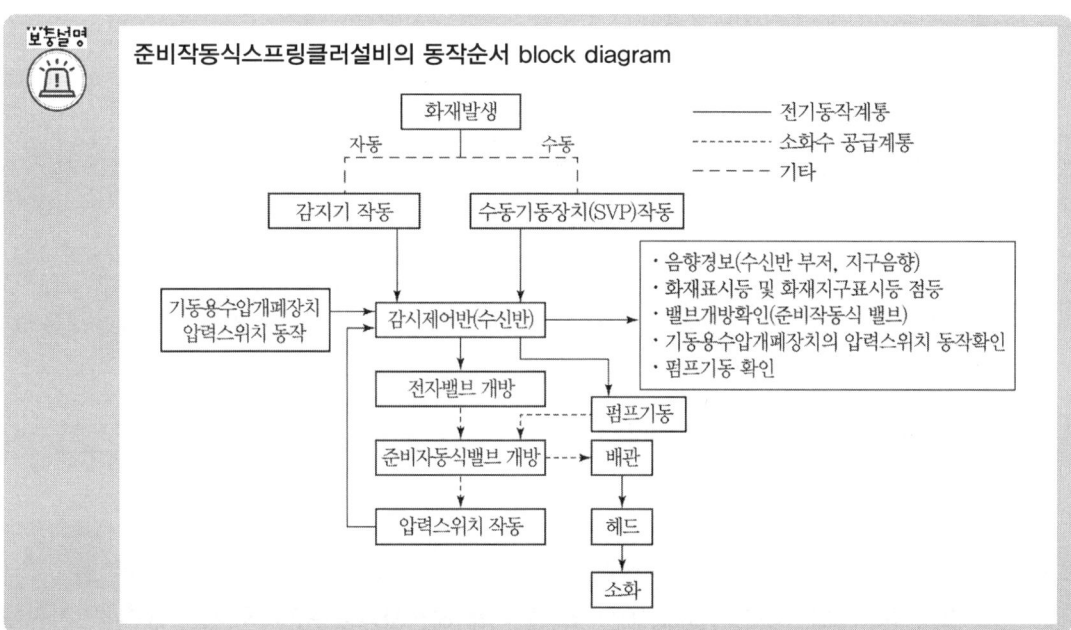

53 스프링클러설비의 화재안전기술기준 중 조기반응형헤드에 대한 다음 각 물음에 답하시오.
(1) 정의를 쓰시오.

풀이&답 표준형스프링클러헤드 보다 기류온도 및 기류속도에 조기에 반응하는 것을 말한다.

(2) 조기반응형 스프링클러헤드를 설치하는 경우에는 (㉠) 또는 (㉡)를 설치하여야
한다. ㉠, ㉡에 해당하는 것을 쓰시오.

풀이&답 ㉠ 습식유수검지장치   ㉡ 부압식스프링클러설비

(3) 조기반응형 스프링클러헤드를 설치하여야 하는 장소 3가지 기준을 쓰시오.

풀이&답
① 공동주택·노유자시설의 거실
② 오피스텔·숙박시설의 침실, 병원의 입원실
③ 병원·의원의 입원실

54 간이스프링클러설비의 화재안전성능기준(NFPC)에 대한 물음에 답하시오.
(1) 표의 ( ) 번호에 알맞은 답을 쓰시오.(2점)

> 방수압력(상수도직결형의 상수도압력)은 가장 먼 가지배관에서 2개[영 별표 4 제1호 마목 2) 가) 또는 6)과 8)에 해당하는 경우에는 5개]의 간이헤드를 동시에 개방할 경우 각각의 간이헤드 선단 방수압력은 (①), 방수량은 (②)이어야 한다. 다만, 제6조제7호에 따른 주차장에 (③)를 사용할 경우 헤드 1개의 방수량은 (④)이어야 한다.

풀이&답
① 0.1[MPa] 이상   ② 50[L/min] 이상
③ 표준반응형스프링클러헤드   ④ 80[L/min] 이상

(2) 상기 (1)의 문제에서 밑줄 친 부분에 해당하는 내용을 쓰시오.

풀이&답
2) 근린생활시설 중 다음의 어느 하나에 해당하는 것
  가) 근린생활시설로 사용하는 부분의 바닥면적 합계가 1천 m^2 이상인 것은 모든 층
6) 숙박시설로 사용되는 바닥면적의 합계가 300 m^2 이상 600 m^2 미만인 시설
8) 복합건축물(별표 2 제30호나목의 복합건축물만 해당한다)로서 연면적 1천 이상인 것은 모든 층

별표 2 제30호나목의 복합건축물
하나의 건축물이 근린생활시설, 판매시설, 업무시설, 숙박시설 또는 위락시설의 용도와 주택의 용도로 함께 사용되는 것

(3) 전동기 또는 내연기관에 따른 펌프를 이용하는 가압송수장치의 기준 중 "내연기관을 사용하는 경우에는 ( )를 갖출 것"이라고 되어 있다. ( )에 들어갈 알맞은 답을 쓰시오.(1점)

풀이&답 제어반에 따라 내연기관의 자동기동 및 수동기동이 가능하고, 상시 충전되어 있는 축전지설비

(4) 간이스프링클러설비의 방호구역(간이스프링클러설비의 소화범위에 포함된 영역을 말한다. 이하 같다)·유수검지장치 기준 중 캐비닛형의 경우에 해당하는 기준을 쓰시오.(2점)

풀이&답 하나의 방호구역은 2개층에 미치지 아니하도록 할 것. 다만, 1개층에 설치되는 간이헤드의 수가 10개 이하인 경우에는 3개층 이내로 할 수 있다.

55 화재조기진압용 스프링클러설비의 화재안전기술기준에 대한 다음 각 물음에 답하시오.

(1) 다음은 화재조기진압용 스프링클러헤드의 설치제외 기준을 나타낸 것이다. 번호에 알맞은 답을 쓰시오.

> 다음의 기준에 해당하는 물품의 경우에는 화재조기진압용 스프링클러를 설치해서는 안 된다. 다만, 물품에 대한 화재시험등 공인기관의 시험을 받은 것은 제외한다.
> 1. (①)
> 2. (②) 등 연소 시 화염의 속도가 빠르고 방사된 물이 하부까지에 도달하지 못하는 것

풀이&답
① 제4류 위험물
② 타이어, 두루마리 종이 및 섬유류, 섬유제품

(2) 괄호 안의 번호에 알맞은 답을 쓰시오.

> **저장물의 간격**
> 저장물품 사이의 간격은 모든 방향에서 (①)의 간격을 유지해야 한다.
>
> **환기구**
> 화재조기진압용 스프링클러설비의 환기구는 다음의 기준에 적합해야 한다.
> 1. (②)으로 인하여 (③)에 영향을 주지 않는 구조 및 위치일 것
> 2. 화재감지기와 연동하여 동작하는 (④)를 설치하지 않을 것. 다만, (④)를 설치할 경우에는 최소작동온도가 (⑤)일 것

풀이&답
① 152[mm] 이상
② 공기의 유동   ③ 헤드의 작동온도   ④ 자동식 환기장치   ⑤ 180[℃] 이상

56 다음 각 물음에 답하시오.

(1) 스프링클러헤드의 반응시간지수인 RTI(Response Time Index)에 대하여 계산식을 포함하여 설명하시오.

풀이&답 기류의 온도·속도 및 작동시간에 대하여 스프링클러헤드의 반응을 예상한 지수로서 아래 식에 의하여 계산하고 $(m \cdot s)^{0.5}$을 단위로 한다.
$$RTI = \tau \sqrt{u}$$
τ : 감열체의 시간상수[s], u : 기류속도[m/s]

(2) 스프링클러헤드는 표시온도 구분에 따라서 표준반응, 특수반응, 조기반응으로 구분한다. 이에 따른 RTI의 값을 쓰시오.

구 분	RTI 값
표준반응	①
특수반응	②
조기반응	③

풀이&답
① 80초과~350이하
② 50초과~80이하
③ 50이하

(3) 기동용수압개폐장치의 형식승인 및 제품검사의 기술기준에 따른 기동용수압개폐장치 중 압력챔버에 대한 다음 각 물음에 답하시오.

1) 압력챔버의 정의에 대하여 쓰시오.

풀이&답
수격 또는 순간압력변동 등으로부터 안정적으로 압력을 검지할 수 있도록 동체와 경판으로 구성된 원통형 탱크에 압력스위치를 부착한 기동용수압개폐장치

2) 압력챔버의 구조에 대하여 쓰시오.

풀이&답
몸체, 압력스위치, 안전밸브, 드레인밸브, 유입구 및 압력계

57 다음 조건을 고려하여 화재조기진압용 스프링클러설비 수원의 양[m³]을 계산하시오.

[조건]
① 랙(Rack)창고의 높이는 12[m]이며 최상단 물품의 높이는 10[m] 이다.
② ESFR 헤드의 K factor는 320이고 하향식으로 천장에 50개가 설치되어 있다.
③ 화재조기진압용 스프링클러헤드의 최소방사압은 화재조기진압용 스프링클러설비의 화재안전기술기준(NFTC 103B)에 따른다.
④ 옥상수조의 수원의 양은 무시한다.
⑤ 소수점 3자리에서 반올림하여 2자리까지 답한다.

풀이&답
① 헤드선단의 방사압력 $P = 0.28[MPa]$
② 수원의 양 $Q = 12 \times K\sqrt{10P} \times 60 = 12 \times 320 \times \sqrt{10 \times 0.28} \times 60 \times 10^{-3} = 385.53[m^3]$

화재조기진압용 스프링클러헤드의 최소방사압력[MPa]

최대층고	최대저장높이	화재조기진압용 스프링클러헤드					
		K = 360 하향식	K = 320 하향식	K = 240 하향식	K = 240 상향식	K = 200 하향식
13.7[m]	12.2[m]	0.28	0.28	–	–	–
13.7[m]	10.7[m]	0.28	0.28	–	–	–
12.2[m]	**10.7[m]**	0.17	**0.28**	0.36	0.36	0.52
10.7[m]	9.1[m]	0.14	0.24	0.36	0.36	0.52
9.1[m]	7.6[m]	0.10	0.17	0.24	0.24	0.34

58 스프링클러설비 점검표상 수원의 점검항목을 쓰시오.

[풀이&답]
- **주된수원**의 유효수량 적정 여부(겸용설비 포함)
- **보조수원(옥상)**의 유효수량 적정 여부

59 스프링클러설비 점검표상 수조의 점검항목을 쓰시오.

[풀이&답]
- **동결방지조치** 상태 적정 여부
- **수위계** 설치 또는 수위 확인 가능 여부
- 수조 외측 **고정사다리** 설치 여부(바닥보다 낮은 경우 제외)
- 실내설치 시 **조명설비** 설치 여부
- "스프링클러설비용 수조" **표지설치** 여부 및 설치 상태
- 다른 소화설비와 **겸용** 시 겸용설비의 이름 표시한 표지설치 여부
- **수조-수직배관** 접속부분 "스프링클러설비용 배관" 표지설치 여부

60 스프링클러설비 점검표상 가압송수장치[펌프방식]의 점검항목을 쓰시오.

[풀이&답]
[펌프방식]
- **동결방지조치** 상태 적정 여부
- **성능시험배관**을 통한 펌프 성능시험 적정 여부
- 다른 소화설비와 **겸용**인 경우 펌프 성능 확보 가능 여부
- 펌프 흡입측 **연성계·진공계** 및 토출측 **압력계** 등 부속장치의 변형·손상 유무
- **기동장치** 적정 설치 및 기동압력 설정 적정 여부
- **물올림장치** 설치 적정(전용 여부, 유효수량, 배관구경, 자동급수) 여부
- **충압펌프** 설치 적정(토출압력, 정격토출량) 여부
- **내연기관 방식**의 펌프 설치 적정(정상기동(기동장치 및 제어반) 여부, 축전지 상태, 연료량) 여부
- 가압송수장치의 "**스프링클러펌프**" **표지설치** 여부 또는 다른 소화설비와 겸용 시 겸용설비 이름 표시 부착 여부

[그림] 가압송수장치

61 스프링클러설비 점검표상 다음에 대한 가압송수장치의 점검항목을 쓰시오.
(1) 고가수조방식
(2) 압력수조방식
(3) 가압수조방식

풀이&답
(1) 고가수조방식
  ◦ 수위계·배수관·급수관·오버플로우관·맨홀 등 부속장치의 변형·손상 유무
(2) 압력수조방식
  ◦ 압력수조의 압력 적정 여부
  ◦ 수위계·급수관·급기관·압력계·안전장치·공기압축기 등 부속장치의 변형·손상 유무
(3) 가압수조방식
  ◦ 가압수조 및 가압원 설치장소의 방화구획 여부
  ◦ 수위계·급수관·배수관·급기관·압력계 등 부속장치의 변형·손상 유무

62 스프링클러설비 점검표상 폐쇄형스프링클러설비 방호구역 및 유수검지장치의 점검항목을 쓰시오.

풀이&답
◦ **방호구역** 적정 여부
◦ **유수검지장치** 설치 적정(수량, 접근·점검 편의성, 높이) 여부
◦ **유수검지장치실** 설치 적정(실내 또는 구획, 출입문 크기, 표지) 여부
◦ **자연낙차**에 의한 유수압력과 유수검지장치의 유수검지압력 적정여부
◦ **조기반응형헤드** 적합 유수검지장치 설치 여부

63 스프링클러설비 점검표상 개방형스프링클러설비 방수구역 및 일제개방밸브의 점검항목을 쓰시오.

풀이&답
◦ **방수구역** 적정 여부
◦ 방수구역 별 **일제개방밸브** 설치 여부
◦ 하나의 방수구역을 담당하는 **헤드 개수** 적정 여부
◦ **일제개방밸브실** 설치 적정(실내(구획), 높이, 출입문, 표지) 여부

64 스프링클러설비 점검표상 배관의 점검항목을 쓰시오.

풀이&답
◦ 펌프의 흡입측 배관 **여과장치**의 상태 확인
◦ **성능시험배관** 설치(개폐밸브, 유량조절밸브, 유량측정장치) 적정 여부
◦ **순환배관** 설치(설치위치·배관구경, 릴리프밸브 개방압력) 적정 여부
◦ **동결방지조치** 상태 적정 여부
◦ 급수배관 **개폐밸브** 설치(개폐표시형, 흡입측 버터플라이 제외) 및 작동표시스위치 적정(제어반 표시 및 경보, 스위치 동작 및 도통시험) 여부
◦ 준비작동식 유수검지장치 및 일제개방밸브 2차측 배관 **부대설비** 설치 적정(개폐표시형 밸브, 수직배수배관·개폐밸브, 자동배수장치, 압력스위치 설치 및 감시제어반 개방 확인) 여부
◦ 유수검지장치 **시험장치** 설치 적정(설치위치, 배관구경, 개폐밸브 및 개방형 헤드, 물받이 통 및 배수관) 여부

- **주차장**에 설치된 스프링클러 방식 적정(습식 외의 방식) 여부
- 다른 설비의 배관과의 **구분 상태** 적정 여부

65 스프링클러설비 점검표상 음향장치 및 기동장치의 점검항목을 쓰시오.

[풀이&답]
- 유수검지에 따른 **음향장치** 작동 가능 여부(습식·건식의 경우)
- 감지기 **작동**에 따라 음향장치 작동 여부(준비작동식 및 일제개방밸브의 경우)
- 음향장치 설치 **담당구역 및 수평거리** 적정 여부
- **주 음향장치** 수신기 내부 또는 직근 설치 여부
- **우선경보방식**에 따른 경보 적정 여부
- 음향장치(경종 등) **변형·손상** 확인 및 정상 작동(음량 포함) 여부

66 스프링클러설비 점검표상 음향장치 및 기동장치[펌프 작동]의 점검항목을 쓰시오.

[풀이&답]
- **유수검지장치의 발신이나 기동용 수압개폐장치의 작동**에 따른 펌프 기동 확인
  (습식·건식의 경우)
- **화재감지기의 감지나 기동용 수압개폐장치의 작동**에 따른 펌프 기동 확인
  (준비작동식 및 일제개방밸브의 경우)

67 스프링클러설비 점검표상 음향장치 및 기동장치[준비작동식유수검지장치 또는 일제개발밸브 작동]의 점검항목을 쓰시오.

[풀이&답]
- 담당구역내 화재감지기 동작(수동 기동 포함)에 따라 개방 및 작동 여부
- 수동조작함 (설치높이, 표시등) 설치 적정 여부

[그림] 준비작동식 유수검지장치

68 스프링클러설비 점검표상 헤드의 점검항목을 쓰시오.

[풀이&답]
- 헤드의 **변형·손상** 유무
- 헤드 설치 **위치·장소·상태(고정)** 적정 여부
- 헤드 **살수장애** 여부
- **무대부** 또는 연소우려 있는 **개구부** 개방형 헤드 설치 여부
- **조기반응형 헤드** 설치 여부(의무 설치 장소의 경우)
- **경사진 천장**의 경우 스프링클러헤드의 배치상태
- 연소할 우려가 있는 개구부 **헤드 설치 적정** 여부
- **습식·부압식스프링클러 외의** 설비 상향식 헤드 설치 여부
- **측벽형 헤드** 설치 적정 여부
- 감열부에 영향을 받을 우려가 있는 헤드의 **차폐판 설치** 여부

69 스프링클러설비 점검표상 송수구의 점검항목을 쓰시오.

[풀이&답]
- **설치장소** 적정 여부
- 연결배관에 **개폐밸브**를 설치한 경우 개폐상태 확인 및 조작가능 여부
- 송수구 설치 **높이 및 구경** 적정 여부
- **송수압력범위 표시** 표지 설치 여부
- 송수구 **설치 개수** 적정 여부(폐쇄형 스프링클러설비의 경우)
- **자동배수밸브(또는 배수공)·체크밸브** 설치 여부 및 설치 상태 적정 여부
- 송수구 **마개** 설치 여부

70 스프링클러설비 점검표상 전원의 점검항목을 쓰시오.

[풀이&답]
- 대상물 **수전방식**에 따른 상용전원 적정 여부
- 비상전원 **설치장소** 적정 및 관리 여부
- 자가발전설비인 경우 **연료 적정량** 보유 여부
- 자가발전설비인 경우 「전기사업법」에 따른 **정기점검** 결과 확인

71 스프링클러설비 점검표상 제어반[감시제어반]의 점검항목을 쓰시오.

[풀이&답]
- 펌프 작동 여부 확인 **표시등 및 음향경보장치** 정상작동 여부
- 펌프 별 **자동·수동 전환스위치** 정상작동 여부
- 펌프 별 **수동기동 및 수동중단** 기능 정상작동 여부
- **상용전원 및 비상전원** 공급 확인 가능 여부(비상전원 있는 경우)
- 수조·물올림탱크 **저수위 표시등 및 음향경보장치** 정상작동 여부
- 각 확인회로 별 **도통시험 및 작동시험** 정상작동 여부
- **예비전원** 확보 유무 및 시험 적합 여부
- 감시제어반 **전용실** 적정 설치 및 관리 여부
- 기계·기구 또는 시설 등 **제어 및 감시설비** 외 설치 여부
- **유수검지장치·일제개방밸브** 작동 시 표시 및 경보 정상작동 여부
- 일제개방밸브 **수동조작스위치** 설치 여부
- 일제개방밸브 사용 설비 **화재감지기** 회로별 화재표시 적정 여부
- 감시제어반과 수신기 간 **상호 연동** 여부(별도로 설치된 경우)

72. 스프링클러설비 점검표상 제어반[동력제어반 및 발전기제어반]의 점검항목을 쓰시오.

[동력제어반]
- 앞면은 적색으로 하고, "스프링클러설비용 동력제어반" 표지 설치 여부

[발전기제어반]
- 소방전원보존형발전기는 이를 식별할 수 있는 표지 설치 여부

73. 스프링클러설비 점검표상 헤드 설치제외의 점검항목을 쓰시오.

- 헤드 설치 제외 적정 여부(설치 제외된 경우)
- 드렌처설비 설치 적정 여부

74. 간이스프링클러설비 점검표상 수조의 점검항목을 쓰시오.

- **자동급수장치** 설치 여부
- **동결방지조치** 상태 적정 여부
- **수위계** 설치 또는 수위 확인 가능 여부
- 수조 외측 **고정사다리** 설치 여부(바닥보다 낮은 경우 제외)
- 실내설치 시 **조명설비** 설치 여부
- "간이스프링클러설비용 수조" **표지** 설치상태 적정 여부
- 다른 소화설비와 **겸용** 시 겸용설비의 이름 표시한 표지설치 여부
- **수조–수직배관** 접속부분 "간이스프링클러설비용 배관" 표지설치 여부

75. 간이스프링클러설비 점검표상 가압송수장치[펌프방식]의 점검항목을 쓰시오.

- **동결방지조치** 상태 적정 여부
- **성능시험배관**을 통한 펌프 성능시험 적정 여부
- 다른 소화설비와 **겸용**인 경우 펌프 성능 확보 가능 여부
- 펌프 흡입측 **연성계·진공계** 및 토출측 **압력계** 등 부속장치의 변형·손상 유무
- **기동장치** 적정 설치 및 기동압력 설정 적정 여부
- **물올림장치** 설치 적정(전용 여부, 유효수량, 배관구경, 자동급수) 여부
- **충압펌프** 설치 적정(토출압력, 정격토출량) 여부
- 내연기관 방식의 펌프 설치 적정(정상기동(기동장치 및 제어반) 여부, 축전지 상태, 연료량) 여부
- 가압송수장치의 "간이스프링클러펌프" **표지설치** 여부 또는 다른 소화설비와 겸용 시 겸용설비 이름 표시 부착 여부

76. 간이스프링클러설비 점검표상 다음의 가압송수장치의 점검항목을 쓰시오.

(1) 상수도직결형
(2) 고가수조방식
(3) 압력수조방식
(4) 가압수조방식

풀이&답
(1) 상수도직결형
  ◦ 방수량 및 방수압력 적정 여부
(2) 고가수조방식
  ◦ 수위계 · 배수관 · 급수관 · 오버플로우관 · 맨홀 등 부속장치의 변형 · 손상 유무
(3) 압력수조방식
  ◦ 압력수조의 압력 적정 여부
  ◦ 수위계 · 급수관 · 급기관 · 압력계 · 안전장치 · 공기압축기 등 부속장치의 변형 · 손상 유무
(4) 가압수조방식
  ◦ 가압수조 및 가압원 설치장소의 방화구획 여부
  ◦ 수위계 · 급수관 · 배수관 · 급기관 · 압력계 등 부속장치의 변형 · 손상 유무

77 간이스프링클러설비 점검표상 방호구역 및 유수검지장치의 점검항목을 쓰시오.

풀이&답
◦ **방호구역** 적정 여부
◦ **유수검지장치** 설치 적정(수량, 접근 · 점검 편의성, 높이) 여부
◦ **유수검지장치실** 설치 적정(실내 또는 구획, 출입문 크기, 표지) 여부
◦ **자연낙차**에 의한 유수압력과 유수검지장치의 유수검지압력 적정여부
◦ **주차장**에 설치된 간이스프링클러 방식 적정(습식 외의 방식) 여부

78 간이스프링클러설비 점검표상 배관 및 밸브의 점검항목을 쓰시오.

풀이&답
◦ **상수도직결형** 수도배관 구경 및 유수검지에 따른 다른 배관 자동 송수 차단 여부
◦ 급수배관 **개폐밸브** 설치(개폐표시형, 흡입측 버터플라이 제외) 및 **작동표시스위치** 적정(제어반 표시 및 경보, 스위치 동작 및 도통시험) 여부
◦ 펌프의 흡입측 배관 **여과장치**의 상태 확인
◦ **성능시험배관** 설치(개폐밸브, 유량조절밸브, 유량측정장치) 적정 여부
◦ **순환배관** 설치(설치위치 · 배관구경, 릴리프밸브 개방압력) 적정 여부
◦ **동결방지조치** 상태 적정 여부
◦ 준비작동식 유수검지장치 2차측 배관 **부대설비** 설치 적정(개폐표시형 밸브, 수직배수배관·개폐밸브, 자동배수장치, 압력스위치 설치 및 감시제어반 개방 확인) 여부
◦ 유수검지장치 **시험장치** 설치 적정(설치위치, 배관구경, 개폐밸브 및 개방형 헤드, 물받이 통 및 배수관) 여부
◦ 간이스프링클러설비 **배관 및 밸브 등의 순서**의 적정 시공 여부
◦ 다른 설비의 배관과의 **구분 상태** 적정 여부

79 간이스프링클러설비 점검표상 음향장치 및 기동장치의 점검항목을 쓰시오.

풀이&답
◦ 유수검지에 따른 **음향장치 작동** 가능 여부(습식의 경우)
◦ 음향장치 설치 **담당구역 및 수평거리** 적정 여부
◦ 주 음향장치 **수신기 내부 또는 직근** 설치 여부
◦ **우선경보방식**에 따른 경보 적정 여부
◦ 음향장치(경종 등) **변형 · 손상 확인 및 정상 작동**(음량 포함) 여부

80 간이스프링클러설비 점검표상 음향장치 및 기동장치[펌프방식과 준비작동식유수검지장치의 작동]의 점검항목을 쓰시오.

풀이&답

[펌프 작동]
- 유수검지장치의 발신이나 기동용 수압개폐장치의 작동에 따른 펌프 기동 확인(습식의 경우)
- 화재감지기의 감지나 기동용 수압개폐장치의 작동에 따른 펌프 기동 확인(준비작동식의 경우)

[준비작동식유수검지장치 작동]
- 담당구역내 화재감지기 동작(수동 기동 포함)에 따라 개방 및 작동 여부
- 수동조작함 (설치높이, 표시등) 설치 적정 여부

81 간이스프링클러설비 점검표상 간이헤드의 점검항목을 쓰시오.

풀이&답
- 헤드의 **변형·손상** 유무
- 헤드 설치 **위치·장소·상태(고정)** 적정 여부
- 헤드 **살수장애** 여부
- 감열부에 영향을 받을 우려가 있는 헤드의 **차폐판** 설치 여부
- 헤드 **설치 제외** 적정 여부(설치 제외된 경우)

82 간이스프링클러설비 점검표상 송수구의 점검항목을 쓰시오.

풀이&답
- **설치장소** 적정 여부
- 연결배관에 **개폐밸브**를 설치한 경우 개폐상태 확인 및 조작가능 여부
- 송수구 설치 **높이 및 구경** 적정 여부
- **자동배수밸브(또는 배수공)·체크밸브** 설치 여부 및 설치 상태 적정 여부
- 송수구 **마개** 설치 여부

83 간이스프링클러설비 점검표상 제어반[감시제어반]의 점검항목을 쓰시오.

풀이&답
- 펌프 작동 여부 확인 **표시등 및 음향경보장치** 정상작동 여부
- 펌프 별 **자동·수동 전환스위치** 정상작동 여부
- 펌프 별 **수동기동 및 수동중단 기능** 정상작동 여부
- **상용전원 및 비상전원** 공급 확인 가능 여부(비상전원 있는 경우)
- 수조·물올림탱크 **저수위 표시등 및 음향경보장치** 정상작동 여부
- 각 확인회로 별 **도통시험 및 작동시험** 정상작동 여부
- **예비전원** 확보 유무 및 시험 적합 여부
- 감시제어반 **전용실** 적정 설치 및 관리 여부
- 기계·기구 또는 시설 등 **제어 및 감시설비** 외 설치 여부
- 유수검지장치 작동 시 **표시 및 경보** 정상작동 여부
- 감시제어반과 수신기 간 **상호 연동** 여부(별도로 설치된 경우)

84 간이스프링클러설비 점검표상 전원의 점검항목을 쓰시오.

풀이&답
- 대상물 **수전방식**에 따른 상용전원 적정 여부
- 비상전원 **설치장소** 적정 및 관리 여부

- 자가발전설비인 경우 **연료 적정량** 보유 여부
- 자가발전설비인 경우 「전기사업법」에 따른 **정기점검** 결과 확인

85 화재조기진압용 스프링클러설비 점검표상 설치장소의 구조 점검항목을 쓰시오.

풀이&답 설비 설치장소의 구조(층고, 내화구조, 방화구획, 천장 기울기, 천장 자재 돌출부 길이, 보 간격, 선반 물 침투구조) 적합 여부

86 화재조기진압용 스프링클러설비 점검표상 수원의 점검항목을 쓰시오.

풀이&답
- 주된수원의 유효수량 적정 여부(겸용설비 포함)
- 보조수원(옥상)의 유효수량 적정 여부

87 화재조기진압용 스프링클러설비 점검표상 수조의 점검항목을 쓰시오.

풀이&답
- **동결방지조치** 상태 적정 여부
- **수위계** 설치 또는 수위 확인 가능 여부
- 수조 외측 **고정사다리** 설치 여부(바닥보다 낮은 경우 제외)
- 실내설치 시 **조명설비** 설치 여부
- "화재조기진압용 스프링클러설비용 수조" **표지설치** 여부 및 설치 상태
- 다른 소화설비와 겸용 시 **겸용설비**의 이름 표시한 표지설치 여부
- 수조−수직배관 접속부분 "화재조기진압용 스프링클러설비용 배관" **표지설치** 여부

88 화재조기진압용 스프링클러설비 점검표상 가압송수장치[펌프방식]의 점검항목을 쓰시오.

풀이&답
- **동결방지조치** 상태 적정 여부
- **성능시험배관**을 통한 펌프 성능시험 적정 여부
- 다른 소화설비와 **겸용**인 경우 펌프 성능 확보 가능 여부
- 펌프 흡입측 **연성계·진공계** 및 토출측 **압력계** 등 부속장치의 변형·손상 유무
- **기동장치** 적정 설치 및 기동압력 설정 적정 여부
- **물올림장치** 설치 적정(전용 여부, 유효수량, 배관구경, 자동급수) 여부
- **충압펌프** 설치 적정(토출압력, 정격토출량) 여부
- **내연기관 방식**의 펌프 설치 적정(정상기동(기동장치 및 제어반) 여부, 축전지 상태, 연료량) 여부
- 가압송수장치의 "화재조기진압용 스프링클러펌프" **표지설치** 여부 또는 다른 소화설비와 겸용 시 겸용설비 이름 표시 부착 여부

89 화재조기진압용 스프링클러설비 점검표상 다음 가압송수장치의 점검항목을 쓰시오.
(1) 고가수조방식
(2) 압력수조방식
(3) 가압수조방식

풀이&답
(1) 고가수조방식
- 수위계·배수관·급수관·오버플로우관·맨홀 등 부속장치의 변형·손상 유무

(2) 압력수조방식
- 압력수조의 압력 적정 여부
- 수위계·급수관·급기관·압력계·안전장치·공기압축기 등 부속장치의 변형·손상 유무

(3) 가압수조방식
- 가압수조 및 가압원 설치장소의 방화구획 여부
- 수위계·급수관·배수관·급기관·압력계 등 부속장치의 변형·손상 유무

90 화재조기진압용 스프링클러설비 점검표상 방호구역 및 유수검지장치의 점검항목을 쓰시오.

풀이&답
- **방호구역** 적정 여부
- **유수검지장치** 설치 적정(수량, 접근·점검 편의성, 높이) 여부
- **유수검지장치실** 설치 적정(실내 또는 구획, 출입문 크기, 표지) 여부
- **자연낙차**에 의한 유수압력과 유수검지장치의 유수검지압력 적정여부

91 화재조기진압용 스프링클러설비 점검표상 배관의 점검항목을 쓰시오.

풀이&답
- 펌프의 흡입측 배관 **여과장치**의 상태 확인
- **성능시험배관** 설치(개폐밸브, 유량조절밸브, 유량측정장치) 적정 여부
- **순환배관** 설치(설치위치·배관구경, 릴리프밸브 개방압력) 적정 여부
- **동결방지조치** 상태 적정 여부
- 급수배관 **개폐밸브** 설치(개폐표시형, 흡입측 버터플라이 제외) 및 작동표시스위치 적정(제어반 표시 및 경보, 스위치 동작 및 도통시험) 여부
- 유수검지장치 **시험장치** 설치 적정(설치위치, 배관구경, 개폐밸브 및 개방형 헤드, 물받이 통 및 배수관) 여부
- 다른 설비의 배관과의 **구분 상태** 적정 여부

92 화재조기진압용 스프링클러설비 점검표상 음향장치 및 기동장치의 점검항목을 쓰시오.

풀이&답
- 유수검지에 따른 **음향장치 작동** 가능 여부
- 음향장치 설치 **담당구역 및 수평거리** 적정 여부
- 주 음향장치 **수신기 내부 또는 직근** 설치 여부
- **우선경보방식**에 따른 경보 적정 여부
- 음향장치(경종 등) **변형·손상 확인** 및 정상 작동(음량 포함) 여부

93 화재조기진압용 스프링클러설비 점검표상 헤드의 점검항목을 쓰시오.

풀이&답
- 헤드의 **변형·손상** 유무
- 헤드 설치 **위치·장소·상태(고정)** 적정 여부
- 헤드 **살수장애** 여부
- 감열부에 영향을 받을 우려가 있는 헤드의 **차폐판** 설치 여부

94 화재조기진압용 스프링클러설비 점검표상 저장물의 간격 및 환기구의 점검항목을 쓰시오.

풀이&답
- 저장물품 배치 간격 적정 여부
- 환기구 설치 상태 적정 여부

95 화재조기진압용 스프링클러설비 점검표상 송수구의 점검항목을 쓰시오.

풀이&답
- **설치장소** 적정 여부
- 연결배관에 **개폐밸브**를 설치한 경우 개폐상태 확인 및 조작가능 여부
- 송수구 설치 **높이 및 구경** 적정 여부
- **송수압력범위** 표시 표지 설치 여부
- 송수구 **설치 개수** 적정 여부
- **자동배수밸브(또는 배수공)·체크밸브** 설치 여부 및 설치 상태 적정 여부
- 송수구 **마개** 설치 여부

96 화재조기진압용 스프링클러설비 점검표상 전원의 점검항목을 쓰시오.

풀이&답
- 대상물 **수전방식**에 따른 상용전원 적정 여부
- 비상전원 **설치장소** 적정 및 관리 여부
- 자가발전설비인 경우 **연료 적정량** 보유 여부
- 자가발전설비인 경우 「전기사업법」에 따른 **정기점검** 결과 확인

97 화재조기진압용 스프링클러설비 점검표상 제어반[감시제어반]의 점검항목을 쓰시오.

풀이&답
- 펌프 작동 여부 확인 **표시등 및 음향경보장치** 정상작동 여부
- 펌프 별 **자동·수동 전환스위치** 정상작동 여부
- 펌프 별 **수동기동 및 수동중단** 기능 정상작동 여부
- **상용전원 및 비상전원** 공급 확인 가능 여부(비상전원 있는 경우)
- 수조·물올림탱크 **저수위 표시등 및 음향경보장치** 정상작동 여부
- 각 확인회로 별 **도통시험 및 작동시험** 정상작동 여부
- **예비전원** 확보 유무 및 시험 적합 여부
- 감시제어반 **전용실** 적정 설치 및 관리 여부
- 기계·기구 또는 시설 등 **제어 및 감시설비** 외 설치 여부
- 유수검지장치 작동 시 **표시 및 경보** 정상작동 여부
- 감시제어반과 수신기 간 **상호 연동** 여부(별도로 설치된 경우)

98 화재조기진압용 스프링클러설비 점검표상 설치금지장소의 점검항목을 쓰시오.

풀이&답
설치가 금지된 장소(제4류 위험물 등이 보관된 장소) 설치 여부

99 소방시설등 외관점검표상 (간이)스프링클러설비, 물분무소화설비, 미분무소화설비, 포소화설비의 점검내용을 쓰시오.

(1) 수원
(2) 저장탱크(포소화설비)
(3) 가압송수장치
(4) 유수검지장치
(5) 배관
(6) 기동장치
(7) 제어밸브 등(물분무소화설비)
(8) 헤드
(9) 송수구
(10) 제어반

풀이&답

(1) 수원
  ◦ 주된 수원의 유효수량 적정여부(겸용설비 포함)
  ◦ 보조수원(옥상)의 유효수량 적정여부
  ◦ 수조 표시 설치상태 적정 여부
(2) 저장탱크(포소화설비)
  ◦ 포소화약제 저장량의 적정 여부
(3) 가압송수장치
  ◦ 펌프 흡입측 연성계·진공계 및 토출측 압력계 등 부송장치의 변형·손상 유무
(4) 유수검지장치
  ◦ 유수검지장치실 설치 적정(실내 또는 구획, 출입문 크기, 표지) 여부
(5) 배관
  ◦ 급수배관 개폐밸브 설치(개폐표시형, 흡입측 버터플라이 제외) 적정 여부
  ◦ 준비작동식 유수검지장치 및 일제개방밸브 2차측 배관 부대설비 설치 적정
  ◦ 유수검지장치 시험장치 설치 적정(설치위치, 배관구경, 개폐밸브 및 개방형 헤드, 물받이통 및 배수관) 여부
  ◦ 다른 설비의 배관과의 구분 상태 적정 여부
(6) 기동장치
  ◦ 수동조작함(설치높이, 표시등) 설치 적정 여부
(7) 제어밸브 등(물분무소화설비)
  ◦ 제어밸브 설치 위치 적정 및 표지 설치 여부
  ◦ 배수설비(물분무소화설비가 설치된 차고·주차장)
  ◦ 배수설비(배수구, 기름분리장치 등) 설치 적정 여부
(8) 헤드
  ◦ 헤드의 변형·손상 유무 및 살수장애 여부
  ◦ 호스릴방식(미분무소화설비, 포소화설비)
  ◦ 소화약제저장용기 근처 및 호스릴함 위치표시등 정상 점등 및 표지 설치 여부
(9) 송수구
  ◦ 송수구 설치장소 적정 여부(소방차가 쉽게 접근할 수 있는 장소)
(10) 제어반
  ◦ 펌프별 자동·수동 전환스위치 정상위치에 있는지 여부

100 준비작동식 스프링클러설비의 유지관리에 관한 사항이다. 다음 각 물음에 답하시오.

(1) 교차회로 감지기 동작 후 준비작동식밸브 연동 시 동작불량일 때 조치사항 3가지를 쓰시오.

풀이&답

① 전자밸브(솔레노이드밸브) 전압 측정하여 24V일 경우 기구교체
② 전자밸브(솔레노이드밸브) 전압 측정하여 0V일 경우 선로 보수
③ 준비작동식밸브 전면부 탈착하여 이물질 제거 및 청소 실시

(2) 다음의 항목별 원인 및 조치사항을 쓰시오.

항목	원인	조치사항
밸브개방 표시등 미점등		
솔레노이드밸브 복구 불가 (복구가 안 되고 계속 동작할 경우)		
세팅밸브 개방 시 중간챔버실 소화수 유입 불량		
압력스위치 동작 후 제어반에 미확인		
제어반 내 알람밸브 개방 등 점등 시 음향장치 미경보		

풀이&답

항목	원인	조치사항
밸브개방 표시등 미점등	준비작동식밸브 동작 시 압력스위치 미동작(압력스위치 선로전압 정상)	압력스위치로 연결된 배관 내 이물질로 막힘 여부 확인
솔레노이드밸브 복구 불가 (복구가 안되고 계속 동작할 경우)	제어반 내 지속적인 화재신호 입력	제어반에서 전자밸브 연동 정지 및 화재 복구 실시 • 수동복구 타입 : 버튼 누른 후 전자밸브 레버 동작 • 자동복구 타입 : 제어반에서 화재복구 여부 확인
세팅밸브 개방 시 중간챔버실 소화수 유입 불량	1차측 소화배관 내 유지압력 저하	펌프양정 확인하여 정격압력 이상으로 배관 내 소화수 압력유지 요함
압력스위치 동작 후 제어반에 미확인	압력스위치 접점 단락 시 제어반에 신호 미전달	압력스위치 결선 된 선로 전압 확인(약 24V) • 압력스위치 선로 전압 0V 단선 보수 • 선로 전압 정상 시 압력스위치 기구 교체
제어반 내 알람밸브 개방 등 점등 시 음향장치 미경보	선로 단락 여부 확인	음향장치(싸이렌) 결선 된 선로 전압 확인 (약 24V) • 싸이렌 선로 전압 0V 단선 보수 • 선로 전압 정상 시 싸이렌 기구 교체

101 캐비닛형 간이스프링클러설비에서 아래와 같은 현상이 발생할 때, 확인사항을 쓰시오.

현상	확인사항
캐비닛 제어반에 예비전원 점등	
시험밸브 개방 시 소화펌프 작동 안될 때	
캐비닛 제어반에 탬퍼스위치 점등	
캐비닛 동작 시 건물 내 화재수신기 신호 미전달	
시험밸브 동작 시 캐비닛형 제어반에 압력스위치 및 펌프 미동작	
캐비닛 압력스위치 동작 또는 펌프 동작 시 음향장치 미경보	
헤드 함몰 및 고정상태 불량 확인 (외관점검 시)	

풀이&답

현상	확인사항
캐비닛 제어반에 예비전원 점등	캐비닛 내부 배터리 연결상태 확인 및 전압상태 확인
시험밸브 개방 시 소화펌프 작동 안될 때	소화펌프 연결여부 확인 또는 모터쪽 전원 투입여부 확인
캐비닛 제어반에 탬퍼스위치 점등	캐비닛 토출측 배관에 설치된 개폐밸브 개방여부 확인 (밸브가 정상적으로 개방되어 있으면 탬퍼스위치 접점 조치)
캐비닛 동작 시 건물 내 화재수신기 신호 미전달	제어반 내부 수신기 단자 또는 화재연동 단자에 결선여부 확인
시험밸브 동작 시 캐비닛형 제어반에 압력스위치 및 펌프 미동작	압력스위치 설정압력 확인 및 제어반 내 결선여부 확인 (일반적으로 압력스위치 동작압력은 설정상태, 현장에 맞게 조정가능)
캐비닛 압력스위치 동작 또는 펌프 동작 시 음향장치 미경보	사이렌 결선 회로전압 24V 인가되는지 확인(전압 정상 시 기구 교체) 선로 단선 시 : 캐비닛 제어반 내부 사이렌 단자 결선여부 확인
헤드 함몰 및 고정상태 불량 확인 (외관점검 시)	반자 상부 헤드 고정장치(브라켓) 확인

05 물분무소화설비의 점검

01 물분무소화설비에 대한 다음의 물음에 답하시오.
(1) 물분무헤드의 종류 5가지를 쓰고 설명하시오.
(2) 물분무소화설비의 설계목적
(3) 물분무소화설비의 소화작용
(4) 물분무헤드의 정의

(1) 물분무헤드의 종류
  ① 충돌형 : 유수와 유수의 충돌에 의해 미세한 물방울을 만드는 물분무헤드
  ② 분사형 : 소구경의 오리피스로부터 고압으로 분사하여 미세한 물방울을 만드는 물분무헤드
  ③ 선회류형 : 선회류에 의해 확산방출 하든가 선회류와 직선류의 충돌에 의해 확산 방출하여 미세한 물방울로 만드는 물분무헤드
  ④ 디프렉타형 : 수류를 살수판에 충돌하여 미세한 물방울을 만드는 물분무헤드
  ⑤ 슬리트형 : 수류를 슬리트에 의해 방출하여 수막상의 분무를 만드는 물분무헤드

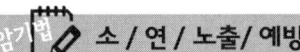 충 / 분 / 선 / 디 / 슬

(2) 설계목적
  ① 소화   ② 연소의 제어
  ③ 화재의 예방   ④ 노출부분의 방호

소 / 연 / 노출 / 예방

(3) 소화작용
  ① 질식작용   ② 냉각작용
  ③ 유화작용   ④ 희석작용

질 / 냉 / 유 / 희

(4) 물분무헤드의 정의 : 화재 시 직선류 또는 나선류의 물을 충돌·확산시켜 미립상태로 분무함으로서 소화하는 헤드

 물분무소화설비의 특징

구 분		특 징
유수검지장치의 종류		일제개방밸브
배관의 압력상태	1차측	가압수
	2차측	대기압
사용헤드		물분무헤드
감지기의 유무		유

02 물분무소화설비의 화재발생부터 소화까지의 블록 다이아그램(작동순서도)를 그리시오.

[풀이&답]

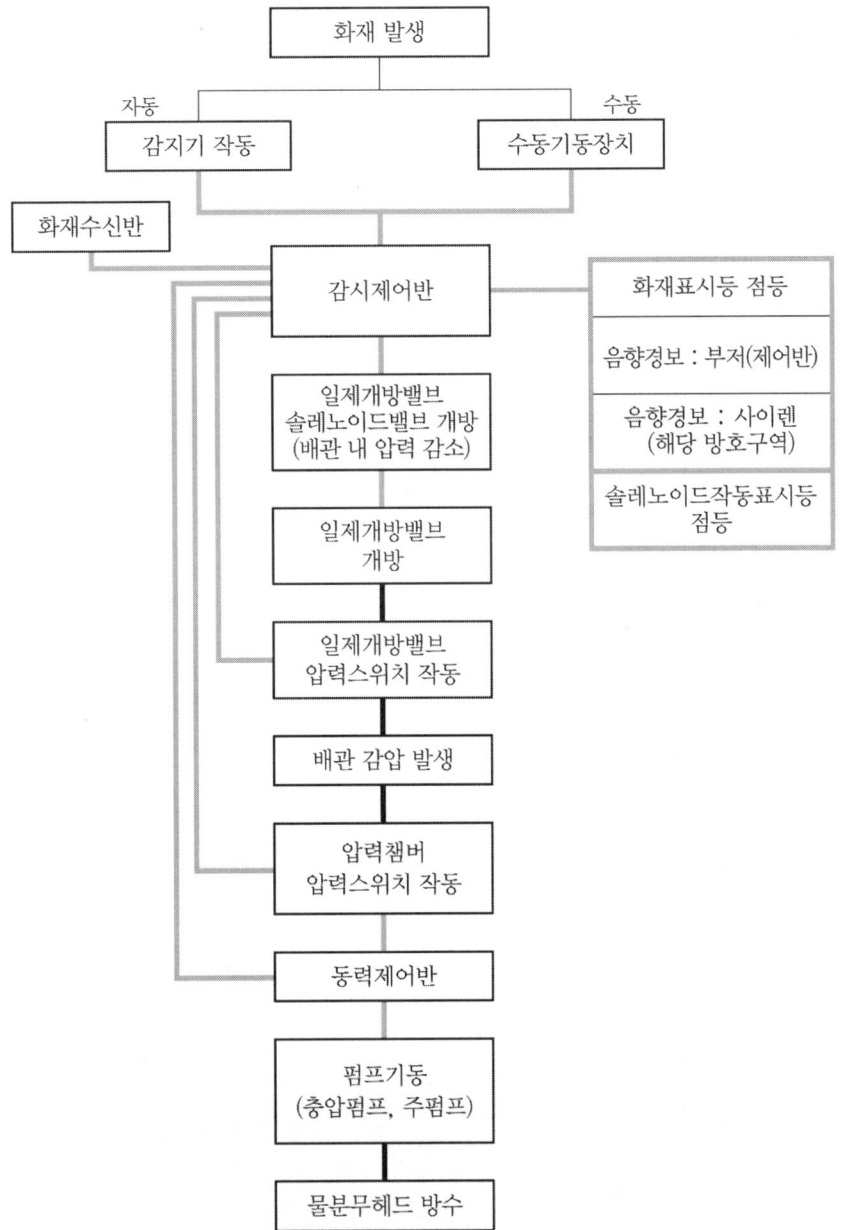

03 물분무소화설비를 점검하는 방법에 대하여 설명하시오.
(1) 점검 전 안전조치
(2) 점검순서 및 동작확인
(3) 점검 후 복구방법

풀이&답

(1) 점검 전 안전조치
　① 감시제어반에서 연동되는 설비의 정지
　② 감시제어반에서 음향장치의 정지
　③ 2차측 개폐밸브의 폐쇄
　④ 일제개방밸브의 배수밸브 개방

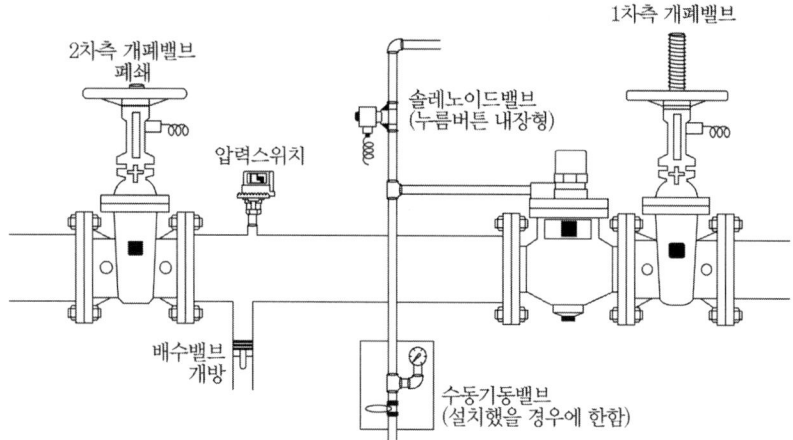

(2) 점검순서 및 작동확인
　① 일제개방밸브를 개방

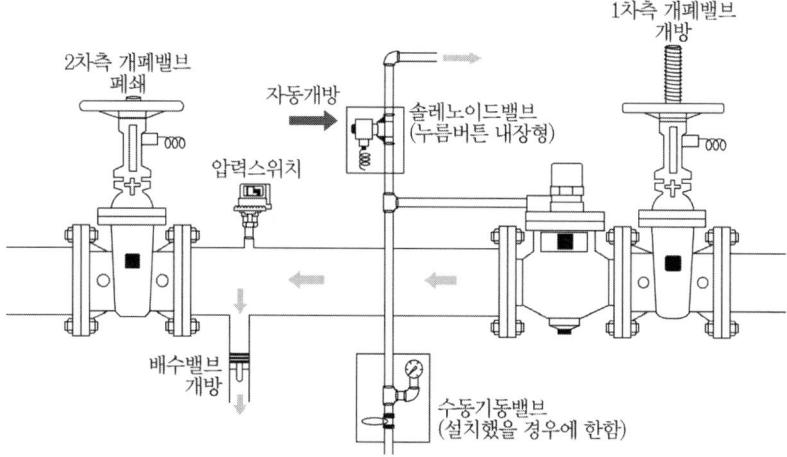

　　• 수동조작함의 기동스위치 작동
　　• 방호구역내 교차회로 감지기 작동 또는 복합형감지기의 경우 1개회로 작동
　　• 감시제어반에서 작동시험스위치와 회로선택스위치로 감지기 A, B 작동
　　• 감시제어반에서 수동기동스위치로 작동 중 1가지 선택
　② 작동확인
　　• 감시제어반 화재표시등 점등
　　• 해당 방호구역의 감지기 A, B 작동표시등 점등
　　• 해당 방호구역의 사이렌 명동

- 감시제어반 주음향장치 경보 확인
- 펌프 자동기동 확인
- 밸브개방 표시등 점등 확인

(3) 점검 후 복구방법

① 펌프정지 및 감시제어반 복구
- 소화수 방출 확인 후 펌프를 정지
- 펌프 수동정지
- 일제개방밸브 1차측 개폐밸브 폐쇄
- 알람밸브 자동복구
- 감시제어반 복구

② 개방된 배수밸브를 통해 소화수를 완전배수

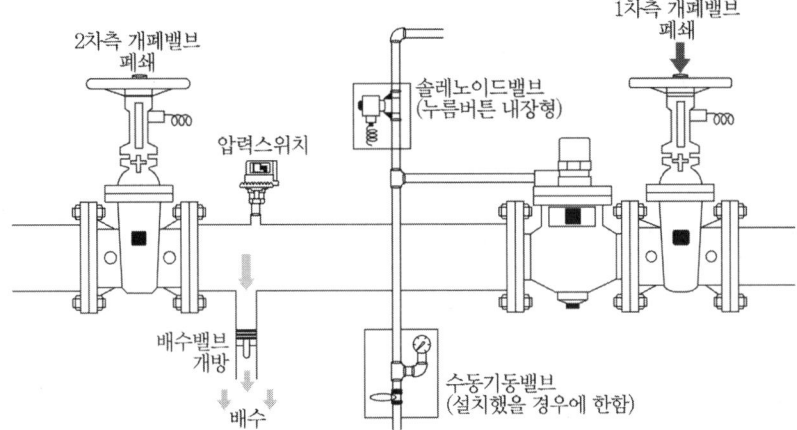

③ 개방된 일제개방밸브 복구
- 2차측 개폐밸브 인근에 설치된 배수밸브 폐쇄
- 개방된 솔레노이드밸브 복구

④ 2차측 개폐밸브 개방

솔레노이드밸브의 종류 및 특성		
자동복구형		감시제어반에서 복구스위치를 누르면 자동복구
수동복구형		솔레노이드밸브 상단의 수동복구 버튼을 눌렀을 때 복구
수동복구형 (전동밸브)		감시제어반에서 복구스위치를 누른 후 전동볼밸브 본체 누름버튼을 누른상태에서 레버를 시계방향으로 회전시켜 복구

04 금속분 마그네슘 화재가 발생하였을 때 다음 각 물음에 답하시오.
　(1) 이산화탄소를 방사하였을 때 반응식과 적응성이 없는 이유를 설명하시오.
　(2) 물분무를 방사하였을 때 반응식과 적응성이 없는 이유를 설명하시오.
　(3) 드라이 파우더라고도 하며, 금속분 화재에 적응성이 있는 소화약제의 명칭을 쓰시오.

[풀이&답]
　(1) 이산화탄소를 방사하였을 때 반응식과 적응성이 없는 이유
　　① 반응식 : $2Mg + CO_2 \rightarrow 2MgO + C$
　　② 적응성이 없는 이유 : 이산화탄소가 마그네슘과 반응하여 탄소를 발생시켜 폭발적으로 연소가 확대
　(2) 물분무를 방사하였을 때 반응식과 적응성이 없는 이유
　　① 반응식 : $Mg + 2H_2O \rightarrow Mg(OH)_2 + H_2$
　　② 적응성이 없는 이유 : 물이 마그네슘과 반응하여 수소를 발생시켜 폭발
　(3) 금속분 화재에 적응성이 있는 소화약제의 명칭
　　금속화재용 소화약제(dry compound extinguishing agent)

---

05 물분무소화설비 점검표상 수조의 점검항목을 쓰시오.

[풀이&답]
- **동결방지조치** 상태 적정 여부
- **수위계** 설치 또는 수위 확인 가능 여부
- 수조 외측 **고정사다리** 설치 여부(바닥보다 낮은 경우 제외)
- 실내설치 시 **조명설비** 설치 여부
- "물분무소화설비용 수조" **표지** 설치상태 적정 여부
- 다른 소화설비와 **겸용** 시 겸용설비의 이름 표시한 표지설치 여부
- **수조-수직배관** 접속부분 "물분무소화설비용 배관" 표지설치 여부

---

06 물분무소화설비 점검표상 가압송수장치[펌프방식]의 점검항목을 쓰시오.

[풀이&답]
- **동결방지조치** 상태 적정 여부
- **성능시험배관**을 통한 펌프 성능시험 적정 여부
- 다른 소화설비와 **겸용**인 경우 펌프 성능 확보 가능 여부
- 펌프 흡입측 **연성계·진공계** 및 토출측 **압력계** 등 부속장치의 변형·손상 유무
- **기동장치** 적정 설치 및 기동압력 설정 적정 여부
- **물올림장치** 설치 적정(전용 여부, 유효수량, 배관구경, 자동급수) 여부
- **충압펌프** 설치 적정(토출압력, 정격토출량) 여부
- **내연기관 방식**의 펌프 설치 적정(정상기동(기동장치 및 제어반) 여부, 축전지 상태, 연료량) 여부
- 가압송수장치의 "물분무소화설비펌프" **표지설치** 여부 또는 다른 소화설비와 겸용 시 겸용설비 이름 표시 부착 여부

---

07 물분무소화설비 점검표상 다음 가압송수장치의 점검항목을 쓰시오.
　(1) 고가수조방식
　(2) 압력수조방식
　(3) 가압수조방식

풀이&답
(1) 고가수조방식
- 수위계·배수관·급수관·오버플로우관·맨홀 등 부속장치의 변형·손상 유무

(2) 압력수조방식
- 압력수조의 압력 적정 여부
- 수위계·급수관·급기관·압력계·안전장치·공기압축기 등 부속장치의 변형·손상 유무

(3) 가압수조방식
- 가압수조 및 가압원 설치장소의 방화구획 여부
- 수위계·급수관·배수관·급기관·압력계 등 부속장치의 변형·손상 유무

08 물분무소화설비 점검표상 기동장치의 점검항목을 쓰시오.

풀이&답
- 수동식 기동장치 조작에 따른 **가압송수장치 및 개방밸브** 정상 작동 여부
- 수동식 기동장치 인근 "기동장치" **표지설치** 여부
- 자동식 기동장치는 **화재감지기의 작동 및 헤드 개방과 연동**하여 경보를 발하고, 가압송수장치 및 개방밸브 정상 작동 여부

09 물분무소화설비 점검표상 제어밸브 등의 점검항목을 쓰시오.

풀이&답
- 제어밸브 설치 **위치(높이)** 적정 및 "**제어밸브**" **표지** 설치 여부
- 자동개방밸브 및 수동식 개방밸브 **설치위치(높이)** 적정 여부
- 자동개방밸브 및 수동식 개방밸브 **시험장치** 설치 여부

10 물분무소화설비 점검표상 물분무헤드의 점검항목을 쓰시오.

풀이&답
- 헤드의 **변형·손상** 유무
- 헤드 설치 **위치 · 장소 · 상태(고정)** 적정 여부
- 전기절연 확보 위한 **전기기기와 헤드 간 거리** 적정 여부

11 물분무소화설비 점검표상 배관 등의 점검항목을 쓰시오.

풀이&답
- 펌프의 흡입측 배관 **여과장치**의 상태 확인
- **성능시험배관** 설치(개폐밸브, 유량조절밸브, 유량측정장치) 적정 여부
- **순환배관** 설치(설치위치·배관구경, 릴리프밸브 개방압력) 적정 여부
- **동결방지조치** 상태 적정 여부
- 급수배관 **개폐밸브** 설치(개폐표시형, 흡입측 버터플라이 제외) 및 작동표시스위치 적정(제어반 표시 및 경보, 스위치 동작 및 도통시험) 여부
- 다른 설비의 배관과의 **구분 상태** 적정 여부

12 물분무소화설비 점검표상 송수구의 점검항목을 쓰시오.

풀이&답
- **설치장소** 적정 여부
- 연결배관에 **개폐밸브**를 설치한 경우 개폐상태 확인 및 조작가능 여부
- 송수구 설치 **높이 및 구경** 적정 여부
- **송수압력범위** 표시 표지 설치 여부
- 송수구 **설치 개수** 적정 여부
- **자동배수밸브(또는 배수공)·체크밸브** 설치 여부 및 설치 상태 적정 여부
- 송수구 **마개** 설치 여부

13 물분무소화설비 점검표상 제어반[감시제어반, 동력제어반, 발전기제어반]의 점검항목을 쓰시오.

풀이&답
[감시제어반]
- 펌프 작동 여부 확인 **표시등 및 음향경보장치** 정상작동 여부
- 펌프 별 **자동·수동 전환스위치** 정상작동 여부
- 펌프 별 **수동기동 및 수동중단** 기능 정상작동 여부
- **상용전원 및 비상전원** 공급 확인 가능 여부(비상전원 있는 경우)
- 수조·물올림탱크 **저수위 표시등 및 음향경보장치** 정상작동 여부
- 각 확인회로 별 **도통시험 및 작동시험** 정상작동 여부
- **예비전원** 확보 유무 및 시험 적합 여부
- 감시제어반 **전용실** 적정 설치 및 관리 여부
- 기계·기구 또는 시설 등 **제어 및 감시설비** 외 설치 여부

[동력제어반]
- 앞면은 적색으로 하고, "물분무소화설비용 동력제어반" 표지 설치 여부

[발전기제어반]
- 소방전원보존형발전기는 이를 식별할 수 있는 표지 설치 여부

14 물분무소화설비 점검표상 전원의 점검항목을 쓰시오.

풀이&답
- 대상물 **수전방식**에 따른 상용전원 적정 여부
- 비상전원 **설치장소** 적정 및 관리 여부
- 자가발전설비인 경우 **연료 적정량** 보유 여부
- 자가발전설비인 경우「전기사업법」에 따른 **정기점검** 결과 확인

15 다음은 물분무소화설비의 일제개방밸브 개방 불량 원인이다. 원인별 조치사항을 쓰시오.

원인	조치사항
일제개방밸브 중간챔버 감압이 안됨으로 인한 개방 불량	
배수배관의 막힘으로 인한 개방 불량	
조절볼트 미복구에 의한 개방 불량	
일제개방밸브 클래퍼 고착에 의한 개방 불량	
일제개방밸브 1차측 개폐밸브 폐쇄	

풀이&답

원인	조치사항
일제개방밸브 중간챔버 감압이 안됨으로 인한 개방 불량	• 전자밸브(솔레노이드밸브) 전압 측정하여 23±0.2V일 경우 기구 교체 • 전자밸브(솔레노이드밸브) 전압 측정하여 0V일 경우 선로 보수 • 전자밸브(솔레노이드밸브) 전압 극성이 바뀐 경우 (+ → −, − → +) 결선 보수
배수배관의 막힘으로 인한 개방 불량	세팅배관 분리 후 이물질 제거 및 청소 실시
조절볼트 미복구에 의한 개방 불량	일제개방밸브 조절볼트 원상복구 후 유지관리
일제개방밸브 클래퍼 고착에 의한 개방 불량	일제개방밸브 전면부 탈착하여 이물질 제거 및 청소 실시
일제개방밸브 1차측 개폐밸브 폐쇄	일제개방밸브 1차측 개폐밸브 상시 개방 유지관리

06 미분무소화설비의 점검

01 소화설비용헤드 성능인증 및 제품검사의 기술기준에서 규정한 미분무헤드의 정수압력 시험 방법 3가지를 쓰시오.

풀이&답
폐쇄형 헤드는 다음 각 호에 따라 시험하는 경우 물이 새거나 기포가 생기지 않아야 한다.
1. 오리피스를 막고 있는 부위 등을 잘 세척할 것
2. 정수압시험기에 헤드를 설치하고 잔류공기를 제거하여 수압이 헤드에 직접 가압되도록 할 것
3. 최대설계압력의 2배에 해당하는 정수압력을 5분간 가하면서 누설여부를 검사할 것

02 소화설비용헤드 성능인증 및 제품검사의 기술기준에서 규정한 미분무헤드의 장기누수 시험 방법 2가지를 쓰시오.

풀이&답
1. 폐쇄형 헤드는 30일 동안 최대설계압력의 2배에 해당하는 정수압력을 가하는 경우 누수·균열 또는 기계적 손상이 없어야 한다.
2. 시험기간 중 7일 간격으로 누수여부를 확인하여야 하며, 30일이 지난 후에 제32조(정수압시험)에 따라 시험을 하는 경우 이에 적합해야 한다.

03 소화설비용헤드 성능인증 및 제품검사의 기술기준에서 규정한 미분무헤드의 표시온도에 따른 색표시(폐쇄형 헤드에 한함)를 나타낸 표이다. 표의 빈칸의 번호에 알맞은 용어를 답안지에 쓰시오.

유리벌브형		퓨지블링크형	
표시온도[℃]	액체의 색별	표시온도[℃]	후레임의 색별
57[℃]	①	77[℃] 미만	⑧
68[℃]	②	78[℃]~120[℃]	⑨
79[℃]	③	121[℃]~162[℃]	⑩
93[℃]	④	163[℃]~203[℃]	⑪
141[℃]	⑤	204[℃]~259[℃]	⑫
182[℃]	⑥	260[℃]~319[℃]	⑬
227[℃]이상	⑦	320[℃] 이상	⑭

풀이&답
① 오렌지 ② 빨강 ③ 노랑 ④ 초록 ⑤ 파랑
⑥ 연한자주 ⑦ 검정 ⑧ 색 표시 안함 ⑨ 흰색 ⑩ 파랑
⑪ 빨강 ⑫ 초록 ⑬ 오렌지 ⑭ 검정

04 미분무소화설비 점검표상 수원의 점검항목을 쓰시오.

풀이&답
- 수원의 **수질 및 필터**(또는 스트레이너) 설치 여부
- 주배관 **유입측 필터**(또는 스트레이너) 설치 여부

- 수원의 **유효수량** 적정 여부
- **첨가제의 양** 산정 적정 여부(첨가제를 사용한 경우)

05 미분무소화설비 점검표상 수조의 점검항목을 쓰시오.

풀이&답
- **전용 수조** 사용 여부
- **동결방지조치** 상태 적정 여부
- **수위계** 설치 또는 수위 확인 가능 여부
- 수조 외측 **고정사다리** 설치 여부(바닥보다 낮은 경우 제외)
- 실내설치 시 **조명설비** 설치 여부
- "미분무설비용 수조" **표지** 설치상태 적정 여부
- **수조-수직배관** 접속부분 "미분무설비용 배관" 표지설치 여부

06 미분무소화설비 점검표상 가압송수장치[펌프방식]의 점검항목을 쓰시오.

풀이&답
- **동결방지조치** 상태 적정 여부
- **전용 펌프** 사용 여부
- 펌프 토출측 **압력계** 등 부속장치의 변형·손상 유무
- **성능시험배관**을 통한 펌프 성능시험 적정 여부
- **내연기관 방식**의 펌프 설치 적정(정상기동(기동장치 및 제어반) 여부, 축전지 상태, 연료량) 여부
- 가압송수장치의 "미분무펌프" 등 **표지설치** 여부

07 미분무소화설비 점검표상 가압송수장치[압력수조방식]의 점검항목을 쓰시오.

풀이&답
- **동결방지조치** 상태 적정 여부
- **전용** 압력수조 사용 여부
- 압력수조의 **압력 적정** 여부
- 수위계·급수관·급기관·압력계·안전장치·공기압축기 등 **부속장치**의 변형·손상 유무
- 압력수조 토출측 **압력계** 설치 및 적정 범위 여부
- **작동장치** 구조 및 기능 적정 여부

08 미분무소화설비 점검표상 가압송수장치[가압수조방식]의 점검항목을 쓰시오.

풀이&답
- **전용** 가압수조 사용 여부
- 가압수조 및 가압원 설치장소의 **방화구획** 여부
- 수위계·급수관·배수관·급기관·압력계 등 **구성품**의 변형·손상 유무

09 미분무소화설비 점검표상 배관 등의 점검항목을 쓰시오.

풀이&답
- 급수배관 **개폐밸브** 설치(개폐표시형, 흡입측 버터플라이 제외) 및 작동표시스위치 적정(제어반 표시 및 경보, 스위치 동작 및 도통시험) 여부
- **성능시험배관** 설치(개폐밸브, 유량조절밸브, 유량측정장치) 적정 여부

- **동결방지조치** 상태 적정 여부
- **유수검지장치** 시험장치 설치 적정(설치위치, 배관구경, 개폐밸브 및 개방형 헤드, 물받이 통 및 배수관) 여부
- **주차장**에 설치된 미분무소화설비 방식 적정(습식 외의 방식) 여부
- 다른 설비의 배관과의 **구분 상태** 적정 여부

10 미분무소화설비 점검표상 배관 등[호스릴 방식]의 점검항목을 쓰시오.

풀이&답
- 방호대상물 각 부분으로부터 호스접결구까지 **수평거리** 적정 여부
- 소화약제저장용기의 **위치표시등** 정상 점등 및 표지 설치 여부

11 미분무소화설비 점검표상 음향장치의 점검항목을 쓰시오.

풀이&답
- **유수검지**에 따른 음향장치 작동 가능 여부
- **개방형 미분무설비**는 감지기 작동에 따라 음향장치 작동 여부
- 음향장치 설치 **담당구역 및 수평거리** 적정 여부
- 주 음향장치 **수신기 내부 또는 직근** 설치 여부
- **우선경보방식**에 따른 경보 적정 여부
- 음향장치(경종 등) **변형·손상** 확인 및 정상 작동(음량 포함) 여부
- **발신기**(설치높이, 설치거리, 표시등) 설치 적정 여부

12 미분무소화설비 점검표상 헤드의 점검항목을 쓰시오.

풀이&답
- 헤드 설치 **위치·장소·상태**(고정) 적정 여부
- 헤드의 **변형·손상** 유무
- 헤드 **살수장애** 여부

13 미분무소화설비 점검표상 전원의 점검항목을 쓰시오.

풀이&답
- 대상물 **수전방식**에 따른 상용전원 적정 여부
- 비상전원 **설치장소** 적정 및 관리 여부
- 자가발전설비인 경우 **연료 적정량** 보유 여부
- 자가발전설비인 경우 「전기사업법」에 따른 **정기점검** 결과 확인

14 미분무소화설비 점검표상 제어반[감시제어반, 동력제어반, 발전기제어반]의 점검항목을 쓰시오.

풀이&답
[감시제어반]
- 펌프 작동 여부 확인 **표시등 및 음향경보장치** 정상작동 여부
- 펌프 별 **자동·수동 전환스위치** 정상작동 여부
- 펌프 별 **수동기동 및 수동중단** 기능 정상작동 여부
- **상용전원 및 비상전원** 공급 확인 가능 여부(비상전원 있는 경우)

- 수조 · 물올림탱크 **저수위 표시등 및 음향경보장치** 정상작동 여부
- 각 확인회로 별 **도통시험 및 작동시험** 정상작동 여부
- **예비전원** 확보 유무 및 시험 적합 여부
- 감시제어반 **전용실** 적정 설치 및 관리 여부
- 기계 · 기구 또는 시설 등 **제어 및 감시설비** 외 설치 여부
- 감시제어반과 수신기 간 **상호 연동** 여부(별도로 설치된 경우)

[동력제어반]
- 앞면은 적색으로 하고, "미분무소화설비용 동력제어반" 표지 설치 여부

[발전기제어반]
- 소방전원보존형발전기는 이를 식별할 수 있는 표지 설치 여부

15 미분무소화설비의 스트레이너 청소방법에 대하여 설명하시오.
(1) Y형 스트레이너
(2) T형 스트레이너

(1) Y형 스트레이너
- Y-스트레이너 IN, OUT 밸브 잠금
- 볼트캡 및 여과망 분리
- 여과망 청소
- 볼트캡 및 여과망 재조립
- Y-스트레이너 IN, OUT 밸브개방

(2) T형 스트레이너
- T-스트레이너 IN, OUT 밸브 개방상태
- 볼밸브를 약 5초간 ON, OFF 작동
- T-스트레이너 자동청소

출처_소방시설등 점검·관리 매뉴얼

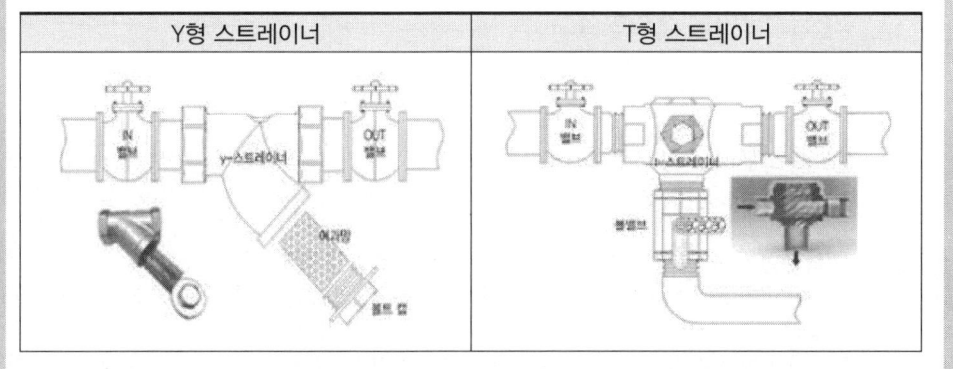

07 포소화설비의 점검

01 포소화설비에서 공기포소화약제의 종류 5가지를 쓰시오.

풀이&답
1. 단백포   2. 불화단백포
3. 수성막포   4. 합성계면활성제포
5. 내알코올포

02 포소화설비에서 사용하는 포헤드와 포워터스프링클러헤드의 주수형태와 포 디플렉터의 유무를 설명하시오.

구 분	주수형태	포 디플렉터의 유무

풀이&답

구 분	주수형태	포 디플렉터의 유무
포헤드	무상주수	무
포워터스프링클러헤드	적상주수	유

03 포소화약제 혼합장치 등의 성능인증 및 제품검사의 기술기준에서 정하고 있는 아래의 용어 정의를 쓰시오.

(1) 압축공기포 :

(2) 압축공기포 혼합방식 :

(3) 압축공기포 혼합장치 :

(4) 공기포비 :

(5) 습식포 :

(6) 건식포 :

풀이&답
(1) 압축공기포 : 포수용액에 압축공기 또는 질소가 혼합된 것
(2) 압축공기포 혼합방식 : 포수용액에 가압원으로 압축된 공기 또는 질소를 일정비율로 혼합하는 방식
(3) 압축공기포 혼합장치 : 포수용액에 압축공기 또는 질소를 연속적으로 혼합하여 공기포를 토출하는 장치
(4) 공기포비 : 포수용액과 가압공기를 혼합한 경우의 비율(포수용액의 양에 대한 공급공기량을 배수로 표시한 것)
(5) 습식포 : 공기포비가 10배 이하의 압축공기포
(6) 건식포 : 공기포비가 10배를 초과하는 압축공기포

04
아래의 그림을 참조하여 포소화약제 저장탱크 내 약제 보충시 조작순서에 대하여 설명하시오.

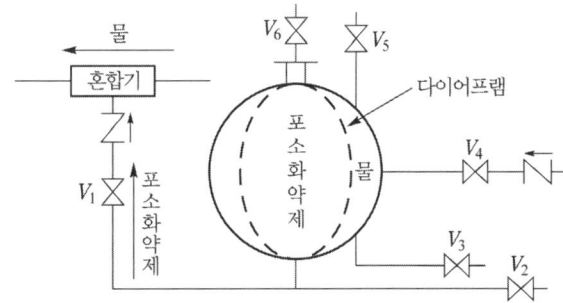

풀이&답
① V_1, V_4를 폐쇄시킨다.
② V_3, V_5를 개방하여 저장탱크 내의 물을 배수한다.
③ V_6를 개방한다.
④ V_2에 포소화약제 송액장치(주입장치)를 접속시킨다.
⑤ V_2를 개방하여 서서히 포소화약제를 주입(송액)시킨다.
⑥ 포소화약제가 보충되었을 때 V_2, V_3를 폐쇄한다.
⑦ 본 소화설비용 펌프를 기동한다.
⑧ V_4를 서서히 개방하면서 저장탱크 내를 가압하여 V_5, V_6로부터 공기를 뺀 후(제거) V_5, V_6를 폐쇄하여 소화펌프를 정지시킨다.
⑨ V_1를 개방한다.

05
포소화설비 점검표상 수조의 점검항목을 쓰시오.

풀이&답
- **동결방지조치** 상태 적정 여부
- **수위계** 설치 또는 수위 확인 가능 여부
- 수조 외측 **고정사다리** 설치 여부(바닥보다 낮은 경우 제외)
- 실내설치 시 **조명설비** 설치 여부
- "포소화설비용 수조" **표지설치** 여부 및 설치 상태
- 다른 소화설비와 **겸용** 시 겸용설비의 이름 표시한 표지설치 여부
- **수조-수직배관** 접속부분 "포소화설비용 배관" 표지설치 여부

06
포소화설비 점검표상 가압송수장치의 점검항목을 쓰시오.

풀이&답
[펌프방식]
- **동결방지조치** 상태 적정 여부
- **성능시험배관**을 통한 펌프 성능시험 적정 여부
- 다른 소화설비와 **겸용**인 경우 펌프 성능 확보 가능 여부
- 펌프 흡입측 **연성계·진공계** 및 토출측 **압력계** 등 부속장치의 변형·손상 유무
- **기동장치** 적정 설치 및 기동압력 설정 적정 여부
- **물올림장치** 설치 적정(전용 여부, 유효수량, 배관구경, 자동급수) 여부
- **충압펌프** 설치 적정(토출압력, 정격토출량) 여부

○ **내연기관 방식**의 펌프 설치 적정(정상기동(기동장치 및 제어반) 여부, 축전지 상태, 연료량) 여부
○ 가압송수장치의 "포소화설비펌프" **표지설치** 여부 또는 다른 소화설비와 겸용 시 겸용설비 이름 표시 부착 여부

[고가수조방식]
  ○ 수위계·배수관·급수관·오버플로우관·맨홀 등 부속장치의 변형·손상 유무

[압력수조방식]
  ○ 압력수조의 압력 적정 여부
  ○ 수위계·급수관·급기관·압력계·안전장치·공기압축기 등 부속장치의 변형·손상 유무

[가압수조방식]
  ○ 가압수조 및 가압원 설치장소의 방화구획 여부
  ○ 수위계·급수관·배수관·급기관·압력계 등 부속장치의 변형·손상 유무

07 포소화설비 점검표상 배관 등의 점검항목을 쓰시오.

[풀이&답]
○ **송액관 기울기 및 배액밸브** 설치 적정 여부
○ 펌프의 흡입측 배관 **여과장치**의 상태 확인
○ **성능시험배관** 설치(개폐밸브, 유량조절밸브, 유량측정장치) 적정 여부
○ **순환배관** 설치(설치위치·배관구경, 릴리프밸브 개방압력) 적정 여부
○ **동결방지조치** 상태 적정 여부
○ 급수배관 **개폐밸브** 설치(개폐표시형, 흡입측 버터플라이 제외) 적정 여부
○ 급수배관 개폐밸브 **작동표시스위치** 설치 적정(제어반 표시 및 경보, 스위치 동작 및 도통시험, 전기배선 종류) 여부
○ 다른 설비의 배관과의 **구분 상태** 적정 여부

08 포소화설비 점검표상 송수구의 점검항목을 쓰시오.

[풀이&답]
○ **설치장소 적정** 여부
○ 연결배관에 **개폐밸브**를 설치한 경우 개폐상태 확인 및 조작가능 여부
○ 송수구 설치 **높이 및 구경** 적정 여부
○ **송수압력범위** 표시 표지 설치 여부
○ 송수구 **설치 개수** 적정 여부
○ **자동배수밸브(또는 배수공)·체크밸브** 설치 여부 및 설치 상태 적정 여부
○ 송수구 **마개** 설치 여부

09 포소화설비 점검표상 저장탱크의 점검항목을 쓰시오.

[풀이&답]
○ **포약제 변질** 여부
○ **액면계 또는 계량봉** 설치상태 및 저장량 적정 여부
○ **그라스게이지** 설치 여부(가압식이 아닌 경우)
○ 포소화약제 **저장량**의 적정 여부

10 포소화설비 점검표상 개방밸브의 점검항목을 쓰시오.

[풀이&답]
- 자동 개방밸브 설치 및 화재감지장치의 작동에 따라 자동으로 개방되는지 여부
- 수동식 개방밸브 적정 설치 및 작동 여부

11 포소화설비 점검표상 기동장치[수동식 기동장치, 자동식 기동장치]의 점검항목을 쓰시오.

[풀이&답]
[수동식 기동장치]
- **직접·원격조작** 가압송수장치·수동식개방밸브·소화약제혼합장치 기동 여부
- 기동장치 **조작부의 접근성** 확보, 설치 높이, 보호장치 설치 적정 여부
- 기동장치 조작부 및 호스접결구 인근 "기동장치의 조작부" 및 "접결구" **표지설치** 여부
- 수동식 기동장치 **설치개수** 적정 여부

[자동식 기동장치]
- **화재감지기 또는 폐쇄형 스프링클러헤드의 개방**과 연동하여 가압송수장치·일제개방밸브 및 포소화약제 혼합장치 기동 여부
- **폐쇄형 스프링클러헤드** 설치 적정 여부
- **화재감지기 및 발신기** 설치 적정 여부
- **동결우려 장소** 자동식기동장치 자동화재탐지설비 연동 여부

12 포소화설비 점검표상 기동장치[자동경보장치]의 점검항목을 쓰시오.

[풀이&답]
- 방사구역 마다 **발신부**(또는 층별 유수검지장치) 설치 여부
- 수신기는 **설치 장소** 및 헤드개방·감지기 작동 표시장치 설치 여부
- 2 이상 수신기 설치 시 수신기간 **상호 동시 통화** 가능 여부

13 포소화설비 점검표상 포헤드의 점검항목을 쓰시오.

[풀이&답]
- 헤드의 **변형·손상** 유무
- 헤드 **수량 및 위치** 적정 여부
- 헤드 **살수장애** 여부

14 포소화설비 점검표상 호스릴포소화설비 및 포소화전설비의 점검항목을 쓰시오.

[풀이&답]
- 방수구와 호스릴함 또는 호스함 사이의 **거리 적정** 여부
- 호스릴함 또는 호스함 설치 **높이, 표지 및 위치표시등** 설치 여부
- 방수구 설치 및 호스릴·호스 **길이** 적정 여부

15 포소화설비 점검표상 전역방출방식의 고발포용 고정포 방출구의 점검항목을 쓰시오.

[풀이&답]
- **개구부 자동폐쇄장치** 설치 여부
- 방호구역의 관포체적에 대한 **포수용액 방출량** 적정 여부
- 고정포방출구 설치 **개수 적정** 여부
- 고정포방출구 설치 **위치(높이) 적정** 여부

16 포소화설비 점검표상 국소방출방식의 고발포용 고정포 방출구의 점검항목을 쓰시오.

[풀이&답]
- 방호대상물 **범위 설정** 적정 여부
- 방호대상물별 방호면적에 대한 **포수용액 방출량** 적정 여부

17 포소화설비 점검표상 전원의 점검항목을 쓰시오.

[풀이&답]
- 대상물 **수전방식**에 따른 상용전원 적정 여부
- 비상전원 **설치장소 적정 및 관리** 여부
- 자가발전설비인 경우 **연료 적정량** 보유 여부
- 자가발전설비인 경우 「전기사업법」에 따른 **정기점검 결과** 확인

18 포소화설비 점검표상 제어반[감시제어반, 동력제어반, 발전기제어반]의 점검항목을 쓰시오.

[풀이&답]
[감시제어반]
- 펌프 작동 여부 확인 **표시등 및 음향경보장치** 정상작동 여부
- 펌프 별 **자동 · 수동 전환스위치** 정상작동 여부
- 펌프 별 **수동기동 및 수동중단** 기능 정상작동 여부
- **상용전원 및 비상전원** 공급 확인 가능 여부(비상전원 있는 경우)
- 수조 · 물올림탱크 **저수위 표시등 및 음향경보장치** 정상작동 여부
- 각 확인회로 별 **도통시험 및 작동시험** 정상작동 여부
- **예비전원** 확보 유무 및 시험 적합 여부
- 감시제어반 **전용실** 적정 설치 및 관리 여부
- 기계 · 기구 또는 시설 등 **제어 및 감시설비** 외 설치 여부

[동력제어반]
- 앞면은 적색으로 하고, "포소화설비용 동력제어반" 표지 설치 여부

[발전기제어반]
- 소방전원보존형발전기는 이를 식별할 수 있는 표지 설치 여부

08 이산화탄소소화설비의 점검

01 이산화탄소소화설비의 작동순서에 대하여 블록다이어그램을 완성하시오(단, 가스압력식이다.)

[풀이&답]

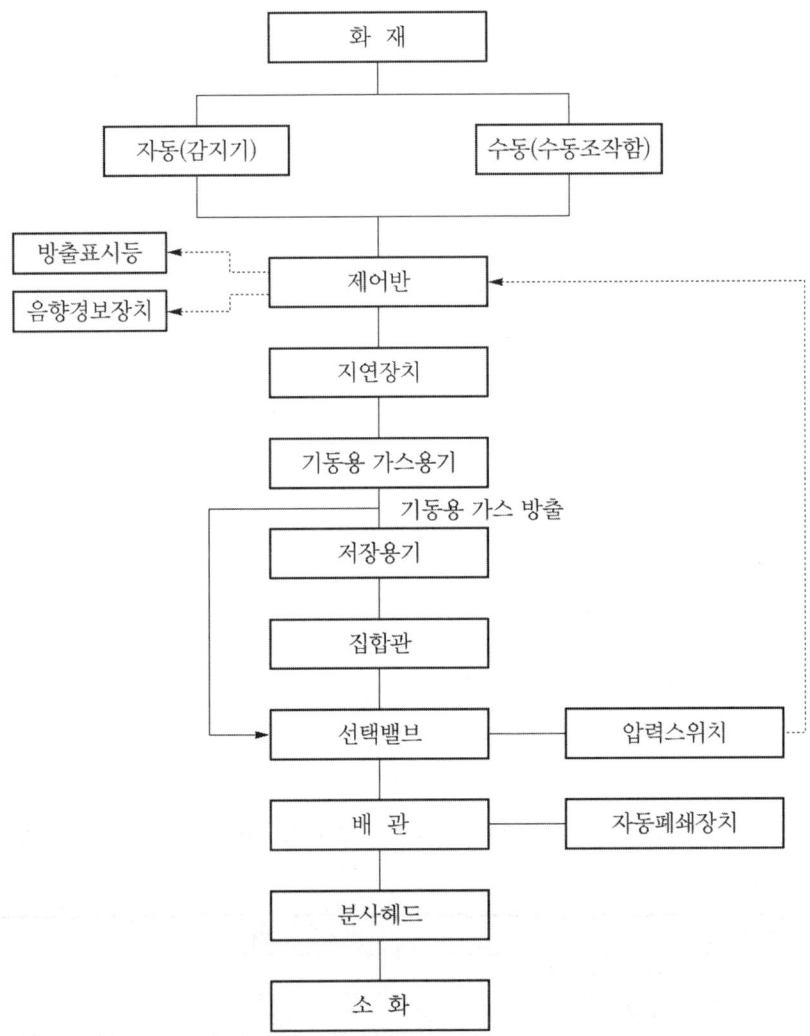

02 이산화탄소 소화설비의 소화약제 방출방식 3가지를 기술하시오.

[풀이&답]
① 전역방출방식
② 국소방출방식
③ 호스릴방식

03 다음은 저압식과 고압식의 이산화탄소 소화설비의 주요특징을 비교한 것이다. 표의 빈칸에 알맞은 답을 써 넣으시오.

구 분	고압식	저압식
충 전 비		
저장압력		
저장용기	68[L]/45[kg]	1.5~60[ton]/저장탱크 1대
압력배관용 탄소강관(Sch No)		
충 전	불편	편리
안전장치		
적용구역	소용량 방호구역	대용량 방호구역
냉동장치		
압력경보장치		

풀이&답

구 분	고압식	저압식
충 전 비	1.5이상 1.9이하	1.1이상 1.4이하
저장압력	6.0[MPa](20[℃] 기준)	2.1[MPa](-18[℃] 기준)
저장용기	68[L]/45[kg]	1.5~60[ton]/저장탱크 1대
압력배관용 탄소강관(Sch No)	80	40
충 전	불편	편리
안전장치	안전밸브	액면계, 압력계, 압력경보장치, 안전밸브, 봉판
적용구역	소용량 방호구역	대용량 방호구역
냉동장치	불필요	필요
압력경보장치	불필요	필요

04 이산화탄소 소화설비의 제어반에 있는 조작스위치를 나타낸 것이다. 기능을 간략하게 설명하시오.

조작스위치		기능
솔레노이드밸브	연동	
	정지	
예비전원스위치		
부저 정지스위치		
사이렌 정지스위치		
도통시험스위치		
작동시험스위치		
자동복구스위치		
화재복구스위치		
비상스위치(ABORT)		

조작스위치		기능
솔레노이드밸브	연동	평상시 연동위치에 있어야 하며, 전기신호에 의해 자동으로 솔레노이드 밸브를 개방
	정지	화재감지기 또는 수동기동스위치의 신호를 정지하여 이산화탄소소화설비를 작동시키지 않음
예비전원스위치		스위치를 눌렀을 때 예비전원의 전압이 정상인지의 여부를 확인
부저 정지스위치		제어반 내부 부저 정지시 사용
사이렌 정지스위치		방호구역내 사이렌을 정지시 사용
도통시험스위치		선택된 회로의 도통상태 및 단선유무를 확인
작동시험스위치		화재신호를 수동으로 입력하여 제어반이 정상적으로 작동하는지의 여부를 확인
자동복구스위치		화재 작동시험 시 사용하는 것으로 신호가 입력될 때만 작동하고 신호가 없을 경우 자동으로 복구
화재복구스위치		제어반 작동상태를 정상적으로 복구할 때 사용
비상스위치(ABORT)		이산화탄소소화설비 작동시 타이머의 기능을 일시 정지

제어반 및 화재표시반

05 가스관선택밸브의 형식승인 및 제품검사의 기술기준에 대한 다음 각 물음에 답하시오.
(1) 용어의 정의를 쓰시오.
① 피스톤릴리스
② 솔레노이드 밸브
(2) 선택밸브의 밸브시트는 닫힌 상태에서 다음 표에 해당하는 압력을 공기압 또는 질소압으로 5분간 가하는 경우에 누설되지 아니하여야 한다. 표의 빈칸에 알맞은 답을 답안지에 쓰시오.

구 분	시험압력
가스계소화설비용	①
분말소화설비용	②

(3) 제9조(기능시험)에서 규정한 선택밸브의 기능 3가지 기준을 쓰시오.

 (1) 용어의 정의
　① 피스톤릴리스 : 실린더에 공급된 기동용 가스가 일정압력에 도달하면 피스톤을 작동시켜 일시적으로 방출되는 구조의 기계적 장치
　② 솔레노이드 밸브 : 전자석의 자력을 이용하여 밸브시트를 여는 전기적 장치

솔레노이드 밸브

(2) 기밀시험
　① 사용압력범위 최대값의 1.2배
　② 사용압력범위의 최대값

(3) 선택밸브의 기능
　① 선택밸브는 자동 또는 수동의 방법에 의하여 작동하는 경우에 조작이 원활하고 확실하게 작동되어야 한다.
　② 피스톤릴리스는 1[MPa]의 압력이내에서 작동되어야 하며 밸브시트를 확실하게 열 수 있어야 한다. 단, 볼타입인 경우 2.5[MPa] 이내에서 작동되어야 한다.
　③ 솔레노이드 밸브는 정격전압의 ±20[%] 범위 내에서 작동되어야 하며 밸브시트를 확실하게 열 수 있어야 한다.

제8조(기밀시험)
선택밸브의 밸브시트는 닫힌 상태에서 다음 표에 해당하는 압력을 공기압 또는 질소압으로 5분간 가하는 경우에 누설되지 아니하여야 한다.

구 분	시험압력
가스계소화설비용	사용압력범위 최대값의 1.2배
분말소화설비용	사용압력범위의 최대값

06 소방대상물 각 부분으로부터 다음 소방시설과의 최대 수평거리[m]를 쓰시오.

구 분	최대 수평거리[m]	구 분	최대 수평거리[m]
이산화탄소소화설비 호스릴방식의 호스접결구		호스릴 미분무소화설비의 호스 접결구	
옥내소화전설비의 방수구		할론 소화설비 호스릴방식의 호스 접결구	
포소화설비의 포소화전방수구		옥외소화전설비의 방수구	
호스릴 분말소화설비의 호스 접결구		포소화설비의 호스릴포방수구	

구 분	최대 수평거리[m]	구 분	최대 수평거리[m]
이산화탄소소화설비 호스릴방식의 호스접결구	15	호스릴 미분무소화설비의 호스 접결구	25

구 분	최대 수평거리[m]	구 분	최대 수평거리[m]
옥내소화전설비의 방수구	25	할론 소화설비 호스릴방식의 호스 접결구	20
포소화설비의 포소화전방수구	25	옥외소화전설비의 방수구	40
호스릴 분말소화설비의 호스 접결구	15	포소화설비의 호스릴포방수구	15

07 이산화탄소 소화설비의 소화약제가 오방출 되는 주요사례를 5가지 쓰시오.

풀이&답

① 수동조작함의 기동스위치를 임의로 조작하여 기동신호 출력
② 감지기의 오동작으로 인한 기동신호 출력
③ 수동조작함 내 빗물침투로 인한 기동신호 출력
④ 제어반에서 조작실수로 인한 기동신호 출력
⑤ 솔레노이드밸브 결함에 의한 기동신호 출력
⑥ 점검시 실수로 저장용기 니들밸브 개방
⑦ 점검 후 수동조작함의 기동스위치를 원상태로 복구하지 않은 경우 기동신호 출력
⑧ 보수공사시 회로 오결선으로 인한 기동신호 출력

08 이산화탄소소화설비의 점검에 대한 다음 각 물음에 답하시오.
(1) 점검 중 소화약제 오방출 방지를 위한 대책 5가지
(2) 이산화탄소 소화약제 방출사고의 원인 5가지
(3) 가스계설비가 정상 작동하였으나 약제가 방출되지 않은 경우의 원인
(4) 솔레노이드밸브 미동작 원인(가스압력식) 및 방출표시등 미점등 원인

풀이&답

(1) 점검 중 소화약제 오방출 방지를 위한 대책
  1) 제어반 연동정지   2) 전자개방밸브에 안전핀 체결
  3) 전자개방밸브 분리   4) 저장용기개방밸브(니들밸브) 분리
  5) 동관분리
     ① 기동용 가스용기에서 선택밸브 연결동관
     ② 선택밸브에서 저장용기밸브 연결동관
     ③ 저장용기 개방용 동관

동관 및 기동용 가스용기함 내부

(2) 이산화탄소 소화약제 방출사고의 원인
① 감지기의 오동작
② 방역소독 시 감지기의 오동작으로 인한 방출
③ 수동조작함에서 수동조작스위치 조작 오류
④ 수동조작함 내 빗물 침투로 인한 오작동
⑤ 제어반에서 조작 실수
⑥ 전자개방밸브(솔레노이드밸브) 결함에 의한 방출
⑦ 보수공사 시 회로 오결선에 의한 방출
⑧ 공사 시 배선절단에 의한 오작동

(3) 가스계설비가 정상 작동하였으나 약제가 방출되지 않은 경우의 원인
① 전자개방밸브(기동용 솔레노이드밸브)에 안전핀 체결
② 전자개방밸브(기동용 솔레노이드밸브)의 자체결함
③ 전자개방밸브(기동용 솔레노이드밸브) 전선의 단선
④ 기동용 가스용기에 기동용 가스가 없는 경우
⑤ 기동용 가스용기의 가스 누설로 인한 저장량 부족
⑥ 제어반 연동정지
⑦ 제어반의 고장
⑧ 기동용 가스용기에서 저장용기로 가는 기동용 동관상 가스체크밸브의 방향이 반대로 시공
⑨ 동관이 타 방호구역과 연결된 경우
⑩ 선택밸브의 고장으로 인해 미 개방된 경우
⑪ 저장용기에 약제가 없는 경우
⑫ 저장용기와 집합관 사이 연결배관 상 체크밸브의 방향이 반대
⑬ 조작용 동관의 결선이 잘못 시공

(4) 솔레노이드밸브 미동작 원인(가스압력식) 및 방출표시등 미점등 원인
(1) 방출표시등 미점등 원인
① 압력스위치의 고장
② 방출표시등 내부 램프가 단선
③ 배선의 단선 또는 접속불량
④ 방출표시등 배선이 오결선

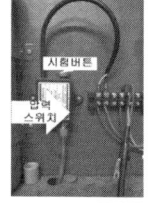 

(2) 솔레노이드밸브 미동작 원인
① 제어반 연동정지
② 솔레노이드밸브에 안전핀이 체결
③ 솔레노이드밸브의 불량
④ 제어반의 고장
⑤ 제어반과 솔레노이드밸브 연결용 배선의 단선 또는 접속불량

솔레노이드 밸브 및 저장용기 개방밸브

09 다음 그림은 어느 실에 대한 CO_2설비의 평면도이다. 이 도면과 주어진 조건을 이용하여 다음의 물음에 답하시오.

[조건] 모터사이렌을 약제의 방출사전 예고시는 파상음으로, 약제방출시는 연속음을 발한다.

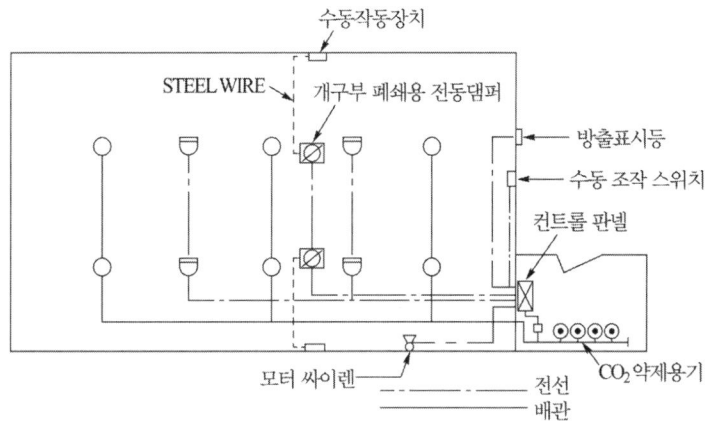

(1) 화재가 발생하여 화재감지기가 자동 작동되었을 경우 이 설비의 작동연계성(Operation Sequence)을 순서도로 설명하시오.(단, 구성장치의 기능이 모두 정상이며, 화재 시에는 파상음을 약제 방출 시에는 연속음을 발한다.)

(2) 화재감지기 작동 이전에 실내 거주자가 화재를 먼저 발견했을 경우 이 설비의 작동과 관련된 조치 방법을 설명하시오.

(3) 화재가 실내 거주자에게 발견되었으나 상용 및 비상전원이 고장일 경우 이 설비의 작동과 관련된 조치 방법을 설명하시오.

풀이&답

(1) 작동 연계성(Operation Sequence)

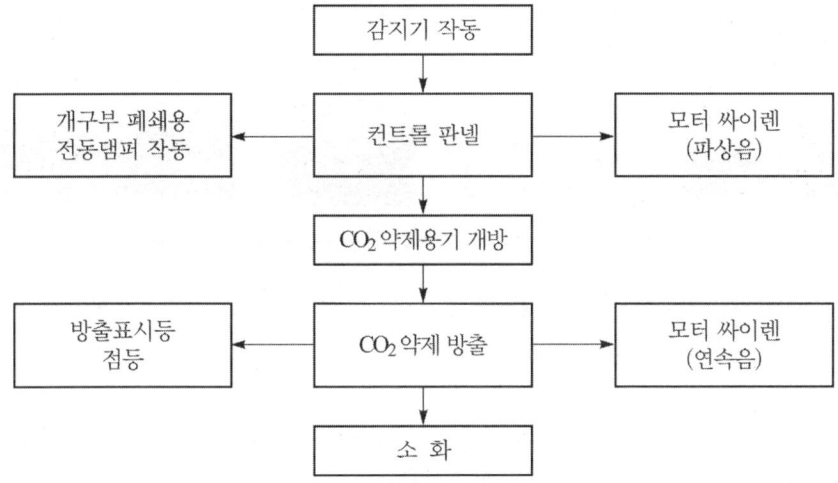

(2) 관련된 조치방법
수동조작스위치를 조작하여 설비를 작동시킨다.

(3) 상용 및 비상전원이 고장일 경우 이 설비의 작동과 관련된 조치 방법
① 화재 발생을 실내 거주자에게 알린다.
② 개구부 폐쇄용 전동댐퍼를 수동 작동장치를 조작하여 폐쇄한다.
③ CO_2약제용기를 수동으로 개방한다.
④ CO_2약제의 방출을 확인한다.

10 이산화탄소소화설비의 점검에 대한 다음 각 물음에 답하시오.
(1) 작동 시험순서(솔레노이드밸브의 격발시험)
(2) 복구방법(솔레노이드밸브의 격발시험)
(3) 확인사항 5가지
(4) 소화약제 방출 후 조치방법

풀이&답
(1) 작동 시험순서
① 제어반의 "연동정지"스위치 조작
② 제어반 내의 Timer 설정시간 확인(20초 이상 30초 이내)
③ 기동용기에 부착된 전자개방밸브에 안전핀 삽입한 후 기동용기와 분리
④ 전자개방밸브에서 안전핀 제거
⑤ 제어반의 "연동정지"스위치 복구(정상상태 유지)
⑥ 다음의 방법으로 기동장치(전자개방밸브)의 시험
  ㉠ 감지기 2개회로(A, B회로) 작동
  ㉡ 수동조작함에서 수동조작스위치 작동
  ㉢ 제어반에서 수동조작스위치 작동
  ㉣ 제어반에서 동작시험스위치와 회로선택스위치로 작동
  ㉤ 기동용기 솔레노이드밸브의 수동조작버튼 작동

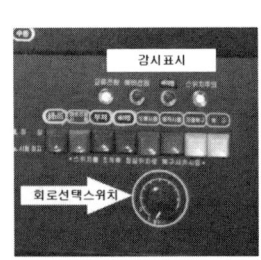   

제어반, 감지기 작동, 수동조작함 기동 및 전자밸브 수동버튼 조작

⑦ 음향장치의 작동과 설정시간(보통 30초) 후 전자개방밸브의 작동을 확인(파괴침의 튀어나옴을 확인)

(2) 복구방법
① 제어반의 "복구"스위치를 조작
② 제어반이 정상적으로 복구 되었는지 확인한다.(감지기 미복구로 인한 사고방지)
③ 제어반의 "연동정지"스위치를 조작한다.
④ 안전핀을 이용하여 전자개방밸브를 복구시킨다.
⑤ 제어반의 "연동정지"스위치를 정상위치로 하여 전자개방밸브의 미작동이 확인되면 "연동정지"스위치를 다시 조작한다.(결함 시 사고방지)

⑥ 전자개방밸브에 안전핀을 삽입하여 기동용기와 접속한다.
⑦ 제어반의 정상상태를 확인 후 "연동정지"스위치를 복구한다.
⑧ 안전핀을 제거한다.
(3) 확인사항
① 화재표시등, 감지기A, 감지기B 작동표시등 점등여부 확인
② 방호구역마다 사이렌이 경보하는지 확인
③ 지연 타이머 작동확인
④ 솔레노이드밸브 동작 및 솔레노이드 밸브 기동표시등 점등여부 확인
⑤ 방출표시등 점등여부 확인
⑥ 환기장치 정지 여부 확인
⑦ 자동폐쇄장치 작동여부 확인 등

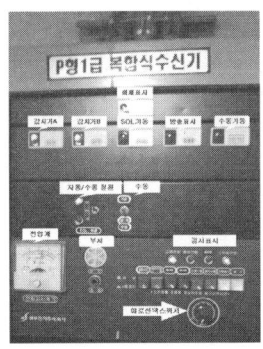
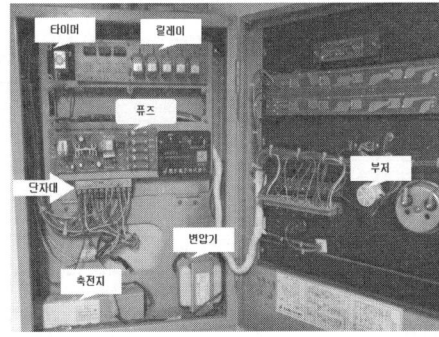

확인사항

(4) 소화약제 방출 후 조치방법
① 제어반 복구(음향장치 정지, 설비연동 정지, 기동장치 복구 등)
② 배출설비 작동하여 약제 배출
③ 개구부 자동폐쇄장치 복구(개방하여 환기시킴)
④ 일정시간 후 출입구를 개방한다.
⑤ 이산화탄소 농도 측정 후 방호구역에 진입한다.
⑥ 저장용기의 약제충전 또는 저장용기 교체
⑦ 기동용 가스용기의 가스충전 또는 기동용기 교체
⑧ 외관점검 및 작동기능점검 실시 후 정상상태 복구

11 이산화탄소소화설비의 방출표시등 점검방법에 대하여 설명하시오.

(1) 점검방법 : 선택밸브 2차측에 설치된 압력스위치 시험버튼을 당긴다.
(2) 확인사항
① 해당 방호구역 출입구 상단 방출표시등 점등여부 확인
② 수동조작함 방출표시등 점등여부 확인
③ 제어반 방출표시등 점등여부 확인
(3) 복구방법 : 압력스위치 시험버튼을 눌러 복구시킨다.

방출표시등 점검방법

12 이산화탄소소화설비의 수동조작함 점검방법에 대하여 설명하시오.

풀이&답
① 수동조작함의 문을 개방시 음향경보와 연동되는지 여부 확인
② 수동조작스위치를 누른 경우 지연시간 후에 설비가 동작되는지 여부확인
③ 전원표시등 점등 여부 확인
④ 압력스위치 동작시 방출표시등 점등 여부 확인
⑤ 방호구역 출입구마다 설치여부 확인
⑥ 비상스위치의 기능 정상 여부 확인
⑦ 옥외에 설치한 경우 빗물 침투 방지여부 확인

수동조작함

13 이산화탄소소화설비의 수동조작함(수동식기동장치)에 있는 표시등의 용도별 색상을 쓰시오.

용 도	색상
전원표시등	
기동표시등	
방출표시등	

풀이&답

용 도	색상
전원표시등	녹색
기동표시등	황색
방출표시등	적색

14 이산화탄소소화설비의 제어반에서 수동으로 수동기동스위치를 조작하였으나 기동용가스용기가 개방되지 않았다. 기동용 가스용기가 개방되지 않은 원인을 전기적 원인과 기계적 원인으로 분류하여 각각 5가지씩 쓰시오.(단, 제어반의 전원은 정상상태이다.)

전기적 원인	기계적 원인

풀이&답

전기적 원인	기계적 원인
① 제어반과 솔레노이드밸브(전자밸브)사이 배선의 단선 ② 제어반 내 타이머(시한릴레이) 불량 ③ 기동용가스용기에 부착된 솔레노이드 코일의 단선 ④ 수동기동스위치의 접점 접촉불량 ⑤ 제어반 연동 정지상태	① 솔레노이드밸브에 안전핀 체결상태 ② 솔레노이드밸브를 분리한 경우 ③ 솔레노이드밸브의 파괴침(공이) 불량 ④ 조작용 동관의 결선이 잘못 시공 ⑤ 기동용 동관상 가스체크밸브의 방향이 반대로 시공

15 가스계소화설비(가스압력식임)의 방출표시등 점검방법, 확인사항 및 복구방법에 대하여 설명하시오.

구 분	내 용
점검방법	(1)
확인사항	(2)
복구방법	(3)

풀이&답

구 분	내 용
점검방법	(1) 선택밸브 2차측(기동용가스용기함 내)에 설치된 압력스위치 시험버튼을 당긴다.
확인사항	(2) ① 해당 방호구역 출입구 상단 방출표시등 점등여부 확인 ② 수동조작함 방출표시등 점등여부 확인 ③ 제어반 방출표시등 점등여부 확인
복구방법	(3) 압력스위치 시험버튼을 눌러 복구시킨다.

16 다음은 이산화탄소화설비의 분사헤드 설치제외장소를 나타낸 것이다. 괄호 안의 번호에 알맞은 답을 쓰시오.

1. (①) 등 사람이 상시 근무하는 장소
2. (②) 등 자기연소성물질을 저장·취급하는 장소
3. (③) 등 활성금속물질을 저장·취급하는 장소
4. 전시장 등의 관람을 위하여 다수인이 출입·통행하는 (④) 등

풀이&답
① 방재실·제어실
② 니트로셀룰로스·셀룰로이드제품
③ 나트륨·칼륨·칼슘
④ 통로 및 전시실

17 가스관선택밸브의 형식승인 및 제품검사의 기술기준에 대한 각 물음에 답하시오.
(1) 가스관선택밸브의 종류에는 아래의 표와 같이 3가지가 있다. 이에 대한 용어의 정의를 쓰시오.

피스톤릴리스	①
솔레노이드식 작동장치	②
모터식 작동장치	③

피스톤릴리스	① 실린더에 공급된 기동용가스가 일정압력에 도달하면 피스톤을 작동시켜 일시적으로 방출되는 구조의 기계적 장치
솔레노이드식 작동장치	② 전자석의 자력을 이용하여 밸브시트를 여는 전기적 장치
모터식 작동장치	③ 전기 모터의 구동력을 이용하여 밸브시트를 여는 장치

(2) 기밀시험에 대한 표의 번호에 알맞은 답을 쓰시오.

선택밸브의 밸브시트는 닫힌 상태에서 다음 표에 해당하는 압력을 공기압 또는 질소압으로 5분간 가하는 경우에 누설되지 아니하여야 한다.

구 분	시험압력
가스계소화설비용	①
분말소화설비용	②

구 분	시험압력
가스계소화설비용	① 사용압력범위 최대값의 1.2배
분말소화설비용	② 사용압력범위의 최대값

사용압력 범위
해당 선택밸브가 사용되는 소화설비의 작동시, 소화약제 저장용기에서 배관설비에 가해지는 조정압력범위를 말한다.

(3) 솔레노이드식 작동장치 및 모터식 작동장치에 대한 절연저항시험기준을 쓰시오.

솔레노이드식 작동장치 및 모터식 작동장치는 가동코일부(개폐부)와 비충전 금속부사이의 절연저항이 5[MΩ] 이상이어야 한다.

18 이산화탄소소화설비 점검표상 저장용기(저압식 포함)의 점검항목을 쓰시오.

- **설치장소** 적정 및 관리 여부
- 저장용기 설치장소 **표지** 설치 여부
- 저장용기 **설치 간격** 적정 여부
- 저장용기 개방밸브 **자동ㆍ수동 개방 및 안전장치** 부착 여부
- 저장용기와 집합관 연결배관 상 **체크밸브** 설치 여부
- 저장용기와 선택밸브(또는 개폐밸브) 사이 **안전장치** 설치 여부

[저압식]
- **안전밸브 및 봉판** 설치 적정(작동 압력) 여부
- **액면계ㆍ압력계** 설치 여부 및 **압력강하경보장치** 작동 압력 적정 여부
- **자동냉동장치**의 기능

 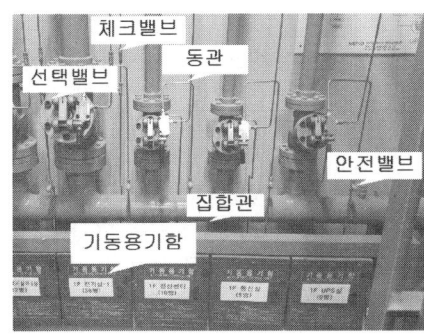

[그림] 저장용기, 선택밸브 및 안전밸브

19 이산화탄소소화설비 점검표상 기동장치의 점검항목을 쓰시오.

[풀이&답]
- 방호구역별 **출입구 부근** 소화약제 방출표시등 설치 및 정상 작동 여부

[수동식 기동장치]
- 기동장치 부근에 **비상스위치** 설치 여부
- 방호구역별 또는 방호대상별 **기동장치** 설치 여부
- **기동장치 설치 적정**(출입구 부근 등, 높이, 보호장치, 표지, 전원표시등) 여부
- **방출용 스위치** 음향경보장치 연동 여부

[자동식 기동장치]
- 감지기 작동과의 **연동 및 수동기동** 가능 여부
- 저장용기 수량에 따른 **전자 개방밸브 수량** 적정 여부(전기식 기동장치의 경우)
- 기동용 가스용기의 **용적, 충전압력** 적정 여부(가스압력식 기동장치의 경우)
- 기동용 가스용기의 **안전장치, 압력게이지** 설치 여부(가스압력식 기동장치의 경우)
- 저장용기 **개방구조** 적정 여부(기계식 기동장치의 경우)

가스압력식 기동장치   전기식 기동장치

20 이산화탄소소화설비 점검표상 제어반 및 화재표시반의 점검항목을 쓰시오.

[풀이&답]
- **설치장소** 적정 및 관리 여부
- **회로도 및 취급설명서** 비치 여부
- **수동잠금밸브** 개폐여부 확인 표시등 설치 여부

[제어반]
- 수동기동장치 또는 감지기 신호 수신 시 **음향경보장치 작동** 기능 정상 여부
- 소화약제 **방출 · 지연 및 기타 제어** 기능 적정 여부
- **전원표시등** 설치 및 정상 점등 여부

[화재표시반]
- **방호구역별 표시등**(음향경보장치 조작, 감지기 작동), 경보기 설치 및 작동 여부
- 수동식 기동장치 작동표시 **표시등** 설치 및 정상 작동 여부
- 소화약제 **방출표시등** 설치 및 정상 작동 여부
- 자동식기동장치 **자동 · 수동** 절환 및 절환표시등 설치 및 정상 작동 여부

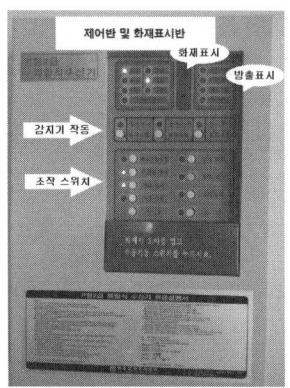 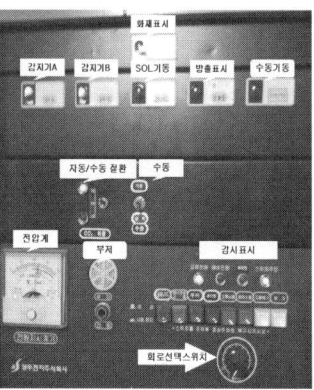

[그림] 제어반 및 화재표시반

21 이산화탄소소화설비 점검표상 배관 등의 점검항목을 쓰시오.

[풀이&답]
- 배관의 **변형 · 손상** 유무
- **수동잠금밸브** 설치 위치 적정 여부

22 이산화탄소소화설비 점검표상 분사헤드의 점검항목을 쓰시오.

[풀이&답]
[전역방출방식]
- 분사헤드의 **변형 · 손상** 유무
- 분사헤드의 **설치위치** 적정 여부

[그림] 가스계 소화설비 분사헤드

[국소방출방식]
- 분사헤드의 **변형 · 손상** 유무
- 분사헤드의 **설치장소** 적정 여부

[호스릴방식]
- 방호대상물 각 부분으로부터 호스접결구까지 **수평거리** 적정 여부
- 소화약제저장용기의 **위치표시등** 정상 점등 및 표지 설치 여부
- 호스릴소화설비 **설치장소** 적정 여부

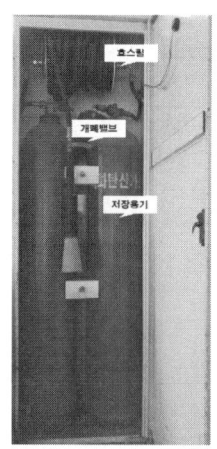

[그림] 호스릴 방식

23 이산화탄소소화설비 점검표상 화재감지기의 점검항목을 쓰시오.

풀이&답
- 방호구역별 화재감지기 감지에 의한 **기동장치** 작동 여부
- **교차회로**(또는 NFSC 203 제7조제1항 단서 감지기) 설치 여부
- 화재감지기별 **유효 바닥면적** 적정 여부

24 이산화탄소소화설비 점검표상 음향경보장치의 점검항목을 쓰시오.

풀이&답
- **기동장치 조작 시**(수동식-방출용스위치, 자동식-화재감지기) 경보 여부
- **약제 방사 개시**(또는 방출 압력스위치 작동) 후 경보 적정 여부
- 방호구역 또는 방호대상물 **구획 안에서 유효한 경보** 가능 여부
[방송에 따른 경보장치]
- **증폭기 재생장치**의 설치장소 적정 여부
- 방호구역 · 방호대상물에서 **확성기 간 수평거리** 적정 여부
- 제어반 **복구스위치** 조작 시 경보 지속 여부

25 이산화탄소소화설비 점검표상 자동폐쇄장치의 점검항목을 쓰시오.

풀이&답
- **환기장치** 자동정지 기능 적정 여부
- **개구부 및 통기구** 자동폐쇄장치 설치 장소 및 기능 적합 여부
- 자동폐쇄장치 **복구장치** 설치기준 적합 및 위치표지 적합 여부

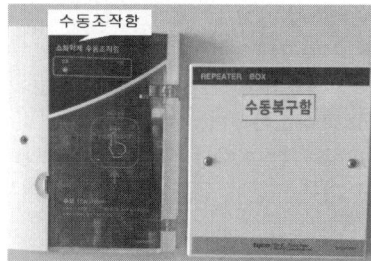

[그림] 수동조작함 및 댐퍼복구함

26 이산화탄소소화설비 점검표상 비상전원의 점검항목을 쓰시오.

[풀이&답]
- **설치장소** 적정 및 관리 여부
- 자가발전설비인 경우 **연료 적정량** 보유 여부
- 자가발전설비인 경우 「전기사업법」에 따른 **정기점검** 결과 확인

27 이산화탄소소화설비 점검표상 (1) 배출설비, (2) 과압배출구의 점검항목을 쓰시오.

[풀이&답]
(1) 배출설비
  - 배출설비 설치상태 및 관리 여부
(2) 과압배출구
  - 과압배출구 설치상태 및 관리 여부

28 이산화탄소소화설비 점검표상 안전시설 등의 점검항목을 쓰시오.

[풀이&답]
- 소화약제 방출알림 **시각경보장치** 설치기준 적합 및 정상 작동 여부
- 방호구역 출입구 부근 잘 보이는 장소에 **소화약제 방출 위험경고표지** 부착 여부
- 방호구역 출입구 외부 인근에 **공기호흡기** 설치 여부

29 소방시설등 외관점검표상 이산화탄소, 할로겐화합물 및 불활성기체소화설비, 분말소화설비의 점검내용을 쓰시오.

(1) 저장용기   (2) 기동장치
(3) 배관 등   (4) 분사헤드
(5) 호스릴방식   (6) 안전시설 등(이산화탄소소화설비)

[풀이&답]
(1) 저장용기
  - 설치장소 적정 및 관리 여부
  - 저장용기 설치장소 표지 설치 여부
  - 소화약제 저장량 적정 여부
(2) 기동장치
  - 기동장치 설치 적정(출입구 부근 등, 높이 보호장치, 표지 전원표시등) 여부
(3) 배관 등
  - 배관의 변형·손상 유무
(4) 분사헤드
  - 분사헤드의 변형·손상 유무
(5) 호스릴방식
  - 소화약제저장용기의 위치표시등 정상 점등 및 표지 설치 여부
(6) 안전시설 등(이산화탄소소화설비)
  - 방호구역 출입구 부근 잘 보이는 장소에 소화약제 방출 위험경고표지 부착 여부
  - 방호구역 출입구 외부 인근에 공기호흡기 설치 여부

30 소화약제 저장량을 점검하는 방법에는 아래와 같이 3가지로 구분할 수 있다. 표의 빈칸에 적당한 내용을 쓰시오.

구분	압력 측정법	중량 측정법	액면 위치 측정법
측정방법			
합격기준			

[풀이&답]

구분	압력 측정법	중량 측정법	액면 위치 측정법
측정방법	압력계 확인	중량 측정	액면위치 측정 후, 전용 계산기로 중량 환산
합격기준	○ 불활성 가스는 압력 손실 5% 미만 ○ 기타 가스계 소화약제는 압력손실 10% 미만, 또는 중량 손실 5% 미만 　(단, 이산화탄소는 중량 손실 10% 미만)		

09 할론 소화설비의 점검

01 축압시 질소가스를 사용하는 이유 5가지를 쓰시오.

풀이&답
① 불연성의 기체　　　　② 화학적으로 매우 안정
③ 임계온도가 매우 낮아 상온에서 액화하지 않는다.
④ 인체에 무해　　　　　⑤ 경제성이 높다.

02 다음은 화재안전기준에서 호스릴 소화설비에 대한 소화약제의 양(kg) 및 1분당 방사하는 소화약제의 양(kg/min)을 나타낸 표이다. 표의 번호에 알맞은 답을 답안지에 쓰시오.

구 분		소화약제의 양 (kg)	1분당 방사하는 소화약제의 양 (kg/min)
분말	제1종 분말	①	②
	제2종 분말 또는 제3종 분말	③	④
	제4종 분말	⑤	⑥
이산화탄소		⑦	⑧
할론	할론 2402	⑨	⑩
	할론 1211	⑪	⑫
	할론 1301	⑬	⑭

풀이&답
① 50　② 45　③ 30　④ 27　⑤ 20　⑥ 18　⑦ 90　⑧ 60　⑨ 50　⑩ 45
⑪ 50　⑫ 40　⑬ 45　⑭ 35

보충설명

국소방출방식

구 분		소화약제의 양 (kg)	1분당 방사하는 소화약제의 양 (kg/min)
분말	제1종 분말	50	45
	제2종 분말 또는 제3종 분말	30	27
	제4종 분말	20	18
이산화탄소		90	60
할론	할론 2402	50	45
	할론 1211	50	40
	할론 1301	45	35

03 가스계소화설비의 소화농도에는 불꽃소화농도와 불활성화농도가 있다. 이를 설명하시오.
(1) 불꽃소화농도

풀이&답 컵 버너(Cup burner)장치를 이용하여 불이 꺼질 때의 소화농도

(2) 불활성화농도

가연성가스와 공기가 함께 섞여 있는 가연성의 혼합물을 불연성의 혼합물로 만드는데 필요한 최소 소화약제의 농도

04 할론소화설비 점검표상 저장용기의 점검항목을 쓰시오.

- 설치장소 적정 및 관리 여부
- 저장용기 설치장소 표지 설치상태 적정 여부
- 저장용기 설치 간격 적정 여부
- 저장용기 개방밸브 자동·수동 개방 및 안전장치 부착 여부
- 저장용기와 집합관 연결배관 상 체크밸브 설치 여부
- 저장용기와 선택밸브(또는 개폐밸브) 사이 안전장치 설치 여부
- 축압식 저장용기의 압력 적정 여부
- 가압용 가스용기 내 질소가스 사용 및 압력 적정 여부
- 가압식 저장용기 압력조정장치 설치 여부

05 할론소화설비 점검표상 기동장치의 점검항목을 쓰시오.

- 방호구역별 출입구 부근 소화약제 방출표시등 설치 및 정상 작동 여부

[수동식 기동장치]
- 기동장치 부근에 비상스위치 설치 여부
- 방호구역별 또는 방호대상별 기동장치 설치 여부
- 기동장치 설치상태 적정(출입구 부근 등, 높이, 보호장치, 표지, 전원표시등) 여부
- 방출용 스위치 음향경보장치 연동 여부

[자동식 기동장치]
- 감지기 작동과의 연동 및 수동기동 가능 여부
- 저장용기 수량에 따른 전자 개방밸브 수량 적정 여부(전기식 기동장치의 경우)
- 기동용 가스용기의 용적, 충전압력 적정 여부(가스압력식 기동장치의 경우)
- 기동용 가스용기의 안전장치, 압력게이지 설치 여부(가스압력식 기동장치의 경우)
- 저장용기 개방구조 적정 여부(기계식 기동장치의 경우)

06 할론소화설비 점검표상 제어반 및 화재표시반의 점검항목을 쓰시오.

- 설치장소 적정 및 관리 여부
- 회로도 및 취급설명서 비치 여부

[제어반]
- 수동기동장치 또는 감지기 신호 수신 시 음향경보장치 작동 기능 정상 여부
- 소화약제 방출·지연 및 기타 제어 기능 적정 여부
- 전원표시등 설치 및 정상 점등 여부

[화재표시반]
- 방호구역별 표시등(음향경보장치 조작, 감지기 작동), 경보기 설치 및 작동 여부
- 수동식 기동장치 작동표시 표시등 설치 및 정상 작동 여부
- 소화약제 방출표시등 설치 및 정상 작동 여부
- 자동식기동장치 자동·수동 절환 및 절환표시등 설치 및 정상 작동 여부

07 할론소화설비 점검표상 분사헤드의 점검항목을 쓰시오.

[풀이&답]
[전역방출방식]
- 분사헤드의 변형·손상 유무
- 분사헤드의 설치위치 적정 여부

[국소방출방식]
- 분사헤드의 변형·손상 유무
- 분사헤드의 설치장소 적정 여부

[호스릴방식]
- 방호대상물 각 부분으로부터 호스접결구까지 수평거리 적정 여부
- 소화약제저장용기의 위치표시등 정상 점등 및 표지 설치상태 적정 여부
- 호스릴소화설비 설치장소 적정 여부

08 할론소화설비 점검표상 화재감지기의 점검항목을 쓰시오.

[풀이&답]
- 방호구역별 화재감지기 감지에 의한 기동장치 작동 여부
- 교차회로(또는 NFSC 203 제7조제1항 단서 감지기) 설치 여부
- 화재감지기별 유효 바닥면적 적정 여부

09 할론소화설비 점검표상 음향경보장치의 점검항목을 쓰시오.

[풀이&답]
- 기동장치 조작 시(수동식-방출용스위치, 자동식-화재감지기) 경보 여부
- 약제 방사 개시(또는 방출 압력스위치 작동) 후 경보 적정 여부
- 방호구역 또는 방호대상물 구획 안에서 유효한 경보 가능 여부

[방송에 따른 경보장치]
- 증폭기 재생장치의 설치장소 적정 여부
- 방호구역·방호대상물에서 확성기 간 수평거리 적정 여부
- 제어반 복구스위치 조작 시 경보 지속 여부

10 할론소화설비 점검표상 자동폐쇄장치의 점검항목을 쓰시오.

[풀이&답]
- 환기장치 자동정지 기능 적정 여부
- 개구부 및 통기구 자동폐쇄장치 설치 장소 및 기능 적합 여부
- 자동폐쇄장치 복구장치 및 위치표지 설치상태 적정 여부

11 할론소화설비 점검표상 비상전원의 점검항목을 쓰시오.

[풀이&답]
- 설치장소 적정 및 관리 여부
- 자가발전설비인 경우 연료 적정량 보유 여부
- 자가발전설비인 경우 「전기사업법」에 따른 정기점검 결과 확인

10 할로겐화합물 및 불활성기체 소화설비의 점검

01 할로겐화합물 및 불활성기체 소화설비 및 대부분의 가스계소화설비에서 적용하는 피드백 시스템(Feed Back System)에 대하여 설명하시오.

① 선택밸브 2차측으로 공급된 방출가스의 압력을 다시 저장용기로 보내어 용기밸브를 완전하게 개방시킬 수 있도록 선택밸브 2차측과 기동용 동관에 리턴배관을 연결하여 구성하는 시스템을 말한다.
② 선택밸브가 없는 1개의 방호구역인 경우에는 집합관에서 분기하여 기동용 동관에 접속한다.

피드백 시스템(리턴 배관시스템) 계통도

02 할로겐화합물 및 불활성기체 소화약제에서 설계농도유지시간의 개념 및 방출시간을 제한하는 이유를 설명하시오.

(1) 설계농도유지시간의 개념
할로겐화합물 및 불활성기체 소화약제는 초기에 소화가 가능한 표면화재에 주로 사용하나, 이를 심부화재에 적용할 경우에는 소화가 가능한 고농도(설계농도)로 일정시간 유지시켜 주어야 하는데, 이때 필요한 시간을 말한다.
(2) 방출시간을 제한하는 이유
① 배관 내에서 액체와 증기의 균질 흐름을 위한 유**속**의 확보
② 구획 내에서 액체와 공기의 혼합을 위해 노즐을 통한 높은 유**량**의 확보
③ **열**분해 생성물 형성의 최소화
④ **직**간접 화재 손상의 최소화

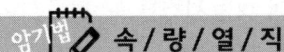 속 / 량 / 열 / 직

03 NOAEL과 LOAEL을 설명하시오.

(1) NOAEL(No Observable Adverse Effect Level)
① 농도를 증가시킬 때 아무런 악영향도 감지할 수 없는 최대농도
② 심장에 독성을 미치지 않는 최대농도를 말한다.

(2) LOAEL(Lowest Observable Adverse Effect Level)
   ① 농도를 감소시킬 때 악영향을 감지할 수 있는 최소농도
   ② 심장에 독성을 미칠 수 있는 최소농도를 말한다.

04 다음은 할로겐화합물 소화설비의 수동조작함에 있는 표시등을 나타낸 것이다. 다음 각 물음에 답하시오.

(1) 표시등에 따른 색상을 답안지에 적으시오.

표시등	전원표시등	기동표시등	방출표시등
색 상	①	②	③

[풀이&답] ① 녹색 ② 황색 ③ 적색

(2) (1)의 표시등 중 상시 점등되는 표시등은?

[풀이&답] 전원표시등

(3) (1)의 표시등 중 표시등 중 작동시험 시 점등되는 표시등은?

[풀이&답] 기동표시등

(4) (1)의 표시등 중 압력스위치 작동 시 점등되는 표시등은?

[풀이&답] 방출표시등

05 가스압력식 기동장치가 설치된 할로겐화합물 소화설비의 봉침(파괴침) 격발시험을 하고자 한다. 물음에 답하시오.

(1) 격발시험 시 가스압력식 기동장치의 전자개방밸브(솔레노이드밸브)를 작동시키는 방법 4가지를 쓰시오.

[풀이&답]
① 수동조작함에서 수동조작스위치 작동
② 감지기 2개회로(A회로, B회로) 작동
③ 제어반에서 수동조작스위치 작동
④ 제어반에서 작동시험스위치와 회로선택스위치로 작동

(2) 방호구역 내에 설치된 교차회로감지기를 동시에 작동시켰을 때 할로겐화합물소화설비의 정상작동 여부를 판단할 수 있는 확인사항 들에 대하여 5가지를 쓰시오.(단, 방호구역 내 환기장치가 설치되어 있다.)

[풀이&답]
① 화재표시등, 감지기 A, 감지기 B 작동표시등 점등여부 확인
② 방호구역 내 사이렌이 경보하는지 확인
③ 지연 타이머 작동확인
④ 솔레노이드밸브 작동 및 솔레노이드 밸브 기동표시등 점등여부 확인
⑤ 환기장치 정지여부 확인

06 불활성기체소화약제는 질식과 저산소증에 따른 인체에 생리학적 영향을 끼치게 된다. 이를 나타내는 용어인 NEL(No Effect Level)과 LEL(Low Effect Level)에 대하여 설명하시오.

NEL(No Effect Level)	LEL(Low Effect Level)
1)	2)

풀이&답
1) NEL
   ① 저산소 분위기에서 인체에 악영향을 미치지 않는 범위의 최대농도를 말한다.
   ② 산소농도 12[%]에 해당하는 설계농도
2) LEL
   ① 저산소 분위기에서 인체에 악영향을 미치는 범위의 최소농도를 말한다.
   ② 산소농도 10[%]에 해당하는 설계농도

07 할로겐화합물소화약제의 생리학적 영향을 나타내는 용어인 NOAEL(No Observable Adverse Effect Level)과 LOAEL(Low Observable Adverse Effect Level)을 설명하시오.

NOAEL	LOAEL
1)	2)

풀이&답
1) NOAEL
   ① 농도를 증가시킬 때 아무런 악영향도 감지할 수 없는 최대농도를 말한다.
   ② 심장에 독성을 미치지 않는 최대농도를 말한다.
2) LOAEL
   ① 농도를 감소시킬 때 악영향을 감지할 수 있는 최소농도를 말한다.
   ② 심장에 독성을 미칠 수 있는 최소농도를 말한다.

08 다음은 할로겐원소를 나타낸 것이다. 조건을 보고 다음 각 물음에 답하시오.

[조건] 할로겐원소
① F   ② Cl   ③ Br   ④ I

(1) 전기음성도가 큰 순서에서 낮은 순서대로 맞는 번호를 쓰시오.
   (　) – (　) – (　) – (　)

풀이&답 ① – ② – ③ – ④

(2) 소화력이 큰 순서에서 낮은 순서대로 맞는 번호를 쓰시오.
   (　) – (　) – (　) – (　)

풀이&답 ④ – ③ – ② – ①

09 기체상태의 소화약제가 방호구역에 방사되는 경우에 소화약제의 유출상황에 따라 3가지인 완전치환, 자유유출 및 무유출로 분류할 수 있다. 다음을 설명하시오.
(1) 완전치환
(2) 자유유출(Free efflux)
(3) 무유출(No efflux)

풀이&답
(1) 방사된 약제부피만큼 실내공기만 외부로 배출되는 상황
(2) 방사된 약제부피만큼 실내공기와 소화약제가 혼합되어 외부로 배출되는 상황
(3) 방호구역이 완전밀폐되어 소화약제의 유출이 없는 상황

10 할로겐화합물 및 불활성기체 소화설비의 화재안전기술기준에 대한 다음 각 물음에 답하시오.
(1) 저장용기에는 무엇을 표시하여야 하는지 기준을 쓰시오.

풀이&답 약제명 · 저장용기의 자체중량과 총중량 · 충전일시 · 충전압력 및 약제의 체적을 표시할 것

(2) 배관과 배관, 배관과 배관부속 및 밸브류의 접속방법 4가지

풀이&답 나사접합, 용접접합, 압축접합, 플랜지접합

(3) 분사헤드에 하는 조치와 표시하여야 하는 3가지

풀이&답
① 조치 : 부식방지조치
② 3가지 : 오리피스의 크기, 제조일자, 제조업체

11 다음은 할로겐화합물 및 불활성기체 소화설비의 화재안전기술기준(NFTC 107A) 중 불활성기체소화약제의 종류를 나타낸 표이다. ( )안의 번호에 알맞은 답을 쓰시오.

소화약제	화학식
IG-01	(①)
IG-100	(②)
IG-541	(③)
IG-55	(④)

풀이&답
① Ar
② N_2
③ N_2 : 52[%], Ar : 40[%], CO_2 : 8[%]
④ N_2 : 50[%], Ar : 50[%]

12 다음은 할로겐화합물 및 불활성기체 소화설비의 화재안전기술기준(NFTC 107A)에 따른 저장용기의 설치장소 기준을 나타낸 것이다. ( )안의 번호에 알맞은 답을 쓰시오.

> 1. (①)
> 2. 온도가 55℃ 이하이고 온도의 변화가 작은 곳에 설치할 것
> 3. 직사광선 및 빗물이 침투할 우려가 없는 곳에 설치할 것
> 4. (②)
> 5. (③)
> 6. (④)
> 7. (⑤) 다만, 저장용기가 하나의 방호구역만을 담당하는 경우에는 그렇지 않다.

[풀이&답]
① 방호구역외의 장소에 설치할 것. 다만, 방호구역 내에 설치할 경우에는 피난 및 조작이 용이하도록 피난구 부근에 설치해야 한다.
② 저장용기를 방호구역 외에 설치한 경우에는 방화문으로 구획된 실에 설치할 것
③ 용기의 설치장소에는 해당 용기가 설치된 곳임을 표시하는 표지를 할 것
④ 용기간의 간격은 점검에 지장이 없도록 3㎝ 이상의 간격을 유지할 것
⑤ 저장용기와 집합관을 연결하는 연결배관에는 체크밸브를 설치할 것

13 할로겐화합물 및 불활성기체소화설비 점검표상 저장용기의 점검항목을 쓰시오.

[풀이&답]
○ **설치장소** 적정 및 관리 여부
○ **저장용기 설치장소** 표지 설치 여부
○ 저장용기 **설치 간격** 적정 여부
○ 저장용기 개방밸브 **자동·수동 개방 및 안전장치** 부착 여부
○ 저장용기와 집합관 **연결배관** 상 체크밸브 설치 여부

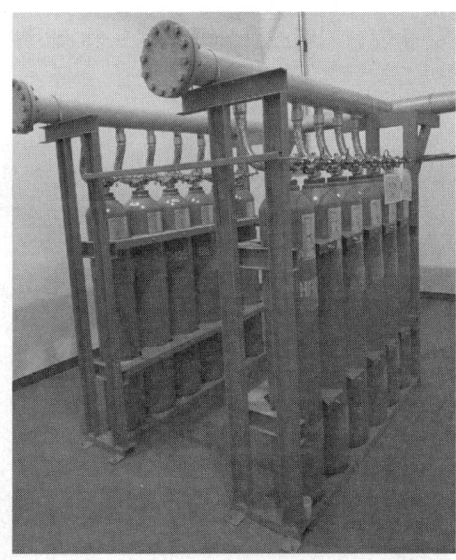

[그림] 저장용기실

14 할로겐화합물 및 불활성기체소화설비 점검표상 기동장치의 점검항목을 쓰시오.

[풀이&답]
- 방호구역별 출입구 부근 소화약제 **방출표시등** 설치 및 정상 작동 여부

[수동식 기동장치]
- 기동장치 부근에 **비상스위치** 설치 여부
- 방호구역별 또는 방호대상별 **기동장치** 설치 여부
- **기동장치 설치 적정**(출입구 부근 등, 높이, 보호장치, 표지, 전원표시등) 여부
- 방출용 스위치 **음향경보장치** 연동 여부

[자동식 기동장치]
- 감지기 작동과의 **연동 및 수동기동** 가능 여부
- 저장용기 수량에 따른 **전자 개방밸브 수량** 적정 여부(전기식 기동장치의 경우)
- 기동용 가스용기의 **용적, 충전압력** 적정 여부(가스압력식 기동장치의 경우)
- 기동용 가스용기의 **안전장치, 압력게이지** 설치 여부(가스압력식 기동장치의 경우)
- 저장용기 **개방구조** 적정 여부(기계식 기동장치의 경우)

[그림] 가스압력식 기동장치

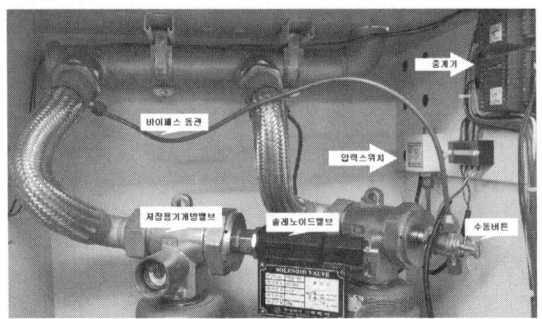
[그림] 전기식 기동장치

15 할로겐화합물 및 불활성기체소화설비 점검표상 제어반 및 화재표시반의 점검항목을 쓰시오.

[풀이&답]
- **설치장소** 적정 및 관리 여부
- **회로도 및 취급설명서** 비치 여부

[제어반]
- **수동기동장치 또는 감지기 신호 수신** 시 음향경보장치 작동 기능 정상 여부
- 소화약제 **방출 · 지연 및 기타 제어** 기능 적정 여부
- **전원표시등** 설치 및 정상 점등 여부

[화재표시반]
- **방호구역별 표시등**(음향경보장치 조작, 감지기 작동), 경보기 설치 및 작동 여부
- 수동식 기동장치 작동표시 **표시등** 설치 및 정상 작동 여부
- 소화약제 **방출표시등** 설치 및 정상 작동 여부
- 자동식기동장치 **자동 · 수동 절환 및 절환표시등** 설치 및 정상 작동 여부

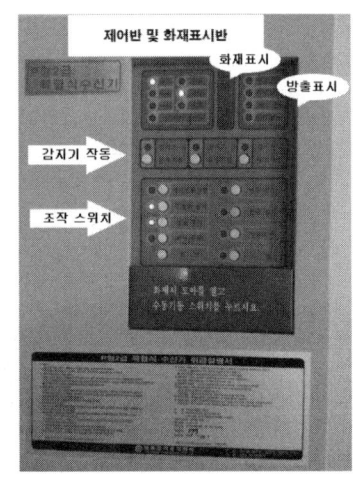
[그림] 제어반 및 화재표시반

16 할로겐화합물 및 불활성기체소화설비 점검표상 분사헤드의 점검항목을 쓰시오.

[풀이&답]
- 분사헤드의 **변형·손상** 유무
- 분사헤드의 **설치높이** 적정 여부

17 할로겐화합물 및 불활성기체소화설비 점검표상 화재감지기의 점검항목을 쓰시오.

[풀이&답]
- 방호구역별 화재감지기 감지에 의한 **기동장치** 작동 여부
- **교차회로**(또는 NFSC 203 제7조제1항 단서 감지기) 설치 여부
- 화재감지기별 **유효 바닥면적** 적정 여부

18 할로겐화합물 및 불활성기체소화설비 점검표상 음향경보장치의 점검항목을 쓰시오.

[풀이&답]
- **기동장치** 조작 시(수동식-방출용스위치, 자동식-화재감지기) 경보 여부
- 약제 방사 개시(또는 방출 압력스위치 작동) 후 경보 적정 여부
- 방호구역 또는 방호대상물 **구획 안에서 유효한 경보** 가능 여부

[방송에 따른 경보장치]
- **증폭기 재생장치**의 설치장소 적정 여부
- 방호구역·방호대상물에서 **확성기 간 수평거리** 적정 여부
- 제어반 **복구스위치** 조작 시 경보 지속 여부

19 할로겐화합물 및 불활성기체소화설비 점검표상 자동폐쇄장치의 점검항목을 쓰시오.

[풀이&답]
- **환기장치** 자동정지 기능 적정 여부
- **개구부 및 통기구** 자동폐쇄장치 설치 장소 및 기능 적합 여부
- 자동폐쇄장치 **복구장치** 설치기준 적합 및 위치표지 적합 여부

20 할로겐화합물 및 불활성기체소화설비 점검표상 비상전원의 점검항목을 쓰시오.

[풀이&답]
- **설치장소** 적정 및 관리 여부
- 자가발전설비인 경우 **연료 적정량** 보유 여부
- 자가발전설비인 경우 「전기사업법」에 따른 **정기점검** 결과 확인

11 분말소화설비의 점검

01 분말소화설비의 작동순서를 설명하시오.

풀이&답

```
              화재 발생
           ┌─────┴─────┐
         수동          자동
       수동조작함      감지기 작동
           └─────┬─────┘
                제어반 ──────── 경보 발생
                 │
             솔레노이드 작동
                 │
             기동용기 개방
                 │
            기동용 가스 방출
           ┌─────┴─────┐
        가압용          선택밸브 개방
      가스용기 개방
                 │
            가압용 질소가스
                 │
             압력조성기
                 │
         소화약제 저장용기 ──── 정압작동장치
                 │
                주밸브
                 │
            분사헤드(방사)
```

02 아래의 보기를 이용하여 화재를 발견 후 수동으로 작동시켰을 때 분말소화설비의 작동순서를 순서대로 답안지에 작성하시오.

[보기] 수동기동장치 작동, 분사헤드에서 방사, 기동용 가스용기 개방―선택밸브 개방, 압력조정장치, 가압용 가스용기 개방, 약제저장탱크―주밸브 개방, 소화약제 방출표시등 점등, 제어반―음향경보장치 및 자동폐쇄장치 작동, 정압작동장치 작동

풀이&답
① 수동기동장치 작동
② 제어반-음향경보장치 및 자동폐쇄장치 작동
③ 기동용 가스용기 개방-선택밸브 개방
④ 가압용 가스용기 개방
⑤ 압력조정장치
⑥ 정압작동장치 작동
⑦ 약제저장탱크-주밸브 개방
⑧ 소화약제 방출표시등 점등
⑨ 분사헤드에서 방사

03 분말소화설비에 대한 다음의 표를 완성하시오.

구 분	제1종분말	제2종분말	제3종분말	제4종분말
주 성 분				
분 자 식				
착 색				
충 전 비				

풀이&답

구 분	제1종분말	제2종분말	제3종분말	제4종분말
주 성 분	탄산수소나트륨	탄산수소칼륨	인산암모늄	탄산수소칼륨+요소
분 자 식	$NaHCO_3$	$KHCO_3$	$NH_4H_2PO_4$	$KHCO_3 + (NH_2)_2CO$
착 색	백색	담회색	담홍색 또는 황색	회색
충 전 비	0.8	1	1	1.25

04 분말소화약제의 열분해반응식을 쓰시오.
(1) 제1종 분말 소화약제
　　① 1차 열분해반응식(270[℃]) :
　　② 2차 열분해반응식(850[℃]) :
(2) 제2종 분말 소화약제
　　① 1차 열분해반응식(190[℃]) :
　　② 2차 열분해반응식(890[℃]) :
(3) 제3종 분말 소화약제
　　① 1차 열분해반응식(190[℃]) :
　　② 2차 열분해반응식(300[℃]) :

풀이&답
(1) 제1종 분말 소화약제
　　① 1차 열분해반응식(270[℃]) : $2NaHCO_3 \rightarrow Na_2CO_3 + CO_2 + H_2O$
　　② 2차 열분해반응식(850[℃]) : $2NaHCO_3 \rightarrow Na_2O + 2CO_2 + H_2O$

(2) 제2종 분말 소화약제
  ① 1차 열분해반응식(190[℃]) : $2KHCO_3 \rightarrow K_2CO_3 + CO_2 + H_2O$
  ② 2차 열분해반응식(890[℃]) : $2KHCO_3 \rightarrow K_2O + 2CO_2 + H_2O$
(3) 제3종 분말 소화약제
  ① 1차 열분해반응식(190[℃]) : $NH_4H_2PO_4 \rightarrow H_3PO_4 + NH_3$
  ② 2차 열분해반응식(300[℃]) : $NH_4H_2PO_4 \rightarrow HPO_3 + NH_3 + H_2O$

위험물에서 제3종 분말 반응식
① 1차 열분해반응식(190[℃]) : $NH_4H_2PO_4 \rightarrow H_3PO_4 + NH_3$
② 2차 열분해반응식(215[℃]) : $2H_3PO_4 \rightarrow H_4P_2O_7 + H_2O$
③ 3차 열분해반응식(300[℃] 이상) : $H_4P_2O_7 \rightarrow 2HPO_3 + H_2O$

※ HPO_3 : 메타인산, H_3PO_4 : 오르토(ortho) 인산, $H_4P_2O_7$: 피로인산

---

05 분말소화약제 중 제1종 분말의 비누화현상에 대하여 반응식을 쓰고 설명하시오.

1. 반응식 : $RCOOR' + NaOH \rightarrow RCOONa + R'OH$
2. 비누화현상 : 에스테르(RCOOR')가 알칼리와 반응하여 가수분해(비누화 반응)되어 알코올과 산의 알칼리염(R'OH)이 되는 반응

---

06 정압작동장치의 기능 및 종류 5가지를 쓰시오.

(1) 정압작동장치의 기능
   소화약제 저장용기내의 내부압력이 설정압력이 되었을 때 주밸브를 개방
(2) 정압작동장치의 종류
   ① 압력 스위치식 ② 시한 릴레이식
   ③ 기계식   ④ 스프링식   ⑤ 봉판식

---

07 정압작동장치의 종류 중 가스압력식, 전기식 및 기계식의 작동원리를 간략히 설명하시오.

(1) 가스압력식 : 저장탱크 내 압력이 설정압력에 도달되었을 때 압력스위치가 솔레노이드밸브를 개방시켜 방출 주밸브를 개방하는 방식
(2) 전기식 : 저장탱크 내 압력이 설정압력에 도달하는 시간을 미리 설정하고 설정한 시간이 되었을 때 솔레노이드밸브를 개방시켜 방출 주밸브를 개방하는 방식
(3) 기계식 : 저장탱크 내 압력이 작동압력 이상이 되면 저장탱크 내 내장된 스프링의 힘으로 방출 주밸브를 개방하는 방식

---

08 분말소화설비의 구성자재 중 아래밸브에 대한 기능을 간략히 설명하시오.

(1) 선택밸브

(2) 배기밸브

(3) 클리닝밸브

(4) 주밸브
(5) 안전밸브

풀이&답
(1) 선택밸브 : 방호구역 또는 방호대상물이 2개 이상일 때 방호구역 또는 방호대상물을 선택하여 소화약제를 방사할 수 있도록 한 밸브
(2) 배기밸브 : 소화약제 방출 후 저장용기 내 남아있는 잔류가스의 방출
(3) 클리닝밸브 : 소화약제 방출 후 배관 내 남아있는 분말소화약제를 방출
(4) 주밸브 : 정압작동장치의 작동으로 저장용기 내 소화약제를 방호구역으로 방출
(5) 안전밸브 : 저장용기에 과압발생 시 압력을 외부로 방출

09 분말소화약제의 고체화를 방지하기 위한 방법 중 3가지만 쓰시오.

풀이&답
(1) 일정기간마다 약제를 흔들어 줄 것
(2) 건조한 장소에 보관할 것
(3) 내구연한을 확인하여 일정한 기간(10년)마다 교체할 것

10 분말소화설비 점검표상 저장용기의 점검항목을 쓰시오.

풀이&답
- **설치장소** 적정 및 관리 여부
- 저장용기 설치장소 **표지** 설치 여부
- 저장용기 **설치 간격** 적정 여부
- 저장용기 개방밸브 **자동·수동 개방 및 안전장치** 부착 여부
- 저장용기와 집합관 **연결배관** 상 체크밸브 설치 여부
- 저장용기 **안전밸브** 설치 적정 여부
- 저장용기 **정압작동장치** 설치 적정 여부
- 저장용기 **청소장치** 설치 적정 여부
- 저장용기 **지시압력계** 설치 및 **충전압력** 적정 여부(축압식의 경우)

11 분말소화설비 점검표상 가압용 가스용기의 점검항목을 쓰시오.

풀이&답
- 가압용 가스용기 **저장용기** 접속 여부
- 가압용 가스용기 **전자개방밸브** 부착 적정 여부
- 가압용 가스용기 **압력조정기** 설치 적정 여부
- 가압용 또는 축압용 **가스 종류 및 가스량** 적정 여부
- 배관 **청소용 가스** 별도 용기 저장 여부

12 분말소화설비 점검표상 기동장치의 점검항목을 쓰시오.

풀이&답
- 방호구역별 출입구 부근 소화약제 **방출표시등** 설치 및 정상 작동 여부
[수동식 기동장치]
- 기동장치 부근에 **비상스위치** 설치 여부
- 방호구역별 또는 방호대상별 **기동장치** 설치 여부

- **기동장치 설치 적정**(출입구 부근 등, 높이, 보호장치, 표지, 전원표시등) 여부
- **방출용 스위치** 음향경보장치 연동 여부

[자동식 기동장치]
- 감지기 작동과의 **연동 및 수동기동** 가능 여부
- 저장용기 수량에 따른 **전자 개방밸브 수량** 적정 여부(전기식 기동장치의 경우)
- 기동용 가스용기의 **용적, 충전압력** 적정 여부(가스압력식 기동장치의 경우)
- 기동용 가스용기의 **안전장치, 압력게이지** 설치 여부(가스압력식 기동장치의 경우)
- 저장용기 **개방구조** 적정 여부(기계식 기동장치의 경우)

13 분말소화설비 점검표상 제어반 및 화재표시반의 점검항목을 쓰시오.

[풀이&답]
- **설치장소** 적정 및 관리 여부
- **회로도 및 취급설명서** 비치 여부

[제어반]
- 수동기동장치 또는 감지기 신호 수신 시 **음향경보장치 작동** 기능 정상 여부
- 소화약제 **방출·지연 및 기타 제어** 기능 적정 여부
- **전원표시등** 설치 및 정상 점등 여부

[화재표시반]
- 방호구역별 **표시등**(음향경보장치 조작, 감지기 작동), **경보기** 설치 및 작동 여부
- 수동식 기동장치 **작동표시 표시등** 설치 및 정상 작동 여부
- 소화약제 **방출표시등** 설치 및 정상 작동 여부
- 자동식기동장치 **자동·수동 절환 및 절환표시등** 설치 및 정상 작동 여부

14 분말소화설비 점검표상 분사헤드의 점검항목을 쓰시오.

[풀이&답]
[전역방출방식]
- 분사헤드의 **변형·손상** 유무
- 분사헤드의 **설치위치** 적정 여부

[국소방출방식]
- 분사헤드의 **변형·손상** 유무
- 분사헤드의 **설치장소** 적정 여부

[호스릴방식]
- 방호대상물 각 부분으로부터 호스접결구까지 **수평거리** 적정 여부
- 소화약제저장용기의 **위치표시등** 정상 점등 및 표지 설치 여부
- 호스릴소화설비 **설치장소** 적정 여부

15 분말소화설비 점검표상 화재감지기의 점검항목을 쓰시오.

[풀이&답]
- 방호구역별 화재감지기 감지에 의한 **기동장치** 작동 여부
- **교차회로**(또는 NFSC 203 제7조제1항 단서 감지기) 설치 여부
- 화재감지기별 **유효 바닥면적** 적정 여부

16 분말소화설비 점검표상 음향경보장치의 점검항목을 쓰시오.

풀이&답
- **기동장치 조작 시**(수동식-방출용스위치, 자동식-화재감지기) 경보 여부
- **약제 방사 개시**(또는 방출 압력스위치 작동) 후 1분 이상 경보 여부
- 방호구역 또는 방호대상물 **구획 안에서 유효한 경보** 가능 여부

[방송에 따른 경보장치]
- **증폭기 재생장치**의 설치장소 적정 여부
- 방호구역·방호대상물에서 **확성기** 간 수평거리 적정 여부
- 제어반 **복구스위치** 조작 시 경보 지속 여부

17 분말소화설비 점검표상 비상전원의 점검항목을 쓰시오.

풀이&답
- **설치장소** 적정 및 관리 여부
- 자가발전설비인 경우 **연료 적정량** 보유 여부
- 자가발전설비인 경우 「전기사업법」에 따른 **정기점검** 결과 확인

12 옥외소화전설비의 점검

01 옥외소화전설비에서 사용하는 포스트 인디케이트 밸브(PIV)에 대하여 설명하시오.

[풀이&답] 지하에 매설된 소화수 배관에 설치하여 소화수를 차단 및 송수하기 위하여 사용하는 것으로 지상에서도 개폐여부를 식별하기 위해 외관에 개폐표시가 확인될 수 있도록 한 밸브

02 소화전함 성능인증 및 제품검사의 기술기준에서 규정한 옥외소화전함의 구조에 대한 적합기준 6가지를 쓰시오.

[풀이&답]
① 소화 전용배관이 통과하는 부분의 구경은 80[mm] 이상이어야 한다.
② 표시등(위치표시등, 기동표시등)을 설치할 수 있는 타공은 함의 상부에 하여야 한다.
③ 건물 벽면에 부착하는 구조의 것은 벽면에 결합할 수 있는 구조이어야 하며, 입식의 것은 300[mm] 이상의 다리를 갖는 구조이어야 한다.
④ 함의 바닥면으로부터 30[mm] 이상의 높이에 철망 등을 설치하여야 한다.
⑤ 경종이 소화전함 내에 설치할 수 있는 구조인 것은 경종의 발신음을 외부로 전달할 수 있는 구조이어야 한다.
⑥ 표시등 및 경종이 설치되는 곳은 방수용기구가 보관되는 곳과 구획되어야 하며, 별도의 문이 있는 구조이어야 한다.

옥외소화전 및 소화전함

03 옥외소화전설비의 방수노즐에서의 선단 방수압력을 피토 튜브 게이지로 측정하는 방법에 대하여 그림을 그려 설명하시오.

[풀이&답] (1) 측정방법
방수시 노즐선단으로부터 노즐구경의 1/2 떨어진 곳에서 피토관(pitottube)의 중심선과 방수류가 일치하는 위치에 피토관의 선단이 오게 하여 압력계의 지시치를 확인할 것.

(2) 측정그림

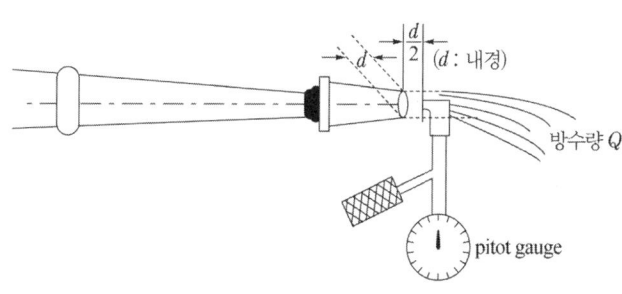
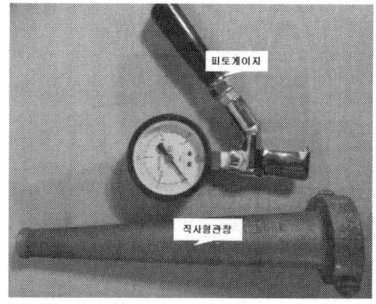

피토게이지

04 옥외소화전설비 점검표상 수조의 점검항목을 쓰시오.

[풀이&답]
- **동결방지조치** 상태 적정 여부
- **수위계** 설치 또는 수위 확인 가능 여부
- 수조 외측 **고정사다리** 설치 여부(바닥보다 낮은 경우 제외)
- 실내설치 시 **조명설비** 설치 여부
- "옥외소화전설비용 수조" **표지**설치 여부 및 설치 상태
- 다른 소화설비와 **겸용** 시 겸용설비의 이름 표시한 표지설치 여부
- **수조-수직배관** 접속부분 "옥외소화전설비용 배관" 표지설치 여부

05 옥외소화전설비 점검표상 가압송수장치[펌프방식]의 점검항목을 쓰시오.

[풀이&답]
- **동결방지조치** 상태 적정 여부
- 옥외소화전 **방수량 및 방수압력** 적정 여부
- **감압장치** 설치 여부(방수압력 0.7[MPa] 초과 조건)
- **성능시험배관**을 통한 펌프 성능시험 적정 여부
- 다른 소화설비와 **겸용**인 경우 펌프 성능 확보 가능 여부
- 펌프 흡입측 **연성계·진공계** 및 토출측 **압력계** 등 부속장치의 변형·손상 유무
- **기동장치** 적정 설치 및 기동압력 설정 적정 여부
- **기동스위치** 설치 적정 여부(ON/OFF 방식)
- **물올림장치** 설치 적정(전용 여부, 유효수량, 배관구경, 자동급수) 여부
- **충압펌프** 설치 적정(토출압력, 정격토출량) 여부
- **내연기관** 방식의 펌프 설치 적정(정상기동(기동장치 및 제어반) 여부, 축전지 상태, 연료량) 여부
- 가압송수장치의 "옥외소화전펌프" **표지**설치 여부 또는 다른 소화설비와 겸용 시 겸용설비 이름 표시 부착 여부

06 옥외소화전설비 점검표상 가압송수장치[고가수조방식, 압력수조방식, 가압수조방식]의 점검항목을 쓰시오.

[풀이&답]
[고가수조방식]
  ◦ 수위계·배수관·급수관·오버플로우관·맨홀 등 부속장치의 변형·손상 유무
[압력수조방식]
  ◦ 압력수조의 압력 적정 여부
  ◦ 수위계·급수관·급기관·압력계·안전장치·공기압축기 등 부속장치의 변형·손상 유무
[가압수조방식]
  ◦ 가압수조 및 가압원 설치장소의 방화구획 여부
  ◦ 수위계·급수관·배수관·급기관·압력계 등 부속장치의 변형·손상 유무

07 옥외소화전설비 점검표상 배관 등의 점검항목을 쓰시오.

[풀이&답]
◦ 호스접결구 **높이** 및 각 부분으로부터 호스접결구까지의 **수평거리** 적정 여부
◦ 호스 **구경** 적정 여부
◦ 펌프의 흡입측 배관 **여과장치**의 상태 확인
◦ **성능시험배관** 설치(개폐밸브, 유량조절밸브, 유량측정장치) 적정 여부
◦ **순환배관** 설치(설치위치·배관구경, 릴리프밸브 개방압력) 적정 여부
◦ **동결방지조치** 상태 적정 여부
◦ 급수배관 **개폐밸브** 설치(개폐표시형, 흡입측 버터플라이 제외) 적정 여부
◦ 다른 설비의 배관과의 **구분 상태** 적정 여부

08 옥외소화전설비 점검표상 소화전함 등의 점검항목을 쓰시오.

[풀이&답]
◦ 함 **개방 용이성** 및 장애물 설치 여부 등 **사용 편의성** 적정 여부
◦ **위치·기동 표시등** 적정 설치 및 정상 점등 여부
◦ "옥외소화전" **표시** 설치 여부
◦ 소화전함 설치 **수량** 적정 여부
◦ 옥외소화전함 내 **소방호스, 관창, 옥외소화전개방 장치** 비치 여부
◦ 호스의 **접결상태, 구경, 방수 거리** 적정 여부

[그림] 옥외소화전 방수구 및 방수기구함

09 옥외소화전설비 점검표상 전원의 점검항목을 쓰시오.

[풀이&답]
- 대상물 **수전방식**에 따른 상용전원 적정 여부
- 비상전원 **설치장소** 적정 및 관리 여부
- 자가발전설비인 경우 **연료 적정량** 보유 여부
- 자가발전설비인 경우 「전기사업법」에 따른 **정기점검** 결과 확인

10 옥외소화전설비 점검표상 제어반의 점검항목을 쓰시오.

[풀이&답]
- **겸용 감시·동력 제어반** 성능 적정 여부(겸용으로 설치된 경우)

[감시제어반]
- 펌프 작동 여부 확인 **표시등 및 음향경보장치** 정상작동 여부
- 펌프 별 **자동·수동 전환스위치** 정상작동 여부
- 펌프 별 **수동기동 및 수동중단** 기능 정상작동 여부
- **상용전원 및 비상전원** 공급 확인 가능 여부(비상전원 있는 경우)
- 수조·물올림탱크 **저수위 표시등 및 음향경보장치** 정상작동 여부
- 각 확인회로 별 **도통시험 및 작동시험** 정상작동 여부
- **예비전원** 확보 유무 및 시험 적합 여부
- 감시제어반 **전용실** 적정 설치 및 관리 여부
- 기계·기구 또는 시설 등 **제어 및 감시설비** 외 설치 여부

[동력제어반]
- 앞면은 적색으로 하고, "옥외소화전설비용 동력제어반" 표지 설치 여부

[발전기제어반]
- 소방전원보존형발전기는 이를 식별할 수 있는 표지 설치 여부

13 비상경보설비 및 단독경보감지기의 점검

01 비상경보설비 및 단독경보형감지기 점검표상 비상경보설비의 점검항목을 쓰시오.

[풀이&답]
- 수신기 **설치장소 적정(관리용이) 및 스위치** 정상 위치 여부
- 수신기 **상용전원 공급 및 전원표시등** 정상점등 여부
- **예비전원(축전지)** 상태 적정 여부(상시 충전, 상용전원 차단 시 자동절환)
- **지구음향장치** 설치기준 적합 여부
- **음향장치(경종 등)** 변형·손상 확인 및 정상 작동(음량 포함) 여부
- 발신기 설치 장소, **위치(수평거리) 및 높이** 적정 여부
- 발신기 **변형·손상 확인** 및 정상 작동 여부
- **위치표시등 변형·손상 확인** 및 정상 점등 여부

02 비상경보설비 및 단독경보형감지기 점검표상 단독경보형감지기의 점검항목을 쓰시오.

[풀이&답]
- **설치 위치**(각 실, 바닥면적 기준 추가설치, 최상층 계단실) 적정 여부
- 감지기의 **변형 또는 손상**이 있는지 여부
- 정상적인 **감시상태**를 유지하고 있는지 여부(시험작동 포함)

[그림] 단독경보형 감지기

14 비상방송설비의 점검

01 자동화재탐지설비의 작동시험스위치를 이용한 비상방송설비의 연동시험 절차에 대하여 설명하시오.

풀이&답
(1) 자동화재탐지설비에서 작동시험으로 화재신호 입력
　① 주경종 정지, 지구경종 정지, 사이렌 정지, 연동설비 정지, 오작동방지기를 비축적 위치로 전환
　② 비상방송설비 연동위치
　③ 작동시험스위치를 누르고 회로선택스위치로 회로선택
　④ 주경종 정상위치
　⑤ 비상방송설비에 화재신호 입력
(2) 비상방송설비의 화재표시등 점등, 해당층 표시등 점등
(3) 방송개시 소요시간이 10초 이내인지 확인
(4) 발화층 및 직상층 우선경보방식인 경우 적합여부 확인
(5) 자동화재탐지설비 수신기 복구
(6) 비상방송설비 복구

02 비상방송설비 점검표상 음향장치의 점검항목을 쓰시오.

풀이&답
- 확성기 **음성입력** 적정 여부
- 확성기 **설치 적정**(층마다 설치, 수평거리, 유효하게 경보) 여부
- 조작부 **조작스위치** 높이 적정 여부
- 조작부 상 **설비 작동층 또는 작동구역** 표시 여부
- **증폭기 및 조작부** 설치 장소 적정 여부
- **우선경보방식** 적용 적정 여부
- **겸용설비 성능 적정**(화재 시 다른 설비 차단) 여부
- 다른 전기회로에 의한 **유도장애** 발생 여부
- 2 이상 조작부 설치 시 **상호 동시통화 및 전 구역 방송** 가능 여부
- 화재신호 수신 후 **방송개시 소요시간** 적정 여부
- 자동화재탐지설비 작동과 **연동하여 정상 작동** 가능 여부

03 비상방송설비 점검표상 배선 등의 점검항목을 쓰시오.

풀이&답
- **음량조절기**를 설치한 경우 3선식 배선 여부
- 하나의 층에 **단락, 단선 시 다른 층의 화재통보** 적부

04 비상방송설비 점검표상 전원의 점검항목을 쓰시오.

풀이&답
- **상용전원** 적정 여부
- **예비전원** 성능 적정 및 상용전원 차단 시 예비전원 자동전환 여부

05 「비상방송설비의 화재안전기술기준」에 따른 "화재로 인하여 하나의 층의 확성기 또는 배선이 단락 또는 단선되어도 다른 층의 화재 통보에 지장이 없도록 할 것"을 충족하기 위해 소방청이 제시한 비상방송설비의 성능 개선 방법이 4가지 안이 있다. 이 4가지를 쓰시오.

풀이&답

1) 각 층 배선용차단기(퓨즈) 설치
2) 각 층 배선 상에 특허제품 설치
3) 각 층마다 증폭기 또는 다채널앰프
4) 라인체커·RX 리시버 이상부하 컨트롤러

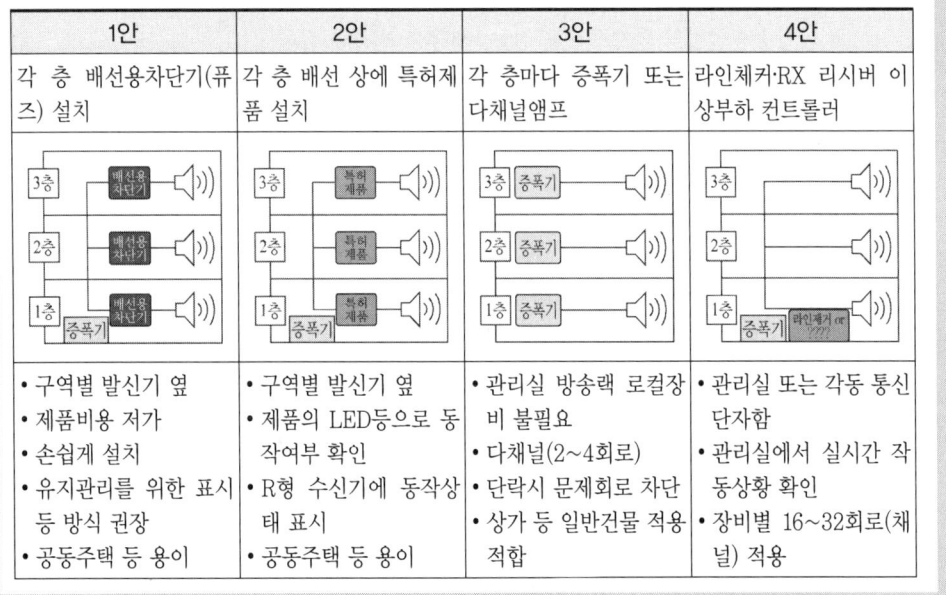

출처_소방시설등 점검·관리 매뉴얼

1안	2안	3안	4안
각 층 배선용차단기(퓨즈) 설치	각 층 배선 상에 특허제품 설치	각 층마다 증폭기 또는 다채널앰프	라인체커·RX 리시버 이상부하 컨트롤러
• 구역별 발신기 옆 • 제품비용 저가 • 손쉽게 설치 • 유지관리를 위한 표시등 방식 권장 • 공동주택 등 용이	• 구역별 발신기 옆 • 제품의 LED등으로 동작여부 확인 • R형 수신기에 동작상태 표시 • 공동주택 등 용이	• 관리실 방송랙 로컬장비 불필요 • 다채널(2~4회로) • 단락시 문제회로 차단 • 상가 등 일반건물 적용 적합	• 관리실 또는 각동 통신단자함 • 관리실에서 실시간 작동상황 확인 • 장비별 16~32회로(채널) 적용

15 자동화재탐지설비 및 시각경보장치의 점검

01 비상문자동개폐장치의 성능인증 및 제품검사의 기술기준에서 규정한 비상문자동개폐장치의 정의를 쓰시오.

풀이&답 비상문에 설치하는 개폐장치(전기·전자 도어록)로서 외부신호(자동화재탐지설비의 화재신호 또는 수동조작신호)에 의하여 자동적으로 개방시키는 장치

02 비상문자동개폐장치의 성능인증 및 제품검사의 기술기준 제4조(작동시험) 기준을 모두 쓰시오.

풀이&답 자동개폐장치는 5초 이내에 개폐부가 개방되어야 하며, 의도된 복귀신호나 인위적 조작 없이는 개방상태를 유지하여야 하고 개방된 경우 개방상태를 확인할 수 있어야 한다. 이 경우 시험방법은 다음 각 호를 따른다.
1. 제어함과 수신기의 출력부(경종 또는 전용신호선)를 연결하고 제어함에 주전원을 공급할 것
2. 수신기에서 화재신호를 보낼 것
3. 이때 수신기에서 제어함으로 송신하는 화재신호 전압은 DC 24V와 맥류 24V를 각각 사용할 것
4. 자동개폐장치가 화재신호를 수신한 때부터 개폐부가 개방될 때까지의 시간을 초 단위까지 측정할 것
5. 5초 이후 개폐부의 개방상태를 쉽게 확인할 수 있는지 관찰할 것

03 다음은 P형 수신기의 시험에 대한 설명을 나타낸 것이다. 번호의 설명에 알맞은 시험의 종류를 답안지에 쓰시오.
(1) 감지기회로의 단선의 유무와 기기 등의 접속상황을 확인
(2) 공통선이 담당하고 있는 경계구역의 적정여부 확인
(3) 감지기가 동시에 수회선 작동하더라도 수신기의 기능에 이상이 없는지의 여부를 확인
(4) 감지기회로의 선로저항 값이 수신기의 기능에 이상을 가져오는지의 여부를 확인
(5) 화재신호와 연동하여 음향경보장치가 정상적으로 작동되는지 여부를 확인
(6) 저전압 상태에서 수신기의 기능이 충분하게 유지되는지의 여부를 확인
(7) 상용전원 및 비상전원이 사고 등으로 정전된 경우 자동적으로 예비전원으로 절환되는지의 여부를 확인
(8) 상용전원이 사고 등으로 정전되는 경우 자동으로 비상전원으로 절환되며, 정전복구 시 자동으로 상용전원으로 절환되는지의 여부를 확인
(9) 지구표시등, 화재표시등의 점등과 주음향장치, 지구음향장치가 정상적으로 울리는지의 여부를 확인

풀이&답
(1) 도통시험　　　　　　　(2) 공통선시험
(3) 동시작동시험　　　　　(4) 회로저항시험
(5) 지구음향장치 작동시험　(6) 저전압시험

⑺ 예비전원시험   ⑻ 비상전원시험
⑼ 화재(표시)작동시험

04 P형 1급 수신기에 있는 표시등이 점등되는 경우를 간략히 설명하시오.

표시등	점등되는 경우
화재표시등	
지구표시등	
교류전원등	
예비전원감시등	
발신기응답등	
스위치주의등	
도통시험등	

풀이&답

표시등	점등되는 경우
화재표시등	화재시 점등
지구표시등	경계구역의 화재신호가 발생하였을 때 점등
교류전원등	수신기의 상용전원이 정상일 때 점등
예비전원감시등	예비전원이 불량일 때 점등
발신기응답등	발신기를 눌렀을 때 점등
스위치주의등	조작스위치가 비정상 위치에 있을 때 점등
도통시험등	도통시험시 정상은 녹색, 단선은 적색으로 점등

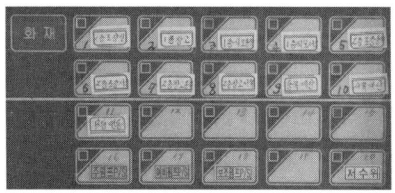
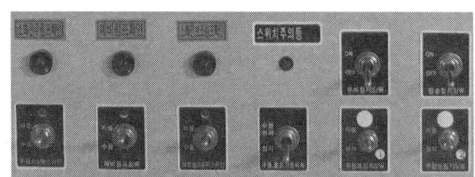

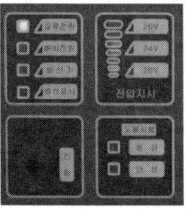

P형 1급 수신기의 표시등

05 P형 1급 수신기에 있는 조작스위치의 기능을 간략히 설명하시오.

조작스위치	기　　능
도통시험스위치	
작동시험스위치	
회로선택스위치	
복구스위치	
자동복구스위치	
예비전원스위치	
주경종정지스위치	
지구경종정지스위치	

풀이&답

조작스위치	기능
도통시험스위치	감지기회로 단선유무 확인
작동시험스위치	화재표시, 지구표시, 주경종 및 지구경종의 작동확인
회로선택스위치	시험하고자 하는 회로를 선택
복구스위치	수신기의 동작상태를 정상으로 복구
자동복구스위치	동작시험 시 사용하는 것으로 신호입력 시 동작하고 신호 없으면 자동으로 복구
예비전원스위치	예비전원의 적합여부 확인
주경종정지스위치	주경종의 경보를 정지
지구경종정지스위치	지구경종의 경보를 정지

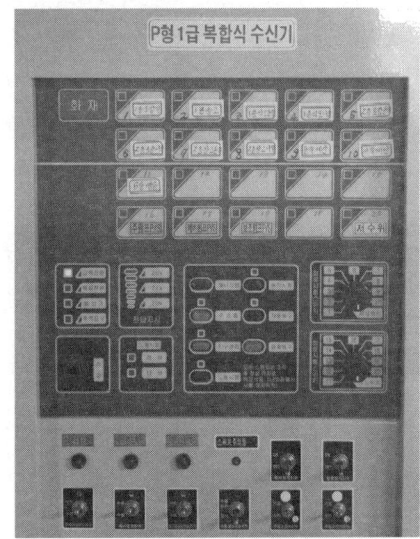

P형 1급 수신기

06 P형 수신기의 도통시험에 대한 다음 각 물음에 답하시오.
(1) 도통시험의 목적
(2) 도통시험 방법

풀이&답
(1) 도통시험의 목적
수신기에서 감지기 사이 회로의 단선유무 확인, 기기 등의 접속 상황을 확인
(2) 도통시험 방법
① 수신기에서 도통시험 스위치를 누른다.
② 회로선택스위치로 회로를 1회로씩 선택한다.

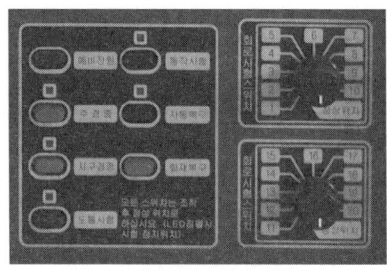

도통시험 스위치와 회로선택스위치

③ 도통확인
- 녹색등 점등 : 정상, 적색등 점등 : 단선
- 전압계가 2~6[V] 지시 : 정상, 0[V] 지시 : 단선
- 전압계가 2[V]이하 지시 : 종단저항이 크다.

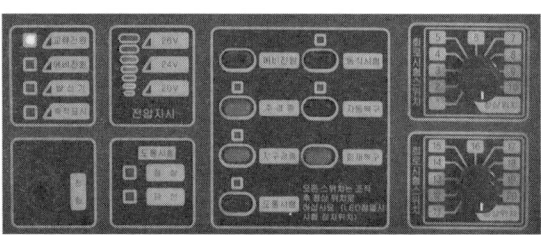

도통시험시 확인사항

④ 수신기 복구(도통시험스위치 및 회로선택스위치 원위치)

07 P형 수신기에서 회로도통시험을 한 결과 정상신호가 나타나지 않았을 경우의 원인 5가지를 쓰시오.

풀이&답
① 감지기회로의 단선
② 감지기회로의 단락
③ 감지기의 고장
④ 종단저항의 접속불량
⑤ 종단저항의 누락

08 P형 수신기의 화재표시 작동시험에 대한 다음 각 물음에 답하시오.
   (1) 화재표시 작동시험의 목적
   (2) 화재표시 작동시험 방법

풀이&답
(1) 화재표시 작동시험의 목적 : 화재신호를 수동으로 입력하여 화재표시, 지구표시, 주경종 및 지구
   경종 등이 정상적으로 동작하는지의 여부를 확인
(2) 화재표시 작동시험 방법
   ① 시험전 안전조치
      • 주경종, 지구경종, 사이렌, 비상방송 등을 정지
      • 연동설비를 정지(방화셔터, 자동소화설비 등)
      • 오동작방지기를 비축적으로 전환
   ② 작동시험스위치와 자동복구스위치를 누른다.
   ③ 회로선택스위치를 이용하여 회로를 1회로씩 선택한다.
   ④ 작동확인
      • 화재표시등, 지구표시등 점등확인
      • 주경종, 지구경종 명동 확인
      • 연동설비를 정상위치로 전환하여 동작확인
   ⑤ 수신기 복구(정상위치로 전환)

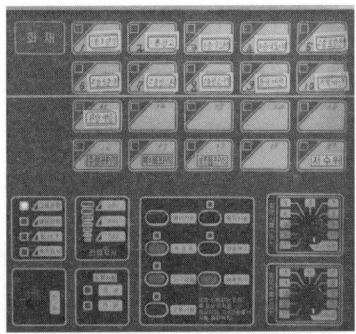 

화재표시등 및 주경종

09 P형 수신기의 동시작동시험에 대한 다음 각 물음에 답하시오.
   (1) 동시작동 시험의 목적
   (2) 동시작동 시험 방법

풀이&답
(1) 동시작동 시험의 목적
   복구 없이 동시에 5회로를 작동시켜도 기능에 이상이 없는지 여부를 확인
(2) 동시작동 시험 방법
   ① 수신기 내 자동복구 스위치를 누르지 않는다.
   ② 작동시험스위치를 누른다.
   ③ 회로선택스위치를 이용하여 회로를 1회로씩 선택한다.
   ④ 작동확인
      • 화재표시등, 지구표시등 점등확인
      • 주경종, 지구경종 명동 확인
      • 연동설비를 정상위치로 전환하여 동작확인
   ⑤ 수신기 복구(정상위치로 전환)

10 P형 수신기의 공통선시험에 대한 다음 각 물음에 답하시오.

(1) 공통선 시험의 목적

(2) 공통선 시험 방법

풀이&답
(1) 공통선 시험의 목적
하나의 공통선이 담당하고 있는 회로수가 7회로 이하인지의 여부를 확인
(2) 공통선 시험 방법
① 수신기 내 공통선 1선을 단자에서 뺀다.
② 회로 도통시험을 실시
③ 단선이 표시되는 회선수를 체크
④ 단선이 표시되는 회선수가 7이하이면 정상
⑤ 빼낸 공통선을 수신기 내 단자에 결합
⑥ 수신기 복구(정상위치로 전환)

11 P형 수신기의 예비전원시험에 대한 다음 각 물음에 답하시오.

(1) 예비전원시험의 목적

(2) 예비전원시험 방법

풀이&답
(1) 예비전원시험의 목적
상용전원 차단시 예비전원으로 자동절환되고, 예비전원 전압의 적정여부 확인
(2) 예비전원시험 방법
① 예비전원스위치를 누른다.(누르는 동안만 시험가능)
② 예비전원 전압의 적정여부 확인, 상용전원 입력 차단시 자동절환 릴레이의 작동상황 확인
③ 예비전원스위치를 원래 위치로 복구한다.

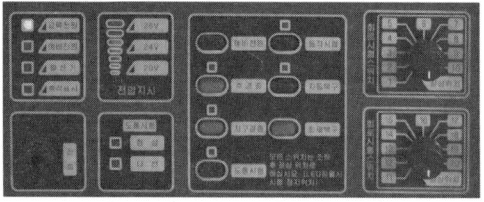

12 P형 수신기에서 회로저항시험 절차에 대하여 설명하시오.

풀이&답
① 수신기 내 단자대에서 선로의 길이가 가장 긴 회로선과 회로공통선을 분리
② 분리한 회로 말단의 종단저항을 단락
③ 전류전압측정계를 사용하여 저항을 측정, 측정된 저항값이 50[Ω]이하이면 정상
④ 수신기 내 단자대 복구

13 송배선방식과 교차회로방식에 대한 다음의 각 물음에 답하시오.

(1) 송배선방식의 정의, 계통도 및 적용설비 2가지

(2) 교차회로방식의 정의, 계통도 및 적용설비 5가지

풀이&답

(1) 송배선방식
 ① 정의 : 수신기에서 2차측 외부배선의 도통시험을 용이하게 하기 위하여 배선의 중간에서 분기하지 않은 배선방식
 ② 계통도

 ③ 적용설비
  • 자동화재탐지설비
  • 제연설비

(2) 교차회로방식
 ① 정의 : 하나의 담당구역 내에 2이상의 화재감지기 회로를 설치하고 인접한 2 이상의 화재감지기가 동시에 감지되는 때에 설비가 작동하는 배선방식
 ② 계통도

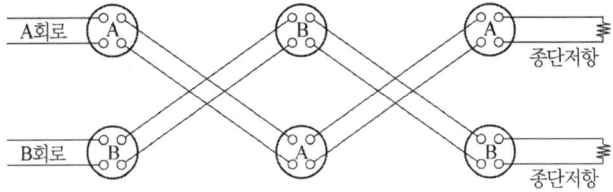

 ③ 적용설비
  • 할론 소화설비
  • 분말 소화설비
  • 이산화탄소소화설비
  • 준비작동식 스프링클러설비, 일제살수식 스프링클러설비
  • 할로겐화합물 및 불활성기체 소화설비
  • 미분무소화설비

14 다음은 R형 수신기에 문제에 따른 표시등이 점등되었다. 각 표시등별 점등원인을 보기에서 찾아 모두 쓰시오.

ㄱ. 감지기 동작	ㄴ. 가스누설
ㄷ. 회로선 단선	ㄹ. 발신기 작동
ㅁ. 전화잭 인입	ㅂ. 스프링클러설비 작동

(1) 대표화재 점등	
(2) 가스대표화재 점등	
(3) 감시대표 점등	
(4) 이상대표 점등	
(5) 응답램프 점등	
(6) 전화램프 점등	

풀이&답		
	(1) 대표화재 점등	ㄱ, ㄹ, ㅂ
	(2) 가스대표화재 점등	ㄴ
	(3) 감시대표 점등	ㅂ
	(4) 이상대표 점등	ㄷ
	(5) 응답램프 점등	ㄹ
	(6) 전화램프 점등	ㅁ

15 P형 수신기의 고장원인 및 대책에 대한 다음 각 물음에 답하시오.
(1) 화재표시등 또는 지구표시등이 미점등 원인 및 조치사항
(2) 화재표시등과 지구표시등이 점등되어 복구되지 않을 경우 원인 및 조치방법

풀이&답

(1) 화재표시등 또는 지구표시등이 미점등 원인 및 조치사항

원 인	조치방법
① 발광다이오드 불량	발광다이오드의 전압을 확인하여 교체
② 표시램프 단선	램프의 단선유무를 확인 후 단선시 교체
③ 퓨즈 단선	퓨즈 교체
④ 릴레이 불량	릴레이 교체

(2) 화재표시등과 지구표시등이 점등되어 복구되지 않을 경우 원인 및 조치방법

원 인	조치방법
① 수동발신기가 눌러진 경우	수동발신기를 복구
② 감지기 선로의 단락	선로를 점검하여 정비
③ 감지기가 불량	불량 감지기를 교체
④ 현장의 감지기가 오작동	현장의 감지기 청소 또는 교체

16 수신기에서 아래와 같은 고장현상이 발생하였을 때 확인사항을 쓰시오.

고장현상	확인사항
상용전원이 OFF	
예비전원 불량 (예비전원감시등 점등)	
경종 미동작	

풀이&답

고장현상	확인사항
상용전원이 OFF	① 수신기 내부 전원스위치 ON 확인 ② 상용전원용 퓨즈 단선여부 확인(단선시 적색으로 점등) ③ 수신기 전원 공급용 차단기 ON 확인 ④ 정전여부 확인

고장현상	확인사항
예비전원 불량 (예비전원감시등 점등)	① 예비전원 전압확인 ② 예비전원용 퓨즈 단선여부 확인 ③ 예비전원 연결 커넥터 확인
경종 미동작	① 경종 정지스위치가 눌러진 상태인지 확인 ② 경종용 퓨즈 단선여부 확인 ③ 경종선 단선 여부 확인 ④ 경종 자체 결함여부 확인

17 주경종이 동작하지 않을 경우 원인과 조치방법을 쓰시오.

풀이&답

원 인	조치방법
주경종 정지스위치가 눌러진 경우	정상위치로 전환
주경종 정지스위치의 불량	이상시 교체
주경종 자체 불량	주경종 교체
수신기 내부회로의 불량	수신기 정비

18 지구경종이 동작하지 않을 경우 원인과 조치방법을 쓰시오.

풀이&답

원 인	조치방법
지구경종 정지스위치가 눌러진 경우	정상위치로 전환
지구릴레이의 불량	불량 릴레이 교체
경종 자체 불량	경종선로의 전압을 측정하여 24[V]인 경우 경종 교체
경종선의 단선	경종선로의 전압이 0[V]인 경우 선로정비

19 화재에 의한 열, 연기 또는 불꽃 이외의 요인에 의하여 자동화재탐지설비가 작동하여 화재경보를 발하는 것을 "비화재보"(Unwanted Alarm)라 한다. 즉, 자동화재탐지설비가 정상적으로 작동하였다 하더라도 화재가 아닌 경우의 경보를 "비화재보"라 한다. 비화재보에는 False Alarm과 Nuisance Alarm이 있다. 다음 각 물음에 답하시오.

(1) 설비자체의 결함이나 오작동 등에 의한 경우(False Alarm)에 해당하는 구체적인 사항 3가지를 쓰시오.

(2) 일과성 비화재보(Nuisance Alarm)를 방지할 수 있는 대책 5가지를 쓰시오.

풀이&답
(1) False alarm에 해당하는 구체적인 사항 3가지
① 설비자체의 기능상 결함
② 설비의 유지관리 불량
③ 실수나 고의적인 행위에 의한 오작동
(2) 일과성 비화재보(Nuisance Alarm)를 방지할 수 있는 대책 6가지

① 비화재보에 적응성 있는 감지기의 사용
② 환경적응성이 있는 감지기의 사용
③ 감지기 설치수량의 최소화
④ 경년변화에 따른 유지보수 철저
⑤ 아날로그감지기의 사용

20 화재감지기와 수신기의 기능상의 문제로 인해 발생하는 비화재보의 원인 3가지를 쓰시오.

풀이&답
① 수신기 내부 릴레이의 오작동
② 전자파에 따른 감지기의 오작동
③ 먼지 등에 의한 감지기의 오작동
④ 유도뢰에 의한 감지기 또는 수신기의 오작동

21 건축물에서 비화재보로 음향장치(경종)이 울리는 경우 대처 방법을 설명하시오.

풀이&답
⑴ 수신기를 확인한다.
　화재표시등, 지구표시등 점등여부를 확인
⑵ 실제 화재여부를 확인한다.
　지구표시등이 점등된 구역을 확인하여 비화재보 여부를 판단
⑶ 음향장치 정지
　주경종 및 지구경종 정지스위치를 누른다.
⑷ 비화재보 원인 제거
　• 감지기 동작표시등 확인하여 교체
　• 발신기 복구
⑸ 수신기를 복구한다.
　복구 스위치를 눌러 수신기를 정상으로 복구한다.
⑹ 음향장치 복구
　주경종 및 지구경종 정지스위치를 연동으로 전환
⑺ 스위치주의등의 점등확인
　스위치주의등의 점멸여부를 확인하여 소등상태면 정상

22 일시적으로 발생한 열·연기 또는 먼지 등으로 인하여 감지기가 화재신호를 발신할 우려가 있는 때에는 축적 기능의 수신기를 설치하여 비화재보를 방지하여야 한다. 점검시와 평상시 오작동방지기의 위치(축적 또는 비축적)를 쓰시오.

풀이&답
① 점검시 : 비축적 위치
② 평상시 : 축적 위치

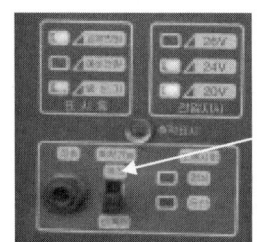

축적/비축적

오작동방지기

23 발신기를 눌렀을 때 수신기에서 확인하여야 하는 사항을 쓰시오.

[풀이&답]
① 발신기 응답표시등 점등확인   ② 화재표시등, 지구표시등 점등확인
③ 주경종, 지구경종 명동 확인   ④ 사이렌, 방송설비 연동확인

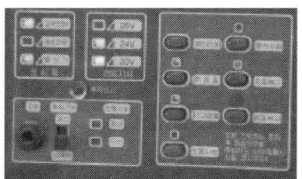

화재표시등 점등 및 발신기 응답표시등 점등

24 차동식 분포형 감지기의 종류 3가지를 쓰고 동작원리를 설명하시오.

[풀이&답]
(1) 공기관식 : 주위온도 급격상승 → 공기관 내 공기의 팽창 → 다이어프램의 상승 → 접점 폐쇄 → 화재신호
(2) 열반도체식 : 주위온도 급격상승 → 열반도체에 의한 열기전력 발생 → 미터릴레이 작동 → 접점 폐쇄 → 화재신호
(3) 열전대식 : 주위온도 급격상승 → 열전대에 의한 열기전력 발생 → 미터릴레이 작동 → 접점 폐쇄 → 화재신호

 보충설명

차동식 분포형 감지기의 구조도

공기관식	(공기관, 중공동관 두께 0.3[mm] 이상, 바깥지름 1.9[mm] 이상, 시험용 레버, 리크공, 다이어프램, P_1, P_2, T(시험구멍), 접점, Cock stand)
열반도체식	(미터릴레이, 검출부, 시험용단자, 감시부, 동니켈선, 열반도체 소자)
열전대식	(미터릴레이, 검출부, 시험용단자, 열전대부)

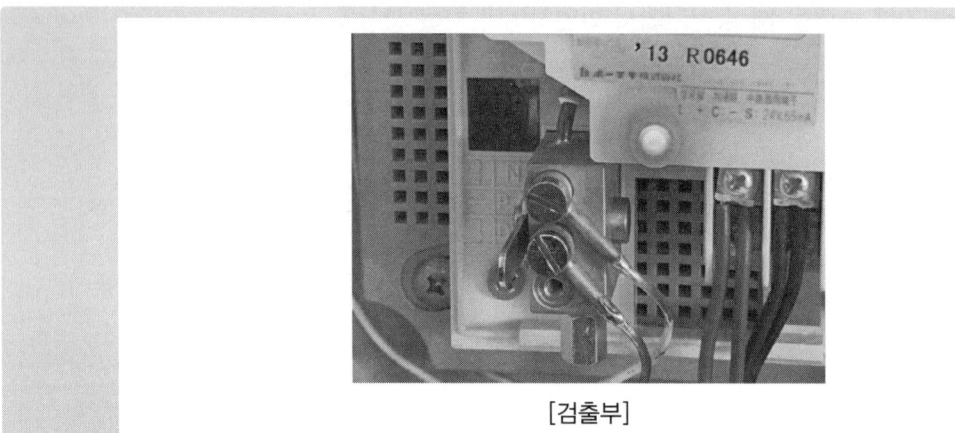

[검출부]

25 차동식 분포형 공기관식 감지기의 점검방법 중 화재작동시험의 목적, 시험방법, 판정방법을 쓰고 기준치 이상 및 기준치 미달시 발생현상에 대하여 설명하시오.

풀이&답

구 분	화재작동 시험(공기주입 시험)
목 적	공기를 투입하고 작동 시까지의 시간 및 경계구역의 적정여부 확인
시험방법	① 주경종을 ON, 지구경종을 ON ② 자동복구 스위치를 누른다. ③ 검출부의 시험용 레버를 중단(P.A)위치에 놓는다. ④ 공기주입시험기를 시험구멍에 접속하여 공기량을 공기관에 투입한다. ⑤ 초시계로 시간을 측정한다. ⑥ 공기주입시험기를 분리한다. ⑦ 시험용 레버를 상단(N)위치에 놓고 수신기를 복구시킨다.
판정방법	① 작동시간은 검출부 제원표에 의한 수치범위일 것 ② 경계구역의 표시가 적정할 것
기준치 이상	① 리크저항치가 규정치보다 작다.(리크구멍이 커서 공기누설이 잘 된다.) ② 접점수고 값이 규정치보다 높다.(접점간격이 넓다.) ③ 공기관의 길이가 너무 길다. ④ 공기관의 누설
기준치 미달	① 리크저항치가 규정치보다 크다. ② 접점수고 값이 규정치보다 낮다. ③ 공기관의 길이가 주입량에 비해 짧다. ④ 공기관의 폐쇄, 변형

26 차동식분포형 공기관식 감지기의 점검방법 중 작동계속시험의 목적, 시험방법, 판정방법을 쓰고 기준치 이상 및 기준치 미달 시 발생현상에 대하여 설명하시오.

구 분	작동계속 시험
목 적	감지기가 작동하여 접점이 형성된 후 일정시간동안 작동이 계속되는지 여부 확인
시험방법	① 주경종을 ON, 지구경종을 ON ② 자동복구 스위치를 누른다. ③ 검출부의 시험용 레버를 중단(P.A) 위치에 놓는다. ④ 공기주입시험기를 시험구멍에 접속하여 공기량을 공기관에 투입한다. ⑤ 초시계로 작동시간을 측정한다. ⑥ 화재작동시험에 의해 감지기가 작동할 때부터 복구할 때까지의 시간을 측정 ⑦ 공기주입시험기를 분리한다. ⑧ 시험용 레버를 상단(N)위치에 놓고 수신기를 복구시킨다.
판정방법	① 감지기의 작동계속시간의 정상여부를 확인할 것
기준치 이상	① 리크저항치가 규정치보다 크다. ② 접점수고 값이 규정치보다 낮다. ③ 공기관의 길이가 주입량에 비해 짧다. ④ 공기관의 폐쇄, 변형
기준치 미달	① 리크저항치가 규정치보다 작다. ② 접점수고 값이 규정치보다 높다. ③ 공기관의 길이가 너무 길다. ④ 공기관의 누설

27 아래의 그림을 참고하여 유통시험의 시험목적, 시험방법, 판정방법을 쓰시오.

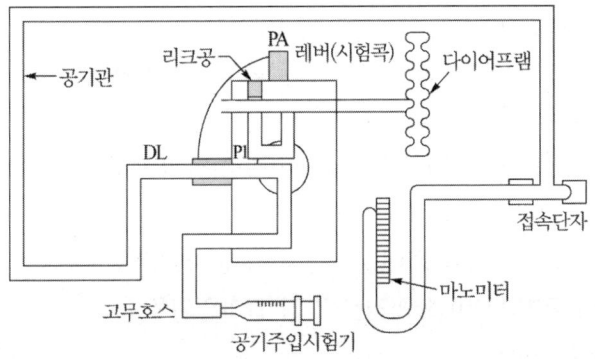

(1) 시험목적
  ① 공기관의 누설, 변형, 막힘 등의 확인
  ② 공기관의 유통 상태
  ③ 공기관 길이의 적합여부 확인
(2) 시험방법
  ① 검출부의 P1단자에서 공기관을 분리한다.
  ② 분리한 공기관의 일단에 마노미터를 접속하고 시험구멍에 공기주입시험기를 연결한다.
  ③ 검출부의 레버(시험콕)을 중단(PA)에 위치
  ④ 공기주입시험기로 공기를 주입하여 마노미터의 수위를 100[mm]까지 상승시킨 후 공기주입을 멈춘다.

㉠ 마노미터의 수위가 정지되지 않는 경우 : 공기관의 누설
㉡ 마노미터의 수위가 올라가지 않을 경우 : 공기관의 변형 또는 막힘
⑤ 레버(시험콕)을 하단에 위치시켜 수위가 50[mm]까지 하강하는 시간을 측정한다.
⑥ 시험완료 후 레버(시험콕)을 상단에 위치
⑦ 수신기 복구
(3) 판정방법 : 유통시간은 공기관-유통곡선에 표시되는 범위 이내일 것

28 그림은 차동식 분포형 공기관식 감지기의 유통시험에 관한 것이다. 다음 물음에 답하시오.

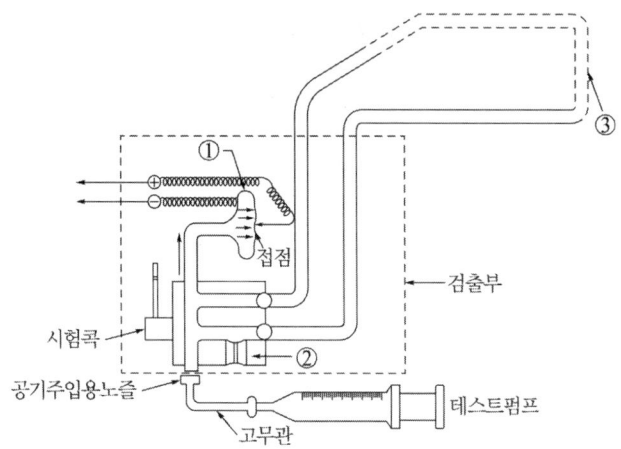

(1) ①~③의 명칭은 각각 무엇인가?
(2) 이 시험을 하는 목적을 3가지 쓰시오.
(3) 시험 시 검출부의 시험구멍 또는 공기관의 한쪽 끝에 테스트펌프를 접속시킨다면 다른 한 쪽 끝에는 무엇을 접속시키는가?
(4) 테스트펌프로 공기를 불어넣어 마노미터의 수위를 100[mm]까지 상승시켰다면 유통시간은 어떻게 측정 되는가?
(5) ③의 최소길이와 최대길이는 각각 얼마인가?
(6) ③의 굵기(두께)와 외경은 각각 얼마인가?

풀이&답
(1) ① 다이아프램 ② 리크공 ③ 공기관
(2) 시험목적
   ① 공기관의 누설, 변형, 막힘 등의 확인
   ② 공기관의 유통 상태
   ③ 공기관 길이의 적합여부 확인
(3) 마노미터
(4) 시험콕을 하단으로 위치시키고 수위가 50[mm]까지 내려가는 시간을 측정한다.
(5) 최소 : 20[m], 최대 : 100[m]
(6) 두께 : 0.3[mm]이상, 외경 : 1.9[mm]이상

29 그림은 공기관식 차동식 분포형 감지기의 시험에 관한 사항이다. 다음 각 물음에 답하시오.

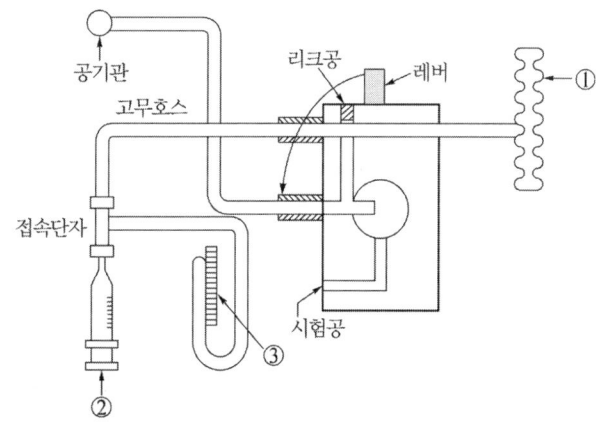

(1) 그림은 어떤 시험을 하기 위한 구성도인지 쓰시오.
(2) 기호 ①~③의 명칭은?
(3) 이 시험의 시험방법 및 양부판정기준을 쓰시오.
(4) 측정값이 기준치 이하 및 기준치 이상일 때 감지기에는 어떤 현상이 발생하는지 쓰시오.

풀이&답
(1) 접점수고시험(다이어프램 시험)
(2) 기호 ①~③의 명칭
　① 다이어프램　② 테스트펌프　③ 마노미터
(3) 이 시험의 시험방법 및 양부판정기준
　1) 시험방법 :
　　① 검출부의 공기관 P1단자에서 공기관을 분리하고 검출부에 마노미터와 테스트 펌프를 접속한다.
　　② 레버를 하단에 위치시키고, 테스트 펌프로 공기를 주입한다.
　　③ 접점이 붙는 순간 마노미터의 수위를 확인한다.
　2) 양부판정기준 : 접점수고 값은 제조사의 사양을 참고하여 15% 범위 내이면 적합하다.
(4) 기준치 이하 및 기준치 이상
　① 기준치 이하 : 오작동(비화재보)
　② 기준치 이상 : 지연동작(실보)

30 차동식 분포형 공기관식 감지기의 점검방법 중 리크저항시험의 시험목적, 시험방법 및 판정기준을 쓰시오.

풀이&답
(1) 시험목적
　① 리크저항이 작으면 실보의 원인
　② 리크저항이 크면 비화재보의 원인
(2) 시험방법
　① 검출부의 공기관 P2단자에서 공기관을 분리하고 검출부에 마노미터와 공기주입시험기를 접속한다.
　② 시험레버를 하단에 위치시킨다.

③ 공기주입시험기로 공기를 주입하여 마노미터의 수위를 100[mm]까지 상승시킨 후 공기 주입을 중단한다.
④ 마노미터의 수위가 50[mm]까지 하강하는 시간을 측정한다.
(3) 판정기준 : 유통시험에서 측정한 수위 하강시간보다 짧아야 한다.

31 자동화재탐지설비에 대한 다음 각 물음에 답하시오.
(1) P형 1급 수신기의 예비전원시험으로 확인 가능한 것 3가지를 쓰시오.
(2) 수동발신기와 감지기와 수신기로 이어지는 회로가 잘못 그려져 있다. 이것을 수정하여 그리시오.(단, 종단저항은 발신기함에 내장되도록 설치한다.)

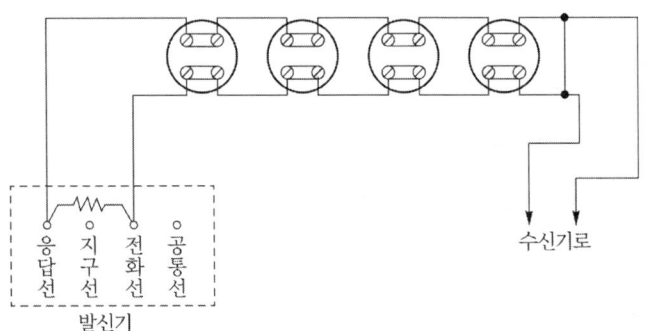

[풀이&답]
(1) 예비전원시험으로 확인 가능
   ① 상용전원 차단 시 예비전원 자동절환 여부
   ② 정전복구 시 상용전원으로 자동절환 여부
   ③ 비상전원의 전압이 적정치 내에 있는지 여부
(2) 수정하여 그린 회로

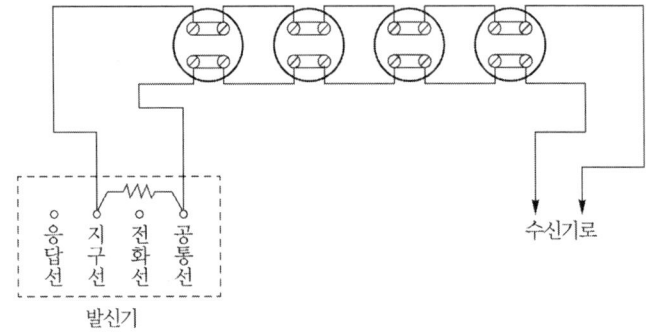

32 자동화재탐지설비에 대한 다음 각 물음에 답하시오.
(1) 1종 및 2종 연기감지기 설치기준에 알맞은 내용을 괄호(①~④)에 쓰시오.
   1) 계단 및 경사로에 있어서는 수직거리 (①)m 마다 1개 이상으로 할 것.
   2) 복도 및 통로에 있어서는 보행거리 (②)m 마다 1개 이상 설치할 것.
   3) 감지기는 벽 또는 보로부터 (③)m 이상 떨어진 곳에 설치할 것.

4) 천장 또는 반자부근에 (④)가 있는 경우에는 그 부근에 설치할 것.
(2) 감지기 선로의 말단에는 종단저항을 접속하도록 규정하고 있다. 그 이유에 대하여 설명하고 감지기 배선을 송배선식으로 시공하는 이유에 대하여도 설명하시오.
　　1) 종단저항 :
　　2) 송배선식 :
(3) P형 1급 수신기에 스위치 주의등이 점멸하는 이유를 5가지 쓰시오.
(4) P형 1급 수신기의 성능을 검사하는 방법 8가지의 종류를 기술하시오.

[풀이&답]

(1) 빈칸을 완성
　　① 15　② 30　③ 0.6　④ 배기구
(2) 종단저항과 송배전식으로 하는 이유
　　1) 종단저항 : 수신기와 감지기 사이의 배선에 도통시험을 용이하게 하기 위하여 감지기회로 말단에 접속하는 저항
　　2) 송배선식 : 수신기에서 2차측 외부배선의 도통시험을 용이하게 하기 위하여 배선의 중간에서 분기하지 않은 배선방식
(3) 스위치주의등이 점멸하는 이유
　　① 지구경종 정지스위치가 ON인 상태
　　② 주경종 정지스위치가 ON인 상태
　　③ 자동복구스위치가 ON인 상태
　　④ 회로도통시험스위치가 ON인 상태
　　⑤ 동작시험스위치가 ON인 상태
(4) 시험방법의 종류
　　① 화재표시작동시험　　② 지구음향장치의 작동시험
　　③ 회로도통시험　　　　④ 공통선 시험
　　⑤ 동시작동시험　　　　⑥ 저전압시험
　　⑦ 회로저항시험　　　　⑧ 예비전원시험

33 종단저항과 무반사 종단저항에 대하여 각각 적용설비 및 설치목적을 답안지에 쓰시오. (단, 종단저항을 적용하는 설비는 8가지를 기재할 것)

[풀이&답]

구 분	종단저항	무반사종단저항
적용설비	• 자동화재탐지설비 • 준비작동식 스프링클러설비 • 일제살수식 스프링클러설비 • 분말소화설비 • 이산화탄소소화설비 • 할론소화설비 • 할로겐화합물 및 불활성기체 소화설비 • 제연설비	• 무선통신보조설비
설치목적	감지기회로의 도통시험을 용이하게 하기 위해	전송되는 전자파가 전송로의 말단에서 반사되어 교신을 방해하는 것을 방지

34 다음은 감지기의 형식승인 및 제품검사의 기술기준에 대한 설명이다. 괄호 안의 번호에 알맞은 답을 쓰시오.

(1) "(①)"이란 1개의 감지기 내에서 다음 각 목과 같다.
　　가. 각 서로 다른 종별 또는 감도 등의 기능을 갖춘 것으로서 일정시간 간격을 두고 각각 다른 2개 이상의 화재신호를 발하는 감지기를 말한다.
　　나. 동일 종별 또는 감도를 갖는 2개이상의 센서를 통해 감지하여 화재신호를 각각 발신하는 감지기를 말한다.
(2) "(②)"이란 폭발성가스가 용기내부에서 폭발하였을 때 용기가 그 압력에 견디거나 또는 외부의 폭발성가스에 인화될 우려가 없도록 만들어진 형태의 감지기를 말한다.
(3) "(③)"이란 일정농도·온도 이상의 연기 또는 온도가 일정 시간(공칭축적시간) 연속하는 것을 전기적으로 검출함으로써 작동하는 감지기(다만, 단순히 작동시간만을 지연시키는 것은 제외한다)를 말한다.
(4) "(④)"이란 주위의 온도 또는 연기의 양의 변화에 따른 화재정보신호값을 출력하는 방식의 감지기를 말한다.

풀이&답　① 다신호식　② 방폭형　③ 축적형　④ 아날로그식

35 다음은 감지기의 형식승인 및 제품검사의 기술기준 제5조에서 규정한 차동식분포형감지기로서 공기관식 또는 이와 유사한 것의 적합기준에 대한 설명이다. 괄호 안의 번호에 알맞은 답을 쓰시오.

(1) 리이크저항 및 (①)를 쉽게 시험할 수 있어야 한다.
(2) 공기관의 누출 및 폐쇄여부를 쉽게 시험할 수 있고, 시험 후 시험장치를 정 위치에 쉽게 복귀할 수 있는 적당한 방법이 강구되어야 한다.
(3) 공기관은 하나의 길이(이음매가 없는 것)가 (②) 이상의 것으로 안지름 및 관의 두께가 일정하고 홈, 갈라짐 및 변형이 없어야하며 부식되지 아니하여야 한다.
(4) 공기관의 두께는 (③), 바깥지름은 (④)이어야 한다.

풀이&답　① 접점수고　② 20[m]　③ 0.3[mm] 이상　④ 1.9[mm] 이상

36 다음은 감지기의 형식승인 및 제품검사의 기술기준에서 규정한 단독경보형감지기의 일반기능에 대한 설명이다. 괄호 안의 번호에 알맞은 답을 쓰시오.

(1) 자동복귀형 스위치(자동적으로 정위치에 복귀될 수 있는 스위치를 말한다)에 의하여 수동으로 작동시험을 할 수 있는 기능이 있어야 한다.
(2) 작동되는 경우 작동표시등에 의하여 화재의 발생을 표시하고, 내장된 음향장치의 명동에 의하여 화재경보음을 발할 수 있는 기능이 있어야 한다.

(3) 주기적으로 섬광하는 전원표시등에 의하여 전원의 정상 여부를 감시할 수 있는 기능이 있어야 하며, 전원의 정상상태를 표시하는 전원표시등의 섬광주기는 (①) 이내의 점등과 (②) 이내의 소등으로 이루어져야 한다.

(4) 제2호의 규정에 의한 화재경보음은 감지기로부터 1[m] 떨어진 위치에서 (③) 이상으로 (④) 이상 계속하여 경보할 수 있어야 한다. 이 경우 화재경보음에 음성안내를 포함할 수 있다.

(5) 건전지의 성능이 저하되어 건전지의 교체가 필요한 경우에는 음성안내를 포함한 음향및 표시등에 의하여 72시간 이상 경보할 수 있어야 한다. 이 경우 음향경보는 1[m] 떨어진 거리에서 (⑤)(음성안내는 60[dB]) 이상이어야 한다.

풀이&답
① 1초　　　② 30초에서 60초
③ 85[dB]　　④ 10분　　⑤ 70[dB]

37 감지기의 형식승인 및 제품검사의 기술기준 제8조에서 규정한 비화재보방지 기준 4가지를 쓰시오.

풀이&답
(1) 감지기는 다음 각 호에 대하여 시험하는 경우 작동하지 않아야 한다.
　① 주위온도 (23±2)[℃]인 조건을 유지하며 상대습도 (20±5)[%]에서 (90±5)[%]인 상태로 급격하게 3회 변경 투입을 반복하는 경우
　② 감지기를 분당 6회의 비율로 순간적인 감지기 공급전원의 차단을 반복하는 경우
(2) 광전식 기능을 가진 감지기는 제1항 및 다음 각 호에 노출되는 경우 경우에 작동하지 않아야 한다.
　① 백열램프
　② 크세논램프
(3) 이온화식 기능을 가진 감지기는 제1항 및 기류를 가하는 경우에 작동하지 않아야 한다.
(4) 불꽃식 기능을 가진 감지기는 제1항 및 다음 각 호에 노출 및 인가되는 경우에 작동하지 않아야 한다.
　① 형광램프　　② 할로겐램프　　③ 직사 및 반사된 태양광
　④ 아크용접 불꽃　⑤ 충격파전압　　⑥ 그 밖의 외광
　⑦ 흔들리는 주황색의 천(영상분석식에 한함)

38 다음은 감지기의 형식승인 및 제품검사의 기술기준 제19조 규정의 일부를 설명한 것이다. 괄호 안의 번호에 알맞은 답을 쓰시오.

(1) 아날로그식 분리형광전식감지기는 다음 각 호의 시험에 적합하여야 한다.
　1) 공칭감시거리는 (①) 이상 (②) 이하로 하여 (③) 간격으로 한다.
　2) 송광부와 수광부 사이에 감광필터를 설치할 때 공칭감지농도범위(설계치)의 최저농도값에 해당하는 감광율에서 최고농도값에 해당하는 감광율에 도달할 때까지 공칭감시거리의 최대값까지 분당 (④) 이하로 일정하게 분할한 감광필터를 직선 상승하도록 설치할 경우 각 감광필터값의 변화에 대응하는 화재정보신호를 발신하여야 한다.

3) 공칭감지농도범위의 임의의 농도에서 제4항제1호의 규정에 준하는 시험을 실시하는 경우 (⑤) 이내에 작동하여야 한다.

(2) 공기흡입형광전식감지기의 공기흡입장치는 공기배관망에 설치된 가장 먼 샘플링지점에서 감지부분까지 (⑥) 이내에 연기를 이송할 수 있어야 한다.

풀이&답
① 5[m] ② 100[m] ③ 5[m]
④ 30퍼센트 ⑤ 30초 ⑥ 120초

39

감지기의 형식승인 및 제품검사의 기술기준에 대한 다음 각 물음에 답하시오.

(1) 절연저항시험 기준을 쓰시오.

(2) 괄호안의 번호에 알맞은 용어를 쓰시오.

정온식기능을 가진 감지기에는 (①), 보상식감지기에는 (②), 정온식감지선형감지기에는 외피에 다음의 구분에 의한 공칭작동온도의 색상을 표시한다.

(가) 공칭작동온도가 80[℃] 미만인 것은 (③)

(나) 공칭작동온도가 80[℃] 이상 120[℃] 미만인 것은 (④)

(다) 공칭작동온도가 120[℃] 이상인 것은 (⑤)

풀이&답
(1) 절연저항시험 기준
감지기의 절연된 단자간의 절연저항 및 단자와 외함간의 절연저항은 직류 500V의 절연저항계로 측정한 값이 50[MΩ](정온식감지선형감지기는 선간에서 1[m]당 1,000[MΩ]) 이상이어야 한다.

(2) 괄호안의 번호에 알맞은 용어
① 공칭작동온도 ② 정온점 ③ 백색 ④ 청색 ⑤ 적색

40

감지기의 형식승인 및 제품검사의 기술기준 제19조(광전식감지기의 공칭축적시간의 구분, 공칭감시거리, 화재정보신호 및 감도시험)에서 규정한 기준의 일부를 나타낸 것이다. 다음 각 물음에 답하시오.

(1) 아래 표의 빈칸의 번호에 알맞은 답을 답안지에 쓰시오.

광전식스포트형감지기(아날로그식은 제외)의 감도는 그 종별 및 공칭축적시간에 의하여 다음 표의 K, V, T 및 t의 값에 따라 다음 각 호의 시험에 적합하여야 한다.

종별	K	V	T	t
1종	①			
2종	②	④	⑤	⑥
3종	③			

[주] K는 공칭작동농도로서 감광율로 나타낸다. 이 경우 감광율은 광원을 색온도 2800도인 백열전구로 하고 수광부는 시감도에 비슷한 것으로 한다.

(2) 분리형의 경우 공칭감시거리는 (①)로 하며 (②) 간격으로 한다. 번호 ①, ②에 알맞은 용어를 답안지에 쓰시오.

(3) MIE의 분산법칙에 대하여 설명하시오.

풀이&답

(1) 아래 표의 빈칸에 알맞은 답
① 5   ② 10   ③ 15   ④ 20 이상 40 이하
⑤ 30   ⑥ 5

(2) ① 5[m] 이상 100[m] 이하   ② 5m

(3) MIE의 분산법칙
공기 중 부유하는 작은 입자의 직경이 반사된 빛의 파장보다 길어야만 빛이 반사된다는 것으로 모든 광전식감지기의 기본원리이다.

제19조(광전식감지기의 공칭축적시간의 구분, 공칭감시거리, 화재정보신호 및 감도시험) 제2항
광전식스포트형감지기(아날로그식은 제외)의 감도는 그 종별 및 공칭축적시간에 의하여 다음 표의 K, V, T 및 t의 값에 따라 다음 각 호의 시험에 적합하여야 한다.

종별	K	V	T	t
1종	5	20 이상 40 이하	30	5
2종	10			
3종	15			

[주] K는 공칭작동농도로서 감광율로 나타낸다. 이 경우 감광율은 광원을 색온도 2800도인 백열전구로 하고 수광부는 시감도에 비슷한 것으로 한다.

1. 작동시험
1[m]당 감광율 1.5[K]인 농도의 연기를 포함하는 풍속이 V[cm/s]의 기류에 투입하는 경우 비축적형인 것은 T초 이내에서 작동하고, 축적형은 T초 이내에서 감지한 후 공칭축적시간 ±5 범위에서 화재신호를 발신하여야 한다.

2. 부작동시험
1[m]당 감광율 0.5[K]인 농도의 연기를 포함하는 풍속 V[cm/s]의 기류에 투입하는 경우 t분 이내에는 작동하지 아니하여야 한다.

41 감지기의 형식승인 및 제품검사의 기술기준에서 규정한 제35조(절연저항시험) 기준을 쓰시오.

풀이&답 감지기의 절연된 단자간의 절연저항 및 단자와 외함간의 절연저항은 직류 500[V]의 절연저항계로 측정한 값이 50[MΩ](정온식감지선형감지기는 선간에서 1[m]당 1,000[MΩ]) 이상이어야 한다.

42 경종의 형식승인 및 제품검사의 기술기준에서 규정한 제10조(절연저항시험) 기준을 쓰시오.

풀이&답 경종의 절연된 단자간 및 단자와 외함간의 절연저항은 DC 500[V]의 절연저항계로 측정하는 경우 20㏁이상이어야 한다.

43 감지기의 형식승인 및 제품검사의 기술기준에서 규정한 제36조(절연내력시험) 기준을 쓰시오.

풀이&답 감지기의 단자와 외함간의 절연내력은 60[Hz]의 정현파에 가까운 실효전압 500[V](정격전압이 60[V]를 초과하고 150[V]이하인 것은 1,000[V], 정격전압이 150[V]를 초과하는 것은 그 정격전압에 2를 곱하여 1,000[V]를 더한 값)의 교류전압을 가하는 시험에서 1분간 견디는 것이어야 한다.

44 수신기의 형식승인 및 제품검사의 기술기준에서 규정한 제4조(부품의 구조 및 기능)에서 규정하고 있는 수신기의 예비전원으로 사용할 수 있는 축전지의 종류 2가지를 쓰시오.

풀이&답
① 원통밀폐형 니켈카드뮴축전지
② 무보수밀폐형 연축전지

45 수신기의 형식승인 및 제품검사의 기술기준에서 규정한 제9조(수신기의 종별)에서 규정하고 있는 수신기의 종별 8가지를 쓰시오.

풀이&답 P형, P형복합식, R형, R형복합식, GP형, GP형복합식, GR형, GR형복합식

46 수신기의 형식승인 및 제품검사의 기술기준에서 규정한 제11조(수신기의 제어기능)에서 규정하고 있는 옥내·외소화전설비, 물분무소화설비 및 포소화설비의 제어기능 적합기준 3가지를 쓰시오.

풀이&답
① 각 펌프의 작동여부를 확인할 수 있는 표시등 및 음향경보기능이 있어야 한다.
② 각 펌프를 자동 및 수동으로 작동시키거나 작동을 중단시킬 수 있어야 한다.
③ 수조 또는 물올림탱크가 저수위로 될 때 표시등 및 음향으로 경보되어야 한다.

47 수신기의 형식승인 및 제품검사의 기술기준에서 규정한 제11조(수신기의 제어기능)에서 규정하고 있는 스프링클러설비의 제어기능 적합기준 5가지를 쓰시오.

풀이&답
① 각 유수검지장치, 일제개방밸브 및 펌프의 작동여부를 확인할 수 있는 표시기능이 있어야 한다.
② 수원 또는 물올림탱크의 저수위 감시 표시기능이 있어야 한다.
③ 일제개방밸브를 개방시킬 수 있는 스위치를 설치하여야 한다.
④ 각 펌프를 수동으로 작동 또는 중단시킬 수 있는 스위치를 설치하여야 한다.
⑤ 일제개방밸브를 사용하는 설비의 화재감지를 화재감지기에 의하는 경우에는 경계회로 별로 화재표시를 할 수 있어야 한다.

48 수신기의 형식승인 및 제품검사의 기술기준에서 규정한 제19조(절연저항시험)기준 2가지를 쓰시오. **16회 점검**

풀이&답
(1) 수신기의 절연된 충전부와 외함간의 절연저항은 직류 500[V]의 절연저항계로 측정한 값이 5[MΩ](교류입력측과 외함간에는 20[MΩ])이상이어야 한다. 다만, P형, P형복합식, GP형 및 GP형복합식의 수신기로서 접속되는 회선수가 10이상인 것 또는 R형, R형복합식, GR형 및 GR형복합식의 수신기로서 접속되는 중계기가 10이상인 것은 교류입력측과 외함간을 제외하고 1회선당 50[MΩ] 이상이어야 한다.
(2) 절연된 선로간의 절연저항은 직류 500V의 절연저항계로 측정한 값이 20[MΩ]이상이어야 한다.

49 수신기의 형식승인 및 제품검사의 기술기준에서 규정한 제20조(절연내력시험)기준을 쓰시오. 16회 점검

풀이&답 시험부위의 절연내력은 60[Hz]의 정현파에 가까운 실효전압 500[V](정격전압이 60[V]를 초과하고 150[V]이하인 것은 1,000[V], 정격전압이 150[V]를 초과하는 것은 그 정격전압에 2를 곱하여 1천을 더한 값)의 교류전압을 가하는 시험에서 1분간 견디는 것이어야 한다.

50 수신기의 형식승인 및 제품검사의 기술기준에서 규정한 제11조(수신기의 제어기능)에서 규정하고 있는 이산화탄소소화설비, 할로겐화합물소화설비 및 분말소화설비의 제어기능 적합기준 5가지를 쓰시오.

풀이&답
① 수동기동장치 또는 감지기에서의 신호를 수신하여 음향경보장치를 작동, 소화약제의 방출 또는 지연 등의 제어기능을 가져야 한다. 다만, 약제방출 지연시간은 경보음을 발한 후 30초 이내로 하며, 지연시간을 조정할 수 있는 장치는 조정된 시간의 표시가 쉽게 판별될 수 있어야 한다.
② 각 방호구역마다 음향경보장치의 조작 및 감지기의 작동을 명시하는 표시등과 이와 연동하여 작동하는 벨, 부저 등의 경보장치를 부착하여야 한다. 이 경우 음향장치의 조작 및 감지기의 작동을 명시하는 표시등을 겸용할 수 있다.
③ 수동식 기동장치에 있어서는 그 방출용 스위치와 작동을 명시하는 표시등을 설치하여야 한다.
④ 소화약제의 방출을 명시하는 표시등을 설치하여야 한다.
⑤ 자동식기동장치에 있어서는 자동, 수동의 전환을 명시하는 표시등을 설치하여야 한다.

51 전로의 절연열화에 의한 화재사고를 방지하기 위하여 절연저항을 측정하여 전로의 유지보수에 활용하여야 한다. 절연저항 측정에 관한 다음 각 물음에 답하시오.
(1) 220[V] 전로에서 전선과 대지사이의 절연저항이 0.2[MΩ]인 경우 누설전류를 계산하시오.
(2) 감지기 회로 및 부속 회로의 전로와 대지 사이 및 배선 상호간의 절연저항을1경계구역마다 직류 250[V]의 절연저항측정기로 측정하는 경우 절연저항[MΩ]은 얼마 이상이 되도록 하여야 하는지 쓰시오.

풀이&답
(1) 누설전류의 계산
$$I = \frac{220}{0.2 \times 10^6} = 0.0011[A] = 1.1[mA]$$
(2) 절연저항 : 0.1[MΩ] 이상

52 자동화재탐지설비에 대한 다음의 각 물음에 답하시오.

(1) 다음은 감지기의 설치기준이다. 각 물음에 답하시오.

① 어떤 주방에서 조리를 할 때의 최고주위온도가 40[℃]라고 한다. 이곳에 정온식 스포트형 감지기를 설치하려 할 때 작동온도 몇 [℃]인 감지기를 적용해야 하는지 쓰시오.

② 차동식 스포트형 감지기는 몇 [°]이상 기울이지 말아야 하는지 쓰시오.

③ 감지기(차동식 분포형은 제외한다.)를 설치할 때 외부의 공기유입구와 이격거리를 두는 이유를 쓰시오.

(2) 정온식감지기의 열 감지방식 4가지를 쓰시오.

(3) 축적방식의 감지기 설치장소 2가지와 사용할 수 없는 경우 3가지를 쓰시오.

[풀이&답]

(1) 감지기의 설치기준
   ① 60[℃]
   ② 45°
   ③ 외부 공기유입구 가까이 설치 시 신선한 공기의 유입으로 열 기류가 확산되어 화재발생을 유효하게 감지하기 어려우므로

(2) 정온식감지기의 열 감지방식
   ① 바이메탈의 활곡 또는 반전 이용
   ② 액체의 팽창 이용
   ③ 가용절연물의 이용
   ④ 금속의 팽창계수차 이용

(3) 축적방식의 감지기 설치장소 2가지와 사용할 수 없는 경우 3가지
   1) 설치장소 2가지
      ① 지하층·무창층 등으로서 환기가 잘되지 아니하거나 실내면적이 40[m²] 미만인 장소
      ② 감지기의 부착면과 실내바닥과의 거리가 2.3[m] 이하인 곳으로서 일시적으로 발생한 열·연기 또는 먼지 등으로 인하여 화재신호를 발신할 우려가 있는 장소
   2) 사용할 수 없는 경우
      ① 교차회로방식에 사용
      ② 급속한 연소 확대가 우려되는 장소에 사용
      ③ 축적기능이 있는 수신기에 연결하여 사용

53 다음은 시각경보장치의 성능인증 및 제품검사의 기술기준에서 규정한 시각경보장치의 기능에 관한 기준이다. ①~⑤에 알맞은 용어를 쓰시오.

(1) 시각경보장치의 전원 입력 단자에 사용정격전압을 인가한 뒤, 신호장치에서 작동신호를 보내어 약 1분간 점멸회수를 측정하는 경우 점멸주기는 매 초당 (①)이내 이어야 한다.

(2) 시각경보장치의 전원 입력 단자에 사용정격전압을 인가한 후 KS C 1601 (조도계)에 정한 일반용 AA급의 조도계로 광도측정 위치(광원으로부터 수평거리 6[m])에서 조도를 측정하는 경우 측정위치에 따른 유효광도(cd)는 다음표의 광도기준에 적합하여야 한다.

광도 측정위치	광도 기준
0°(전면)	②
45°	③
90°(측면)	3.75[cd] 이상

(3) 광원은 투명 또는 흰색이어야 하며 최대 (④)[cd]를 초과하지 아니하여야 한다.
(4) 시각경보장치의 전원 입력 단자에 사용정격전압을 인가하여 동작시킨 다음 각도 범위 내 12.5 m 떨어진 임의지점에서 점멸상태를 확인하는 경우 수평 (⑤)와 수직 90° 내의 어느 지점에서도 빛이 보일 수 있어야 한다.
(5) 동작신호를 받은 시각경보장치는 3초 이내 경보를 발하여야 하며, 정지신호를 받았을 경우에는 3초 이내 정지되어야 한다.

풀이&답
① 1회 이상 3회 ② 15[cd] 이상
③ 11.25[cd] 이상 ④ 1,000 ⑤ 180°

54 화재시 감지기가 동작하지 않고 화재 발견자가 화재구역에 있는 발신기를 눌렀을 경우, 자동화재탐지설비의 수신기에서 발신기 동작상황 및 화재구역을 확인하는 방법을 쓰시오.(단, 화재구역 확인은 표시등의 형태이다.)
(1) 발신기 동작상황 확인 :
(2) 화재구역을 확인하는 방법 :

풀이&답
(1) 수신기에서 발신기 표시등이 점등되는지를 확인
(2) 화재 지구표시등이 점등된 부분을 확인

55 다음은 복합형 감지기와 다신호식 감지기의 차이점을 나타낸 것이다. 표의 번호에 알맞은 답을 쓰시오.

구 분	복합형	다신호식
감지소자	감지원리가 서로 다른 감지소자를 조합	감도, 종별 등을 달리하는 감지소자의 조합
화재신호의 발신	①	②
목 적	③	④

풀이&답
① 두 개의 화재신호를 각각 발신(OR 기능)하거나 두 기능이 모두 감지되는 때 하나의 화재신호(AND 기능)를 발신
② 감지소자가 동작하는 때 각각의 화재신호를 발신
③ 비화재보 방지
④ 실보방지 또는 지연보 방지

56 자동화재탐지설비에서 차동식스포트형 감지기는 환경에 따라 감지기의 동작특성이 달라지게 된다. 리크구멍(리크공)이 축소 및 확대되었을 때 나타나는 동작특성에 대하여 설명하시오.

| 리크구멍이 축소되었을 때 동작특성 | ① |
| 리크구멍이 확대되었을 때 동작특성 | ② |

풀이&답
① 감지기의 동작시간이 빨라지며, 비화재보(오작동)의 원인이 된다.
② 감지기의 동작시간이 늦어지며, 실보(지연보)의 원인이 된다.

57 자동화재탐지설비의 감지기 점검 중 감지기 시험기로 가열하여도 감지기가 동작하지 않았다. 이 경우 측정장비를 이용하여 감지기 선로의 전압을 측정하였을 때 다음 각 물음에 답하시오.
(1) 측정장비를 쓰시오.

풀이&답 전류전압측정계

(2) 판정기준 및 조치방법을 2가지로 나누어 쓰시오.(단, 감지기선로의 측정전압을 이용하여 답할 것.)

감지기선로의 측정전압	판정기준	조치방법

풀이&답

감지기선로의 측정전압	판정기준	조치방법
21~23[V]인 경우	감지기선로는 정상이며 감지기가 불량이다.	해당 불량 감지기를 교체한다.
0[V]인 경우	감지기 선로가 단선이다.	감지기 선로가 단선이므로 선로를 정비한다.

58 다음은 자동화재탐지설비의 P형 수신기 단자대의 일부를 나타낸 것이다. 결선상태에서의 전압을 점검(정상상태)하려 한다. 아래에서 제시하는 구간별 단자대 전압을 쓰시오.
(단, 단자대에서의 전압은 AC 220[V], DC 0[V], DC 4~5[V], DC 24[V]로 한다.)

1	2	3	4	5	6	7	8	9
수신기 입력전원		회로선	회로 공통선	지구 경종	표시 등선	경종 표시등 공통선	응답선 (발신기)	전화선

구 간	측정전압
① 1번과 2번	
② 3번과 4번	평상시 : , 동작시 :
③ 5번과 7번	평상시 : , 동작시 :
④ 6번과 7번	
⑤ 4번과 9번	

풀이&답

구 간	측정전압
① 1번과 2번	AC 220[V]
② 3번과 4번(평상시와 동작시 구분하여 답할 것.)	평상시 DC 24[V], 동작시 DC 4~5[V]
③ 5번과 7번(평상시와 동작시 구분하여 답할 것.)	평상시 DC 0[V], 동작시 DC 24[V]
④ 6번과 7번	DC 24[V]
⑤ 4번과 9번	DC 24[V]

1번	2번	3번	4번	5번	7번	6번	7번	4번	9번
AC 220V		평상시 DC 24V 동작시 DC 4~5V		평상시 DC 0V 동작시 DC 24V		DC 24V		DC 24V	

59 다음은 자동화재탐지설비에서 사용하는 중계기의 단자를 나타낸 표이다. 표의 번호에 맞게 기능을 간략하게 설명하시오.

구 분	기 능
통신단자	①
전원단자	②
입력단자	③
출력단자	④
통신램프	⑤
어드레스 스위치	⑥

풀이&답

① 중계기와 수신기 간 통신선로를 연결하는 단자
② 중계기의 전원을 연결하는 단자
③ 감지기 및 발신기 등 입력신호를 연결하는 단자
④ 경종, 시각경보기 등 출력신호를 연결하는 단자
⑤ 중계기와 수신기 상호간 통신을 하고 있음을 확인하는 램프
⑥ 중계기별 고유주소를 설정하는(또는 등록하는) 스위치

60 자동화재탐지설비의 화재감지기를 작동시켜 지구경종의 연동시험을 했으나 중계기에서 경종이 출력되지 않았다. 이에 따른 고장원인 및 확인하는 방법을 쓰시오.(5점)

고장원인	확인방법
(1)	(2)

풀이&답

고장원인	확인방법
(1) 중계기 내부의 출력 릴레이가 불량인 경우	(2) ① 전류전압측정계를 DC 위치로 전환한다. ② 해당구역 중계기의 경종 출력단자와 공통단자에 리드봉을 접속한다. ③ 전압이 나오지 않으면 통신을 못하고 있는 것이다. (정상일 경우에는 0[V]가 나오다가 경종출력시에는 24[V]정도가 나온다.)

61 아래의 표는 설비별 중계기의 입력(감시) 및 출력(제어)을 구분하여 나타낸 것이다. 표의 괄호 안의 번호에 알맞은 답을 쓰시오.

설비별	구분	입력(감시)	출력(제어)
자동화재탐지설비	감지기, 발신기, 경종, 시각경보기	(㉠)	(㉡)
습식 스프링클러설비	압력스위치, 탬퍼스위치, 사이렌	(㉢)	(㉣)
준비작동식 스프링클러설비	감지기A, 감지기B, 압력스위치, 탬퍼스위치, 솔레노이드, 사이렌	(㉤)	(㉥)
할로겐화합물 및 불활성기체소화설비	감지기A, 감지기B, 압력스위치, 지연스위치, 솔레노이드, 사이렌, 방출표시등	(㉦)	(㉧)

풀이&답
㉠ 감지기, 발신기
㉡ 경종, 시각경보기
㉢ 압력스위치, 탬퍼스위치
㉣ 사이렌
㉤ 감지기A, 감지기B, 압력스위치, 탬퍼스위치
㉥ 솔레노이드, 사이렌
㉦ 감지기A, 감지기B, 압력스위치, 지연스위치
㉧ 솔레노이드, 사이렌, 방출표시등

62 감지기의 형식승인 및 제품검사의 기술기준 제5조(구조 및 기능) 제19호에서 규정한 감지기에 작동표시장치를 설치하지 않아도 되는 감지기 4가지를 쓰시오.

| 풀이&답 | ① 방폭구조인 감지기
② 수신기에 작동한 내용이 표시되는 감지기(무선식 감지기는 제외)
③ 차동식분포형 감지기
④ 정온식감지선형 감지기 |
|---|---|

63 자동화재탐지설비 및 시각경보장치의 화재안전기준에 대한 다음 각 물음에 답하시오.

(1) 다음은 [별표1] 설치장소별 감지기 적응성(연기감지기를 설치할 수 없는 경우 적용)을 나타낸 표이다. 환경상태별 적응장소에 따라 적응성이 없는 감지기의 종류를 표의 번호(ㄱ. ~ ㅅ.)에 맞게 답안지에 쓰시오.

환 경 상 태	적 응 장 소	적응성이 없는 감지기
부식성가스가 발생할 우려가 있는 장소	도금공장, 축전지실, 오수처리장 등	ㄱ.
주방, 기타 평상시에 연기가 체류하는 장소	주방, 조리실, 용접작업장 등	ㄴ.
현저하게 고온으로 되는 장소	건조실, 살균실, 보일러실, 주조실, 영사실, 스튜디오	ㄷ.
배기가스가 다량으로 체류하는 장소	주차장, 차고, 화물취급소 차로, 자가발전실, 트럭터미널, 엔진시험실	ㄹ.
연기가 다량으로 유입할 우려가 있는 장소	음식물배급실, 주방전실, 주방내 식품저장실, 음식물운반용엘리베이터, 주방주변의 복도 및 통로, 식당 등	ㅁ.
물방울이 발생하는 장소	스레트 또는 철판으로 설치한 지붕 창고·공장, 패키지형냉각기전용수납실, 밀폐된 지하창고, 냉동실 주변 등	ㅂ.
불을 사용하는 설비로서 불꽃이 노출되는 장소	유리공장, 용선로가 있는장소, 용접실, 주방, 작업장, 주방, 주조실 등	ㅅ.

풀이&답

환 경 상 태	적 응 장 소	적응성이 없는 감지기
부식성가스가 발생할 우려가 있는 장소	도금공장, 축전지실, 오수처리장 등	ㄱ. 차동식스포트형 1종, 2종
주방, 기타 평상시에 연기가 체류하는 장소	주방, 조리실, 용접작업장 등	ㄴ. 차동식스포트형 1종, 2종
차동식분포형 1종, 2종
보상식스포트형 1종, 2종
현저하게 고온으로 되는 장소	건조실, 살균실, 보일러실, 주조실, 영사실, 스튜디오	ㄷ. 차동식스포트형 1종, 2종
차동식분포형 1종, 2종
보상식스포트형 1종, 2종
불꽃감지기
배기가스가 다량으로 체류하는 장소	주차장, 차고, 화물취급소 차로, 자가발전실, 트럭터미널, 엔진시험실	ㄹ. 정온식 특종, 1종

환경 상태	적응 장소	적응성이 없는 감지기
연기가 다량으로 유입할 우려가 있는 장소	음식물배급실, 주방전실, 주방내 식품저장실, 음식물운반용엘리베이터, 주방주변의 복도 및 통로, 식당 등	ㅁ. 불꽃감지기
물방울이 발생하는 장소	스레트 또는 철판으로 설치한 지붕창고·공장, 패키지형냉각기전용수납실, 밀폐된 지하창고, 냉동실 주변 등	ㅂ. 차동식스포트형 1종, 2종
불을 사용하는 설비로서 불꽃이 노출되는 장소	유리공장, 용선로가 있는장소, 용접실, 주방, 작업장, 주방, 주조실 등	ㅅ. 차동식스포트형 1종, 2종 차동식분포형 1종, 2종 보상식스포트형 1종, 2종 불꽃감지기

[별표 1] 설치장소별 감지기 적응성(연기감지기를 설치할 수 없는 경우 적용)

환경 상태	적응 장소	적응열감지기								불꽃감지기	비 고
		차동식 스포트형		차동식 분포형		보상식 스포트형		정온식		열아날로그식		
		1종	2종	1종	2종	1종	2종	특종	1종			
먼지 또는 미분 등이 다량으로 체류하는 장소	쓰레기장, 하역장, 도장실, 섬유·목재·석재 등 가공 공장	○	○	○	○	○	○	○	○	○	○	1. 불꽃감지기에 따라 감시가 곤란한 장소는 적응성이 있는열감지기를 설치할 것. 2. 차동식분포형감지기를 설치하는 경우에는 검출부에 먼지, 미분 등이 침입하지 않도록 조치할 것. 3. 차동식스포트형감지기 또는 보상식스포트형감지기를 설치하는 경우에는 검출부에 먼지, 미분 등이 침입하지 않도록 조치할 것. 4. 섬유, 목재가공 공장 등 화재확대가 급속하게 진행될 우려가 있는 장소에 설치하는 경우 정온식감지기는 특종으로 설치할 것. 공칭작동 온도75℃이하, 열아날로그식스포트형 감지기는 화재표시 설정은 80℃이하가 되도록 할 것.
수증기가 다량으로 머무는 장소	증기세정실, 탕비실, 소독실 등	×	×	×	○	×	○	○	○	○	○	1. 차동식분포형감지기 또는 보상식스포트형감지기는 급격한 온도변화가 없는 장소에 한하여 사용할 것. 2. 차동식분포형감지기를 설치하는 경우에는 검출부에 수증기가 침입하지 않도록 조치할 것. 3. 보상식스포트형감지기, 정온식감지기 또는 열아날로그식감지기를 설치하는 경우에는 방수형으로 설치할 것. 4. 불꽃감지기를 설치할 경우 방수형으로 할 것

설치장소		적응열감지기								비고
환경상태	적응장소	차동식 스포트형		차동식 분포형		보상식 스포트형		정온식		열아날로그식	불꽃감지기	
		1종	2종	1종	2종	1종	2종	특종	1종			
부식성가스가 발생할 우려가 있는 장소	도금공장, 축전지실, 오수처리장 등	×	×	○	○	○	○	○	○	○	○	1. 차동식분포형감지기를 설치하는 경우에는 감지부가 피복되어 있고 검출부가 부식성가스에 영향을 받지 않는것 또는 검출부에 부식성가스가 침입하지 않도록 조치할 것 2. 보상식스포트형감지기, 정온식감지기 또는 열아날로그식스포트형감지기를 설치하는 경우에는 부식성가스의 성상에 반응하지 않는 내산형 또는 내알칼리형으로 설치할 것
주방, 기타 평상시에 연기가 체류하는 장소	주방, 조리실, 용접작업장 등	×	×	×	×	×	×	○	○	○	○	1. 주방, 조리실 등 습도가 많은 장소에는 방수형 감지기를 설치할 것. 2. 불꽃감지기는 UV/IR형을 설치할 것
현저하게 고온으로 되는 장소	건조실, 살균실, 보일러실, 주조실, 영사실, 스튜디오	×	×	×	×	×	○	○	○	○	×	
배기가스가 다량으로 체류하는 장소	주차장, 차고, 화물취급소 차로, 자가발전실, 트럭터미널, 엔진시험실	○	○	○	○	○	○	×	×	○	○	1. 불꽃감지기에 따라 감시가 곤란한 장소는 적응성이 있는 열감지기를 설치할 것. 2. 열아날로그식스포트형감지기는 화재표시 설정이 60℃ 이하가 바람직하다.
연기가 다량으로 유입할 우려가 있는 장소	음식물배급실, 주방전실, 주방내 식품저장실, 음식물 운반용 엘리베이터, 주방주변의 복도 및 통로, 식당 등	○	○	○	○	○	○	○	○	○	×	1. 고체연료 등 가연물이 수납되어 있는 음식물배급실, 주방전실에 설치하는 정온식감지기는 특종으로 설치할 것 2. 주방주변의 복도 및 통로, 식당 등에는 정온식감지기를 설치하지 말 것 3. 제1호 및 제2호의 장소에 열아날로그식스포트형감지기를 설치하는 경우에는 화재표시 설정을 60℃ 이하로 할 것.
물방울이 발생하는 장소	스레트 또는 철판으로 설치한 지붕 창고·공장, 패키지형냉각기전용수납실, 밀폐된 지하창고, 냉동실 주변 등	×	×	○	○	○	○	○	○	○	○	1. 보상식스포트형감지기, 정온식감지기 또는 열아날로그식 스포트형감지기를 설치하는 경우에는 방수형으로 설치할 것. 2. 보상식스포트형감지기는 급격한 온도변화가 없는 장소에 한하여 설치할 것. 3. 불꽃감지기를 설치하는 경우에는 방수형으로 설치할 것
불을 사용하는 설비로서 불꽃이 노출되는 장소	유리공장, 용선로가 있는장소, 용접실, 주방, 작업장, 주방, 주조실 등	×	×	×	×	×	○	○	○	×		

64 자동화재탐지설비 및 시각경보장치 점검표상 경계구역의 점검항목을 쓰시오.

풀이&답
- **경계구역** 구분 적정 여부
- **감지기를 공유**하는 경우 스프링클러·물분무소화·제연설비 경계구역 일치 여부

65 자동화재탐지설비 및 시각경보장치 점검표상 수신기의 점검항목을 쓰시오.

풀이&답
- 수신기 **설치장소** 적정(관리용이) 여부
- **조작스위치**의 높이는 적정하며 정상 위치에 있는지 여부
- 개별 **경계구역 표시 가능 회선수** 확보 여부
- **축적기능** 보유 여부(환기·면적·높이 조건 해당할 경우)
- **경계구역 일람도** 비치 여부
- 수신기 **음향기구**의 음량·음색 구별 가능 여부
- 감지기·중계기·발신기 작동 **경계구역 표시** 여부(종합방재반 연동 포함)
- 1개 경계구역 1개 **표시등 또는 문자** 표시 여부
- 하나의 대상물에 수신기가 2 이상 설치된 경우 **상호 연동**되는지 여부
- 수신기 기록장치 데이터 발생 표시시간과 표준시간 일치 여부

66 자동화재탐지설비 및 시각경보장치 점검표상 중계기의 점검항목을 쓰시오.

풀이&답
- 중계기 **설치위치** 적정 여부(수신기에서 감지기회로 도통시험하지 않는 경우)
- **설치 장소**(조작·점검 편의성, 화재·침수 피해 우려) 적정 여부
- 전원입력 측 배선 상 **과전류차단기** 설치 여부
- 중계기 전원 **정전 시 수신기 표시** 여부
- 상용전원 및 예비전원 **시험 적정** 여부

67 자동화재탐지설비 및 시각경보장치 점검표상 감지기의 점검항목을 쓰시오.

풀이&답
- 부착 높이 및 장소별 **감지기 종류 적정** 여부
- **특정 장소**(환기불량, 면적협소, 저층고)에 적응성이 있는 감지기 설치 여부
- **연기감지기 설치장소** 적정 설치 여부
- 감지기와 실내로의 **공기유입구** 간 이격거리 적정 여부
- 감지기 **부착면** 적정 여부
- 감지기 **설치**(감지면적 및 배치거리) 적정 여부
- 감지기별 **세부 설치기준** 적합 여부
- 감지기 **설치제외 장소** 적합 여부
- 감지기 **변형·손상 확인 및 작동시험** 적합 여부

68 자동화재탐지설비 및 시각경보장치 점검표상 음향장치의 점검항목을 쓰시오.

풀이&답
- **주음향장치 및 지구음향장치** 설치 적정 여부
- 음향장치(경종 등) **변형·손상 확인 및 정상 작동**(음량 포함) 여부
- **우선경보** 기능 정상작동 여부

69 자동화재탐지설비 및 시각경보장치 점검표상 시각경보장치의 점검항목을 쓰시오.

풀이&답
- 시각경보장치 **설치 장소 및 높이** 적정 여부
- 시각경보장치 **변형·손상 확인 및 정상** 작동 여부

70 자동화재탐지설비 및 시각경보장치 점검표상 발신기의 점검항목을 쓰시오.

풀이&답
- 발신기 **설치 장소, 위치(수평거리) 및 높이** 적정 여부
- 발신기 **변형·손상 확인 및 정상** 작동 여부
- **위치표시등** 변형·손상 확인 및 정상 점등 여부

71 자동화재탐지설비 및 시각경보장치 점검표상 전원의 점검항목을 쓰시오.

풀이&답
- **상용전원** 적정 여부
- **예비전원** 성능 적정 및 상용전원 차단 시 예비전원 자동전환 여부

72 자동화재탐지설비 및 시각경보장치 점검표상 배선의 점검항목을 쓰시오.

풀이&답
- **종단저항 설치 장소, 위치 및 높이** 적정 여부
- 종단저항 **표지 부착** 여부(종단감지기에 설치할 경우)
- 수신기 **도통시험 회로** 정상 여부
- 감지기회로 **송배전식** 적용 여부
- 1개 공통선 접속 **경계구역 수량 적정** 여부(P형 또는 GP형의 경우)

73 소방시설등 외관점검표상 자동화재탐지설비, 비상경보설비, 시각경보기, 비상방송설비, 자동화재속보설비의 점검내용을 쓰시오.

(1) 수신기 (2) 감지기
(3) 음향장치 (4) 시각경보장치
(5) 발신기 (6) 비상방송설비
(7) 자동화재속보설비

풀이&답
(1) 수신기 :
- 설치장소 적정 및 스위치 정상 위치 여부
- 상용전원 공급 및 전원표시등 정상점등 여부
- 예비전원(축전지) 상태 적정 여부

(2) 감지기 :
- 감지기의 변형 또는 손상이 있는지 여부(단독경보형감지기 포함)

(3) 음향장치 :
- 음향장치(경종 등) 변형·손상 여부

(4) 시각경보장치 :
- 시각경보장치 변형·손상 여부

(5) 발신기 :
- 발신기 변형·손상 여부
- 위치표시등 변형·손상 및 정상점등 여부

(6) 비상방송설비 :
- 확성기 설치 적정(층마다 설치, 수평거리) 여부
- 조작부 상 설비 작동층 또는 작동구역 표시 여부

(7) 자동화재속보설비 :
- 상용전원 공급 및 전원표시등 정상 점등 여부

74 자동화재탐지설비의 수신기에서 감시전류와 작동전류를 간략하게 설명하고, 산출식을 쓰시오.

감시전류	작동전류
○ 설명 : ○ 산출식 :	○ 설명 : ○ 산출식 :

풀이&답

감시전류	작동전류
○ 설명 : 화재시가 아닌 평상시 흐르는 전류로 매우 적어 지구경종(소비전류 50 mA) 등을 작동시키지 못함(종단저항에 흐름) ○ 산출식 : $$감시전류 = \frac{회로전압(V)}{릴레이저항(\Omega)+배선저항(\Omega)+종단저항(\Omega)}$$	○ 설명: 화재시 흐르는 전류(종단저항에 흐르지 않음) ○ 산출식 : $$작동전류 = \frac{회로전압(V)}{릴레이저항(\Omega)+배선저항(\Omega)}$$

16 누전경보기의 점검

01 누전경보기에 대한 다음의 각 물음에 답하시오.

(1) 아래의 누전경보기 회로도를 참고하여 3상 영상변류기의 검출원리에 대한 다음의 각 물음에 답하시오.

1) 정상상태에서 아래의 전류를 구하시오.

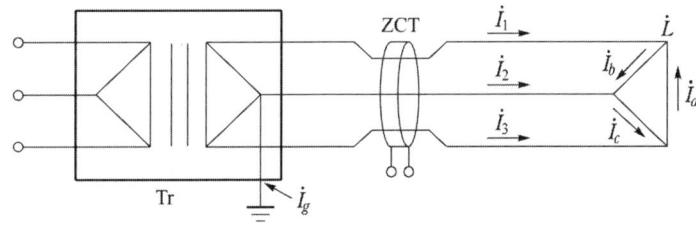

① $\dot{I}_1$

② $\dot{I}_2$

③ $\dot{I}_3$

④ $\dot{I}_1 + \dot{I}_2 + \dot{I}_3$

2) 누전상태에서 아래의 전류를 구하시오.

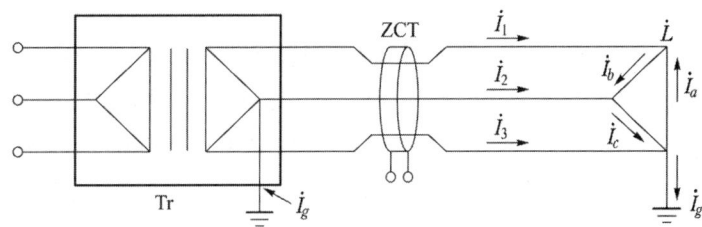

① $\dot{I}_1$

② $\dot{I}_2$

③ $\dot{I}_3$

④ $\dot{I}_1 + \dot{I}_2 + \dot{I}_3$

(2) 누전경보기의 형식승인 및 제품검사의 기술기준에서 정한 변류기는 DC 500[V]의 절연저항계로 절연저항시험을 하는 경우 절연저항이 5[MΩ] 이상이어야 한다. 이에 해당하는 시험개소 3가지를 쓰시오.

풀이&답 (1) 3상 영상변류기의 검출원리
1) 정상상태에서의 전류
① $\dot{I}_1 = \dot{I}_b - \dot{I}_a$ ② $\dot{I}_2 = \dot{I}_c - \dot{I}_b$
③ $\dot{I}_3 = \dot{I}_a - \dot{I}_c$ ④ $\dot{I}_1 + \dot{I}_2 + \dot{I}_3 = 0$

2) 누전상태에서의 전류
① $\dot{I}_1 = \dot{I}_b - \dot{I}_a$　　　　② $\dot{I}_2 = \dot{I}_c - \dot{I}_b$
③ $\dot{I}_3 = \dot{I}_a - \dot{I}_c + \dot{I}_g$　　　④ $\dot{I}_1 + \dot{I}_2 + \dot{I}_3 = \dot{I}_g$

(2) 절연저항 시험개소 3가지

> **1권2권 / 1권외 / 2권외**
> ① 절연된 1차권선과 2차권선간의 절연저항
> ② 절연된 1차권선과 외부금속부간의 절연저항
> ③ 절연된 2차권선과 외부금속부간의 절연저항

02 누전경보기의 시험용 푸시버튼을 눌렀을 때 누전경보기가 미작동하는 원인 5가지를 쓰시오.

[풀이&답]
① 시험용 푸시버튼 접속단자의 접속 불량
② 시험용 푸시버튼스위치의 접촉 불량
③ 회로의 단선
④ 수신기 자체의 고장
⑤ 수신기 전원퓨즈 단선

03 다음은 누전경보기의 형식승인 및 제품검사의 기술기준에 대한 설명이다. 괄호 안의 번호에 알맞은 답을 쓰시오.
(1) 누전경보기란 사용전압 (①)이하인 경계전로의 (②)를 검출하여 당해 소방 대상물의 관계자에게 경보를 발하는 설비로서 (③)와 (④)로 구성된 것을 말한다.
(2) 누전경보기의 수신부란 (⑤)로부터 검출된 신호를 수신하여 누전의 발생을 당해 소방대상물의 관계자에게 경보하여 주는 것(차단기구를 갖는 것은 이를 포함한다)을 말한다.
(3) 누전경보기의 (⑥)란 경계전로에 누설전류가 흐르는 경우 이를 수신하여 그 경계전로의 전원을 자동적으로 차단하는 장치를 말한다.
(4) 누전경보기의 (⑦)란 경계전로의 누설전류를 자동적으로 검출하여 이를 누전경보기의 수신부에 송신하는 것을 말한다.

[풀이&답]
① 600[V]　② 누설전류　③ 변류기　④ 수신부
⑤ 변류기　⑥ 차단기구　⑦ 변류기

04 누전경보기의 형식승인 및 제품검사의 기술기준에서 정한 다음 각 물음에 답하시오.
(1) 누전경보기의 공칭작동전류치(누전경보기를 작동시키기 위하여 필요한 누설전류의 값으로서 제조자에 의하여 표시된 값을 말한다. 이하 같다)는 얼마이어야 하는가?
(2) 누전경보기에 있어서 감도조정장치의 조정범위는 최대치가 얼마이어야 하는가?

(3) 경보기구에 내장하는 음향경보장치는 사용전압에서의 음압은 무향실내에서 정위치에 부착된 음향장치의 중심으로부터 1[m] 떨어진 지점에서 누전경보기는 (㉠)이상이어야 한다. 다만, 고장표시장치용 등의 음압은 (㉡)이상이어야 한다. ㉠㉡에 알맞은 답을 쓰시오.

풀이&답
(1) 200[mA] 이하
(2) 1[A]
(3) ㉠ 70[dB]   ㉡ 60[dB]

05 누전경보기 점검표상 설치방법의 점검항목을 쓰시오.

풀이&답
- **정격전류**에 따른 설치 형태 적정 여부
- **변류기** 설치위치 및 형태 적정 여부

06 누전경보기 점검표상 수신부의 점검항목을 쓰시오.

풀이&답
- **상용전원 공급 및 전원표시등** 정상 점등 여부
- 가연성 증기, 먼지 등 체류 우려 장소의 경우 **차단기구 설치** 여부
- 수신부의 **성능 및 누전경보 시험** 적정 여부
- **음향장치** 설치장소(상시 사람이 근무) 및 음량·음색 적정 여부

07 누전경보기 점검표상 전원의 점검항목을 쓰시오.

풀이&답
- 분전반으로부터 **전용회로** 구성 여부
- **개폐기 및 과전류차단기** 설치 여부
- 다른 차단기에 의한 **전원차단** 여부(전원을 분기할 경우)

17 가스누설경보기의 점검

01 가스누설경보기의 형식승인 및 제품검사의 기술기준에서 정하고 있는 제24조(음량시험) 기준을 쓰시오.

풀이&답
(1) 경보기의 경보음량은 무향실에서 측정하는 경우 음향장치의 중심으로부터 1[m] 떨어진 위치에서 90[dB](단독형 및 분리형 중 영업용인 경우에는 70[dB])이상이어야 한다. 다만, 고장표시용의 음압은 60[dB]이상이어야 한다.
(2) 경보기에 전원을 공급할 때 초기경보를 발하지 아니하여야 하며 그후 음향장치의 중심으로부터 1m 떨어진 위치에서 공진음 등의 소리가 들리지 아니하여야 한다.

02 가스누설경보기의 형식승인 및 제품검사의 기술기준에서 정하고 있는 제27조(절연저항시험) 기준을 쓰시오.

풀이&답
(1) 경보기의 절연된 충전부와 외함간의 절연저항은 DC 500[V]의 절연저항계로 측정한 값이 5[MΩ](교류입력측과 외함간에는 20[MΩ])이상이어야 한다. 다만, 회선수가 10이상인 것 또는 접속되는 중계기가 10이상인 것은 교류입력측과 외함간을 제외하고는 1회선당 50[MΩ] 이상이어야 한다.
(2) 절연된 선로간의 절연저항은 DC 500[V]의 절연저항계로 측정한 값이 20[MΩ] 이상이어야 한다.

03 가스누설경보기 점검표상 수신부의 점검항목을 쓰시오.

풀이&답
- 수신부 **설치장소** 적정 여부
- **상용전원 공급 및 전원표시등** 정상 점등 여부
- **음향장치**의 음량·음색·음압 적정 여부

04 가스누설경보기 점검표상 탐지부의 점검항목을 쓰시오.

풀이&답
- 탐지부의 **설치방법 및 설치상태** 적정 여부
- 탐지부의 **정상 작동** 여부

05 가스누설경보기 점검표상 차단기구의 점검항목을 쓰시오.

풀이&답
- **차단기구**는 가스 주배관에 견고히 부착되어 있는지 여부
- 시험장치에 의한 **가스차단밸브의 정상 개·폐** 여부

18 피난기구 및 인명구조기구의 점검

01 피난기구의 형식승인 및 제품검사의 기술기준에서 규정하고 있는 완강기의 구성 5가지를 쓰시오.

풀이&답

① 속도조절기
② 로우프
③ 벨트
④ 연결금속구
⑤ 속도조절기의 연결부

02 피난기구 및 인명구조기구 점검표상 피난기구 공통사항의 점검항목을 쓰시오.

풀이&답

◦ 대상물 용도별·층별·바닥면적별 **피난기구 종류 및 설치개수** 적정 여부
◦ 피난에 유효한 **개구부 확보**(크기, 높이에 따른 발판, 창문 파괴장치) **및 관리상태**
◦ **개구부 위치 적정**(동일직선상이 아닌 위치) 여부
◦ 피난기구의 **부착 위치 및 부착 방법** 적정 여부
◦ 피난기구(지지대 포함)의 **변형·손상 또는 부식**이 있는지 여부
◦ 피난기구의 위치표시 **표지 및 사용방법** 표지 부착 적정 여부
◦ 피난기구의 **설치제외 및 설치감소** 적합 여부

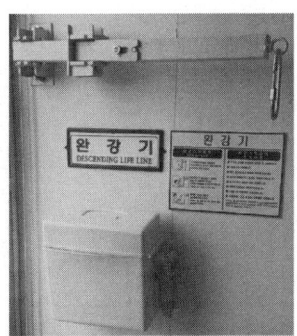

[그림] 완강기, 표지판 및 지지대

03 피난기구 및 인명구조기구 점검표상 공기안전매트·피난사다리·(간이)완강기·미끄럼대·구조대의 점검항목을 쓰시오.

풀이&답

◦ **공기안전매트** 설치 여부
◦ 공기안전매트 **설치 공간 확보** 여부
◦ **피난사다리(4층 이상의 층)의 구조(금속성 고정사다리) 및 노대** 설치 여부
◦ (간이)완강기의 **구조(로프 손상방지) 및 길이** 적정 여부
◦ **숙박시설의 객실**마다 완강기(1개) 또는 간이완강기(2개 이상) 추가 설치 여부
◦ **미끄럼대**의 구조 적정 여부
◦ **구조대**의 길이 적정 여부

04 피난기구 및 인명구조기구 점검표상 다수인피난장비의 점검항목을 쓰시오.

[풀이&답]
- **설치장소 적정**(피난용이, 안전하게 하강, 피난층의 충분한 착지 공간) 여부
- **보관실 설치 적정**(건물외측 돌출, 빗물·먼지 등으로부터 장비 보호) 여부
- 보관실 **외측문 개방 및 탑승기 자동** 전개 여부
- 보관실 **문 오작동 방지조치 및 문 개방 시 경보설비 연동**(경보) 여부

05 피난기구 및 인명구조기구 점검표상 승강식 피난기·하향식 피난구용 내림식 사다리의 점검항목을 쓰시오.

[풀이&답]
- 대피실 **출입문 갑종방화문 설치 및 표지** 부착 여부
- 대피실 **표지**(층별 위치표시, 피난기구 사용설명서 및 주의사항) 부착 여부
- 대피실 **출입문 개방 및 피난기구 작동 시 표시등·경보장치 작동** 적정 여부 및 감시제어반 피난기구 작동 확인 가능 여부
- 대피실 **면적 및 하강구 규격** 적정 여부
- 하강구 내측 **연결금속구** 존재 및 피난기구 전개 시 **장애발생** 여부
- 대피실 내부 **비상조명등** 설치 여부

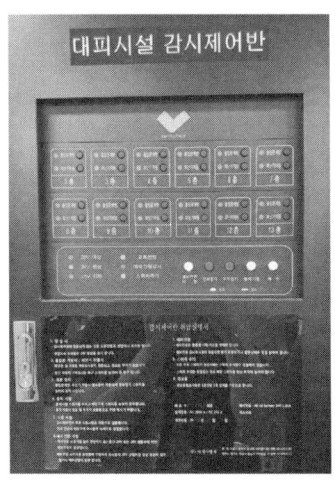

06 피난기구 및 인명구조기구 점검표상 인명구조기구의 점검항목을 쓰시오.

[풀이&답]
- **설치 장소** 적정(화재시 반출 용이성) 여부
- "인명구조기구" **표시 및 사용방법 표지** 설치 적정 여부
- 인명구조기구의 **변형 또는 손상**이 있는지 여부
- 대상물 용도별·장소별 설치 **인명구조기구 종류 및 설치개수** 적정 여부

[그림] 인공소생기　　　　[그림] 공기호흡기

07 소방시설등 외관점검표상 기타사항 점검표 중 피난·방화시설의 점검내용을 쓰시오.

풀이&답
- 방화문 및 방화셔터의 관리 상태(폐쇄·훼손·변경) 및 정상 기능 적정 여부
- 비상구 및 피난통로 확보 적정여부(피난·방화시설 주변 장애물 적치 포함)

08 소방시설등 외관점검표상 기타사항 점검표 중 방염의 점검내용을 쓰시오.

풀이&답
- 선처리 방염대상물품의 적합 여부(방염성능시험성적서 및 합격표시 확인)
- 후처리 방염대상물품의 적합 여부(방염성능검사결과 확인)

09 소방시설등 외관점검표상 위험물 저장·취급시설의 점검내용을 쓰시오.

풀이&답
- 가연물 방치 여부
- 차광 및 환기 설비 관리상태 이상 유무
- 위험물 종류에 따른 **주의사항**을 표시한 게시판 설치 유무
- 기름찌꺼기나 폐액 방치 여부
- 위험물 안전관리자 선임 여부
- 화재 시 **응급조치** 방법 및 소방관서 등 **비상연락망** 확보 여부

10 소방시설등 외관점검표상 화기시설의 점검내용을 쓰시오.

풀이&답
- 화기시설 주변 적정(거리, 수량, 능력단위) 소화기 설치 유무
- 건축물의 가연성 부분 및 가연성물질로부터 1m 이상의 안전거리 확보 유무
- 가연성가스 또는 증기가 발생하거나 체류할 우려가 없는 장소에 설치 유무
- 연료탱크가 연소기로부터 2m 이상의 수평 거리 확보 유무
- 채광 및 환기설비 설치 유무
- 방화환경조성 및 주의, 경고표시 유무

11 소방시설등 외관점검표상 가연성 가스시설의 점검내용을 쓰시오.

풀이&답
- 「도시가스사업법」 등에 따른 검사 실시 유무
- 채광이 되어 있고 환기 및 비를 피할 수 있는 장소에 용기 설치 유무
- 가스누설경보기 설치 유무
- 용기, 배관, 밸브 및 연소기의 파손, 변형, 노후 또는 부식 여부
- 환기설비 설치 유무
- 화재 시 연료를 차단할 수 있는 개폐밸브 설치상태 적정 여부

12 소방시설등 외관점검표상 전기시설의 점검내용을 쓰시오.

풀이&답
- 「전기사업법」에 따른 점검 또는 검사 실시 유무
- 개폐기 설치상태 등 손상 여부
- 규격 전선 사용 여부
- 전선의 접속 상태 및 전선피복의 손상 여부
- 누전차단기 설치상태 적정여부
- 방화환경조성 및 주의, 경고표시 설치 유무
- 전기 관련 기술자 등의 근무 여부

19 유도등 및 유도표지의 점검

01 유도등을 3선식 배선으로 하였을 때 감지기 또는 발신기를 동작시켜 연동시험을 실시하고자 한다. 시험순서를 설명하시오.

풀이&답
① 수신기에서 유도등 절환스위치가 연동위치에 있는지 확인
② 감지기 또는 발신기를 동작
③ 유도등 점등상태 확인
④ 화재복구스위치를 눌러 복구

02 유도등이 예비전원으로 절환되었을 때 점등되지 않는 원인 또는 축전지(예비전원)감시등이 점등되는 원인 5가지 쓰시오.

풀이&답
① 축전지 연결 커넥터의 접촉불량
② 축전지 불량
③ 축전지 누락
④ 유도등 내 비상전원용 퓨즈 단선
⑤ 축전지 접속단자 불량

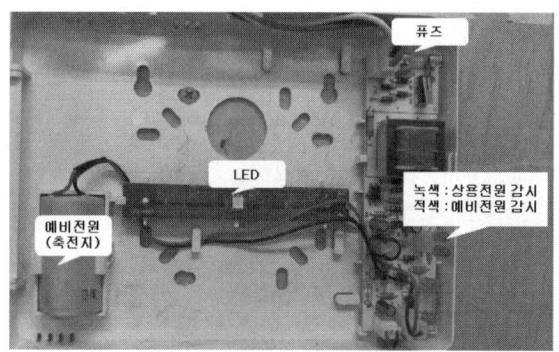

유도등 내부

03 유도등의 3선식 배선과 2선식 배선을 간략하게 설명하시오. [1회 점검]

풀이&답

3선식 배선	2선식 배선
평상시 소등되어 있고 화재 및 정전 시 점등 됨	평상시 계속 점등되어 있음
점멸기에 의해 소등을 하면 유도등은 꺼지나 예비 전원에 충전은 계속되고 있는 상태가 됨	점멸기에 의해 소등을 하면 자동으로 예비전원으로 절환되어 20분 이상 지속된 후 꺼진다.
정전 또는 단선이 되어 교류전압에 의한 전원 공급이 안 되면 자동적으로 예비전원으로 절환되어 20분 이상 점등 됨	계속 소등을 하면 예비전원에 자동 충전이 아니 되므로 유도등으로서의 기능을 상실하게 됨
대형 건축물에 적용됨	소형건축물에 적용 됨

04 피난구유도등의 2선식 배선방식과 3선식 배선방식의 미완성 결선도를 완성하고, 2선식 배선방식과 3선식 배선방식의 차이점을 2가지만 쓰시오.

(1) 미완성 결선도

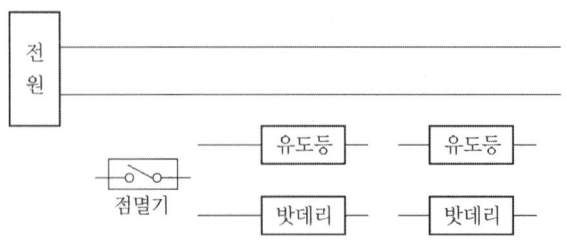

(2) 배선방식의 차이점

구 분	2선식	3선식
평상시 점등상태		
램프 꺼진 상태에서 충전여부		
원격점멸		

풀이&답

(1) 완성 결선도
① 2선식 결선도

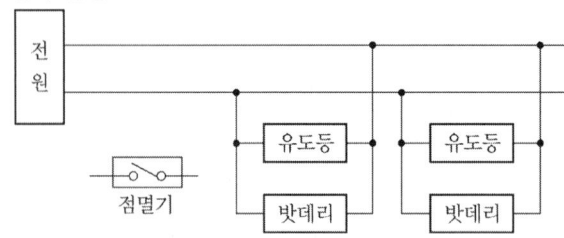

② 3선식 결선도

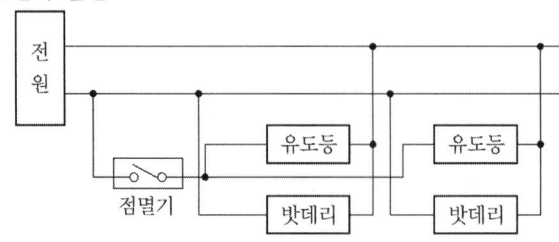

(2) 배선방식의 차이점

구 분	2선식	3선식
평상시 점등상태	점등	소등
램프 꺼진 상태에서 충전여부	불가능	가능
원격점멸	불가능	가능

05 유도등의 예비전원 점검에 대한 다음 각 물음에 답하시오.

(1) 예비전원감시등이 아래와 같을 경우 정상여부를 판단하시오.

① 점등시 :
② 소등시 :

[풀이&답]
① 점등시 : 불량(예비전원 이상)
② 소등시 : 정상

(2) 예비전원감시등이 점등되는 경우 예측할 수 있는 주요원인 5가지를 쓰시오.

[풀이&답]
① 예비전원 불량
② 예비전원 충전부의 불량
③ 예비전원 연결 커넥터의 접속불량
④ 예비전원이 완전방전된 경우
⑤ 예비전원의 충전불량
⑥ 예비전원의 미설치
⑦ 퓨즈단선

06 유도등 및 유도표지 점검표상 유도등의 점검항목을 쓰시오.

[풀이&답]
- 유도등의 **변형 및 손상** 여부
- **상시**(3선식의 경우 점검스위치 작동시) **점등** 여부
- **시각장애**(규정된 높이, 적정위치, 장애물 등으로 인한 시각장애 유무) 여부
- **비상전원 성능 적정** 및 상용전원 차단 시 **예비전원 자동전환** 여부
- **설치 장소(위치)** 적정 여부
- **설치 높이** 적정 여부
- 객석유도등의 **설치 개수** 적정 여부

07 유도등 및 유도표지 점검표상 유도표지의 점검항목을 쓰시오.

[풀이&답]
- 유도표지의 **변형 및 손상** 여부
- **설치 상태**(유사 등화광고물·게시물 존재, 쉽게 떨어지지 않는 방식) 적정 여부
- 외광·조명장치로 **상시 조명 제공 또는 비상조명등** 설치 여부
- 설치 **방법(위치 및 높이)** 적정 여부

08 유도등 및 유도표지 점검표상 피난유도선의 점검항목을 쓰시오.

[풀이&답]
- 피난유도선의 **변형 및 손상** 여부
- 설치 **방법(위치·높이 및 간격)** 적정 여부

[축광방식의 경우]
- **부착대**에 견고하게 설치 여부
- **상시조명** 제공 여부

[광원점등방식의 경우]
- 수신기 **화재신호 및 수동조작**에 의한 광원점등 여부
- 비상전원 **상시 충전상태** 유지 여부
- 바닥에 설치되는 경우 **매립방식** 설치 여부
- **제어부** 설치위치 적정 여부

09 유도등 예비전원감시등 점등 원인 8가지를 쓰시오.

[풀이&답]
① 예비전원 불량
② 예비전원 충전부의 불량
③ 예비전원 연결 커넥터 접속 불량
④ 예비전원 방전(예비전원이 완전방전된 경우)
⑤ 예비전원 완충전이 안된 상태(충전 불량)
⑥ 예비전원의 분리(미설치)
⑦ 퓨즈단선
⑧ 유도등 공급 상용전원의 장시간 정전으로 인한 방전

20 비상조명등설비의 점검

01 비상조명등 및 휴대용비상조명등상 점검표상 비상조명등의 점검항목을 쓰시오.

[풀이&답]
- **설치 위치**(거실, 지상에 이르는 복도·계단, 그 밖의 통로) 적정 여부
- 비상조명등 **변형·손상** 확인 및 정상 점등 여부
- **조도** 적정 여부
- 예비전원 내장형의 경우 **점검스위치** 설치 및 정상 작동 여부
- 비상전원 **종류 및 설치장소** 기준 적합 여부
- 비상전원 **성능 적정** 및 상용전원 차단 시 **예비전원 자동전환** 여부

02 비상조명등 및 휴대용비상조명등상 점검표상 휴대용비상조명등의 점검항목을 쓰시오.

[풀이&답]
- 설치 **대상 및 설치 수량** 적정 여부
- 설치 **높이** 적정 여부
- 휴대용비상조명등의 **변형 및 손상** 여부
- **어둠 속에서 위치를 확인**할 수 있는 구조인지 여부
- 사용 시 **자동으로 점등**되는지 여부
- 건전지를 사용하는 경우 **유효한 방전방지조치**가 되어있는지 여부
- 충전식 배터리의 경우에는 **상시 충전**되도록 되어 있는지의 여부

03 소방시설등 외관점검표상 피난기구, 유도등(유도표지), 비상조명등 및 휴대용비상조명등의 점검내용을 쓰시오.

[풀이&답]
(1) 피난기구
- 피난에 유효한 개구부 확보(크기, 높이에 따른 발판, 창문 파괴장치) 및 관리 상태
- 피난기구(지지대 포함)의 변형·손상 또는 부식이 있는지 여부
- 피난기구의 위치표시 표지 및 사용방법 표지 부착 적정 여부

(2) 유도등
- 유도등 상시(3선식의 경우 점검스위치 작동 시) 점등 여부
- 유도등의 변형 및 손상 여부
- 장애물 등으로 인한 시각장애 여부

(3) 유도표지
- 유도표지의 변형 및 손상 여부
- 설치 상태(쉽게 떨어지지 않는 방식, 장애물 등으로 시각장애 유무) 적정 여부

(4) 비상조명등
- 비상조명등 변형·손상 여부
- 예비전원 내장형의 경우 점검스위치 설치 및 정상 작동 여부

(5) 휴대용비상조명등
- 휴대용비상조명등의 변형 및 손상 여부
- 사용 시 자동으로 점등되는지 여부

21 소화수조 및 저수조의 점검

01 소화용수설비 점검표상 소화수조 및 저수조의 점검항목을 쓰시오.
(1) 수원
(2) 흡수관투입구
(3) 채수구
(4) 가압송수장치

풀이&답
(1) 수원
  ◦ 수원의 유효수량 적정 여부
(2) 흡수관투입구
  ◦ 소방차 **접근 용이성** 적정 여부
  ◦ **크기 및 수량** 적정 여부
  ◦ "흡수관투입구" **표지** 설치 여부
(3) 채수구
  ◦ **소방차 접근 용이성** 적정 여부
  ◦ **결합금속구 구경** 적정 여부
  ◦ **채수구 수량** 적정 여부
  ◦ **개폐밸브**의 조작 용이성 여부
(4) 가압송수장치
  ◦ **기동스위치 채수구 직근** 설치 여부 및 정상 작동 여부
  ◦ "소화용수설비펌프" **표지** 설치상태 적정 여부
  ◦ **동결방지조치** 상태 적정 여부
  ◦ 토출측 **압력계**, 흡입측 **연성계 또는 진공계** 설치 여부
  ◦ **성능시험배관** 적정 설치 및 정상작동 여부
  ◦ **순환배관** 설치 적정 여부
  ◦ **물올림장치** 설치 적정(전용 여부, 유효수량, 배관구경, 자동급수) 여부
  ◦ **내연기관 방식**의 펌프 설치 적정(제어반 기동, 채수구 원격조작, 기동표시등 설치, 축전지 설비) 여부

02 소화용수설비 점검표상 상수도소화용수설비의 점검항목을 쓰시오.

풀이&답
  ◦ 소화전 위치 적정 여부
  ◦ 소화전 관리상태(변형·손상 등) 및 방수 원활 여부

22 제연설비의 점검

01 거실제연설비의 블록다이아그램(동작순서도)을 그리시오.

풀이&답

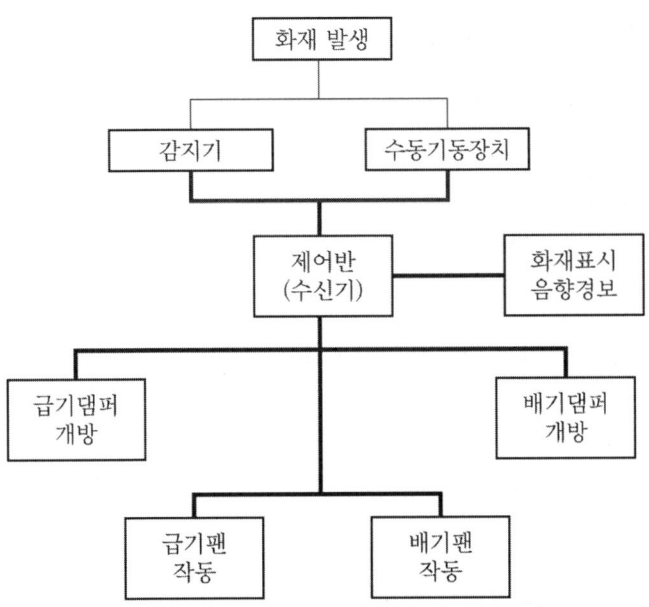

02 거실제연설비의 작동시험 절차를 설명하시오.

풀이&답
① 제연구역별 화재감지기를 작동
② 제연구역별 댐퍼개방 및 폐쇄상태 확인
③ 급기팬 및 배기팬의 작동상태 확인
④ 급기 상태 및 배기 상태 확인
⑤ 제어반 복구

03 제연설비 점검표상 제연구역의 구획 점검항목을 쓰시오.

풀이&답
◦ 제연구역의 구획 방식 적정 여부
  – 제연경계의 **폭, 수직거리** 적정 설치 여부
  – **제연경계벽**은 가동 시 급속하게 하강되지 아니하는 구조

04 제연설비 점검표상 배출구의 점검항목을 쓰시오.

풀이&답
◦ 배출구 **설치 위치(수평거리)** 적정 여부
◦ 배출구 **변형·훼손** 여부

05 제연설비 점검표상 유입구의 점검항목을 쓰시오.

풀이&답
- 공기유입구 **설치 위치** 적정 여부
- 공기유입구 **변형·훼손** 여부
- 옥외에 면하는 **배출구 및 공기유입구** 설치 적정 여부

06 제연설비 점검표상 배출기의 점검항목을 쓰시오.

풀이&답
- 배출기와 배출풍도 사이 **캔버스 내열성** 확보 여부
- 배출기 회전이 원활하며 **회전방향** 정상 여부
- 변형·훼손 등이 없고 **V-벨트** 기능 정상 여부
- 본체의 **방청, 보존상태** 및 캔버스 부식 여부
- 배풍기 내열성 **단열재** 단열처리 여부

07 제연설비 점검표상 비상전원의 점검항목을 쓰시오.

풀이&답
- 비상전원 **설치장소** 적정 및 관리 여부
- 자가발전설비인 경우 **연료 적정량** 보유 여부
- 자가발전설비인 경우 「**전기사업법**」에 따른 **정기점검** 결과 확인

08 제연설비 점검표상 기동의 점검항목을 쓰시오.

풀이&답
- 가동식의 **벽·제연경계벽·댐퍼 및 배출기** 정상 작동(화재감지기 연동) 여부
- **예상제연구역 및 제어반**에서 가동식의 벽·제연경계벽·댐퍼 및 배출기 수동 기동 가능 여부
- 제어반 각종 **스위치류 및 표시장치**(작동표시등 등) 기능의 이상 여부

09 소방시설등 외관점검표상 제연설비, 특별피난계단의 계단실 및 부속실 제연설비의 점검내용을 쓰시오.

풀이&답
(1) 제연구역의 구획
   - 제연경계의 폭, 수직거리 적정 설치 여부
(2) 배출구, 유입구
   - 배출구, 공기유입구 변형·훼손 여부
(3) 기동장치
   - 제어반 각종 스위치류 표시장치(작동표시등 등) 정상 여부
(4) 외기취입구(특별피난계단의 계단실 및 부속실 제연설비)
   - 설치위치(오염공기 유입방지, 배기구 등으로부터 이격거리) 적정 여부
   - 설치구조(빗물·이물질 유입방지 등) 적정여부
(5) 제연구역의 출입문(특별피난계단의 계단실 및 부속실 제연설비)
   - 폐쇄상태 유지 또는 화재 시 자동폐쇄구조 여부
(6) 수동기동장치(특별피난계단의 계단실 및 부속실 제연설비)
   - 기동장치 설치(위치, 전원표시등 등) 적정 여부

23 특별피난계단 및 부속실 제연설비의 점검

01 특별피난계단 및 부속실 제연설비의 작동 순서도를 작성하시오.

풀이&답

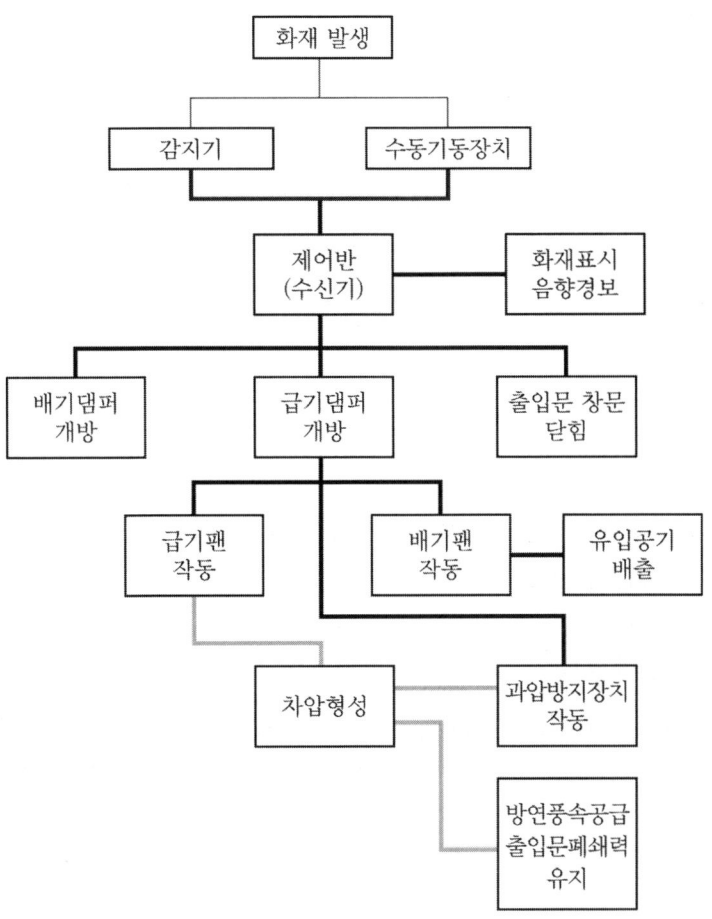

02 부속실제연설비의 작동시험 절차를 설명하시오.

풀이&답
(1) 화재감지기 작동 또는 수동기동장치 작동
(2) 댐퍼 개방상태 확인
   ① 급기댐퍼 : 모든층 개방여부
   ② 배기댐퍼 : 화재층만 개방여부
   ③ 출입구 및 창문 : 모든층 폐쇄 여부
(3) 급기팬, 배기팬의 작동상태 확인
(4) 과압방지장치 작동 확인
(5) 제어반 복구

03 자동폐쇄장치의 성능인증 및 제품검사의 기술기준 제5조(기능시험)에 대한 다음 각 물음에 답하시오.

(1) 출입문용 적합기준 3가지

(2) 창문용 적합기준 5가지

풀이&답

(1) 출입문용 적합기준
① 최대크기의 문이 닫힐 때 필요한 힘은 제조업체가 제시한 폐쇄력 설계값 이내 이어야 한다.
② 설치된 문이 완전히 닫히는 시간은 10초 이내이어야 한다.
③ 정지상태(문이 개방되어 유지되는 상태)를 수동으로 해제하는데 소요되는 힘은 80뉴턴 이하이어야 한다.

(2) 창문용 적합기준
① 문을 열때 필요한 힘은 60뉴턴 이하이어야 한다.
② 설치된 문이 완전히 닫히는 시간은 10초 이내이어야 한다.
③ 개폐저항값은 신청자가 제시하는 설계값 이내이어야 한다.
④ 정지상태(문이 개방되어 유지되는 상태)를 수동으로 해제하는데 소요되는 힘은 80뉴턴 이하이어야 한다.
⑤ 작동신호가 유지되거나 전원이 차단되어 문이 닫힌 후에도 수동으로 열 수 있는 구조인 경우 문을 열 때 소요되는 힘은 60뉴턴 이상이어야 한다.

04 특별피난계단 및 부속실 제연설비의 성능시험 세부조사표 작성시 (비고)에 따른 비개방층 차압에 대하여 설명하시오.

풀이&답

① 비개방층 차압은 "3호 방연풍속"의 시험 조건에서 방화문이 열린층의 직상 및 직하층을 기준층으로 하여 5개층마다 1개소 측정을 원칙으로 하며 필요시 그 이상으로 할 수 있다.
② 20개층까지는 1개층만 개방하여 측정한다.
③ 21개층부터는 2개층을 개방하여 측정하고, 1개층만 개방하여 추가로 측정한다.
※ 부속실과 면하는 옥내의 출입문이 2개소 이상인 경우 그 중 크기가 최대인 출입문 1개소를 개방하여 측정할 것

05 특별피난계단 및 부속실 제연설비의 성능시험 세부조사표 작성시 (비고)에 따른 송풍기 풍량측정에 대하여 설명하시오.

풀이&답

① "3호 방연풍속"의 시험 조건에서 송풍기 풍량은 피토관 또는 기타 풍량측정 장치를 사용하고, 송풍기 전동기의 전류, 전압을 측정한다.
② 이 때 전류 및 전압 측정값은 동력제어반에 표시되는 수치를 기록할 수 있다.

06 특별피난계단 및 부속실 제연설비의 성능시험 세부조사표 작성시 (비고)에 따른 방연풍속 측정과 유입공기 배출량에 대하여 설명하시오.

(1) 방연풍속 측정

(2) 유입공기 배출량

풀이&답

(1) 방연풍속 측정

① 송풍기에서 가장 먼 층을 기준으로 제연구역 1개층 (20층 초과시 연속되는 2개층) 제연구역과 옥내간의 측정을 원칙으로 하며 필요시 그 이상으로 할 수 있다.
② 방연풍속은 최소 10점 이상 균등 분할하여 측정하며, 측정시 각 측정점에 대해 제연구역을 기준으로 기류가 유입(-) 또는 배출(+) 상태를 측정지에 기록한다.
③ 유입공기배출장치(있는 경우)는 방연풍속을 측정하는 층만 개방한다.
④ 직통계단식 공동주택은 방화문 개방층의 제연구역과 연결된 세대와 면하는 외기문을 개방할 수 있다.
(2) 유입공기 배출량
① 기계배출식은 송풍기에서 가장 먼 층의 유입공기배출댐퍼를 개방하여 측정하는 것을 원칙으로 한다.
② 기타 방식은 설계조건에 따라 적정한 위치의 유입공기배출구를 개방하여 측정하는 것을 원칙으로 한다.

07 특별피난계단의 계단실 및 부속실 제연설비의 차압측정에 대한 다음 각 물음에 답하시오.
(1) 차압측정 전 조치사항
(2) 차압측정방법
(3) 차압 판정기준
(4) 차압 부적합시 조치사항
(5) 모든 층 출입문이 닫힌 상태에서 차압부족의 원인
(6) 모든 층 출입문이 닫힌 상태에서 차압과다의 원인

풀이&답

(1) 차압측정 전 조치사항
① 계단실 및 부속실의 모든 출입문 폐쇄
② 제어반 제연설비 연동스위치를 정지위치에 놓는다.
③ 제어반 음향장치 연동정지
④ 승강기 운행을 중단할 것
(2) 차압측정방법
① 화재감지기 또는 댐퍼의 수동기동스위치를 이용하여 제연설비를 가동시킨다.
② 차압계의 전원스위치를 ON
③ 0점 버튼을 눌러 0점 조정을 한다.
④ 차압계에 호스를 연결한다. (+)는 부속실 또는 승강장에 (-)는 옥내(거실)에 위치한다.(차압측정공이 설치된 경우 차압 측정공 커버를 분리한 후 호스를 연결한다.)
⑤ 측정버튼을 눌러 측정한다.
(3) 차압 판정기준
① 40Pa이상(스프링클러설비 설치 시 12.5[Pa]이상)
② 출입문 개방 시 미개방층의 차압은 기준차압의 70[%]이상(미개방층의 차압은 28[Pa]이상, 옥내에 스프링클러 설치 시 8.75[Pa]이상)
(4) 차압 부적합시 조치사항
① 급기구 개구율 조정
② 플랩댐퍼가 설치된 경우에는 플랩댐퍼의 조정
③ 송풍기의 풍량조절용 댐퍼 개구율 조정

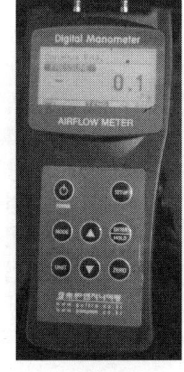

차압계

④ 자동차압과압조절형댐퍼의 경우 해당 표시계로 차압의 범위를 조정
(5) 모든 층 출입문이 닫힌 상태에서 차압부족의 원인
① 급기송풍기 풍량 부족
② 급기송풍기 배출측 풍량조절댐퍼가 많이 닫힘
③ 급기풍도에서의 누설
④ 급기댐퍼가 조금 열린 경우
⑤ 자동차압과압조절형 댐퍼의 차압 조절기능이 고장
⑥ 출입문과 바닥 사이의 틈새 과다
(6) 모든 층 출입문이 닫힌 상태에서 차압과다의 원인
① 급기송풍기 풍량 과다
② 급기송풍기 배출측 풍량조절댐퍼가 많이 열림
③ 급기댐퍼가 많이 열린 경우
④ 자동차압과압조절형 댐퍼의 차압조절기능 고장
⑤ 출입문과 바닥 사이 완전 밀폐

08 방화셔터의 점검에 대한 다음 각 물음에 답하시오.
(1) 점검 전 조치사항
(2) 방화셔터의 작동 확인(수동으로 하는 방법)
(3) 방화셔터의 작동 확인(자동으로 하는 방법)

풀이&답

(1) 점검 전 조치사항
  ① 방화셔터 아래에 적재물이 있을 경우 셔터의 고장 등으로 이어질 수 있으므로 점검 전에 확인
  ② 제어반 방화셔터설비 연동스위치 연동(자동)위치
(2) 방화셔터의 작동 확인(수동으로 하는 방법)
  ① 연동제어기의 수동조작스위치를 눌러 셔터가 내려오는지 확인
  ② 완전히 폐쇄 후 정상적으로 작동 중지되는지 확인
  ③ 셔터의 상부가 상층 바닥에 직접 닿았는지 확인
    • 셔터가 틈새 없이 완전히 밀폐되었는지 확인
    • 틈새가 있다면 방화구획에 준하는 마감재로 처리를 하였는지 확인
  ④ 출입구 설치여부 확인
    • 일체형인 경우
      - 출입구는 유효너비 0.9미터 이상, 유효높이 2미터 이상인지 확인
      - 출입구에는 피난구유도등 또는 유도표지가 설치되어 있는지 확인
      - 출입구에는 셔터의 다른 부분과 색상을 달리 하여 쉽게 구분되도록 설치하였는지 확인
    • 일체형이 아닌 경우
      - 피난상 유효한 갑종방화문이 3[m] 이내 별도로 설치되어 있는지 확인
  ⑤ 연동제어기의 작동확인 램프가 정상적으로 점등되는지 확인
  ⑥ 연동제어기의 복구버튼을 눌러 작동 상태 복구
  ⑦ 수동조작스위치 UP 버튼을 눌러 셔터가 정상적으로 올라가는지 확인
  ⑧ 완전 개방 후 정상적으로 정지되는지 확인

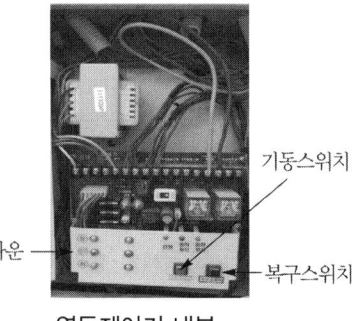

연동제어기 내부

(3) 방화셔터의 작동 확인(자동)

일체형 방화셔터 폐쇄

① 방화셔터 직근에 설치된 연기감지기를 작동시켜 셔터가 일부 폐쇄되는지 확인
② 열감지기를 작동시켜 셔터가 완전히 폐쇄되는지 확인

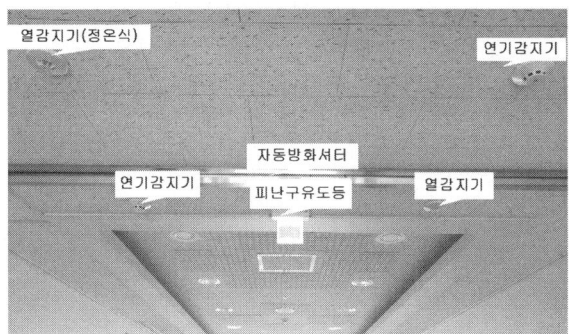

방화셔터 주변 장치

③ 셔터의 상부가 상층 바닥에 직접 닿았는지 확인
  • 셔터가 틈새 없이 완전히 밀폐되었는지 확인
  • 틈새가 있다면 방화구획에 준하는 마감재로 처리를 하였는지 확인
④ 출입구 설치여부 확인
  • 일체형인 경우
    - 출입구는 유효너비 0.9미터 이상, 유효높이 2미터 이상인지 확인
    - 출입구에는 피난구유도등 또는 유도표지가 설치되어 있는지 확인
    - 출입구에는 셔터의 다른 부분과 색상을 달리 하여 쉽게 구분되도록 설치하였는지 확인
  • 일체형이 아닌 경우
    - 피난상 유효한 갑종방화문이 3[m] 이내 별도로 설치되어 있는지 확인
⑤ 연동제어기의 작동확인 램프가 정상적으로 점등되는지 확인
⑥ 연동제어기의 복구버튼을 눌러 감지기 작동 상태 복구, 복구여부 확인
⑦ 수동조작스위치 UP 버튼을 눌러 셔터가 정상적으로 올라가는지 확인
⑧ 완전 개방 후 정상적으로 정지되는지 확인

09 특별피난계단의 계단실 및 부속실 제연설비의 방연풍속 측정방법에 대하여 설명하시오.

[풀이&답]
(1) 시험 전 안전조치
  ① 부속실과 면하는 옥내 및 계단실의 출입문을 개방시켜 놓는다.

- 부속실이 20개 이하이면 1개층 이상 개방
- 부속실이 20개 초과이면 2개층 이상 개방

　② 제어반 음향장치 연동정지
　③ 승강기 운행 중단
　④ 계단실 및 부속실의 모든 출입문 폐쇄
　⑤ 제어반 제연설비 연동정지

(2) 풍속풍압계를 세팅하여 방연풍속 측정 준비한다.
　① 검출부의 Zero Cap을 벗긴다.
　② 점표시가 바람과 직각이 되도록 하여 풍속을 측정
　③ 풍속에 따라 LS 또는 HS 선택하여 측정한다.

(3) 제어반 제연설비 연동스위치를 연동위치로 전환

(4) 화재감지기 또는 댐퍼의 수동조작스위치를 동작시킨다.
　① 댐퍼 기동 확인
　② 급기팬 기동 확인

(5) 풍속풍압계를 이용하여 방연풍속을 측정한다.
　① 측정장소 : 부속실과 옥내 사이의 출입문
　② 방연풍속 측정위치 : 출입문 개방에 의한 개구부를 대칭적으로 균등 분할하는 10 이상의 지점에 검출부를 바람 방향과 직각이 되도록 하고 풍속을 측정하여 평균치를 산출한다.

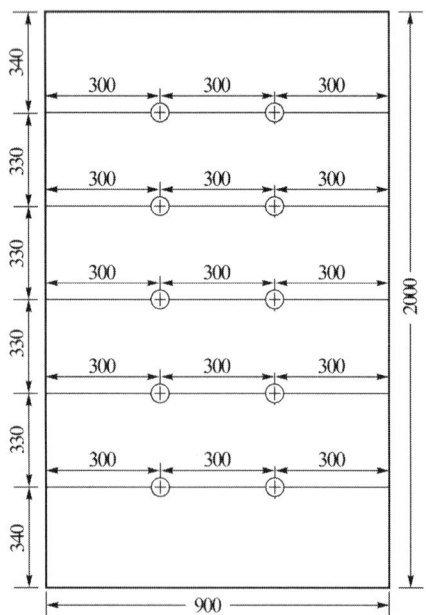

(6) 제어반 복구
(7) 판정방법

제 연 구 역		방연풍속
계단실 및 그 부속실을 동시에 제연하는 것 또는 계단실만 단독으로 제연하는 것		0.5[m/s] 이상
부속실만 단독으로 제연하는 것	부속실이 면하는 옥내가 거실인 경우	0.7[m/s] 이상
	부속실이 면하는 옥내가 복도로서 그 구조가 방화구조(내화시간이 30분 이상인 구조를 포함한다)인 것	0.5[m/s] 이상

10 특별피난계단의 계단실 및 부속실 제연설비의 출입문에 대한 폐쇄력(개방력) 측정방법에 대하여 설명하시오.

풀이&답

(1) 시험 전 안전조치
　① 제어반 제연설비 연동정지
　② 제어반 음향장치 연동정지
　③ 승강기 운행 중단
　④ 계단실 및 부속실의 모든 출입문 폐쇄
(2) 화재감지기 또는 댐퍼의 수동기동스위치를 동작
(3) 제어반 제연설비 연동위치로 전환
(4) 급기송풍기 작동, 급기댐퍼 개방 및 급기팬 동작
(5) 폐쇄력측정기를 이용하여 폐쇄력 측정

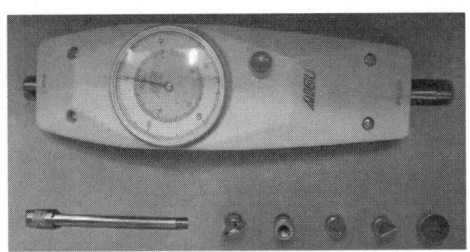

폐쇄력 측정기

　① 측정위치 : 모든층 부속실과 옥내사이 출입문
　② 측정방법 : 출입문 손잡이를 돌려 락(lock)을 풀고 폐쇄력측정기를 밀어 문의 열림각도가 5±1°를 통과할 때 힘을 측정한다.
　③ 지시치를 읽는다.
(6) 판정기준 : 제연설비 동작 시 출입문 개방에 필요한 힘은 110[N]이하일 것
(7) 제어반 복구

11 특별피난계단 및 부속실 제연설비의 화재안전기술기준에서 정한 유입공기의 배출을 기계배출식에 따라 배출하는 경우 배출용 송풍기 적합기준 6가지와 급기송풍기 설치기준 6가지를 각각 쓰시오.

(1) 배출용 송풍기 적합기준 6가지

(2) 급기 송풍기 설치기준 6가지

풀이&답

(1) 배출용 송풍기 적합기준 6가지
　① 열기류에 노출되는 송풍기 및 그 부품들은 250 ℃의 온도에서 1시간 이상 가동상태를 유지할 것
　② 송풍기의 풍량은 2.11.1.4.1의 기준에 따른 QN에 여유량을 더한 양을 기준으로 할 것
　③ 송풍기는 화재감지기의 동작에 따라 연동하도록 할 것
　④ 송풍기의 풍량을 실측할 수 있는 유효한 조치를 할 것
　⑤ 송풍기는 다른 장소와 방화구획되고 접근과 점검이 용이한 장소에 설치할 것
　⑥ 수직풍도의 상부의 말단(기계배출식의 송풍기도 포함한다)은 빗물이 흘러들지 않는 구조로 하고, 옥외의 풍압에 따라 배출성능이 감소하지 않도록 유효한 조치를 할 것

(2) 급기송풍기의 설치기준 6가지
① 송풍기의 송풍능력은 송풍기가 담당하는 제연구역에 대한 급기량의 1.15배 이상으로 할 것. 다만, 풍도에서의 누설을 실측하여 조정하는 경우에는 그렇지 않다.
② 송풍기에는 풍량조절장치를 설치하여 풍량조절을 할 수 있도록 할 것
③ 송풍기에는 풍량을 실측할 수 있는 유효한 조치를 할 것
④ 송풍기는 인접 장소의 화재로부터 영향을 받지 않고 접근 및 점검이 용이한 장소에 설치할 것
⑤ 송풍기는 옥내의 화재감지기의 동작에 따라 작동하도록 할 것
⑥ 송풍기와 연결되는 캔버스는 내열성(석면재료를 제외한다)이 있는 것으로 할 것

2.11.1.4.1

$$A_P = \frac{Q_N}{2}$$

여기서, A_P : 수직풍도의 내부단면적(m²)
Q_N : 수직풍도가 담당하는 1개 층의 제연구역의 출입문(옥내와 면하는 출입문을 말한다) 1개의 면적(m²)과 방연풍속(m/s)를 곱한 값(m³/s)

12 다음은 제연설비의 화재안전기술기준 중 배출풍도에 대한 기준을 나타낸 것이다. 괄호 안의 번호에 알맞은 답을 답안지에 쓰시오.

배출풍도는 다음의 기준에 따라야 한다.
1. 배출풍도는 (①) 또는 이와 동등 이상의 (②)이 있는 것으로 하며, 「건축법 시행령」 제2조제10호에 따른 (③)인 단열재로 풍도 외부에 유효한 단열 처리를 하고, 강판의 두께는 배출풍도의 크기에 따라 다음 표에 따른 기준 이상으로 할 것

풍도단면의 긴변 또는 직경의 크기	(④)	(⑥)	(⑧)	(⑨)	(⑩)
강판두께	(⑤)	(⑦)	0.8[mm]	1.0[mm]	1.2[mm]

2. 배출기의 흡입측 풍도안의 풍속은 (⑪)로 하고 배출측 풍속은 (⑫)로 할 것

풀이&답
① 아연도금강판
② 내식성·내열성
③ 불연재료(석면재료를 제외한다)
④ 450[mm] 이하
⑤ 0.5[mm]
⑥ 450[mm] 초과 750[mm] 이하
⑦ 0.6[mm]
⑧ 750[mm] 초과 1,500[mm] 이하
⑨ 1,500[mm] 초과 2,250[mm] 이하
⑩ 2,250[mm] 초과
⑪ 15[m/s] 이하
⑫ 20[m/s] 이하

13 특별피난계단의 계단실 및 부속실 제연설비 점검표상 과압방지조치의 점검항목을 쓰시오.

풀이&답   자동차압·과압조절형 댐퍼(또는 플랩댐퍼)를 사용한 경우 성능 적정 여부

[그림] 자동차압과압조절형 댐퍼

14 특별피난계단의 계단실 및 부속실 제연설비 점검표상 수직풍도에 따른 배출의 점검항목을 쓰시오.

풀이&답
- **배출댐퍼** 설치(개폐여부 확인 기능, 화재감지기 동작에 따른 개방) 적정 여부
- **배출용송풍기**가 설치된 경우 화재감지기 연동 기능 적정 여부

15 특별피난계단의 계단실 및 부속실 제연설비 점검표상 급기구의 점검항목을 쓰시오.

풀이&답   급기댐퍼 설치 상태(화재감지기 동작에 따른 개방) 적정 여부

16 특별피난계단의 계단실 및 부속실 제연설비 점검표상 송풍기의 점검항목을 쓰시오.

풀이&답
- **설치장소** 적정(화재영향, 접근·점검 용이성) 여부
- **화재감지기 동작 및 수동조작**에 따라 작동하는지 여부
- 송풍기와 연결되는 **캔버스** 내열성 확보 여부

17 특별피난계단의 계단실 및 부속실 제연설비 점검표상 외기취입구의 점검항목을 쓰시오.

풀이&답
- **설치위치**(오염공기 유입방지, 배기구 등으로부터 이격거리) 적정 여부
- **설치구조**(빗물·이물질 유입방지, 옥외의 풍속과 풍향에 영향) 적정 여부

18 특별피난계단의 계단실 및 부속실 제연설비 점검표상 제연구역의 출입문의 점검항목을 쓰시오.

풀이&답
- **폐쇄상태 유지** 또는 화재 시 **자동폐쇄** 구조 여부
- 자동폐쇄장치 **폐쇄력** 적정 여부

19 특별피난계단의 계단실 및 부속실 제연설비 점검표상 수동기동장치의 점검항목을 쓰시오.

풀이&답
- **기동장치** 설치(위치, 전원표시등 등) 적정 여부
- **수동기동장치**(옥내 수동발신기 포함) 조작 시 관련 장치 정상 작동 여부

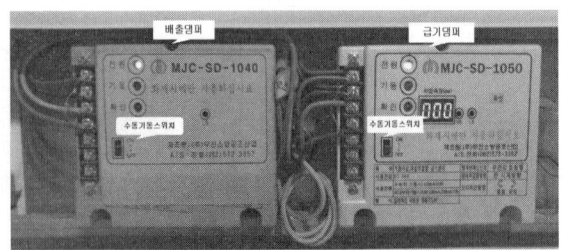

[그림] 수동기동장치

20 특별피난계단의 계단실 및 부속실 제연설비 점검표상 제어반의 점검항목을 쓰시오.

풀이&답
- **비상용축전지**의 정상 여부
- **제어반 감시 및 원격조작** 기능 적정 여부

21 특별피난계단의 계단실 및 부속실 제연설비 점검표상 비상전원의 점검항목을 쓰시오.

풀이&답
- 비상전원 **설치장소** 적정 및 관리 여부
- 자가발전설비인 경우 **연료 적정량** 보유 여부
- 자가발전설비인 경우 「전기사업법」에 따른 **정기점검** 결과 확인

24 연결송수관설비의 점검

01 자체점검시 연결송수관설비의 방수구가 아래와 같이 설치되어 있을 때 잘못된 점을 3가지 지적하고 개선사항을 설명하시오.(단, 15층 규모의 건축물(아파트는 아님)로 방수구는 11층 계단전실에 설치되어 있다.)

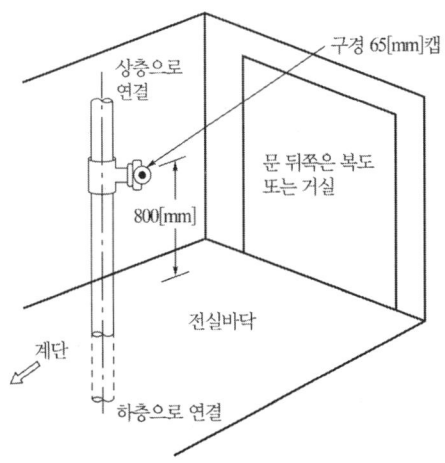

잘못된 점	개선사항

풀이&답

잘못된 점	개선사항
단구형 방수구가 설치되어 있다.	11층 이상의 부분에 설치하는 방수구는 쌍구형으로 할 것
방수구에 개폐기능이 없다.	방수구는 개폐기능을 가진 것으로 설치하여야 하며, 평상시 닫힌 상태를 유지할 것
방수구의 위치표시가 없다.	방수구의 위치표시는 표시등(함의 상부에 설치) 또는 축광식 표지로 할 것

연결송수관설비의 화재안전기술기준 방수구 기준 일부

1. 11층 이상의 부분에 설치하는 방수구는 쌍구형으로 할 것. 다만, 다음 각목의 어느 하나에 해당하는 층에는 단구형으로 설치할 수 있다.
   가. 아파트의 용도로 사용되는 층
   나. 스프링클러설비가 유효하게 설치되어 있고 방수구가 2개소 이상 설치된 층
2. 방수구의 호스접결구는 바닥으로부터 높이 0.5[m] 이상 1[m] 이하의 위치에 설치할 것
3. 방수구는 연결송수관설비의 전용방수구 또는 옥내소화전방수구로서 구경 65[mm]의 것으로 설치할 것

02 다음 도면은 연결송수관설비(습식)의 계통도를 나타낸 것이다. 번호 ①~⑧까지 틀린 곳의 내용과 바로잡는 방법을 답안지에 쓰시오.

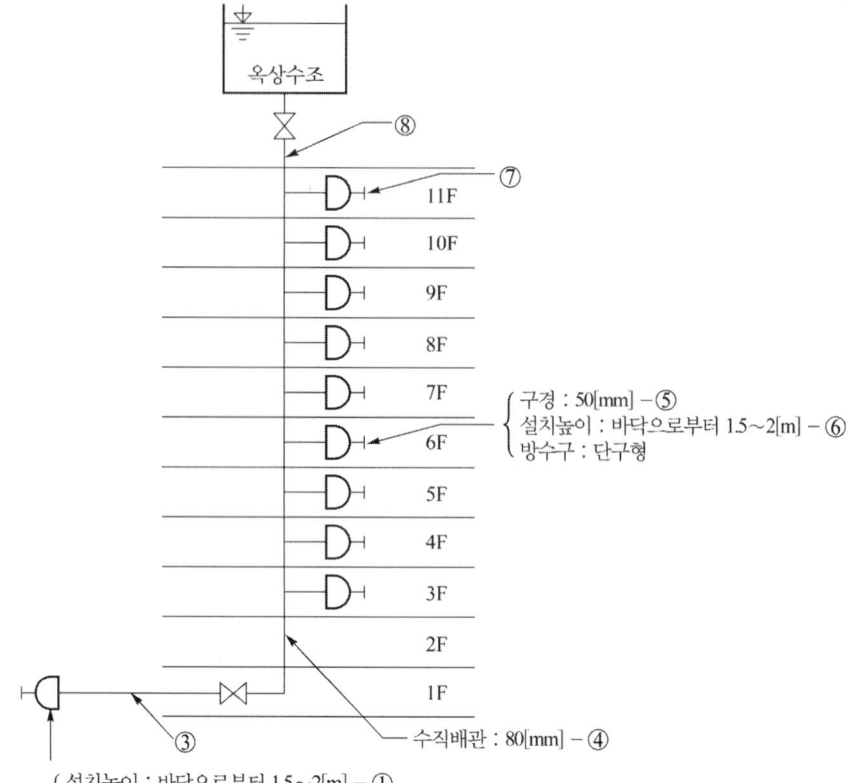

번호	틀린 곳의 내용	바로잡는 방법
①		
②		
③		
④		
⑤		
⑥		
⑦		
⑧		

풀이&답

번호	틀린 곳의 내용	바로잡는 방법
①	송수구의 설치위치 : 바닥으로부터 1.5~2[m]	송수구의 설치위치 : 바닥으로부터 0.5[m] 이상~1[m] 이하
②	송수구 : 단구형 65[mm]	송수구 : 쌍구형 65[mm]
③	송수구와 개폐밸브 사이에 체크밸브 및 자동배수밸브 누락	송수구와 개폐밸브 사이에 체크밸브 및 자동배수밸브 설치

번호	틀린 곳의 내용	바로잡는 방법
④	수직배관 : 80[mm]	수직배관 : 100[mm]
⑤	방수구 구경 : 50[mm]	방수구 구경 : 65[mm]
⑥	방수구 설치높이 : 바닥으로부터 1.5~2[m]	방수구 설치높이 : 바닥으로부터 0.5[m] 이상~1[m] 이하
⑦	11층 방수구 : 단구형	11층 방수구 : 쌍구형
⑧	옥상수조와 입상배관 사이 체크밸브 누락	옥상수조와 입상배관 사이 체크밸브 설치

03 연결송수관설비에 가압송수장치에 대한 다음 각 물음에 답하시오.(단, 건축물은 지표면으로부터 높이가 100[m]인 아파트임)

(1) 가압송수장치를 설치하여야 하는지 여부와 그 이유
(2) 방수구가 3개일 때 펌프의 최소 토출량 [l/min]
(3) 최상층에 설치된 노즐선단의 최소 방수압력 [MPa]
(4) 송수구 부근에 수동스위치를 설치하는 경우 그 설치기준 3가지

풀이&답
(1) 가압송수장치를 설치하여야 하는지 여부와 그 이유
  ① 설치여부 : 설치
  ② 설치이유 : 지표면에서 최상층 방수구의 높이가 70m 이상의 특정소방대상물에는 가압송수장치를 설치하여야 한다.
(2) 방수구가 3개일 때 펌프의 최소 토출량[l/min] : 1,200[l/min]
(3) 노즐선단의 최소 방수압력[MPa] : 0.35[MPa]
(4) 송수구 부근에 수동스위치를 설치하는 경우 그 설치기준 3가지
  ① 송수구로부터 5[m] 이내의 보기 쉬운 장소에 바닥으로부터 높이 0.8[m] 이상 1.5[m] 이하로 설치할 것
  ② 1.5[mm] 이상의 강판함에 수납하여 설치하고 "연결송수관설비 수동스위치"라고 표시한 표지를 부착할 것. 이 경우 문짝은 불연재료로 설치할 수 있다.
  ③ 전기사업법 제67조에 따른 기술기준에 따라 접지하고 빗물등이 들어가지 아니하는 구조로 할 것

04 연결송수관설비 점검표상 송수구의 점검항목을 쓰시오.

풀이&답
° **설치장소** 적정 여부
° 지면으로부터 **설치 높이** 적정 여부
° **급수개폐밸브**가 설치된 경우 설치 상태 적정 및 정상 기능 여부
° **수직배관별 1개 이상** 송수구 설치 여부
° "연결송수관설비송수구" **표지** 및 송수압력범위 표지 적정 설치 여부
° 송수구 **마개** 설치 여부

05 연결송수관설비 점검표상 배관 등의 점검항목을 쓰시오.

풀이&답
° **겸용** 급수배관 적정 여부
° 다른 설비의 배관과의 **구분 상태** 적정 여부

06 연결송수관설비 점검표상 방수구의 점검항목을 쓰시오.

[풀이&답]
- **설치기준**(층, 개수, 위치, 높이) 적정 여부
- 방수구 **형태 및 구경** 적정 여부
- **위치표시**(표시등, 축광식표지) 적정 여부
- **개폐기능** 설치 여부 및 상태 적정(닫힌 상태) 여부

[그림] 연결송수관 방수구

07 연결송수관설비 점검표상 방수기구함의 점검항목을 쓰시오.

[풀이&답]
- **설치기준**(층, 위치) 적정 여부
- **호스 및 관창** 비치 적정 여부
- "**방수기구함**" **표지** 설치상태 적정 여부

[그림] 방수기구함

08 연결송수관설비 점검표상 가압송수장치의 점검항목을 쓰시오.

[풀이&답]
- 가압송수장치 **설치장소** 기준 적합 여부
- 펌프 흡입측 **연성계·진공계** 및 토출측 **압력계** 설치 여부
- **성능시험배관 및 순환배관** 설치 적정 여부
- 펌프 **토출량 및 양정** 적정 여부
- **방수구** 개방시 자동기동 여부

- **수동기동스위치** 설치 상태 적정 및 수동스위치 조작에 따른 기동 여부
- 가압송수장치 "연결송수관펌프" **표지** 설치 여부
- 비상전원 **설치장소** 적정 및 관리 여부
- 자가발전설비인 경우 **연료 적정량** 보유 여부
- 자가발전설비인 경우 「전기사업법」에 따른 **정기점검** 결과 확인

25 연결살수설비의 점검

01 연결살수설비 점검표상 송수구의 점검항목을 쓰시오.

[풀이&답]
- **설치장소** 적정 여부
- 송수구 **구경(65[mm]) 및 형태(쌍구형)** 적정 여부
- 송수구역별 **호스접결구** 설치 여부(개방형 헤드의 경우)
- 설치 **높이** 적정 여부
- 송수구에서 주배관 상 연결배관 **개폐밸브** 설치 여부
- "연결살수설비 송수구" **표지 및 송수구역 일람표** 설치 여부
- 송수구 **마개** 설치 여부
- 송수구의 **변형 또는 손상** 여부
- **자동배수밸브 및 체크밸브** 설치 순서 적정 여부
- **자동배수밸브** 설치 상태 적정 여부
- 1개 송수구역 설치 **살수헤드 수량** 적정 여부(개방형 헤드의 경우)

02 연결살수설비 점검표상 선택밸브의 점검항목을 쓰시오.

[풀이&답]
- 선택밸브 **적정 설치 및 정상 작동** 여부
- 선택밸브 부근 **송수구역 일람표** 설치 여부

03 연결살수설비 점검표상 배관 등의 점검항목을 쓰시오.

[풀이&답]
- 급수배관 **개폐밸브** 설치 적정(개폐표시형, 흡입측 버터플라이 제외) 여부
- **동결방지조치** 상태 적정 여부(습식의 경우)
- 주배관과 타 설비 **배관 및 수조** 접속 적정 여부(폐쇄형 헤드의 경우)
- **시험장치** 설치 적정 여부(폐쇄형 헤드의 경우)
- 다른 설비의 배관과의 **구분 상태** 적정 여부

04 연결살수설비 점검표상 헤드의 점검항목을 쓰시오.

[풀이&답]
- 헤드의 **변형·손상** 유무
- 헤드 설치 **위치 · 장소 · 상태(고정)** 적정 여부
- 헤드 **살수장애** 여부

05 소방시설등 외관점검표상 연결송수관설비, 연결살수설비의 점검내용을 쓰시오.

[풀이&답]
(1) 연결송수관설비 송수구
 - 표지 및 송수압력범위 표지 적정 설치 여부
(2) 방수구
 - 위치표시(표시등, 축광식표지) 적정 여부

(3) 방수기구함
　◦ 호스 및 관창 비치 적정 여부
　◦ '방수기구함' 표지 설치상태 적정 여부
(4) 연결살수설비 송수구
　◦ 표지 및 송수구역 일람표 설치 여부
　◦ 송수구의 변형 또는 손상 여부
(5) 연결살수설비 헤드
　◦ 헤드의 변형·손상 유무
　◦ 헤드 살수장애 여부

26 비상콘센트설비의 점검

01 비상콘센트설비를 설치하여야 하는 특정소방대상물(위험물 저장 및 처리 시설 중 가스 시설 또는 지하구는 제외한다) 기준 3가지를 쓰시오.

풀이&답
(1) 층수가 11층 이상인 특정소방대상물의 경우에는 11층 이상의 층
(2) 지하층의 층수가 3층 이상이고 지하층의 바닥면적의 합계가 1천[m²] 이상인 것은 지하층의 모든 층
(3) 지하가 중 터널로서 길이가 500[m] 이상인 것

02 비상콘센트설비 점검표상 전원의 점검항목을 쓰시오.

풀이&답
- **상용전원** 적정 여부
- 비상전원 **설치장소** 적정 및 관리 여부
- 자가발전설비인 경우 **연료 적정량** 보유 여부
- 자가발전설비인 경우 「전기사업법」에 따른 **정기점검** 결과 확인

03 비상콘센트설비 점검표상 전원회로의 점검항목을 쓰시오.

풀이&답
- **전원회로 방식**(단상교류 220[V]) 및 **공급용량**(1.5[kVA] 이상) 적정 여부
- 전원회로 **설치개수**(각 층에 2이상) 적정 여부
- **전용 전원회로** 사용 여부
- 1개 전용회로에 설치되는 **비상콘센트 수량** 적정(10개 이하) 여부
- 보호함 내부에 **분기배선용 차단기** 설치 여부

[그림] 비상콘센트

04 비상콘센트설비 점검표상 콘센트의 점검항목을 쓰시오.

풀이&답
- **변형·손상·현저한 부식**이 없고 전원의 정상 공급여부
- 콘센트별 **배선용 차단기** 설치 및 **충전부 노출** 방지 여부
- 비상콘센트 설치 **높이**, 설치 **위치** 및 설치 **수량** 적정 여부

05 비상콘센트설비 점검표상 보호함 및 배선의 점검항목을 쓰시오.

- 보호함 개폐용이한 **문** 설치 여부
- "비상콘센트" **표지** 설치상태 적정 여부
- **위치표시등** 설치 및 정상 점등 여부
- 점검 또는 사용상 **장애물** 유무

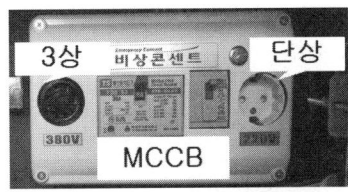

[그림] 비상콘센트 보호함

06 소방시설등 외관점검표상 비상콘센트설비, 무선통신보조설비, 지하구의 점검내용을 쓰시오.

(1) 비상콘센트설비 콘센트
- 변형·손상·현저한 부식이 없고 전원의 정상 공급여부

(2) 비상콘센트설비 보호함
- '비상콘센트'표지 설치상태 적정 여부
- 위치표시등 설치 및 정상점등 여부

(3) 무선통신보조설비 무선기기접속단자
- 설치장소(소방활동 용이성, 상시 근무장소)적정여부
- 보호함 '무선기기접속단자' 표지 설치 여부

(4) 지하구(연소방지설비 등)
- 연소방지설비 헤드의 변형·손상 여부
- 연소방지설비 송수구 1 m 이내 살수구역 안내표지 설치상태 적정 여부

(5) 방화벽
- 방화문 관리상태 및 정상기능 적정 여부

27 무선통신보조설비의 점검

01 무선통신보조설비 점검표상 누설동축케이블 등의 점검항목을 쓰시오.

- **피난 및 통행** 지장 여부(노출하여 설치한 경우)
- **케이블 구성** 적정(누설동축케이블 + 안테나 또는 동축케이블 + 안테나) 여부
- **지지금구** 변형·손상 여부
- **누설동축케이블 및 안테나** 설치 적정 및 변형·손상 여부
- 누설동축케이블 말단 '**무반사 종단저항**' 설치 여부

 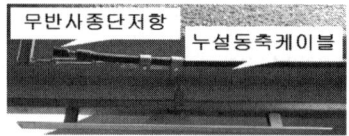

02 무선통신보조설비 점검표상 무선기기접속단자, 옥외안테나의 점검항목을 쓰시오.

- 설치장소(소방활동 용이성, 상시 근무장소) 적정 여부
- 단자 설치높이 적정 여부
- 지상 접속단자 설치거리 적정 여부
- 접속단자 보호함 구조 적정 여부
- 접속단자 보호함 "무선기기접속단자" 표지 설치 여부
- 옥외안테나 통신장애 발생 여부
- 안테나 실지 적정(견고함, 파손우려) 여부
- 옥외안테나에 "무선통신보조설비 안테나" 표지 설치 여부
- 옥외안테나 통신 가능거리 표지 설치 여부
- 수신기 설치장소 등에 옥외안테나 위치표시도 비치 여부

03 무선통신보조설비 점검표상 분배기, 분파기, 혼합기의 점검항목을 쓰시오.

- **먼지, 습기, 부식** 등에 의한 기능 이상 여부
- **설치장소** 적정 및 관리 여부

04 무선통신보조설비 점검표상 증폭기 및 무선중계기의 점검항목을 쓰시오.

- 상용전원 적정 여부
- 전원표시등 및 전압계 설치상태 적정 여부
- 증폭기 비상전원 부착 상태 및 용량 적정 여부
- 적합성 평가 결과 임의 변경 여부

[보충설명] ※ 기능점검 항목 : ● 무선통신 가능 여부

28 지하구의 점검

01 지하구 내에 설치하는 케이블·전선 등에는 연소방지재를 설치하여야 한다. 이에 해당하는 부분을 쓰시오.

풀이&답
① 분기구
② 지하구의 인입부 또는 인출부
③ 절연유 순환펌프 등이 설치된 부분
④ 기타 화재발생 위험이 우려되는 부분

02 연소방지설비 점검표상 배관의 점검항목을 쓰시오.

풀이&답
- **급수배관 개폐밸브** 적정(개폐표시형) 설치 및 관리상태 적합 여부
- 다른 설비의 배관과의 **구분 상태** 적정 여부

03 연소방지설비 점검표상 방수헤드의 점검항목을 쓰시오.

풀이&답
- 헤드의 **변형·손상** 유무
- 헤드 **살수장애** 여부
- **헤드상호 간 거리** 적정 여부
- **살수구역 설정** 적정 여부

04 연소방지설비 점검표상 송수구의 점검항목을 쓰시오.

풀이&답
- **설치장소** 적정 여부
- 송수구 **구경(65[mm]) 및 형태**(쌍구형) 적정 여부
- 송수구 1[m] 이내 **살수구역 안내표지** 설치상태 적정 여부
- 설치 **높이** 적정 여부
- **자동배수밸브** 설치상태 적정 여부
- 연결배관에 **개폐밸브**를 설치한 경우 개폐상태 확인 및 조작 가능 여부
- 송수구 **마개** 설치상태 적정 여부

05 연소방지설비 점검표상 방화벽의 점검항목을 쓰시오.

풀이&답
- **방화문 관리상태** 및 정상기능 적정 여부
- 관통부위 **내화성 화재차단제** 마감 여부

29 도로터널설비의 점검

01 도로터널에 대한 다음의 물음에 답하시오.
(1) 길이가 500[m]인 터널에 설치하여야 하는 소방시설의 종류
(2) 소화기의 능력단위
   ① A급화재
   ② B급화재

풀이&답
(1) 소방시설의 종류(500[m]인 터널)
   소화기구 중 소화기, 비상경보설비, 비상조명등, 비상콘센트설비, 무선통신보조설비
(2) 소화기의 능력단위
   ① A급 화재 : 3단위 이상
   ② B급 화재 : 5단위 이상

02 길이가 3,000[m]인 도로터널(예상 교통량, 경사도 등 터널의 특성을 고려하여 행정안전부령이 정하는 터널임)이 있다. 다음 각 물음에 답하시오.
(1) 이 터널에 설치하여야 하는 소방시설의 종류를 모두 쓰시오.
(2) 물분무소화설비 설치기준 3가지를 쓰시오.

풀이&답
(1) 이 터널에 설치하여야 하는 소방시설의 종류를 모두 쓰시오.
   소화기구 중 소화기, 옥내소화전설비, 물분무소화설비, 비상경보설비, 자동화재탐지설비, 비상조명등, 제연설비, 연결송수관설비, 비상콘센트설비, 무선통신보조설비
(2) 물분무소화설비 설치기준 3가지
   ① 물분무 헤드는 도로면에 1[m²]당 6[L/min] 이상의 수량을 균일하게 방수할 수 있도록 할 것
   ② 물분무설비의 하나의 방수구역은 25[m] 이상으로 하며, 3개 **방**수구역을 동시에 40분 이상 방수할 수 있는 수량을 확보 할 것
   ③ 물분무설비의 **비**상전원은 40분 이상 기능을 유지할 수 있도록 할 것

 6 / 25 3방 / 비4

 터널의 길이에 따른 소방시설 적용기준

소방시설의 종류	소방시설 적용기준
소화기구 중 소화기	터널
옥내소화전설비	지하가 중 터널로서 길이가 1천미터 이상인 터널
옥내소화전설비, 물분무소화설비, 제연설비	지하가 중 예상 교통량, 경사도 등 터널의 특성을 고려하여 행정안전부령이 정하는 터널
비상경보설비	지하가 중 터널로서 길이가 500미터 이상인 것
자동화재탐지설비	길이 1천미터 이상의 터널
비상조명등	지하가 중 터널로서 그 길이가 500미터 이상인 것
연결송수관설비	지하가 중 터널로서 길이가 1천 미터 이상인 것
비상콘센트설비	지하가 중 터널로서 길이가 5백미터 이상인 것
무선통신보조설비	지하가 중 터널로서 길이가 5백미터 이상인 것

30 점검기구 사용법

01 소화전밸브압력계의 용도, 사용법, 주의사항 및 사용할 수 있는 소화설비의 종류 2가지를 쓰시오.

풀이&답

(1) 용도
  방수압력(동압) 측정이 곤란한 경우 정압 측정시 사용
(2) 사용법
  ① 방수구(앵글밸브)에 연결된 소방호스를 분리
  ② 소화전밸브압력계의 어댑터(adapter)를 방수구(소화전밸브)에 연결
  ③ 방수구(앵글밸브) 개방
  ④ 소화전밸브압력계의 압력(정압)을 측정
(3) 주의사항
  ① 어댑터를 확실하게 연결(누수 방지)
  ② 측정 후 Air Cock를 개방하여 기구 내의 압력을 제거하고 소화전밸브압력계를 앵글밸브에서 분리(안전사고 방지)
  ③ 동시에 개방하여야 하는 소화전의 방수구(앵글밸브)를 개방시킨 상태에서 측정
  ④ 최상층, 최하층 및 최다층에 대하여 측정
(4) 사용할 수 있는 소화설비
  ① 옥내소화전설비
  ② 옥외소화전설비

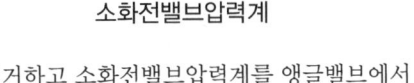
소화전밸브압력계

02 방수압력 측정계(pitot gage)의 용도, 측정방법, 점검시 주의사항, 점검 후 조치사항, 사용할 수 있는 소화설비에 대하여 설명하시오.

풀이&답

(1) 용도
  주수에 의한 옥내·외 소화전의 방수압력(동압)을 측정
(2) 측정방법
  ① 측정하고자 하는 소화전의 호스를 연결하고 직사형 관창을 호스 말단에 연결한다.(반드시 직사형 관창을 사용할 것)
  ② 옥내소화전의 앵글밸브를 개방한다.
  ③ 노즐선단으로부터 노즐구경의 1/2 떨어진 위치에서 방수압력측정계의 선단을 위치시켜 이 때 압력계의 지시값을 읽는다.
(3) 점검 시 주의 사항
  ① 불순물이 완전히 배출된 후에 측정
  ② 공기가 완전히 배출된 후에 측정
  ③ 반드시 직사형 관창 사용
  ④ 설치된 소화전을 모두 개방한 후에 측정

피토게이지(방수압력 측정계)

- 측정하고자 하는 층의 옥내소화전이 5개 이상인 경우 : 5개를 개방
- 측정하고자 하는 층의 옥내소화전이 5개 미만인 경우 : 설치수량
⑤ 봉상주수 상태에서 직각으로 측정
⑥ 최상층, 최하층, 최다층에 대하여 실시
⑦ 방사 시 반동력이 있으므로 안전사고에 대비할 것

(4) 사용할 수 있는 소화설비
① 옥내소화전설비　　　　　　　　② 옥외소화전설비
③ 스프링클러설비　　　　　　　　④ 포소화설비

(5) 점검 후 조치사항
① 방수압력이 규정치 보다 높을 경우
- 호스접결구 인입측에 감압장치를 설치
- 기동용수압개폐장치의 압력스위치 설정압력을 낮게 설정할 것
② 방수압력이 규정치 보다 낮을 경우
- 가압송수장치의 이상유무 확인
- 배관의 막힘이나 누수확인
- 기동용 수압개폐장치의 압력스위치 설정압력을 높게 설정할 것

> **측정결과의 판정**
> (1) 방수압력
> ① 옥내소화전 : 각 소화전마다 0.17[MPa] 이상 0.7[MPa] 이하
> ② 옥외소화전 : 각 소화전마다 0.25[MPa] 이상 0.7[MPa] 이하
> (2) 방수량의 계산
> $$Q = 2.065 D^2 \sqrt{P[\text{MPa}]}$$
> Q : 방수량[L/min]
> D : 노즐구경[mm] (옥내소화전 13[mm], 옥외소화전 19[mm])

03 액화가스레벨미터(액면계)에 대한 다음 각 물음에 답하시오.

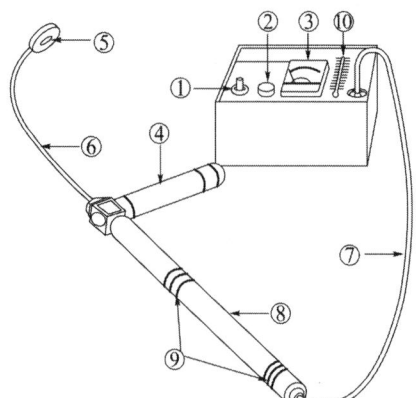

(1) 상기 그림의 ①~⑩까지의 명칭을 쓰시오.
(2) 상기 액면계를 이용한 저장용기의 약제량 측정방법을 쓰시오.

(1) 상기 그림의 ①~⑩까지의 명칭을 쓰시오.
   ① 전원스위치   ② 조정볼륨
   ③ 미터(meter)지시계   ④ 프로브(탐침)
   ⑤ 방사선원   ⑥ 지지암
   ⑦ 전선(코드)   ⑧ 접속기구
   ⑨ 커넥터   ⑩ 온도계

(2) 상기 액면계를 이용한 저장용기의 약제량 측정방법을 쓰시오.
   ① 방사선원의 캡 제거
   ② 전지(배터리) 체크 : 전원스위치를 체크(Check) 위치로 전환한 후 건전지의 전압 확인
   ③ 온도계를 확인하여 실내 온도 기록
   ④ 미터계의 미터 조정 : 전원스위치 ON위치로 전환하고 미터계의 지침이 40~45가 되도록 조정볼륨으로 지침을 조정한다.
   ⑤ 액면 높이 측정
      ㉠ 프로브와 방사선원을 저장용기 사이에 끼워 넣는다.
      ㉡ 지지암을 상하로 천천히 이동하여 미터지시계의 지침이 많이 흔들린 최초의 위치를 체크한다.
      ㉢ 저장용기에 표시하고 높이를 줄자로 측정한다.
   ⑥ 측정완료 후 전원스위치 OFF
   ⑦ 방사선원에 캡을 씌운다.

상온 20[℃] 기준 약제별 약제량의 높이

약제	약제량의 높이	약제량
이산화탄소	1100~1200[mm]	45[kg]
할로겐화합물	640~650[mm]	50[kg]
HCFC BLEND A	870~880[mm]	50[kg]

04 다음은 소방시설별 점검장비를 나타낸 표이다. ( )에 알맞은 답을 쓰시오.

소방시설	장비	규격
공통시설	(㉠)	
소화기구	저울	
(㉡)	소화전밸브압력계	
(㉢)	헤드결합렌치	
이산화탄소소화설비 분말소화설비 할론소화설비 (㉣)	(㉤), 그 밖에 소화약제의 저장량을 측정할 수 있는 점검기구	
자동화재탐지설비 (㉥)	(㉦)	
누전경보기	누전계	누전전류 측정용
무선통신보조설비	무선기	통화시험용
(㉧)	(㉨)	
통로유도등 비상조명등	조도계	(㉩)

㉠ 방수압력측정계, 절연저항계(절연저항측정기), 전류전압측정계
㉡ 옥내소화전설비, 옥외소화전설비
㉢ 스프링클러설비, 포소화설비
㉣ 할로겐화합물 및 불활성기체 소화설비
㉤ 검량계, 기동관누설시험기
㉥ 시각경보기
㉦ 열감지기시험기, 연(煙)감지기시험기, 공기주입시험기, 감지기시험기연결막대, 음량계
㉧ 제연설비
㉨ 풍속풍압계, 폐쇄력측정기, 차압계(압력차 측정기)
㉩ 최소눈금이 0.1럭스 이하인 것

소방시설별 점검장비

소방시설	점검 장비	규격
모든 소방시설	방수압력측정계, 절연저항계(절연저항측정기), 전류전압측정계	
소화기구	저울	
옥내소화전설비 옥외소화전설비	소화전밸브압력계	
스프링클러설비 포소화설비	헤드결합렌치 (볼트, 너트, 나사 등을 죄거나 푸는 공구)	
이산화탄소소화설비 분말소화설비 할론소화설비 할로겐화합물 및 불활성기체 소화설비	검량계, 기동관누설시험기, 그 밖에 소화약제의 저장량을 측정할 수 있는 점검기구	
자동화재탐지설비 시각경보기	열감지기시험기, 연(煙)감지기시험기, 공기주입시험기, 감지기시험기연결막대, 음량계	
누전경보기	누전계	누전전류 측정용
무선통신보조설비	무선기	통화시험용
제연설비	풍속풍압계, 폐쇄력측정기, 차압계(압력차 측정기)	
통로유도등 비상조명등	조도계(밝기 측정기)	최소눈금이 0.1럭스 이하인 것

05 기동관누설시험기를 사용하여 이산화탄소소화설비의 기동용 조작동관 및 주변장치의 누설여부를 확인할 경우 다음의 사항을 쓰시오. (단, 점검 순서에 따라서 작성하고, 기동관누설시험기 사용과 관련된 내용만 작성하시오.)

(1) 사전 준비사항
(2) 점검방법
(3) 확인사항
(4) 복구방법

풀이&답

(1) 사전 준비사항
　(가) 각 기동용기의 솔레노이드밸브에 안전핀을 결합하고, 솔레노이드밸브를 분리한다.
　(나) 각 기동용기에서 기동용 조작동관을 분리한다.
　(다) 저장용기 개방장치(니들밸브)를 저장용기에서 모두 분리한다.
　(라) 호스에 부착된 볼밸브를 잠그고 압력조정기 연결부에 호스를 연결한다.
　(마) 기동용기에 접속되었던 조작동관 너트에 시험기의 가압호스를 견고히 접속한다.

(2) 점검방법
　점검은 아래의 순서에 입각하여 각 방호구역별 조작동관에 대하여 차례로 시험을 실시한다.
　(가) 기동관누설시험기의 고압가스용기에 부착된 밸브를 서서히 개방하여 압력조정기의 1차측 압력이 1 MPa 미만이 되도록 한다.
　(나) 압력조정기의 핸들을 돌려 2차측 압력이 0.5 MPa이 되도록 조정한다.
　(다) 호스 끝에 부착된 개폐밸브를 서서히 개방하여 조작 동관 내 질소가스를 가압한다.

(3) 확인사항
　(가) 조작동관 상태 확인
　　① 비눗물을 붓에 묻혀 조작동관의 각 부분에 칠하여 누설 여부를 확인한다.
　　② 조작동관의 찌그러진 부분 또는 막힌 부분이 있는지 확인한다.
　　③ 가스체크밸브의 위치, 방향이 맞는지 확인한다.
　(나) 해당 구역의 선택밸브 개방 여부를 확인한다.
　(다) 방호구역에 맞도록 조작동관이 정확히 연결되어 니들밸브가 동작되는지 확인한다.

(4) 복구방법
　확인이 끝나면 고압가스용기밸브를 먼저 잠그고, 호스밸브를 잠근 후 연결부를 분리시킨다. 방호구역별 전체 점검이 끝나면 재조립하여 정상 상태로 복구한다.

06 소화약제의 저장량을 측정할 수 있는 점검기구 중 방사선 레벨메타(액화가스레벨미터)의 사용방법 및 주의사항에 대하여 쓰시오.

(1) 사용방법
(2) 주의사항

풀이&답

(1) 사용방법
　① 방사선원 및 선원 지지암과 프로브, 메탈커넥터, 리드선을 연결한다.
　② 전원을 ON하고 미터표시가 보기 편한 곳에 위치하도록 조정볼륨으로 조정한다.
　③ 용기 상하로 움직이며 액면을 찾는다. 액상과 기상이 변하는 위치에서 미터표시의 바늘이 큰 폭으로 움직인다.
　④ 이때의 액면을 용기에 표시한 후 바닥으로부터 높이를 측정하고, 이때의 온도와 같이 기록한다.

(2) 주의사항
  ① 방사선원 등 분리하여 보관한다.
  ② 프로브(센서)는 충격이 가해지지 않게 보관한다.
  ③ 방사선원은 납 케이스에 넣어 보관한다.

방사선 레벨메타의 구성_출처_소방시설등 점검관리 매뉴얼

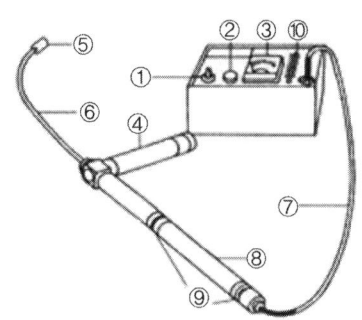

① 전원스위치
② 조정 볼륨
③ 미터표시
④ 프로브(센서)
⑤ 방사선원(코발트60)
⑥ 선원 지지암
⑦ 리드선
⑧ 접속 어태치먼트(접속로드)
⑨ 메탈 커넥터
⑩ 온도계

07 소화약제의 저장량을 측정할 수 있는 점검기구 중 LSI 법(Level Strip Indicator, 소화약제 레벨 표시지)의 사용방법을 쓰시오.

풀이&답
① 표시지를 약제별 적정 높이로 용기에 부착한다.(부착면 이물질 제거 후 부착)
② 표시지를 가열(근적외선 히터, 스팀건 등)하여 균일하게 흰색으로 변할 때까지 위 아래로 가열한다.
③ 약 2초에서 5초 이후에는 아랫부분부터 빠르게 검정색으로 변색된다.
  → 윗 부분(흰색)과 아래 부분(검정색)의 경계면이 액화가스의 액면이다.
④ 바닥면부터 부착높이와 온도를 기록한 후 제조사에서 제공한 테이블을 이용하여 약제량을 산정한다.

출처_소방시설등 점검관리 매뉴얼

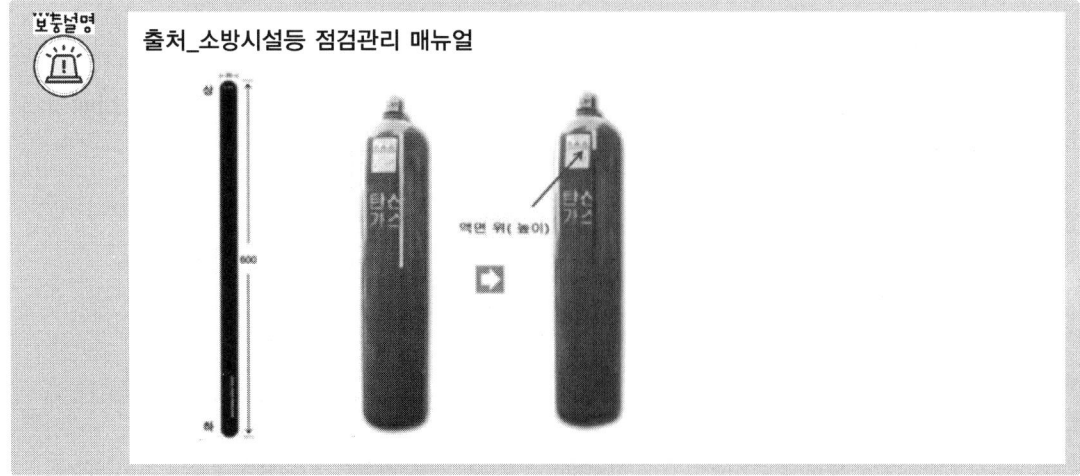

08 소화약제의 저장량을 측정할 수 있는 점검기구 중 초음파액화가스액면측정기의 사용방법을 쓰시오.

풀이&답
① 프로브 연결 후 전원 ON
② 필요한 경우 다이얼을 조정하여 감도조절
③ 초음파 발생기를 용기 상하로 움직이며 액면을 찾는다. 액상과 기상이 변하는 위치에서 디스플레이 되는 수치의 변화가 발생한다.

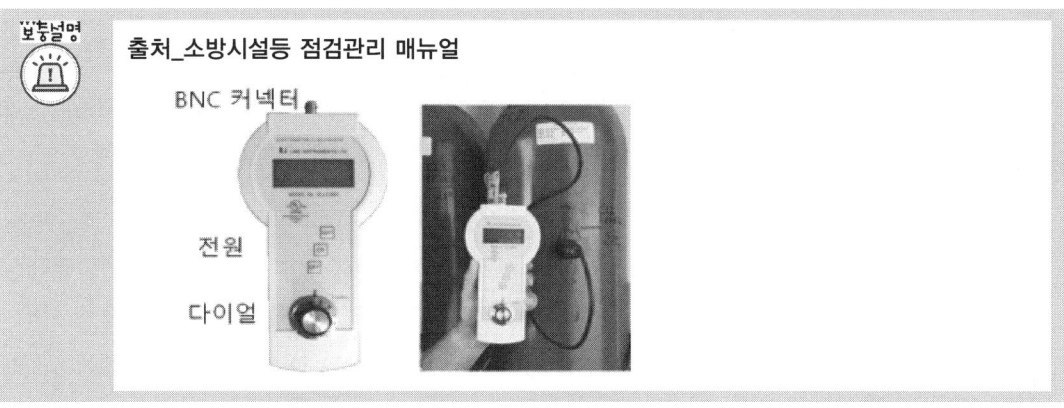

출처_소방시설등 점검관리 매뉴얼

31 화재예방법

01 화재의 예방 및 안전관리에 관한 법률 제2조(정의)에 따른 다음의 용어 정의를 쓰시오.
(1) 화재예방강화지구
(2) 화재예방안전진단

풀이&답
(1) 화재예방강화지구 : 특별시장·광역시장·특별자치시장·도지사 또는 특별자치도지사(이하 "시·도지사"라 한다)가 화재발생 우려가 크거나 화재가 발생할 경우 피해가 클 것으로 예상되는 지역에 대하여 화재의 예방 및 안전관리를 강화하기 위해 지정·관리하는 지역
(2) 화재예방안전진단 : 화재가 발생할 경우 사회·경제적으로 피해 규모가 클 것으로 예상되는 소방대상물에 대하여 화재위험요인을 조사하고 그 위험성을 평가하여 개선대책을 수립하는 것

02 화재의 예방 및 안전관리에 관한 법률 제24조에 따른 특정소방대상물(소방안전관리대상물은 제외한다)의 관계인과 소방안전관리대상물의 소방안전관리자의 업무를 쓰시오.

풀이&답
1. 제36조에 따른 피난계획에 관한 사항과 대통령령으로 정하는 사항이 포함된 소방계획서의 작성 및 시행
2. 자위소방대(自衛消防隊) 및 초기대응체계의 구성, 운영 및 교육
3. 「소방시설 설치 및 관리에 관한 법률」 제16조에 따른 피난시설, 방화구획 및 방화시설의 관리
4. 소방시설이나 그 밖의 소방 관련 시설의 관리
5. 제37조에 따른 소방훈련 및 교육
6. 화기(火氣) 취급의 감독
7. 행정안전부령으로 정하는 바에 따른 소방안전관리에 관한 업무수행에 관한 기록·유지(제3호·제4호 및 제6호의 업무를 말한다)
8. 화재발생 시 초기대응
9. 그 밖에 소방안전관리에 필요한 업무

03 화재의 예방 및 안전관리에 관한 법률 제29조(건설현장 소방안전관리)에 따른 건설현장 소방안전관리대상물의 소방안전관리자의 업무를 쓰시오.

풀이&답
1. 건설현장의 소방계획서의 작성
2. 「소방시설 설치 및 관리에 관한 법률」 제15조제1항에 따른 임시소방시설의 설치 및 관리에 대한 감독
3. 공사진행 단계별 피난안전구역, 피난로 등의 확보와 관리
4. 건설현장의 작업자에 대한 소방안전 교육 및 훈련
5. 초기대응체계의 구성·운영 및 교육
6. 화기취급의 감독, 화재위험작업의 허가 및 관리
7. 그 밖에 건설현장의 소방안전관리와 관련하여 소방청장이 고시하는 업무

04 화재의 예방 및 안전관리에 관한 법률 제31조(소방안전관리자 자격의 정지 및 취소)에 따른 소방청장이 그 자격을 취소하거나 1년 이하의 기간을 정하여 그 자격을 정지시킬 수 경우 5가지를 쓰시오.

풀이&답
1. 거짓이나 그 밖의 부정한 방법으로 소방안전관리자 자격증을 발급받은 경우
2. 제24조제5항에 따른 소방안전관리업무를 게을리한 경우
3. 제30조제4항을 위반하여 소방안전관리자 자격증을 다른 사람에게 빌려준 경우
4. 제34조에 따른 실무교육을 받지 아니한 경우
5. 이 법 또는 이 법에 따른 명령을 위반한 경우

05 화재의 예방 및 안전관리에 관한 법률 제35조(관리의 권원이 분리된 특정소방대상물의 소방안전관리)에 따라 관리의 권원(權原)이 분리되어 있는 특정소방대상물의 경우 그 관리의 권원별 관계인은 대통령령으로 정하는 바에 따라 소방안전관리자를 선임하여야 한다. 이에 해당하는 특정소방대상물을 쓰시오.

풀이&답
1. 복합건축물(지하층을 제외한 층수가 11층 이상 또는 연면적 3만제곱미터 이상인 건축물)
2. 지하가(지하의 인공구조물 안에 설치된 상점 및 사무실, 그 밖에 이와 비슷한 시설이 연속하여 지하도에 접하여 설치된 것과 그 지하도를 합한 것을 말한다)
3. 그 밖에 대통령령으로 정하는 특정소방대상물
   (판매시설 중 도매시장, 소매시장 및 전통시장)

06 화재의 예방 및 안전관리에 관한 법률 제36조(피난계획의 수립 및 시행) 기준을 쓰시오.

풀이&답
1. 소방안전관리대상물의 관계인은 그 장소에 근무하거나 거주 또는 출입하는 사람들이 화재가 발생한 경우에 안전하게 피난할 수 있도록 피난계획을 수립·시행하여야 한다.
2. 제1항의 피난계획에는 그 소방안전관리대상물의 구조, 피난시설 등을 고려하여 설정한 피난경로가 포함되어야 한다.
3. 소방안전관리대상물의 관계인은 피난시설의 위치, 피난경로 또는 대피요령이 포함된 피난유도 안내정보를 근무자 또는 거주자에게 정기적으로 제공하여야 한다.
4. 제1항에 따른 피난계획의 수립·시행, 제3항에 따른 피난유도 안내정보 제공에 필요한 사항은 행정안전부령으로 정한다.

07 화재의 예방 및 안전관리에 관한 법률 제40조(소방안전 특별관리시설물의 안전관리)에 따른 소방안전 특별관리시설물을 쓰시오.

풀이&답
1. 「공항시설법」 제2조제7호의 공항시설
2. 「철도산업발전기본법」 제3조제2호의 철도시설
3. 「도시철도법」 제2조제3호의 도시철도시설
4. 「항만법」 제2조제5호의 항만시설
5. 「문화재보호법」 제2조제3항의 지정문화재인 시설(시설이 아닌 지정문화재를 보호하거나 소장하고 있는 시설을 포함한다)

6. 「문화재보호법」제2조제3항의 지정문화재 및 「자연유산의 보존 및 활용에 관한 법률」에 따른 천연기념물·명승, 시·도자연유산인 시설(시설이 아닌 지정문화재 및 천연기념물·명승, 시·도자연유산을 보호하거나 소장하고 있는 시설을 포함한다)[시행일 : 2024. 3. 22.]
7. 「산업기술단지 지원에 관한 특례법」제2조제1호의 산업기술단지
8. 「산업입지 및 개발에 관한 법률」제2조제8호의 산업단지
9. 「초고층 및 지하연계 복합건축물 재난관리에 관한 특별법」제2조제1호·제2호의 초고층 건축물 및 지하연계 복합건축물
10. 「영화 및 비디오물의 진흥에 관한 법률」제2조제10호의 영화상영관 중 수용인원 1천명 이상인 영화상영관
11. 전력용 및 통신용 지하구
12. 「한국석유공사법」제10조제1항제3호의 석유비축시설
13. 「한국가스공사법」제11조제1항제2호의 천연가스 인수기지 및 공급망
14. 「전통시장 및 상점가 육성을 위한 특별법」제2조제1호의 전통시장으로서 대통령령으로 정하는 전통시장
15. 그 밖에 대통령령으로 정하는 시설물

> 그 밖에 대통령령으로 정하는 시설물
> 1. 「전기사업법」제2조제4호에 따른 발전사업자가 가동 중인 발전소(「발전소주변지역 지원에 관한 법률 시행령」제2조제2항에 따른 발전소는 제외한다)
> 2. 「물류시설의 개발 및 운영에 관한 법률」제2조제5호의2에 따른 물류창고로서 연면적 10만 제곱미터 이상인 것
> 3. 「도시가스사업법」제2조제5호에 따른 가스공급시설

08 화재의 예방 및 안전관리에 관한 법률 제41조(화재예방안전진단)에 따른 화재예방안전진단의 범위를 쓰시오.

풀이&답

1. 화재위험요인의 조사에 관한 사항
2. 소방계획 및 피난계획 수립에 관한 사항
3. 소방시설등의 유지·관리에 관한 사항
4. 비상대응조직 및 교육훈련에 관한 사항
5. 화재 위험성 평가에 관한 사항
6. 그 밖에 화재예방진단을 위하여 대통령령으로 정하는 사항

> 대통령령으로 정하는 사항
> 1. 화재 등의 재난 발생 후 재발방지 대책의 수립 및 그 이행에 관한 사항
> 2. 지진 등 외부 환경 위험요인 등에 대한 예방·대비·대응에 관한 사항
> 3. 화재예방안전진단 결과 보수·보강 등 개선요구 사항 등에 대한 이행 여부

32 화재예방법 시행령

01 화재의 예방 및 안전관리에 관한 법률 시행령 제18조(불을 사용하는 설비의 관리기준 등)에 따른 불을 사용하는 설비 또는 기구의 종류 7가지를 쓰시오.

풀이&답
1. 보일러
2. 난로
3. 건조설비
4. 가스·전기시설
5. 불꽃을 사용하는 용접·용단 기구
6. 노(爐)·화덕설비
7. 음식조리를 위하여 설치하는 설비

02 화재의 예방 및 안전관리에 관한 법률 시행령 [별표1]보일러 등의 설비 또는 기구 등의 위치·구조 및 관리와 화재예방을 위하여 불을 사용할 때 지켜야 하는 사항 중 경유·등유 등 액체연료를 사용할 때에 지켜야 하는 사항 5가지를 쓰시오.

풀이&답
1) 연료탱크는 보일러 본체로부터 수평거리 1미터 이상의 간격을 두어 설치할 것
2) 연료탱크에는 화재 등 긴급상황이 발생하는 경우 연료를 차단할 수 있는 개폐밸브를 연료탱크로부터 0.5미터 이내에 설치할 것
3) 연료탱크 또는 보일러 등에 연료를 공급하는 배관에는 여과장치를 설치할 것
4) 사용이 허용된 연료 외의 것을 사용하지 않을 것
5) 연료탱크가 넘어지지 않도록 받침대를 설치하고, 연료탱크 및 연료탱크 받침대는 「건축법 시행령」 제2조제10호에 따른 불연재료(이하 "불연재료"라 한다)로 할 것

03 화재의 예방 및 안전관리에 관한 법률 시행령 [별표1]보일러 등의 설비 또는 기구 등의 위치·구조 및 관리와 화재예방을 위하여 불을 사용할 때 지켜야 하는 사항 중 기체연료를 사용할 때에 지켜야 하는 사항 4가지를 쓰시오.

풀이&답
1) 보일러를 설치하는 장소에는 환기구를 설치하는 등 가연성 가스가 머무르지 않도록 할 것
2) 연료를 공급하는 배관은 금속관으로 할 것
3) 화재 등 긴급 시 연료를 차단할 수 있는 개폐밸브를 연료용기 등으로부터 0.5미터 이내에 설치할 것
4) 보일러가 설치된 장소에는 가스누설경보기를 설치할 것

04 화재의 예방 및 안전관리에 관한 법률 시행령 [별표1]보일러 등의 설비 또는 기구 등의 위치·구조 및 관리와 화재예방을 위하여 불을 사용할 때 지켜야 하는 사항 중 화목(火木) 등 고체연료를 사용할 때에 지켜야 하는 사항 5가지를 쓰시오.

풀이&답
1) 고체연료는 보일러 본체와 수평거리 2미터 이상 간격을 두어 보관하거나 불연재료로 된 별도의 구획된 공간에 보관할 것
2) 연통은 천장으로부터 0.6미터 떨어지고, 연통의 배출구는 건물 밖으로 0.6미터 이상 나오도록 설치할 것
3) 연통의 배출구는 보일러 본체보다 2미터 이상 높게 설치할 것
4) 연통이 관통하는 벽면, 지붕 등은 불연재료로 처리할 것
5) 연통재질은 불연재료로 사용하고 연결부에 청소구를 설치할 것

05 화재의 예방 및 안전관리에 관한 법률 시행령 [별표1]보일러 등의 설비 또는 기구 등의 위치 · 구조 및 관리와 화재예방을 위하여 불을 사용할 때 지켜야 하는 사항 중 난로 기준을 쓰시오.

풀이&답
가. 연통은 천장으로부터 0.6미터 이상 떨어지고, 연통의 배출구는 건물 밖으로 0.6미터 이상 나오게 설치해야 한다.
나. 가연성 벽·바닥 또는 천장과 접촉하는 연통의 부분은 규조토 등 난연성 또는 불연성의 단열재로 덮어씌워야 한다.
다. 이동식난로는 다음의 장소에서 사용해서는 안 된다. 다만, 난로가 쓰러지지 않도록 받침대를 두어 고정시키거나 쓰러지는 경우 즉시 소화되고 연료의 누출을 차단할 수 있는 장치가 부착된 경우에는 그렇지 아니하다.
  1) 「다중이용업소의 안전관리에 관한 특별법」 제2조제1항제4호에 따른 다중이용업소
  2) 「학원의 설립·운영 및 과외교습에 관한 법률」 제2조제1호에 따른 학원
  3) 「학원의 설립·운영 및 과외교습에 관한 법률 시행령」 제2조제1항제4호에 따른 독서실
  4) 「공중위생관리법」 제2조제1항제2호에 따른 숙박업, 같은 항 제3호에 따른 목욕장업 및 같은 항 제6호에 따른 세탁업의 영업장
  5) 「의료법」 제3조제2항제1호에 따른 의원·치과의원·한의원, 같은 항 제2호에 따른 조산원 및 같은 항 제3호에 따른 병원·치과병원·한방병원·요양병원·정신병원·종합병원
  6) 「식품위생법 시행령」 제21조제8호에 따른 식품접객업의 영업장
  7) 「영화 및 비디오물의 진흥에 관한 법률」 제2조제10호에 따른 영화상영관
  8) 「공연법」 제2조제4호에 따른 공연장
  9) 「박물관 및 미술관 진흥법」 제2조제1호에 따른 박물관 및 같은 조 제2호에 따른 미술관
  10) 「유통산업발전법」 제2조제7호에 따른 상점가
  11) 「건축법」 제20조에 따른 가설건축물
  12) 역·터미널

06 화재의 예방 및 안전관리에 관한 법률 시행령 [별표1]보일러 등의 설비 또는 기구 등의 위치·구조 및 관리와 화재예방을 위하여 불을 사용할 때 지켜야 하는 사항 중 건조설비 기준을 쓰시오.

풀이&답
가. 건조설비와 벽·천장 사이의 거리는 0.5미터 이상이어야 한다.
나. 건조물품이 열원과 직접 접촉하지 않도록 해야 한다.
다. 실내에 설치하는 경우에 벽·천장 및 바닥은 불연재료로 해야 한다.

07 화재의 예방 및 안전관리에 관한 법률 시행령 [별표1]보일러 등의 설비 또는 기구 등의 위치·구조 및 관리와 화재예방을 위하여 불을 사용할 때 지켜야 하는 사항 중 불꽃을 사용하는 용접·용단 기구 기준을 쓰시오.

[풀이&답] 용접 또는 용단 작업장에서는 다음 각 목의 사항을 지켜야 한다. 다만, 「산업안전보건법」 제38조의 적용을 받는 사업장에는 적용하지 않는다.
가. 용접 또는 용단 작업장 주변 반경 5미터 이내에 소화기를 갖추어 둘 것
나. 용접 또는 용단 작업장 주변 반경 10미터 이내에는 가연물을 쌓아두거나 놓아두지 말 것. 다만, 가연물의 제거가 곤란하여 방화포 등으로 방호조치를 한 경우는 제외한다.

08 화재의 예방 및 안전관리에 관한 법률 시행령 [별표1]보일러 등의 설비 또는 기구 등의 위치·구조 및 관리와 화재예방을 위하여 불을 사용할 때 지켜야 하는 사항 중 노·화덕 설비 기준을 쓰시오.

[풀이&답]
가. 실내에 설치하는 경우에는 흙바닥 또는 금속 외의 불연재료로 된 바닥에 설치해야 한다.
나. 노 또는 화덕을 설치하는 장소의 벽·천장은 불연재료로 된 것이어야 한다.
다. 노 또는 화덕의 주위에는 녹는 물질이 확산되지 않도록 높이 0.1미터 이상의 턱을 설치해야 한다.
라. 시간당 열량이 30만킬로칼로리 이상인 노를 설치하는 경우에는 다음의 사항을 지켜야 한다.
　1) 「건축법」 제2조제1항제7호에 따른 주요구조부(이하 "주요구조부"라 한다)는 불연재료 이상으로 할 것
　2) 창문과 출입구는 「건축법 시행령」 제64조에 따른 60분+ 방화문 또는 60분 방화문으로 설치할 것
　3) 노 주위에는 1미터 이상 공간을 확보할 것

09 화재의 예방 및 안전관리에 관한 법률 시행령 [별표1]보일러 등의 설비 또는 기구 등의 위치·구조 및 관리와 화재예방을 위하여 불을 사용할 때 지켜야 하는 사항 중 음식조리를 위하여 설치하는 설비 기준을 쓰시오.

[풀이&답] 「식품위생법 시행령」 제21조제8호에 따른 식품접객업 중 일반음식점 주방에서 조리를 위하여 불을 사용하는 설비를 설치하는 경우에는 다음 각 목의 사항을 지켜야 한다.
가. 주방설비에 부속된 배출덕트(공기 배출통로)는 0.5밀리미터 이상의 아연도금강판 또는 이와 같거나 그 이상의 내식성 불연재료로 설치할 것
나. 주방시설에는 동물 또는 식물의 기름을 제거할 수 있는 필터 등을 설치할 것
다. 열을 발생하는 조리기구는 반자 또는 선반으로부터 0.6미터 이상 떨어지게 할 것
라. 열을 발생하는 조리기구로부터 0.15미터 이내의 거리에 있는 가연성 주요구조부는 단열성이 있는 불연재료로 덮어 씌울 것

10 화재의 예방 및 안전관리에 관한 법률 시행령 [별표2]에 따른 특수가연물의 품명 및 수량에 대한 표를 완성하시오.

[풀이&답]

품명		수량
면화류		200킬로그램 이상
나무껍질 및 대팻밥		400킬로그램 이상
넝마 및 종이부스러기		1,000킬로그램 이상
사류(絲類)		1,000킬로그램 이상
볏짚류		1,000킬로그램 이상
가연성 고체류		3,000킬로그램 이상
석탄·목탄류		10,000킬로그램 이상
가연성 액체류		2세제곱미터 이상
목재가공품 및 나무부스러기		10세제곱미터 이상
고무류·플라스틱류	발포시킨 것	20세제곱미터 이상
	그 밖의 것	3,000킬로그램 이상

11 다음은 화재의 예방 및 안전관리에 관한 법률 시행령 [별표3]에 따른 특수가연물의 저장 및 취급 기준의 일부를 나타낸 것이다. 괄호 안의 번호 (1)~(5)에 알맞은 답을 쓰시오. 특수가연물은 다음 각 목의 기준에 따라 쌓아 저장해야 한다. 다만, 석탄·목탄류를 발전용(發電用)으로 저장하는 경우는 제외한다.

가. 품명별로 구분하여 쌓을 것
나. 다음의 기준에 맞게 쌓을 것

구분	살수설비를 설치하거나 방사능력 범위에 해당 특수가연물이 포함되도록 대형수동식소화기를 설치하는 경우	그 밖의 경우
높이	(1)	(2)
쌓는 부분의 바닥면적	(3)	(4)

다. 실외에 쌓아 저장하는 경우 쌓는 부분이 대지경계선, 도로 및 인접 건축물과 최소 6미터 이상 간격을 둘 것. 다만, 쌓는 높이보다 0.9미터 이상 높은「건축법 시행령」제2조 제7호에 따른 내화구조(이하 "내화구조"라 한다) 벽체를 설치한 경우는 그렇지 않다.
라. 실내에 쌓아 저장하는 경우 주요구조부는 내화구조이면서 불연재료여야 하고, 다른 종류의 특수가연물과 같은 공간에 보관하지 않을 것. 다만, 내화구조의 벽으로 분리하는 경우는 그렇지 않다.
마. (5)

[풀이&답]
(1) 15미터 이하   (2) 10미터 이하
(3) 200제곱미터(석탄·목탄류의 경우에는 300제곱미터) 이하
(4) 50제곱미터(석탄·목탄류의 경우에는 200제곱미터) 이하
(5) 쌓는 부분 바닥면적의 사이는 실내의 경우 1.2미터 또는 쌓는 높이의 1/2 중 큰 값 이상으로 간격을 두어야 하며, 실외의 경우 3미터 또는 쌓는 높이 중 큰 값 이상으로 간격을 둘 것

33 화재예방법 시행규칙

01 다음은 화재의 예방 및 안전관리에 관한 법률 시행규칙 제14조(소방안전관리자의 선임신고 등)제1항에 대한 내용이다. 괄호 안의 번호에 알맞은 답을 쓰시오.

① 소방안전관리대상물의 관계인은 법 제24조 및 제35조에 따라 소방안전관리자를 다음 각 호의 구분에 따라 해당 호에서 정하는 날부터 (㉠)에 선임해야 한다.
  1. 신축·증축·개축·재축·대수선 또는 용도변경으로 해당 특정소방대상물의 소방안전관리자를 신규로 선임해야 하는 경우: (㉡)
  2. 증축 또는 용도변경으로 인하여 특정소방대상물이 영 제25조제1항에 따른 소방안전관리대상물로 된 경우 또는 특정소방대상물의 소방안전관리 등급이 변경된 경우: (㉢)
  3. 특정소방대상물을 양수하거나 「민사집행법」에 따른 경매, 「채무자 회생 및 파산에 관한 법률」에 따른 환가(換價), 「국세징수법」·「관세법」 또는 「지방세기본법」에 따른 압류재산의 매각이나 그 밖에 이에 준하는 절차에 따라 관계인의 권리를 취득한 경우: 해당 권리를 취득한 날 또는 관할 소방서장으로부터 소방안전관리자 선임 안내를 받은 날. 다만, 새로 권리를 취득한 관계인이 종전의 특정소방대상물의 관계인이 선임신고한 소방안전관리자를 해임하지 않는 경우는 제외한다.
  4. 법 제35조에 따른 특정소방대상물의 경우: 관리의 권원이 분리되거나 소방본부장 또는 소방서장이 관리의 권원을 조정한 날
  5. 소방안전관리자의 해임, 퇴직 등으로 해당 소방안전관리자의 업무가 종료된 경우: (㉣)
  6. 법 제24조제3항에 따라 소방안전관리업무를 대행하는 자를 감독할 수 있는 사람을 소방안전관리자로 선임한 경우로서 그 업무대행 계약이 해지 또는 종료된 경우: 소방안전관리업무 대행이 끝난 날
  7. 법 제31조제1항에 따라 소방안전관리자 자격이 정지 또는 취소된 경우: (㉤)

풀이&답
㉠ 30일 이내
㉡ 해당 특정소방대상물의 사용승인일(건축물의 경우에는 「건축법」 제22조에 따라 건축물을 사용할 수 있게 된 날을 말한다. 이하 이 조 및 제16조에서 같다)
㉢ 증축공사의 사용승인일 또는 용도변경 사실을 건축물관리대장에 기재한 날
㉣ 소방안전관리자가 해임된 날, 퇴직한 날 등 근무를 종료한 날
㉤ 소방안전관리자 자격이 정지 또는 취소된 날

02 다음은 화재의 예방 및 안전관리에 관한 법률 시행규칙 제15조(소방안전관리자 정보의 게시)에 정한 게시사항 4가지를 쓰시오.

풀이&답
1. 소방안전관리대상물의 명칭 및 등급
2. 소방안전관리자의 성명 및 선임일자
3. 소방안전관리자의 연락처
4. 소방안전관리자의 근무 위치(화재 수신기 또는 종합방재실을 말한다)

03 다음은 화재의 예방 및 안전관리에 관한 법률 시행규칙 제34조(피난계획의 수립·시행)에 따른 피난계획에 포함되어야 하는 사항 6가지를 쓰시오.

풀이&답
1. 화재경보의 수단 및 방식
2. 층별, 구역별 피난대상 인원의 연령별·성별 현황
3. 피난약자의 현황
4. 각 거실에서 옥외(옥상 또는 피난안전구역을 포함한다)로 이르는 피난경로
5. 피난약자 및 피난약자를 동반한 사람의 피난동선과 피난방법
6. 피난시설, 방화구획, 그 밖에 피난에 영향을 줄 수 있는 제반 사항

04 화재의 예방 및 안전관리에 관한 법률 시행규칙 제35조(피난유도 안내정보의 제공)에 따른 피난유도 안내정보 제공방법 4가지를 쓰시오.

풀이&답
1. 연 2회 피난안내 교육을 실시하는 방법
2. 분기별 1회 이상 피난안내방송을 실시하는 방법
3. 피난안내도를 층마다 보기 쉬운 위치에 게시하는 방법
4. 엘리베이터, 출입구 등 시청이 용이한 장소에 피난안내영상을 제공하는 방법

05 다음은 화재의 예방 및 안전관리에 관한 법률 시행규칙 [별표 1] 소방안전관리업무 대행인력의 배치기준·자격 및 방법 등 준수사항에 대한 내용이다. ( )에 들어갈 내용을 쓰시오.

[표 1] 소방안전관리등급 및 설치된 소방시설에 따른 대행인력의 배치 등급

소방안전관리대상물의 등급	설치된 소방시설의 종류	대행인력의 기술등급
1급 또는 2급	(㉠), 물분무등소화설비 또는 제연설비	중급점검자 이상 1명 이상
	(㉡) 또는 옥외소화전설비	초급점검자 이상 1명 이상
3급	(㉢) 또는 간이스프링클러설비	초급점검자 이상 1명 이상

[비고] 1. 소방안전관리대상물의 등급은 영 별표 4에 따른 소방안전관리대상물의 등급을 말한다.
2. 대행인력의 기술등급은 「소방시설공사업법 시행규칙」 별표 4의2에 따른 소방기술자의 자격 등급에 따른다.
3. 연면적 (㉣) 미만으로서 스프링클러설비가 설치된 1급 또는 2급 소방안전관리대상물의 경우에는 초급점검자를 배치할 수 있다. 다만, 스프링클러설비 외에 (㉤) 또는 (㉥)가 설치된 경우에는 그렇지 않다.
4. 스프링클러설비에는 화재조기진압용 스프링클러설비를 포함하고, 물분무등소화설비에는 (㉦)은 제외한다.

풀이&답
㉠ 스프링클러설비 ㉡ 옥내소화전설비 ㉢ 자동화재탐지설비 ㉣ 5천제곱미터
㉤ 제연설비 ㉥ 물분무등소화설비 ㉦ 호스릴(hose reel)방식

06 다음은 화재의 예방 및 안전관리에 관한 법률 시행규칙 [별표 1] 소방안전관리업무 대행인력의 배치기준·자격 및 방법 등 준수사항에 대한 내용이다. 각 물음에 답하시오.

(1) 대행인력 1명의 1일 소방안전관리업무 대행에 따른 1일 한도점수는 몇 점을 초과할 수 없는가?

(2) ( )에 들어갈 내용을 답안지에 쓰시오.

> 주상복합아파트의 경우 세대부를 제외한 연면적과 세대수에 「소방시설 설치 및 관리에 관한 법률 시행규칙」 별표 3의 종합점검 대상의 경우 (㉠), 작동점검 대상의 경우 (㉡)을 곱하여 계산된 값을 더하여 연면적을 산정한다. 다만, 환산한 연면적이 (㉢)제곱미터를 초과한 경우에는 (㉢)제곱미터로 본다.

풀이&답
(1) 8점
(2) ㉠ 32   ㉡ 40   ㉢ 1만5천

07 화재의 예방 및 안전관리에 관한 법률 시행규칙 [별표 1] 소방안전관리업무 대행인력의 배치기준·자격 및 방법 등 준수사항 중 [비고]의 내용 5가지를 쓰시오.

풀이&답
1. 소방시설 점검 시 공용부 점검을 원칙으로 한다. 다만, 단독경보형 감지기 등이 동작(오동작)한 경우에는 단독경보형 감지기 등이 동작한 장소도 점검을 실시한다.
2. 방문 시 리모델링 또는 내부 구획변경 등이 있는 경우에는 해당 부분을 점검하여 점검표에 그 결과를 기재한다.
3. 계단, 통로 등 피난통로 상에 피난에 장애가 되는 물건 등이 쌓여 있는 경우에는 즉시 이동조치 하도록 관계인에게 설명한다.
4. 방화문은 항시 닫힘 상태를 유지하거나 정상 작동될 수 있도록 관계인에게 설명한다.
5. 점검 완료 시 해당 소방안전관리자(또는 관계인)에게 점검결과를 설명하고 점검표에 기재한다.

34 소방시설법

01 소방시설 설치 및 관리에 관한 법률에 따른 주택용소방시설을 설치해야 하는 주택의 종류와 소방시설의 종류를 쓰시오.

주택의 종류	소방시설의 종류

풀이&답

주택의 종류	소방시설의 종류
1. 「건축법」 제2조제2항제1호의 단독주택 2. 「건축법」 제2조제2항제2호의 공동주택 　(아파트 및 기숙사는 제외한다)	소화기 및 단독경보형 감지기

02 소방시설 설치 및 관리에 관한 법률 제13조(소방시설기준 적용의 특례)에 따른 소방본부장이나 소방서장은 대통령령 또는 화재안전기준이 변경되어 그 기준이 강화되는 경우 기존의 특정소방대상물(건축물의 신축·개축·재축·이전 및 대수선 중인 특정소방대상물을 포함한다)의 소방시설에 대하여는 변경 전의 대통령령 또는 화재안전기준을 적용한다. 다만, 다음 각 호의 어느 하나에 해당하는 소방시설의 경우에는 대통령령 또는 화재안전기준의 변경으로 강화된 기준을 적용할 수 있는데 괄호 안에 들어갈 내용을 쓰시오.

1. 다음 각 목의 소방시설 중 대통령령 또는 화재안전기준으로 정하는 것
　가. (㉠)
　나. (㉡)
　다. (㉢)
　라. (㉣)
　마. (㉤)

2. 다음 각 목의 특정소방대상물에 설치하는 소방시설 중 대통령령 또는 화재안전기준으로 정하는 것
　가. 「국토의 계획 및 이용에 관한 법률」 제2조제9호에 따른 (㉥)
　나. (㉦)
　다. (㉧)
　라. (㉨)

풀이&답 ㉠ 소화기구　㉡ 비상경보설비　㉢ 자동화재탐지설비　㉣ 자동화재속보설비　㉤ 피난구조설비
㉥ 공동구　㉦ 전력 및 통신사업용 지하구　㉧ 노유자(老幼者) 시설　㉨ 의료시설

소방시설법 시행령 제13조(강화된 소방시설기준의 적용대상)
법 제13조제1항제2호 각 목 외의 부분에서 "대통령령으로 정하는 것"이란 다음 각 호의 소방시설을 말한다.
1. 「국토의 계획 및 이용에 관한 법률」 제2조제9호에 따른 공동구에 설치하는 소화기, 자동소화장치, 자동화재탐지설비, 통합감시시설, 유도등 및 연소방지설비
2. 전력 및 통신사업용 지하구에 설치하는 소화기, 자동소화장치, 자동화재탐지설비, 통합감시시설, 유도등 및 연소방지설비
3. 노유자 시설에 설치하는 간이스프링클러설비, 자동화재탐지설비 및 단독경보형 감지기
4. 의료시설에 설치하는 스프링클러설비, 간이스프링클러설비, 자동화재탐지설비 및 자동화재속보설비

03 소방시설법 제23조(소방시설등의 자체점검 결과의 조치 등)에 대한 내용을 쓰시오.

① 특정소방대상물의 관계인은 제22조제1항에 따른 자체점검 결과 소화펌프 고장 등 대통령령으로 정하는 중대위반사항(이하 이 조에서 "중대위반사항"이라 한다)이 발견된 경우에는 지체 없이 수리 등 필요한 조치를 하여야 한다.
② 관리업자등은 자체점검 결과 중대위반사항을 발견한 경우 즉시 관계인에게 알려야 한다. 이 경우 관계인은 지체 없이 수리 등 필요한 조치를 하여야 한다.
③ 특정소방대상물의 관계인은 제22조제1항에 따라 자체점검을 한 경우에는 그 점검 결과를 행정안전부령으로 정하는 바에 따라 소방시설등에 대한 수리·교체·정비에 관한 이행계획(중대위반사항에 대한 조치사항을 포함한다. 이하 이 조에서 같다)을 첨부하여 소방본부장 또는 소방서장에게 보고하여야 한다. 이 경우 소방본부장 또는 소방서장은 점검 결과 및 이행계획이 적합하지 아니하다고 인정되는 경우에는 관계인에게 보완을 요구할 수 있다.
④ 특정소방대상물의 관계인은 제3항에 따른 이행계획을 행정안전부령으로 정하는 바에 따라 기간 내에 완료하고, 소방본부장 또는 소방서장에게 이행계획 완료 결과를 보고하여야 한다. 이 경우 소방본부장 또는 소방서장은 이행계획 완료 결과가 거짓 또는 허위로 작성되었다고 판단되는 경우에는 해당 특정소방대상물을 방문하여 그 이행계획 완료 여부를 확인할 수 있다.
⑤ 제4항에도 불구하고 특정소방대상물의 관계인은 천재지변이나 그 밖에 대통령령으로 정하는 사유로 제3항에 따른 이행계획을 완료하기 곤란한 경우에는 소방본부장 또는 소방서장에게 대통령령으로 정하는 바에 따라 이행계획 완료를 연기하여 줄 것을 신청할 수 있다. 이 경우 소방본부장 또는 소방서장은 연기 신청 승인 여부를 결정하고 그 결과를 관계인에게 알려주어야 한다.
⑥ 소방본부장 또는 소방서장은 관계인이 제4항에 따라 이행계획을 완료하지 아니한 경우에는 필요한 조치의 이행을 명할 수 있고, 관계인은 이에 따라야 한다.

04 다음은 소방시설법 제24조(점검기록표 게시 등)에 대한 내용이다. 괄호안의 번호에 알맞은 답을 쓰시오.
① 제23조제3항에 따라 자체점검 결과 보고를 마친 관계인은 (㉠), (㉡), (㉢) 등 자체점검과 관련된 사항을 점검기록표에 기록하여 특정소방대상물의 출입자가 쉽게 볼 수 있는 장소에 게시하여야 한다. 이 경우 점검기록표의 기록 등에 필요한 사항은 행정안전부령으로 정한다.

② 소방본부장 또는 소방서장은 다음 각 호의 사항을 제48조에 따른 전산시스템 또는 인터넷 홈페이지 등을 통하여 국민에게 공개할 수 있다. 이 경우 공개 절차, 공개 기간 및 공개 방법 등 필요한 사항은 대통령령으로 정한다.
  1. (②)
  2. (⑤)
  3. 그 밖에 소방본부장 또는 소방서장이 특정소방대상물을 이용하는 불특정다수인의 안전을 위하여 공개가 필요하다고 인정하는 사항

풀이&답
㉠ 관리업자등
㉡ 점검일시
㉢ 점검자
㉣ 자체점검 기간 및 점검자
㉤ 특정소방대상물의 정보 및 자체점검 결과

05 소방시설법 제27조(관리사의 결격사유)에 따른 소방시설관리사 결격사유를 쓰시오.

풀이&답
1. 피성년후견인
2. 이 법, 「소방기본법」, 「화재의 예방 및 안전관리에 관한 법률」, 「소방시설공사업법」 또는 「위험물안전관리법」을 위반하여 금고 이상의 실형을 선고받고 그 집행이 끝나거나(집행이 끝난 것으로 보는 경우를 포함한다) 집행이 면제된 날부터 2년이 지나지 아니한 사람
3. 이 법, 「소방기본법」, 「화재의 예방 및 안전관리에 관한 법률」, 「소방시설공사업법」 또는 「위험물안전관리법」을 위반하여 금고 이상의 형의 집행유예를 선고받고 그 유예기간 중에 있는 사람
4. 제28조에 따라 자격이 취소(이 조 제1호에 해당하여 자격이 취소된 경우는 제외한다)된 날부터 2년이 지나지 아니한 사람

06 소방시설법 제28조(자격의 취소ㆍ정지)에 따라 소방청장은 관리사가 위반행위에 해당할 때에는 행정안전부령으로 정하는 바에 따라 그 자격을 취소하거나 1년 이내의 기간을 정하여 그 자격의 정지를 명할 수 있다. 취소사유와 정지사유를 구분하여 쓰시오.

풀이&답

취소사유	정지사유
1. 거짓이나 그 밖의 부정한 방법으로 시험에 합격한 경우 2. 제25조제7항을 위반하여 소방시설관리사증을 다른 사람에게 빌려준 경우 3. 제25조제8항을 위반하여 동시에 둘 이상의 업체에 취업한 경우 4. 제27조 각 호의 어느 하나에 따른 결격사유에 해당하게 된 경우	1. 「화재의 예방 및 안전관리에 관한 법률」 제25조제2항에 따른 대행인력의 배치기준ㆍ자격ㆍ방법 등 준수사항을 지키지 아니한 경우 2. 제22조에 따른 점검을 하지 아니하거나 거짓으로 한 경우 3. 제25조제9항을 위반하여 성실하게 자체점검 업무를 수행하지 아니한 경우

07 소방시설관리업 제30조(등록의 결격사유)에 따른 소방시설관리업 등록 결격사유를 쓰시오.

풀이&답
1. 피성년후견인
2. 이 법, 「소방기본법」, 「화재의 예방 및 안전관리에 관한 법률」, 「소방시설공사업법」 또는 「위험물안전관리법」을 위반하여 금고 이상의 실형을 선고받고 그 집행이 끝나거나(집행이 끝난 것으로 보는 경우를 포함한다) 집행이 면제된 날부터 2년이 지나지 아니한 사람
3. 이 법, 「소방기본법」, 「화재의 예방 및 안전관리에 관한 법률」, 「소방시설공사업법」 또는 「위험물안전관리법」을 위반하여 금고 이상의 형의 집행유예를 선고받고 그 유예기간 중에 있는 사람
4. 제35조제1항에 따라 관리업의 등록이 취소(제1호에 해당하여 등록이 취소된 경우는 제외한다)된 날부터 2년이 지나지 아니한 자
5. 임원 중에 제1호부터 제4호까지의 어느 하나에 해당하는 사람이 있는 법인

08 다음은 소방시설관리업 제32조(관리업자의 지위승계)에 대한 내용이다. 괄호 안의 번호에 알맞은 답을 쓰시오.

① 다음 각 호의 어느 하나에 해당하는 자는 종전의 관리업자의 지위를 승계한다.
   1. (㉠)
   2. (㉡)
   3. (㉢)
② 「민사집행법」에 따른 경매, 「채무자 회생 및 파산에 관한 법률」에 따른 환가, 「국세징수법」, 「관세법」 또는 「지방세징수법」에 따른 압류재산의 매각과 그 밖에 이에 준하는 절차에 따라 (㉣)는 종전의 관리업자의 지위를 승계한다.
③ 제1항이나 제2항에 따라 종전의 관리업자의 지위를 승계한 자는 행정안전부령으로 정하는 바에 따라 (㉤)에게 신고하여야 한다.
④ 제1항이나 제2항에 따라 지위를 승계한 자의 결격사유에 관하여는 제30조를 준용한다. 다만, 상속인이 제30조 각 호의 어느 하나에 해당하는 경우에는 상속받은 날부터 3개월 동안은 그러하지 아니하다.

풀이&답
㉠ 관리업자가 사망한 경우 그 상속인
㉡ 관리업자가 그 영업을 양도한 경우 그 양수인
㉢ 법인인 관리업자가 합병한 경우 합병 후 존속하는 법인이나 합병으로 설립되는 법인
㉣ 관리업의 시설 및 장비의 전부를 인수한 자
㉤ 시·도지사

09 소방시설관리업 제35조(등록의 취소와 영업정지 등)에 따른 시·도지사는 관리업자가 위반행위를 하는 경우에는 행정안전부령으로 정하는 바에 따라 그 등록을 취소하거나 6개월 이내의 기간을 정하여 이의 시정이나 그 영업의 정지를 명할 수 있다. 등록취소사유와 영업정지 사유를 구분하여 답하시오.

취소사유	정지사유
1. 거짓이나 그 밖의 부정한 방법으로 등록을 한 경우 2. 제30조 각 호의 어느 하나에 해당하게 된 경우. 다만, 제30조제5호에 해당하는 법인으로서 결격사유에 해당하게 된 날부터 2개월 이내에 그 임원을 결격사유가 없는 임원으로 바꾸어 선임한 경우는 제외한다. 3. 제33조제2항을 위반하여 등록증 또는 등록수첩을 빌려준 경우	1. 제22조에 따른 점검을 하지 아니하거나 거짓으로 한 경우 2. 제29조제2항에 따른 등록기준에 미달하게 된 경우 3. 제34조제1항에 따른 점검능력 평가를 받지 아니하고 자체점검을 한 경우

10 소방시설법 제56조(벌칙)에 대한 다음 각 물음에 답하시오.

(1) 소방시시설법 제12조제3항 본문을 위반하여 소방시설에 폐쇄·차단 등의 행위를 한 자는 5년 이하의 징역 또는 5천만원 이하의 벌금에 처한다. 이에 해당하는 위반행위 기준을 쓰시오.

(2) (1) 문항의 죄를 범하여 사람을 상해에 이르게 한 때 벌칙은?

(3) (1) 문항의 죄를 범하여 사람을 사망에 이르게 한 때 벌칙은?

(1) 특정소방대상물의 관계인은 제1항에 따라 소방시설을 설치·관리하는 경우 화재 시 소방시설의 기능과 성능에 지장을 줄 수 있는 폐쇄(잠금을 포함한다. 이하 같다)·차단 등의 행위를 하여서는 아니 된다.

(2) 7년 이하의 징역 또는 7천만원 이하의 벌금

(3) 10년 이하의 징역 또는 1억원 이하의 벌금

35 소방시설법 시행령

01 소방시설법 시행령 제2조(정의)에 따른 무창층(無窓層)의 정의를 쓰시오.

풀이&답 "무창층"(無窓層)이란 지상층 중 다음 각 목의 요건을 모두 갖춘 개구부(건축물에서 채광·환기·통풍 또는 출입 등을 위하여 만든 창·출입구, 그 밖에 이와 비슷한 것을 말한다. 이하 같다)의 면적의 합계가 해당 층의 바닥면적(「건축법 시행령」 제119조제1항제3호에 따라 산정된 면적을 말한다. 이하 같다)의 30분의 1 이하가 되는 층을 말한다.
가. 크기는 지름 50센티미터 이상의 원이 통과할 수 있을 것
나. 해당 층의 바닥면으로부터 개구부 밑부분까지의 높이가 1.2미터 이내일 것
다. 도로 또는 차량이 진입할 수 있는 빈터를 향할 것
라. 화재 시 건축물로부터 쉽게 피난할 수 있도록 창살이나 그 밖의 장애물이 설치되지 않을 것
마. 내부 또는 외부에서 쉽게 부수거나 열 수 있을 것

02 소방시설법 시행령 제8조(소방시설의 내진설계)에 따른 내진설계를 적용해야 하는 소방시설의 종류를 쓰시오.

풀이&답 옥내소화전설비, 스프링클러설비 및 물분무등소화설비

03 소방시설법 시행령 제9조(성능위주설계를 해야 하는 특정소방대상물의 범위)를 쓰시오.

풀이&답 다음 각 호의 어느 하나에 해당하는 특정소방대상물(신축하는 것만 해당한다)을 말한다.
1. 연면적 20만제곱미터 이상인 특정소방대상물. 다만, 별표 2 제1호가목에 따른 아파트등(이하 "아파트등"이라 한다)은 제외한다.
2. 50층 이상(지하층은 제외한다)이거나 지상으로부터 높이가 200미터 이상인 아파트등
3. 30층 이상(지하층을 포함한다)이거나 지상으로부터 높이가 120미터 이상인 특정소방대상물(아파트등은 제외한다)
4. 연면적 3만제곱미터 이상인 특정소방대상물로서 다음 각 목의 어느 하나에 해당하는 특정소방대상물
   가. 별표 2 제6호나목의 철도 및 도시철도 시설
   나. 별표 2 제6호다목의 공항시설
5. 별표 2 제16호의 창고시설 중 연면적 10만제곱미터 이상인 것 또는 지하층의 층수가 2개 층 이상이고 지하층의 바닥면적의 합계가 3만제곱미터 이상인 것
6. 하나의 건축물에 「영화 및 비디오물의 진흥에 관한 법률」 제2조제10호에 따른 영화상영관이 10개 이상인 특정소방대상물
7. 「초고층 및 지하연계 복합건축물 재난관리에 관한 특별법」 제2조제2호에 따른 지하연계 복합건축물에 해당하는 특정소방대상물
8. 별표 2 제27호의 터널 중 수저(水底)터널 또는 길이가 5천미터 이상인 것

04 소방시설법 시행령 제12조(소방시설정보관리시스템 구축·운영 대상 등)에 따라 소방청장, 소방본부장 또는 소방서장이 법 제12조제4항에 따라 소방시설의 작동정보 등을 실시간으로 수집·분석할 수 있는 시스템(이하 "소방시설정보관리시스템"이라 한다)을 구축·운영하는 경우 그 구축·운영의 대상은 「화재의 예방 및 안전관리에 관한 법률」 제24조제1항 전단에 따른 소방안전관리대상물 중 다음 각 호의 특정소방대상물로 한다. 괄호 안의 번호에 알맞은 답을 쓰시오.

1. (㉠)
2. 종교시설
3. (㉡)
4. (㉢)
5. (㉣)
6. 숙박이 가능한 수련시설
7. 업무시설
8. 숙박시설
9. 공장
10. (㉤)
11. 위험물 저장 및 처리 시설
12. 지하가(地下街)
13. 지하구
14. 그 밖에 소방청장, 소방본부장 또는 소방서장이 소방안전관리의 취약성과 화재위험성을 고려하여 필요하다고 인정하는 특정소방대상물

풀이&답
㉠ 문화 및 집회시설 ㉡ 판매시설
㉢ 의료시설 ㉣ 노유자 시설 ㉤ 창고시설

05 다음은 소방시설법 시행령 제13조(강화된 소방시설기준의 적용대상)이다. 표의 빈칸에 알맞은 내용을 쓰시오.

적용대상	소방시설
「국토의 계획 및 이용에 관한 법률」 제2조제9호에 따른 공동구	
전력 및 통신사업용 지하구	
노유자 시설	
의료시설	

풀이&답

적용대상	소방시설
「국토의 계획 및 이용에 관한 법률」 제2조제9호에 따른 공동구	소화기, 자동소화장치, 자동화재탐지설비, 통합감시시설, 유도등 및 연소방지설비
전력 및 통신사업용 지하구	소화기, 자동소화장치, 자동화재탐지설비, 통합감시시설, 유도등 및 연소방지설비
노유자 시설	간이스프링클러설비, 자동화재탐지설비 및 단독경보형감지기
의료시설	스프링클러설비, 간이스프링클러설비, 자동화재탐지설비 및 자동화재속보설비

06 다음은 소방시설법 시행령 제15조(특정소방대상물의 증축 또는 용도변경 시의 소방시설 기준 적용의 특례)의 기준을 나타낸 것이다. 괄호 안의 번호에 알맞은 답을 쓰시오.

① 소방본부장 또는 소방서장은 특정소방대상물이 증축되는 경우에는 기존 부분을 포함한 특정소방대상물의 전체에 대하여 증축 당시의 소방시설의 설치에 관한 대통령령 또는 화재안전기준을 적용해야 한다. 다만, 다음 각 호의 어느 하나에 해당하는 경우에는 기존 부분에 대해서는 증축 당시의 소방시설의 설치에 관한 대통령령 또는 화재안전기준을 적용하지 않는다.

  1. (㉠)
  2. (㉡)
  3. 자동차 생산공장 등 화재 위험이 낮은 특정소방대상물 내부에 연면적 33제곱미터 이하의 직원 휴게실을 증축하는 경우
  4. 자동차 생산공장 등 화재 위험이 낮은 특정소방대상물에 캐노피(기둥으로 받치거나 매달아 놓은 덮개를 말하며, 3면 이상에 벽이 없는 구조의 것을 말한다)를 설치하는 경우

② 법 제13조제3항에 따라 소방본부장 또는 소방서장은 특정소방대상물이 용도변경되는 경우에는 용도변경되는 부분에 대해서만 용도변경 당시의 소방시설의 설치에 관한 대통령령 또는 화재안전기준을 적용한다. 다만, 다음 각 호의 어느 하나에 해당하는 경우에는 특정소방대상물 전체에 대하여 용도변경 전에 해당 특정소방대상물에 적용되던 소방시설의 설치에 관한 대통령령 또는 화재안전기준을 적용한다.

  1. (㉢)
  2. (㉣)

풀이&답
㉠ 기존 부분과 증축 부분이 내화구조(耐火構造)로 된 바닥과 벽으로 구획된 경우
㉡ 기존 부분과 증축 부분이 「건축법 시행령」 제46조제1항제2호에 따른 자동방화셔터(이하 "자동방화셔터"라 한다) 또는 같은 영 제64조제1항제1호에 따른 60분+ 방화문(이하 "60분+ 방화문"이라 한다)으로 구획되어 있는 경우
㉢ 특정소방대상물의 구조·설비가 화재연소 확대 요인이 적어지거나 피난 또는 화재진압활동이 쉬워지도록 변경되는 경우
㉣ 용도변경으로 인하여 천장·바닥·벽 등에 고정되어 있는 가연성 물질의 양이 줄어드는 경우

07 소방시설법 시행령 제18조에 따른 화재위험작업을 쓰시오.

풀이&답
1. 인화성·가연성·폭발성 물질을 취급하거나 가연성 가스를 발생시키는 작업
2. 용접·용단(금속·유리·플라스틱 따위를 녹여서 절단하는 일을 말한다) 등 불꽃을 발생시키거나 화기(火氣)를 취급하는 작업
3. 전열기구, 가열전선 등 열을 발생시키는 기구를 취급하는 작업
4. 알루미늄, 마그네슘 등을 취급하여 폭발성 부유분진(공기 중에 떠다니는 미세한 입자를 말한다)을 발생시킬 수 있는 작업
5. 그 밖에 제1호부터 제4호까지와 비슷한 작업으로 소방청장이 정하여 고시하는 작업

08 소방시설법 시행령 제30조에 따른 방염성능기준 이상의 실내장식물 등을 설치해야 하는 특정소방대상물 기준 10가지를 쓰시오.

풀이&답
1. 근린생활시설 중 의원, 조산원, 산후조리원, 체력단련장, 공연장 및 종교집회장
2. 건축물의 옥내에 있는 다음 각 목의 시설
   가. 문화 및 집회시설
   나. 종교시설
   다. 운동시설(수영장은 제외한다)
3. 의료시설
4. 교육연구시설 중 합숙소
5. 노유자 시설
6. 숙박이 가능한 수련시설
7. 숙박시설
8. 방송통신시설 중 방송국 및 촬영소
9. 「다중이용업소의 안전관리에 관한 특별법」 제2조제1항제1호에 따른 다중이용업의 영업소(이하 "다중이용업소"라 한다)
10. 제1호부터 제9호까지의 시설에 해당하지 않는 것으로서 층수가 11층 이상인 것(아파트등은 제외한다)

09 소방시설법 시행령 제31조에서 정한 방염대상물품 기준을 모두 쓰시오.

풀이&답
1. 제조 또는 가공 공정에서 방염처리를 한 다음 각 목의 물품
   가. 창문에 설치하는 커튼류(블라인드를 포함한다)
   나. 카펫
   다. 벽지류(두께가 2밀리미터 미만인 종이벽지는 제외한다)
   라. 전시용 합판·목재 또는 섬유판, 무대용 합판·목재 또는 섬유판(합판·목재류의 경우 불가피하게 설치 현장에서 방염처리한 것을 포함한다)
   마. 암막·무대막(「영화 및 비디오물의 진흥에 관한 법률」 제2조제10호에 따른 영화상영관에 설치하는 스크린과 「다중이용업소의 안전관리에 관한 특별법 시행령」 제2조제7호의4에 따른 가상체험 체육시설업에 설치하는 스크린을 포함한다)
   바. 섬유류 또는 합성수지류 등을 원료로 하여 제작된 소파·의자(「다중이용업소의 안전관리에 관한 특별법 시행령」 제2조제1호나목 및 같은 조 제6호에 따른 단란주점영업, 유흥주점영업 및 노래연습장업의 영업장에 설치하는 것으로 한정한다)
2. 건축물 내부의 천장이나 벽에 부착하거나 설치하는 다음 각 목의 것. 다만, 가구류(옷장, 찬장, 식탁, 식탁용 의자, 사무용 책상, 사무용 의자, 계산대, 그 밖에 이와 비슷한 것을 말한다. 이하 이 조에서 같다)와 너비 10센티미터 이하인 반자돌림대 등과 「건축법」 제52조에 따른 내부 마감재료는 제외한다.
   가. 종이류(두께 2밀리미터 이상인 것을 말한다)·합성수지류 또는 섬유류를 주원료로 한 물품
   나. 합판이나 목재
   다. 공간을 구획하기 위하여 설치하는 간이 칸막이(접이식 등 이동 가능한 벽체나 천장 또는 반자가 실내에 접하는 부분까지 구획하지 않는 벽체를 말한다)
   라. 흡음(吸音)을 위하여 설치하는 흡음재(흡음용 커튼을 포함한다)
   마. 방음(防音)을 위하여 설치하는 방음재(방음용 커튼을 포함한다)

10 다음은 소방시설법 시행령 제31조에 따른 방염성능기준을 나타낸 것이다. 괄호 안의 번호에 알맞은 답을 쓰시오.

> 1. 버너의 불꽃을 제거한 때부터 (㉠)하는 상태가 그칠 때까지 시간은 20초 이내일 것
> 2. 버너의 불꽃을 제거한 때부터 (㉡)하는 상태가 그칠 때까지 시간은 30초 이내일 것
> 3. 탄화(炭化)한 면적은 (㉢) 이내, 탄화한 길이는 (㉣) 이내일 것
> 4. (㉤)는 3회 이상일 것
> 5. 소방청장이 정하여 고시한 방법으로 발연량(發煙量)을 측정하는 경우 (㉥)일 것

풀이&답
㉠ 불꽃을 올리며 연소
㉡ 불꽃을 올리지 않고 연소
㉢ 50제곱센티미터
㉣ 20센티미터
㉤ 불꽃에 의하여 완전히 녹을 때까지 불꽃의 접촉 횟수
㉥ 최대연기밀도는 400 이하

11 소방시설법 시행령 제32조(시·도지사가 실시하는 방염성능검사)에 따른 항목을 2가지 쓰시오.

풀이&답
1. 제31조제1항제1호라목의 전시용 합판·목재 또는 무대용 합판·목재 중 설치 현장에서 방염처리를 하는 합판·목재류
2. 제31조제1항제2호에 따른 방염대상물품 중 설치 현장에서 방염처리를 하는 합판·목재류

12 소방시설법 시행령 제33조(소방시설등의 자체점검 면제 또는 연기)에 따른 연기사유 4가지를 쓰시오.

풀이&답
1. 「재난 및 안전관리 기본법」 제3조제1호에 해당하는 재난이 발생한 경우
2. 경매 등의 사유로 소유권이 변동 중이거나 변동된 경우
3. 관계인의 질병, 사고, 장기출장의 경우
4. 그 밖에 관계인이 운영하는 사업에 부도 또는 도산 등 중대한 위기가 발생하여 자체점검을 실시하기 곤란한 경우

13 소방시설법 시행령 제34조(소방시설등의 자체점검 결과의 조치 등)에 따른 중대위반사항에 해당하는 경우 4가지를 쓰시오.

풀이&답
1. 소화펌프(가압송수장치를 포함한다. 이하 같다), 동력·감시 제어반 또는 소방시설용 전원(비상전원을 포함한다)의 고장으로 소방시설이 작동되지 않는 경우
2. 화재 수신기의 고장으로 화재경보음이 자동으로 울리지 않거나 화재 수신기와 연동된 소방시설의 작동이 불가능한 경우
3. 소화배관 등이 폐쇄·차단되어 소화수(消火水) 또는 소화약제가 자동 방출되지 않는 경우
4. 방화문 또는 자동방화셔터가 훼손되거나 철거되어 본래의 기능을 못하는 경우

14 소방시설법 시행령 제35조(자체점검 결과에 따른 이행계획 완료의 연기)에서 정하고 있는 연기사유 4가지를 쓰시오.

풀이&답
1. 「재난 및 안전관리 기본법」 제3조제1호에 해당하는 재난이 발생한 경우
2. 경매 등의 사유로 소유권이 변동 중이거나 변동된 경우
3. 관계인의 질병, 사고, 장기출장 등의 경우
4. 그 밖에 관계인이 운영하는 사업에 부도 또는 도산 등 중대한 위기가 발생하여 이행계획을 완료하기 곤란한 경우

15 소방시설법 시행령 제36조(자체점검 결과 공개)에 대한 내용이다. 괄호 안의 번호에 알맞은 답을 쓰시오.

> ① 소방본부장 또는 소방서장은 법 제24조제2항에 따라 자체점검 결과를 공개하는 경우 (㉠) 법 제48조에 따른 전산시스템 또는 인터넷 홈페이지 등을 통해 공개해야 한다.
> ② 소방본부장 또는 소방서장은 제1항에 따라 자체점검 결과를 공개하려는 경우 (㉡), (㉢) 및 (㉣)을 해당 특정소방대상물의 관계인에게 미리 알려야 한다.
> ③ 특정소방대상물의 관계인은 제2항에 따라 공개 내용 등을 통보받은 날부터 (㉤)에 관할 소방본부장 또는 소방서장에게 이의신청을 할 수 있다.
> ④ 소방본부장 또는 소방서장은 제3항에 따라 이의신청을 받은 날부터 (㉥)에 심사·결정하여 그 결과를 지체 없이 신청인에게 알려야 한다.
> ⑤ 자체점검 결과의 공개가 제3자의 법익을 침해하는 경우에는 제3자와 관련된 사실을 제외하고 공개해야 한다.

풀이&답
㉠ 30일 이상
㉡ 공개 기간 ㉢ 공개 내용 ㉣ 공개 방법
㉤ 10일 이내
㉥ 10일 이내

16 소방시설 설치 및 관리에 관한 법률 시행령 [별표 1]에 따른 소화설비 중 자동소화장치의 종류 6가지를 쓰시오.

풀이&답
1) 주거용 주방자동소화장치   2) 상업용 주방자동소화장치
3) 캐비닛형 자동소화장치   4) 가스자동소화장치
5) 분말자동소화장치   6) 고체에어로졸자동소화장치

17 소방시설 설치 및 관리에 관한 법률 시행령 [별표 1]에 따른 소화설비 중 물분무등소화설비의 종류 9가지를 쓰시오.

풀이&답
1) 물분무소화설비   2) 미분무소화설비
3) 포소화설비   4) 이산화탄소소화설비

5) 할론소화설비
6) 할로겐화합물 및 불활성기체(다른 원소와 화학반응을 일으키기 어려운 기체를 말한다. 이하 같다) 소화설비
7) 분말소화설비
8) 강화액소화설비
9) 고체에어로졸소화설비

18 다음은 소방시설 설치 및 관리에 관한 법률 시행령 [별표 3]에 대한 내용이다. 괄호 안의 번호에 알맞은 답을 쓰시오.

> 1. 소화설비를 구성하는 제품 또는 기기
>   가. 별표 1 제1호가목의 (㉠)
>   나. 별표 1 제1호나목의 (㉡)
>   다. 소화설비를 구성하는 (㉢)
> 2. 경보설비를 구성하는 제품 또는 기기
>   가. (㉣)
>   나. 경보설비를 구성하는 (㉤)
> 3. 피난구조설비를 구성하는 제품 또는 기기
>   가. 피난사다리, 구조대, 완강기(지지대를 포함한다) 및 간이완강기(지지대를 포함한다)
>   나. (㉥)
>   다. (㉦)
> 4. 소화용으로 사용하는 제품 또는 기기
>   가. 소화약제[별표 1 제1호나목2) 및 3)의 자동소화장치와 같은 호 마목3)부터 9)까지의 소화설비용만 해당한다]
>   나. (㉧)
> 5. 그 밖에 행정안전부령으로 정하는 소방 관련 제품 또는 기기

풀이&답
㉠ 소화기구(소화약제 외의 것을 이용한 간이소화용구는 제외한다)
㉡ 자동소화장치
㉢ 소화전, 관창(菅槍), 소방호스, 스프링클러헤드, 기동용 수압개폐장치, 유수제어밸브 및 가스관선택밸브
㉣ 누전경보기 및 가스누설경보기
㉤ 발신기, 수신기, 중계기, 감지기 및 음향장치(경종만 해당한다)
㉥ 공기호흡기(충전기를 포함한다)
㉦ 피난구유도등, 통로유도등, 객석유도등 및 예비 전원이 내장된 비상조명등
㉧ 방염제(방염액·방염도료 및 방염성물질을 말한다)

19 소방시설 설치 및 관리에 관한 법률 시행령 [별표 4] 특정소방대상물의 관계인이 특정소방대상물에 설치·관리해야 하는 소방시설의 종류 중 소화기구를 설치해야 하는 특정소방대상물을 쓰시오.

풀이&답
1) 연면적 33 m² 이상인 것. 다만, 노유자 시설의 경우에는 투척용 소화용구 등을 화재안전기준에 따라 산정된 소화기 수량의 2분의 1 이상으로 설치할 수 있다.
2) 1)에 해당하지 않는 시설로서 가스시설, 발전시설 중 전기저장시설 및 국가유산
3) 터널
4) 지하구

20 다음은 소방시설 설치 및 관리에 관한 법률 시행령 [별표 4] 특정소방대상물의 관계인이 특정소방대상물에 설치·관리해야 하는 소방시설의 종류 중 자동소화장치를 설치해야 하는 특정소방대상물의 기준을 나타낸 것이다. 괄호 안의 번호에 알맞은 답을 쓰시오.

> 자동소화장치를 설치해야 하는 특정소방대상물은 다음의 어느 하나에 해당하는 특정소방대상물 중 (㉠)로 한다. 이 경우 해당 주방에 자동소화장치를 설치해야 한다.
> 1) 주거용 주방자동소화장치를 설치해야 하는 것: (㉡)
> 2) 상업용 주방자동소화장치를 설치해야 하는 것〈시행 2023.12.1.〉
>   가) 판매시설 중 「유통산업발전법」 제2조제3호에 해당하는 대규모점포에 입점해 있는 일반음식점
>   나) 「식품위생법」 제2조제12호에 따른 집단급식소
> 3) (㉢), (㉣), (㉤) 또는 (㉥)를 설치해야 하는 것: 화재안전기준에서 정하는 장소

풀이&답
㉠ 후드 및 덕트가 설치되어 있는 주방이 있는 특정소방대상물
㉡ 아파트등 및 오피스텔의 모든 층
㉢ 캐비닛형 자동소화장치
㉣ 가스자동소화장치
㉤ 분말자동소화장치
㉥ 고체에어로졸자동소화장치

21 다음은 소방시설 설치 및 관리에 관한 법률 시행령 [별표 4] 특정소방대상물의 관계인이 특정소방대상물에 설치·관리해야 하는 소방시설의 종류 중 옥내소화전설비를 설치해야 하는 특정소방대상물 기준이다. 괄호 안의 번호에 알맞은 답을 쓰시오.

> 옥내소화전설비를 설치해야 하는 특정소방대상물은 다음의 어느 하나에 해당하는 것으로 한다. 다만, 위험물 저장 및 처리 시설 중 가스시설, 지하구 및 업무시설 중 무인변전소(방재실 등에서 스프링클러설비 또는 물분무등소화설비를 원격으로 조정할 수 있는 무인변전소로 한정한다)는 제외한다.
> 1) 다음의 어느 하나에 해당하는 경우에는 모든 층
>   가) 연면적 3천 m² 이상인 것(지하가 중 터널은 제외한다)
>   나) (㉠)
>   다) (㉡)

2) 1)에 해당하지 않는 근린생활시설, 판매시설, 운수시설, 의료시설, 노유자 시설, 업무시설, 숙박시설, 위락시설, 공장, 창고시설, 항공기 및 자동차 관련 시설, 교정 및 군사시설 중 국방·군사시설, 방송통신시설, 발전시설, 장례시설 또는 복합건축물로서 다음의 어느 하나에 해당하는 경우에는 모든 층
   가) (㉢)
   나) 지하층·무창층으로서 바닥면적이 300 m² 이상인 층이 있는 것
   다) 층수가 4층 이상인 것 중 바닥면적이 300 m² 이상인 층이 있는 것
3) 건축물의 (㉣)으로서 사용되는 면적이 200 m² 이상인 경우 해당 부분
4) 지하가 중 터널로서 다음에 해당하는 터널
   가) 길이가 (㉤)인 터널
   나) 예상교통량, 경사도 등 터널의 특성을 고려하여 행정안전부령으로 정하는 터널
5) 1) 및 2)에 해당하지 않는 공장 또는 창고시설로서 「화재의 예방 및 안전관리에 관한 법률 시행령」 별표 2에서 정하는 수량의 750배 이상의 특수가연물을 저장·취급하는 것

풀이&답
㉠ 지하층·무창층(축사는 제외한다)으로서 바닥면적이 600 m² 이상인 층이 있는 것
㉡ 층수가 4층 이상인 것 중 바닥면적이 600 m² 이상인 층이 있는 것
㉢ 연면적 1천5백 m² 이상인 것
㉣ 옥상에 설치된 차고·주차장
㉤ 1천 m 이상

22 다음은 소방시설 설치 및 관리에 관한 법률 시행령 [별표 4] 특정소방대상물의 관계인이 특정소방대상물에 설치·관리해야 하는 소방시설의 종류 중 스프링클러설비를 설치해야 하는 특정소방대상물(위험물 저장 및 처리 시설 중 가스시설 및 지하구는 제외한다) 기준을 나타낸 것이다. 괄호 안의 번호에 알맞은 답을 쓰시오.

1) 층수가 6층 이상인 특정소방대상물의 경우에는 모든 층. 다만, 다음의 어느 하나에 해당하는 경우는 제외한다.
   가) 주택 관련 법령에 따라 기존의 아파트등을 리모델링하는 경우로서 건축물의 연면적 및 층의 높이가 변경되지 않는 경우. 이 경우 해당 아파트등의 사용검사 당시의 소방시설의 설치에 관한 대통령령 또는 화재안전기준을 적용한다.
   나) 스프링클러설비가 없는 기존의 특정소방대상물을 용도변경하는 경우. 다만, 2)부터 6)까지 및 9)부터 12)까지의 규정에 해당하는 특정소방대상물로 용도변경하는 경우에는 해당 규정에 따라 스프링클러설비를 설치한다.
2) 기숙사(교육연구시설·수련시설 내에 있는 학생 수용을 위한 것을 말한다) 또는 복합건축물로서 연면적 5천 m² 이상인 경우에는 모든 층
3) 문화 및 집회시설(동·식물원은 제외한다), 종교시설(주요구조부가 목조인 것은 제외한다), 운동시설(물놀이형 시설 및 바닥이 불연재료이고 관람석이 없는 운동시설은 제외한다)로서 다음의 어느 하나에 해당하는 경우에는 모든 층

가) (㉠)
나) (㉡)
다) (㉢)
라) 무대부가 다) 외의 층에 있는 경우에는 무대부의 면적이 500 m² 이상인 것
4) 판매시설, 운수시설 및 창고시설(물류터미널로 한정한다)로서 바닥면적의 합계가 5천 m² 이상이거나 수용인원이 500명 이상인 경우에는 모든 층
5) 다음의 어느 하나에 해당하는 용도로 사용되는 시설의 바닥면적의 합계가 600 m² 이상인 것은 모든 층
   가) (㉣)   나) (㉤)
   다) (㉥)   라) (㉦)
   마) (㉧)   바) 숙박시설
6) 창고시설(물류터미널은 제외한다)로서 바닥면적 합계가 5천 m² 이상인 경우에는 모든 층
7) 특정소방대상물의 지하층·무창층(축사는 제외한다) 또는 층수가 4층 이상인 층으로서 바닥면적이 1천 m² 이상인 층이 있는 경우에는 해당 층
8) 랙식 창고(rack warehouse): 랙(물건을 수납할 수 있는 선반이나 이와 비슷한 것을 말한다. 이하 같다)을 갖춘 것으로서 천장 또는 반자(반자가 없는 경우에는 지붕의 옥내에 면하는 부분을 말한다)의 높이가 10 m를 초과하고, 랙이 설치된 층의 바닥면적의 합계가 1천5백 m² 이상인 경우에는 모든 층
9) 공장 또는 창고시설로서 다음의 어느 하나에 해당하는 시설
   가) 「화재의 예방 및 안전관리에 관한 법률 시행령」 별표 2에서 정하는 수량의 1천 배 이상의 특수가연물을 저장·취급하는 시설
   나) 「원자력안전법 시행령」 제2조제1호에 따른 중·저준위방사성폐기물(이하 "중·저준위방사성폐기물"이라 한다)의 저장시설 중 소화수를 집수·처리하는 설비가 있는 저장시설
10) 지붕 또는 외벽이 불연재료가 아니거나 내화구조가 아닌 공장 또는 창고시설로서 다음의 어느 하나에 해당하는 것
    가) (㉨)   나) (㉩)
    다) (㉪)   라) (㉫)
    마) (㉬)
11) 교정 및 군사시설 중 다음의 어느 하나에 해당하는 경우에는 해당 장소
    가) 보호감호소, 교도소, 구치소 및 그 지소, 보호관찰소, 갱생보호시설, 치료감호시설, 소년원 및 소년분류심사원의 수용거실
    나) 「출입국관리법」 제52조제2항에 따른 보호시설(외국인보호소의 경우에는 보호대상자의 생활공간으로 한정한다. 이하 같다)로 사용하는 부분. 다만, 보호시설이 임차건물에 있는 경우는 제외한다.
    다) 「경찰관 직무집행법」 제9조에 따른 유치장
12) 지하가(터널은 제외한다)로서 연면적 1천㎡ 이상인 것
13) (㉭)
14) 1)부터 13)까지의 특정소방대상물에 부속된 보일러실 또는 연결통로 등

> **풀이&답**
> ㉠ 수용인원이 100명 이상인 것
> ㉡ 영화상영관의 용도로 쓰는 층의 바닥면적이 지하층 또는 무창층인 경우에는 500 m² 이상, 그 밖의 층의 경우에는 1천㎡ 이상인 것
> ㉢ 무대부가 지하층·무창층 또는 4층 이상의 층에 있는 경우에는 무대부의 면적이 300 m² 이상인 것
> ㉣ 근린생활시설 중 조산원 및 산후조리원
> ㉤ 의료시설 중 정신의료기관
> ㉥ 의료시설 중 종합병원, 병원, 치과병원, 한방병원 및 요양병원
> ㉦ 노유자 시설
> ㉧ 숙박이 가능한 수련시설
> ㉨ 창고시설(물류터미널로 한정한다) 중 4)에 해당하지 않는 것으로서 바닥면적의 합계가 2천5백 m² 이상이거나 수용인원이 250명 이상인 경우에는 모든 층
> ㉩ 창고시설(물류터미널은 제외한다) 중 6)에 해당하지 않는 것으로서 바닥면적의 합계가 2천5백 m² 이상인 경우에는 모든 층
> ㉪ 공장 또는 창고시설 중 7)에 해당하지 않는 것으로서 지하층·무창층 또는 층수가 4층 이상인 것 중 바닥면적이 500 m² 이상인 경우에는 모든 층
> ㉫ 랙식 창고 중 8)에 해당하지 않는 것으로서 바닥면적의 합계가 750 m² 이상인 경우에는 모든 층
> ㉬ 공장 또는 창고시설 중 9)가)에 해당하지 않는 것으로서「화재의 예방 및 안전관리에 관한 법률 시행령」별표 2에서 정하는 수량의 500배 이상의 특수가연물을 저장·취급하는 시설
> ㉭ 발전시설 중 전기저장시설

23 소방시설 설치 및 관리에 관한 법률 시행령 [별표 4] 특정소방대상물의 관계인이 특정소방대상물에 설치·관리해야 하는 소방시설의 종류 중 간이스프링클러설비를 설치해야 하는 특정소방대상물 기준을 모두 쓰시오.

> **풀이&답**
> 1) 공동주택 중 연립주택 및 다세대주택(연립주택 및 다세대주택에 설치하는 간이스프링클러설비는 화재안전기준에 따른 주택전용 간이스프링클러설비를 설치한다)
> 2) 근린생활시설 중 다음의 어느 하나에 해당하는 것
>   가) 근린생활시설로 사용하는 부분의 바닥면적 합계가 1천 m² 이상인 것은 모든 층
>   나) 의원, 치과의원 및 한의원으로서 입원실이 있는 시설
>   다) 조산원 및 산후조리원으로서 연면적 600 m² 미만인 시설
> 3) 의료시설 중 다음의 어느 하나에 해당하는 시설
>   가) 종합병원, 병원, 치과병원, 한방병원 및 요양병원(의료재활시설은 제외한다)으로 사용되는 바닥면적의 합계가 600 m² 미만인 시설
>   나) 정신의료기관 또는 의료재활시설로 사용되는 바닥면적의 합계가 300 m² 이상 600 m² 미만인 시설
>   다) 정신의료기관 또는 의료재활시설로 사용되는 바닥면적의 합계가 300 m² 미만이고, 창살(철재·플라스틱 또는 목재 등으로 사람의 탈출 등을 막기 위하여 설치한 것을 말하며, 화재 시 자동으로 열리는 구조로 되어 있는 창살은 제외한다)이 설치된 시설
> 4) 교육연구시설 내에 합숙소로서 연면적 100 m² 이상인 경우에는 모든 층
> 5) 노유자 시설로서 다음의 어느 하나에 해당하는 시설
>   가) 제7조제1항제7호 각 목에 따른 시설[같은 호 가목2) 및 같은 호 나목부터 바목까지의 시설 중 단독주택 또는 공동주택에 설치되는 시설은 제외하며, 이하 "노유자 생활시설"이라 한다]
>   나) 가)에 해당하지 않는 노유자 시설로 해당 시설로 사용하는 바닥면적의 합계가 300 m² 이상 600 m² 미만인 시설

다) 가)에 해당하지 않는 노유자 시설로 해당 시설로 사용하는 바닥면적의 합계가 300 m² 미만이고, 창살(철재·플라스틱 또는 목재 등으로 사람의 탈출 등을 막기 위하여 설치한 것을 말하며, 화재 시 자동으로 열리는 구조로 되어 있는 창살은 제외한다)이 설치된 시설
6) 숙박시설로 사용되는 바닥면적의 합계가 300 m² 이상 600 m² 미만인 시설
7) 건물을 임차하여「출입국관리법」제52조제2항에 따른 보호시설로 사용하는 부분
8) 복합건축물(별표 2 제30호나목의 복합건축물만 해당한다)로서 연면적 1천 m² 이상인 것은 모든 층

24 소방시설 설치 및 관리에 관한 법률 시행령 [별표 4] 특정소방대상물의 관계인이 특정소방대상물에 설치·관리해야 하는 소방시설의 종류 중 물분무등소화설비를 설치해야 하는 특정소방대상물(위험물 저장 및 처리 시설 중 가스시설 및 지하구는 제외한다) 기준을 모두 쓰시오.

풀이&답
1) 항공기 및 자동차 관련 시설 중 항공기 격납고
2) 차고, 주차용 건축물 또는 철골 조립식 주차시설. 이 경우 연면적 800 m² 이상인 것만 해당한다.
3) 건축물의 내부에 설치된 차고·주차장으로서 차고 또는 주차의 용도로 사용되는 면적이 200 m² 이상인 경우 해당 부분(50세대 미만 연립주택 및 다세대주택은 제외한다)
4) 기계장치에 의한 주차시설을 이용하여 20대 이상의 차량을 주차할 수 있는 시설
5) 특정소방대상물에 설치된 전기실·발전실·변전실(가연성 절연유를 사용하지 않는 변압기·전류차단기 등의 전기기기와 가연성 피복을 사용하지 않은 전선 및 케이블만을 설치한 전기실·발전실 및 변전실은 제외한다)·축전지실·통신기기실 또는 전산실, 그 밖에 이와 비슷한 것으로서 바닥면적이 300 m² 이상인 것[하나의 방화구획 내에 둘 이상의 실(室)이 설치되어 있는 경우에는 이를 하나의 실로 보아 바닥면적을 산정한다]. 다만, 내화구조로 된 공정제어실 내에 설치된 주조정실로서 양압시설(외부 오염 공기 침투를 차단하고 내부의 나쁜 공기가 자연스럽게 외부로 흐를 수 있도록 한 시설을 말한다)이 설치되고 전기기기에 220볼트 이하인 저전압이 사용되며 종업원이 24시간 상주하는 곳은 제외한다.
6) 소화수를 수집·처리하는 설비가 설치되어 있지 않은 중·저준위방사성폐기물의 저장시설. 이 시설에는 이산화탄소소화설비, 할론소화설비 또는 할로겐화합물 및 불활성기체 소화설비를 설치해야 한다.
7) 지하가 중 예상 교통량, 경사도 등 터널의 특성을 고려하여 행정안전부령으로 정하는 터널. 이 시설에는 물분무소화설비를 설치해야 한다.
8) 국가유산 중「문화유산의 보존 및 활용에 관한 법률」에 따른 지정문화유산(문화유산자료를 제외한다) 또는「자연유산의 보존 및 활용에 관한 법률」에 따른 천연기념물등(자연유산자료를 제외한다)으로서 소방청장이 국가유산청장과 협의하여 정하는 것

25 소방시설 설치 및 관리에 관한 법률 시행령 [별표 4] 특정소방대상물의 관계인이 특정소방대상물에 설치·관리해야 하는 소방시설의 종류 중 옥외소화전설비를 설치해야 하는 특정소방대상물(아파트등, 위험물 저장 및 처리 시설 중 가스시설, 지하구 및 지하가 중 터널은 제외한다) 기준을 모두 쓰시오.

풀이&답
1) 지상 1층 및 2층의 바닥면적의 합계가 9천 m² 이상인 것. 이 경우 같은 구(區) 내의 둘 이상의 특정소방대상물이 행정안전부령으로 정하는 연소(延燒) 우려가 있는 구조인 경우에는 이를 하나의 특정소방대상물로 본다.
2) 문화유산 중「문화유산의 보존 및 활용에 관한 법률」제23조에 따라 보물 또는 국보로 지정된 목조건축물

3) 1)에 해당하지 않는 공장 또는 창고시설로서 「화재의 예방 및 안전관리에 관한 법률 시행령」 별표 2에서 정하는 수량의 750배 이상의 특수가연물을 저장·취급하는 것

26 소방시설 설치 및 관리에 관한 법률 시행령 [별표 4] 특정소방대상물의 관계인이 특정소방대상물에 설치·관리해야 하는 소방시설의 종류 중 단독경보형 감지기를 설치해야 하는 특정소방대상물 기준을 쓰시오.

풀이&답
1) 교육연구시설 내에 있는 기숙사 또는 합숙소로서 연면적 2천 m^2 미만인 것
2) 수련시설 내에 있는 기숙사 또는 합숙소로서 연면적 2천 m^2 미만인 것
3) 다목7)에 해당하지 않는 수련시설(숙박시설이 있는 것만 해당한다)
4) 연면적 400 m^2 미만의 유치원
5) 공동주택 중 연립주택 및 다세대주택

27 소방시설 설치 및 관리에 관한 법률 시행령 [별표 4] 특정소방대상물의 관계인이 특정소방대상물에 설치·관리해야 하는 소방시설의 종류 중 비상경보설비를 설치해야 하는 특정소방대상물(모래·석재 등 불연재료 공장 및 창고시설, 위험물 저장 및 처리 시설 중 가스시설, 사람이 거주하지 않거나 벽이 없는 축사 등 동물 및 식물 관련 시설 및 지하구는 제외한다) 기준을 쓰시오.

풀이&답
1) 연면적 400 m^2 이상인 것은 모든 층
2) 지하층 또는 무창층의 바닥면적이 150 m^2(공연장의 경우 100 m^2) 이상인 것은 모든 층
3) 지하가 중 터널로서 길이가 500 m 이상인 것
4) 50명 이상의 근로자가 작업하는 옥내 작업장

28 소방시설 설치 및 관리에 관한 법률 시행령 [별표 4] 특정소방대상물의 관계인이 특정소방대상물에 설치·관리해야 하는 소방시설의 종류 중 자동화재탐지설비를 설치해야 하는 특정소방대상물 기준을 모두 쓰시오.

풀이&답
1) 공동주택 중 아파트등·기숙사 및 숙박시설의 경우에는 모든 층
2) 층수가 6층 이상인 건축물의 경우에는 모든 층
3) 근린생활시설(목욕장은 제외한다), 의료시설(정신의료기관 및 요양병원은 제외한다), 위락시설, 장례시설 및 복합건축물로서 연면적 600 m^2 이상인 경우에는 모든 층
4) 근린생활시설 중 목욕장, 문화 및 집회시설, 종교시설, 판매시설, 운수시설, 운동시설, 업무시설, 공장, 창고시설, 위험물 저장 및 처리 시설, 항공기 및 자동차 관련 시설, 교정 및 군사시설 중 국방·군사시설, 방송통신시설, 발전시설, 관광 휴게시설, 지하가(터널은 제외한다)로서 연면적 1천 m^2 이상인 경우에는 모든 층
5) 교육연구시설(교육시설 내에 있는 기숙사 및 합숙소를 포함한다), 수련시설(수련시설 내에 있는 기숙사 및 합숙소를 포함하며, 숙박시설이 있는 수련시설은 제외한다), 동물 및 식물 관련 시설(기둥과 지붕만으로 구성되어 외부와 기류가 통하는 장소는 제외한다), 자원순환 관련 시설, 교정 및 군사시설(국방·군사시설은 제외한다) 또는 묘지 관련 시설로서 연면적 2천 m^2 이상인 경우에는 모든 층

6) 노유자 생활시설의 경우에는 모든 층
7) 6)에 해당하지 않는 노유자 시설로서 연면적 400 m² 이상인 노유자 시설 및 숙박시설이 있는 수련시설로서 수용인원 100명 이상인 경우에는 모든 층
8) 의료시설 중 정신의료기관 또는 요양병원으로서 다음의 어느 하나에 해당하는 시설
   가) 요양병원(의료재활시설은 제외한다)
   나) 정신의료기관 또는 의료재활시설로 사용되는 바닥면적의 합계가 300 m² 이상인 시설
   다) 정신의료기관 또는 의료재활시설로 사용되는 바닥면적의 합계가 300 m² 미만이고, 창살(철재·플라스틱 또는 목재 등으로 사람의 탈출 등을 막기 위하여 설치한 것을 말하며, 화재 시 자동으로 열리는 구조로 되어 있는 창살은 제외한다)이 설치된 시설
9) 판매시설 중 전통시장
10) 지하가 중 터널로서 길이가 1천 m 이상인 것
11) 지하구
12) 3)에 해당하지 않는 근린생활시설 중 조산원 및 산후조리원
13) 4)에 해당하지 않는 공장 및 창고시설로서 「화재의 예방 및 안전관리에 관한 법률 시행령」 별표 2에서 정하는 수량의 500배 이상의 특수가연물을 저장·취급하는 것
14) 4)에 해당하지 않는 발전시설 중 전기저장시설

29

소방시설 설치 및 관리에 관한 법률 시행령 [별표 4] 특정소방대상물의 관계인이 특정소방대상물에 설치·관리해야 하는 소방시설의 종류 중 시각경보기를 설치해야 하는 특정소방대상물은 다목에 따라 자동화재탐지설비를 설치해야 하는 특정소방대상물 중 다음의 어느 하나에 해당하는 것으로 한다.

풀이&답
1) 근린생활시설, 문화 및 집회시설, 종교시설, 판매시설, 운수시설, 의료시설, 노유자 시설
2) 운동시설, 업무시설, 숙박시설, 위락시설, 창고시설 중 물류터미널, 발전시설 및 장례시설
3) 교육연구시설 중 도서관, 방송통신시설 중 방송국
4) 지하가 중 지하상가

30

소방시설 설치 및 관리에 관한 법률 시행령 [별표 4] 특정소방대상물의 관계인이 특정소방대상물에 설치·관리해야 하는 소방시설의 종류 중 비상방송설비를 설치해야 하는 특정소방대상물(위험물 저장 및 처리 시설 중 가스시설, 사람이 거주하지 않거나 벽이 없는 축사 등 동물 및 식물 관련 시설, 지하가 중 터널 및 지하구는 제외한다) 기준을 모두 쓰시오.

풀이&답
1) 연면적 3천5백 m² 이상인 것은 모든 층
2) 층수가 11층 이상인 것은 모든 층
3) 지하층의 층수가 3층 이상인 것은 모든 층

31

소방시설 설치 및 관리에 관한 법률 시행령 [별표 4] 특정소방대상물의 관계인이 특정소방대상물에 설치·관리해야 하는 소방시설의 종류 중 자동화재속보설비를 설치해야 하는 특정소방대상물 기준을 모두 쓰시오. 다만, 방재실 등 화재 수신기가 설치된 장소에 24시간 화재를 감시할 수 있는 사람이 근무하고 있는 경우는 제외함

풀이&답
1) 노유자 생활시설
2) 노유자 시설로서 바닥면적이 500 m² 이상인 층이 있는 것
3) 수련시설(숙박시설이 있는 것만 해당한다)로서 바닥면적이 500 m² 이상인 층이 있는 것
4) 문화유산 중 「문화유산의 보존 및 활용에 관한 법률」 제23조에 따라 보물 또는 국보로 지정된 목조건축물
5) 근린생활시설 중 다음의 어느 하나에 해당하는 시설
　　가) 의원, 치과의원 및 한의원으로서 입원실이 있는 시설
　　나) 조산원 및 산후조리원
6) 의료시설 중 다음의 어느 하나에 해당하는 것
　　가) 종합병원, 병원, 치과병원, 한방병원 및 요양병원(의료재활시설은 제외한다)
　　나) 정신병원 및 의료재활시설로 사용되는 바닥면적의 합계가 500 m² 이상인 층이 있는 것
7) 판매시설 중 전통시장

32 소방시설 설치 및 관리에 관한 법률 시행령 [별표 4] 특정소방대상물의 관계인이 특정소방대상물에 설치·관리해야 하는 소방시설의 종류 중 가스누설경보기를 설치해야 하는 특정소방대상물(가스시설이 설치된 경우만 해당한다) 기준을 쓰시오.

풀이&답
1) 문화 및 집회시설, 종교시설, 판매시설, 운수시설, 의료시설, 노유자 시설
2) 수련시설, 운동시설, 숙박시설, 창고시설 중 물류터미널, 장례시설

33 소방시설 설치 및 관리에 관한 법률 시행령 [별표 4] 특정소방대상물의 관계인이 특정소방대상물에 설치·관리해야 하는 소방시설의 종류, 피난구조설비 중 피난기구는 특정소방대상물의 모든 층에 화재안전기준에 적합한 것으로 설치해야 한다. 다만, 피난층, 지상 1층, 지상 2층((㉠), (㉡), (㉢)의 경우에는 그렇지 않다. ㉠~㉢에 들어갈 알맞은 내용을 답안지에 쓰시오.

풀이&답
㉠ 노유자시설 중 피난층이 아닌 지상 1층과 피난층이 아닌 지상 2층은 제외한다)
㉡ 층수가 11층 이상인 층과 위험물 저장 및 처리시설 중 가스시설
㉢ 지하가 중 터널 및 지하구

34 소방시설 설치 및 관리에 관한 법률 시행령 [별표 4] 특정소방대상물의 관계인이 특정소방대상물에 설치·관리해야 하는 소방시설의 종류 중 인명구조기구를 설치해야 하는 특정소방대상물 기준을 모두 쓰시오.

풀이&답
1) 방열복 또는 방화복(안전모, 보호장갑 및 안전화를 포함한다), 인공소생기 및 공기호흡기를 설치해야 하는 특정소방대상물: 지하층을 포함하는 층수가 7층 이상인 것 중 관광호텔 용도로 사용하는 층
2) 방열복 또는 방화복(안전모, 보호장갑 및 안전화를 포함한다) 및 공기호흡기를 설치해야 하는 특정소방대상물: 지하층을 포함하는 층수가 5층 이상인 것 중 병원 용도로 사용하는 층
3) 공기호흡기를 설치해야 하는 특정소방대상물은 다음의 어느 하나에 해당하는 것으로 한다.
　　가) 수용인원 100명 이상인 문화 및 집회시설 중 영화상영관

나) 판매시설 중 대규모점포
다) 운수시설 중 지하역사
라) 지하가 중 지하상가
마) 제1호바목 및 화재안전기준에 따라 이산화탄소소화설비(호스릴이산화탄소소화설비는 제외한다)를 설치해야 하는 특정소방대상물

35 소방시설 설치 및 관리에 관한 법률 시행령 [별표 4] 특정소방대상물의 관계인이 특정소방대상물에 설치·관리해야 하는 소방시설의 종류 중 유도등을 설치해야 하는 특정소방대상물 기준을 쓰시오.

풀이&답
1) 피난구유도등, 통로유도등 및 유도표지는 특정소방대상물에 설치한다. 다만, 다음의 어느 하나에 해당하는 경우는 제외한다.
   가) 동물 및 식물 관련 시설 중 축사로서 가축을 직접 가두어 사육하는 부분
   나) 지하가 중 터널
2) 객석유도등은 다음의 어느 하나에 해당하는 특정소방대상물에 설치한다.
   가) 유흥주점영업시설(「식품위생법 시행령」 제21조제8호라목의 유흥주점영업 중 손님이 춤을 출 수 있는 무대가 설치된 카바레, 나이트클럽 또는 그 밖에 이와 비슷한 영업시설만 해당한다)
   나) 문화 및 집회시설
   다) 종교시설
   라) 운동시설
3) 피난유도선은 화재안전기준에서 정하는 장소에 설치한다.

36 소방시설 설치 및 관리에 관한 법률 시행령 [별표 4] 특정소방대상물의 관계인이 특정소방대상물에 설치·관리해야 하는 소방시설의 종류 중 비상조명등을 설치해야 하는 특정소방대상물(창고시설 중 창고 및 하역장, 위험물 저장 및 처리 시설 중 가스시설 및 사람이 거주하지 않거나 벽이 없는 축사 등 동물 및 식물 관련 시설은 제외한다) 기준을 쓰시오.

풀이&답
1) 지하층을 포함하는 층수가 5층 이상 건축물로서 연면적 3천 m^2 이상인 경우에는 모든 층
2) 1)에 해당하지 않는 특정소방대상물로서 그 지하층 또는 무창층의 바닥면적이 450 m^2 이상인 경우에는 해당 층
3) 지하가 중 터널로서 그 길이가 500 m 이상인 것

37 소방시설 설치 및 관리에 관한 법률 시행령 [별표 4] 특정소방대상물의 관계인이 특정소방대상물에 설치·관리해야 하는 소방시설의 종류 중 휴대용비상조명등을 설치해야 하는 특정소방대상물 기준을 쓰시오.

풀이&답
1) 숙박시설
2) 수용인원 100명 이상의 영화상영관, 판매시설 중 대규모점포, 철도 및 도시철도 시설 중 지하역사, 지하가 중 지하상가

38 소방시설 설치 및 관리에 관한 법률 시행령 [별표 4] 특정소방대상물의 관계인이 특정소방대상물에 설치·관리해야 하는 소방시설의 종류 중 상수도소화용수설비를 설치해야 하는 특정소방대상물 기준을 나타낸 것이다. 괄호 안의 번호에 알맞은 답을 쓰시오. 다만, 상수도소화용수설비를 설치해야 하는 특정소방대상물의 대지 경계선으로부터 (㉠)에 지름 (㉡)인 상수도용 배수관이 설치되지 않은 지역의 경우에는 화재안전기준에 따른 (㉢)를 설치해야 한다.

가. (㉣)

나. (㉤)

다. (㉥)

풀이&답
㉠ 180 m 이내   ㉡ 75 mm 이상   ㉢ 소화수조 또는 저수조
㉣ 연면적 5천 m² 이상인 것. 다만, 위험물 저장 및 처리 시설 중 가스시설, 지하가 중 터널 또는 지하구의 경우에는 제외한다.
㉤ 가스시설로서 지상에 노출된 탱크의 저장용량의 합계가 100톤 이상인 것
㉥ 자원순환 관련 시설 중 폐기물재활용시설 및 폐기물처분시설

39 소방시설 설치 및 관리에 관한 법률 시행령 [별표 4] 특정소방대상물의 관계인이 특정소방대상물에 설치·관리해야 하는 소방시설의 종류 중 제연설비를 설치해야 하는 특정소방대상물 기준을 쓰시오.

풀이&답
1) 문화 및 집회시설, 종교시설, 운동시설 중 무대부의 바닥면적이 200 m² 이상인 경우에는 해당 무대부
2) 문화 및 집회시설 중 영화상영관으로서 수용인원 100명 이상인 경우에는 해당 영화상영관
3) 지하층이나 무창층에 설치된 근린생활시설, 판매시설, 운수시설, 숙박시설, 위락시설, 의료시설, 노유자 시설 또는 창고시설(물류터미널로 한정한다)로서 해당 용도로 사용되는 바닥면적의 합계가 1천 m² 이상인 경우 해당 부분
4) 운수시설 중 시외버스정류장, 철도 및 도시철도 시설, 공항시설 및 항만시설의 대기실 또는 휴게시설로서 지하층 또는 무창층의 바닥면적이 1천 m² 이상인 경우에는 모든 층
5) 지하가(터널은 제외한다)로서 연면적 1천 m² 이상인 것
6) 지하가 중 예상 교통량, 경사도 등 터널의 특성을 고려하여 행정안전부령으로 정하는 터널
7) 특정소방대상물(갓복도형 아파트등은 제외한다)에 부설된 특별피난계단, 비상용 승강기의 승강장 또는 피난용 승강기의 승강장

40 소방시설 설치 및 관리에 관한 법률 시행령 [별표 4] 특정소방대상물의 관계인이 특정소방대상물에 설치·관리해야 하는 소방시설의 종류 중 연결송수관설비를 설치해야 하는 특정소방대상물(위험물 저장 및 처리 시설 중 가스시설 및 지하구는 제외한다) 기준을 쓰시오.

풀이&답
1) 층수가 5층 이상으로서 연면적 6천 m² 이상인 경우에는 모든 층
2) 1)에 해당하지 않는 특정소방대상물로서 지하층을 포함하는 층수가 7층 이상인 경우에는 모든 층
3) 1) 및 2)에 해당하지 않는 특정소방대상물로서 지하층의 층수가 3층 이상이고 지하층의 바닥면적

의 합계가 1천 m² 이상인 경우에는 모든 층
4) 지하가 중 터널로서 길이가 1천 m 이상인 것

41 소방시설 설치 및 관리에 관한 법률 시행령 [별표 4] 특정소방대상물의 관계인이 특정소방대상물에 설치·관리해야 하는 소방시설의 종류 중 연결살수설비를 설치해야 하는 특정소방대상물(지하구는 제외한다) 기준을 쓰시오.

풀이&답
1) 판매시설, 운수시설, 창고시설 중 물류터미널로서 해당 용도로 사용되는 부분의 바닥면적의 합계가 1천 m² 이상인 경우에는 해당 시설
2) 지하층(피난층으로 주된 출입구가 도로와 접한 경우는 제외한다)으로서 바닥면적의 합계가 150 m² 이상인 경우에는 지하층의 모든 층. 다만, 「주택법 시행령」 제46조제1항에 따른 국민주택규모 이하인 아파트등의 지하층(대피시설로 사용하는 것만 해당한다)과 교육연구시설 중 학교의 지하층의 경우에는 700 m² 이상인 것으로 한다.
3) 가스시설 중 지상에 노출된 탱크의 용량이 30톤 이상인 탱크시설
4) 1) 및 2)의 특정소방대상물에 부속된 연결통로

42 소방시설 설치 및 관리에 관한 법률 시행령 [별표 4] 특정소방대상물의 관계인이 특정소방대상물에 설치·관리해야 하는 소방시설의 종류 중 비상콘센트설비를 설치해야 하는 특정소방대상물(위험물 저장 및 처리 시설 중 가스시설 및 지하구는 제외한다) 기준을 쓰시오.

풀이&답
1) 층수가 11층 이상인 특정소방대상물의 경우에는 11층 이상의 층
2) 지하층의 층수가 3층 이상이고 지하층의 바닥면적의 합계가 1천 m² 이상인 것은 지하층의 모든 층
3) 지하가 중 터널로서 길이가 500 m 이상인 것

43 소방시설 설치 및 관리에 관한 법률 시행령 [별표 4] 특정소방대상물의 관계인이 특정소방대상물에 설치·관리해야 하는 소방시설의 종류 중 무선통신보조설비를 설치해야 하는 특정소방대상물(위험물 저장 및 처리 시설 중 가스시설은 제외한다) 기준을 쓰시오.

풀이&답
1) 지하가(터널은 제외한다)로서 연면적 1천 m² 이상인 것
2) 지하층의 바닥면적의 합계가 3천 m² 이상인 것 또는 지하층의 층수가 3층 이상이고 지하층의 바닥면적의 합계가 1천 m² 이상인 것은 지하층의 모든 층
3) 지하가 중 터널로서 길이가 500 m 이상인 것
4) 지하구 중 공동구
5) 층수가 30층 이상인 것으로서 16층 이상 부분의 모든 층

44 소방시설 설치 및 관리에 관한 법률 시행령 [별표 4] 특정소방대상물의 관계인이 특정소방대상물에 설치·관리해야 하는 소방시설의 종류에 따른 괄호안의 번호에 알맞은 답을 쓰시오.

- 화재알림설비를 설치해야 하는 특정소방대상물은 (㉠)으로 한다.
- (㉡)을 설치해야 하는 특정소방대상물은 지하구로 한다.
- 연소방지설비는 (㉢)에 설치해야 한다.

풀이&답
㉠ 판매시설 중 전통시장
㉡ 통합감시시설
㉢ 지하구(전력 또는 통신사업용인 것만 해당한다)

45 소방시설 설치 및 관리에 관한 법률 시행령 [별표 5] 특정소방대상물의 소방시설 설치의 면제 기준에 대한 표이다. 표의 번호 (1)~(2)에 알맞은 답을 쓰시오.

설치가 면제되는 소방시설	설치가 면제되는 기준
자동소화장치	(1)
옥내소화전설비	(2)

풀이&답
(1) 자동소화장치(주거용 주방자동소화장치 및 상업용 주방자동소화장치는 제외한다)를 설치해야 하는 특정소방대상물에 물분무등소화설비를 화재안전기준에 적합하게 설치한 경우에는 그 설비의 유효범위(해당 소방시설이 화재를 감지·소화 또는 경보할 수 있는 부분을 말한다. 이하 같다)에서 설치가 면제된다.
(2) 소방본부장 또는 소방서장이 옥내소화전설비의 설치가 곤란하다고 인정하는 경우로서 호스릴 방식의 미분무소화설비 또는 옥외소화전설비를 화재안전기준에 적합하게 설치한 경우에는 그 설비의 유효범위에서 설치가 면제된다.

46 소방시설 설치 및 관리에 관한 법률 시행령 [별표 5] 특정소방대상물의 소방시설 설치의 면제 기준에 대한 표이다. 표의 번호 (1)~(2)에 알맞은 답을 쓰시오.

설치가 면제되는 소방시설	설치가 면제되는 기준
스프링클러설비	(1)
간이스프링클러설비	(2)

풀이&답
(1) 가. 스프링클러설비를 설치해야 하는 특정소방대상물(발전시설 중 전기저장시설은 제외한다)에 적응성 있는 자동소화장치 또는 물분무등소화설비를 화재안전기준에 적합하게 설치한 경우에는 그 설비의 유효범위에서 설치가 면제된다.
나. 스프링클러설비를 설치해야 하는 전기저장시설에 소화설비를 소방청장이 정하여 고시하는 방법에 따라 설치한 경우에는 그 설비의 유효범위에서 설치가 면제된다.
(2) 간이스프링클러설비를 설치해야 하는 특정소방대상물에 스프링클러설비, 물분무소화설비 또는 미분무소화설비를 화재안전기준에 적합하게 설치한 경우에는 그 설비의 유효범위에서 설치가 면제된다.

47 소방시설 설치 및 관리에 관한 법률 시행령 [별표 5] 특정소방대상물의 소방시설 설치의 면제 기준에 대한 표이다. 표의 번호 (1)~(2)에 알맞은 답을 쓰시오.

설치가 면제되는 소방시설	설치가 면제되는 기준
물분무등소화설비	(1)
옥외소화전설비	(2)

풀이&답

(1) 물분무등소화설비를 설치해야 하는 차고·주차장에 스프링클러설비를 화재안전기준에 적합하게 설치한 경우에는 그 설비의 유효범위에서 설치가 면제된다.
(2) 옥외소화전설비를 설치해야 하는 문화유산인 목조건축물에 상수도소화용수설비를 화재안전기준에서 정하는 방수압력·방수량·옥외소화전함 및 호스의 기준에 적합하게 설치한 경우에는 설치가 면제된다.

48 소방시설 설치 및 관리에 관한 법률 시행령 [별표 5] 특정소방대상물의 소방시설 설치의 면제 기준에 대한 표이다. 표의 번호 (1)~(2)에 알맞은 답을 쓰시오.

설치가 면제되는 소방시설	설치가 면제되는 기준
비상경보설비	(1)
비상경보설비 또는 단독경보형감지기	(2)

풀이&답

(1) 비상경보설비를 설치해야 할 특정소방대상물에 단독경보형 감지기를 2개 이상의 단독경보형 감지기와 연동하여 설치한 경우에는 그 설비의 유효범위에서 설치가 면제된다.
(2) 비상경보설비 또는 단독경보형 감지기를 설치해야 하는 특정소방대상물에 자동화재탐지설비 또는 화재알림설비를 화재안전기준에 적합하게 설치한 경우에는 그 설비의 유효범위에서 설치가 면제된다.

49 소방시설 설치 및 관리에 관한 법률 시행령 [별표 5] 특정소방대상물의 소방시설 설치의 면제 기준에 대한 표이다. 표의 번호 (1)~(2)에 알맞은 답을 쓰시오.

설치가 면제되는 소방시설	설치가 면제되는 기준
자동화재탐지설비	(1)
화재알림설비	(2)

풀이&답

(1) 자동화재탐지설비의 기능(감지·수신·경보기능을 말한다)과 성능을 가진 화재알림설비, 스프링클러설비 또는 물분무등소화설비를 화재안전기준에 적합하게 설치한 경우에는 그 설비의 유효범위에서 설치가 면제된다.
(2) 화재알림설비를 설치해야 하는 특정소방대상물에 자동화재탐지설비를 화재안전기준에 적합하게 설치한 경우에는 그 설비의 유효범위에서 설치가 면제된다.

50 소방시설 설치 및 관리에 관한 법률 시행령 [별표 5] 특정소방대상물의 소방시설 설치의 면제 기준에 대한 표이다. 표의 번호 (1)~(2)에 알맞은 답을 쓰시오.

설치가 면제되는 소방시설	설치가 면제되는 기준
비상방송설비	⑴
자동화재속보설비	⑵

풀이&답

⑴ 비상방송설비를 설치해야 하는 특정소방대상물에 자동화재탐지설비 또는 비상경보설비와 같은 수준 이상의 음향을 발하는 장치를 부설한 방송설비를 화재안전기준에 적합하게 설치한 경우에는 그 설비의 유효범위에서 설치가 면제된다.

⑵ 자동화재속보설비를 설치해야 하는 특정소방대상물에 화재알림설비를 화재안전기준에 적합하게 설치한 경우에는 그 설비의 유효범위에서 설치가 면제된다.

51 소방시설 설치 및 관리에 관한 법률 시행령 [별표 5] 특정소방대상물의 소방시설 설치의 면제 기준에 대한 표이다. 표의 번호 ⑴∼⑵에 알맞은 답을 쓰시오.

설치가 면제되는 소방시설	설치가 면제되는 기준
누전경보기	⑴
피난구조설비	⑵

풀이&답

⑴ 누전경보기를 설치해야 하는 특정소방대상물 또는 그 부분에 아크경보기(옥내 배전선로의 단선이나 선로 손상 등으로 인하여 발생하는 아크를 감지하고 경보하는 장치를 말한다) 또는 전기 관련 법령에 따른 지락차단장치를 설치한 경우에는 그 설비의 유효범위에서 설치가 면제된다.

⑵ 피난구조설비를 설치해야 하는 특정소방대상물에 그 위치·구조 또는 설비의 상황에 따라 피난상 지장이 없다고 인정되는 경우에는 화재안전기준에서 정하는 바에 따라 설치가 면제된다.

52 소방시설 설치 및 관리에 관한 법률 시행령 [별표 5] 특정소방대상물의 소방시설 설치의 면제 기준에 대한 표이다. 표의 번호 ⑴∼⑵에 알맞은 답을 쓰시오.

설치가 면제되는 소방시설	설치가 면제되는 기준
비상조명등	⑴
상수도소화용수 설비	⑵

풀이&답

⑴ 비상조명등을 설치해야 하는 특정소방대상물에 피난구유도등 또는 통로유도등을 화재안전기준에 적합하게 설치한 경우에는 그 유도등의 유효범위에서 설치가 면제된다.

⑵ 가. 상수도소화용수설비를 설치해야 하는 특정소방대상물의 각 부분으로부터 수평거리 140 m 이내에 공공의 소방을 위한 소화전이 화재안전기준에 적합하게 설치되어 있는 경우에는 설치가 면제된다.

나. 소방본부장 또는 소방서장이 상수도소화용수설비의 설치가 곤란하다고 인정하는 경우로서 화재안전기준에 적합한 소화수조 또는 저수조가 설치되어 있거나 이를 설치하는 경우에는 그 설비의 유효범위에서 설치가 면제된다.

53 소방시설 설치 및 관리에 관한 법률 시행령 [별표 5] 특정소방대상물의 소방시설 설치의 면제 기준에 대한 표이다. 표의 번호 ⑴∼⑵에 알맞은 답을 쓰시오.

설치가 면제되는 소방시설	설치가 면제되는 기준
제연설비	(1)

풀이&답

(1) 가. 제연설비를 설치해야 하는 특정소방대상물[별표 4 제5호가목6)은 제외한다]에 다음의 어느 하나에 해당하는 설비를 설치한 경우에는 설치가 면제된다.
　　　1) 공기조화설비를 화재안전기준의 제연설비기준에 적합하게 설치하고 공기조화설비가 화재 시 제연설비기능으로 자동전환되는 구조로 설치되어 있는 경우
　　　2) 직접 외부 공기와 통하는 배출구의 면적의 합계가 해당 제연구역[제연경계(제연설비의 일부인 천장을 포함한다)에 의하여 구획된 건축물 내의 공간을 말한다] 바닥면적의 100분의 1 이상이고, 배출구부터 각 부분까지의 수평거리가 30 m 이내이며, 공기유입구가 화재안전기준에 적합하게(외부 공기를 직접 자연 유입할 경우에 유입구의 크기는 배출구의 크기 이상이어야 한다) 설치되어 있는 경우
　　나. 별표 4 제5호가목6)에 따라 제연설비를 설치해야 하는 특정소방대상물 중 노대(露臺)와 연결된 특별피난계단, 노대가 설치된 비상용 승강기의 승강장 또는 「건축법 시행령」 제91조제5호의 기준에 따라 배연설비가 설치된 피난용 승강기의 승강장에는 설치가 면제된다.

54 소방시설 설치 및 관리에 관한 법률 시행령 [별표 5] 특정소방대상물의 소방시설 설치의 면제 기준에 대한 표이다. 표의 번호 (1)~(2)에 알맞은 답을 쓰시오.

설치가 면제되는 소방시설	설치가 면제되는 기준
연결송수관설비	(1)
연결살수설비	(2)

풀이&답

(1) 연결송수관설비를 설치해야 하는 소방대상물에 옥외에 연결송수구 및 옥내에 방수구가 부설된 옥내소화전설비, 스프링클러설비, 간이스프링클러설비 또는 연결살수설비를 화재안전기준에 적합하게 설치한 경우에는 그 설비의 유효범위에서 설치가 면제된다. 다만, 지표면에서 최상층 방수구의 높이가 70 m 이상인 경우에는 설치해야 한다.

(2) 가. 연결살수설비를 설치해야 하는 특정소방대상물에 송수구를 부설한 스프링클러설비, 간이스프링클러설비, 물분무소화설비 또는 미분무소화설비를 화재안전기준에 적합하게 설치한 경우에는 그 설비의 유효범위에서 설치가 면제된다.
　　나. 가스 관계 법령에 따라 설치되는 물분무장치 등에 소방대가 사용할 수 있는 연결송수구가 설치되거나 물분무장치 등에 6시간 이상 공급할 수 있는 수원(水源)이 확보된 경우에는 설치가 면제된다.

55 소방시설 설치 및 관리에 관한 법률 시행령 [별표 5] 특정소방대상물의 소방시설 설치의 면제 기준에 대한 표이다. 표의 번호 (1)~(2)에 알맞은 답을 쓰시오.

설치가 면제되는 소방시설	설치가 면제되는 기준
무선통신보조설비	(1)
연소방지설비	(2)

풀이&답

(1) 무선통신보조설비를 설치해야 하는 특정소방대상물에 이동통신 구내 중계기 선로설비 또는 무선이동중계기(「전파법」 제58조의2에 따른 적합성평가를 받은 제품만 해당한다) 등을 화재안전기준의 무선통신보조설비기준에 적합하게 설치한 경우에는 설치가 면제된다.

(2) 연소방지설비를 설치해야 하는 특정소방대상물에 스프링클러설비, 물분무소화설비 또는 미분무소화설비를 화재안전기준에 적합하게 설치한 경우에는 그 설비의 유효범위에서 설치가 면제된다.

56 소방시설 설치 및 관리에 관한 법률 시행령 [별표6] 소방시설을 설치하지 않을 수 있는 특정소방대상물 및 소방시설의 범위에 대한 표이다. 표의 빈칸 번호에 알맞은 답을 쓰시오.

구분	특정소방대상물	설치하지 않을 수 있는 소방시설
1. 화재 위험도가 낮은 특정소방대상물	(1)	(2)
2. 화재안전기준을 적용하기 어려운 특정소방대상물	(3)	(4)
	(5)	(6)
3. 화재안전기준을 달리 적용해야 하는 특수한 용도 또는 구조를 가진 특정소방대상물	(7)	(8)
4. 「위험물 안전관리법」 제19조에 따른 자체소방대가 설치된 특정소방대상물	(9)	(10)

풀이&답

(1) 석재, 불연성금속, 불연성 건축재료 등의 가공공장·기계조립공장 또는 불연성 물품을 저장하는 창고
(2) 옥외소화전 및 연결살수설비
(3) 펄프공장의 작업장, 음료수 공장의 세정 또는 충전을 하는 작업장, 그 밖에 이와 비슷한 용도로 사용하는 것
(4) 스프링클러설비, 상수도소화용수설비 및 연결살수설비
(5) 정수장, 수영장, 목욕장, 농예·축산·어류양식용 시설, 그 밖에 이와 비슷한 용도로 사용되는 것
(6) 자동화재탐지설비, 상수도소화용수설비 및 연결살수설비
(7) 원자력발전소, 중·저준위방사성폐기물의 저장시설
(8) 연결송수관설비 및 연결살수설비
(9) 자체소방대가 설치된 제조소등에 부속된 사무실
(10) 옥내소화전설비, 소화용수설비, 연결살수설비 및 연결송수관설비

57 소방시설 설치 및 관리에 관한 법률 시행령 [별표7]에 따른 수용인원의 산정 방법이다. 해당 기준을 쓰시오.

(1) 숙박시설이 있는 특정소방대상물

풀이&답

가. 침대가 있는 숙박시설: 해당 특정소방대상물의 종사자 수에 침대 수(2인용 침대는 2개로 산정한다)를 합한 수
나. 침대가 없는 숙박시설: 해당 특정소방대상물의 종사자 수에 숙박시설 바닥면적의 합계를 3m^2로 나누어 얻은 수를 합한 수

(2) 제1호 외의 특정소방대상물

풀이&답
가. 강의실·교무실·상담실·실습실·휴게실 용도로 쓰는 특정소방대상물: 해당 용도로 사용하는 바닥면적의 합계를 1.9 m²로 나누어 얻은 수
나. 강당, 문화 및 집회시설, 운동시설, 종교시설: 해당 용도로 사용하는 바닥면적의 합계를 4.6 m²로 나누어 얻은 수(관람석이 있는 경우 고정식 의자를 설치한 부분은 그 부분의 의자 수로 하고, 긴 의자의 경우에는 의자의 정면너비를 0.45 m로 나누어 얻은 수로 한다)
다. 그 밖의 특정소방대상물: 해당 용도로 사용하는 바닥면적의 합계를 3 m²로 나누어 얻은 수

58 소방시설 설치 및 관리에 관한 법률 시행령 [별표8] 임시소방시설의 종류와 설치기준 등에 대한 기준을 나타낸 것이다. 다음 각 물음에 답하시오.

(1) 임시소방시설의 종류 기준

풀이&답
가. 소화기
나. 간이소화장치: 물을 방사(放射)하여 화재를 진화할 수 있는 장치로서 소방청장이 정하는 성능을 갖추고 있을 것
다. 비상경보장치: 화재가 발생한 경우 주변에 있는 작업자에게 화재사실을 알릴 수 있는 장치로서 소방청장이 정하는 성능을 갖추고 있을 것
라. 가스누설경보기: 가연성 가스가 누설되거나 발생된 경우 이를 탐지하여 경보하는 장치로서 법 제37조에 따른 형식승인 및 제품검사를 받은 것
마. 간이피난유도선: 화재가 발생한 경우 피난구 방향을 안내할 수 있는 장치로서 소방청장이 정하는 성능을 갖추고 있을 것
바. 비상조명등: 화재가 발생한 경우 안전하고 원활한 피난활동을 할 수 있도록 자동 점등되는 조명장치로서 소방청장이 정하는 성능을 갖추고 있을 것
사. 방화포: 용접·용단 등의 작업 시 발생하는 불티로부터 가연물이 점화되는 것을 방지해주는 천 또는 불연성 물품으로서 소방청장이 정하는 성능을 갖추고 있을 것

(2) 임시소방시설을 설치해야 하는 공사의 종류와 규모 기준

풀이&답
가. 소화기: 법 제6조제1항에 따라 소방본부장 또는 소방서장의 동의를 받아야 하는 특정소방대상물의 신축·증축·개축·재축·이전·용도변경 또는 대수선 등을 위한 공사 중 법 제15조제1항에 따른 화재위험작업의 현장(이하 이 표에서 "화재위험작업현장"이라 한다)에 설치한다.
나. 간이소화장치: 다음의 어느 하나에 해당하는 공사의 화재위험작업현장에 설치한다.
  1) 연면적 3천 m² 이상
  2) 지하층, 무창층 또는 4층 이상의 층. 이 경우 해당 층의 바닥면적이 600 m² 이상인 경우만 해당한다.
다. 비상경보장치: 다음의 어느 하나에 해당하는 공사의 화재위험작업현장에 설치한다.
  1) 연면적 400 m² 이상
  2) 지하층 또는 무창층. 이 경우 해당 층의 바닥면적이 150 m² 이상인 경우만 해당한다.
라. 가스누설경보기: 바닥면적이 150 m² 이상인 지하층 또는 무창층의 화재위험작업현장에 설치한다.
마. 간이피난유도선: 바닥면적이 150 m² 이상인 지하층 또는 무창층의 화재위험작업현장에 설치한다.
바. 비상조명등: 바닥면적이 150 m² 이상인 지하층 또는 무창층의 화재위험작업현장에 설치한다.
사. 방화포: 용접·용단 작업이 진행되는 화재위험작업현장에 설치한다.

(3) 임시소방시설과 기능 및 성능이 유사한 소방시설로서 임시소방시설을 설치한 것으로 보는 소방시설

[풀이&답]
가. 간이소화장치를 설치한 것으로 보는 소방시설: 소방청장이 정하여 고시하는 기준에 맞는 소화기(연결송수관설비의 방수구 인근에 설치한 경우로 한정한다) 또는 옥내소화전설비
나. 비상경보장치를 설치한 것으로 보는 소방시설: 비상방송설비 또는 자동화재탐지설비
다. 간이피난유도선을 설치한 것으로 보는 소방시설: 피난유도선, 피난구유도등, 통로유도등 또는 비상조명등

59

소방시설 설치 및 관리에 관한 법률 시행령 [별표 9] 소방시설관리업의 업종별 등록기준 및 영업범위를 나타낸 표이다. 표의 빈칸 번호에 알맞은 답을 쓰시오.

업종별 \ 기술인력 등	기술인력	영업범위
전문 소방시설관리업	(1)	모든 특정소방대상물
일반 소방시설관리업	(2)	특정소방대상물 중 「화재의 예방 및 안전관리에 관한 법률 시행령」 별표 4에 따른 1급, 2급, 3급 소방안전관리대상물

[비고] 1. "소방 관련 실무경력"이란 「소방시설공사업법」 제28조제3항에 따른 소방기술과 관련된 경력을 말한다.
2. 보조 기술인력의 종류별 자격은 「소방시설공사업법」 제28조제3항에 따라 소방기술과 관련된 자격·학력 및 경력을 가진 사람 중에서 행정안전부령으로 정한다.

[풀이&답]
(1) 가. 주된 기술인력
 1) 소방시설관리사 자격을 취득한 후 소방 관련 실무경력이 5년 이상인 사람 1명 이상
 2) 소방시설관리사 자격을 취득한 후 소방 관련 실무경력이 3년 이상인 사람 1명 이상
 나. 보조 기술인력
 1) 고급점검자 이상의 기술인력: 2명 이상
 2) 중급점검자 이상의 기술인력: 2명 이상
 3) 초급점검자 이상의 기술인력: 2명 이상
(2) 가. 주된 기술인력: 소방시설관리사 자격을 취득한 후 소방 관련 실무경력이 1년 이상인 사람 1명 이상
 나. 보조 기술인력
 1) 중급점검자 이상의 기술인력: 1명 이상
 2) 초급점검자 이상의 기술인력: 1명 이상

36 소방시설법 시행규칙

01 소방시설 설치 및 관리에 관한 법률 시행규칙 제17조(연소 우려가 있는 건축물의 구조)에 해당하는 기준 3가지를 모두 쓰시오.

풀이&답
1. 건축물대장의 건축물 현황도에 표시된 대지경계선 안에 둘 이상의 건축물이 있는 경우
2. 각각의 건축물이 다른 건축물의 외벽으로부터 수평거리가 1층의 경우에는 6미터 이하, 2층 이상의 층의 경우에는 10미터 이하인 경우
3. 개구부(영 제2조제1호 각 목 외의 부분에 따른 개구부를 말한다)가 다른 건축물을 향하여 설치되어 있는 경우

02 다음은 소방시설 설치 및 관리에 관한 법률 시행규칙 제22조(소방시설등의 자체점검 면제 또는 연기 등)에 대한 기준을 나타낸 것이다. 괄호 안의 번호에 알맞은 답을 쓰시오.

> ① 법 제22조제6항 및 영 제33조제2항에 따라 자체점검의 면제 또는 연기를 신청하려는 특정소방대상물의 관계인은 자체점검의 실시 만료일 (㉠)까지 별지 제7호서식의 소방시설등의 자체점검 면제 또는 연기신청서(전자문서로 된 신청서를 포함한다)에 자체점검을 실시하기 곤란함을 증명할 수 있는 서류(전자문서를 포함한다)를 첨부하여 (㉡)에게 제출해야 한다.
> ② 제1항에 따른 자체점검의 면제 또는 연기 신청서를 제출받은 (㉢)은 면제 또는 연기의 신청을 받은 날부터 (㉣)에 자체점검의 면제 또는 연기 여부를 결정하여 별지 제8호서식의 자체점검 면제 또는 연기 신청 결과 통지서를 면제 또는 연기 신청을 한 자에게 통보해야 한다.

풀이&답
㉠ 3일 전
㉡ 소방본부장 또는 소방서장
㉢ 소방본부장 또는 소방서장
㉣ 3일 이내

03 다음은 소방시설 설치 및 관리에 관한 법률 시행규칙 제23조(소방시설등의 자체점검 결과의 조치 등)에 대한 기준을 나타낸 것이다. 괄호 안의 번호에 알맞은 답을 쓰시오.

> ① 관리업자 또는 소방안전관리자로 선임된 소방시설관리사 및 소방기술사(이하 "관리업자등"이라 한다)는 자체점검을 실시한 경우에는 법 제22조제1항 각 호 외의 부분 후단에 따라 그 점검이 끝난 날부터 (㉠)에 별지 제9호서식의 (㉡)(전자문서로 된 보고서를 포함한다)에 소방청장이 정하여 고시하는 소방시설등점검표를 첨부하여 관계인에게 제출해야 한다.

② 제1항에 따른 자체점검 실시결과 보고서를 제출받거나 스스로 자체점검을 실시한 관계인은 법 제23조제3항에 따라 자체점검이 끝난 날부터 (㉢)에 별지 제9호서식의 (㉡)(전자문서로 된 보고서를 포함한다)에 다음 각 호의 서류를 첨부하여 소방본부장 또는 소방서장에게 서면이나 소방청장이 지정하는 전산망을 통하여 보고해야 한다.
1. (㉣)
2. 별지 제10호서식의 (㉤)
③ 제1항 및 제2항에 따른 자체점검 실시결과의 보고기간에는 공휴일 및 토요일은 산입하지 않는다.
④ 제2항에 따라 소방본부장 또는 소방서장에게 자체점검 실시결과 보고를 마친 관계인은 소방시설등 자체점검 실시결과 보고서(소방시설등점검표를 포함한다)를 점검이 끝난 날부터 (㉥) 자체 보관해야 한다.
⑤ 제2항에 따라 소방시설등의 자체점검 결과 이행계획서를 보고받은 소방본부장 또는 소방서장은 다음 각 호의 구분에 따라 이행계획의 완료 기간을 정하여 관계인에게 통보해야 한다. 다만, 소방시설등에 대한 수리·교체·정비의 규모 또는 절차가 복잡하여 다음 각 호의 기간 내에 이행을 완료하기가 어려운 경우에는 그 기간을 달리 정할 수 있다.
1. 소방시설등을 구성하고 있는 기계·기구를 수리하거나 정비하는 경우: (㉦)
2. 소방시설등의 전부 또는 일부를 철거하고 새로 교체하는 경우: (㉧)
⑥ 제5항에 따른 완료기간 내에 이행계획을 완료한 관계인은 이행을 완료한 날부터 (㉨)에 별지 제11호서식의 소방시설등의 자체점검 결과 이행완료 보고서(전자문서로 된 보고서를 포함한다)에 다음 각 호의 서류(전자문서를 포함한다)를 첨부하여 소방본부장 또는 소방서장에게 보고해야 한다.
1. (㉩)
2. (㉪)

풀이&답
㉠ 10일 이내
㉡ 소방시설등 자체점검 실시결과 보고서
㉢ 15일 이내
㉣ 점검인력 배치확인서(관리업자가 점검한 경우만 해당한다)
㉤ 소방시설등의 자체점검 결과 이행계획서
㉥ 2년간
㉦ 보고일부터 10일 이내
㉧ 보고일부터 20일 이내
㉨ 10일 이내
㉩ 이행계획 건별 전·후 사진 증명자료
㉪ 소방시설공사 계약서

04 소방시설 설치 및 관리에 관한 법률 시행규칙 제38조(점검능력의 평가)에 따른 점검능력 평가의 항목을 모두 쓰시오.

풀이&답
1. 실적
   가. 점검실적(법 제22조제1항에 따른 소방시설등에 대한 자체점검 실적을 말한다). 이 경우 점검

실적(제37조제1항제1호나목 및 다목에 따른 점검실적은 제외한다)은 제20조제1항 및 별표 4에 따른 점검인력 배치기준에 적합한 것으로 확인된 것만 인정한다.

　　나. 대행실적(「화재의 예방 및 안전관리에 관한 법률」제25조제1항에 따라 소방안전관리 업무를 대행하여 수행한 실적을 말한다)

2. 기술력
3. 경력
4. 신인도

05 소방시설 설치 및 관리에 관한 법률 시행규칙 [별표3] "소방시설등 자체점검의 구분 및 대상, 점검자의 자격, 점검 장비, 점검 방법 및 횟수 등 자체점검 시 준수해야할 사항"에서 명시한 소방시설등에 대한 자체점검의 구분 기준을 쓰시오.

가. 작동점검 :

나. 종합점검 :

풀이&답

가. 작동점검: 소방시설등을 인위적으로 조작하여 소방시설이 정상적으로 작동하는지를 소방청장이 정하여 고시하는 소방시설등 작동점검표에 따라 점검하는 것을 말한다.

나. 종합점검: 소방시설등의 작동점검을 포함하여 소방시설등의 설비별 주요 구성 부품의 구조기준이 화재안전기준과 「건축법」등 관련 법령에서 정하는 기준에 적합한 지 여부를 소방청장이 정하여 고시하는 소방시설등 종합점검표에 따라 점검하는 것을 말하며, 다음과 같이 구분한다.
　1) 최초점검: 법 제22조제1항제1호에 따라 소방시설이 새로 설치되는 경우 「건축법」제22조에 따라 건축물을 사용할 수 있게 된 날부터 60일 이내 점검하는 것을 말한다.
　2) 그 밖의 종합점검: 최초점검을 제외한 종합점검을 말한다.

06 소방시설 설치 및 관리에 관한 법률 시행규칙 [별표3] "소방시설등 자체점검의 구분 및 대상, 점검자의 자격, 점검 장비, 점검 방법 및 횟수 등 자체점검 시 준수해야할 사항"에서 규정한 작동점검의 대상을 쓰시오.

풀이&답

작동점검은 영 제5조에 따른 특정소방대상물을 대상으로 한다. 다만, 다음의 어느 하나에 해당하는 특정소방대상물은 제외한다.
1) 특정소방대상물 중 「화재의 예방 및 안전관리에 관한 법률」제24조제1항에 해당하지 않는 특정소방대상물(소방안전관리자를 선임하지 않는 대상을 말한다)
2) 「위험물안전관리법」제2조제6호에 따른 제조소등(이하 "제조소등"이라 한다)
3) 「화재의 예방 및 안전관리에 관한 법률 시행령」별표 4 제1호가목의 특급소방안전관리대상물

07 소방시설 설치 및 관리에 관한 법률 시행규칙 [별표3] "소방시설등 자체점검의 구분 및 대상, 점검자의 자격, 점검 장비, 점검 방법 및 횟수 등 자체점검 시 준수해야할 사항"에서 규정한 작동점검은 아래 표의 분류에 따라 점검할 수 있는 기술인력을 쓰시오.

특정소방대상물	점검가능한 기술인력
1) 영 별표 4 제1호마목의 간이스프링클러설비(주택전용 간이스프링클러설비는 제외한다) 또는 같은 표 제2호다목의 자동화재탐지설비가 설치된 특정소방대상물	
2) 1)에 해당하지 않는 특정소방대상물	

풀이&답

특정소방대상물	점검가능한 기술인력
1) 영 별표 4 제1호마목의 간이스프링클러설비(주택전용 간이스프링클러설비는 제외한다) 또는 같은 표 제2호다목의 자동화재탐지설비가 설치된 특정소방대상물	가) 관계인 나) 관리업에 등록된 기술인력 중 소방시설관리사 다) 「소방시설공사업법 시행규칙」 별표 4의2에 따른 특급점검자 라) 소방안전관리자로 선임된 소방시설관리사 및 소방기술사
2) 1)에 해당하지 않는 특정소방대상물	가) 관리업에 등록된 소방시설관리사 나) 소방안전관리자로 선임된 소방시설관리사 및 소방기술사

08 소방시설 설치 및 관리에 관한 법률 시행규칙 [별표3] "소방시설등 자체점검의 구분 및 대상, 점검자의 자격, 점검 장비, 점검 방법 및 횟수 등 자체점검 시 준수해야할 사항"에서 규정한 작동점검의 점검시기를 쓰시오.

1) 종합점검 대상
2) 1)에 해당하지 않는 특정소방대상물

풀이&답

1) 종합점검 대상은 종합점검을 받은 달부터 6개월이 되는 달에 실시한다.
2) 1)에 해당하지 않는 특정소방대상물은 특정소방대상물의 사용승인일(건축물의 경우에는 건축물관리대장 또는 건물 등기사항증명서에 기재되어 있는 날, 시설물의 경우에는 「시설물의 안전 및 유지관리에 관한 특별법」 제55조제1항에 따른 시설물통합정보관리체계에 저장·관리되고 있는 날을 말하며, 건축물관리대장, 건물 등기사항증명서 및 시설물통합정보관리체계를 통해 확인되지 않는 경우에는 소방시설완공검사증명서에 기재된 날을 말한다)이 속하는 달의 말일까지 실시한다. 다만, 건축물관리대장 또는 건물 등기사항증명서 등에 기입된 날이 서로 다른 경우에는 건축물관리대장에 기재되어 있는 날을 기준으로 점검한다.

09 소방시설 설치 및 관리에 관한 법률 시행규칙 [별표3] "소방시설등 자체점검의 구분 및 대상, 점검자의 자격, 점검 장비, 점검 방법 및 횟수 등 자체점검 시 준수해야할 사항"에서 규정한 종합점검을 해야하는 대상을 모두 쓰시오.

풀이&답

1) 법 제22조제1항제1호에 해당하는 특정소방대상물
2) 스프링클러설비가 설치된 특정소방대상물
3) 물분무등소화설비[호스릴(hose reel) 방식의 물분무등소화설비만을 설치한 경우는 제외한다]가

설치된 연면적 5,000 m² 이상인 특정소방대상물(제조소등은 제외한다)
4) 「다중이용업소의 안전관리에 관한 특별법 시행령」 제2조제1호나목, 같은 조 제2호(비디오물소 극장업은 제외한다)·제6호·제7호·제7호의2 및 제7호의5의 다중이용업의 영업장이 설치된 특정소방대상물로서 연면적이 2,000 m² 이상인 것
5) 제연설비가 설치된 터널
6) 「공공기관의 소방안전관리에 관한 규정」 제2조에 따른 공공기관 중 연면적(터널·지하구의 경우 그 길이와 평균 폭을 곱하여 계산된 값을 말한다)이 1,000 m² 이상인 것으로서 옥내소화전설비 또는 자동화재탐지설비가 설치된 것. 다만, 「소방기본법」 제2조제5호에 따른 소방대가 근무하는 공공기관은 제외한다.

법 제22조제1항제1호에 해당하는 특정소방대상물
제22조(소방시설등의 자체점검) ① 특정소방대상물의 관계인은 그 대상물에 설치되어 있는 소방시설등이 이 법이나 이 법에 따른 명령 등에 적합하게 설치·관리되고 있는지에 대하여 다음 각 호의 구분에 따른 기간 내에 스스로 점검하거나 제34조에 따른 점검능력 평가를 받은 관리업자 또는 행정안전부령으로 정하는 기술자격자(이하 "관리업자등"이라 한다)로 하여금 정기적으로 점검(이하 "자체점검"이라 한다)하게 하여야 한다. 이 경우 관리업자등이 점검한 경우에는 그 점검 결과를 행정안전부령으로 정하는 바에 따라 관계인에게 제출하여야 한다.
1. 해당 특정소방대상물의 소방시설등이 신설된 경우: 「건축법」 제22조에 따라 건축물을 사용할 수 있게 된 날부터 60일

「다중이용업소의 안전관리에 관한 특별법 시행령」 제2조제1호나목, 같은 조 제2호(비디오물소극 장업은 제외한다)·제6호·제7호·제7호의2 및 제7호의5의 다중이용업의 영업장
1. 식품접객업 중 다음 각 목의 어느 하나에 해당하는 것
    나. 단란주점영업과 유흥주점영업
2. 영화상영관·비디오물감상실업·비디오물소극장업 및 복합영상물제공업
6. 노래연습장업
7. 산후조리업
7의2. 고시원업[구획된 실(室) 안에 학습자가 공부할 수 있는 시설을 갖추고 숙박 또는 숙식을 제공하는 형태의 영업]
7의5. 안마시술소

10 소방시설 설치 및 관리에 관한 법률 시행규칙 [별표3] "소방시설등 자체점검의 구분 및 대상, 점검자의 자격, 점검 장비, 점검 방법 및 횟수 등 자체점검 시 준수해야할 사항"에서 규정한 종합점검을 할 수 있는 기술인력을 쓰시오.

풀이&답
1) 관리업에 등록된 소방시설관리사
2) 소방안전관리자로 선임된 소방시설관리사 및 소방기술사

11 소방시설 설치 및 관리에 관한 법률 시행규칙 [별표3] "소방시설등 자체점검의 구분 및 대상, 점검자의 자격, 점검 장비, 점검 방법 및 횟수 등 자체점검 시 준수해야할 사항"에서 규정한 종합점검의 점검 횟수 및 점검 시기를 쓰시오.

(1) 종합점검의 점검 횟수
(2) 점검 시기

풀이&답

⑴ 종합점검의 점검 횟수
  1) 연 1회 이상(「화재의 예방 및 안전에 관한 법률 시행령」 별표 4 제1호가목의 특급 소방안전관리대상물은 반기에 1회 이상) 실시한다.
  2) 1)에도 불구하고 소방본부장 또는 소방서장은 소방청장이 소방안전관리가 우수하다고 인정한 특정소방대상물에 대해서는 3년의 범위에서 소방청장이 고시하거나 정한 기간 동안 종합점검을 면제할 수 있다. 다만, 면제기간 중 화재가 발생한 경우는 제외한다.
⑵ 종합점검의 점검 시기
  1) 법 제22조제1항제1호에 해당하는 특정소방대상물「건축법」제22조에 따라 건축물을 사용할 수 있게 된 날부터 60일 이내 실시한다.
  2) 1)을 제외한 특정소방대상물은 건축물의 사용승인일이 속하는 달에 실시한다. 다만, 「공공기관의 안전관리에 관한 규정」 제2조제2호 또는 제5호에 따른 학교의 경우에는 해당 건축물의 사용승인일이 1월에서 6월 사이에 있는 경우에는 6월 30일까지 실시할 수 있다.
  3) 건축물 사용승인일 이후 가목3)에 따라 종합점검 대상에 해당하게 된 경우에는 그 다음 해부터 실시한다.
  4) 하나의 대지경계선 안에 2개 이상의 자체점검 대상 건축물 등이 있는 경우에는 그 건축물 중 사용승인일이 가장 빠른 연도의 건축물의 사용승인일을 기준으로 점검할 수 있다.

12 소방시설 설치 및 관리에 관한 법률 시행규칙 [별표3] "소방시설등 자체점검의 구분 및 대상, 점검자의 자격, 점검 장비, 점검 방법 및 횟수 등 자체점검 시 준수해야할 사항"에서 규정한 내용이다. 괄호 안의 번호에 알맞은 답을 쓰시오.

> 「공공기관의 소방안전관리에 관한 규정」 제2조에 따른 공공기관의 장은 공공기관에 설치된 소방시설등의 유지·관리상태를 맨눈 또는 신체감각을 이용하여 점검하는 외관점검을 (㉠)실시(작동점검 또는 종합점검을 실시한 달에는 실시하지 않을 수 있다)하고, 그 점검결과를 (㉡) 자체 보관해야 한다. 이 경우 외관점검의 점검자는 해당 특정소방대상물의 (㉢), (㉣) 또는 (㉤)로 해야 한다.

풀이&답

㉠ 월 1회 이상
㉡ 2년간
㉢ 관계인
㉣ 소방안전관리자
㉤ 관리업자(소방시설관리사를 포함하여 등록된 기술인력을 말한다)

13 소방시설 설치 및 관리에 관한 법률 시행규칙 [별표3] "소방시설등 자체점검의 구분 및 대상, 점검자의 자격, 점검 장비, 점검 방법 및 횟수 등 자체점검 시 준수해야할 사항"에서 규정한 공동주택(아파트등으로 한정한다) 세대별 점검방법에 대한 내용이다. 괄호 안의 번호에 알맞은 답을 쓰시오.

공동주택(아파트등으로 한정한다) 세대별 점검방법은 다음과 같다.

가. 관리자(관리소장, 입주자대표회의 및 소방안전관리자를 포함한다. 이하 같다) 및 입주민(세대 거주자를 말한다)은 (㉠) 모든 세대에 대하여 점검을 해야 한다.

나. 가목에도 불구하고 (㉡) 등 특수감지기가 설치되어 있는 경우에는 수신기에서 원격 점검할 수 있으며, 점검할 때마다 모든 세대를 점검해야 한다. 다만, 자동화재탐지설비의 선로 단선이 확인되는 때에는 단선이 난 세대 또는 그 경계구역에 대하여 현장점검을 해야 한다.

다. 관리자는 수신기에서 원격 점검이 불가능한 경우 매년 작동점검만 실시하는 공동주택은 1회점검 시 마다 전체 세대수의 (㉢) 이상, 종합점검을 실시하는 공동주택은 1회 점검 시 마다 전체 세대수의 (㉣) 이상 점검하도록 자체점검 계획을 수립·시행해야 한다.

라. 관리자 또는 해당 공동주택을 점검하는 관리업자는 입주민이 세대 내에 설치된 (㉤)을 스스로 점검할 수 있도록 소방청 또는 사단법인 한국소방시설관리협회의 홈페이지에 게시되어 있는 공동주택 세대별 점검 동영상을 입주민이 시청할 수 있도록 안내하고, 점검서식(별지 제36호서식 소방시설 외관점검표를 말한다)을 사전에 배부해야 한다.

마. 입주민은 점검서식에 따라 스스로 점검하거나 관리자 또는 관리업자로 하여금 대신 점검하게 할 수 있다. 입주민이 스스로 점검한 경우에는 그 점검 결과를 관리자에게 제출하고 관리자는 그 결과를 관리업자에게 알려주어야 한다.

바. 관리자는 관리업자로 하여금 세대별 점검을 하고자 하는 경우에는 사전에 점검 일정을 입주민에게 사전에 공지하고 세대별 점검 일자를 파악하여 관리업자에게 알려주어야 한다. 관리업자는 사전 파악된 일정에 따라 세대별 점검을 한 후 관리자에게 점검 현황을 제출해야 한다.

사. 관리자는 관리업자가 점검하기로 한 세대에 대하여 입주민의 사정으로 점검을 하지 못한 경우 입주민이 스스로 점검할 수 있도록 다시 안내해야 한다. 이 경우 입주민이 관리업자로 하여금 다시 점검받기를 원하는 경우 관리업자로 하여금 추가로 점검하게 할 수 있다.

아. 관리자는 세대별 점검현황(입주민 부재 등 불가피한 사유로 점검을 하지 못한 세대 현황을 포함한다)을 작성하여 자체점검이 끝난 날부터 (㉥) 자체 보관해야 한다.

풀이&답
㉠ 2년 이내 ㉡ 아날로그감지기
㉢ 50퍼센트 ㉣ 30퍼센트
㉤ 소방시설등 ㉥ 2년간

14 소방시설 설치 및 관리에 관한 법률 시행규칙 [별표3] "소방시설등 자체점검의 구분 및 대상, 점검자의 자격, 점검 장비, 점검 방법 및 횟수 등 자체점검 시 준수해야할 사항"에서 규정한 자체점검은 아래의 점검 장비를 이용하여 점검해야 한다. 표의 빈칸의 번호 (1)~(6)에 알맞은 답을 쓰시오.

소방시설	점검 장비	규격
모든 소방시설	(1)	
소화기구	저울	
옥내소화전설비 옥외소화전설비	소화전밸브압력계	
스프링클러설비 포소화설비	(2)	
(3)	검량계, 기동관누설시험기, 그 밖에 소화약제의 저장량을 측정할 수 있는 점검기구	
자동화재탐지설비 시각경보기	(4)	
누전경보기	누전계	누전전류 측정용
무선통신보조설비	무선기	통화시험용
제연설비	(5)	
통로유도등 비상조명등	(6)	최소눈금이 0.1럭스 이하인 것

풀이&답

(1) 방수압력측정계, 절연저항계(절연저항측정기), 전류전압측정계
(2) 헤드결합렌치(볼트, 너트, 나사 등을 죄거나 푸는 공구)
(3) 이산화탄소소화설비, 분말소화설비, 할론소화설비, 할로겐화합물 및 불활성기체 소화설비
(4) 열감지기시험기, 연(煙)감지기시험기, 공기주입시험기, 감지기시험기연결막대, 음량계
(5) 풍속풍압계, 폐쇄력측정기, 차압계(압력차 측정기)
(6) 조도계(밝기 측정기)

해설

소방시설	점검 장비	규격
모든 소방시설	방수압력측정계, 절연저항계(절연저항측정기), 전류전압측정계	
소화기구	저울	
옥내소화전설비 옥외소화전설비	소화전밸브압력계	
스프링클러설비 포소화설비	헤드결합렌치 (볼트, 너트, 나사 등을 죄거나 푸는 공구)	
이산화탄소소화설비 분말소화설비 할론소화설비 할로겐화합물 및 불활성기체 소화설비	검량계, 기동관누설시험기, 그 밖에 소화약제의 저장량을 측정할 수 있는 점검기구	
자동화재탐지설비 시각경보기	열감지기시험기, 연(煙)감지기시험기, 공기주입시험기, 감지기시험기연결막대, 음량계	
누전경보기	누전계	누전전류 측정용
무선통신보조설비	무선기	통화시험용
제연설비	풍속풍압계, 폐쇄력측정기, 차압계(압력차 측정기)	
통로유도등 비상조명등	조도계(밝기 측정기)	최소눈금이 0.1럭스 이하인 것

15 소방시설 설치 및 관리에 관한 법률 시행규칙 [별표3] "소방시설등 자체점검의 구분 및 대상, 점검자의 자격, 점검 장비, 점검 방법 및 횟수 등 자체점검 시 준수해야할 사항"에서 규정한 "비고"에 대한 내용이다. 괄호 안의 번호에 알맞은 답을 쓰시오.

> [비고]
> 1. 신축·증축·개축·재축·이전·용도변경 또는 대수선 등으로 소방시설이 새로 설치된 경우에는 (㉠)에 대하여 실시한다.
> 2. 작동점검 및 종합점검(최초점검은 제외한다)은 (㉡)부터 실시한다.
> 3. 특정소방대상물이 증축·용도변경 또는 대수선 등으로 사용승인일이 달라지는 경우 (㉢)을 기준으로 자체점검을 실시한다.

풀이&답
㉠ 해당 특정소방대상물의 소방시설 전체
㉡ 건축물 사용승인 후 그 다음 해
㉢ 사용승인일이 빠른 날

16 소방시설 설치 및 관리에 관한 법률 시행규칙 [별표5] "소방시설등 자체점검기록표"에 따른 소방시설등 자체점검기록표에 대한 주요 기재 내용 중 대상물명, 주소를 제외한 나머지 사항을 적으시오.

풀이&답 점검구분, 점검자, 점검기간, 불량사항, 정비기간

해설

```
           소방시설등  자체점검기록표

 •대상물명 :
 •주   소 :
 •점검구분 :          [ ] 작동점검      [ ] 종합점검
 •점 검 자 :
 •점검기간 :       년   월   일  ~   년   월   일
              : [ ] 소화설비    [ ] 경보설비    [ ] 피난구조설비
 •불량사항
                [ ] 소화용수설비 [ ] 소화활동설비 [ ] 기타설비  [ ] 없음
 •정비기간 :       년   월   일  ~   년   월   일

                                        년    월    일

 「소방시설 설치 및 관리에 관한 법률」 제24조제1항 및 같은 법 시행규칙 제25조에
 따라 소방시설등 자체점검결과를 게시합니다.
```

17 소방시설 설치 및 관리에 관한 법률 시행규칙 [별표7] "소방시설관리업자의 점검능력 평가의 세부 기준"에 대한 다음 각 물음에 답하시오.

(1) 점검능력평가액 계산식을 쓰시오.
   1) 기존업체
   2) 신규업체(신규로 소방시설관리업을 등록한 업체로 등록한 날부터 1년 이내에 점검능력 평가를 신청한 업체)

풀이&답
1) 기존업체
   점검능력평가액 = 실적평가액 + 기술력평가액 + 경력평가액 ± 신인도평가액
2) 신규업체
   점검능력평가액 = (전년도 전체 평가업체의 평균 실적액 × 10/100) + (기술인력 가중치 1단위당 평균 점검면적액 × 보유기술인력가중치합계 × 50/100)

(2) 다음 괄호 안의 번호에 알맞은 답을 쓰시오.

실적평가액 = ((　㉠　) + (　㉡　)) × 50/100

점검실적액(발주자가 공급하는 자제비를 제외한다) 및 대행실적액은 해당 업체의 수급금액 중 하수급금액은 포함하고 하도급금액은 제외한다.
   1) 종합점검과 작동점검 또는 소방안전관리업무 대행을 일괄하여 수급한 경우에는 그 일괄수급금액에 (　㉢　)를 곱하여 계산된 금액을 종합점검 실적액으로, (　㉣　)를 곱하여 계산된 금액을 작동점검 또는 소방안전관리업무 대행 실적액으로 본다. 다만, 다른 입증자료가 있는 경우에는 그 자료에 따라 배분한다.
   2) 작동점검과 소방안전관리업무 대행을 일괄하여 수급한 경우에는 그 일괄수급금액에 (　㉤　)를 곱하여 계산된 금액을 각각 작동점검 및 소방안전관리업무 대행 실적액으로 본다. 다만, 다른 입증자료가 있는 경우에는 그 자료에 따라 배분한다.
   3) 종합점검, 작동점검 및 소방안전관리업무 대행을 일괄하여 수급한 경우에는 그 일괄수급금액에 (　㉥　)을 곱하여 계산된 금액을 종합점검 실적액으로, 각각 (　㉦　)을 곱하여 계산된 금액을 각각 작동점검 및 소방안전관리업무 대행 실적액으로 본다. 다만, 다른 입증자료가 있는 경우에는 그 자료에 따라 배분한다.

풀이&답
㉠ 연평균점검실적액　　㉡ 연평균대행실적액
㉢ 0.55　㉣ 0.45　㉤ 0.5　㉥ 0.38　㉦ 0.31

(3) 다음은 보유 기술인력의 등급별 가중치를 나타낸 것이다. 표의 빈칸에 알맞은 답을 쓰시오.

보유기술인력	주된 기술인력		보조 기술인력			
	관리사 (경력 5년이상)	관리사	특급 점검자	고급 점검자	중급 점검자	초급 점검자
가중치	(㉠)	(㉡)	(㉢)	(㉣)	(㉤)	(㉥)

풀이&답　㉠ 3.5　㉡ 3.0　㉢ 2.5　㉣ 2　㉤ 1.5　㉥ 1

18 소방시설 설치 및 관리에 관한 법률 시행규칙 [별표4] "소방시설등의 자체점검 시 점검인력의 배치기준"에 대한 사항 중 점검인력 1단위에 대한 다음 각 물음에 답하시오.
(1) 관리업자가 점검하는 경우
(2) 소방안전관리자로 선임된 소방시설관리사 및 소방기술사가 점검하는 경우
(3) 관계인 또는 소방안전관리자가 점검하는 경우

풀이&답
(1) 관리업자가 점검하는 경우
주된 점검인력인 특급점검자 1명과 보조 점검인력인 영 별표 9에 따른 주된 기술인력 또는 보조 기술인력 2명을 점검인력 1단위로 하되, 점검인력 1단위에 보조 점검인력으로 2명(같은 건축물을 점검할 때는 4명) 이내의 주된 기술인력 또는 보조 기술인력을 추가할 수 있다.

(2) 소방안전관리자로 선임된 소방시설관리사 또는 소방기술사가 점검하는 경우
주된 점검인력인 소방시설관리사 또는 소방기술사 중 1명과 보조 점검인력 2명을 점검인력 1단위로 하되, 점검인력 1단위에 2명 이내의 보조 점검인력을 추가할 수 있다. 이 경우 보조 점검인력은 해당 특정소방대상물의 관계인, 소방안전관리보조자 또는 관리업자 소속의 소방기술인력으로 할 수 있다.

(3) 관계인이 점검하는 경우
주된 점검인력인 관계인 1명과 보조 점검인력 2명을 점검인력 1단위로 한다. 이 경우 보조 점검인력은 해당 특정소방대상물의 관계인, 소방안전관리자, 소방안전관리보조자 또는 관리업자 소속의 소방기술인력으로 할 수 있다.

19 소방시설 설치 및 관리에 관한 법률 시행규칙 [별표4] "소방시설등의 자체점검 시 점검인력의 배치기준"에 대한 사항 중 관리업자가 점검하는 경우 특정소방대상물의 규모 등에 따른 점검인력의 배치기준이다. 표의 빈칸 번호에 알맞은 답을 쓰시오.

구분	주된 기술인력	보조 기술인력
가. 50층 이상 또는 성능위주설계를 한 특정소방대상물	(1)	(4)
나. 「화재의 예방 및 안전관리에 관한 법률 시행령」 별표 4 제1호에 따른 특급 소방안전관리대상물(가목의 특정소방대상물은 제외한다)	(2)	(5)
다. 「화재의 예방 및 안전관리에 관한 법률 시행령」 별표 4 제2호 및 제3호에 따른 1급 또는 2급 소방안전관리대상물	(3)	(6)
라. 「화재의 예방 및 안전관리에 관한 법률 시행령」 별표 4 제4호에 따른 3급 소방안전관리대상물	특급점검자 1명 이상	초급점검자 이상의 기술인력 2명 이상

[비고] 1. "주된 점검인력"이란 해당 점검 업무 전반을 총괄하는 사람을 말한다.
2. "보조 점검인력"이란 주된 점검인력을 보조하고, 주된 점검인력의 지시를 받아 점검 업무를 수행하는 사람을 말한다.
3. 점검인력의 등급구분(특급점검자, 고급점검자, 중급점검자, 초급점검자)은 「소방시설공사업법 시행규칙」 별표 4의2에서 정하는 기준에 따른다.

풀이&답
(1) 소방시설관리사 경력 5년 이상인 특급점검자 1명 이상
(2) 소방시설관리사 경력 3년 이상인 특급점검자 1명 이상
(3) 소방시설관리사 경력 1년 이상인 특급점검자 1명 이상
(4) 고급점검자 이상의 기술인력 1명 이상 및 중급점검자 이상의 기술인력 1명 이상
(5) 고급점검자 이상의 기술인력 1명 이상 및 초급점검자 이상의 기술인력 1명 이상
(6) 중급점검자 이상의 기술인력 1명 이상 및 초급점검자 이상의 기술인력 1명 이상

20 소방시설 설치 및 관리에 관한 법률 시행규칙 [별표4] "소방시설등의 자체점검 시 점검인력의 배치기준"에 대한 사항 중 일부를 나타낸 것이다. 괄호안의 번호에 알맞은 답을 쓰시오.

> - 점검인력 1단위가 하루 동안 점검할 수 있는 특정소방대상물의 연면적(이하 "점검한도 면적"이라 한다)은 다음 각 목과 같다.
>   가. 종합점검: (㉠)   나. 작동점검: (㉡)
> - 점검인력 1단위에 보조 기술인력을 1명씩 추가할 때마다 종합점검의 경우에는 (㉢), 작동점검의 경우에는 (㉣)씩을 점검한도 면적에 더한다. 다만, 하루에 2개 이상의 특정소방대상물을 배치할 경우 1일 점검 한도면적은 특정소방대상물별로 투입된 점검인력에 따른 점검 한도면적의 (㉤)으로 적용하여 계산한다.
> - 점검인력은 하루에 (㉥)의 특정소방대상물에 한하여 배치할 수 있다. 다만 2개 이상의 특정소방대상물을 (㉦) 이상 연속하여 점검하는 경우에는 배치기한을 초과해서는 안 된다.

풀이&답
㉠ 8,000 m^2 ㉡ 10,000 m^2 ㉢ 2,000 m^2 ㉣ 2,500 m^2
㉤ 평균값   ㉥ 5개   ㉦ 2일

21 소방시설 설치 및 관리에 관한 법률 시행규칙 [별표4] "소방시설등의 자체점검 시 점검인력의 배치기준"에 따라 다음의 실제 점검면적을 산출하시오.
(1) 지하구의 길이가 1,200 m일 경우 실제 점검면적
(2) 길이가 3,000 m인 3차로 도로터널의 실제 점검면적
(3) 길이가 5,000 m인 4차로 도로터널의 실제 점검면적
(4) 길이가 5,000 m인 4차로 도로터널의 실제 점검면적(한쪽 측벽에 소방시설 설치)

풀이&답
(1) 점검면적=1,200 m×1.8 m=2,160 m^2
(2) 점검면적=3,000 m×3.5 m=10,500 m^2
(3) 점검면적=5,000 m×7.0 m=35,000 m^2
(4) 점검면적=5,000 m×3.5 m=17,500 m^2

관리업자등이 하루 동안 점검한 면적은 실제 점검면적(지하구는 그 길이에 폭의 길이 1.8 m를 곱하여 계산된 값을 말하며, 터널은 3차로 이하인 경우에는 그 길이에 폭의 길이 3.5 m를 곱하고, 4차로 이상인 경우에는 그 길이에 폭의 길이 7 m를 곱한 값을 말한다. 다만, 한쪽 측벽에 소방시설이 설치된 4차로 이상인 터널의 경우에는 그 길이와 폭의 길이 3.5 m를 곱한 값을 말한다. 이하 같다)에 다음의 각 목의 기준을 적용하여 계산한 면적(이하 "점검면적"이라 한다)으로 하되, 점검면적은 점검한도 면적을 초과해서는 안 된다.

22

소방시설 설치 및 관리에 관한 법률 시행규칙 [별표4] "소방시설등의 자체점검 시 점검인력의 배치기준"에서 규정한 내용의 일부를 나타낸 것이다. 괄호 안의 번호에 알맞은 답을 쓰시오.

(1) 가감계수

구분	대상용도	가감계수
1류	문화 및 집회시설, 종교시설, (㉠), 노유자시설, 수련시설, (㉡), 창고시설, 교정시설, 발전시설, 지하가, 복합건축물	1.1
2류	(㉢), 운수시설, 교육연구시설, 운동시설, 업무시설, 방송통신시설, 공장, 항공기 및 자동차 관련 시설, 군사시설, 관광휴게시설, (㉣)	1.0
3류	위험물 저장 및 처리시설, 문화재, 동물 및 식물 관련 시설, 자원순환 관련 시설, 묘지 관련 시설	0.9

[풀이&답]
㉠ 판매시설, 의료시설   ㉡ 숙박시설, 위락시설
㉢ 공동주택, 근린생활시설   ㉣ 장례시설, 지하구

(2) 다음 괄호 안의 번호에 알맞은 답을 쓰시오.

> 나. 점검한 특정소방대상물이 다음의 어느 하나에 해당할 때에는 다음에 따라 계산된 값을 가목에 따라 계산된 값에서 뺀다.
> 1) 영 별표 4 제1호라목에 따라 (㉠)가 설치되지 않은 경우: 가목에 따라 계산된 값에 (㉡)을 곱한 값
> 2) 영 별표 4 제1호바목에 따라 (㉢)가 설치되지 않은 경우: 가목에 따라 계산된 값에 (㉣)을 곱한 값
> 3) 영 별표 4 제5호가목에 따라 (㉤)가 설치되지 않은 경우: 가목에 따라 계산된 값에 (㉥)을 곱한 값
> 다. 2개 이상의 특정소방대상물을 하루에 점검하는 경우에는 특정소방대상물 상호간의 좌표 최단거리 (㉦)마다 점검 한도면적에 (㉧)를 곱한 값을 점검 한도면적에서 뺀다.

[풀이&답]
㉠ 스프링클러설비   ㉡ 0.1
㉢ 물분무등소화설비(호스릴 방식의 물분무등소화설비는 제외한다)
㉣ 0.1   ㉤ 제연설비   ㉥ 0.1
㉦ 5km   ㉧ 0.02

가감계수

구분	대상용도	가감계수
1류	문화 및 집회시설, 종교시설, 판매시설, 의료시설, 노유자시설, 수련시설, 숙박시설, 위락시설, 창고시설, 교정시설, 발전시설, 지하가, 복합건축물	1.1
2류	공동주택, 근린생활시설, 운수시설, 교육연구시설, 운동시설, 업무시설, 방송통신시설, 공장, 항공기 및 자동차 관련 시설, 군사시설, 관광휴게시설, 장례시설, 지하구	1.0
3류	위험물 저장 및 처리시설, 문화재, 동물 및 식물 관련 시설, 자원순환 관련 시설, 묘지 관련 시설	0.9

23 소방시설 설치 및 관리에 관한 법률 시행규칙 [별표4] "소방시설등의 자체점검 시 점검인력의 배치기준"내용의 일부를 나타낸 것이다. 괄호안의 번호에 알맞은 답을 쓰시오.

- 아파트등(공용시설, 부대시설 또는 복리시설은 포함하고, 아파트등이 포함된 복합건축물의 아파트등 외의 부분은 제외한다. 이하 이 표에서 같다)를 점검할 때에는 다음 각 목의 기준에 따른다.
  가. 점검인력 1단위가 하루 동안 점검할 수 있는 아파트등의 세대수(이하 "점검한도 세대수"라 한다)는 종합점검 및 작동점검에 관계없이 (㉠)로 한다.
  나. 점검인력 1단위에 보조 기술인력을 1명씩 추가할 때마다 (㉡)씩을 점검한도 세대수에 더한다.
  다. 관리업자등이 하루 동안 점검한 세대수는 실제 점검 세대수에 다음의 기준을 적용하여 계산한 세대수(이하 "점검세대수"라 한다)로 하되, 점검세대수는 점검한도 세대수를 초과해서는 안 된다.
   1) 점검한 아파트등이 다음의 어느 하나에 해당할 때에는 다음에 따라 계산된 값을 실제 점검 세대수에서 뺀다.
     가) 영 별표 4 제1호라목에 따라 스프링클러설비가 설치되지 않은 경우: 실제 점검 세대수에 (㉢)을 곱한 값
     나) 영 별표 4 제1호바목에 따라 (㉣)가 설치되지 않은 경우: 실제 점검 세대수에 0.1을 곱한 값
     다) 영 별표 4 제5호가목에 따라 (㉤)가 설치되지 않은 경우: 실제 점검 세대수에 0.1을 곱한 값
   2) 2개 이상의 아파트를 하루에 점검하는 경우에는 아파트 상호간의 좌표 최단거리 5km마다 점검 한도세대수에 (㉥)를 곱한 값을 점검한도 세대수에서 뺀다.
- 아파트등과 아파트등 외 용도의 건축물을 하루에 점검할 때에는 종합점검의 경우 제7호에 따라 계산된 값에 (㉦), 작동점검의 경우 제7호에 따라 계산된 값에 (㉧)을 곱한 값을 점검대상 연면적으로 보고 제2호 및 제3호를 적용한다.
- 종합점검과 작동점검을 하루에 점검하는 경우에는 작동점검의 점검대상 연면적 또는 점검대상 세대수에 (㉨)을 곱한 값을 종합점검 점검대상 연면적 또는 점검대상 세대수로 본다.

풀이&답
⊙ 250세대 ⓒ 60세대 ⓒ 0.1
㉢ 물분무등소화설비(호스릴 방식의 물분무등소화설비는 제외한다)
㉣ 제연설비 ㉥ 0.02 ㉦ 32 ㉧ 40 ㉨ 0.8

24 소방시설 설치 및 관리에 관한 법률 시행규칙 [별표 4] 소방시설등의 자체점검 시 점검인력의 배치기준(제20조제1항 관련) 의 점검인력 1단위 기준을 나타낸 것이다. ( )의 번호에 들어갈 내용을 쓰시오.

> 가. 관리업자가 점검하는 경우에는 주된 점검인력인 (⊙) 1명과 보조 점검인력인 영 별표 9에 따른 주된 기술인력 또는 보조 기술인력 (ⓒ)을 점검인력 1단위로 하되, 점검인력 1단위에 보조 점검인력으로 2명(같은 건축물을 점검할 때는 (ⓒ)) 이내의 주된 기술인력 또는 보조 기술인력을 추가할 수 있다.
> 나. 소방안전관리자로 선임된 소방시설관리사 또는 소방기술사가 점검하는 경우에는 주된 점검인력인 소방시설관리사 또는 소방기술사 중 1명과 보조 점검인력 2명을 점검인력 1단위로 하되, 점검인력 1단위에 2명 이내의 보조 점검인력을 추가할 수 있다. 이 경우 보조 점검인력은 해당 특정소방대상물의 관계인, (㉣) 또는 (㉤)의 소방기술인력으로 할 수 있다.
> 다. 관계인이 점검하는 경우에는 주된 점검인력인 관계인 1명과 보조 점검인력 2명을 점검인력 1단위로 한다. 이 경우 보조 점검인력은 해당 특정소방대상물의 관계인, (㉥), 소방안전관리보조자 또는 (㉦)의 소방기술인력으로 할 수 있다.

풀이&답
⊙ 특급점검자 ⓒ 2명 ⓒ 4명
㉣ 소방안전관리보조자 ㉤ 관리업자 소속
㉥ 소방안전관리자 ㉦ 관리업자 소속

25 소방시설 설치 및 관리에 관한 법률 시행규칙 [별표4]소방시설등의 자체점검 시 점검인력 배치기준(제20조제1항 관련)에서 규정한 점검인력 1단위가 하루 동안 점검할 수 있는 특정소방대상물의 연면적(이하 "점검한도 면적"이라 한다)을 쓰시오.
1. 종합점검 :
2. 작동점검 :

풀이&답
1. 종합점검: 8,000 m²
2. 작동점검: 10,000 m²

26 소방시설 설치 및 관리에 관한 법률 시행규칙 [별표4]소방시설등의 자체점검 시 점검인력 배치기준(제20조제1항 관련) 중의 일부를 나타낸 것이다. ( )의 번호에 알맞은 답을 쓰시오.

점검인력 1단위에 보조 기술인력을 1명씩 추가할 때마다 종합점검의 경우에는 (㉠), 작동점검의 경우에는 (㉡)씩을 점검한도 면적에 더한다. 다만, 하루에 2개 이상의 특정소방대상물을 배치할 경우 1일 점검 한도면적은 특정소방대상물별로 투입된 점검인력에 따른 점검 한도면적의 평균값으로 적용하여 계산한다.

[풀이&답] ① 2,000 m² ② 2,500 m²

27 다음은 소방시설등의 자체점검 시 점검인력 배치기준 중 대상용도에 따른 가감계수를 나타낸 것이다. 표를 완성하여 답안지에 쓰시오.

구분	대상용도	가감계수
1류		
2류		
3류		

[풀이&답]

구분	대상용도	가감계수
1류	문화 및 집회시설, 종교시설, 판매시설, 의료시설, 노유자시설, 수련시설, 숙박시설, 위락시설, 창고시설, 교정시설, 발전시설, 지하가, 복합건축물	1.1
2류	공동주택, 근린생활시설, 운수시설, 교육연구시설, 운동시설, 업무시설, 방송통신시설, 공장, 항공기 및 자동차 관련 시설, 군사시설, 관광휴게시설, 장례시설, 지하구	1.0
3류	위험물 저장 및 처리시설, 문화재, 동물 및 식물 관련 시설, 자원순환 관련 시설, 묘지 관련 시설	0.9

28 소방시설 설치 및 관리에 관한 법률 시행규칙 [별표4]소방시설등의 자체점검 시 점검인력 배치기준(제20조제1항 관련) 중의 일부를 나타낸 것이다. ( )의 번호에 알맞은 답을 쓰시오.

아파트등(공용시설, 부대시설 또는 복리시설은 포함하고, 아파트등이 포함된 복합건축물의 아파트등 외의 부분은 제외한다. 이하 이 표에서 같다)를 점검할 때에는 다음 각 목의 기준에 따른다.
가. 점검인력 1단위가 하루 동안 점검할 수 있는 아파트등의 세대수(이하 "점검한도 세대수"라 한다)는 종합점검 및 작동점검에 관계없이 (㉠)세대로 한다.
나. 점검인력 1단위에 보조 기술인력을 1명씩 추가할 때마다 (㉡)세대씩을 점검한도 세대수에 더한다.

[풀이&답] ㉠ 250 ㉡ 60

29 소방시설 설치 및 관리에 관한 법률 시행규칙 [별표4]소방시설등의 자체점검 시 점검인력 배치기준(제20조제1항 관련) 중의 일부를 나타낸 것이다. ( )의 번호에 알맞은 답을 쓰시오.

> ○ 아파트등과 아파트등 외 용도의 건축물을 하루에 점검할 때에는 종합점검의 경우 제7호에 따라 계산된 값에 (㉠), 작동점검의 경우 제7호에 따라 계산된 값에 (㉡)을 곱한 값을 점검대상 연면적으로 보고 제2호 및 제3호를 적용한다.
> ○ 종합점검과 작동점검을 하루에 점검하는 경우에는 작동점검의 점검대상 연면적 또는 점검대상 세대수에 (㉢)을 곱한 값을 종합점검 점검대상 연면적 또는 점검대상 세대수로 본다.

풀이&답 ㉠ 32   ㉡ 40   ㉢ 0.8

핵심 [포인트 정리] 점검면적 및 점검세대 수 산출

1. 점검면적의 산출 : A-B
   (1) A : 실제 점검면적×가감계수

구분	대상용도	가감계수
1류	문화 및 집회시설, 종교시설, 판매시설, 의료시설, 노유자시설, 수련시설, 숙박시설, 위락시설, 창고시설, 교정시설, 발전시설, 지하가, 복합건축물	1.1
2류	공동주택, 근린생활시설, 운수시설, 교육연구시설, 운동시설, 업무시설, 방송통신시설, 공장, 항공기 및 자동차 관련 시설, 군사시설, 관광휴게시설, 장례시설, 지하구	1.0
3류	위험물 저장 및 처리시설, 문화재, 동물 및 식물 관련 시설, 자원순환 관련 시설, 묘지 관련 시설	0.9

   (2) B : 해당 설비가 설치되지 않은 경우 감소면적
      ① 스프링클러설비가 설치되지 않은 경우 : A×0.1
      ② 물분무등소화설비가 설치되지 않은 경우 : A×0.1
      ③ 제연설비가 설치되지 않은 경우 : A×0.1

2. 점검세대수의 산출 : A-B
   (1) A : 실제 점검세대수
   (2) B : 해당 설비가 설치되지 않은 경우 감소세대수
      ① 스프링클러설비가 설치되지 않은 경우 : A×0.1
      ② 물분무등소화설비가 설치되지 않은 경우 : A×0.1
      ③ 제연설비가 설치되지 않은 경우 : A×0.1

3. 종합점검의 점검면적 또는 점검세대수
   작동점검의 점검면적 또는 점검세대수에 0.8을 곱한 값

4. 점검일수의 산출
   (1) 점검일수 = $\dfrac{\text{점검면적}}{\text{점검한도 면적}}$

2개 이상의 특정소방대상물을 하루에 점검하는 경우에는 특정소방대상물 상호간의 좌표 최단거리 5km마다 점검 한도면적에 0.02를 곱한 값을 점검 한도면적에서 뺀다.

(2) 점검일수 = $\dfrac{\text{점검 세대수}}{\text{점검한도 세대수}}$

2개 이상의 아파트를 하루에 점검하는 경우에는 아파트 상호간의 좌표최단거리 5km마다 점검 한도세대수에 0.02를 곱한 값을 점검한도 세대수에서 뺀다.

5. 점검한도 면적(관리업자가 점검하는 경우)

구분	1단위	관리사 1명, 보조인력 3명	관리사 1명, 보조인력 4명
종합	8,000 m²	10,000 m²	12,000 m²
작동	10,000 m²	12,500 m²	15,000 m²

6. 점검한도 세대수(관리업자가 점검하는 경우)

구분	1단위	관리사 1명, 보조인력 3명	관리사 1명, 보조인력 4명
종합	250	310	370
작동	250	310	370

※ 1 단위 : 소방시설관리사 또는 특급점검자 1명, 보조 기술인력 2명

30 아래의 조건을 참고하여 다음 각 물음에 답하시오.

[조건] ① 지하1층, 지상5층인 노유자시설로서 연면적 19,200 m²
② 스프링클러설비는 설치
③ 제연설비와 물분무등소화설비는 미설치
④ 소방시설관리사 1인과 보조 기술인력 2명이 점검에 참여
⑤ 점검일수는 소수점에서 절상하여 정수로 답한다.

[물음] 1) 종합점검을 하는 경우 점검일수
2) 작동점검을 하는 경우 점검일수

풀이&답

1) 종합점검을 하는 경우 점검면적 및 점검일수
 (1) 점검면적
  ① 실제 점검면적×가감계수= 19,200 m²×1.1 = 21,120 m²
  ② 설비가 없을 경우 감소면적
   제연설비 없음 : 0.1, 물분무등소화설비 없음 : 0.1 적용
   = 21,120 m²×0.1 + 21,120 m²×0.1 = 4,224 m²
  ③ 점검면적= 21,120 m² − 4,224 m² = 16,896 m²
 (2) 점검일수
  ① 점검한도면적 : 8,000 m²
  ② 점검일수 = $\dfrac{16,896}{8,000}$ = 2.112 = 3일

2) 작동점검을 하는 경우 점검면적 및 점검일수
 (1) 점검면적
  ① 실제 점검면적×가감계수= 19,200 m²×1.1 = 21,120 m²

② 설비가 없을 경우 감소면적
제연설비 없음 : 0.1, 물분무등소화설비 없음 : 0.1 적용
= 21,120 m² × 0.1 + 21,120 m² × 0.1 = 4,224 m²
③ 점검면적 = 21,120 m² − 4,224 m² = 16,896 m²
(2) 점검일수
① 점검한도면적 : 10,000 m²
② 점검일수 = $\frac{16,896}{10,000}$ = 1.6896 = 2일

31 아래의 조건을 참고하여 다음 각 물음에 답하시오.

[조건] ① 지하1층, 지상5층인 업무시설로서 연면적 2,831.2 m²
② 스프링클러설비는 설치
③ 제연설비와 물분무등소화설비는 미설치
④ 소방시설관리사 1인과 보조 기술인력 2명이 점검에 참여
⑤ 점검일수는 소수점에서 절상하여 정수로 답한다.

[물음] 1) 종합점검을 하는 경우 점검일수
2) 작동점검을 하는 경우 점검일수

풀이&답
1) 종합정밀점검을 하는 경우 점검면적 및 점검일수
 (1) 점검면적
  ① 실제 점검면적 × 가감계수 = 12,831.2 m² × 1.0 = 12,831.2 m²
  ② 설비가 없을 경우 감소면적
   제연설비 없음 : 0.1, 물분무등소화설비 없음 : 0.1 적용
   = 12,831.2 m² × 0.1 + 12,831.2 m² × 0.1 = 2,566.24 = 2,566.2 m²
   [보충설명] 계산된 값은 소수점 이하 둘째 자리에서 반올림한다.
  ③ 점검면적 = 12,831.2 m² − 2,566.2 m² = 10,265 m²
 (2) 점검일수
  ① 점검한도면적 : 8,000 m²
  ② 점검일수 = $\frac{10,265}{8,000}$ = 1.28 = 2일
2) 작동기능점검을 하는 경우 점검면적 및 점검일수
 (1) 점검면적
  ① 실제 점검면적 × 가감계수 = 12,831.2 m² × 1.0 = 12,831.2 m²
  ② 설비가 없을 경우 감소면적
   제연설비 없음 : 0.1, 물분무등소화설비 없음 : 0.1 적용
   = 12,831.2 m² × 0.1 + 12,831.2 m² × 0.1 = 2,566.24 = 2,566.2 m²
   [보충설명] 계산된 값은 소수점 이하 둘째 자리에서 반올림한다.
  ③ 점검면적 = 12,831.2 m² − 2,566.2 m² = 10,265 m²
 (2) 점검일수
  ① 점검한도면적 : 10,000 m²
  ② 점검일수 = $\frac{10,265}{10,000}$ = 1.0265 = 2일

32 아래의 조건을 참고하여 다음 각 물음에 답하시오.

> [조건] ① 지하3층인 공장으로서 연면적 37,900 m²
> ② 스프링클러설비는 설치
> ③ 제연설비와 물분무등소화설비는 미설치
> ④ 소방시설관리사 1인과 보조 기술인력 3명이 점검에 참여
> ⑤ 점검일수는 소수점에서 절상하여 정수로 답한다.

[물음] 1) 종합점검을 하는 경우 점검일수
2) 작동점검을 하는 경우 점검일수

풀이&답

1) 종합점검을 하는 경우 점검면적 및 점검일수
  ⑴ 점검면적
    ① 실제 점검면적 × 가감계수 = 37,900 m² × 1.0 = 37,900 m²
    ② 설비가 없을 경우 감소면적
      제연설비 없음 : 0.1, 물분무등소화설비 없음 : 0.1 적용
      = 37,900 m² × 0.1 + 37,900 m² × 0.1 = 7,580 m²
    ③ 점검면적 = 37,900 m² − 7,580 m² = 30,320 m²
  ⑵ 점검일수
    ① 점검한도면적 : 8,000 m² + 2,000 m² = 10,000 m²
    ② 점검일수 = $\dfrac{30,320}{10,000}$ = 3.032 = 4일

2) 작동점검을 하는 경우 점검면적 및 점검일수
  ⑴ 점검면적
    ① 실제 점검면적 × 가감계수 = 37,900 m² × 1.0 = 37,900 m²
    ② 설비가 없을 경우 감소면적
      제연설비 없음 : 0.1, 물분무등소화설비 없음 : 0.1 적용
      = 37,900 m² × 0.1 + 37,900 m² × 0.1 = 7,580 m²
    ③ 점검면적 = 37,900 m² − 7,580 m² = 30,320 m²
  ⑵ 점검일수
    ① 점검한도면적 : 10,000 m² + 2,500 m² = 12,500 m²
    ② 점검일수 = $\dfrac{30,320}{12,500}$ = 2.4256 = 3일

33 아래의 조건을 참고하여 다음 각 물음에 답하시오.

> [조건] ① 지하1층, 지상18층인 공동주택(아파트, 380세대)로서 연면적 19,935.2 m²
> ② 스프링클러설비와 제연설비는 설치
> ③ 물분무등소화설비는 미설치
> ④ 소방시설관리사 1인과 보조 기술인력 3명이 점검에 참여
> ⑤ 점검일수는 소수점에서 절상하여 정수로 답한다.
> ⑥ 종합점검을 실시하는 경우임

[물음]
1) 점검세대수
2) 점검일수

풀이&답

1) 점검세대수
   ① 실 점검세대수＝380세대
   ② 설비가 없을 경우 감소세대수
      물분무등소화설비 없음 : 0.1 적용
      ＝380×0.1＝38세대
   ③ 점검세대수＝380－38＝342세대
2) 점검일수
   ① 점검한도세대수 : 250＋60＝310세대
   ② 점검일수＝$\dfrac{342}{310}$＝1.103225806＝2일

34 아래의 조건을 참고하여 다음 각 물음에 답하시오.

[조건] ① 지하1층, 지상13층인 공동주택(아파트, 689세대)로서 연면적 53,520 m²
② 스프링클러설비는 설치
③ 제연설비와 물분무등소화설비는 미설치
④ 소방시설관리사 1인과 보조 기술인력 3명이 점검에 참여
⑤ 점검일수는 소수점에서 절상하여 정수로 답한다
⑥ 작동점검을 실시하는 경우임

[물음]
1) 점검세대수
2) 작동기능점검을 하는 경우 점검일수

풀이&답

1) 점검세대수
   ① 실 점검세대수＝689세대
   ② 설비가 없을 경우 감소세대수
      제연설비 없음 : 0.1, 물분무등소화설비 없음 : 0.1 적용
      ＝689×0.1＋689×0.1＝137.8세대
   ③ 점검세대수＝689－137.8＝551.2세대
2) 점검일수
   ① 점검한도세대수 : 250＋60＝310세대
   ② 점검일수＝$\dfrac{551.2}{310}$＝1.778064516＝2일

35 아래의 조건을 참고하여 다음 각 물음에 답하시오.

> [조건] ① 지하2층, 지상12층의 주상복합건축물로 연면적 4,800.6 m²
> ② 아파트(47세대, 연면적 3,577.6 m²)
> ③ 근린생활시설 및 주차장(연면적 1,223 m²)
> ④ 스프링클러설비 설치, 제연설비 설치, 물분무등소화설비는 미설치
> ⑤ 소방시설관리사 1인과 보조인력 2명이 점검에 참여
> ⑥ 점검일수는 소수점에서 절상하여 정수로 답한다.

[물음]
1) 종합점검을 하는 경우 점검면적 및 점검일수
2) 작동점검을 하는 경우 점검면적 및 점검일수

1. 종합점검을 하는 경우 점검면적 및 점검일수
   1) 점검면적
      ⑴ 점검세대수 산출
         ① 설비가 없을 경우 감소세대수
            물분무등소화설비 없음 : 0.1 적용
            = 47세대 × 0.1 = 4.7세대
         ② 점검세대수 = 47세대 - 4.7세대 = 42.3세대
      ⑵ 근린생활시설 및 주차장 부분 점검면적
         ① 실제 점검면적 × 가감계수 = 1,223 m² × 1.1 = 1,345.3 m²
         ② 설비가 없을 경우 감소면적
            물분무등소화설비 없음 : 0.1 적용
            = 1,345.3 m² × 0.1 = 134.53 = 134.5 m²
         ③ 점검면적 = 1,345.3 m² - 134.5 m² = 1,210.8 m²
      ⑶ 점검면적의 합계 = 42.3세대 × 32 + 1,210.8 m² = 2,564.4 m²
   2) 점검일수
      ① 점검한도 면적 : 8,000 m²
      ② 점검일수 = $\dfrac{2,564.4}{8,000}$ = 0.32055 = 1일
2. 작동점검을 하는 경우 점검면적 및 점검일수
   1) 점검면적
      ⑴ 점검세대수 산출
         ① 설비가 없을 경우 감소세대수
            물분무등소화설비 없음 : 0.1 적용
            = 47세대 × 0.1 = 4.7세대
         ② 점검세대수 = 47세대 - 4.7세대 = 42.3세대
      ⑵ 근린생활시설 및 주차장 부분 점검면적
         ① 실제 점검면적 × 가감계수 = 1,223 m² × 1.1 = 1,345.3 m²
         ② 설비가 없을 경우 감소면적
            물분무등소화설비 없음 : 0.1 적용
            = 1,345.3 m² × 0.1 = 134.53 = 134.5 m²
         ③ 점검면적 = 1,345.3 m² - 134.5 m² = 1,210.8 m²

⑶ 점검면적의 합계 = 42.3세대 × 40 + 1,210.8 m² = 2,902.8 m²

2) 점검일수

① 점검한도 면적 : 10,000m²

② 점검일수 = $\frac{2,902.8}{10,000}$ = 0.29028 = 1일

 아파트등과 아파트등 외 용도의 건축물을 하루에 점검할 때에는 종합점검의 경우 제7호에 따라 계산된 값(이하 "점검세대수")에 32, 작동점검의 경우 제7호에 따라 계산된 값(이하 "점검세대수")에 40을 곱한 값을 점검대상 연면적으로 한다.

36 아래의 조건을 참고하여 다음 각 물음에 답하시오.

[조건] ① 지하6층, 지상69층의 주상복합건축물로 연면적 385,951.25 m²
　　　② 업무시설(오피스텔), 판매시설(백화점), 아파트(396세대)
　　　③ 업무시설, 판매시설, 상업용주차장 및 부속시설 : 연면적 246,912.37 m²
　　　④ 아파트, 부속주차장 및 부속실 : 139,038.88 m²
　　　⑤ 스프링클러설비 설치, 제연설비 설치, 물분무등소화설비 미설치
　　　⑥ 소방시설관리사 1인과 보조인력 4명이 점검에 참여
　　　⑦ 점검일수는 소수점에서 절상하여 정수로 답한다.

[물음]

1) 종합점검을 하는 경우 점검면적 및 점검일수

2) 작동점검을 하는 경우 점검면적 및 점검일수

1. 종합점검을 하는 경우 점검면적 및 점검일수

　1) 점검면적

　　⑴ 점검세대수 산출

　　　① 설비가 없을 경우 감소세대수

　　　　물분무등소화설비 없음 : 0.1 적용

　　　　= 396세대 × 0.1 = 39.6세대

　　　② 점검세대수 = 396세대 − 39.6세대 = 356.4세대

　　⑵ 업무시설, 판매시설, 상업용주차장 및 부속시설의 점검면적

　　　① 실제 점검면적 × 가감계수 = 246,912.37 m² × 1.1 = 271,603.607 = 271,603.6 m²

　　　② 설비가 없을 경우 감소면적

　　　　물분무등소화설비 없음 : 0.1 적용

　　　　= 271,603.6 × 0.1 = 27,160.36 = 27,160.4 m²

　　　③ 점검면적 = 271,603.6 m² − 27,160.4 m² = 244,443.2 m²

　　⑶ 점검면적의 합계 = 356.4세대 × 32 + 244,443.2 m² = 255,848 m²

　2) 점검일수

　　① 점검한도 면적 : 8,000 m² + 2,000 m² × 2 = 12,000 m²

　　② 점검일수 = $\frac{255,848}{12,000}$ = 21.32066667 = 22일

2. 작동점검을 하는 경우 점검면적 및 점검일수
   1) 점검면적
      ⑴ 점검세대수 산출
         ① 설비가 없을 경우 감소세대수
            물분무등소화설비 없음 : 0.1 적용
            ＝396세대×0.1＝39.6세대
         ② 점검세대수＝396세대－39.6세대＝356.4세대
      ⑵ 업무시설, 판매시설, 상업용주차장 및 부속시설의 점검면적
         ① 실제 점검면적×가감계수＝246,912.37 m^2×1.1＝271,603.607≒271,603.6 m^2
         ② 설비가 없을 경우 감소면적
            물분무등소화설비 없음 : 0.1 적용
            ＝271,603.6×0.1＝27,160.36≒27,160.4 m^2
         ③ 점검면적＝271,603.6 m^2－27,160.4 m^2＝258,699.2 m^2
      ⑶ 점검면적의 합계＝356.4세대×40＋258,699.2 m^2＝272,955.2 m^2
   2) 점검일수
      ① 점검한도 면적 : 10,000 m^2＋2,500 m^2×2＝15,000 m^2
      ② 점검일수＝$\frac{272,955.2}{15,000}$＝18.19701333≒19일

아파트등과 아파트등 외 용도의 건축물을 하루에 점검할 때에는 종합점검의 경우 제7호에 따라 계산된 값(이하 "점검세대수")에 32, 작동점검의 경우 제7호에 따라 계산된 값(이하 "점검세대수")에 40을 곱한 값을 점검대상 연면적으로 한다.

37 다음과 같은 두 개의 대상물을 종합점검과 작동점검으로 하루에 점검하려고 한다. 아래의 조건을 참고하여 다음 각 물음에 답하시오.

[조건] ① 1대상물 : 아파트 700세대, 지하1층, 지상 25층, 연면적 100,231.51 m^2
스프링클러설비 설치, 제연설비 설치, 물분무등소화설비 미설치
② 2대상물 : 업무시설로 지하1층, 지상3층, 연면적 1,743.89 m^2
스프링클러설비 미설치, 제연설비 미설치, 물분무등소화설비 미설치
③ 1대상물을 점검하고 2대상물을 나중에 점검하며, 두 건물의 최단주행거리 16km
④ 소방시설관리사 1인과 보조 기술인력 4명이 점검에 참여
⑤ 1대상물은 종합점검, 2대상물은 작동점검을 하는 조건임
⑥ 점검일수는 소수점에서 절상하여 정수로 답한다.

[물음] 1) 점검면적
2) 점검일수

풀이&답 1) 점검면적
⑴ 1대상물 점검면적
① 아파트 점검세대 수 : 700세대
② 설비가 없을 경우 점검세대 수

물분무등소화설비 없음 : 0.1 적용
= 700세대 × 0.1 = 70세대
③ 1대상물 점검세대 수 = 700세대 − 70세대 = 630세대
④ 1대상물 환산 점검면적 = 점검세대 수 × 32
= 630세대 × 32 = 20,160 m²

(2) 2대상물 점검면적
① 가감계수를 적용한 점검면적 = 실제 연면적 × 가감계수
= 1,743.89 m² × 1.0 = 1,743.89 = 1,743.9 m²
② 설비가 없을 경우 감소면적
스프링클러설비 없음 : 0.1, 제연설비 없음 : 0.1, 물분무등소화설비 없음 : 0.1 적용
= 1,743.9 m² × 0.1 + 1,743.9 m² × 0.1 + 1,743.9 m² × 0.1
= 523.17 m² ≒ 523.2 m²
③ 2대상물 점검면적 = 1,743.9 m² − 523.2 m² = 1,220.7 m²
④ 2대상물 점검환산 면적 = 1,220.7 m² × 0.8 = 976.56 ≒ 976.6 m²

(3) 점검면적의 합계 = 1대상물 점검면적 + 2대상물 점검면적
= 20,160 m² + 976.6 m² = 21,136.6 m²

2) 점검일수
① 점검한도면적 = (8,000 m² + 2,000 m² × 2) − (8,000 m² + 2,000 m² × 2) × 0.08
= 11,040 m²
(※ 5 km 마다 0.02를 적용하여야 하므로 16 km는 0.08을 적용)
② 점검일수 = $\dfrac{21,136.6}{11,040}$ = 1.914547101 ≒ 2일

2개 이상의 특정소방대상물을 하루에 점검하는 경우에는 특정소방대상물 상호간의 좌표 최단거리 5km마다 점검 한도면적에 0.02를 곱한 값을 점검 한도면적에서 뺀다.

38 근린생활시설과 의료시설을 동시에 점검을 하려고 한다. 아래의 조건을 참고하여 다음 각 물음에 답하시오.

[조건] ① 1대상물 : 근린생활시설, 지하2층, 지상 7층, 2개동, 연면적 34,100 m²
(스프링클러설비 설치, 제연설비 미설치, 물분무등소화설비 미설치)
② 2대상물 : 의료시설, 지하2층, 지상6층, 2개동, 연면적 38,938 m²
(스프링클러설비 설치, 제연설비 설치, 물분무등소화설비 미설치)
③ 1대상물을 점검하고 2대상물을 나중에 점검하며, 두 건물의 상호간의 좌표 최단거리 3km
④ 점검일수는 소수점에서 절상하여 정수로 답한다.

[물음] 1) 종합점검(소방시설관리사 1인과 보조 기술인력 4명이 점검에 참여)을 하는 경우 점검면적과 점검일수
2) 작동점검(소방시설관리사 1인과 보조 기술인력 2명이 점검에 참여)을 하는 경우 점검면적과 점검일수

풀이&답

1) 종합점검을 하는 경우 점검면적 및 점검일수
   (1) 점검면적
      1) 1대상물 점검면적
         ① 실제 점검면적×가감계수＝34,100 m² × 1.0 ＝ 34,100 m²
         ② 설비가 없을 경우 감소면적
            제연설비 없음 : 0.1, 물분무등소화설비 없음 : 0.1 적용
            ＝ 34,100 m² × 0.1 + 34,100 m² × 0.1 ＝ 6,820 m²
         ③ 점검면적＝34,100 m² − 6,820 m² ＝ 27,280 m²
      2) 2대상물 점검면적
         ① 실제 점검면적×가감계수＝38,938 m² × 1.1 ＝ 42,831.8 m²
         ② 설비가 없을 경우 감소면적
            물분무등소화설비 없음 : 0.1 적용
            ＝ 42,831.8 m² × 0.1 ＝ 4,283.18 ＝ 4,283.2 m²
         ③ 점검면적＝42,831.8 m² − 4,283.2 m² ＝ 38,548.6 m²
      3) 점검면적의 합계 ＝ 1대상 점검면적 + 2대상 점검면적
                       ＝ 27,280 m² + 38,548.6 m² ＝ 65,828.6 m²
   (2) 점검일수
      ① 점검한도면적＝(8,000 m² + 2,000 m² × 2) − (8,000 m² + 2,000 m² × 2) × 0.02
                    ＝ 11,760 m²
         (※ 5 km 마다 0.02를 적용하여야 하므로 3 km는 0.02를 적용)
      ② 점검일수＝ $\dfrac{65,828.6}{11,760}$ ＝ 5.619566327 ≒ 6일

2) 작동기능점검을 하는 경우 점검면적 및 점검일수
   (1) 점검면적
      1) 1대상물 점검면적
         ① 실제 점검면적×가감계수＝34,100 m² × 1.0 ＝ 34,100 m²
         ② 설비가 없을 경우 감소면적
            제연설비 없음 : 0.1, 물분무등소화설비 없음 : 0.1 적용
            ＝ 34,100 m² × 0.1 + 34,100 m² × 0.1 ＝ 6,820 m²
         ③ 점검면적＝34,100 m² − 6,820 m² ＝ 27,280 m²
      2) 2대상물 점검면적
         ① 실제 점검면적×가감계수＝38,938 m² × 1.1 ＝ 42,831.8 m²
         ② 설비가 없을 경우 감소면적
            물분무등소화설비 없음 : 0.1 적용
            ＝ 42,831.8 m² × 0.1 ＝ 4,283.18 ＝ 4,283.2 m²
         ③ 점검면적＝42,831.8 m² − 4,283.2 m² ＝ 38,548.6 m²
      3) 점검면적의 합계 ＝ 1대상 점검면적 + 2대상 점검면적
                       ＝ 27,280 m² + 38,548.6 m² ＝ 65,828.6 m²
   (2) 점검일수
      ① 점검한도면적＝10,000 m² − 10,000 m² × 0.02 ＝ 9,800 m²
         (※ 5 km 마다 0.02를 적용하여야 하므로 3 km는 0.02를 적용)
      ② 점검일수＝ $\dfrac{65,828.6}{9,800}$ ＝ 6.717204082 ≒ 7일

39 3개의 대상물을 동시에 종합점검을 하려고 한다. 아래의 조건을 참고하여 다음 각 물음에 답하시오.

> [조건] ① 1대상 : 업무시설, 지하1층, 지상4층, 연면적 4,700.27 m²
> ② 2대상 : 업무시설, 지하1층, 지상3층, 연면적 3,150.12 m²
> ③ 3대상 : 업무시설, 지하1층, 지상4층, 연면적 4,200.07 m²
> ④ 점검순서는 1대상, 2대상, 3대상의 순으로 한다.
> ⑤ 1대상과 2대상은 상호간의 좌표 최단거리로 8 km, 2대상과 3대상은 상호간의 좌표 최단거리로 7 km 떨어져 있다.
> ⑥ 소화설비는 1대상, 2대상, 3대상 모두 스프링클러설비가 설치, 제연설비와 물분무등소화설비는 설치되지 않았다.
> ⑦ 점검에 참여한 인원 : 소방시설관리사 1명, 보조 기술인력 2명
> ⑧ 점검일수는 소수점에서 절상하여 정수로 답한다.

[물음]
(1) 점검면적
(2) 점검일수

풀이&답

(1) 점검면적
  1) 1대상 점검면적
    ① 실제 연면적×가감계수 = 4,700.27 m² × 1.0 = 4,700.27 m² = 4,700.3 m²
    ② 설비가 없을 경우 감소면적
      제연설비 없음 : 0.1, 물분무등소화설비 없음 : 0.1 적용
      = 4,700.3 m² × 0.1 + 4,700.3 m² × 0.1 = 940.06 m² = 940.1 m²
    ③ 점검면적 = 4,700.3 m² − 940.1 m² = 3,760.2 m²
  2) 2대상 점검면적
    ① 실제 연면적×가감계수 = 3,150.12 m² × 1.0 = 3,150.12 m² = 3,150.1 m²
    ② 설비가 없을 경우 감소면적
      제연설비 없음 : 0.1, 물분무등소화설비 없음 : 0.1 적용
      = 3,150.1 m² × 0.1 + 3,150.1 m² × 0.15 = 630.02 m² = 630.0 m²
    ③ 점검면적 = 3,150.1 m² − 630.0 m² = 2,520.1 m²
  3) 3대상 점검면적
    ① 실제 연면적×가감계수 = 4,200.07 m² × 1.0 = 4,200.07 m² = 4,200.1 m²
    ② 설비가 없을 경우 감소면적
      제연설비 없음 : 0.1, 물분무등소화설비 없음 : 0.1 적용
      = 4,200.1 m² × 0.1 + 4,200.1 m² × 0.1 = 840.02 m² = 840.0 m²
    ③ 점검면적 = 4,200.1 m² − 1,050.0 m² + 126 m² = 3,276.1 m²
  4) 점검면적의 합계 = 1대상 점검면적 + 2대상 점검면적 + 3대상 점검면적
    = 3,760.2 m² + 2,520.1 m² + 3,276.1 m² = 9,640.4 m²

(2) 점검일수
① 점검한도 면적 : $8{,}000\,m^2 - 8{,}000\,m^2 \times 0.04 - 8{,}000\,m^2 \times 0.04 = 7{,}360\,m^2$

※ 5 km 마다 0.02를 적용하여야 하므로 1대상과 2대상은 상호간의 좌표 최단거리로 8 km이므로 점검한도 면적에 0.04, 2대상과 3대상은 상호간의 좌표 최단거리로 7 km이므로 점검한도 면적에 0.04를 적용함

② 점검일수 = $\dfrac{9{,}640.4}{7{,}360} = 1.309836957 ≒ 2$일

40 다음은 소방시설 설치 및 관리에 관한 법률 시행규칙 [별표3] 소방시설등 자체점검의 구분 및 대상, 점검자의 자격, 점검 장비, 점검 방법 및 횟수 등 자체점검 시 준수해야할 사항(제20조제1항 관련) "비고"에 대한 내용이다. ( )에 들어갈 내용을 쓰시오.

[비고] 1. 신축 · 증축 · 개축 · 재축 · 이전 · 용도변경 또는 대수선 등으로 소방시설이 새로 설치된 경우에는 해당 특정소방대상물의 (㉠)에 대하여 실시한다.
2. 작동점검 및 종합점검(최초점검은 제외한다)은 건축물 (㉡) 후 그 다음 해부터 실시한다.
3. 특정소방대상물이 증축 · 용도변경 또는 대수선 등으로 사용승인일이 달라지는 경우 사용승인일이 (㉢)을 기준으로 자체점검을 실시한다.

[풀이&답] ㉠ 소방시설 전체 ㉡ 사용승인 ㉢ 빠른 날

41 다음은 소방시설 설치 및 관리에 관한 법률 시행규칙 [별표 8] 행정처분 기준의 일부를 나타낸 것이다. 표의 (㉠)~(㉡)에 알맞은 답을 쓰시오.

〈소방시설관리사에 대한 행정처분기준〉

위반사항	근거 법조문	행정처분기준		
		1차위반	2차위반	3차 이상 위반
1) 거짓이나 그 밖의 부정한 방법으로 시험에 합격한 경우	법 제28조 제1호	자격취소		
2)「화재의 예방 및 안전관리에 관한 법률」제25조제2항에 따른 대행인력의 배치기준·자격·방법 등 준수사항을 지키지 않은 경우	법 제28조 제2호	(㉠)	자격정지 6개월	자격취소
3) 법 제22조에 따른 점검을 하지 않거나 거짓으로 한 경우	법 제28조 제3호			
가) 점검을 하지 않은 경우		(㉡)	자격정지 6개월	자격취소

위반사항	근거 법조문	행정처분기준		
		1차위반	2차위반	3차 이상 위반
나) 거짓으로 점검한 경우		(㉢)	자격정지 6개월	자격취소
4) 법 제25조제7항을 위반하여 소방시설관리사증을 다른 사람에게 빌려준 경우	법 제28조 제4호	(㉣)		
5) 법 제25조제8항을 위반하여 동시에 둘 이상의 업체에 취업한 경우	법 제28조 제5호	자격취소		
6) 법 제25조제9항을 위반하여 성실하게 자체점검 업무를 수행하지 않은 경우	법 제28조 제6호	(㉤)	자격정지 6개월	자격취소
7) 법 제27조 각 호의 어느 하나의 결격사유에 해당하게 된 경우	법 제28조 제7호	자격취소		

풀이&답
㉠ 경고(시정명령)   ㉡ 자격정지 1개월   ㉢ 경고(시정명령)
㉣ 자격취소   ㉤ 경고(시정명령)

42 다음은 소방시설 설치 및 관리에 관한 법률 시행규칙 [별표 8] 행정처분 기준의 일부를 나타낸 것이다. 표의 (㉠)~(㉤)에 알맞은 답을 쓰시오.

〈소방시설관리업에 대한 행정처분기준〉

위반사항	근거 법조문	행정처분기준		
		1차위반	2차위반	3차이상 위반
1) 거짓이나 그 밖의 부정한 방법으로 등록을 한 경우	법 제35조 제1항제1호	등록취소		
2) 법 제22조에 따른 점검을 하지 않거나 거짓으로 한 경우	법 제35조 제1항제2호			
가) 점검을 하지 않은 경우		(㉠)	영업정지 3개월	등록취소
나) 거짓으로 점검한 경우		(㉡)	영업정지 3개월	등록취소
3) 법 제29조제2항에 따른 등록기준에 미달하게 된 경우. 다만, 기술인력이 퇴직하거나 해임되어 (㉢) 이내에 재선임하여 신고한 경우는 제외한다.	법 제35조 제1항제3호	경고 (시정명령)	영업정지 3개월	등록취소
4) 법 제30조 각 호의 어느 하나의 등록의 결격사유에 해당하게 된 경우. 다만, 제30조제5호에 해당하는 법인으로서 결격사유에 해당하게 된 날부터 (㉣) 이내에 그 임원을 결격사유가 없는 임원으로 바꾸어 선임한 경우는 제외한다.	법 제35조 제1항제4호	등록취소		

위반사항	근거 법조문	행정처분기준		
		1차위반	2차위반	3차이상 위반
5) 법 제33조제2항을 위반하여 등록증 또는 등록수첩을 빌려준 경우	법 제35조 제1항제5호	등록취소		
6) 법 제34조제1항에 따른 점검능력 평가를 받지 않고 자체점검을 한 경우	법 제35조 제1항제6호	(ㅁ)	영업정지 3개월	등록취소

풀이&답
㉠ 영업정지 1개월
㉡ 경고(시정명령)
㉢ 30일
㉣ 2개월
㉤ 영업정지 1개월

43 다음은 소방시설 설치 및 관리에 관한 법률 시행규칙 [별지 제7호서식] 소방시설등의 자체점검 [면제, 연기] 신청서류의 일부를 나타낸 것이다. (㉠~㉢)에 들어갈 내용을 답안지에 쓰시오.

신청내용	면제(연기) 대상	건물명(업체명)		용도	
		주소		(전화번호	)
	면제(연기) 기간				
	[ ] 면제 [ ] 연기	1. 「재난 및 안전관리 기본법」 제3조제1호에 해당하는 재난이 발생한 경우 2. (㉠) 3. (㉡) 4. (㉢)			
	그 밖에 필요한 사항				

풀이&답
㉠ 경매 등의 사유로 소유권이 변동 중이거나 변동된 경우
㉡ 관계인의 질병, 사고, 장기출장의 경우
㉢ 그 밖에 관계인이 운영하는 사업에 부도 또는 도산 등 중대한 위기가 발생하여 자체점검을 실시하기 곤란한 경우

44 다음은 소방시설 설치 및 관리에 관한 법률 시행규칙 [별지 제9호서식] [작동점검, 종합점검(최초점검, 그 밖의 종합점검)] 소방시설등 자체점검실시결과 보고서의 일부이다. ( )에 들어갈 내용을 쓰시오.

구 분	첨부서류
소방시설관리업자 또는 소방안전관리자가 제출	소방청장이 정하여 고시하는 (㉠)
관계인이 제출	1. 점검인력 배치확인서(소방시설관리업자가 점검한 경우에만 제출합니다) 1부 2. 별지 제10호서식의 (㉡)
유의 사항	
「소방시설 설치 및 관리에 관한 법률」 제58조제1호 및 제61조제1항제8호	1. 특정소방대상물의 관계인이 소방시설등에 대한 자체점검을 하지 아니하거나 관리업자 등으로 하여금 정기적으로 점검하게 하지 않은 경우 (㉢)에 처합니다. 2. 특정소방대상물의 관계인이 소방시설등의 점검 결과를 보고하지 않거나 거짓으로 보고한 경우 (㉣)를 부과합니다.

풀이&답
㉠ 소방시설등점검표
㉡ 소방시설등의 자체점검 결과 이행계획서
㉢ 1년 이하의 징역 또는 1천만원 이하의 벌금
㉣ 300만원 이하의 과태료

45 다음은 소방시설 설치 및 관리에 관한 법률 시행규칙 [별지 제9호서식] [작동점검, 종합점검(최초점검, 그 밖의 종합점검)] 소방시설등 자체점검실시결과 보고서 상 소방시설등의 세부 현황항목 "ㄱ.~ㅇ."을 쓰시오.

```
3-1. ( ㄱ. )
3-2. ( ㄴ. )
3-3. ( ㄷ. )
3-4. ( ㄹ. )
3-5. ( ㅁ. )
3-6. ( ㅂ. )
3-7. ( ㅅ. )
3-8. ( ㅇ. )
```

풀이&답
ㄱ. 소화기구, 자동소화장치
ㄴ. 수계소화설비(공통사항)
ㄷ. 수계소화설비(개별사항)
ㄹ. 가스계소화설비(개별사항)
ㅁ. 경보설비
ㅂ. 피난구조설비
ㅅ. 소화용수설비
ㅇ. 소화활동설비

46 다음은 소방시설 설치 및 관리에 관한 법률 시행규칙 [별지 제10호서식] 소방시설등의 자체점검 결과 이행계획서의 일부이다. ( )에 들어갈 내용을 쓰시오.

유의 사항	
「소방시설 설치 및 관리에 관한 법률」 제61조제1항 제8호 및 제9호	1. 특정소방대상물의 관계인이 법 제22조에 따른 소방시설등의 자체점검 결과에 따른 수리·조치·정비사항의 발생 시 (㉠)한 경우 300만원 이하의 과태료를 부과합니다. 2. 특정소방대상물의 관계인이 소방시설등의 수리·조치·정비 이행계획을 (㉡)하지 않은 경우 300만원 이하의 과태료를 부과합니다.

풀이&답
㉠ 이행계획서를 첨부하지 않거나 거짓으로 제출
㉡ 별도의 연기신청 없이 기간 내에 완료

47 다음은 소방시설 설치 및 관리에 관한 법률 시행규칙 [별지 제11호서식] 소방시설등의 자체점검 결과 이행완료 보고서의 일부이다. (㉠~㉣)에 들어갈 내용을 쓰시오.

첨부서류	1. (㉠) 1부 2. (㉡) 1부	
유의 사항		
「소방시설 설치 및 관리에 관한 법률」 제61조제1항 제8호 및 제9호	1. 특정소방대상물의 관계인이 법 제22조에 따른 소방시설등의 자체점검 결과에 따른 수리·조치·정비사항 발생 시 이행계획서를 첨부하지 않거나 거짓으로 제출한 경우 (㉢)의 과태료를 부과합니다. 2. 특정소방대상물의 관계인이 소방시설등의 수리·조치·정비 이행계획을 별도의 연기신청 없이 기간 내에 완료하지 않은 경우 (㉣)의 과태료를 부과합니다.	

풀이&답
㉠ 이행계획 건별 이행 전·후 사진 증명자료
㉡ 소방시설공사 계약서(이행조치 내용과 관련됩니다)
㉢ 300만원 이하
㉣ 300만원 이하

48 다음은 소방시설 설치 및 관리에 관한 법률 시행규칙 [별지 제38호서식] 소방시설 외관 점검표(세대 점검용)를 나타낸 것이다. 표의 (㉠~㉢)에 들어갈 내용을 쓰시오.

점검항목			점검내용
소화설비	소화기	손쉽게 사용할 수 있는 장소에 설치 여부	□ 정 상 □ 불 량
		용기 변형·손상·부식 여부	□ 정 상 □ 불 량
		(㉠)	□ 정 상 □ 불 량
		지시압력계의 정상 여부	□ 정 상 □ 불 량
		(㉡)	□ 정 상 □ 불 량
	자동확산소화기	설치상태 및 외형의 변형·손상·부식 여부	□ 정 상 □ 불 량
		(㉢)	□ 정 상 □ 불 량
	주거용 주방자동 소화장치	소화약제용기 지시압력계의 정상 여부	□ 정 상 □ 불 량
		(㉣)	□ 정 상 □ 불 량
	스프링클러	(㉤)	□ 정 상 □ 불 량
경보설비	자동화재 탐지설비	(㉥)	□ 정 상 □ 불 량
	가스누설 경보기	전원표시등 정상 점등 여부	□ 정 상 □ 불 량
피난설비	완강기	피난기구 위치 적정성 여부	□ 정 상 □ 불 량
		완강기 외형의 변형·손상·부식 여부	□ 정 상 □ 불 량
		(㉦)	□ 정 상 □ 불 량
	피난구용 내림식 사다리	피난기구 위치 표지 및 사용방법 표지 유무	□ 정 상 □ 불 량
		설치 여부 및 장애물로 인한 피난 지장 여부	□ 정 상 □ 불 량
기타설비	대피공간	(㉧)	□ 정 상 □ 불 량
		(㉨)	□ 정 상 □ 불 량
	경량칸막이	정보를 포함한 표지 부착 여부	□ 정 상 □ 불 량
		적치물(쌓아놓은 물건)로 인한 피난 장애 여부	□ 정 상 □ 불 량
비 고		비고란에는 특정소방대상물의 위치·구조·용도 및 소방시설의 상황 등이 이 표의 항목대로 기재하기 곤란하거나 이 표에서 누락된 사항을 기재합니다.	

풀이&답

㉠ 안전핀 체결 여부
㉡ 수동식 분말소화기 내용연수(10년) 적정 여부
㉢ 지시압력계의 정상 여부
㉣ 수신부의 전원표시등 정상 점등 여부
㉤ 헤드 변형·손상·부식 유무
㉥ 감지기 변형·손상·탈락 여부
㉦ 설치 여부 및 장애물로 인한 피난 지장 여부
㉧ 방화문(방화구획)의 적정 여부
㉨ 적치물(쌓아놓은 물건)로 인한 피난 장애 여부

49 자체점검 실시부터 지적사항 제출 및 조치명령까지의 절차를 아래의 보기를 활용하여 순서대로 나열하시오.

[보기]
㉠ 중대위반사항 발견   ㉡ 보고서 및 이행계획서 제출
㉢ 이행완료 여부확인   ㉣ 점검결과 제출(지적내역)
㉤ 이행완료 후 증빙자료 제출   ㉥ 부적합 시 조치명령
㉦ 자체점검

풀이&답 ㉦ – ㉠ – ㉣ – ㉡ – ㉤ – ㉢ – ㉥

[보충설명]

출처_소방시설등 점검관리 매뉴얼

자체점검	중대위반사항 발견	점검결과 제출 (지적내역)	보고서 및 이행계획서 제출	이행완료 후 증빙자료 제출	이행완료 여부확인	부적합 시 조치명령
관리업자가 실시한 경우	■ 관리업자 : 관계인에 즉시보고 ■ 관계인 : 지체 없이 수리	관리업자 → 관계인	관계인 → 소방관서	관계인 → 소방관서	소방관서	소방관서 → 관계인

37 건축물의 화재안전성능보강 방법 등에 관한 기준

01 건축물의 화재안전성능보강 방법 등에 관한 기준에서 정의한 다음의 용어 정의를 쓰시오.

구 분	용어의 정의
필로티 건축물	①
가연성 외부 마감재	②
차양식 켄틸레버	③
불연재료띠	④
드렌처	⑤
소화펌프	⑥

풀이&답

구 분	용어의 정의
필로티 건축물	① 1층의 전부 또는 일부를 필로티 구조로 설치하여 주차장으로 쓰는 건축물을 말한다.
가연성 외부 마감재	② 외단열 공법을 적용한 건축물의 단열재 및 외벽마감재가 제2호에서 규정한 난연재료의 기준에 적합하지 않은 재료를 말한다.
차양식 켄틸레버	③ 필로티 주차장에서 발생한 화재가 외벽을 통해 수직으로 확산되는 것을 방지하고자 필로티 기둥 최상단에 설치되는 돌출식 켄틸레버 구조체를 말한다.
불연재료띠	④ 불연재료를 사용하여 건축물의 횡방향으로 연속 시공하여 띠를 형성하도록 한 것을 말한다.
드렌처	⑤ '스프링클러설비의 화재안전기준(NFSC 103)'에 따라 창이나 벽, 처마, 지붕에 물을 뿌려 수막을 형성함으로써 화재확산방지를 위한 소화설비를 말한다.
소화펌프	⑥ 소화설비 운용을 위한 송수용의 펌프로 화재나 기타 사고의 영향이 미치지 않는 장소에 설치되는 펌프를 말한다.

02 다음은 건축물 구조형식에 따른 화재안전성능 보강공법을 나타낸 표이다. 표의 빈칸의 번호에 알맞은 용어를 쓰시오.

구 분			비 고
필수 적용	필로티 건축물	1층 필로티 천장 보강 공법	필수
		①	택1 필수
		②	
		(전층) 외벽 준불연재료 적용 공법	
		(전층) 화재확산방지구조 적용 공법	
		③	
	일반 건축물	④	택1 필수
		(전층) 외벽 준불연재료 적용 공법	
		(전층) 화재확산방지구조 적용 공법	
선택적용		⑤	* 일반건축물은 필수
		⑥	모든 층
		방화문 설치 공법	-
		하향식 피난구 설치 공법	-

① (1층 상부) 차양식 캔틸레버 수평구조 적용 공법
② (1층 상부) 화재확산방지구조 적용 공법
③ 옥상 드렌쳐 설비 적용 공법
④ 스프링클러 또는 간이스프링클러 설치 공법
⑤ 스프링클러 또는 간이스프링클러 설치 공법
⑥ 옥외피난계단 설치 공법

[별표1] 건축물 구조형식에 따른 화재안전성능 보강공법

구 분			비 고
필수 적용	필로티 건축물	1층 필로티 천장 보강 공법	필수
		(1층 상부) 차양식 캔틸레버 수평구조 적용 공법	택1 필수
		(1층 상부) 화재확산방지구조 적용 공법	
		(전층) 외벽 준불연재료 적용 공법	
		(전층) 화재확산방지구조 적용 공법	
		옥상 드렌쳐 설비 적용 공법	
	일반 건축물	스프링클러 또는 간이스프링클러 설치 공법	택1 필수
		(전층) 외벽 준불연재료 적용 공법	
		(전층) 화재확산방지구조 적용 공법	
선택 적용		스프링클러 또는 간이스프링클러 설치 공법	* 일반건축물은 필수
		옥외피난계단 설치 공법	모든 층
		방화문 설치 공법	-
		하향식 피난구 설치 공법	-

03 건축물의 화재안전성능보강 방법 등에 관한 기준에 따른 옥상 드렌쳐 설비 적용 공법에 대한 시공기준 5가지를 쓰시오.

풀이&답
① 옥상 드렌쳐 설비는 아래의 마목을 제외하고는 '스프링클러설비의 화재안전기준(NFSC 103)'을 따른다.
② 소화펌프는 설계도서에서 정하고 있는 토출압 및 토출량을 만족시킬 수 있어야 하며, 콘크리트와 같이 지지력이 있는 바닥면에 고정시켜 진동에 대한 안전성을 확보할 수 있도록 시공되어야 한다.
③ 배관은 설계도서에 정하고 규격의 사이즈로 소화펌프에서 보강대상 건축물의 최상층부의 스프링클러 헤드까지 연결되어야 하며, 동파방지 조치를 취해야 한다.
④ 소화펌프에 전원을 공급하기 위하여 전기배관 및 전기배선은 내화배선으로 시공하여야 한다.
⑤ 드렌쳐 설비는 각각의 드렌쳐 헤드 선단에 방수압력 0.05[Mpa] 이상이어야 하며, 헤드와 신속히 개방가능한 전동밸브를 적용하여야 한다. 또한 최상층부의 드렌쳐 헤드는 설계도서에 따라 고르게 분배하여 시공하여야 한다.

04 건축물의 화재안전성능보강 방법 등에 관한 기준에 따른 스프링클러, 간이스프링클러, 하향식 피난구, 방화문, 옥외피난계단의 시공기준을 각각 쓰시오.
(1) 스프링클러 설비
(2) 간이스프링클러 설비
(3) 하향식 피난구
(4) 방화문
(5) 옥외피난계단

풀이&답
⑴ 스프링클러 설비 : '스프링클러설비의 화재안전기준(NFSC 103)'에 적합하게 설치하여야 한다.
⑵ 간이스프링클러 설비 : '간이스프링클러설비의 화재안전기준(NFSC 103A)'에 적합하게 설치하여야 한다.
⑶ 하향식 피난구는 : '건축물의 피난·방화구조 등의 기준에 관한 규칙' 제14조제3항에 따라 설치하여야 한다.
⑷ 방화문 : '건축물의 피난·방화구조 등의 기준에 관한 규칙' 제26조에 따른 비차열 1시간 이상 방화문을 건축공사표준시방서에 따라 설치하여야 한다.
⑸ 옥외피난계단 : 건축공사표준시방서에 따라 설치하여야 한다.

38 소방시설공사업법 시행령

01 특정소방대상물에 설치된 소방시설등을 구성하는 어느 하나에 해당하는 것의 전부 또는 일부를 개설(改設), 이전(移轉) 또는 정비(整備)하는 공사는 착공신고를 하여야 한다. 다만, 고장 또는 파손 등으로 인하여 작동시킬 수 없는 소방시설을 긴급히 교체하거나 보수하여야 하는 경우에는 신고하지 않을 수 있다. 이에 해당하는 것 3가지를 쓰시오.

풀이&답
1. 수신반(受信盤)
2. 소화펌프
3. 동력(감시)제어반

▶ **착공신고 대상 중 일부기준**
특정소방대상물에 설치된 소방시설등을 구성하는 다음 각 목의 어느 하나에 해당하는 것의 전부 또는 일부를 개설(改設), 이전(移轉) 또는 정비(整備)하는 공사. 다만, 고장 또는 파손 등으로 인하여 작동시킬 수 없는 소방시설을 긴급히 교체하거나 보수하여야 하는 경우에는 신고하지 않을 수 있다.
가. 수신반(受信盤)
나. 소화펌프
다. 동력(감시)제어반

02 소방시설공사업법 시행령 제6조에서 정한 하자보수 대상 소방시설과 하자보수 보증기간을 모두 쓰시오.

풀이&답
1. 피난기구, 유도등, 유도표지, 비상경보설비, 비상조명등, 비상방송설비 및 무선통신보조설비 : 2년
2. 자동소화장치, 옥내소화전설비, 스프링클러설비, 간이스프링클러설비, 물분무등소화설비, 옥외소화전설비, 자동화재탐지설비, 상수도소화용수설비 및 소화활동설비(무선통신보조설비는 제외한다) : 3년

 3비 유피무 2년 / 자옥스 간물 외자상활 3년

39 다중이용업소법

01 다중이용업소의 안전관리에 관한 특별법에서 규정한 안전시설등과 밀폐구조의 영업장에 대한 용어의 정의를 쓰시오.

풀이&답
1. 안전시설등이란 소방시설, 비상구, 영업장 내부 피난통로, 그 밖의 안전시설로서 대통령령으로 정하는 것을 말한다.
2. 밀폐구조의 영업장이란 지상층에 있는 다중이용업소의 영업장 중 채광·환기·통풍 및 피난 등이 용이하지 못한 구조로 되어 있으면서 대통령령으로 정하는 기준에 해당하는 영업장을 말한다.

02 다중이용업주 및 다중이용업을 하려는 자는 영업장에 대통령령으로 정하는 안전시설등을 행정안전부령으로 정하는 기준에 따라 설치·유지하여야 한다. 이 경우 어느 하나에 해당하는 영업장 중 대통령령으로 정하는 영업장에는 소방시설 중 간이스프링클러설비를 행정안전부령으로 정하는 기준에 따라 설치하여야 한다. 이에 해당하는 영업장 2가지를 쓰시오.

풀이&답
1. 숙박을 제공하는 형태의 다중이용업소의 영업장
2. 밀폐구조의 영업장

> ▶ **대통령령으로 정하는 영업장**
> 간이스프링클러설비(캐비닛형 간이스프링클러설비를 포함한다). 다만, 다음의 영업장에만 설치한다.
> 가) 지하층에 설치된 영업장
> 나) 숙박을 제공하는 형태의 다중이용업소의 영업장 중 다음에 해당하는 영업장. 다만, 지상 1층에 있거나 지상과 직접 맞닿아 있는 층(영업장의 주된 출입구가 건축물 외부의 지면과 직접 연결된 경우를 포함한다)에 설치된 영업장은 제외한다.
>   (1) 산후조리업의 영업장
>   (2) 고시원업의 영업장
> 다) 밀폐구조의 영업장
> 라) 권총사격장의 영업장

03 다중이용업을 하려는 자(다중이용업을 하고 있는 자를 포함한다)는 제9조제3항에서 규정하고 있는 안전시설등을 설치하기 전에 미리 소방본부장이나 소방서장에게 행정안전부령으로 정하는 안전시설등의 설계도서를 첨부하여 행정안전부령으로 정하는 바에 따라 신고하여야 한다. 이에 해당하는 경우 3가지를 쓰시오.

풀이&답
1. 안전시설등을 설치하려는 경우
2. 영업장 내부구조를 변경하려는 경우로서 다음 각 목의 어느 하나에 해당하는 경우
   가. 영업장 면적의 증가
   나. 영업장의 구획된 실의 증가
   다. 내부통로 구조의 변경
3. 안전시설등의 공사를 마친 경우

04 다중이용업소의 안전관리에 관한 특별법 제10조에서 규정한 다중이용업의 실내장식물에 대한 기준 3가지를 쓰시오.

풀이&답
① 다중이용업소에 설치하거나 교체하는 실내장식물(반자돌림대 등의 너비가 10센티미터 이하인 것은 제외한다)은 불연재료(不燃材料) 또는 준불연재료로 설치하여야 한다.
② 제1항에도 불구하고 합판 또는 목재로 실내장식물을 설치하는 경우로서 그 면적이 영업장 천장과 벽을 합한 면적의 10분의 3(스프링클러설비 또는 간이스프링클러설비가 설치된 경우에는 10분의 5) 이하인 부분은 「소방시설 설치 및 관리에 관한 법률」 제20조제3항에 따른 방염성능기준 이상의 것으로 설치할 수 있다.
③ 소방본부장이나 소방서장은 다중이용업소의 실내장식물이 제1항 및 제2항에 따른 실내장식물의 기준에 맞지 아니하는 경우에는 그 다중이용업주에게 해당 부분의 실내장식물을 교체하거나 제거하게 하는 등 필요한 조치를 명하거나 허가관청에 관계 법령에 따른 영업정지 처분 또는 허가 등의 취소를 요청할 수 있다.

05 다중이용업소의 영업장 내부를 구획하고자 할 때에는 불연재료로 구획하여야 한다. 이 경우 어느 하나에 해당하는 다중이용업소의 영업장은 천장(반자속)까지 구획하여야 한다. 이에 해당하는 영업장 2가지를 쓰시오.

풀이&답
1. 단란주점 및 유흥주점 영업
2. 노래연습장업

06 소방청장, 소방본부장 또는 소방서장은 다음 각 호의 어느 하나에 해당하는 지역 또는 건축물에 대하여 화재를 예방하고 화재로 인한 생명·신체·재산상의 피해를 방지하기 위하여 필요하다고 인정하는 경우에는 화재위험평가를 할 수 있다. 이에 해당하는 지역 또는 건축물 3가지를 쓰시오. 17회 점검

풀이&답
① 2천제곱미터 지역 안에 다중이용업소가 50개 이상 밀집하여 있는 경우
② 5층 이상인 건축물로서 다중이용업소가 10개 이상 있는 경우
③ 하나의 건축물에 다중이용업소로 사용하는 영업장 바닥면적의 합계가 1천제곱미터 이상인 경우

07 다중이용업소의 안전관리에 관한 특별법 제14조(다중이용업소의 소방안전관리)에서 규정한 다중이용업주가 수행해야 하는 소방안전관리업무(「화재의 예방 및 안전관리에 관한 법률」 제24조제5항제3호·제4호·제6호 및 제9호)를 모두 쓰시오.

풀이&답
1. 「소방시설 설치 및 관리에 관한 법률」 제16조에 따른 피난시설, 방화구획 및 방화시설의 관리
2. 소방시설이나 그 밖의 소방 관련 시설의 관리
3. 화기(火氣) 취급의 감독
4. 그 밖에 소방안전관리에 필요한 업무

특정소방대상물(소방안전관리대상물은 제외한다)의 관계인과 소방안전관리대상물의 소방안전관리자 업무

1. 피난계획에 관한 사항과 대통령령으로 정하는 사항이 포함된 소방계획서의 작성 및 시행
2. 자위소방대(自衛消防隊) 및 초기대응체계의 구성, 운영 및 교육
3. 「소방시설 설치 및 관리에 관한 법률」 제16조에 따른 피난시설, 방화구획 및 방화시설의 관리
4. 소방시설이나 그 밖의 소방 관련 시설의 관리
5. 제37조에 따른 소방훈련 및 교육
6. 화기(火氣) 취급의 감독
7. 행정안전부령으로 정하는 바에 따른 소방안전관리에 관한 업무수행에 관한 기록·유지(제3호·제4호 및 제6호의 업무를 말한다)
8. 화재발생 시 초기대응
9. 그 밖에 소방안전관리에 필요한 업무

---

08 다중이용업소의 안전관리에 관한 특별법에 대한 다음 각 물음에 답하시오.

(1) 다중이용업소에 설치하거나 교체하는 실내장식물(반자돌림대 등의 너비가 10센티미터 이하인 것은 제외한다)은 (㉠) 또는 (㉡)로 설치하여야 한다. ㉠, ㉡에 해당하는 용어를 답안지에 쓰시오.

풀이&답
㉠ 불연재료
㉡ 준불연재료

(2) 가로 30[m], 세로 20[m], 높이가 3[m]인 다중이용업소의 영업장에 실내장식물로 합판 또는 목재로 설치하는 경우 방염성능기준 이상으로 설치할 수 있는 면적의 최대값을 계산하시오.(단, 소수점이 발생할 경우 3자리에서 반올림하여 2자리까지 답한다)
① 간이스프링클러설비가 설치되지 않은 경우 면적[m²]

풀이&답
1. 천장과 벽을 합한 면적 : 30[m]×3[m]×2+20[m]×3[m]×2+30[m]×20[m]=900[m²]
2. 방염성능기준 이상의 면적 : $900[m^2] \times \frac{3}{10} = 270[m^2]$

② 간이스프링클러설비가 설치된 경우 면적[m²]

풀이&답
1. 천장과 벽을 합한 면적 : 30[m]×3[m]×2+20[m]×3[m]×2+30[m]×20[m]=900[m²]
2. 방염성능기준 이상의 면적 : $900[m^2] \times \frac{5}{10} = 450[m^2]$

(3) 다중이용업소의 영업장 내부를 구획하고자 할 때 불연재료로 구획하여야 한다. 이 경우 천장(반자) 속까지 구획하여야 하는 영업장을 모두 쓰시오.

풀이&답
1. 단란주점 및 유흥주점 영업
2. 노래연습장업

40 다중이용업소법 시행령

01 다중이용업소의 안전관리에 관한 특별법 시행령 제2조의2에서 규정한 [별표1]안전시설 등을 모두 쓰시오.

풀이&답
1. 소방시설
   가. 소화설비
      1) 소화기 또는 자동확산소화기
      2) 간이스프링클러설비(캐비닛형 간이스프링클러설비를 포함한다)
   나. 경보설비
      1) 비상벨설비 또는 자동화재탐지설비
      2) 가스누설경보기
   다. 피난설비
      1) 피난기구
         • 미끄럼대   • 피난사다리   • 구조대   • 완강기
         • 다수인피난장비   • 승강식 피난기
      2) 피난유도선
      3) 유도등, 유도표지 또는 비상조명등
      4) 휴대용비상조명등
2. 비상구
3. 영업장 내부 피난통로
4. 그 밖의 안전시설
   가. 영상음향차단장치
   나. 누전차단기
   다. 창문

02 다중이용업소의 안전관리에 관한 특별법시행령 제3조에서 규정한 실내장식물에서 제외되는 기준을 쓰시오.

풀이&답
가구류(옷장, 찬장, 식탁, 식탁용 의자, 사무용 책상, 사무용 의자 및 계산대, 그 밖에 이와 비슷한 것을 말한다)와 너비 10센티미터 이하인 반자돌림대 등과 「건축법」 제52조에 따른 내부마감재료는 제외한다.

03 다중이용업소의 안전관리에 관한 특별법 시행령 제3조에서 규정한 실내장식물의 종류 4가지를 쓰시오.

풀이&답
1. 종이류(두께 2밀리미터 이상인 것을 말한다)·합성수지류 또는 섬유류를 주원료로 한 물품
2. 합판이나 목재
3. 공간을 구획하기 위하여 설치하는 간이 칸막이(접이식 등 이동 가능한 벽체나 천장 또는 반자가 실내에 접하는 부분까지 구획하지 아니하는 벽체를 말한다)
4. 흡음(吸音)이나 방음(防音)을 위하여 설치하는 흡음재(흡음용 커튼을 포함한다) 또는 방음재(방음용 커튼을 포함한다)

04 다중이용업소의 안전관리에 관한 특별법 시행령 [별표1의2]에서 정한 다중이용업소에 설치·유지하여야 하는 안전시설 중 소화설비에 대한 기준을 모두 쓰시오.

풀이&답
1) **소화**기 또는 자동**확**산소화기
2) **간**이스프링클러설비(캐비닛형 간이스프링클러설비를 포함한다). 다만, 다음의 영업장에만 설치한다.
   가) **지**하층에 설치된 영업장
   나) 숙박을 제공하는 형태의 다중이용업소의 영업장 중 다음에 해당하는 영업장. 다만, 지상 1층에 있거나 지상과 직접 맞닿아 있는 층(영업장의 주된 출입구가 건축물 외부의 지면과 직접 연결된 경우를 포함한다)에 설치된 영업장은 제외한다.
      (1) **산**후조리업의 영업장
      (2) **고**시원업의 영업장
   다) **밀**폐구조의 영업장
   라) **권**총사격장의 영업장

> **암기법** 소확 / 간 지산고 밀 권

---

05 다중이용업소의 안전관리에 관한 특별법 시행령 [별표1의2]에서 정한 다중이용업소에 설치·유지하여야 하는 안전시설 중 경보설비에 대한 기준을 쓰시오.

풀이&답
1. 비상벨설비 또는 자동화재탐지설비. 다만, 노래반주기 등 영상음향장치를 사용하는 영업장에는 자동화재탐지설비를 설치하여야 한다.
2. 가스누설경보기. 다만, 가스시설을 사용하는 주방이나 난방시설이 있는 영업장에만 설치한다.

---

06 다중이용업소의 안전관리에 관한 특별법 시행령 [별표1의2]에서 정한 다중이용업소에 설치·유지하여야 하는 안전시설 중 피난설비에 대한 기준을 모두 쓰시오.

풀이&답
1. **피**난기구 : 미끄럼대, 피난사다리, 구조대, 완강기, 다수인피난장비, 승강식 피난기
2. 피난유도**선**. 다만, 영업장 내부 피난통로 또는 복도가 있는 영업장에만 설치한다.
3. **유**도등, 유도표지 또는 **비**상조명등
4. **휴**대용 비상조명등

> **암기법** 피 미사구완다승선 / 선 / 유비 / 휴

---

07 다중이용업소의 안전관리에 관한 특별법 시행령 [별표1의2]에서 정한 다중이용업소에 설치·유지하여야 하는 안전시설 중 비상구의 설치제외 기준 2가지를 쓰시오.

풀이&답
1. 주된 출입구 외에 해당 영업장 내부에서 피난층 또는 지상으로 통하는 직통계단이 주된 출입구 중심선으로부터 수평거리로 영업장의 긴 변 길이의 2분의 1 이상 떨어진 위치에 별도로 설치된 경우
2. 피난층에 설치된 영업장[영업장으로 사용하는 바닥면적이 33제곱미터 이하인 경우로서 영업장 내부에 구획된 실(室)이 없고, 영업장 전체가 개방된 구조의 영업장을 말한다]으로서 그 영업장의 각 부분으로부터 출입구까지의 수평거리가 10미터 이하인 경우

08 다중이용업소의 안전관리에 관한 특별법 시행령 [별표1의2]에서 정한 다중이용업소에 설치유지하여야 하는 안전시설 중 다음의 정의를 쓰시오.
(1) 비상구
(2) 영상음향차단장치

풀이&답 (1) 비상구
주된 출입구와 주된 출입구 외에 화재 발생 시 등 비상시 영업장의 내부로부터 지상·옥상 또는 그 밖의 안전한 곳으로 피난할 수 있도록「건축법 시행령」에 따른 직통계단·피난계단·옥외피난계단 또는 발코니에 연결된 출입구
(2) 영상음향차단장치
영상 모니터에 화상(畵像) 및 음반 재생장치가 설치되어 있어 영화, 음악 등을 감상할 수 있는 시설이나 화상 재생장치 또는 음반 재생장치 중 한 가지 기능만 있는 시설을 차단하는 장치

09 다중이용업소의 안전관리에 관한 특별법 시행령 [별표1의2]에서 정한 다중이용업소에 설치·유지하여야 하는 안전시설 중 그 밖의 안전시설 기준을 쓰시오.

풀이&답 1. 영상음향차단장치. 다만, 노래반주기 등 영상음향장치를 사용하는 영업장에만 설치한다.
2. 누전차단기
3. 창문. 다만, 고시원업의 영업장에만 설치한다.

피난유도선과 구획된 실
1. "피난유도선(避難誘導線)"이란 햇빛이나 전등불로 축광(蓄光)하여 빛을 내거나 전류에 의하여 빛을 내는 유도체로서 화재 발생 시 등 어두운 상태에서 피난을 유도할 수 있는 시설을 말한다.
2. "구획된 실(室)"이란 영업장 내부에 이용객 등이 사용할 수 있는 공간을 벽이나 칸막이 등으로 구획한 공간을 말한다. 다만, 영업장 내부를 벽이나 칸막이 등으로 구획한 공간이 없는 경우에는 영업장 내부 전체 공간을 하나의 구획된 실(室)로 본다.

10 다중이용업소의 안전관리에 관한 특별법 시행령에서 규정한 화재안전등급에 대한 다음 각 물음에 답하시오.
(1) 평가점수의 정의
(2) 아래의 표를 완성하시오.

등급	평가점수
A	
B	
C	
D	
E	

풀이&답 (1) 평가점수의 정의
다중이용업소에 대하여 화재예방, 화재감지·경보, 피난, 소화설비, 건축방재 등의 항목별로 소방청장이 정하여 고시하는 기준을 갖추었는지에 대하여 평가한 점수
(2) 아래의 표를 완성하시오.

등급	평가점수
A	80 이상
B	60 이상 79 이하
C	40 이상 59 이하
D	20 이상 39 이하
E	20 미만

11 다중이용업소의 안전관리에 관한 특별법 시행령 [별표6]과태료의 부과기준에서 안전시설등을 고장상태 등으로 방치한 경우에는 위반횟수에 관계없이 200만원의 과태료에 처할 수 있다. 이에 해당하는 경우 5가지를 쓰시오.

풀이&답
① 소화**펌**프를 고장상태로 방치한 경우
② **수**신반(受信盤)의 전원을 차단한 상태로 방치한 경우
③ **동**력(감시)제어반을 고장상태로 방치하거나 전원을 차단한 경우
④ 소방시설용 **비**상전원을 차단한 경우
⑤ 소화배관의 밸브를 **잠**금상태로 두어 소방시설이 작동할 때 소화수가 나오지 아니하거나 소화약제(消火藥劑)가 방출되지 아니한 상태로 방치한 경우

암기법 펌 / 수 / 동 / 비 / 잠

12 다중이용업소의 안전관리에 관한 특별법에 대한 다음 각 물음에 답하시오.
(1) "안전시설등"이란 (①), (②), (③), (④)로서 대통령령으로 정하는 것을 말한다. ( )의 번호에 알맞은 답을 쓰시오.

풀이&답
① 소방시설
② 비상구
③ 영업장 내부 피난통로
④ 그 밖의 안전시설

(2) 제9조(다중이용업소의 안전관리기준 등) 제1항에 따라 다중이용업주 및 다중이용업을 하려는 자는 영업장에 대통령령으로 정하는 안전시설등을 행정안전부령으로 정하는 기준에 따라 설치·유지하여야 한다. 이 경우 다음 각 호의 어느 하나에 해당하는 영업장 중 대통령령으로 정하는 영업장에는 소방시설 중 간이스프링클러설비를 행정안전부령으로 정하는 기준에 따라 설치하여야 한다. ( )의 번호에 알맞은 답을 쓰시오.

1. (①)

2. (②)

풀이&답 ① 숙박을 제공하는 형태의 다중이용업소의 영업장
② 밀폐구조의 영업장

(3) 다중이용업소의 안전관리에 관한 특별법 시행령 제2조(다중이용업)에 따른 다중이용업의 분류 중 학원에 대하여 쓰시오.

풀이&답 「학원의 설립·운영 및 과외교습에 관한 법률」 제2조제1호에 따른 학원(이하 "학원"이라 한다)으로서 다음 각 목의 어느 하나에 해당하는 것
가. 「소방시설 설치 및 관리에 관한 법률 시행령」 별표 4에 따라 산정된 수용인원(이하 "수용인원"이라 한다)이 300명 이상인 것
나. 수용인원 100명 이상 300명 미만으로서 다음의 어느 하나에 해당하는 것. 다만, 학원으로 사용하는 부분과 다른 용도로 사용하는 부분(학원의 운영권자를 달리하는 학원과 학원을 포함한다)이 「건축법 시행령」 제46조에 따른 방화구획으로 나누어진 경우는 제외한다.
  (1) 하나의 건축물에 학원과 기숙사가 함께 있는 학원
  (2) 하나의 건축물에 학원이 둘 이상 있는 경우로서 학원의 수용인원이 300명 이상인 학원
  (3) 하나의 건축물에 제1호, 제2호, 제4호부터 제7호까지, 제7호의2부터 제7호의5까지 및 제8호의 다중이용업 중 어느 하나 이상의 다중이용업과 학원이 함께 있는 경우

41 다중이용업소법 시행규칙

01 다중이용업소의 안전관리에 관한 특별법 시행규칙 [별표2]에서 규정한 안전시설등의 설치·유지 기준 중 비상벨설비 또는 자동화재탐지설비 설치 유지 기준 3가지를 쓰시오.

풀이&답
1. 영업장의 구획된 실마다 비상벨설비 또는 자동화재탐지설비 중 하나 이상을 화재안전기준에 따라 설치할 것
2. 자동화재탐지설비를 설치하는 경우에는 감지기와 지구음향장치는 영업장의 구획된 실마다 설치할 것. 다만, 영업장의 구획된 실에 비상방송설비의 음향장치가 설치된 경우 해당 실에는 지구음향장치를 설치하지 않을 수 있다.
3. 영상음향차단장치가 설치된 영업장에 자동화재탐지설비의 수신기를 별도로 설치할 것

02 다중이용업소의 안전관리에 관한 특별법 시행규칙 [별표2]에서 규정한 안전시설등의 설치·유지 기준 중 피난유도선의 설치 유지 기준 2가지를 쓰시오.

풀이&답
1. 영업장 내부 피난통로 또는 복도에 소방청장이 정하여 고시하는 유도등 및 유도표지의 화재안전기준에 따라 설치할 것
2. 전류에 의하여 빛을 내는 방식으로 할 것

03 다중이용업소의 안전관리에 관한 특별법 시행규칙 [별표2]에서 규정한 안전시설등의 설치·유지 기준 중 비상구등의 공통기준에서 설치위치와 비상구등 규격에 대한 기준을 쓰시오.

풀이&답
1. 설치위치
비상구는 영업장(2개 이상의 층이 있는 경우에는 각각의 층별 영업장을 말한다. 이하 이 표에서 같다) 주된 출입구의 반대방향에 설치하되, 주된 출입구 중심선으로부터의 수평거리가 영업장의 가장 긴 대각선 길이, 가로 또는 세로 길이 중 가장 긴 길이의 2분의 1 이상 떨어진 위치에 설치할 것. 다만, 건물구조로 인하여 주된 출입구의 반대방향에 설치할 수 없는 경우에는 주된 출입구 중심선으로부터의 수평거리가 영업장의 가장 긴 대각선 길이, 가로 또는 세로 길이 중 가장 긴 길이의 2분의 1 이상 떨어진 위치에 설치할 수 있다.
2. 비상구등 규격
가로 75센티미터 이상, 세로 150센티미터 이상(문틀을 제외한 가로길이 및 세로길이를 말한다)으로 할 것

04 다중이용업소의 안전관리에 관한 특별법 시행규칙 [별표2]에서 규정한 안전시설등의 설치·유지 기준 중 비상구등의 공통기준에서 구조에 대한 기준을 쓰시오.

풀이&답
① 비상구등은 구획된 실 또는 천장으로 통하는 구조가 아닌 것으로 할 것. 다만, 영업장 바닥에서 천장까지 불연재료(不燃材料)로 구획된 부속실(전실), 산후조리원에 설치하는 방풍실 또는 「녹색건축물 조성지원법」에 따라 설계된 방풍구조는 그렇지 않다.

② 비상구등은 다른 영업장 또는 다른 용도의 시설(주차장은 제외한다)을 경유하는 구조가 아닌 것이야 할 것.

05 다중이용업소의 안전관리에 관한 특별법 시행규칙 [별표2]에서 규정한 안전시설등의 설치·유지 기준 중 비상구의 공통기준에서 비상구등의 문에 대한 다음 물음에 답하시오.
(1) 문이 열리는 방향
(2) 주된 출입구의 문이 건축법 시행령 제35조에 따른 피난계단 또는 특별피난계단의 설치 기준에 따라 설치하여야 하는 문이 아니거나 같은 법 시행령 제46조에 따라 설치되는 방화구획이 아닌 곳에 위치한 주된 출입구가 일정 기준을 충족하는 경우에는 자동문[미서기(슬라이딩)문을 말한다]으로 설치할 수 있다. 이에 해당하는 기준 3가지를 쓰시오.

풀이&답
(1) 피난방향으로 열리는 구조로 할 것.
(2) ① 화재**감**지기와 **연**동하여 개방되는 구조
② **정**전시 자동으로 개방되는 구조
③ 정전시 **수**동으로 개방되는 구조

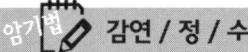 감연 / 정 / 수

06 다중이용업소의 안전관리에 관한 특별법 시행규칙 [별표2]에서 규정한 안전시설등의 설치·유지 기준 중 비상구등의 공통기준에서 문의 재질에 대한 기준을 쓰시오.

풀이&답
주요 구조부(영업장의 벽, 천장 및 바닥을 말한다. 이하 이 표에서 같다)가 내화구조(耐火構造)인 경우 비상구등의 문은 방화문(防火門)으로 설치할 것. 다만, 다음의 어느 하나에 해당하는 경우에는 불연재료로 설치할 수 있다.
① 주요 구조부가 **내**화구조가 **아**닌 경우
② 건물의 **구**조상 비상구등의 문이 지표면과 접하는 경우로서 화재의 연소 확대 우려가 없는 경우
③ 비상구등의 문이 건축법 시행령 제35조에 따른 피난**계단** 또는 특별피난계단의 설치 기준에 따라 설치해야 하는 문이 아니거나 같은 영 제46조에 따라 설치되는 방화구획이 아닌 곳에 위치한 경우

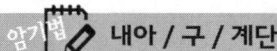 내아 / 구 / 계단

07 다중이용업소의 안전관리에 관한 특별법 시행규칙 [별표2]에서 규정한 안전시설등의 설치·유지 기준 중 복층구조(複層構造) 영업장(각각 다른 2개 이상의 층을 내부계단 또는 통로가 설치되어 하나의 층의 내부에서 다른 층으로 출입할 수 있도록 되어 있는 구조의 영업장을 말한다)인 경우에 비상구등 기준 4가지를 쓰시오.

[풀이&답]
1) 각 층마다 영업장 외부의 계단 등으로 피난할 수 있는 비상구를 설치할 것
2) 비상구등의 문이 열리는 방향은 실내에서 외부로 열리는 구조로 할 것
3) 비상구등의 문의 재질은 가목4)나)의 기준을 따를 것
4) 영업장의 위치 및 구조가 다음의 어느 하나에 해당하는 경우에는 1)에도 불구하고 그 영업장으로 사용하는 어느 하나의 층에 비상구를 설치할 것
   가) 건축물 주요 구조부를 훼손하는 경우
   나) 옹벽 또는 외벽이 유리로 설치된 경우 등

4)나)의 기준
나) 문의 재질 : 주요 구조부(영업장의 벽, 천장 및 바닥을 말한다. 이하 이 표에서 같다)가 내화구조(耐火構造)인 경우 비상구와 주된 출입구의 문은 방화문(防火門)으로 설치할 것. 다만, 다음의 어느 하나에 해당하는 경우에는 불연재료로 설치할 수 있다.
   가) 주요 구조부가 내화구조가 아닌 경우
   나) 건물의 구조상 비상구등의 문이 지표면과 접하는 경우로서 화재의 연소 확대 우려가 없는 경우
   다) 비상구등의 문이 「건축법 시행령」 제35조에 따른 피난계단 또는 특별피난계단의 설치 기준에 따라 설치해야 하는 문이 아니거나 같은 영 제46조에 따라 설치되는 방화구획이 아닌 곳에 위치한 경우

08 다중이용업소의 안전관리에 관한 특별법 시행규칙 [별표2]에서 규정한 안전시설등의 설치ㆍ유지 기준 중 영업장의 위치가 4층 이하(지하층인 경우는 제외한다)인 경우에 비상구 기준을 쓰시오.

[풀이&답]
1) 피난 시에 유효한 발코니(활하중 5킬로뉴턴/제곱미터(5 kN/m^2) 이상, 가로 75센티미터 이상, 세로 150센티미터 이상, 면적 1.12제곱미터 이상, 난간의 높이 100센티미터 이상인 것을 말한다. 이하 이 목에서 같다) 또는 부속실(불연재료로 바닥에서 천장까지 구획된 실로서 가로 75센티미터 이상, 세로 150센티미터 이상, 면적 1.12제곱미터 이상인 것을 말한다. 이하 이 목에서 같다)을 설치하고, 그 장소에 적합한 피난기구를 설치할 것
2) 부속실을 설치하는 경우 부속실 입구의 문과 건물 외부로 나가는 문의 규격은 가목2)에 따른 비상구등 규격으로 할 것. 다만, 120센티미터 이상의 난간이 있는 경우에는 발판 등을 설치하고 외부로 나가는 문의 규격과 재질은 가로 75센티미터 이상, 세로 100센티미터 이상의 창호로 설치할 수 있다.
3) 추락 등의 방지를 위하여 다음 사항을 갖추도록 할 것
   가) 발코니 및 부속실 입구의 문을 개방하면 경보음이 울리도록 경보음 발생 장치를 설치하고, 추락위험을 알리는 표지를 문(부속실의 경우 외부로 나가는 문도 포함한다)에 부착할 것
   나) 부속실에서 건물 외부로 나가는 문 안쪽에는 기둥ㆍ바닥ㆍ벽 등의 견고한 부분에 탈착이 가능한 쇠사슬 또는 안전로프 등을 바닥에서부터 120센티미터 이상의 높이에 가로로 설치할 것. 다만, 120센티미터 이상의 난간이 설치된 경우에는 쇠사슬 또는 안전로프 등을 설치하지 않을 수 있다.

09 다중이용업소의 안전관리에 관한 특별법 시행규칙 [별표2]에서 규정한 안전시설등의 설치·유지 기준 중 영업장 내부 피난통로 기준 2가지를 쓰시오.

풀이&답
1) 내부 피난통로의 폭은 120센티미터 이상으로 할 것. 다만, 양 옆에 구획된 실이 있는 영업장으로서 구획된 실의 출입문 열리는 방향이 피난통로 방향인 경우에는 150센티미터 이상으로 설치하여야 한다.
2) 구획된 실부터 주된 출입구 또는 비상구까지의 내부 피난통로의 구조는 세 번 이상 구부러지는 형태로 설치하지 말 것

10 다중이용업소의 안전관리에 관한 특별법 시행규칙 [별표2]에서 규정한 안전시설등의 설치·유지 기준 중 창문 기준 2가지를 쓰시오.

풀이&답
1) 영업장 층별로 가로 50센티미터 이상, 세로 50센티미터 이상 열리는 창문을 1개 이상 설치할 것
2) 영업장 내부 피난통로 또는 복도에 바깥 공기와 접하는 부분에 설치할 것(구획된 실에 설치하는 것을 제외한다)

11 다중이용업소의 안전관리에 관한 특별법 시행규칙 [별표2]에서 규정한 안전시설등의 설치·유지 기준 중 영상음향차단장치 기준 4가지를 쓰시오.

풀이&답
1) 화재 시 자동화재탐지설비의 감지기에 의하여 자동으로 음향 및 영상이 정지될 수 있는 구조로 설치하되, 수동(하나의 스위치로 전체의 음향 및 영상장치를 제어할 수 있는 구조를 말한다)으로도 조작할 수 있도록 설치할 것
2) 영상음향차단장치의 수동차단스위치를 설치하는 경우에는 관계인이 일정하게 거주하거나 일정하게 근무하는 장소에 설치할 것. 이 경우 수동차단스위치와 가장 가까운 곳에 "영상음향차단스위치"라는 표지를 부착하여야 한다.
3) 전기로 인한 화재발생 위험을 예방하기 위하여 부하용량에 알맞은 누전차단기(과전류차단기를 포함한다)를 설치할 것
4) 영상음향차단장치의 작동으로 실내 등의 전원이 차단되지 않는 구조로 설치할 것

암기법 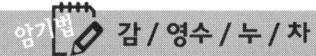 감 / 영수 / 누 / 차

12 다중이용업소의 안전관리에 관한 특별법 시행규칙 [별표2]에서 규정한 안전시설등의 설치·유지 기준 중 보일러실과 영업장 사이의 방화구획 기준을 쓰시오.

풀이&답
보일러실과 영업장 사이의 출입문은 방화문으로 설치하고, 개구부(開口部)에는 방화댐퍼(화재 시 연기 등을 차단하는 장치)를 설치할 것

13 다중이용업소의 안전관리에 관한 특별법 시행규칙 [별표2]에서 규정한 안전시설등의 설치·유지 기준 중 [비고] 1. 방화문 기준을 쓰시오.

「건축법 시행령」 제64조에 따른 60분+ 방화문, 60분 방화문, 30분 방화문으로서 언제나 닫힌 상태를 유지하거나 화재로 인한 연기의 발생 또는 온도의 상승에 따라 자동적으로 닫히는 구조를 말한다. 다만, 자동으로 닫히는 구조 중 열에 의하여 녹는 퓨즈[도화선(導火線)을 말한다]타입 구조의 방화문은 제외한다.

14 다중이용업소의 안전관리에 관한 특별법 시행규칙 제11조의3에서 규정한 다중이용업소의 영업장 내부를 구획함에 있어 배관 및 전선관 등이 영업장 또는 천장(반자속)의 내부 구획된 부분을 관통하여 틈이 생긴 때에는 재료를 사용하여 그 틈을 메워야 한다. 이에 해당하는 재료 2가지를 쓰시오.

1. 한국산업표준에서 내화충전성능을 인정한 구조로 된 것
2. 한국건설기술연구원의 장이 국토교통부장관이 정하여 고시하는 기준에 따라 내화충전성능을 인정한 구조로 된 것

제11조의2(다중이용업소의 비상구 추락방지 기준)
① 법 제9조의2에서 "행정안전부령으로 정하는 비상구"란 영업장의 위치가 4층이하(지하층인 경우에는 제외한다)인 경우 그 영업장에 설치하는 비상구

15 다중이용업소의 피난안내도에 대한 다음 각 물음에 답하시오.
(1) 피난안내도 비치대상
(2) 피난안내에 관한 영상물을 상영하여야 하는 대상
(3) 피난안내도 비치위치
(4) 피난안내에 관한 영상물 상영시간
(5) 피난안내도 및 피난안내 영상물에 포함되어야 할 내용
(6) 피난안내도의 크기 및 재질
(7) 피난안내도 및 피난안내 영상물에 사용하는 언어

(1) 피난안내도 비치대상
  영 제2조에서 정하는 모든 다중이용업소로 한다. 다만, 다음 각 목의 어느 하나에 해당하는 경우에는 설치하지 아니할 수 있다.
  ① 영업장으로 사용하는 바닥면적의 합계가 33[m²] 이하인 경우
  ② 영업장내 구획된 실(室)이 없고 영업장 어느 부분에서도 출입구 및 비상구 확인이 가능한 경우
(2) 피난안내에 관한 영상물을 상영하여야 하는 대상
  ① **영**화상영관 및 **비**디오물소극장업의 영업장
  ② **노**래연습장업의 영업장
  ③ **단**란주점영업 및 **유**흥주점영업의 영업장. 다만, 피난안내 영상물을 상영할 수 있는 시설이 설치된 경우만 해당한다.
  ④ 삭제 〈2015.1.7.〉
  ⑤ 영제2조제8호에 해당하는 영업으로서 피난안내 영상물을 **상**영할 수 있는 시설을 갖춘 영업장

암기원 영비 / 노 / 단유 / 상

▶ **영 제2조제8호**
법 제15조제2항에 따른 화재위험평가결과 위험유발지수가 제11조제1항에 해당하거나 화재발생시 인명피해가 발생할 우려가 높은 불특정다수인이 출입하는 영업으로서 소방청장이 관계 중앙행정기관의 장과 협의하여 행정안전부령으로 정하는 영업

▶ **행정안전부령으로 정하는 영업〈시행 2022.6.8.〉**
1. 전화방업·화상대화방업 : 구획된 실(室) 안에 전화기·텔레비전·모니터 또는 카메라 등 상대방과 대화할 수 있는 시설을 갖춘 형태의 영업
2. 수면방업 : 구획된 실(室) 안에 침대·간이침대 그 밖에 휴식을 취할 수 있는 시설을 갖춘 형태의 영업
3. 콜라텍업 : 손님이 춤을 추는 시설 등을 갖춘 형태의 영업으로서 주류판매가 허용되지 아니하는 영업
4. 방탈출카페업 : 제한된 시간 내에 방을 탈출하는 놀이 형태의 영업
5. 키즈카페업 : 다음 각 목의 영업
   가. 「관광진흥법 시행령」 제2조제1항제5호다목에 따른 기타유원시설업으로서 실내공간에서 어린이(「어린이안전관리에 관한 법률」 제3조제1호에 따른 어린이를 말한다. 이하 같다)에게 놀이를 제공하는 영업
   나. 실내에 「어린이놀이시설 안전관리법」 제2조제2호 및 같은 법 시행령 별표 2 제13호에 해당하는 어린이놀이시설을 갖춘 영업
   다. 「식품위생법 시행령」 제21조제8호가목에 따른 휴게음식점영업으로서 실내공간에서 어린이에게 놀이를 제공하고 부수적으로 음식류를 판매·제공하는 영업
6. 만화카페업 : 만화책 등 다수의 도서를 갖춘 다음 각 목의 영업. 다만, 도서를 대여·판매만 하는 영업인 경우와 영업장으로 사용하는 바닥면적의 합계가 50제곱미터 미만인 경우는 제외한다.
   가. 「식품위생법 시행령」 제21조제8호가목에 따른 휴게음식점영업
   나. 도서의 열람, 휴식공간 등을 제공할 목적으로 실내에 다수의 구획된 실(室)을 만들거나 입체 형태의 구조물을 설치한 영업

(3) 피난안내도 비치위치
다음 각 목의 어느 하나에 해당하는 위치에 모두 설치할 것
① 영업장 주 출입구 부분의 손님이 쉽게 볼 수 있는 위치
② 구획된 실(室)의 벽, 탁자 등 손님이 쉽게 볼 수 있는 위치
③ 게임산업진흥에 관한 법률 제2조제7호의 인터넷컴퓨터게임시설제공업 영업장의 인터넷컴퓨터게임시설이 설치된 책상. 다만, 책상 위에 비치된 컴퓨터에 피난안내도를 내장하여 새로운 이용객이 컴퓨터를 작동할 때마다 피난안내도가 모니터에 나오는 경우에는 책상에 피난안내도가 비치된 것으로 본다.

(4) 피난안내에 관한 영상물 상영시간
영업장의 내부구조 등을 고려하여 정하되, 상영 시기(時期)는 다음 각 목과 같다.
① 영화상영관 및 비디오물소극장업 : 매 회 영화상영 또는 비디오물상영 시작 전
② 노래연습장업 등 그 밖의 영업 : 매 회 새로운 이용객이 입장하여 노래방 기기(機器) 등을 작동할 때

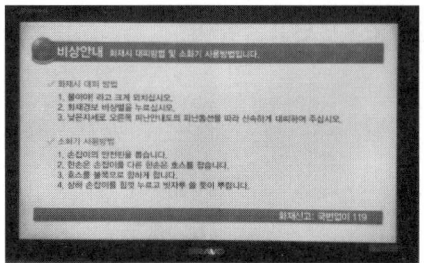

피난안내 영상물 상영

(5) 피난안내도 및 피난안내 영상물에 포함되어야 할 내용
다음 각 호의 내용을 모두 포함할 것. 이 경우 광고 등 피난안내에 혼선을 초래하는 내용을 포함해서는 안 된다.
① **화**재시 대피할 수 있는 비상구 위치
② **구**획된 실(室) 등에서 비상구 및 출입구까지의 피난동선
③ **소**화기, **옥**내소화전 등 소방시설의 위치 및 사용방법
④ **피**난 및 **대**처방법

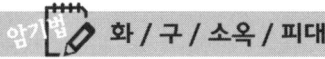 화 / 구 / 소옥 / 피대

(6) 피난안내도의 크기 및 재질
① 크기 : B4(257[mm] × 364[mm]) 이상의 크기로 할 것. 다만, 각 층별 영업장의 면적 또는 영업장이 위치한 층의 바닥면적이 각각 400[m^2] 이상인 경우에는 A3(297[mm] × 420[mm]) 이상의 크기로 하여야 한다.
② 재질 : 종이(코팅처리한 것을 말한다), 아크릴, 강판 등 쉽게 훼손 또는 변형되지 않는 것으로 할 것

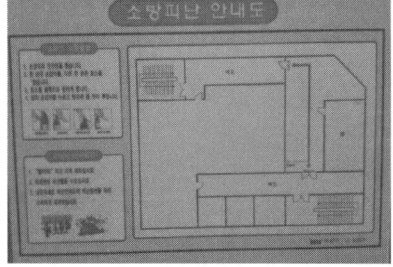

피난안내도

(7) 피난안내도 및 피난안내 영상물에 사용하는 언어
피난안내도 및 피난안내영상물은 한글 및 1개 이상의 외국어를 사용하여 작성하여야 한다.

(8) 장애인을 위한 피난안내 영상물 상영: 「영화 및 비디오물의 진흥에 관한 법률」제2조제10호에 따른 영화상영관 중 전체 객석 수의 합계가 300석 이상인 영화상영관의 경우 피난안내 영상물은 장애인을 위한 한국수어·폐쇄자막·화면해설 등을 이용하여 상영해야 한다.

16 다중이용업소의 안전관리에 관한 특별법 시행규칙 제13조에서 규정한 안전시설등 세부 점검표를 모두 쓰시오.

① 소화기 또는 자동확산소화기의 외관점검
 • 구획된 실마다 설치되어 있는지 확인
 • 약제 응고상태 및 압력게이지 지시침 확인
② 간이스프링클러설비 작동기능점검
 • 시험밸브 개방 시 펌프기동, 음향경보 확인
 • 헤드의 누수·변형·손상·장애 등 확인

③ 경보설비 작동기능점검
  • 비상벨설비의 누름스위치, 표시등, 수신기 확인
  • 자동화재탐지설비의 감지기, 발신기, 수신기 확인
  • 가스누설경보기 정상작동여부 확인
④ 피난설비 작동기능점검 및 외관점검
  • 유도등·유도표지 등 부착상태 및 점등상태 확인
  • 구획된 실마다 휴대용비상조명등 비치 여부
  • 화재신호 시 피난유도선 점등상태 확인
  • 피난기구(완강기, 피난사다리 등) 설치상태 확인
⑤ 비상구 관리상태 확인
⑥ 영업장 내부 피난통로 관리상태 확인
  • 영업장 내부 피난통로 상 물건 적치 등 관리상태
⑦ 창문(고시원) 관리상태 확인
⑧ 영상음향차단장치 작동기능점검
  • 경보설비와 연동 및 수동작동 여부 점검(화재신호 시 영상음향차단 되는 지 확인)
⑨ 누전차단기 작동 여부 확인
⑩ 피난안내도 설치 위치 확인
⑪ 피난안내영상물 상영 여부 확인
⑫ 실내장식물·내부구획 재료 교체 여부 확인
  • 커튼, 카페트 등 방염선처리제품 사용 여부
  • 합판·목재 방염성능확보 여부
  • 내부구획재료 불연재료 사용 여부
⑬ 방염 소파·의자 사용 여부 확인
⑭ 안전시설등 세부점검표 분기별 작성 및 1년간 보관여부
⑮ 화재배상책임보험 가입여부 및 계약기간 확인

> **암기법** 소 / 간 / 경 / 피 / 비 / 영 / 창 / 영상 / 누 / 피위 / 영 / 실 / 방 / 안 / 배

17 다중이용업소 점검표상 소화기구(소화기, 자동확산소화기)의 점검항목을 쓰시오.

[풀이&답]
- **설치수량**(구획된 실 등) 및 **설치거리**(보행거리) 적정 여부
- **설치장소**(손쉬운 사용) 및 **설치높이** 적정 여부
- **소화기 표지** 설치상태 적정 여부
- **외형**의 이상 또는 사용상 장애 여부
- 수동식 분말소화기 **내용연수** 적정여부

18 다중이용업소 점검표상 간이스프링클러설비의 점검항목을 쓰시오.

[풀이&답]
- **수원의 양** 적정 여부
- **가압송수장치**의 정상 작동 여부
- **배관 및 밸브**의 파손, 변형 및 잠김 여부
- **상용전원 및 비상전원**의 이상 여부
- **유수검지장치**의 정상 작동 여부
- **헤드**의 적정 설치 여부(미설치, 살수장애, 도색 등)
- **송수구** 결합부의 이상 여부
- **시험밸브** 개방시 펌프기동 및 음향 경보 여부

19 다중이용업소 점검표상 경보설비의 점검항목을 쓰시오.

▸ 비상벨·자동화재탐지설비
  ○ **구획된 실**마다 감지기(발신기), 음향장치 설치 및 정상 작동 여부
  ○ 전용 수신기가 설치된 경우 주수신기와 **상호 연동**되는지 여부
  ○ 수신기 **예비전원(축전지) 상태** 적정 여부(상시 충전, 상용전원 차단 시 자동절환)
▸ 가스누설경보기
  ○ **주방 또는 난방시설**이 설치된 장소에 설치 및 정상 작동 여부

20 다중이용업소 점검표상 피난기구의 점검항목을 쓰시오.

○ 피난기구 **종류 및 설치개수** 적정 여부
○ 피난기구의 **부착 위치 및 부착 방법** 적정 여부
○ 피난기구(지지대 포함)의 **변형·손상 또는 부식**이 있는지 여부
○ 피난기구의 **위치표시 표지 및 사용방법** 표지 부착 적정 여부
○ 피난에 유효한 **개구부 확보**(크기, 높이에 따른 발판, 창문 파괴장치) 및 관리상태

21 다중이용업소 점검표상 피난유도선의 점검항목을 쓰시오.

○ 피난유도선의 **변형 및 손상** 여부
○ **정상 점등**(화재 신호와 연동 포함) 여부

22 다중이용업소 점검표상 유도등의 점검항목을 쓰시오.

○ **상시**(3선식의 경우 점검스위치 작동시) **점등** 여부
○ **시각장애**(규정된 높이, 적정위치, 장애물 등으로 인한 시각장애 유무) 여부
○ **비상전원** 성능 적정 및 상용전원 차단 시 **예비전원 자동전환** 여부

23 다중이용업소 점검표상 유도표지의 점검항목을 쓰시오.

○ **설치 상태**(유사 등화광고물·게시물 존재, 쉽게 떨어지지 않는 방식) 적정 여부
○ 외광·조명장치로 **상시 조명** 제공 또는 **비상조명등** 설치 여부

24 다중이용업소 점검표상 비상조명등의 점검항목을 쓰시오.

○ **설치위치**의 적정 여부
○ 예비전원 내장형의 경우 **점검스위치 설치 및 정상** 작동 여부

25 다중이용업소 점검표상 휴대용비상조명등의 점검항목을 쓰시오.

○ 영업장안의 **구획된 실**마다 잘 보이는 곳에 1개 이상 설치 여부
○ 설치**높이 및 표지**의 적합 여부
○ 사용 시 **자동으로 점등**되는지 여부

26 다중이용업소 점검표상 비상구의 점검항목을 쓰시오.

[풀이&답]
- 피난동선에 물건을 쌓아두거나 **장애물** 설치 여부
- 피난구, 발코니 또는 부속실의 **훼손** 여부
- 방화문·방화셔터의 **관리 및 작동상태**

27 다중이용업소 점검표상 영업장 내부 피난통로·영상음향차단장치·누전차단기·창문의 점검항목을 쓰시오.

[풀이&답]
- 영업장 내부 **피난통로 관리상태** 적합 여부
- **영상음향차단장치** 설치 및 정상작동 여부
- **누전차단기** 설치 및 정상작동 여부
- 영업장 **창문 관리상태** 적합 여부

28 다중이용업소 점검표상 (1) 피난안내도·피난안내영상물, (2) 방염의 점검항목을 쓰시오.

[풀이&답]
(1) 피난안내도·피난안내영상물
  - 피난안내도의 정상 부착 및 피난안내영상물 상영 여부
(2) 방염
  - 선처리 방염대상물품의 적합 여부(방염성능시험성적서 및 합격표시 확인)
  - 후처리 방염대상물품의 적합 여부(방염성능검사결과 확인)

42 소방설비별 주요 계통도

1 옥내소화전설비(정압수조 방식)

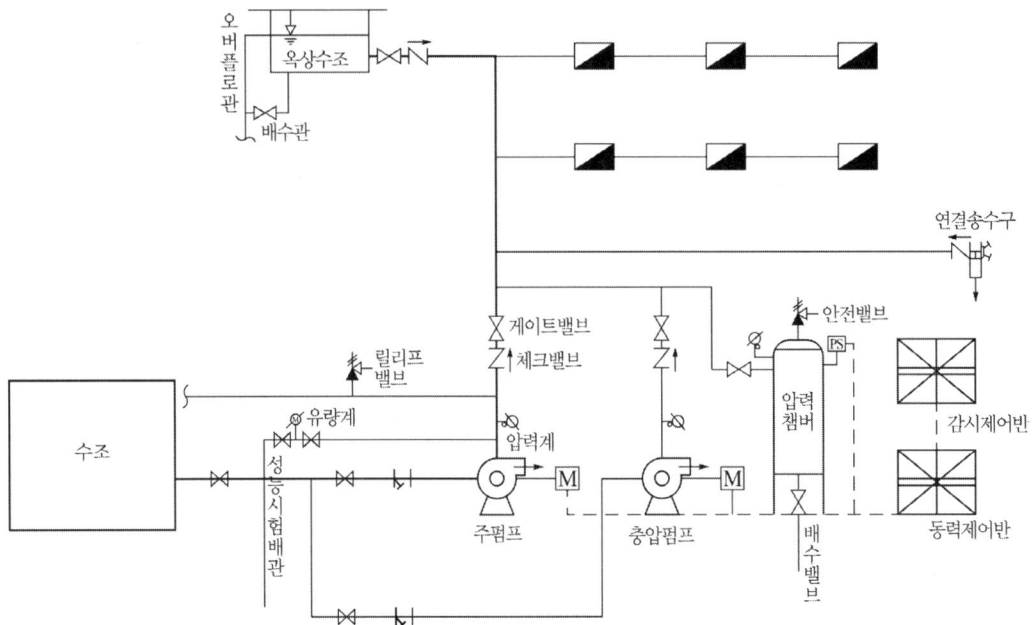

2 습식 스프링클러설비

(1) 부압수조방식

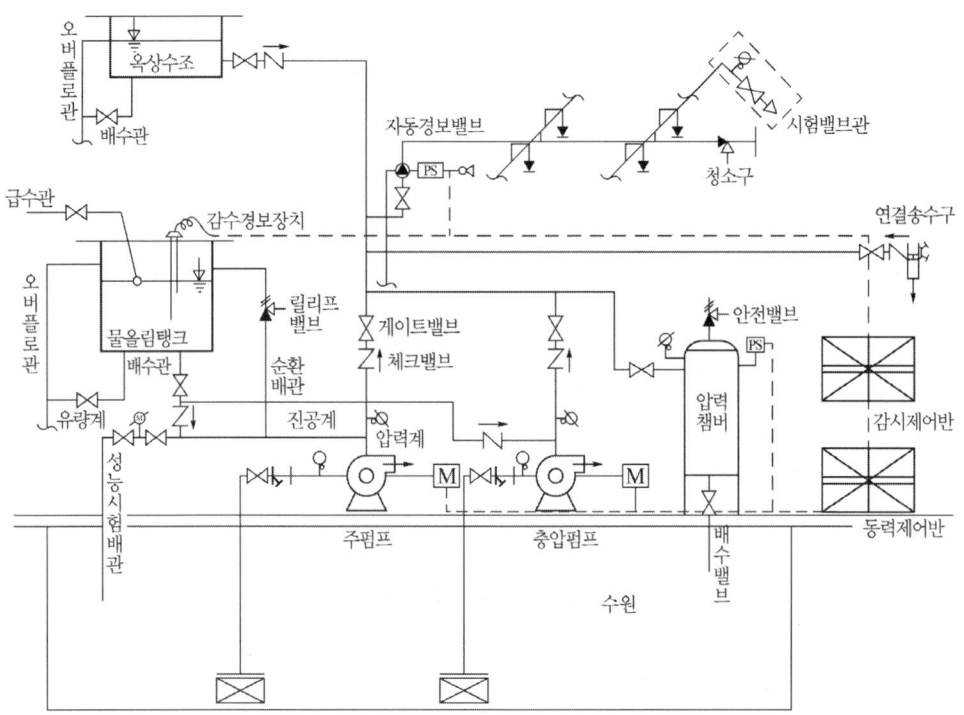

(2) 정압수조방식

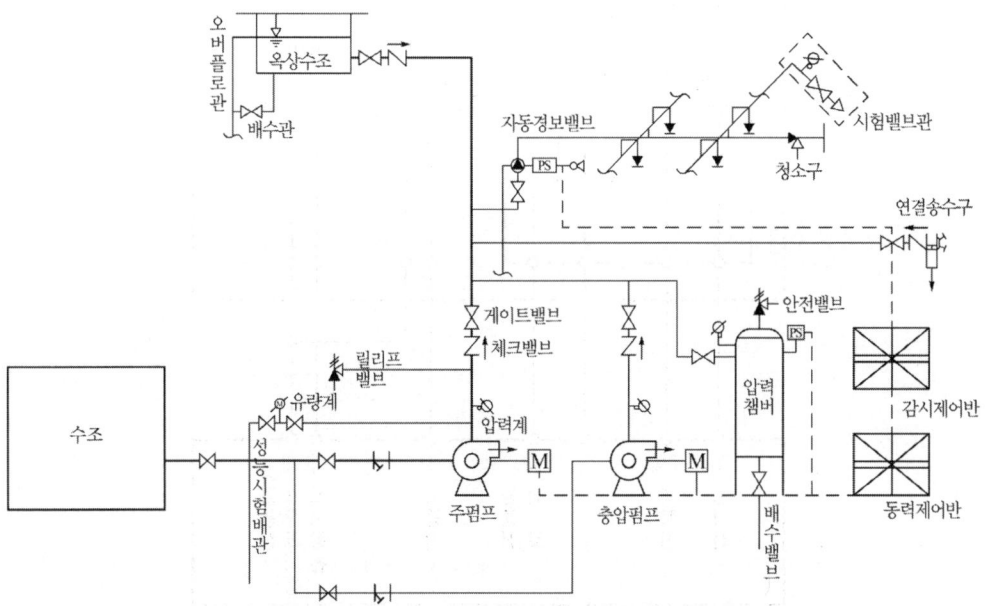

3 이산화탄소소화설비

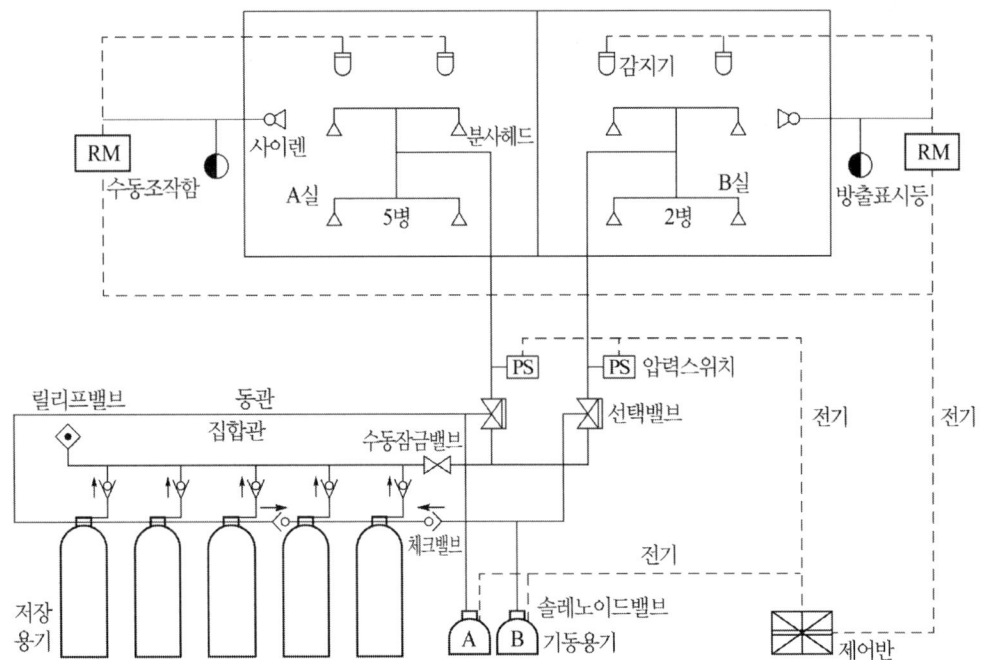

4 발신기세트와 수신기결선도

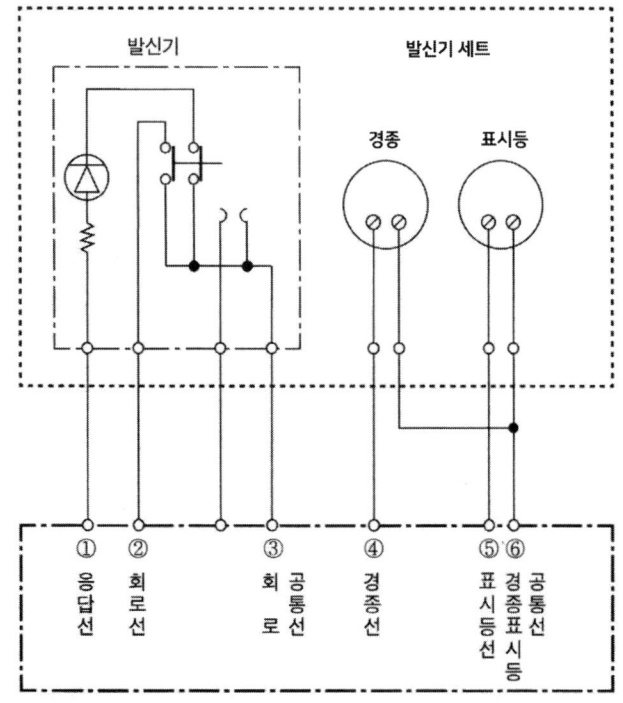

※ 응답선=발신기응답선, 회로선=지구선, 회로공통선=지구공통선

5 준비작동식 스프링클러설비

(1) 슈퍼비조리 판넬(SVP ; Supervisory panel) 결선도

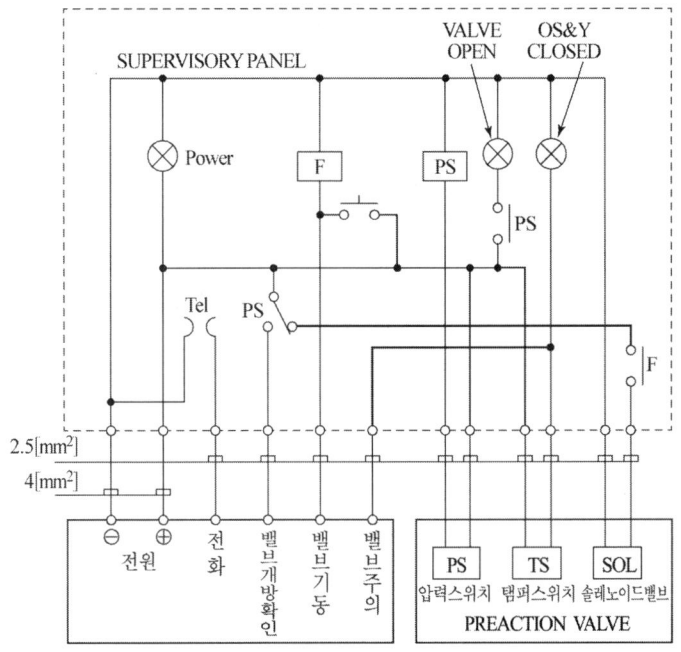

(2) 간선내역

감시제어반(수신반)과 슈퍼비조리판넬(SVP)사이 기본가닥수		
전원 ⊖	1선	
전원 ⊕	1선	감지기공통선을 별도로 쓰는 경우에는 감지기공통선 1선 추가
감지기 A	준비작동식밸브(Preaction Valve) 마다 1선씩 추가	
감지기 B		
사이렌		
밸브기동(SOL)		
밸브주의(TS)		
밸브개방확인(PS)		
전화	1선	

※ **기본간선내역** : 9선(전원 ⊖, 전원 ⊕, 감지기 A, 감지기 B, 사이렌, 밸브기동, 밸브주의, 밸브개방확인, 전화)

감지기공통선을 별도로 하는 경우에는 10선

※ 간선내역에서 '전화'는 조건에 따라 삭제 가능

6 가스계 소화설비 수동조작함과 수신반(제어반 및 화재표시반) 결선도

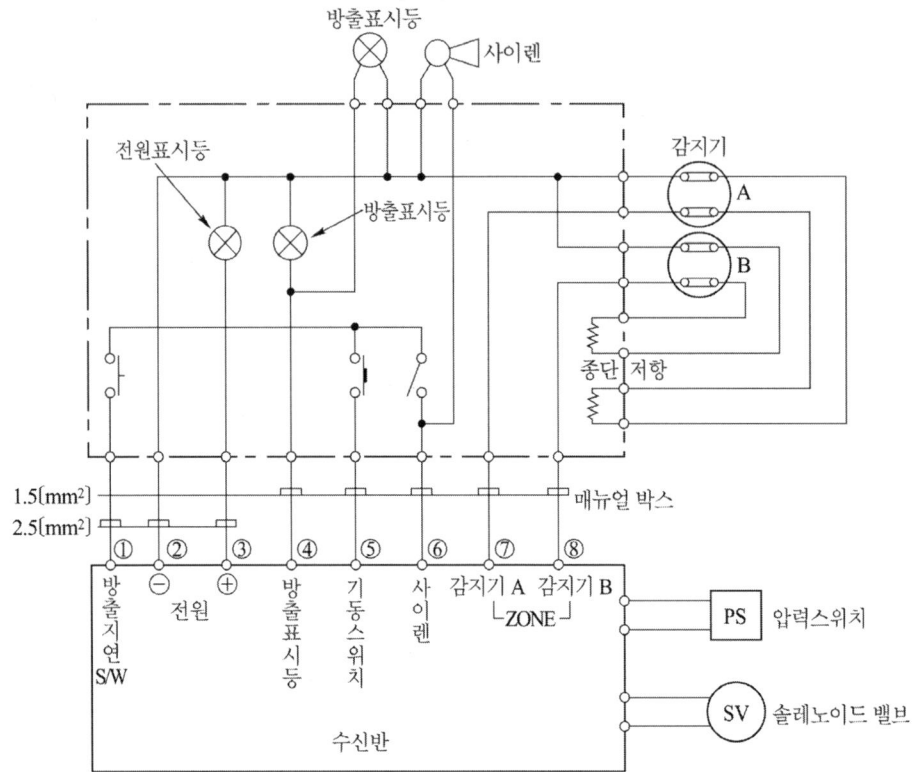

※ 방출지연스위치=비상스위치, 기동스위치=솔레노이드밸브

43 초고층재난관리법

01 초고층건축물에 대한 다음의 각 물음에 답하시오.
(1) 초고층 건축물의 정의
(2) 지하연계복합건축물의 정의

풀이&답
(1) 초고층 건축물의 정의
  층수가 50층 이상 또는 높이가 200미터 이상인 건축물
(2) 지하연계 복합건축물의 정의
  다음 각 목의 요건을 모두 갖춘 것을 말한다.
  가. 층수가 11층 이상이거나 1일 수용인원이 5천명 이상인 건축물로서 지하부분이 지하역사 또는 지하도상가와 연결된 건축물
  나. 건축물 안에 문화 및 집회시설, 판매시설, 운수시설, 업무시설, 숙박시설, 위락(慰樂)시설 중 유원시설업(遊園施設業)의 시설 또는 대통령령으로 정하는 용도의 시설이 하나 이상 있는 건축물

02 초고층 건축물등의 관리주체는 관계지역 안에서 재난의 신속한 대응 및 재난정보 공유·전파를 위한 종합재난관리체제를 종합방재실에 구축·운영하여야 한다. 종합재난관리체제의 구축 시 포함하여야 하는 사항을 모두 쓰시오.

풀이&답
(1) 재난대응체제
  ① 재난상황 감지 및 전파체제
  ② 방재의사결정 지원 및 재난 유형별 대응체제
  ③ 피난유도 및 상호응원체제

> **암기법** 재 / 방 / 피상

(2) 재난·테러 및 안전 정보관리체제
  ① 취약지역 안전점검 및 순찰정보 관리
  ② 유해·위험물질 반출·반입 관리
  ③ 소방 시설·설비 및 방화관리 정보
  ④ 방범·보안 및 테러대비 시설관리

> **암기법** 취 / 유 / 소 / 방

(3) 그 밖에 관리주체가 필요로 하는 사항

44 초고층재난관리법 시행령

01 초고층 및 지하연계 복합건축물 재난관리에 관한 특별법 시행령 제14조(피난안전구역 설치기준 등)에서 규정한 초고층 건축물등의 관리주체는 아래의 구분에 따른 피난안전구역을 설치하여야 하는데 이에 해당하는 기준을 쓰시오.

(1) 초고층 건축물 :

(2) 16층 이상 29층 이하인 지하연계 복합건축물 :

(3) 초고층 건축물등의 지하층이 법 제2조제2호나목의 용도로 사용되는 경우 :

(4) 30층 이상 49층 이하인 지하연계 복합건축물 :

풀이&답

(1) 초고층 건축물 : 「건축법 시행령」 제34조제3항에 따른 피난안전구역을 설치할 것
(2) 16층 이상 29층 이하인 지하연계 복합건축물 :
   지상층별 거주밀도가 제곱미터당 1.5명을 초과하는 층은 해당 층의 사용형태별 면적의 합의 10분의 1에 해당하는 면적을 피난안전구역으로 설치할 것
(3) 초고층 건축물등의 지하층이 법 제2조제2호나목의 용도로 사용되는 경우 :
   해당 지하층에 별표 2의 피난안전구역 면적 산정기준에 따라 피난안전구역을 설치하거나, 선큰[지표 아래에 있고 외기(外氣)에 개방된 공간으로서 건축물 사용자 등의 보행·휴식 및 피난 등에 제공되는 공간을 말한다. 이하 같다]을 설치할 것
(4) 「건축법시행령」 제34조제4항에 따른 피난안전구역을 설치할 것

「건축법 시행령」 제34조제3항에 따른 피난안전구역
초고층 건축물에는 피난층 또는 지상으로 통하는 직통계단과 직접 연결되는 피난안전구역(건축물의 피난·안전을 위하여 건축물 중간에 설치하는 대피공간을 말한다. 이와 같다)을 지상층으로부터 최대 30개 층마다 1개소 이상 설치하여야 한다.

「건축법시행령」 제34조제4항에 따른 피난안전구역
준초고층건축물에는 피난층 또는 지상으로 통하는 직통계단과 직접 연결되는 피난안전구역을 해당 건축물 전체 층수의 2분의 1에 해당하는 층으로부터 상하 5개층 이내에 1개소 이상 설치하여야 한다. 다만, 국토교통부령으로 정하는 기준에 따라 피난층 또는 지상으로 통하는 직통계단을 설치하는 경우에는 그러하지 아니하다.

제2조제2호나목
건축물 안에 건축법 제2조제2항제5호에 따른 문화 및 집회시설, 같은 항 제7호에 따른 판매시설, 같은 항 제8호에 따른 운수시설, 같은 항 제14호에 따른 업무시설, 같은 항 제15호에 따른 숙박시설, 같은 항 제16호에 따른 위락(慰樂)시설 중 유원시설업(遊園施設業)의 시설 또는 대통령령으로 정하는 용도의 시설이 하나 이상 있는 건축물

"별표2" 피난안전구역 면적 산정기준
1. 지하층이 하나의 용도로 사용되는 경우
   피난안전구역 면적 = (수용인원 × 0.1) × 0.28[m^2]
2. 지하층이 둘 이상의 용도로 사용되는 경우
   피난안전구역 면적 = (사용형태별 수용인원의 합 × 0.1) × 0.28[m^2]
[비고] 1. 수용인원은 사용형태별 면적과 거주밀도를 곱한 값을 말한다. 다만, 업무용도와 주거용도의 수용인원은 용도의 면적과 거주밀도를 곱한 값으로 한다.

02 초고층 및 지하연계 복합건축물 재난관리에 관한 특별법 시행령 제14조(피난안전구역 설치기준 등)에서 규정한 초고층건축물의 피난안전구역에 설치해야 할 소방시설의 종류를 모두 쓰시오.

> 풀이&답
1. 소화설비 중 소화기구(소화기 및 간이소화용구만 해당한다), 옥내소화전설비 및 스프링클러설비
2. 경보설비 중 자동화재탐지설비
3. 피난설비 중 방열복, 공기호흡기(보조마스크를 포함한다), 인공소생기, 피난유도선(피난안전구역으로 통하는 직통계단 및 특별피난계단을 포함한다), 피난안전구역으로 피난을 유도하기 위한 유도등·유도표지, 비상조명등 및 휴대용비상조명등
4. 소화활동설비 중 제연설비, 무선통신보조설비

> 암기법 소옥스 / 탐 / 방공인 선유비휴 / 제무

03 초고층 및 지하연계 복합건축물 재난관리에 관한 특별법 시행령 제14조에서 규정한 선큰의 설치기준을 모두 쓰시오.

> 풀이&답
1. 다음 각 목의 구분에 따라 용도별로 산정한 면적을 합산한 면적 이상으로 설치할 것
    가. 문화 및 집회시설 중 공연장, 집회장 및 관람장은 해당 면적의 7퍼센트 이상
    나. 판매시설 중 소매시장은 해당 면적의 7퍼센트 이상
    다. 그 밖의 용도는 해당 면적의 3퍼센트 이상
2. 다음 각 목의 기준에 맞게 설치할 것
    가. 지상 또는 피난층(직접 지상으로 통하는 출입구가 있는 층 및 제1항에 따른 피난안전구역을 말한다)으로 통하는 너비 1.8미터 이상의 직통계단을 설치하거나, 너비 1.8미터 이상 및 경사도 12.5퍼센트 이하의 경사로를 설치할 것
    나. 거실(건축물 안에서 거주, 집무, 작업, 집회, 오락, 그 밖에 이와 유사한 목적을 위하여 사용되는 방을 말한다. 이하 같다) 바닥면적 100제곱미터마다 0.6미터 이상을 거실에 접하도록 하고, 선큰과 거실을 연결하는 출입문의 너비는 거실 바닥면적 100제곱미터마다 0.3미터로 산정한 값 이상으로 할 것
3. 다음 각 목의 기준에 맞는 설비를 갖출 것
    가. 빗물에 의한 침수 방지를 위하여 차수판(遮水板), 집수정(물저장고), 역류방지기를 설치할 것
    나. 선큰과 거실이 접하는 부분에 제연설비[드렌처(수막)설비 또는 공기조화설비와 별도로 운용하는 제연설비를 말한다]를 설치할 것. 다만, 선큰과 거실이 접하는 부분에 설치된 공기조화설비가 「소방시설 설치 및 관리에 관한 법률」 제12조제1항에 따른 화재안전기준에 맞게 설치되어 있고, 화재발생 시 제연설비 기능으로 자동 전환되는 경우에는 제연설비를 설치하지 않을 수 있다.

04 초고층건축물 등의 지하층이 법 제2조제2호나목의 용도로 사용되는 경우 아래에 해당하는 피난안전구역의 면적 산정기준을 쓰시오.
(1) 지하층이 하나의 용도로 사용되는 경우
(2) 지하층이 둘 이상의 용도로 사용되는 경우

> 풀이&답
(1) 피난안전구역의 면적 = (수용인원 × 0.1) × 0.28 [m^2]
(2) 피난안전구역의 면적 = (사용형태별 수용인원의 합 × 0.1) × 0.28 [m^2]

45 초고층재난관리법 시행규칙

01 초고층 및 지하연계 복합건축물 재난관리에 관한 특별법 시행규칙 제7조에서 규정한 종합방재실의 개수에 대한 기준을 쓰시오.

[풀이&답] 1개. 다만, 100층 이상인 초고층 건축물등[공동주택(건축허가를 받아 주택 외의 시설과 주택을 동일 건축물로 건축하는 경우는 제외한다. 이하 "공동주택")은 제외]의 관리주체는 종합방재실이 그 기능을 상실하는 경우에 대비하여 종합방재실을 추가로 설치하거나, 관계지역 내 다른 종합방재실에 보조종합재난관리체제를 구축하여 재난관리 업무가 중단되지 아니하도록 하여야 한다.

02 초고층 및 지하연계 복합건축물 재난관리에 관한 특별법 시행규칙 제7조에서 규정한 종합방재실의 위치에 대한 기준 5가지를 쓰시오.

[풀이&답]
1. **1**층 또는 피난층. 다만, 초고층 건축물등에 특별피난계단이 설치되어 있고, 특별피난계단 출입구로부터 5미터 이내에 종합방재실을 설치하려는 경우에는 2층 또는 지하 1층에 설치할 수 있으며, 공동주택의 경우에는 관리사무소 내에 설치할 수 있다.
2. **비**상용 승강장, 피난 전용 승강장 및 특별피난계단으로 이동하기 쉬운 곳
3. **재**난정보 수집 및 제공, 방재 활동의 거점(據點) 역할을 할 수 있는 곳
4. **소**방대(消防隊)가 쉽게 도달할 수 있는 곳
5. **화**재 및 **침**수 등으로 인하여 피해를 입을 우려가 적은 곳

[암기법] 1 / 비 / 재 / 소 / 화침

03 초고층 및 지하연계 복합건축물 재난관리에 관한 특별법 시행규칙 제7조에서 규정한 종합방재실의 구조 및 면적에 대한 5가지 기준을 쓰시오.

[풀이&답]
1. **다**른 부분과 **방**화구획(防火區劃)으로 설치할 것. 다만, 다른 제어실 등의 감시를 위하여 두께 7밀리미터 이상의 망입(網入)유리(두께 16.3 밀리미터 이상의 접합유리 또는 두께 28밀리미터 이상의 복층유리를 포함한다)로 된 4제곱미터 미만의 붙박이창을 설치할 수 있다.
2. **인**력의 대기 및 휴식 등을 위하여 종합방재실과 방화구획된 부속실을 설치할 것
3. **면**적은 20제곱미터 이상으로 할 것
4. **재**난 및 안전관리, 방범 및 보안, 테러 예방을 위하여 필요한 시설·장비의 설치와 근무 인력의 재난 및 안전관리 활동, 재난 발생 시 소방대원의 지휘 활동에 지장이 없도록 설치할 것
5. 출입문에는 **출**입 제한 및 **통**제 장치를 갖출 것

[암기법] 다방 / 인 / 면 / 재 / 출통

04 초고층 및 지하연계 복합건축물 재난관리에 관한 특별법 시행규칙 제7조 종합방재실의 설치기준에서 규정한 종합방재실의 설비 중 5가지를 쓰시오.

1. 조명설비(예비전원을 포함한다) 및 급수·배수설비
2. 상용전원(常用電源)과 예비전원의 공급을 자동 또는 수동으로 전환하는 설비
3. 급기(給氣)·배기(排氣) 설비 및 냉방·난방 설비
4. 전력 공급 상황 확인 시스템
5. 공기조화·냉난방·소방·승강기 설비의 감시 및 제어시스템
6. 자료 저장 시스템
7. 지진계 및 풍향·풍속계(초고층 건축물에 한정한다)
8. 소화 장비 보관함 및 무정전(無停電) 전원공급장치
9. 피난안전구역, 피난용 승강기 승강장 및 테러 등의 감시와 방범·보안을 위한 폐쇄회로텔레비전(CCTV)

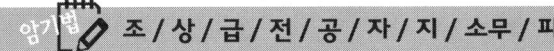
조 / 상 / 급 / 전 / 공 / 자 / 지 / 소무 / 피

46 건축법 시행령

01 건축법시행령 제2조 용어의 정의 중 부속용도에 대하여 설명하시오.

풀이&답 "부속용도"란 건축물의 주된 용도의 기능에 필수적인 용도로서 다음 각 목의 어느 하나에 해당하는 용도를 말한다.
1. 건축물의 설비, 대피, 위생, 그 밖에 이와 비슷한 시설의 용도
2. 사무, 작업, 집회, 물품저장, 주차, 그 밖에 이와 비슷한 시설의 용도
3. 구내식당·직장어린이집·구내운동시설 등 종업원 후생복리시설, 구내소각시설, 그 밖에 이와 비슷한 시설의 용도. 이 경우 다음의 요건을 모두 갖춘 휴게음식점(별표 1 제3호의 제1종 근린생활시설 중 같은 호 나목에 따른 휴게음식점을 말한다)은 구내식당에 포함되는 것으로 본다.
   1) 구내식당 내부에 설치할 것
   2) 설치면적이 구내식당 전체 면적의 3분의 1 이하로서 50제곱미터 이하일 것
   3) 다류(茶類)를 조리·판매하는 휴게음식점일 것
4. 관계 법령에서 주된 용도의 부수시설로 설치할 수 있게 규정하고 있는 시설, 그 밖에 국토교통부장관이 이와 유사하다고 인정하여 고시하는 시설의 용도

02 다음은 건축법시행령 제34조 직통계단의 설치에 대한 설명이다. 괄호 안의 번호에 알맞은 답을 쓰시오.
(1) 초고층 건축물에는 피난층 또는 지상으로 통하는 직통계단과 직접 연결되는 피난안전구역(건축물의 피난·안전을 위하여 건축물 중간층에 설치하는 대피공간을 말한다. 이하 같다)을 지상층으로부터 최대 (①)마다 1개소 이상 설치하여야 한다.
(2) 준초고층 건축물에는 피난층 또는 지상으로 통하는 직통계단과 직접 연결되는 피난안전구역을 해당 건축물 전체 층수의 (②)에 해당하는 층으로부터 상하 (③) 이내에 1개소 이상 설치하여야 한다. 다만, 국토교통부령으로 정하는 기준에 따라 피난층 또는 지상으로 통하는 직통계단을 설치하는 경우에는 그러하지 아니하다.

풀이&답 ① 30개 층   ② 2분의 1   ③ 5개층

03 건축법시행령에서 규정하고 있는 층수가 11층 이상인 건축물로서 11층 이상인 층의 바닥면적의 합계가 1만 제곱미터 이상인 건축물의 옥상에는 다음 각 호의 구분에 따른 공간을 확보하여야 한다. 이에 해당하는 공간에 대한 기준을 쓰시오.
(1) 건축물의 지붕을 평지붕으로 하는 경우:
(2) 건축물의 지붕을 경사지붕으로 하는 경우:

풀이&답 (1) 건축물의 지붕을 평지붕으로 하는 경우: 헬리포트를 설치하거나 헬리콥터를 통하여 인명 등을 구조할 수 있는 공간
(2) 건축물의 지붕을 경사지붕으로 하는 경우: 경사지붕 아래에 설치하는 대피공간

04 건축법시행령 제46조에서 규정한 방화구획 설치대상 기준을 쓰시오.

[풀이&답] 주요구조부가 내화구조 또는 불연재료로 된 건축물로서 연면적이 1천제곱미터를 넘는 것은 국토교통부령으로 정하는 기준에 따라 다음 각호의 구조물로 구획(이하 "방화구획"이라 한다)을 해야 한다. 다만, 「원자력안전법」 제2조제8호 및 제10호에 따른 원자로 및 관계시설은 같은법에서 정하는 바에 따른다.
1. 내화구조로 된 바닥 및 벽
2. 제64조 제1호, 제2호에 따른 방화문 또는 자동방화셔터(국토교통부령으로 정하는 기준에 적합한 것을 말한다)

05 건축법시행령 제46조에서 규정한 방화구획을 적용하지 않거나 완화하여 적용할 수 있는 건축물의 부분 8가지를 쓰시오.

[풀이&답]
1. 문화 및 집회시설(동·식물원은 제외한다), 종교시설, 운동시설 또는 장례식장의 용도로 쓰는 거실로서 시선 및 활동공간의 확보를 위하여 불가피한 부분
2. 물품의 제조·가공 및 운반 등(보관은 제외한다)에 필요한 고정식 대형 기기(器機) 또는 설비의 설치를 위하여 불가피한 부분. 다만, 지하층인 경우에는 지하층의 외벽 한쪽 면(지하층의 바닥면에서 지상층 바닥 아래면까지의 외벽 면적 중 4분의 1 이상이 되는 면을 말한다) 전체가 건물 밖으로 개방되어 보행과 자동차의 진입·출입이 가능한 경우로 한정한다.
3. 계단실·복도 또는 승강기의 승강장 및 승강로로서 그 건축물의 다른 부분과 방화구획으로 구획된 부분. 다만, 해당 부분에 위치하는 설비배관 등이 바닥을 관통하는 부분은 제외한다.
4. 건축물의 최상층 또는 피난층으로서 대규모 회의장·강당·스카이라운지·로비 또는 피난안전구역 등의 용도로 쓰는 부분으로서 그 용도로 사용하기 위하여 불가피한 부분
5. 복층형 공동주택의 세대별 층간 바닥 부분
6. 주요구조부가 내화구조 또는 불연재료로 된 주차장
7. 단독주택, 동물 및 식물 관련 시설 또는 교정 및 군사시설 중 군사시설(집회, 체육, 창고 등의 용도로 사용되는 시설만 해당한다)로 쓰는 건축물
8. 건축물의 1층과 2층의 일부를 동일한 용도로 사용하며 그 건축물의 다른 부분과 방화구획으로 구획된 부분(바닥면적의 합계가 500제곱미터 이하인 경우로 한정한다)

[암기별] 문 / 물 / 계복 / 최상 / 복 / 주차 / 단 / 건12

06 건축법시행령 제46조에서 규정한 공동주택 중 아파트로서 4층 이상인 층의 각 세대가 2개 이상의 직통계단을 사용할 수 없는 경우에는 발코니(발코니의 외부에 접하는 경우를 포함한다)에 인접 세대와 공동으로 또는 각 세대별로 요건을 모두 갖춘 대피공간을 하나 이상 설치해야 한다. 이 경우 인접 세대와 공동으로 설치하는 대피공간은 인접 세대를 통하여 2개 이상의 직통계단을 쓸 수 있는 위치에 우선 설치되어야 한다. 이에 해당하는 요건 5가지를 쓰시오.

[풀이&답]
1. 대피공간은 **바깥**의 공기와 접할 것
2. 대피공간은 실내의 다른 부분과 **방화**구획으로 구획될 것
3. 대피공간의 바닥**면**적은 인접 세대와 공동으로 설치하는 경우에는 3제곱미터 이상, 각 세대별로 설치하는 경우에는 2제곱미터 이상일 것

4. 대피공간으로 통하는 **출**입문은 제64조제1항제1호에 따른 60분+ 방화문으로 설치할 것
5. **국**토교통부장관이 정하는 기준에 적합할 것

> 암기법 　바 / 방 / 면 / 출 / 국

07 건축법시행령 제46조에서 규정한 아파트의 4층 이상인 층에서 발코니에 구조 또는 시설을 갖춘 경우에는 대피공간을 설치하지 아니할 수 있는데 이에 해당하는 경우 4가지를 쓰시오.

풀이&답
1. 발코니와 인접 세대와의 **경**계벽이 파괴하기 쉬운 경량구조 등인 경우
2. 발코니의 경계벽에 **피**난구를 설치한 경우
3. 발코니의 바닥에 국토교통부령으로 정하는 **하**향식 피난구를 설치한 경우
4. 국토교통부장관이 제4항에 따른 **대**피공간과 동일하거나 그 이상의 성능이 있다고 인정하여 고시하는 구조 또는 시설(이하 이 호에서 "대체시설"이라 한다)을 갖춘 경우. 이 경우 국토교통부장관은 대체시설의 성능에 대해 미리 「과학기술분야 정부출연연구기관 등의 설립 · 운영 및 육성에 관한 법률」 제8조제1항에 따라 설립된 한국건설기술연구원(이하 "한국건설기술연구원"이라 한다)의 기술검토를 받은 후 고시해야 한다.

> 암기법 　경 / 피 / 하 / 대

08 건축법시행령 제46조제6항에서 규정한 요양병원, 정신병원, 노인요양시설, 장애인 거주시설 및 장애인 의료재활시설의 피난층 외의 층에는 어느 하나에 해당하는 시설을 설치하여야 한다. 이에 해당하는 시설 3가지를 쓰시오.

풀이&답
1. 각 층마다 별도로 방화구획된 **대**피공간
2. 거실에 접하여 설치된 **노**대등
3. 계단을 이용하지 아니하고 건물 외부의 지상으로 통하는 경사로 또는 인접 건축물로 피난할 수 있도록 설치하는 연결**복**도 또는 연결**통**로

> 암기법 　대 / 노 / 복통

09 건축법시행령 제90조에서 규정한 비상용승강기에 대한 다음 각 물음에 답하시오.
(1) 비상용승강기 설치대상 건축물
(2) 비상용승강기의 설치수량 기준 2가지

풀이&답
(1) 비상용승강기 설치대상 건축물 : 높이 31미터를 넘는 건축물
(2) 비상용승강기의 설치수량 기준 2가지
　① 높이 31미터를 넘는 각 층의 바닥면적 중 최대 바닥면적이 1천500[m^2]이하인 건축물 : 1대 이상
　② 높이 31미터를 넘는 각 층의 바닥면적 중 최대 바닥면적이 1천500[m^2]를 넘는 건축물 : 1대에 1천500[m^2]를 넘는 3천[m^2] 이내마다 1대씩 더한 대수 이상

10 건축법시행령 제91조에서 규정한 피난용승강기 설치기준을 쓰시오.

풀이&답
1. 승강장의 바닥면적은 승강기 1대당 6제곱미터 이상으로 할 것
2. 각 층으로부터 피난층까지 이르는 승강로를 단일구조로 연결하여 설치할 것
3. 예비전원으로 작동하는 조명설비를 설치할 것
4. 승강장의 출입구 부근의 잘 보이는 곳에 해당 승강기가 피난용승강기임을 알리는 표지를 설치할 것
5. 그 밖에 화재예방 및 피해경감을 위하여 국토교통부령으로 정하는 구조 및 설비 등의 기준에 맞을 것

11 건축법시행령 제64조에 따른 다음 방화문을 설명하시오.

(1) 60분+ 방화문 :

(2) 60분 방화문 :

(3) 30분 방화문 :

풀이&답
(1) 60분+ 방화문 : 연기 및 불꽃을 차단할 수 있는 시간이 60분 이상, 열을 차단할 수 있는 시간이 30분 이상인 방화문
(2) 60분 방화문 : 연기 및 불꽃을 차단할 수 있는 시간이 60분 이상인 방화문
(3) 30분 방화문 : 연기 및 불꽃을 차단할 수 있는 시간이 30분 이상 60분 미만인 방화문

47 건축물의 피난·방화구조 등의 기준에 관한 규칙

01 피난안전구역에 대한 다음 각 물음에 답하시오.
(1) 피난안전구역은 해당 건축물에 어떻게 설치하여야 하는가?
(2) 피난안전구역에 연결되는 특별피난계단은 어떤 구조로 설치하여야 하는가?
(3) 피난안전구역의 구조 및 설비에 대한 기준 10가지를 쓰시오.

풀이&답
(1) 피난안전구역은 해당 건축물에 어떻게 설치
   피난안전구역은 해당 건축물의 1개층을 대피공간으로 하며, 대피에 장애가 되지 아니하는 범위에서 기계실, 보일러실, 전기실 등 건축설비를 설치하기 위한 공간과 같은 층에 설치할 수 있다. 이 경우 피난안전구역은 건축설비가 설치되는 공간과 내화구조로 구획하여야 한다.
(2) 피난안전구역에 연결되는 특별피난계단
   피난안전구역에 연결되는 특별피난계단은 피난안전구역을 거쳐서 상·하층으로 갈 수 있는 구조로 설치하여야 한다.
(3) 피난안전구역의 구조 및 설비에 대한 기준 10가지
   ① 피난안전구역의 바로 아래층 및 위층은 「녹색건축물 조성 지원법」 제15조제1항에 따라 국토교통부장관이 정하여 고시한 기준에 적합한 단열재를 설치할 것. 이 경우 아래층은 최상층에 있는 거실의 반자 또는 지붕 기준을 준용하고, 위층은 최하층에 있는 거실의 바닥 기준을 준용할 것
   ② 피난안전구역의 내부마감재료는 불연재료로 설치할 것
   ③ 건축물의 내부에서 피난안전구역으로 통하는 계단은 특별피난계단의 구조로 설치할 것
   ④ 비상용 승강기는 피난안전구역에서 승하차 할 수 있는 구조로 설치할 것
   ⑤ 피난안전구역에는 식수공급을 위한 급수전을 1개소 이상 설치하고 예비전원에 의한 조명설비를 설치할 것
   ⑥ 관리사무소 또는 방재센터 등과 긴급연락이 가능한 경보 및 통신시설을 설치할 것
   ⑦ 별표 1의2에서 정하는 기준에 따라 산정한 면적 이상일 것
   ⑧ 피난안전구역의 높이는 2.1미터 이상일 것
   ⑨ 「건축물의 설비기준 등에 관한 규칙」 제14조에 따른 배연설비(이하 "배연설비"라 한다)를 설치할 것
   ⑩ 그 밖에 소방청장이 정하는 소방 등 재난관리를 위한 설비를 갖출 것

암기원 단 / 불 / 특 / 비 / 급 / 경 / 면 / 높 / 배 / 그

02 건축법시행령 제40조제3항제2호에 따라 설치하는 대피공간 적합기준 7가지를 쓰시오.

풀이&답
1. 대피공간의 면적은 지붕 수평투영면적의 10분의 1 이상일 것
2. 특별피난계단 또는 피난계단과 연결되도록 할 것
3. 출입구·창문을 제외한 부분은 해당 건축물의 다른 부분과 내화구조의 바닥 및 벽으로 구획할 것
4. 출입구는 유효너비 0.9미터 이상으로 하고, 그 출입구에는 **60분+ 방화문 또는 60분 방화문**을 설치할 것
   4의2. 제4호에 따른 방화문에 비상문자동개폐장치를 설치할 것
5. 내부마감재료는 불연재료로 할 것

6. 예비전원으로 작동하는 조명설비를 설치할 것
7. 관리사무소 등과 긴급 연락이 가능한 통신시설을 설치할 것

03 건축물에 설치하는 방화구획은 기준에 적합하여야 한다. 다음 물음에 대한 구획기준을 쓰시오.

(1) 10층 이하의 층
(2) 11층 이상의 층

풀이&답

(1) 10층 이하의 층
바닥면적 1천[m^2](스프링클러 기타 이와 유사한 자동식 소화설비를 설치한 경우에는 바닥면적 3천[m^2])이내마다 구획할 것

(2) 11층 이상의 층
바닥면적 200[m^2](스프링클러 기타 이와 유사한 자동식 소화설비를 설치한 경우에는 600[m^2])이내마다 구획할 것. 다만, 벽 및 반자의 실내에 접하는 부분의 마감을 불연재료로 한 경우에는 바닥면적 500[m^2](스프링클러 기타 이와 유사한 자동식 소화설비를 설치한 경우에는 1천500[m^2])이내마다 구획하여야 한다.

건축물의 피난·방화구조 등의 기준에 관한 규칙 제14조(방화구획의 설치기준)제1항
〈시행 2021.8.17.〉

① 영 제46조제1항 각 호 외의 부분 본문에 따라 건축물에 설치하는 방화구획은 다음 각 호의 기준에 적합해야 한다. 〈개정 2021. 3. 26.〉
1. 10층 이하의 층은 바닥면적 1천제곱미터(스프링클러 기타 이와 유사한 자동식 소화설비를 설치한 경우에는 바닥면적 3천제곱미터)이내마다 구획할 것
2. 매층마다 구획할 것. 다만, 지하 1층에서 지상으로 직접 연결하는 경사로 부위는 제외한다.
3. 11층 이상의 층은 바닥면적 200제곱미터(스프링클러 기타 이와 유사한 자동식 소화설비를 설치한 경우에는 600제곱미터)이내마다 구획할 것. 다만, 벽 및 반자의 실내에 접하는 부분의 마감을 불연재료로 한 경우에는 바닥면적 500제곱미터(스프링클러 기타 이와 유사한 자동식 소화설비를 설치한 경우에는 1천500제곱미터)이내마다 구획하여야 한다.
4. 필로티나 그 밖에 이와 비슷한 구조(벽면적의 2분의 1 이상이 그 층의 바닥면에서 위층 바닥 아래면까지 공간으로 된 것만 해당한다)의 부분을 주차장으로 사용하는 경우 그 부분은 건축물의 다른 부분과 구획할 것

04 환기·난방 또는 냉방시설의 풍도가 방화구획을 관통하는 경우에는 그 관통부분 또는 이에 근접한 부분에 기준에 적합한 댐퍼를 설치하여야 한다. 이에 해당하는 댐퍼기준 2가지를 쓰시오.(단, 반도체공장 건축물로서 방화구획을 관통하는 풍도의 주위에 스프링클러헤드를 설치하는 경우는 제외)

풀이&답

① 화재로 인한 연기 또는 불꽃을 감지하여 자동적으로 닫히는 구조로 할 것. 다만, 주방등 연기가 항상 발생하는 부분에는 온도를 감지하여 자동적으로 닫히는 구조로 할 수 있다.
② 국토교통부장관이 정하여 고시하는 비차열 성능 및 방연성능 등의 기준에 적합할 것

05 하향식 피난구(덮개, 사다리, 승강식피난기 및 경보시스템을 포함한다)의 구조기준 6가지를 쓰시오.

풀이&답
① 피난구의 **덮**개(덮개와 사다리, 승강식피난기 또는 경보시스템이 일체형으로 구성된 경우에는 그 사다리, 승강식피난기 또는 경보시스템을 포함한다)는 품질시험을 실시한 결과 비차열 1시간 이상의 내화성능을 가져야 하며, 피난구의 유효 개구부 규격은 직경 60센티미터 이상일 것
② **상**층·하층간 피난구의 수평거리는 15센티미터 이상 떨어져 있을 것
③ **아**래층에서는 바로 위층의 피난구를 열 수 없는 구조일 것
④ **사**다리는 바로 아래층의 바닥면으로부터 50센티미터 이하까지 내려오는 길이로 할 것
⑤ 덮개가 **개**방될 경우에는 건축물관리시스템 등을 통하여 **경**보음이 울리는 구조일 것
⑥ 피난구가 있는 곳에는 **예**비전원에 의한 **조**명설비를 설치할 것

암기법 덮 / 상 / 아 / 사 / 개경 / 예조

06 고층건축물 피난안전구역, 피난시설 또는 대피공간에 화재 등의 경우에 피난 용도로 사용되는 것임을 표시하여야 한다. 이에 해당하는 기준을 쓰시오.
(1) 피난안전구역
(2) 특별피난계단의 계단실 및 그 부속실, 피난계단의 계단실 및 피난용 승강기 승강장
(3) 대피공간

풀이&답
1. 피난안전구역
   가. 출입구 상부 벽 또는 측벽의 눈에 잘 띄는 곳에 "피난안전구역" 문자를 적은 표시판을 설치할 것
   나. 출입구 측벽의 눈에 잘 띄는 곳에 해당 공간의 목적과 용도, 다른 용도로 사용하지 아니할 것을 안내하는 내용을 적은 표시판을 설치할 것
2. 특별피난계단의 계단실 및 그 부속실, 피난계단의 계단실 및 피난용 승강기 승강장
   가. 출입구 측벽의 눈에 잘 띄는 곳에 해당 공간의 목적과 용도, 다른 용도로 사용하지 아니할 것을 안내하는 내용을 적은 표시판을 설치할 것
   나. 해당 건축물에 피난안전구역이 있는 경우 가목에 따른 표시판에 피난안전구역이 있는 층을 적을 것
3. 대피공간 : 출입문에 해당 공간이 화재 등의 경우 대피장소이므로 물건적치 등 다른 용도로 사용하지 아니할 것을 안내하는 내용을 적은 표시판을 설치할 것

07 건축물의 피난·방화구조 등의 기준에 관한 규칙 제23조에서 규정한 방화지구 내 건축물의 인접대지경계선에 접하는 외벽에 설치하는 창문등으로서 연소할 우려가 있는 부분에는 방화설비를 하여야 한다. 이에 해당하는 4가지 방화설비 기준을 쓰시오.

풀이&답
1. 60분+ 방화문 또는 60분 방화문
2. 소방법령이 정하는 기준에 적합하게 창문등에 설치하는 드렌처
3. 당해 창문등과 연소할 우려가 있는 다른 건축물의 부분을 차단하는 내화구조나 불연재료로 된 벽·담장 기타 이와 유사한 방화설비
4. 환기구멍에 설치하는 불연재료로 된 방화커버 또는 그물눈이 2밀리미터 이하인 금속망

08 지하층에 설치하는 비상탈출구의 설치기준 7가지를 쓰시오.

[풀이&답]
① 비상탈출구의 유효**너**비는 0.75미터 이상으로 하고, 유효높이는 1.5미터 이상으로 할 것
② 비상탈출구의 **문**은 피난방향으로 열리도록 하고, 실내에서 항상 열 수 있는 구조로 하여야 하며, 내부 및 외부에는 비상탈출구의 **표**시를 할 것
③ 비상탈출구는 **출**입구로부터 **3**미터 이상 떨어진 곳에 설치할 것
④ 지하층의 바닥으로부터 비상탈출구의 아랫부분까지의 **높**이가 **1.2**미터 이상이 되는 경우에는 벽체에 발판의 너비가 20센티미터 이상인 사다리를 설치할 것
⑤ 비상탈출구는 **피**난층 또는 **지**상으로 통하는 복도나 직통계단에 직접 접하거나 통로등으로 연결될 수 있도록 설치하여야 하며, 피난층 또는 지상으로 통하는 복도나 직통계단까지 이르는 피난통로의 유효너비는 0.75미터 이상으로 하고, 피난통로의 실내에 접하는 부분의 마감과 그 바탕은 불연재료로 할 것
⑥ 비상탈출구의 **진**입부분 및 피난**통**로에는 통행에 지장이 있는 물건을 방치하거나 시설물을 설치하지 아니할 것
⑦ 비상탈출구의 **유**도등과 피난통로의 **비**상조명등의 설치는 소방법령이 정하는 바에 의할 것.

[암기법] 너 / 문표 / 출3 / 높12 / 피지 / 진통 / 유비

---

09 건축물의 피난·방화구조 등의 기준에 관한 규칙 제14조(방화구획의 설치기준) 제2항에 따라 방화구획은 기준에 적합하게 설치해야 한다. 이에 해당하는 기준을 모두 쓰시오.

[풀이&답]
1. 영 제46조에 따른 방화구획으로 사용하는 60분+ 방화문 또는 60분 방화문은 언제나 닫힌 상태를 유지하거나 화재로 인한 연기 또는 불꽃을 감지하여 자동적으로 닫히는 구조로 할 것. 다만, 연기 또는 불꽃을 감지하여 자동적으로 닫히는 구조로 할 수 없는 경우에는 온도를 감지하여 자동적으로 닫히는 구조로 할 수 있다.
2. 다음 각 목에 해당하는 경우 그 부분을 별표 1 제1호에 따른 내화시간(내화채움성능이 인정된 구조로 메워지는 구성 부재에 적용되는 내화시간을 말한다) 이상 견딜 수 있는 내화채움성능이 인정된 구조로 메울 것
   가. 급수관·배전관 또는 그 밖의 관이나 전선 등이 방화구획을 관통하여 관통부가 생기는 경우
   나. 방화구획의 벽과 벽, 벽과 바닥, 바닥과 바닥 사이에 접합부가 생기는 경우
   다. 방화구획과 외벽 사이에 접합부가 생기는 경우
   라. 방화구획에 그 밖의 틈이 생기는 경우
3. 환기·난방 또는 냉방시설의 풍도가 방화구획을 관통하는 경우에는 그 관통부분 또는 이에 근접한 부분에 다음 각 목의 기준에 적합한 댐퍼를 설치할 것. 다만, 반도체공장건축물로서 방화구획을 관통하는 풍도의 주위에 스프링클러헤드를 설치하는 경우에는 그렇지 않다.
   가. 화재로 인한 연기 또는 불꽃을 감지하여 자동적으로 닫히는 구조로 할 것. 다만, 주방 등 연기가 항상 발생하는 부분에는 온도를 감지하여 자동적으로 닫히는 구조로 할 수 있다.
   나. 국토교통부장관이 정하여 고시하는 비차열(非遮熱) 성능 및 방연성능 등의 기준에 적합할 것
4. 영 제46조 제1항 제2호 및 제81조 제5항 제5호에 따라 설치되는 자동방화셔터는 다음 각 목의 요건을 모두 갖출 것. 이 경우 자동방화셔터의 구조 및 성능기준 등에 관한 세부사항은 국토교통부장관이 정하여 고시한다.
   가. 피난이 가능한 60분+ 방화문 또는 60분 방화문으로부터 3미터 이내에 별도로 설치할 것
   나. 전동방식이나 수동방식으로 개폐할 수 있을 것
   다. 불꽃감지기 또는 연기감지기 중 하나와 열감지기를 설치할 것
   라. 불꽃이나 연기를 감지한 경우 일부 폐쇄되는 구조일 것
   마. 열을 감지한 경우 완전 폐쇄되는 구조일 것

10 피난용승강기 승강장의 구조 기준을 쓰시오.

풀이&답
1. 승강장의 출입구를 제외한 부분은 해당 건축물의 다른 부분과 **내**화구조의 바닥 및 벽으로 구획할 것
2. **승**강장은 각 층의 내부와 연결될 수 있도록 하되, 그 출입구에는 60분+ 방화문 또는 60분 방화문을 설치할 것. 이 경우 방화문은 언제나 닫힌 상태를 유지할 수 있는 구조이어야 한다.
3. 다음의 어느 하나에 해당하는 설비를 설치할 것
   1) 배연설비
   2) 「소방시설 설치 및 관리에 관한 법률 시행령」 별표 4 제5호가목에 따른 제연설비(이하 "제연설비"라 한다)
4. 「건축물의 설비기준 등에 관한 규칙」 제14조에 따른 **배**연설비를 설치할 것. 다만, 「소방시설 설치·유지 및 안전관리에 법률 시행령」 별표 5 제5호가목에 따른 제연설비를 설치한 경우에는 배연설비를 설치하지 아니할 수 있다.

11 피난용승강기 승강로의 구조 기준을 쓰시오.

풀이&답
1. 승강로는 해당 건축물의 다른 부분과 **내**화구조로 구획할 것
2. 승강로 상부에 「건축물의 설비기준 등에 관한 규칙」 제14조에 따른 **배**연설비를 설치할 것

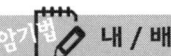 내 / 배

12 피난용승강기 기계실의 구조 기준 2가지를 쓰시오.

풀이&답
1. 출입구를 제외한 부분은 해당 건축물의 다른 부분과 내화구조의 바닥 및 벽으로 구획할 것
2. 출입구에는 60분+ 방화문 또는 60분 방화문을 설치할 것

13 피난용승강기 전용 예비전원 기준 4가지를 쓰시오.

풀이&답
1. **정**전시 피난용승강기, 기계실, 승강장 및 폐쇄회로 텔레비전 등의 설비를 작동할 수 있는 별도의 예비전원 설비를 설치할 것
2. 1목에 따른 예비전원은 **초**고층 건축물의 경우에는 **2**시간 이상, **준**초고층 건축물의 경우에는 1시간 이상 작동이 가능한 용량일 것
3. **상**용전원과 **예**비전원의 공급을 자동 또는 수동으로 전환이 가능한 설비를 갖출 것
4. **전**선관 및 **배**선은 고온에 견딜 수 있는 내열성 자재를 사용하고, 방수조치를 할 것

암기법 정 / 초2 준1 / 상예 / 전배

14 건축물의 피난·방화구조 등의 기준에 관한 규칙 제18조의 2에서 정한 소방관 진입창의 기준 7가지를 쓰시오.

풀이&답
1. 2층 이상 11층 이하인 층에 각각 1개소 이상 설치할 것. 다만, 직접 지상으로 통하는 출입구가 있는 층 및 바닥구조체 윗면의 높이가 지표면으로부터 44미터를 초과하는 층에는 설치하지 않을 수 있다.
1의2. 소방관이 진입할 수 있는 창의 가운데에서 벽면 끝까지의 수평거리가 40미터 이상인 경우에는 40미터 이내마다 소방관이 진입할 수 있는 창을 추가로 설치할 것. 다만, 불가피한 경우에는 「소방시설 설치 및 관리에 관한 법률」 제6조제5항에 따른 소방본부장 또는 소방서장의 검

토 자료 또는 의견서에 따라 완화하여 적용할 수 있다.
2. 소방차 진입로 또는 소방차 진입이 가능한 공터에 면할 것
3. 창문의 가운데에 지름 20센티미터 이상의 역삼각형을 야간에도 알아볼 수 있도록 빛 반사 등으로 붉은색으로 표시할 것
4. 창문의 한쪽 모서리에 타격지점을 지름 3센티미터 이상의 원형으로 표시할 것
5. 창문 유리의 크기는 폭 90센티미터 이상, 높이 1미터 이상으로 하고, 실내 바닥면으로부터 창의 아랫부분까지의 높이는 80센티미터[난간이 설치된 노대등(영 제40조제1항에 따른 노대등을 말한다)에 불가피하게 소방관 진입창을 설치하는 경우에는 120센티미터] 이내로 할 것
6. 다음 각 목의 어느 하나에 해당하는 유리를 사용할 것
   가. 플로트판유리로서 그 두께가 6밀리미터 이하인 것
   나. 강화유리 또는 배강도유리로서 그 두께가 5밀리미터 이하인 것
   다. 가목 또는 나목에 해당하는 유리로 구성된 이중 유리
   라. 가목 또는 나목에 해당하는 유리로 구성된 삼중 유리. 이 경우 각각의 유리에 비산방지필름을 부착하는 경우에는 그 필름 두께를 50마이크로미터 이하로 해야 한다.

15 다음은 방화구획 대상건축물에 방화구획을 적용하지 아니하거나 그 사용에 지장이 없는 범위에서 방화구획을 완화하여 적용할 수 있는 경우를 나타낸 것이다. 괄호 안의 번호에 알맞은 답을 답안지에 쓰시오.

> 1. (①)
> 2. 물품의 제조·가공 및 운반 등(보관은 제외한다)에 필요한 고정식 대형 기기(器機) 또는 설비의 설치를 위하여 불가피한 부분. 다만, 지하층인 경우에는 지하층의 외벽 한쪽 면(지하층의 바닥면에서 지상층 바닥 아래면까지의 외벽 면적 중 4분의 1 이상이 되는 면을 말한다) 전체가 건물 밖으로 개방되어 보행과 자동차의 진입·출입이 가능한 경우로 한정한다.
> 3. (②)
> 4. 건축물의 최상층 또는 피난층으로서 대규모 회의장·강당·스카이라운지·로비 또는 피난안전구역 등의 용도로 쓰는 부분으로서 그 용도로 사용하기 위하여 불가피한 부분
> 5. 복층형 공동주택의 세대별 층간 바닥 부분
> 6. (③)
> 7. (④)
> 8. (⑤)

풀이&답

① 문화 및 집회시설(동·식물원은 제외한다), 종교시설, 운동시설 또는 장례시설의 용도로 쓰는 거실로서 시선 및 활동공간의 확보를 위하여 불가피한 부분
② 계단실·복도 또는 승강기의 승강장 및 승강로로서 그 건축물의 다른 부분과 방화구획으로 구획된 부분. 다만, 해당 부분에 위치하는 설비배관 등이 바닥을 관통하는 부분은 제외한다.
③ 주요구조부가 내화구조 또는 불연재료로 된 주차장
④ 단독주택, 동물 및 식물 관련 시설 또는 교정 및 군사시설 중 군사시설(집회, 체육, 창고 등의 용도로 사용되는 시설만 해당한다)로 쓰는 건축물
⑤ 건축물의 1층과 2층의 일부를 동일한 용도로 사용하며 그 건축물의 다른 부분과 방화구획으로 구획된 부분(바닥면적의 합계가 500제곱미터 이하인 경우로 한정한다)

16 소방관 진입창에 대한 다음 각 물음에 답하시오.

(1) 건축법 제49조제3항에 따라 건축물의 11층 이하의 층에는 소방관이 진입할 수 있는 창을 설치하고, 외부에서 주야간에 식별할 수 있는 표시를 해야 한다. 다만, 다음 각 호의 어느 하나에 해당하는 아파트는 제외한다. (   )의 번호에 알맞은 답을 쓰시오.

> 1. 제46조제4항 및 제5항에 따라 (①)
> 2. 「주택건설기준 등에 관한 규정」 제15조제2항에 따라 (②)

풀이&답

① 대피공간 등을 설치한 아파트
② 비상용승강기를 설치한 아파트

(2) 다음은 건축물의 피난·방화구조 등의 기준에 관한 규칙 제18조의2(소방관 진입창의 기준)을 나타낸 것이다. (   )의 번호에 알맞은 답을 쓰시오.

> 1. (①)인 층에 각각 1개소 이상 설치할 것. 다만, 직접 지상으로 통하는 출입구가 있는 층 및 바닥구조체 윗면의 높이가 지표면으로부터 (②)미터를 초과하는 층에는 설치하지 않을 수 있다.
> 1의2. 소방관이 진입할 수 있는 창의 가운데에서 벽면 끝까지의 수평거리가 (③)미터 이상인 경우에는 (③)미터 이내마다 소방관이 진입할 수 있는 창을 추가로 설치할 것. 다만, 불가피한 경우에는 소방본부장 또는 소방서장의 검토 자료 또는 의견서에 따라 완화하여 적용할 수 있다.
> 2. 소방차 진입로 또는 소방차 진입이 가능한 공터에 면할 것
> 3. 창문의 가운데에 지름 20센티미터 이상의 (④)을 야간에도 알아볼 수 있도록 빛 반사 등으로 붉은색으로 표시할 것
> 4. 창문의 한쪽 모서리에 타격지점을 지름 3센티미터 이상의 원형으로 표시할 것
> 5. 창문 유리의 크기는 폭 90센티미터 이상, 높이 (⑤)미터 이상으로 하고, 실내 바닥면으로부터 창의 아랫부분까지의 높이는 (⑥)센티미터[난간이 설치된 노대등에 불가피하게 소방관 진입창을 설치하는 경우에는 120센티미터] 이내로 할 것
> 6. 다음 각 목의 어느 하나에 해당하는 유리를 사용할 것
>   가. 플로트판유리로서 그 두께가 6밀리미터 이하인 것
>   나. 강화유리 또는 배강도유리로서 그 두께가 5밀리미터 이하인 것
>   다. 가목 또는 나목에 해당하는 유리로 구성된 이중 유리
>   라. 가목 또는 나목에 해당하는 유리로 구성된 삼중 유리. 이 경우 각각의 유리에 비산방지필름을 부착하는 경우에는 그 필름 두께를 50마이크로미터 이하로 해야 한다.

풀이&답

① 2층 이상 11층 이하   ② 44
③ 40   ④ 역삼각형
⑤ 1   ⑥ 80

17 건축물의 피난·방화구조 등의 기준에 관한 규칙 제14조(방화구획의 설치기준)제2항제4호에 따른 자동방화셔터의 요건 5가지를 쓰시오.

① 피난이 가능한 60분+ 방화문 또는 60분 방화문으로부터 3미터 이내에 별도로 설치할 것
② 전동방식이나 수동방식으로 개폐할 수 있을 것
③ 불꽃감지기 또는 연기감지기 중 하나와 열감지기를 설치할 것
④ 불꽃이나 연기를 감지한 경우 일부 폐쇄되는 구조일 것
⑤ 열을 감지한 경우 완전 폐쇄되는 구조일 것

48 건축물의 설비기준 등에 관한 규칙

01 비상용승강기를 설치하지 아니할 수 있는 건축물의 기준 3가지를 쓰시오.

풀이&답
1. 높이 31미터를 넘는 각층을 거실외의 용도로 쓰는 건축물
2. 높이 31미터를 넘는 각층의 바닥면적의 합계가 500제곱미터 이하인 건축물
3. 높이 31미터를 넘는 층수가 4개층이하로서 당해 각층의 바닥면적의 합계 200제곱미터(벽 및 반자가 실내에 접하는 부분의 마감을 불연재료로 한 경우에는 500제곱미터)이내마다 방화구획으로 구획한 건축물

02 비상용승강기의 승강장의 구조기준 8가지를 쓰시오.

풀이&답
① 승강장의 창문·출입구 기타 개구부를 제외한 부분은 해당 건축물의 다른 부분과 **내화구조**의 바닥 및 벽으로 구획할 것. 다만, 공동주택의 경우에는 승강장과 특별피난계단(건축물의 피난·방화구조 등의 기준에 관한 규칙 제9조의 규정에 의한 특별피난계단을 말한다. 이하 같다)의 부속실과의 겸용부분을 특별피난계단의 계단실과 별도로 구획하는 때에는 승강장을 특별피난계단의 부속실과 겸용할 수 있다.
② 승강장은 각층의 내부와 연결될 수 있도록 하되, 그 출입구(승강로의 출입구를 제외한다)에는 60분+ 방화문 또는 60분 방화문을 설치할 것. 다만, 피난층에는 60분+ 방화문 또는 60분 방화문을 설치하지 아니할 수 있다.
③ **노**대 또는 외부를 향하여 열 수 있는 **창**문이나 제14조제2항의 규정에 의한 **배**연설비를 설치할 것
④ 벽 및 반자가 실내에 접하는 부분의 **마**감재료(마감을 위한 바탕을 포함 한다)는 **불연재료**로 할 것
⑤ 채광이 되는 **창**문이 있거나 예비전원에 의한 **조**명설비를 할 것
⑥ 승강장의 바닥면적은 비상용승강기 1대에 대하여 **6[m²]** 이상으로 할 것. 다만, 옥외에 승강장을 설치하는 경우에는 그러하지 아니하다.
⑦ 피난층이 있는 승강장의 **출**입구(승강장이 없는 경우에는 승강로의 출입구)로부터 도로 또는 공지(공원·광장 기타 이와 유사한 것으로서 피난 및 소화를 위한 해당 대지에의 출입에 지장이 없는 것을 말한다)에 이르는 거리가 **30**미터 이하일 것
⑧ 승강장 출입구 부근의 잘 보이는 곳에 해당 승강기가 비상용승강기임을 알 수 있는 **표지**를 할 것

03 비상용승강기의 승강로의 구조기준 2가지를 쓰시오.

풀이&답
① 승강로는 당해 건축물의 다른 부분과 내화구조로 구획할 것
② 각층으로부터 피난층까지 이르는 승강로를 단일구조로 연결하여 설치할 것

04 배연설비를 설치하여야 하는 건축물에는 기준에 적합하게 배연설비를 설치하여야 한다. 이에 해당하는 기준 5가지를 쓰시오.(단, 피난층인 경우에는 제외)

1. 영 제46조제1항에 따라 건축물이 방화구획으로 구획된 경우에는 그 구획마다 1개소 이상의 배연창을 설치하되, 배연창의 상변과 천장 또는 반자로부터 수직거리가 0.9미터 이내일 것. 다만, 반자높이가 바닥으로부터 3미터 이상인 경우에는 배연창의 하변이 바닥으로부터 2.1미터 이상의 위치에 놓이도록 설치하여야 한다.
2. 배연창의 유효면적은 별표 2의 산정기준에 의하여 산정된 면적이 1제곱미터 이상으로서 그 면적의 합계가 당해 건축물의 바닥면적(영 제46조제1항 또는 제3항의 규정에 의하여 방화구획이 설치된 경우에는 그 구획된 부분의 바닥면적을 말한다)의 100분의 1이상일 것. 이 경우 바닥면적의 산정에 있어서 거실바닥면적의 20분의 1 이상으로 환기창을 설치한 거실의 면적은 이에 산입하지 아니한다.
3. 배연구는 연기감지기 또는 열감지기에 의하여 자동으로 열 수 있는 구조로 하되, 손으로도 열고 닫을 수 있도록 할 것
4. 배연구는 예비전원에 의하여 열 수 있도록 할 것
5. 기계식 배연설비를 하는 경우에는 제1호 내지 제4호의 규정에 불구하고 소방관계법령의 규정에 적합하도록 할 것

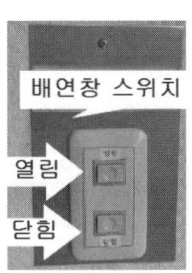

배연창

특별피난계단 및 비상용승강기의 승강장에 설치하는 배연설비의 구조는 다음 각호의 기준에 적합하여야 한다.
1. 배연구 및 배연풍도는 불연재료로 하고, 화재가 발생한 경우 원활하게 배연시킬 수 있는 규모로서 외기 또는 평상시에 사용하지 아니하는 굴뚝에 연결할 것
2. 배연구에 설치하는 수동개방장치 또는 자동개방장치(열감지기 또는 연기감지기에 의한 것을 말한다)는 손으로도 열고 닫을 수 있도록 할 것
3. 배연구는 평상시에는 닫힌 상태를 유지하고, 연 경우에는 배연에 의한 기류로 인하여 닫히지 아니하도록 할 것
4. 배연구가 외기에 접하지 아니하는 경우에는 배연기를 설치할 것
5. 배연기는 배연구의 열림에 따라 자동적으로 작동하고, 충분한 공기배출 또는 가압능력이 있을 것
6. 배연기에는 예비전원을 설치할 것
7. 공기유입방식을 급기가압방식 또는 급·배기방식으로 하는 경우에는 제1호 내지 제6호의 규정에 불구하고 소방관계법령의 규정에 적합하게 할 것

MEMO

소방시설관리사 2차

3편
점검실무행정 심화문제

문제 01 아래의 조건과 같은 특정소방대상물을 소방시설관리사가 종합점검을 하였다. 국가화재 안전기준 및 피난기구 및 인명구조기구 점검표를 참고하여 각 물음에 답하시오. (15점)

[조건]
① 구조 : 주요구조부는 내화구조, 지하 4층 지상 10층, 옥상으로부터 지상으로 피난이 가능한 특별피난계단이 3개소 설치, 지상 10층 위에 옥상이 설치되어 있으며 옥상의 바닥면적은 3,800 m²이다. 옥상으로 쉽게 통할 수 있는 출입구가 설치되어 있다.
② 지하 1층의 용도는 판매시설(대규모 점포임)로서 바닥면적은 5,000 m²
③ 지하 2층~지하 4층의 용도는 주차장으로 바닥면적은 층당 4,000 m²
④ 지상 1층~5층의 용도는 판매시설(대규모 점포임)로서 바닥면적은 층당 4,000 m²이다. 또한, 지상 5층에는 인접 건물로 피난할 수 있는 건널복도(주요구조부는 내화구조, 건널복도 양단의 출입구에 자동방화셔터를 설치, 피난 전용 용도임)가 설치되어 있다.
⑤ 지상 6층의 용도는 업무시설로서 바닥면적은 4,000 m²이다.
⑥ 지상 7층의 용도는 업무시설로서 바닥면적은 노대(주요구조부가 내화구조, 거실의 외기에 면하는 부분에 피난상 유효하게 설치되어 있고 소방사다리차가 쉽게 통행할 수 있는 도로에 면하여 설치되어 있다.)의 바닥면적(300 m²)을 포함한 4,000 m²이다.
⑦ 지상 8층~10층의 용도는 숙박시설로서 바닥면적은 층당 4,000 m², 층당 객실은 각각 50개이며, 간이완강기가 2개씩 설치되어 있다.
⑧ 지하층 피난기구 점검결과 피난사다리가 총 10개 설치
⑨ 지상층 피난기구 점검결과 완강기가 21개, 간이완강기는 200개 설치
⑩ 이 특정소방대상물의 사용승인일은 2021년 6월 10일이다.

〈표1〉

번호	점검항목	점검결과
	20-A. 피난기구 공통사항	
20-A-001	● 대상물 용도별·층별·바닥면적별 피난기구 종류 및 설치개수 적정 여부	
20-A-002	○ 피난에 유효한 개구부 확보(크기, 높이에 따른 발판, 창문 파괴장치) 및 관리상태	
20-A-003	● 개구부 위치 적정(동일직선상이 아닌 위치) 여부	
20-A-004	○ 피난기구의 부착 위치 및 부착 방법 적정 여부	
20-A-005	○ 피난기구(지지대 포함)의 변형·손상 또는 부식이 있는지 여부	
20-A-006	○ 피난기구의 위치표시 표지 및 사용방법 표지 부착 적정 여부	
20-A-007	● 피난기구의 설치제외 및 설치감소 적합 여부	

(1) 상기의 조건을 이용하여 이 건축물에 필요한 피난기구의 종류(피난사다리, 완강기, 간이완강기) 및 최소수량을 산출하고 점검결과와 비교하여 <u>〈표1〉 20-A-001 대상물 용도별·층별·바닥면적별 피난기구 종류 및 설치개수 적정 여부에 대한 양호 또는 불량여부를 판단하시오.</u>
(10점)

[풀이&답] 1. 피난기구의 종류 및 최소수량 산출
　　　　(1) 피난사다리
　　　　　　1) 지하 1층의 수량
　　　　　　　　① 판매시설이므로 바닥면적 800 m²마다 1개 이상

수량 : $\dfrac{5{,}000\text{m}^2}{800\text{m}^2} = 6.25 = 7$개

② 2분의 1로 감소할 수 있으므로 수량 : 7개 × $\dfrac{1}{2}$ = 3.5 = 4개

2) 지하 2층 ~ 지하 4층
　① 주차장은 항공기 및 자동차관련시설이므로 바닥면적 1,000 m² 마다 1개 이상

　　층당 수량 : $\dfrac{4{,}000\text{m}^2}{1{,}000\text{m}^2} = 4$개

　② 2분의 1로 감소할 수 있으므로 수량 : 4개 × $\dfrac{1}{2}$ = 2개

　③ 수량 : 2개 × 3개 층 = 6개

3) 피난사다리 수량 합계 : 4개 + 6개 = 10개

(2) 완강기
1) 지상 3층 ~ 4층
　① 판매시설이므로 바닥면적 800 m² 마다 1개 이상

　　수량 : $\dfrac{4{,}000\text{m}^2}{800\text{m}^2} = 5$개

　② 층당 수량 : 2분의 1로 감소할 수 있으므로 5개 × $\dfrac{1}{2}$ = 2.5 = 3개

　③ 3개 × 2개 층 = 6개

2) 지상 5층
　① 판매시설이므로 바닥면적 800 m² 마다 1개 이상

　　수량 : $\dfrac{4{,}000\text{m}^2}{800\text{m}^2} = 5$개

　② 층당 수량 : 2분의 1로 감소할 수 있으므로 5개 × $\dfrac{1}{2}$ = 2.5 = 3개

　※ 주의 : 건널복도가 설치되어 있더라도 피난기구 설치의 감소기준을 충족하지 못하므로 감소기준을 적용해서는 안 된다.

3) 지상 6층
　① 업무시설이므로 바닥면적 1000 m² 마다 1개 이상

　　수량 : $\dfrac{4{,}000\text{m}^2}{1{,}000\text{m}^2} = 4$개

　② 층당 수량 : 2분의 1로 감소할 수 있으므로 4개 × $\dfrac{1}{2}$ = 2개

4) 지상 7층
　① 업무시설이므로 바닥면적 1000 m² 마다 1개 이상

　　수량 : $\dfrac{4{,}000\text{m}^2 - 300\text{m}^2}{1{,}000\text{m}^2} = 3.7 = 4$개

　② 층당 수량 : 2분의 1로 감소할 수 있으므로 4개 × $\dfrac{1}{2}$ = 2개

5) 지상 8층 ~ 9층
　① 숙박시설이므로 바닥면적 500 m² 마다 1개 이상

　　수량 : $\dfrac{4{,}000\text{m}^2}{500\text{m}^2} = 8$개

　② 층당 수량 : 2분의 1로 감소할 수 있으므로 8개 × $\dfrac{1}{2}$ = 4개

　③ 수량 : 4개 × 2개 층 = 8개

6) 지상 10층 : 0개
   (지상 10층은 옥상의 직하층으로 설치제외 기준을 충족하므로 층당 수량은 산출하지 않는다.)
7) 완강기 수량합계 : 6+3+2+2+8+0 = 21개

(3) 간이완강기
   지상 8층~10층 객실 간이완강기 수량 : 객실 50개 × 2개 × 3개 층 = 300개

2. 점검결과 판단
   계산결과 피난사다리 10개, 완강기 21개, 간이완강기는 300개이나 점검결과 간이완강기가 200개 설치되어 있으므로 불량으로 판단

(2) 〈표1〉 20-A-003 개구부 위치 적정(동일직선상이 아닌 위치) 여부를 판단하기 위한 화재안전기준의 내용을 쓰시오. (2점)

풀이&답 피난기구를 설치하는 개구부는 서로 동일직선상이 아닌 위치에 있을 것. 다만, 피난교·피난용트랩·간이완강기·아파트에 설치되는 피난기구(다수인 피난장비는 제외한다) 기타 피난 상 지장이 없는 것에 있어서는 그러하지 아니하다.

(3) 〈표1〉 20-A-002 피난에 유효한 개구부 확보(크기, 높이에 따른 발판, 창문 파괴장치) 및 관리상태여부를 양호로 판단하기 위해 근거가 되는 화재안전기술기준의 내용을 쓰시오. (3점)

풀이&답 피난기구는 계단·피난구 기타 피난시설로부터 적당한 거리에 있는 안전한 구조로 된 피난 또는 소화활동상 유효한 개구부(가로 0.5 m이상 세로 1 m이상인 것을 말한다. 이 경우 개구부 하단이 바닥에서 1.2 m 이상이면 발판 등을 설치하여야 하고, 밀폐된 창문은 쉽게 파괴할 수 있는 파괴장치를 비치해야 한다)에 고정하여 설치하거나 필요한 때에 신속하고 유효하게 설치할 수 있는 상태에 둘 것

문제 02 다음 각 물음에 답하시오. (15점)

(1) 다음은 기존 건물을 증축하여, 증축되는 부분에 옥내소화전 5개를 설치하였다. 소화펌프의 추가 설치 없이 기존 소화펌프로 사용이 가능한지 여부를 검토하시오. 소화펌프로부터 "A"점까지의 배관의 길이 및 크기는 설계도면의 분실로 알 수 없으며, 실측은 불가능한 실정이다. (10점)

[조건]
① "B"점에서 필요한 압력은 0.25[MPa], 유량은 화재안전기준에서 정하는 최소값을 따른다.
② "A"점과 옥내소화전 방수구 "a" 사이의 마찰손실은 0.15[MPa] 이다.
③ 옥내소화전 노즐 "a"의 방사시험 결과 압력은 0.5 [MPa]이고, 이때 소화펌프 토출측 압력계는 1.1 [MPa]를 지시하였다.(노즐의 말단직경은 13 [mm] 이다.)
④ 소화펌프의 흡입양정은 0으로 한다.
⑤ 배관의 조도계수는 120으로 한다.
⑥ 소화펌프의 정격토출유량 1,500 [L/min], 정격토출압력은 1 [MPa]이고, 체절압력은 1.25 [MPa] 이다.
⑦ 증축과 관련하여 법령 적용시점은 2021.4.1. 이전이다.

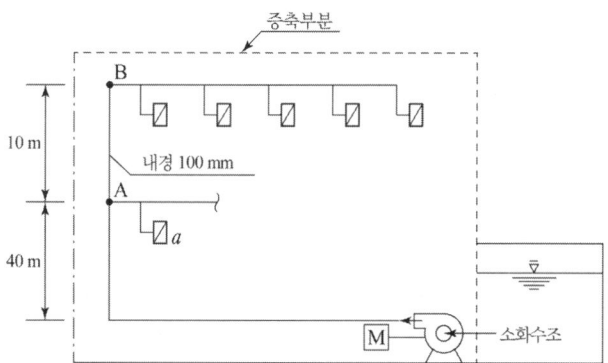

풀이&답

1) 노즐 a에서의 방수량
$$Q = 0.653D^2\sqrt{10P} = 0.653 \times 13^2 \times \sqrt{10 \times 0.5} = 246.77\,[\text{L/min}]$$

2) 유량 246.77 [L/min]일 경우 소화펌프에서 A점까지의 마찰손실압력
$$1.1\,[\text{MPa}] - 40\,[\text{m}] - (0.5+0.15)[\text{MPa}] = 1.1\,[\text{MPa}] - 0.4\,[\text{MPa}] - (0.5+0.15)\,[\text{MPa}]$$
$$= 0.05\,[\text{MPa}]$$

3) A점과 B점 사이의 마찰손실압력
$$\triangle P_{AB} = 6.05 \times 10^4 \times \frac{700^{1.85}}{120^{1.85} \times 100^{4.87}} \times 10 = 0.00287 = 0.003\,[\text{MPa}]$$

4) 유량 5개 × 130 = 650[L/min]일 경우 소화펌프에서 A점까지의 마찰손실압력
$$0.05\,[\text{MPa}] : 246.77^{1.85} = \triangle P_{\text{펌}A} : 650^{1.85}$$
$$\triangle P_{\text{펌}A} = \frac{650^{1.85}}{246.77^{1.85}} \times 0.05 = 0.299 = 0.3\,[\text{MPa}]$$

5) 증축 후 소화펌프 토출측 필요압력 = 0.26 + 0.003 + 0.3 + 0.5 = 1.063[MPa]

6) 소화펌프의 신설 없이 기존 소화펌프로 사용이 가능한지 여부
증축 후 소화펌프 토출측 필요압력(1.063[MPa])이 소화펌프의 정격토출압력(1.0[MPa])보다 크므로 기존 소화펌프의 사용은 불가능하다.

(2) 다음은 소방시설 설치 및 관리에 관한 법률 시행령 제15조(특정소방대상물의 증축 또는 용도변경 시의 소방시설기준 적용의 특례) 제1항의 내용을 나타낸 것이다. 괄호 안의 번호에 알맞은 답을 쓰시오. (5점)

---

① 법 제13조제3항에 따라 소방본부장 또는 소방서장은 특정소방대상물이 증축되는 경우에는 (①)에 대하여 증축 당시의 소방시설의 설치에 관한 대통령령 또는 화재안전기준을 적용해야 한다. 다만, 다음 각 호의 어느 하나에 해당하는 경우에는 기존 부분에 대해서는 증축 당시의 소방시설의 설치에 관한 대통령령 또는 화재안전기준을 적용하지 않는다.
1. 기존 부분과 증축 부분이 (②)
2. 기존 부분과 증축 부분이 「건축법 시행령」 제46조제1항제2호에 따른 (③) 또는 같은 영 제64조제1항제1호에 따른 (④)으로 구획되어 있는 경우
3. 자동차 생산공장 등 화재 위험이 낮은 특정소방대상물 내부에 (⑤)의 직원 휴게실을 증축하는 경우
4. 자동차 생산공장 등 화재 위험이 낮은 특정소방대상물에 캐노피(기둥으로 받치거나 매달아 놓은 덮개를 말하며, 3면 이상에 벽이 없는 구조의 것을 말한다)를 설치하는 경우

풀이&답
① 기존 부분을 포함한 특정소방대상물의 전체
② 내화구조(耐火構造)로 된 바닥과 벽으로 구획된 경우
③ 자동방화셔터(이하 "자동방화셔터"라 한다))
④ 60분+ 방화문(이하 "60분+ 방화문"이라 한다)
⑤ 연면적 33제곱미터 이하

문제 03 다음 각 물음에 답하시오. (6점)

(1) 건식밸브의 방사시간은 압축공기의 배출시간(Trip time)과 소화수 이송시간(Transit time)으로 나타낼 수 있다. 이를 설명하시오. (4점)

배출시간(Trip time)	①
소화수 이송시간(Transit time)	②

풀이&답
① 배출시간(Trip time)
헤드가 개방된 후 건식밸브 2차측 압축공기가 배출되어 1차측 가압수가 건식밸브 2차측으로 유입되는데 소요되는 시간
② 소화수 이송시간(Transit time)
건식밸브 2차측에 유입된 가압수가 개방된 헤드까지 가는데 소요되는 시간

(2) 국가화재안전기준(NFSC)에 따라 전동기 또는 내연기관에 따른 펌프를 이용하는 가압송수장치가 기동이 된 경우에는 자동으로 정지되지 아니하도록 하여야 한다. 그렇다면 가압송수장치의 자동정지가 금지된 시기를 표의 번호에 맞게 쓰시오. (2점)

구분	옥내소화전설비	스프링클러설비
자동정지 금지시기	①	②

풀이&답
① 2007년 12월 28일 이후
② 2006년 12월 30일 이후

문제 04 다음은 소방시설별 점검장비를 나타낸 표이다. ( )에 알맞은 답을 쓰시오. (10점)

소방시설	장 비	규 격
공통시설	(㉠)	
소화기구	저울	
(㉡)	소화전밸브압력계	
(㉢)	헤드결합렌치(볼트, 너트, 나사등을 죄거나 푸는 공구)	

소방시설	장 비	규 격
이산화탄소소화설비 분말소화설비 할론소화설비 (ㄹ)	(ㅁ), 그 밖에 소화약제의 저장량을 측정할 수 있는 점검기구	
자동화재탐지설비 (ㅂ)	(ㅅ)	
누전경보기	누전계	누전전류 측정용
무선통신보조설비	무선기	통화시험용
(ㅇ)	(ㅈ)	
통로유도등 비상조명등	조도계(밝기 측정기)	(ㅊ)

풀이&답
㉠ 방수압력측정계, 절연저항계(절연저항측정기), 전류전압측정계
㉡ 옥내소화전설비, 옥외소화전설비
㉢ 스프링클러설비, 포소화설비
㉣ 할로겐화합물 및 불활성기체 소화설비
㉤ 검량계, 기동관누설시험기
㉥ 시각경보기
㉦ 열감지기시험기, 연(煙)감지기시험기, 공기주입시험기, 감지기시험기연결막대, 음량계
㉧ 제연설비
㉨ 풍속풍압계, 폐쇄력측정기, 차압계(압력차 측정기)
㉩ 최소눈금이 0.1럭스 이하인 것

문제 05 가스계소화설비의 점검에 대한 다음 각 물음에 답하시오. (18점)

(1) 가스압력식 기동장치가 설치된 이산화탄소소화설비의 봉침(파괴침) 격발시험을 하고자 한다. 물음에 답하시오. (9점)

1) 격발시험 시 가스압력식 기동장치의 전자개방밸브(솔레노이드밸브)를 동작시키는 방법 4가지를 쓰시오. (4점)

풀이&답
① 수동조작함에서 수동조작스위치 동작
② 감지기 2개회로(A회로, B회로) 작동
③ 제어반에서 수동조작스위치 동작
④ 제어반에서 동작시험스위치와 회로선택스위치로 동작

2) 방호구역 내에 설치된 교차회로감지기를 동시에 작동시켰을 때 이산화탄소소화설비의 정상작동 여부를 판단할 수 있는 확인사항들에 대하여 5가지를 쓰시오.(단, 방호구역 내 환기장치가 설치되어 있다) (5점)

풀이&답
① 화재표시등, 감지기A, 감지기B 작동표시등 점등여부 확인
② 방호구역 내 사이렌이 경보하는지 확인

③ 지연 타이머 동작확인
④ 솔레노이드밸브 동작 및 솔레노이드 밸브 기동표시등 점등여부 확인
⑤ 환기장치 정지여부 확인

(2) 불활성기체소화약제는 질식과 저산소증에 따른 인체에 생리학적 영향을 끼치게 된다. 이를 나타내는 용어인 NEL(No Effect Level)과 LEL(Low Effect Level)에 대하여 설명하시오. (4점)

NEL(No Effect Level)	LEL(Low Effect Level)
1)	2)

풀이&답
1) NEL
① 저산소 분위기에서 인체에 악영향을 미치지 않는 범위의 최대농도를 말한다.
② 산소농도 12%에 해당하는 설계농도
2) LEL
① 저산소 분위기에서 인체에 악영향을 미치는 범위의 최소농도를 말한다.
② 산소농도 10%에 해당하는 설계농도

(3) 할로겐화합물소화약제의 생리학적 영향을 나타내는 용어인 NOAEL(No Observable Adverse Effect Level)과 LOAEL(Low Observable Adverse Effect Level)을 설명하시오. (4점)

NOAEL	LOAEL
1)	2)

풀이&답
1) NOAEL
① 농도를 증가시킬 때 아무런 악영향도 감지할 수 없는 최대농도를 말한다.
② 심장에 독성을 미치지 않는 최대농도를 말한다.
2) LOAEL
① 농도를 감소시킬 때 악영향을 감지할 수 있는 최소농도를 말한다.
② 심장에 독성을 미칠 수 있는 최소농도를 말한다.

문제 06 다음은 고압가스 안전관리법 시행규칙[별표 22] 용기 및 특정설비의 재검사기간(제39조 관련)에 대한 내용의 일부를 나타낸 것이다. 괄호 안의 번호(ㄱ.～ㄹ.)에 알맞은 답을 쓰시오. (8점)

> 법 제17조제2항제1호에 따른 용기 및 특정설비의 재검사기간은 다음 각 호와 같다. 다만, 가스설비 안의 고압가스를 제거한 상태에서 휴지 중인 시설에 있는 특정설비에 대하여는 그 휴지기간은 재검사기간 산정에서 제외한다.
> 1. 용기
> 　용기의 재검사기간은 다음 표와 같다. 다만, 재검사기간이 되었을 때에 소화용 충전용기 또는 고정장치된 시험용 충전용기의 경우에는 (ㄱ.)에 재검사 한다.

용기의 종류		신규검사 후 경과연수		
		15년 미만	15년 이상 20년 미만	20년 이상
		재검사 주기		
용접용기 (액화석유가스용 용접용기는 제외한다)	500L 이상	5년마다	2년마다	1년마다
	500L 미만	3년마다	2년마다	1년마다
액화석유가스용 용접용기	500L 이상	5년마다	2년마다	1년마다
	500L 미만	5년마다		2년마다
이음매 없는 용기 또는 복합재료용기	500L 이상	(ㄴ.)		
	500L 미만	(ㄷ.)		
액화석유가스용 복합재료용기		5년마다(설계조건에 반영되고, 산업통상자원부장관으로부터 안전한 것으로 인정을 받은 경우에는 10년마다)		
용기부속품	용기에 부착되지 아니한 것	용기에 부착되기 전(검사 후 2년이 지난 것만 해당한다)		
	용기에 부착된 것	(ㄹ.)		

풀이&답

ㄱ. 충전된 고압가스를 모두 사용한 후
ㄴ. 5년마다
ㄷ. 신규검사 후 경과연수가 10년 이하인 것은 5년마다, 10년을 초과한 것은 3년마다
ㄹ. 검사 후 2년이 지나 용기부속품을 부착한 해당 용기의 재검사를 받을 때마다

문제 07 근린생활시설과 의료시설을 동시에 점검을 하려고 한다. 아래의 조건을 참고하여 다음 각 물음에 답하시오.

[조건]
① 1대상물 : 근린생활시설, 지하2층, 지상 7층, 2개동, 연면적 34,100 m²
   (스프링클러설비 설치, 제연설비 미설치, 물분무등소화설비 미설치)
② 2대상물 : 의료시설, 지하2층, 지상6층, 2개동, 연면적 38,938 m²
   (스프링클러설비 설치, 제연설비 설치, 물분무등소화설비 미설치)
③ 1대상물을 점검하고 2대상물을 나중에 점검하며, 두 건물의 상호간의 좌표 최단거리 3 km
④ 점검일수는 소수점에서 절상하여 정수로 답한다.

[물음]
1) 종합점검(소방시설관리사 1인과 보조 기술인력 4명이 점검에 참여)을 하는 경우 점검면적과 점검일수
2) 작동점검(소방시설관리사 1인과 보조 기술인력 2명이 점검에 참여)을 하는 경우 점검면적과 점검일수

풀이&답 1) 종합점검을 하는 경우 점검면적 및 점검일수
　(1) 점검면적
　　1) 1대상물 점검면적
　　　① 실제 점검면적×가감계수 = 34,100 m² × 1.0 = 34,100 m²
　　　② 설비가 없을 경우 감소면적
　　　　제연설비 없음 : 0.1, 물분무등소화설비 없음 : 0.1 적용
　　　　= 34,100 m² × 0.1 + 34,100 m² × 0.1 = 6,820 m²
　　　③ 점검면적 = 34,100 m² − 6,820 m² = 27,280 m²
　　2) 2대상물 점검면적
　　　① 실제 점검면적×가감계수 = 38,938 m² × 1.1 = 42,831.8 m²
　　　② 설비가 없을 경우 감소면적
　　　　물분무등소화설비 없음 : 0.1 적용
　　　　= 42,831.8 m² × 0.1 = 4,283.18 ≒ 4,283.2 m²
　　　③ 점검면적 = 42,831.8 m² − 4,283.2 m² = 38,548.6 m²
　　3) 점검면적의 합계 = 1대상 점검면적 + 2대상 점검면적
　　　　　　　　　　　= 27,280 m² + 38,548.6 m² = 65,828.6 m²
　(2) 점검일수
　　① 점검한도면적 = (8,000 m² + 2,000 m² × 2) − (8,000 m² + 2,000 m² × 2) × 0.02
　　　　　　　　　 = 11,760 m²
　　　(※ 5 km 마다 0.02를 적용하여야 하므로 3 km는 0.02를 적용)
　　② 점검일수 = $\dfrac{65,828.6}{11,760}$ = 5.619566327 ≒ 6일

2) 작동기능점검을 하는 경우 점검면적 및 점검일수
　(1) 점검면적
　　1) 1대상물 점검면적
　　　① 실제 점검면적×가감계수 = 34,100 m² × 1.0 = 34,100 m²
　　　② 설비가 없을 경우 감소면적
　　　　제연설비 없음 : 0.1, 물분무등소화설비 없음 : 0.1 적용
　　　　= 34,100 m² × 0.1 + 34,100 m² × 0.1 = 6,820 m²
　　　③ 점검면적 = 34,100 m² − 6,820 m² = 27,280 m²
　　2) 2대상물 점검면적
　　　① 실제 점검면적×가감계수 = 38,938 m² × 1.1 = 42,831.8 m²
　　　② 설비가 없을 경우 감소면적
　　　　물분무등소화설비 없음 : 0.1 적용
　　　　= 42,831.8 m² × 0.1 = 4,283.18 ≒ 4,283.2 m²
　　　③ 점검면적 = 42,831.8 m² − 4,283.2 m² = 38,548.6 m²
　　3) 점검면적의 합계 = 1대상 점검면적 + 2대상 점검면적
　　　　　　　　　　　= 27,280 m² + 38,548.6 m² = 65,828.6 m²
　(2) 점검일수
　　① 점검한도면적 = 10,000 m² − 10,000 m² × 0.02 = 9,800 m²
　　　(※ 5 km 마다 0.02를 적용하여야 하므로 3 km는 0.02를 적용)
　　② 점검일수 = $\dfrac{65,828.6}{9,800}$ = 6.717204082 ≒ 7일

문제 08 옥외소화전설비의 소방펌프 명판을 확인한 결과 전동기의 용량은 15kW, 토출량 0.7 m³/min, 전양정 70m이었다. 아래의 조건을 참고하여 전동기 용량을 산출하고 〈표1〉 13-C. 가압송수장치의 점검항목에 대한 점검결과를 판단하시오.

[조건]
- 옥외소화전 5개가 설치
- 실양정 20m, 호스길이 25m(호스의 마찰손실수두는 호스길이 100m당 4m)
- 배관 및 배관부속품 마찰손실수두 10m, 펌프효율 60%
- 전달계수(K) 1.1
- 옥외소화전 방수압 시험결과 피토게이지 측정압력 29mAq

〈표1〉 13-C. 가압송수장치

번호	점검항목	점검결과
13-C-002	옥외소화전 방수량 및 방수압력 적정 여부	

풀이&답
1. 전동기의 용량 산출

    토출량 $Q = 2 \times 350 \, \text{L/min} = 700 \, \text{L/min} = 0.7 \, \text{m}^3/\text{min}$

    전양정 $H = \dfrac{4 \, \text{m}}{100 \, \text{m}} \times 25 \, \text{m} + 10 \, \text{m} + 20 \, \text{m} + 29 \, \text{m} = 60 \, \text{m}$

    전동기 최소용량
    $P = \dfrac{0.163 QHK}{\eta} = \dfrac{0.163 \times 0.7 \times 70 \times 1.1}{0.6} = 14.64 \, [\text{kW}]$

2. 점검결과를 판단

    방수량(토출량)이 0.7 m³/min으로 양호, 방수압력이 29 mAq로 0.25 MPa(25 mAq) 이상의 기준에 충족하므로 점검결과 양호로 판단

문제 09 소화설비용헤드의 성능인증 및 제품검사의 기술기준 제51조(표시사항 등) 8. 표시온도에 따른 다음 표의 색표시(폐쇄형 헤드에 한한다)에 대한 내용을 나타낸 것이다. 표의 번호 ①~⑤에 알맞은 내용을 쓰시오.(5점)

유리벌브형	
표시온도(℃)	액체의 색별
57℃	①
②	③
④	노랑
93℃	⑤
141℃	파랑
182℃	연한자주
227℃ 이상	검정

풀이&답 ① 오렌지 ② 68℃ ③ 빨강 ④ 79℃ ⑤ 초록

문제 10
다음은 스프링클러설비의 화재안전기술기준 제10조(헤드) 제6항을 나타낸 것이다. 괄호 안의 번호 ①~⑩에 알맞은 답을 쓰시오. (5점)

폐쇄형스프링클러헤드는 그 설치장소의 평상시 최고 주위온도에 따라 다음 표에 따른 표시온도의 것으로 설치해야 한다. 다만, 높이가 (①)에 설치하는 스프링클러헤드는 그 설치장소의 평상시 최고 주위온도에 관계없이 표시온도 (②)의 것으로 할 수 있다.

설치장소의 최고 주위온도	표 시 온 도
③	④
⑤	⑥
⑦	⑧
⑨	⑩

풀이&답
① 4 m 이상인 공장
② 121℃ 이상
③ 39℃ 미만
④ 79℃ 미만
⑤ 39℃ 이상 64℃ 미만
⑥ 79℃ 이상 121℃ 미만
⑦ 64℃ 이상 106℃ 미만
⑧ 121℃ 이상 162℃ 미만
⑨ 106℃ 이상
⑩ 162℃ 이상

문제 11
회전차의 속도식 $V = \pi DN$, 연속방정식 $Q = AV$ 및 토리첼리식 $V = \sqrt{2gH}$를 이용하여 비속도 $N_s = \dfrac{NQ^{\frac{1}{2}}}{H^{\frac{3}{4}}}$ [rpm·m³/min/m] 계산식을 유도하고 아래의 조건을 이용하여 소화펌프의 비속도를 산출하시오. (단, $H_1 = H$ [m], $Q_1 = Q$ [m³/min], $H_2 = 1$ [m], $Q_2 = 1$ [m³/min], $N_1 = N$ [rpm], $N_2 = N_s$)

[조건]
- 소화펌프는 옥내소화전과 스프링클러설비 겸용으로 사용전압은 220/380V, 정격 주파수 60Hz, 극수는 4극, 슬립은 5%이다.
- 지하 1층, 지상 6층인 근린생활시설로서 옥내소화전은 층당 3개씩 설치, 스프링클러헤드의 수량은 스프링클러설비의 화재안전기준에서 정하는 바에 따른다.
- 소화펌프의 전양정은 50m이다.

풀이&답
1. 비속도 계산식 유도
   1) 회전차의 속도식 $V = \pi DN$
   $$\dfrac{V_2}{V_1} = \dfrac{\pi D_2 N_2}{\pi D_1 N_1} = \dfrac{D_2 N_2}{D_1 N_1} \rightarrow \text{①식}$$
   2) 연속방정식
   $$\dfrac{Q_2}{Q_1} = \dfrac{A_2 V_2}{A_1 V_1} = \dfrac{\frac{\pi}{4} D_2^2 \times V_2}{\frac{\pi}{4} D_1^2 \times V_1} = \left(\dfrac{D_2}{D_1}\right)^2 \times \dfrac{V_2}{V_1}, \text{ 여기에서}$$

$$\frac{D_2}{D_1} = \left(\frac{Q_2}{Q_1}\right)^{\frac{1}{2}} \times \left(\frac{V_1}{V_2}\right)^{\frac{1}{2}} \to \text{②식}$$

②식을 ①식에 대입

$$\frac{V_2}{V_1} = \left(\frac{Q_2}{Q_1}\right)^{\frac{1}{2}} \times \left(\frac{V_1}{V_2}\right)^{\frac{1}{2}} \times \frac{N_2}{N_1}, \text{ 양변에 } \left(\frac{V_2}{V_1}\right)^{\frac{1}{2}} \text{을 곱하면}$$

$$\left(\frac{V_2}{V_1}\right)^{\frac{3}{2}} = \left(\frac{Q_2}{Q_1}\right)^{\frac{1}{2}} \times \frac{N_2}{N_1}, \quad \left(\frac{Q_1}{Q_2}\right)^{\frac{1}{2}} \times \left(\frac{V_2}{V_1}\right)^{\frac{3}{2}} = \frac{N_2}{N_1} \to \text{③식}$$

3) 토리첼리식

$$\frac{V_2}{V_1} = \frac{\sqrt{2gH_2}}{\sqrt{2gH_1}} = \left(\frac{H_2}{H_1}\right)^{\frac{1}{2}} \to \text{④식}$$

④식을 ③식에 대입하면

$$\frac{N_2}{N_1} = \left(\frac{Q_1}{Q_2}\right)^{\frac{1}{2}} \times \left(\frac{V_2}{V_1}\right)^{\frac{3}{2}} = \left(\frac{Q_1}{Q_2}\right)^{\frac{1}{2}} \times \left[\left(\frac{H_2}{H_1}\right)^{\frac{1}{2}}\right]^{\frac{3}{2}} = \left(\frac{Q_1}{Q_2}\right)^{\frac{1}{2}} \times \left(\frac{H_2}{H_1}\right)^{\frac{3}{4}}$$

$$\frac{N_s}{N} = \left(\frac{Q}{1\text{m}^3/\text{min}}\right)^{\frac{1}{2}} \times \left(\frac{1\text{m}}{H}\right)^{\frac{3}{4}},$$

비속도 $N_s = \dfrac{NQ^{\frac{1}{2}}}{H^{\frac{3}{4}}} [\text{rpm} \cdot \text{m}^3/\text{min/m}]$

2. 비속도의 계산

1) 회전속도 $N = (1-s) \times \dfrac{120f}{P} = (1-0.05) \times \dfrac{120 \times 60}{4} = 1710 \text{ rpm}$

2) 토출량 $Q = 2 \times 130 \text{ L/min} + 20 \times 80 \text{ L/min} = 1860 \text{ L/min} = 1.86 \text{ m}^3/\text{min}$

3) 전양정 $H = 70\text{m}$

4) 비속도 $N_s = \dfrac{NQ^{\frac{1}{2}}}{H^{\frac{3}{4}}} = \dfrac{1710 \times 1.86^{\frac{1}{2}}}{50^{\frac{3}{4}}} = 124.03$

문제 12 다음은 특정소방대상물의 소방시설공사 완공검사를 소방본부장이나 소방서장에게 신청하기 전 소방준공검사를 하기 위하여 소방시설관리사의 참여하에 소방공사 표준시방서 「02040 스프링클러 설비공사」에 따라서 점검을 하려고 한다. 괄호 안의 번호에 알맞은 답을 쓰시오.

(1) 3.6.1 스프링클러 헤드설치 일반사항

• 설계도서에 특별히 명기되어 있지 않아도 폭이 (①)를 초과하는 고정 장애물(덕트, 캐노피, 발코니 등) 아래에는 스프링클러 헤드를 설치하여야 한다. 다만 캐노피와 발코니의 경우 하부에 가연물을 적재하지 않고 불연성 재질로 된 경우에는 스프링클러를 설치하지 않을 수 있다.

- 스프링클러 헤드로 부터의 적절한 살수 효과를 발휘할 수 있도록 적재물품과 헤드간 의 수직 이격거리는 최소 (②) 이상을 확보하여야 한다.
- 개방형 격자천장의 재료 두께가 격자구멍의 가장 작은 크기 미만이고, 개구부가 천장 면적의 개구율이 (③) 이상이며, 개구부의 가장 작은 치수가 (④) 이상인 경우에는 스프링클러 헤드를 격자천장 상부내부에 설치할 수 있으며, 격자 천장의 상부 표면과 스프링클러헤드의 최소 이격거리는 (⑤) 이상이어야 한다.
- 헤드설치시 덕트나 선반이 있는 경우 폭이 (①) 이하 경우 덕트나 선반은 살수 장애로 보지 않으며 (①) 초과 경우에는 살수장애로 보고 위쪽에는 상향식 헤드, 아래쪽에는 하향식 헤드를 (⑥)으로 설치한다.
- 지하주차장의 경우 (⑦)현상을 방지하기 위해 헤드간 수평거리는 최소 (⑧) 이상으로 설치하고 불가피하게 (⑧)이하로 할 경우에는 (⑨)을 설치한다.
- 헤드 설치시 수평배관이 여러개 있을 경우 시 배관과 배관 사이 간격이 (⑩) 이상은 살수 장애로 보지 않으며 (⑩) 미만인 경우 살수 장애로 보아 위쪽에는 상향식 헤드, 아래쪽에는 하향식 헤드를 상하향식으로 설치한다.

풀이&답 ① 1.2 m ② 450 mm ③ 70 % ④ 6.4 mm ⑤ 450 mm
⑥ 상하향형 ⑦ Skipping ⑧ 1,800 mm ⑨ 차폐판(Baffle Plate) ⑩ 15 cm

(2) 3.7.3 유수경보장치의 시험
- 습식, 건식, 부압식설비의 경우에는 시험장치를 작동하여 경보가 발하는지 시험한다.
- 경보시험을 실시하기 전에 밸브의 개폐신호가 (①)에 의해 정확하게 제어반으로 전달되는지를 밸브를 직접 작동하여 확인하여야 하며, 완전히 밸브가 완전히 열린 상태에서 열림신호가 전달되는 것을 확인하여야 한다.
- (②)의 경우 시간지연이 거의 없이 곧바로 물이 방수되어야 하며, (③)의 경우에는 물이 방수되기까지 1분이 초과되어서는 안 된다.
- 시험밸브함은 매우 빠른 속도로 완전히 개방한 후 (④) 이내에 유수경보장치의 작동을 알리는 경보가 이루어져야 한다.
- 시험밸브함 개방 후 설정한 기동압력에서 펌프가 기동되는지를 확인하여야 하며, 펌프 기동 후 (⑤) 이상 펌프의 운전이 안정적으로 유지되는지를 확인하여야 한다.
- 시험밸브함을 잠근 후에도 수동으로 정지하기 전까지는 펌프의 기동이 (⑥)되지 않아야 한다.
- 준비작동식설비는 2차측 밸브를 폐쇄하고 밸브 본체의 배수밸브를 개방한 다음 감지기를 작동시켜 준비작동식밸브의 클래퍼가 개방되는 것을 확인한다. 클래퍼 개방 후 습식설비와 마찬가지로 약 (⑤) 이상 펌프의 운전이 안정적으로 유지되는지를 확인하여야 한다.

풀이&답 ① 탬퍼스위치 ② 습식설비 ③ 건식설비
④ 5분 ⑤ 2분 ⑥ 자동으로 정지

문제 13 화재감지소자로 쓰이고 있는 서미스터(Thermistor)에 대한 각 물음에 답하시오. (5점)

(1) 서미스터(Thermistor)란 무엇이지 간략하게 설명하시오. (1점)

> **풀이&답** 온도(열)에 따라 물질의 저항이 변화하는 성질을 이용하는 것으로 주로 회로의 온도를 감지하는 소자이다.

(2) 다음은 서미스터의 종류를 나타낸 그래프이다. 그래프상 (ㄱ), (ㄴ)에 대한 서미스터의 종류와 작동특성 및 적용 열감지기에 대하여 각각 쓰시오. (4점)

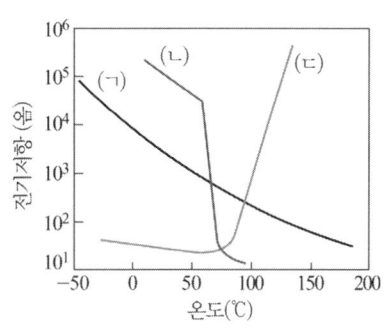

풀이&답

서미스터의 종류	특 성	적용감지기
(ㄱ) NTC	부저항특성을 갖는 서미스터로서 온도가 상승하면 저항값이 낮아지고 반대로 온도가 낮아지면 저항값이 증가하는 특성	차동식감지기
(ㄴ) CTR	일정 온도값에서 저항값이 급격히 변하는 특성	정온식감지기

[참고]
(ㄷ) PTC : 정저항특성을 갖는 서미스터로 온도가 상승하면 저항값도 상승하고 온도가 낮아지면 저항값도 낮아지는 특성, 온풍기, 다리미 등에 사용

문제 14 다음은 소방시설관리사가 피트공간 등을 점검할 때 「피트공간 등 소방시설 설치 관련 변경 지침」[시행 2012.1.6. 소방방재청 소방제도과-96]에 따라 점검하여야 하는 내용을 나타낸 것이다. 다음 각 물음에 답하시오. (8점)

(1) 다음의 용어를 설명하시오. (3점)

용어	설명
피트층	①
피트공간	②
유로(수직관통부)	③

> **풀이&답**
> ① 건축법령상 연면적에 포함되지 않고 거실 용도로 사용할 수 없는 수평적 공간
> ② 건축설비 등을 설치 또는 통과하기 위하여 설치된 구획된 공간(수직관통부를 층간 방화구획한 공간)
> ③ 급·배수관, 배전·통신용 케이블 등을 설치하기 위해 건축물 내의 바닥을 관통하여 수직방향으로 연속된 공간

(2) 피트공간 등 소방시설 설치 관련 변경 지침에 관한 내용이다. 괄호 안의 번호 ①~⑤에 알맞은 답을 쓰시오. (5점)

1) 2011.4.20. 이전 완공된 특정소방대상물
  ◦ 피트공간이 타용도로 사용되지 않고 출입구에 (①)될 경우 소방시설 설치 제외
  ◦ 피트층의 출입구가 타용도로 사용되지 않도록 (②)를 하여 관리자 외의 출입이 엄격히 통제될 경우 소방시설 설치 제외

2) 2011.4.21. 이후 완공되는 특정소방대상물
  ◦ 점검구(1개소에 한함)는 (③) 또는 갑종방화문 이상의 성능이 있는 재질로 (④)하는 경우 소방시설 설치 제외
  ◦ 배관 등 시설물을 제외한 공간의 크기가 (⑤)의 경우 소방시설 설치 제외

풀이&답
① 시건장치를 설치하여 관리자 외의 출입이 엄격히 통제
② $1\,m^2$ 이하의 갑종방화문 이상의 성능을 가진 재질로 시건장치
③ $1\,m^2$ 이하 크기로 두께 1.5mm 이상의 철판
④ 4곳 이상 볼트 조임
⑤ 가로·세로·높이 각각 1.2m 미만

문제 15 소화설비의 점검에 대한 다음 각 물음에 답하시오.

(1) 다음은 소화기구 및 자동소화장치의 점검표의 일부를 나타낸 것이다. 아래의 점검 현장조건을 이용하여 필요한 소화기의 최소수량을 계산하고 법적인 사항을 검토할 때 점검결과가 양호 또는 불량인지 여부를 판단하고 그 이유를 설명하시오.

번호	점검항목	점검결과
1-A-009	설치수량 적정 여부	

[조건]
◦ 바닥면적이 30m×40m인 장소이다.
◦ 내부에 구획된 실은 별도로 없으며, 보행거리 등은 고려하지 않는다.
◦ 능력단위의 산출은 소화기구 및 자동소화장치의 화재안전기준에 따른다.
◦ 위락시설로서 주요구조부가 내화구조, 벽 및 반자의 실내에 면하는 부분이 준불연재료로 마감되어 있다.
◦ 소화기는 능력단위 3단위 분말소화기로 현장에서 수량을 확인한 결과 6개가 있었다.
◦ 스프링클러설비가 설치되어 있다.

풀이&답 1. 필요한 최소수량
$$\frac{30\,m \times 40\,m}{30\,m^2 \times 2} = 20단위$$

소화기의 수량 : $\dfrac{20단위}{3단위/개} = 6.67 = 7개$

2. 판단, 이유
       판단 : 불량
       이유 : 현장 소화기 수량(6개)가 산출한 수량(7개)보다 작다.

문제 16 화재조기진압용 스프링클러설비의 화재안전기술기준 및 화재조기진압용 스프링클러설비 점검표를 참고하여 화재조기진압용 스프링클러설비의 점검에 대한 각 물음에 답하시오. (11점)

(1) 아래의 표에서 해당 항목을 점검한 결과 소방시설관리사가 ① 양호, ② 불량으로 판단하였다. 판단의 근거가 되는 화재안전기술기준을 (ㄱ), (ㄴ)으로 구분하여 각각 쓰시오. (3점)

5-I. 저장물의 간격 및 환기구

번호	점검항목	점검결과
5-I-001	① 저장물품 배치 간격 적정 여부	양호
5-I-002	② 환기구 설치 상태 적정 여부	불량

① 양호	② 불량
(ㄱ)	(ㄴ)

[풀이&답] (ㄱ) 저장물품 사이의 간격은 모든 방향에서 152 mm 이상의 간격을 유지해야 한다.
(ㄴ) 1. 공기의 유동으로 인하여 헤드의 작동온도에 영향을 주지 않는 구조일 것
    2. 화재감지기와 연동하여 동작하는 자동식 환기장치를 설치하지 아니할 것. 다만, 자동식 환기장치를 설치할 경우에는 최소작동온도가 180℃ 이상일 것

(2) 아래의 표에서 해당항목을 점검한 결과 소방시설관리사가 불량으로 판단하였다. 판단의 근거가 되는 화재안전기술기준을 쓰시오. (3점)

5-M. 설치금지 장소

번호	점검항목	점검결과
5-M-001	실치가 금지된 장소(제4류 위험물 등이 보관된 장소) 설치 여부	불량

[풀이&답] 다음의 기준에 해당하는 물품의 경우에는 화재조기진압용 스프링클러를 설치해서는 안된다. 다만, 물품에 대한 화재시험등 공인기관의 시험을 받은 것은 제외한다.
1. 제4류 위험물
2. 타이어, 두루마리 종이 및 섬유류, 섬유제품 등 연소 시 화염의 속도가 빠르고 방사된 물이 하부까지에 도달하지 못하는 것

(3) 아래의 점검항목에 대해 현장조건을 이용하여 필요한 화재조기진압용 스프링클러설비 최소 수원의 양(m^3)(주된 수원, 보조수원)을 계산하고 법적인 사항을 검토하여 점검결과가 양호 또는 불량인지 여부를 판단하여 답안지에 해당 번호(①, ②)에 알맞은 답을 쓰시오. (5점)

번호	점검항목	점검결과
5-B-001	주된 수원의 유효수량 적정 여부(겸용설비 포함)	①
5-B-002	보조수원(옥상)의 유효수량 적정 여부	②

〈현장조건〉
물류창고 내 랙(Rack)의 높이는 10m이며 최상단 물품의 높이는 8m 이다.
화재조기진압용 스프링클러헤드의 K=240(하향식)으로 천장에 80개가 설치되어 있다.
화재조기진압용 스프링클러헤드의 최소방사압은 화재조기진압용 스프링클러설비의 화재안전 기술기준(NFTC 103B)에 따른다.
현장 점검결과 지하 저수조 주된 수원의 양은 330 m³, 보조수원(옥상)의 양은 110 m³이었다.

 1. 수원의 양 계산
   ① 헤드선단의 방사압력 $P = 0.36$ MPa
   ② 주된 수원의 양 $Q = 12 \times K\sqrt{10P} \times 60 = 12 \times 240 \times \sqrt{10 \times 0.36} \times 60 \times 10^{-3} = 327.86 \text{m}^3$
   ③ 보조수원의 양 : $327.86 \times \dfrac{1}{3} = 109.29 \text{m}^3$

2. 점검결과 판단
   ① 양호
   ② 양호

화재조기진압용 스프링클러헤드의 최소방사압력(MPa)

최대층고	최대저장 높이	화재조기진압용 스프링클러헤드				
		K = 360 하향식	K = 320 하향식	K = 240 하향식	K = 240 상향식	K = 200 하향식
13.7 m	12.2 m	0.28	0.28	–	–	–
13.7 m	10.7 m	0.28	0.28	–	–	–
12.2 m	10.7 m	0.17	0.28	0.36	0.36	0.52
10.7 m	9.1 m	0.14	0.24	0.36	0.36	0.52
9.1 m	7.6 m	0.10	0.17	0.24	0.24	0.34

문제 **17** 물분무소화설비의 화재안전기술기준 및 물분무소화설비 점검표를 참고하여 각 물음에 답하시오. (13점)

(1) 다음은 6-F. 물분무헤드 점검항목과 현장 공칭전압에 따른 물분무헤드의 이격거리를 나타낸 것이다. 〈표2〉를 보고 〈표1〉의 점검결과를 양호 또는 불량으로 판단하고, 판단의 근거가 되는 화재안전기술기준을 답안지에 쓰시오. (5점)

〈표1〉 6-F. 물분무헤드 점검항목

번호	점검항목	점검결과
6-F-003	전기절연 확보 위한 전기기기와 헤드 간 거리 적정 여부	

〈표2〉 현장 공칭전압에 따른 물분무헤드의 이격거리

전압(kV)	거리(cm)	전압(kV)	거리(cm)
66	72	170	180
72	84	220	230
110	120	365	280
154	150		

풀이&답

1. 점검결과 판단 : 양호
2. 판단의 근거가 되는 화재안전기준

전압(kV)	거리(cm)	전압(kV)	거리(cm)
66 이하	70 이상	154 초과 181 이하	180 이상
66 초과 77 이하	80 이상	181 초과 220 이하	210 이상
77 초과 110 이하	110 이상	220 초과 275 이하	260 이상
110 초과 154 이하	150 이상		

(2) 다음은 물분무소화설비 점검표 상 감시제어반의 점검항목을 나타낸 것이다. 표의 번호 ①~④에 알맞은 답을 쓰시오. (4점)

번호	점검항목	점검결과
6-J-011	펌프 작동 여부 확인 표시등 및 음향경보장치 정상작동 여부	
6-J-012	펌프 별 자동·수동 전환스위치 정상작동 여부	
6-J-013	①	
6-J-014	②	
6-J-015	③	
6-J-016	각 확인회로 별 도통시험 및 작동시험 정상작용 여부	
6-J-017	예비전원 확보 유무 및 시험 적합 여부	
6-J-018	④	

풀이&답

① 펌프 별 수동기동 및 수동중단 기능 정상작동 여부
② 상용전원 및 비상전원 공급 확인 가능 여부(비상전원 있는 경우)
③ 수조·물올림탱크 저수위 표시등 및 음향경보장치 정상작동 여부
④ 감시제어반 전용실 적정 설치 및 관리 여부

(3) 아래의 점검항목에 대해 현장조건을 이용하여 필요한 물분무소화설비 최소 수원의 양(m^3)을 계산하고 법적인 사항을 검토하여 점검결과가 양호 또는 불량인지 여부를 판단하고 그 이유를 설명하시오. (4점)

번호	점검항목	점검결과
6-A-001	수원의 유효수량 적정 여부(겸용설비 포함)	

[현장조건]
- 특수가연물을 저장·취급하는 부분의 바닥면적이 40 m²
- 케이블 트레이, 케이블 덕트 등 투영된 바닥면적은 50 m²
- 절연유 봉입 변압기의 바닥부분을 제외한 표면적을 합한 면적은 40 m²
- 소화 저수조의 용량 확인결과 : 35 m³

[풀이&답]
1. 최소 수원의 양 계산
   ① 특수가연물을 저장·취급하는 부분 : 50 m² × 10 L/min·m² × 20분 = 10 m³
   ② 케이블 트레이, 케이블 덕트 : 50 m² × 12 L/min·m² × 20분 = 12 m³
   ③ 절연유 봉입 변압기 : 40 m² × 10 L/min·m² × 20분 = 8 m³
   ④ 최소 수원의 양 합계 : 10 + 12 + 8 = 30 m³
2. 점검결과 판단 및 이유
   ① 판단 : 양호
   ② 이유 : 계산한 최소 수원의 양 합계 30 m³ 보다 소화 저수조의 용량이 35 m³로 더 많이 저수되어 있으므로 양호하다.

문제 18 포 소화설비의 화재안전기준 및 포소화설비 점검표에 대한 각 물음에 답하시오.

(1) 포소화설비 점검표에 대한 물음에 답하시오.

1) 표의 번호 ① ~ ③에 알맞은 답을 쓰시오. (3점)

8-G. 저장탱크

번호	점검항목	점검결과
8-G-001	①	
8-G-002	②	
8-G-003	③	
8-G-004	④ 포소화약제 저장량의 적정 여부	

[풀이&답]
① 포 약제 변질 여부
② 액면계 또는 계량봉 설치상태 및 저장량 적정 여부
③ 그라스게이지 설치 여부(가압식이 아닌 경우)

2) 위험물을 저장하는 창고(가로 20m, 세로 10m)에 포소화설비가 설치되어 있는 현장을 점검중에 있다. 소방시설관리사가 현장 조건을 참고하여 포소화약제 저장량을 산출하고 상기표의 ④ 포소화약제 저장량의 적정 여부를 판단하고 그 이유를 쓰시오.(단, 판단은 양호 또는 불량으로 한다)

[현장조건]
- 포소화약제의 원액은 3% 수성막포를 사용
- 포헤드가 설치되어 있다.
- 포헤드 1개의 표준 방사량은 68L/min
- 포헤드의 수량은 28개가 설치되어 있다.
- 포소화설비의 자동식 기동장치로 폐쇄형스프링클러헤드를 설치하였으며, 수량은 12개
- 약제탱크의 저장량은 600L이다.

풀이&답
1. 포소화약제 저장량 산출
   저장량 = 28개 × 68 L/min × 10분 × 0.03 = 571.2 L
2. 적정 여부 판단
   판단 : 양호
   이유 : 약제탱크의 저장량(600 L)이 산출한 저장량(571.2 L)보다 많으므로 양호하다.

3) 2)의 현장조건을 참고하여 폐쇄형스프링클러헤드의 최소 수량을 산출하고 폐쇄형스프링클러헤드 설치 적정 여부를 판단하시오.

풀이&답
1. 폐쇄형스프링클러헤드의 최소 수량 = $\dfrac{20\,\text{m} \times 10\,\text{m}}{20\,\text{m}^2}$ = 10개
2. 적정여부 판단 : 양호(산출수량인 10개보다 설치수량이 12개로 더 많기 때문에 양호하다)

(2) 아래의 표에서 8-E-004 점검항목의 점검결과를 판단하는데 적용하는 포소화설비의 화재안전기준을 쓰시오.

8-E. 배관 등

번호	점검항목	점검결과
8-E-004	순환배관 설치(설치위치·배관구경, 릴리프밸브 개방압력) 적정 여부	

풀이&답 가압송수장치의 체절운전시 수온의 상승을 방지하기 위하여 체크밸브와 펌프사이에서 분기한 구경 20 mm 이상의 배관에 체절압력 미만에서 개방되는 릴리프밸브를 설치하여야 한다.

문제 19 특별피난계단의 계단실 및 부속실 제연설비의 점검에 대한 각 물음에 답하시오.

(1) 아래의 점검표에서 '25-F-002 자동폐쇄장치 폐쇄력 적정 여부'를 확인하기 위해 알아야 하는 「자동폐쇄장치의 성능인증 및 제품검사의 기술기준」 제5조(기능시험) 제1항 출입문용 및 제2항 창문용 적합기준을 나타낸 것이다. 괄호 안의 번호에 알맞은 내용을 쓰시오.

25-F. 재연구역의 출입문

번호	점검항목	점검결과
25-F-001	폐쇄상태 유지 또는 화재 시 자동폐쇄 구조 여부	
25-F-002	**자동폐쇄장치 폐쇄력 적정 여부**	

> 제5조(기능시험)
> ① 출입문용은 다음 각 호에 적합하여야 한다.
>   1. 최대 크기의 문이 닫힐 때 필요한 힘은 제조업체가 제시한 (①)이내 이어야 한다.
>   2. 설치된 문이 완전히 닫히는 시간은 (②)이어야 한다.
>   3. 정지상태(문이 개방되어 유지되는 상태)를 수동으로 해제하는데 필요한 힘은 (③)이어야 한다.
> ② 창문용은 다음 각 호에 적합하여야 한다.
>   1. 문을 열 때 필요한 힘은 (④)이어야 한다.
>   2. 설치된 문이 완전히 닫히는 시간은 (⑤)이어야 한다.
>   3. 개폐저항값은 신청자가 제시하는 설계값 이내이어야 한다.
>   4. 정지상태(문이 개방되어 유지되는 상태)를 수동으로 해제하는데 소요되는 힘은 (⑥)이어야 한다.
>   5. 작동신호가 유지되거나 전원이 차단되어 문이 닫힌 후에도 수동으로 열 수 있는 구조인 경우 문을 열 때 소요되는 힘은 (⑦) 이어야 한다.

풀이&답 ① 폐쇄력설계값 ② 10초 이내 ③ 80 뉴턴 이하 ④ 60 뉴턴 이하
⑤ 10초 이내 ⑥ 80 뉴턴 이하 ⑦ 60 뉴턴 이상

(2) 25-H-002 점검결과 소방시설관리사가 불량 판정을 하였다. 불량 판정의 근거가 되는 화재안전기술기준(NFTC 501A) 4가지를 쓰시오.

25-H. 제어반

번호	점검항목	점검결과
25-H-001	비상용 축전지의 정상 여부	양호(○)
25-H-002	제어반 감시 및 원격조작 기능 적정 여부	불량(×)

풀이&답 ① 급기용 댐퍼의 개폐에 대한 감시 및 원격조작기능
② 배출댐퍼 또는 개폐기 작동여부에 대한 감시 및 원격조작기능
③ 급기송풍기와 유입공기의 배출용 송풍기(설치한 경우에 한한다)의 작동여부에 대한 감시 및 원격조작기능
④ 제연구역의 출입문의 일시적인 고정개방 및 해정에 대한 감시 및 원격조작기능

문제 20 소화용수설비가 설치되어 있는 특정소방대상물을 점검하려고 한다. 각 물음에 답하시오.

〈표1〉 소화용수설비 점검표 중 23-A. 소화수조 및 저수조

번호	점검항목	점검결과
23-A-001	[수원] 수원의 유효수량 적정 여부	
23-A-011 23-A-012 23-A-013	[흡수관투입구] 소방차 접근 용이성 적정 여부 **크기 및 수량 적정 여부** **"흡수관 투입구"표지 설치 여부**	

번호	점검항목	점검결과
23-A-021	[채수구] 소방차 접근 용이성 적정 여부	
23-A-022	결합금속구 적정 여부	
23-A-023	**채수구 수량 적정 여부**	
23-A-024	개폐밸브의 조작 용이성 여부	

〈표2〉 현장조건

[현장조건]
· 지하2층, 지상4층의 특정소방대상물이다.
· 바닥면적은 지하2층 6,000 m², 지하1층 5,000 m², 지상1층~4층은 각각 12,000 m²임
· 점검 결과 소화수조의 저수량 180 m³, 채수구 3개

[물음]
(1) 〈표2〉 현장조건을 참고하여 소화수조의 최소 저수량(m³)을 산출하고 〈표1〉 23-A-001 수원의 유효수량 적정 여부를 이유를 쓰고 판단하시오.(단, 판단은 양호 또는 불량으로 한다.)

> **풀이&답** 1. 소화수조의 최소 저수량
> ① 연면적 : 6,000 m² + 5,000 m² + 12,000 m² × 4개층 = 59,000 m²
> ② 지상 1층, 2층의 바닥면적의 합계 : 12,000 m² × 2개층 = 24,000 m² 이므로 기준면적은 7,500 m²
> ③ 소화수조의 저수량 : $\dfrac{59{,}000\,\text{m}^2}{7{,}500\,\text{m}^2} = 7.87 = 8 \times 20\,\text{m}^3 = 160\,\text{m}^3$
> 2. 수원의 유효수량 적정 여부 판단
> ① 이유 : 점검 결과 소화수조의 저수량(180 m³)이 산출한 소화수조의 최소 저수량(160 m³) 보다 크므로 적합하다.
> ② 판단 : 양호

(2) 물음1)의 계산결과를 토대로 〈표1〉 23-A-023 채수구 수량 적정 여부를 판단하고 그 이유를 설명하시오.

> **풀이&답** ① 판단 : 양호
> ② 이유 : 저수량이 160 m³으로 소요수량 100 m³ 이상에 해당하므로 채수구 수량은 3개, 점검결과 채수구 수량이 3개이므로 양호하다.

(3) 〈표1〉 [흡수관투입구] 23-A-012 크기 및 수량 적정 여부 및 23-A-013 "흡수관 투입구" 표지 설치 여부의 점검결과를 판단하는데 적용하는 화재안전기술기준을 쓰시오.

> **풀이&답** 지하에 설치하는 소화용수설비의 흡수관투입구는 그 한 변이 0.6 m 이상이거나 직경이 0.6 m 이상인 것으로 하고, 소요수량이 80 m³ 미만인 것은 1개 이상, 80 m³ 이상인 것은 2개 이상을 설치하여야 하며, "흡수관투입구"라고 표시한 표지를 할 것

문제 21 자동화재속보설비의 속보기의 성능인증 및 제품검사의 기술기준 내용의 일부를 나타낸 것이다. 각 물음에 답하시오.

(1) 괄호 안의 번호에 알맞은 답을 쓰시오.

> 제5조(기능) 속보기는 다음에 적합한 기능을 가져야 한다.
> - 작동신호를 수신하거나 수동으로 동작시키는 경우 (①)에 소방관서에 자동적으로 신호를 발하여 통보하되, (②) 속보할 수 있어야 한다.
> - 주전원이 정지한 경우에는 자동적으로 (③)으로 전환되고, 주전원이 정상상태로 복귀한 경우에는 자동적으로 (③)에서 주전원으로 전환되어야 한다.
> - (③)은 자동적으로 충전되어야 하며 자동과충전방지장치가 있어야 한다.
> - 화재신호를 수신하거나 속보기를 수동으로 동작시키는 경우 자동적으로 (④)이 점등되고 음향장치로 화재를 경보하여야 하며 화재표시 및 경보는 수동으로 복구 및 정지시키지 않는 한 지속되어야 한다.
> - 연동 또는 수동으로 소방관서에 화재발생 음성정보를 속보 중인 경우에도 송수화장치를 이용한 통화가 우선적으로 가능하여야 한다.
> - 예비전원을 병렬로 접속하는 경우에는 (⑤) 방지 등의 조치를 하여야 한다.
> - 예비전원은 감시상태를 60분간 지속한 후 10분이상 동작(화재속보후 화재표시 및 경보를 10분간 유지하는 것을 말한다)이 지속될 수 있는 용량이어야 한다.
> - 속보기는 연동 또는 수동 작동에 의한 다이얼링 후 소방관서와 전화접속이 이루어지지 않는 경우에는 최초 다이얼링을 포함하여 (⑥) 반복적으로 접속을 위한 다이얼링이 이루어져야 한다. 이 경우 매회 다이얼링 완료 후 호출은 (⑦) 이상 지속되어야 한다.
> - 속보기의 (⑧)가 정상위치가 아닌 경우에도 연동 또는 수동으로 속보가 가능하여야 한다.

풀이&답
① 20초 이내 ② 3회 이상
③ 예비전원 ④ 적색 화재표시등
⑤ 역충전 ⑥ 10회 이상
⑦ 30초 ⑧ 송수화장치

(2) 제10조(절연저항시험) 기준을 쓰시오.

풀이&답
① 절연된 충전부와 외함간의 절연저항은 직류 500 V의 절연저항계로 측정한 값이 5 MΩ(교류입력측과 외함간에는 20 MΩ) 이상이어야 한다.
② 절연된 선로간의 절연저항은 직류 500 V의 절연저항계로 측정한 값이 20 MΩ 이상이어야 한다.

(3) 제11조(절연내력시험) 기준을 쓰시오.

풀이&답 제10조의 규정에 의한 시험부의 절연내력은 60 Hz의 정현파에 가까운 실효전압 500 V(정격전압이 60 V를 초과하고 150 V 이하인 것은 1,000 V, 정격전압이 150 V를 초과하는 것은 그 정격전압에 2를 곱하여 1000을 더한 값)이 교류전압을 가하는 시험에서 1분간 견디는 것이어야 하며, 기능에 이상이 생기지 아니하여야 한다.

문제 22 감지기의 형식승인 및 제품검사의 기술기준에 대한 각 물음에 답하시오. (10점)

(1) 제4조(감지기의 형식) 제2항 감지기의 형식별 특성에서 다음의 감지기를 설명하시오. (3점)

아날로그식	①
다신호식	②
축적형	③

풀이&답

아날로그식	① 주위의 온도 또는 연기의 양의 변화에 따른 화재정보신호값을 출력하는 방식의 감지기
다신호식	② 가. 각 서로 다른 종별 또는 감도 등의 기능을 갖춘 것으로서 일정시간 간격을 두고 각각 다른 2개 이상의 화재신호를 발하는 감지기를 말한다. 나. 동일 종별 또는 감도를 갖는 2개이상의 센서를 통해 감지하여 화재신호를 각각 발신하는 감지기를 말한다.
축적형	③ 일정농도·온도 이상의 연기 또는 온도가 일정 시간(공칭축적시간) 연속하는 것을 전기적으로 검출함으로써 작동하는 감지기(다만, 단순히 작동시간만을 지연시키는 것은 제외한다)

(2) 제8조(비화재보방지)의 일부 내용을 나타낸 것이다. 괄호 안의 번호에 알맞은 답을 쓰시오. (4점)

- 감지기는 다음 각 호에 대하여 시험하는 경우 작동하지 않아야 한다.
  1. 주위온도 (①)℃인 조건을 유지하며 상대습도 (②) %에서 (③) %인 상태로 급격하게 3회 변경 투입을 반복하는 경우
  2. 감지기를 분당 (④)의 비율로 순간적인 감지기 공급전원의 차단을 반복하는 경우
- 광전식 기능을 가진 감지기는 제1항 및 다음 각 호에 노출되는 경우 경우에 작동하지 않아야 한다.
  1. 백열램프
  2. (⑤)
- 이온화식 기능을 가진 감지기는 제1항 및 기류를 가하는 경우에 작동하지 않아야 한다.
- 불꽃식 기능을 가진 감지기는 제1항 및 다음 각 호에 노출 및 인가되는 경우에 작동하지 않아야 한다.
  1. (⑥)
  2. 할로겐램프
  3. 직사 및 반사된 태양광
  4. (⑦)
  5. (⑧)
  6. 그 밖의 외광
  7. 흔들리는 주황색의 천(영상분석식에 한함)

풀이&답 ① (23 ± 2) ② (20 ± 5) ③ (90 ± 5) ④ 6회
⑤ 크세논램프 ⑥ 형광램프 ⑦ 아크용접 불꽃 ⑧ 충격파전압)

(3) 괄호 안의 번호에 알맞은 답을 쓰시오. (3점)

> 제11조(주위온도시험)
> 감지기의 주위온도시험은 다음 각 호 1의 규정에 의하여 시험할 경우 기능에 이상이 생기지 아니하여야 한다.
> 1. (①)이 있는 감지기는 –(10 ± 2) ℃에서 공칭작동온도(2 이상 공칭작동온도를 갖는 것에 있어서는 가장 낮은 공칭작동온도, 이하 제25조에서 같다)보다 (20 ± 2) ℃ 낮은 온도까지의 주위온도시험.
> 2. (②)는 –(10 ± 2) ℃에서 공칭감지온도 범위의 상한값보다 (20 ± 2) ℃ 낮은 온도까지의 주위온도시험.
> 3. (③)는 –(20 ± 2) ℃에서 (50 ± 2) ℃까지의 주위온도시험
> 4. 그 밖의 감지기는 –(10 ± 2) ℃에서 (50 ± 2) ℃까지의 주위온도시험

풀이&답
① 정온식 성능
② 아날로그식으로 정온식감지기
③ 불꽃감지기

문제 23
캐비닛형자동소화장치의 형식승인 및 제품검사의 기술기준이다. 괄호 안의 번호에 알맞은 답을 쓰시오. (3점)

> 제20조(방사성능)
> 자동소화장치는 정상적으로 작동하는 경우 다음 각 호에 적합하여야 한다.
> 1. 작동 후 신속하게 방호구역에 소화약제를 유효하게 방사하여야 한다.
> 2. 충전된 소화약제의 용량 또는 중량의 (①) 이상을 방사하여야 한다.
> 3. 방사시간은 이산화탄소 및 불활성기체는 (②)이내, 할로겐화합물은 (③)이내 이어야 한다.

풀이&답
① 85%
② 60초
③ 10초

문제 24
비상문자동개폐장치의 성능인증 및 제품검사의 기술기준에 대한 각 물음에 답하시오.
(1) 비상문자동개폐장치의 용어 정의를 쓰시오.

풀이&답 비상문에 설치하는 개폐장치(전기·전자 도어록)로서 외부신호(자동화재탐지설비의 화재신호 또는 수동조작신호)에 의하여 자동적으로 개방시키는 장치를 말한다.

(2) 괄호 안의 번호에 알맞은 답을 쓰시오.

> 제4조(작동시험)
> 자동개폐장치는 (①) 이내에 개폐부가 개방되어야 하며, 의도된 복귀신호나 인위적 조작 없이는 개방상태를 유지하여야 하고 개방된 경우 개방상태를 확인할 수 있어야 한다. 이 경우 시험방법은 다음 각 호를 따른다.
> 1. 제어함과 수신기의 출력부(②)를 연결하고 제어함에 주전원을 공급할 것
> 2. 수신기에서 화재신호를 보낼 것
> 3. 이때 수신기에서 제어함으로 송신하는 화재신호 전압은 (③)와 (④)를 각각 사용할 것
> 4. 자동개폐장치가 화재신호를 수신한 때부터 개폐부가 개방될 때까지의 시간을 초 단위까지 측정할 것
> 5. (⑤) 이후 개폐부의 개방상태를 쉽게 확인할 수 있는지 관찰할 것

풀이&답 ① 5초 ② 경종 또는 전용신호선 ③ DC 24V ④ 맥류 24V ⑤ 5초

문제 25 가스관선택밸브의 형식승인 및 제품검사의 기술기준에 대한 각 물음에 답하시오.

(1) 가스관선택밸브의 종류에는 아래의 표와 같이 3가지가 있다. 이에 대한 용어의 정의를 쓰시오.

피스톤릴리스	①
솔레노이드식 작동장치	②
모터식 작동장치	③

풀이&답

피스톤릴리스	① 실린더에 공급된 기동용가스가 일정압력에 도달하면 피스톤을 작동시켜 일시적으로 방출되는 구조의 기계적 장치
솔레노이드식 작동장치	② 전자석의 자력을 이용하여 밸브시트를 여는 전기적 장치
모터식 작동장치	③ 전기 모터의 구동력을 이용하여 밸브시트를 여는 장치

(2) 기밀시험에 대한 표의 번호에 알맞은 답을 쓰시오.

선택밸브의 밸브시트는 닫힌 상태에서 다음 표에 해당하는 압력을 공기압 또는 질소압으로 5분간 가하는 경우에 누설되지 아니하여야 한다.

구 분	시험압력
가스계소화설비용	①
분말소화설비용	②

풀이&답

구 분	시험압력
가스계소화설비용	① 사용압력범위 최대값의 1.2배
분말소화설비용	② 사용압력범위의 최대값

사용압력 범위
해당 선택밸브가 사용되는 소화설비의 작동시, 소화약제 저장용기에서 배관설비에 가해지는 조정압력범위를 말한다.

(3) 솔레노이드식 작동장치 및 모터식 작동장치에 대한 절연저항시험기준을 쓰시오.

[풀이&답] 솔레노이드식 작동장치 및 모터식 작동장치는 가동코일부(개폐부)와 비충전 금속부사이의 절연저항이 5 MΩ 이상이어야 한다.

소방시설관리사 2차

4편
점검실무행정 기출문제

제7회 점검실무행정 기출문제

2004. 10. 31

01 ★★★

스프링클러설비 중 준비작동식(프리액션)밸브의 작동방법, 점검방법을 순차적으로 설명하시오. 특히 준비작동식밸브의 작동방법, 복구방법에 관하여는 구체적으로 기술하시오. 단, 준비작동식밸브의 1, 2차배관 양쪽에 개폐밸브가 모두 설치된 것으로 가정 (30점)

풀이&답

(1) 작동방법
  ① 준비작동식밸브를 수신반에서 수동으로 작동시키기 위하여 설치 된 방호구역별 개방스위치를 작동시키는 방법
  ② 준비작동식밸브 부근에 설치된 슈퍼비조리패널의 수동식 누름스위치를 작동시키는 방법
  ③ 준비작동식밸브의 중간챔버에 설치된 수동기동밸브를 개방하는 방법

(2) 작동순서
  ① 2차측 제어밸브 잠금
  ② 감지기 1개회로 작동 : 경보장치 작동, 감지기 2개회로 작동 : 전자개방밸브 개방
  ③ 프리액션 밸브의 중간챔버 압력저하 → 푸시로드(Push Rod)후진 → 레버후진 → 클래퍼 개방
  ④ 2차측 제어밸브까지 송수
  ⑤ 경보상태 확인
  ⑥ 펌프 자동 기동 상태 및 압력 유지 확인

(3) 작동 후 조치
  ① 배수
    ㉠ 1차측 제어밸브 및 중간챔버 급수용 볼밸브 잠금
    ㉡ 배수밸브 및 수동기동밸브 개방 배수
    ㉢ 제어반을 복구 경보 및 펌프기동정지 확인
  ② 복구
    ㉠ 복구레버 반시계 방향으로 돌려 클래퍼 폐쇄(소리로 확인)
    ㉡ 배수밸브 및 수동기동밸브 잠금
    ㉢ 중간챔버 급수용 볼밸브 개방 → 중간챔버에 급수 → 압력계(중간챔버용) 압력 지시 확인
    ㉣ 1차측 제어밸브 서서히 개방
    ㉤ 중간챔버 급수용볼밸브 잠금
    ㉥ 수신반(제어반)의 스위치 상태 등이 정상적인지 확인
    ㉦ 2차측 제어밸브 서서히 개방

(4) 경보장치 작동시험
  ① 2차측 제어밸브 잠금
  ② 경보시험밸브 개방
    ㉠ 압력스위치 연동   ㉡ 경보장치 작동
  ③ 경보 확인 후 경보시험밸브 잠금
  ④ 자동배수밸브 버튼 누름(수동 개방) → 배수 및 복구
  ⑤ 제어반 스위치 상태 확인
  ⑥ 2차측 제어밸브 서서히 개방

02 ★★★

지하층을 제외한 11층 건물의 비상콘센트설비의 종합정밀점검을 실시하려 한다. 비상콘센트설비의 화재안전기준에 의거하여 다음 각 물음에 답하시오. (40점)

(1) 원칙적으로 설치 가능한 비상전원 2종류
(2) 전원회로별 공급용량 2종류
(3) 층별 비상콘센트 5개씩 설치되어 있다면 전원회로의 최소회로수
(4) 비상콘센트의 바닥으로부터 설치높이
(5) 보호함의 설치기준 3가지

(1) 원칙적으로 설치 가능한 비상전원 2종류
자가발전설비, 비상전원수전설비, 축전지설비, 전기저장장치
(2) 전원회로별 공급용량 2종류
3상교류의 경우 3[kVA] 이상인 것과 단상교류의 경우 1.5[kVA] 이상인 것
※ 〈개정 2013.9.3.〉 비상콘센트설비의 전원회로는 단상교류 220 V인 것으로서, 그 공급용량은 1.5 kVA 이상인 것
(3) 층별 비상콘센트 5개씩 설치되어 있다면 전원회로의 최소회로수 : 2회로
(4) 비상콘센트의 바닥으로부터 설치높이
바닥으로부터 높이 0.8[m]이상 1.5[m]이하
(5) 보호함의 설치기준 3가지
① 보호함에는 쉽게 개폐할 수 있는 문을 설치할 것
② 보호함 표면에 "비상콘센트"라고 표시한 표지를 할 것
③ 보호함 상부에 적색의 표시등을 설치할 것. 다만, 비상콘센트의 보호함을 옥내소화전함 등과 접속하여 설치하는 경우에는 옥내소화전함 등의 표시등과 겸용할 수 있다.

03 ★★★★★

소방시설 등의 자체점검에 있어서 작동기능점검과 종합정밀점검의 대상, 점검자의 자격, 점검횟수를 기술하시오. (30점)

1. 작동기능점검
   (1) 점검대상
   작동기능점검은 영 제5조에 따른 특정소방대상물을 대상으로 한다. 다만, 다음의 어느 하나에 해당하는 특정소방대상물은 제외한다.
   ① 위험물 제조소등과 영 별표 5에 따라 소화기구만을 설치하는 특정소방대상물
   ② 영 제22조제1항제1호에 해당하는 특정소방대상물
   (2) 점검자의 자격
   작동기능점검은 해당 특정소방대상물의 관계인·소방안전관리자 또는 소방시설관리업자(소방시설관리사를 포함하여 등록된 기술인력을 말한다)가 점검할 수 있다. 이 경우 소방시설관리업자 또는 소방안전관리자로 선임된 소방시설관리사 및 소방기술사가 점검하는 경우에는 별표 2에 따른 점검인력 배치기준을 따라야 한다.
   (3) 점검횟수 : 작동기능점검은 연 1회 이상 실시한다.

2. 종합정밀점검
   (1) 점검대상
   종합정밀점검은 다음의 어느 하나에 해당하는 특정소방대상물을 대상으로 한다.
   1) 스프링클러설비 또는 물분무등소화설비(호스릴방식의 물분무등소화설비만을 설치한 경우는 제외)가 설치된 연면적 5,000[m^2] 이상인 특정소방대상물(위험물 제조소등은 제외한다). 다만, 아파트는 연면적 5,000[m^2] 이상이고 11층 이상인 것만 해당한다.
   2) 「다중이용업소의 안전관리에 관한 특별법 시행령」 제2조제1호나목, 같은 조 제2호(비디오물소극장업은 제외한다) · 제6호 · 제7호 · 제7호의2 및 제7호의5의 다중이용업의 영업장이 설치된 특정소방대상물로서 연면적이 2,000[m^2] 이상인 것

「다중이용업소의 안전관리에 관한 특별법 시행령」 제2조제1호나목, 같은 조 제2호(비디오물소극장업은 제외한다) · 제6호 · 제7호 · 제7호의2 및 제7호의5의 다중이용업의 영업장
1. 식품접객업 중 다음 각 목의 어느 하나에 해당하는 것
   나. **단란주점영업과 유흥주점영업**
2. **영화상영관 · 비디오물감상실업 · 복합영상물제공업**
6. **노래연습장업**
7. **산후조리업**
   7의2. **고시원업**[구획된 실(室) 안에 학습자가 공부할 수 있는 시설을 갖추고 숙박 또는 숙식을 제공하는 형태의 영업]
   7의5. **안마시술소**

   3) 제연설비가 설치된 터널
   4) 「공공기관의 소방안전관리에 관한 규정」 제2조에 따른 공공기관 중 연면적(터널 · 지하구의 경우 그 길이와 평균폭을 곱하여 계산된 값을 말한다)이 1,000[m^2] 이상인 것으로서 옥내소화전설비 또는 자동화재탐지설비가 설치된 것. 다만, 「소방기본법」 제2조제5호에 따른 소방대가 근무하는 공공기관은 제외한다.
   (2) 점검자의 자격 : 종합정밀점검을 실시할 수 있는 자의 자격은 다음과 같다.
   소방시설관리업자 또는 소방안전관리자로 선임된 소방시설관리사 및 소방기술사가 실시할 수 있다. 이 경우 별표 2에 따른 점검인력 배치기준을 따라야 한다.
   (3) 점검횟수 : 종합정밀점검의 점검횟수는 다음과 같다.
   1) 연 1회 이상(영 제22조제1항제1호에 해당하는 특정소방대상물의 경우에는 반기에 1회 이상) 실시한다.
   2) 1)에도 불구하고 소방본부장 또는 소방서장은 소방청장이 소방안전관리가 우수하다고 인정한 특정소방대상물에 대해서는 3년의 범위에서 소방청장이 고시하거나 정한 기간 동안 종합정밀점검을 면제할 수 있다. 다만, 면제기간 중 화재가 발생한 경우는 제외한다.

제8회 점검실무행정 기출문제

2005. 7. 3

01 ★★

방화구획의 기준에 대하여 쓰시오. (30점)

(1) 10층 이하의(층 면적 단위) 구획 [m²] (자동식소화설비 설치 시와 그렇지 않은 경우) (8점)

(2) 자동식소화설비가 설치된 11층 이상(층 면적 단위) 구획 [m²] (벽 및 반자의 실내의 접하는 부분의 마감을 불연재료로 사용한 경우와 그렇지 않은 경우) (8점)

(3) 층 단위 구획 (8점)

(4) 용도 단위 구획 (6점)

(1) 자동식소화설비 설치 시 : 3,000[m²]이내, 그렇지 않은 경우 : 1,000[m²]이내
(2) 불연재료로 사용한 경우 : 1,500[m²]이내, 그렇지 않은 경우 : 600[m²]이내
(3) 3층 이상의 층과 지하층은 층마다 구획할 것
(4) 주요구조부를 내화구조로 하여야 하는 대상 부분과 기타부분 사이의 구획

건축물의 피난·방화구조 등의 기준에 관한 규칙 제14조
제14조(방화구획의 설치기준)
① 영 제46조에 따라 건축물에 설치하는 방화구획은 다음 각호의 기준에 적합하여야 한다.
〈개정 2019.8.6.〉
1. 10층 이하의 층은 바닥면적 1천제곱미터(스프링클러 기타 이와 유사한 자동식 소화설비를 설치한 경우에는 바닥면적 3천제곱미터)이내마다 구획할 것
2. 매 층마다 구획할 것. 다만, 지하 1층에서 지상으로 직접 연결하는 경사로 부위는 제외한다.
3. 11층 이상의 층은 바닥면적 200제곱미터(스프링클러 기타 이와 유사한 자동식 소화설비를 설치한 경우에는 600제곱미터)이내마다 구획할 것. 다만, 벽 및 반자의 실내에 접하는 부분의 마감을 불연재료로 한 경우에는 바닥면적 500제곱미터(스프링클러 기타 이와 유사한 자동식 소화설비를 설치한 경우에는 1천500제곱미터)이내마다 구획하여야 한다.

02 ★★★

유도등에 대한 다음 물음에 대하여 기술하시오. (30점)

(1) 유도등의 평상시 점등상태 (6점)

(2) 예비전원감시등이 점등되었을 경우의 원인 (12점)

(3) 3선식 유도등이 점등되어야 하는 경우의 원인 (12점)

풀이&답 (1) 유도등의 평상시 점등상태
유도등은 전기회로에 점멸기를 설치하지 아니하고 항상 점등상태를 유지할 것.
(2) 예비전원감시등이 점등되었을 경우의 원인
① 예비전원 축전지가 불량인 경우
② 예비전원 충전부가 불량인 경우
③ 예비전원 연결 커넥터(connector)가 분리된 경우
(3) 3선식 유도등이 점등되어야 하는 경우의 원인
① 자동화재탐지설비의 감지기 또는 발신기가 작동되는 때
② 비상경보설비의 발신기가 작동되는 때
③ 상용전원이 정전되거나 전원선이 단선되는 때
④ 방재업무를 통제하는 곳 또는 전기실의 배전반에서 수동으로 점등하는 때
⑤ 자동소화설비가 작동되는 때

03 ★★★

다음 각 설비의 구성요소에 대한 점검항목 중 소방시설종합정밀점검표의 내용에 따라 답하시오. (40점)

(1) 옥내소화전설비의 구성요소 중 하나인 '수조'의 점검항목 5항목을 기술하시오. (10점)
(2) 스프링클러설비의 구성요소 중 하나인 '가압송수장치'의 점검항목 중 5항목을 기술하시오. (단, 펌프방식임) (10점)
(3) 청정소화설비의 구성요소 중 하나인 '저장용기'의 점검항목 중 5항목을 기술하시오. (10점)
(4) 지하3층, 지상5층, 연면적 5,000[m^2]인 경우 화재층이 아래와 같을 때 경보되는 층을 모두 쓰시오. (10점)
㉮ 지하 2층
㉯ 지상 1층
㉰ 지상 2층

풀이&답 (1) 수조의 점검항목
① 동결방지조치(또는 동결 우려 없는 장소의 환경)상태
② 수위계(또는 수위확인 조치)
③ 수조 외측사다리(바닥보다 낮은 경우 제외)
④ 조명설비(또는 채광상태)
⑤ "옥내소화전용 수조"의 표지 설치상태
(2) 가압송수장치의 점검항목
① 동결방지조치(또는 동결의 우려가 없는 장소의 환경)상태
② 기동스위치 또는 수압개폐장치의 적정여부
③ 펌프성능시험배관 상태(유량계 용량 포함)
④ 펌프 흡입측 연성계(진공계) 및 토출측 압력계 설치상태
⑤ 물올림장치 용량 및 보급수 보충상태
⑥ 물올림장치의 감수시 자동급수 및 저수위 경보작동상태
⑦ 충압펌프 용량·양정 및 표지
⑧ 내연기관의 경우 기동장치 및 축전지 상태

⑨ 가압송수장치의 소화용도 표지
⑩ 가압송수장치가 기동되는 경우 정지의 적정여부 중 5가지를 선택
(3) 저장용기의 점검항목
① 설치장소의 환경 적정 여부(방호구역외 보관시)
② 설치장소의 표지
③ 약제명등 표시의 적정 여부
④ 동일 집합관에 접속되는 저장용기의 충전비 적정 여부
⑤ 충전량 및 충전압력의 확인구조 적정 여부
(4) 경보되는 층

화재 층	경보되는 층
㉮ 지하 2층	지하1층, 지하2층, 지하3층
㉯ 지상 1층	지하1층, 지하2층, 지하3층, 지상1층, 지상2층
㉰ 지상 2층	지상2층, 지상3층

제9회 점검실무행정 기출문제

2006. 7. 2

01 ★★★★

다음 물음에 답하시오. (35점)

(1) 특별피난계단의 계단실 및 부속실의 제연설비의 종합정밀점검표에 나와 있는 점검항목 20가지를 쓰시오. (20점)

(2) 다중이용업소에 설치하여야 하는 소방시설의 종류를 모두 쓰시오. (15점)

풀이&답

(1) 특별피난계단의 계단실 및 부속실 제연설비의 점검항목
　① 과압방지조치 및 유입공기의 배출
　　○ 자동차압과압조절형 급기댐퍼의 설치 또는 플랩댐퍼의 설치 상태 및 기능의 적정여부
　　○ 수직풍도에 의한 배출방식의 경우 수직풍도의 구조 및 배출기능의 적정여부
　② 급기구
　　○ 급기댐퍼의 작동상태의 적정여부
　③ 송풍기
　　○ 급기송풍기의 풍량 및 풍압의 적합여부
　　○ 급기송풍기의 설치상태 및 기능의 적합여부
　　○ 배출용 송풍기의 풍량 및 풍압의 적합여부
　　○ 배출용 송풍기의 설치상태 및 기능의 적합여부
　④ 제연구역의 출입문
　　○ 평상시 자동폐쇄장치에 의한 닫힘 상태 유지 또는 연기감지기에 의한 폐쇄기능의 적합여부
　　○ 개방시 유입공기의 압력에도 불구하고 출입문을 용이하게 닫을 수 있는 폐쇄력이 있는지 여부
　⑤ 수동기동장치
　　○ 수동기동장치의 설치위치 적정여부
　　○ 수동기동장치 조작시 제연구역에 설치된 급기댐퍼의 개방상태 및 당해층의 배출댐퍼 또는 개폐기의 개방상태
　　○ 수동기동장치 조작시 급기송풍기, 배출용송풍기(설치한경우), 출입문의 해정장치 작동상태
　⑥ 제어반
　　○ 비상용축전지의 확보 및 기능의 적합여부
　　○ 제어반의 감시기능 및 원격조작기능의 적합여부
　⑦ 비상전원
　　○ 설치장소 및 기능의 적합여부

(2) 다중이용업소에 설치하여야 하는 소방시설의 종류를 모두 쓰시오.
　가. 소화설비
　　1) 소화기 또는 자동확산소화기
　　2) 간이스프링클러설비(캐비닛형 간이스프링클러설비를 포함한다)

나. 경보설비
　　1) 비상벨설비 또는 자동화재탐지설비
　　2) 가스누설경보기
다. 피난설비
　　1) 피난기구
　　　가) 미끄럼대
　　　나) 피난사다리
　　　다) 구조대
　　　라) 완강기
　　　마) 다수인피난장비
　　　바) 승강식 피난기
　　2) 피난유도선
　　3) 유도등, 유도표지 또는 비상조명등
　　4) 휴대용비상조명등

02 ★★★★

다음 그림은 차동식분포형 공기관식 감지기의 계통도를 나타낸 것이다. 각 물음에 답하시오. (25점)

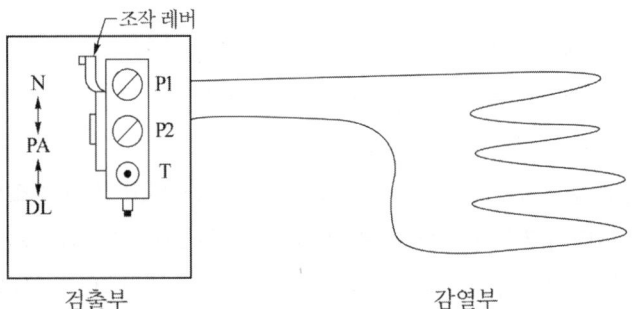

(1) 동작시험방법을 쓰시오. (5점)

(2) 동작에 이상이 있는 경우를 2가지 쓰시오. (20점)

풀이&답 (1) 동작시험방법
　　감지기의 작동에 필요한 공기량을 공기주입시험기로 투입하여 작동하기까지의 시간과 경계구역의 표시가 적정한지 여부를 확인
　　① 검출부의 시험구멍(T)에 공기주입시험기를 접속한다.
　　② 조작레버를 시험 위치로 조정한다.
　　③ 검출부에 표시되어 있는 공기량을 공기관에 투입한다.
　　④ 공기를 투입하고 나서 작동하기까지의 시간을 초시계로 측정한다.

(2) 동작에 이상이 있는 경우
　① 기준치 이상일 경우
　　㉮ 리크저항치가 규정치보다 작다
　　㉯ 공기관의 누설
　　㉰ 공기관 접점의 접촉 불량
　　㉱ 공기관의 길이가 너무 길다
　　㉲ 접점 수고값이 규정치보다 높다
　② 기준치 미달인 경우
　　㉮ 리크저항치가 규정치보다 크다
　　㉯ 접점 수고값이 규정치보다 낮다
　　㉰ 공기관의 길이가 주입량에 비해 짧다
　　㉱ 공기관의 폐쇄, 변형

03 ★★

다음 물음에 각각 답하시오. (40점)

[조건]
　① 수조의 수위보다 펌프가 높게 설치되어 있다.
　② 물올림장치 부분의 부속류를 도시한다.
　③ 펌프 흡입측 배관의 밸브 및 부속류를 도시한다.
　④ 펌프 토출측 배관의 밸브 및 부속류를 도시한다.
　⑤ 성능시험배관의 밸브 및 부속류를 도시한다.

(1) 펌프 주변의 계통도를 그리고 각 기기의 명칭을 표시하고 기능을 설명하시오.(20점)
(2) 충압펌프가 5분마다 기동 및 정지를 반복한다. 그 원인으로 생각되는 사항 2가지를 쓰시오.(10점)
(3) 방수시험을 하였으나 펌프가 기동하지 않았다. 원인으로 생각되는 사항 5가지를 쓰시오.(10점)

풀이&답　(1) 펌프 주변의 계통도, 각 기기의 명칭 및 기능
　　　1) 계통도

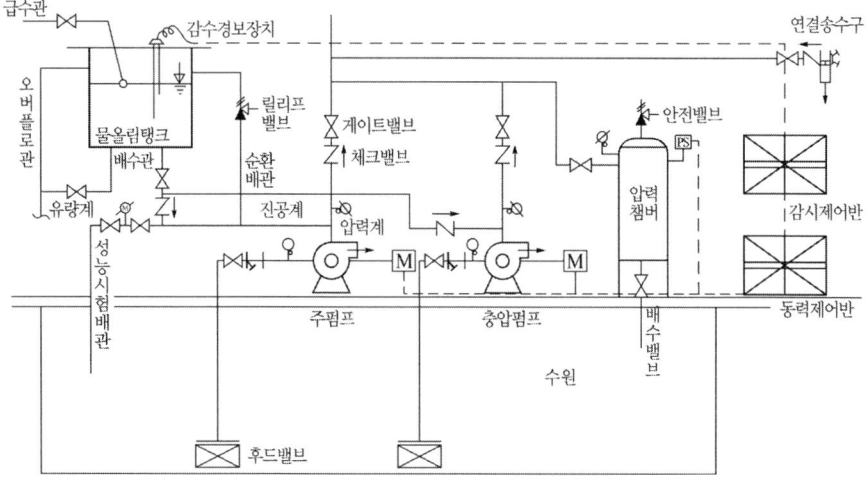

2) 각 기기의 기능
   ① 여과망 : 여과기능
   ② 플렉시블조인트 : 진동전달방지, 신축흡수
   ③ 주펌프 : 소화수에 유속과 압력을 부여
   ④ 압력계 : 펌프의 토출측 수두 측정
   ⑤ 순환배관 : 펌프의 체절운전시 수온 상승 방지
   ⑥ 릴리프밸브 : 체절압력미만에서 개방
   ⑦ 물올림탱크 : 후드밸브 감시, 펌프의 공회전 방지
   ⑧ 체크밸브 : 역류방지
   ⑨ 개폐표시형개폐밸브 : 성능시험시 또는 배관 수리시 유수 차단
   ⑩ 수격방지기 : 펌프의 기동, 정지시 수격 완화
   ⑪ 유량계 : 성능 시험시 펌프의 유량(토출량) 측정
   ⑫ 성능시험배관 : 가압송수장치의 성능시험
   ⑬ 충압펌프 : 배관 내를 상시 충압
   ⑭ 기동용 수압개폐장치(압력챔버) : 펌프의 자동기동 및 정지
(2) 충압펌프의 잦은 기동 원인
   ① 펌프 토출측 체크밸브 2차측 배관의 누수
   ② 펌프 토출측 체크밸브의 미세한 개방으로 인한 역류
   ③ 압력탱크에 설치된 배수밸브의 미세한 개방 또는 누수
   ④ 살수장치(방수구 또는 헤드 등)의 미세한 개방 또는 누수
   ⑤ 스프링클러설비일 경우 유수검지장치 등에 설치된 배수밸브의 미세한 개방 또는 누수
   ⑥ 습식스프링클러설비의 말단시험밸브의 미세한 개방 또는 누수
(3) 방수시험 시 펌프의 미기동 원인
   ① 상용전원의 정전 및 비상전원의 고장(또는 전원의 차단)
   ② 펌프의 고장
   ③ 압력탱크(기동용수압개폐장치)에 설치된 압력스위치의 고장
   ④ 압력탱크용 볼밸브(체크밸브 2차측 배관과 압력탱크 사이에 설치된 밸브)의 폐쇄
   ⑤ 동력제어반(MCC)에 설치된 기동스위치가 "수동(또는 정지)" 위치에 있을 경우
   ⑥ 동력제어반(MCC)의 각종 차단기류 고장
   ⑦ 감시제어반의 펌프 기동용 스위치가 "정지" 위치에 있을 경우
   ⑧ 감시제어반의 고장 또는 예비전원의 고장

제10회 점검실무행정 기출문제
2008. 9. 28

01 ★★★

다음 각 물음에 답하시오.(40점)

(1) 다중이용업소에 설치하는 비상구 위치 기준과 비상구 규격 기준에 대하여 설명하시오.(5점)

(2) 종합정밀점검을 받아야 하는 공공기관의 대상에 대하여 쓰시오.(5점)

(3) 2이상의 특정소방대상물이 연결통로로 연결된 경우 다음 물음에 대하여 답하시오.(30점)

    1) 하나의 소방대상물로 보는 조건 중 내화구조로 벽이 없는 통로와 벽이 있는 통로를 구분하여 쓰시오. (10점)

    2) 위 1)외에 하나의 소방대상물로 볼 수 있는 조건 5가지를 쓰시오.(10점)

    3) 별개의 소방대상물로 볼 수 있는 조건에 대하여 쓰시오.(10점)

(1) 다중이용업소에 설치하는 비상구 위치 기준과 비상구 규격 기준
   ① 설치 위치 :
     비상구는 영업장(2개 이상의 층이 있는 경우에는 각각의 층별 영업장을 말한다. 이하 이 표에서 같다) 주된 출입구의 반대방향에 설치하되, 주된 출입구 중심선으로부터의 수평거리가 영업장의 긴 변 길이의 2분의 1 이상 떨어진 위치에 설치할 것. 다만, 건물구조로 인하여 주된 출입구의 반대방향에 설치할 수 없는 경우에는 영업장의 긴 변 길이의 2분의 1 이상 떨어진 위치에 설치할 수 있다.
   ② 비상구 규격 :
     가로 75센티미터 이상, 세로 150센티미터 이상(비상구 문틀을 제외한 비상구의 가로길이 및 세로길이를 말한다)으로 할 것

(2) 종합정밀점검을 받아야 하는 공공기관의 대상에 대하여 쓰시오. (5점)
   「공공기관의 소방안전관리에 관한 규정」제2조에 따른 공공기관 중 연면적(터널·지하구의 경우 그 길이와 평균 폭을 곱하여 계산된 값을 말한다)이 1,000[m²] 이상인 것으로서 옥내소화전설비 또는 자동화재탐지설비가 설치된 것. 다만, 「소방기본법」제2조제5호에 따른 소방대가 근무하는 공공기관은 제외한다.

(3) 2이상의 특정소방대상물이 연결통로로 연결된 경우 다음 물음에 대하여 답하시오. (30점)
   1) 하나의 소방대상물로 보는 조건 중 내화구조로 벽이 없는 통로와 벽이 있는 통로를 구분하여 쓰시오. (10점)
     ① 벽이 없는 구조로서 그 길이가 6미터 이하인 경우
     ② 벽이 있는 구조로서 그 길이가 10미터 이하인 경우. 다만, 벽 높이가 바닥에서 천장까지의 높이의 2분의 1 이상인 경우에는 벽이 있는 구조로 보고, 벽 높이가 바닥에서 천장까지의 높이의 2분의 1 미만인 경우에는 벽이 없는 구조로 본다.
   2) 위 1)외에 하나의 소방대상물로 볼 수 있는 조건 5가지를 쓰시오.(10점)
     ① 내화구조가 아닌 연결통로로 연결된 경우
     ② 컨베이어로 연결되거나 플랜트설비의 배관 등으로 연결되어 있는 경우
     ③ 지하보도, 지하상가, 지하가로 연결된 경우

④ 방화셔터 또는 갑종 방화문이 설치되지 않은 피트로 연결된 경우
⑤ 지하구로 연결된 경우
3) 별개의 소방대상물로 볼 수 있는 조건에 대하여 쓰시오. (10점)
① 화재 시 경보설비 또는 자동소화설비의 작동과 연동하여 자동으로 닫히는 방화셔터 또는 갑종 방화문이 설치된 경우
② 화재 시 자동으로 방수되는 방식의 드렌처설비 또는 개방형스프링클러헤드가 설치된 경우

02 ★★★★

이산화탄소 소화설비에 대하여 다음 물음에 각각 답하시오. (30점)
(1) 가스압력식 기동장치가 설치된 이산화탄소 소화설비의 작동시험 관련 물음에 답하시오.
  1) 작동시험시 가스압력식 기동장치의 전자개방밸브 작동 방법 중 4가지만 쓰시오. (8점)
  2) 방호구역 내에 설치된 교차회로 감지기를 동시에 작동시킨 후 이산화탄소 소화설비의 정상 작동 여부를 판단할 수 있는 확인사항들에 대해 쓰시오. (10점)
(2) 화재안전기술기준에서 정하는 소화약제 저장용기를 설치하기에 적합한 장소에 대한 기준 6가지만 쓰시오. (12점)

풀이&답 (1) 가스압력식 기동장치가 설치된 이산화탄소 소화설비의 작동시험 관련 물음
  1) 작동시험시 가스압력식 기동장치의 전자개방밸브 작동 방법
    ① 수동조작 스위치 작동
    ② 감지기 2개회로 동시동작
    ③ 수신반에서 감지기회로 동작시험
    ④ 수신반에서 방호구역 수동기동 스위치 작동
  2) 이산화탄소 소화설비의 정상작동 여부를 판단할 수 있는 확인사항
    ① 수신반에 감지기의 정상 작동 여부(지구표시등, 화재표시등 점등)
    ② 경보음향(사이렌)이 정상적으로 울리고 그 음량의 적정 여부
    ③ 경보발령 후 기동용솔레노이드밸브 개방 전까지 지연장치(타이머) 작동여부
    ④ 기동용기에 설치된 솔레노이드 밸브 이탈 후 봉침(파괴침)작동 여부
    ⑤ 압력스위치를 작동시킨 후 방출표시등의 정상적인 점등 여부
    ⑥ 기타 연동설비는 이상이 없는지 여부
(2) 소화약제 저장용기를 설치하기에 적합한 장소에 대한 기준 6가지
  ① 방호구역 외의 장소에 설치할 것. 다만, 방호구역 내에 설치할 경우에는 피난 및 조작이 용이하도록 피난구 부근에 설치해야 한다.
  ② 온도가 40[℃] 이하이고, 온도 변화가 적은 곳에 설치할 것
  ③ 직사광선 및 빗물이 침투할 우려가 없는 곳에 설치할 것
  ④ 방화문으로 구획된 실에 설치할 것
  ⑤ 용기의 설치장소에는 해당 용기가 설치된 곳임을 표시하는 표지를 할 것
  ⑥ 용기간의 간격은 점검에 지장이 없도록 3[cm] 이상의 간격을 유지할 것
  ⑦ 저장용기와 집합관을 연결하는 연결배관에는 체크밸브를 설치할 것. 다만, 저장용기가 하나의 방호구역만을 담당하는 경우에는 그렇지 않다.

03 ★★★

다음 옥내소화전설비에 관한 물음에 답하시오. (30점)

(1) 화재안전기술기준에서 정하는 감시제어반의 기능에 대한 기준을 5가지만 쓰시오. (10점)

(2) 다음 그림을 보고 펌프를 운전하여 체절압력을 확인하고 릴리프밸브의 개방압력을 조정하는 방법을 기술 하시오. (20점)

㉮ 조정시 주펌프의 운전은 수동운전을 원칙으로 한다.

㉯ 릴리프밸브의 작동점은 체절압력의 90[%]로 한다.

㉰ 조정 전의 릴리프밸브는 체절압력에서도 개방되지 않은 상태이다.

㉱ 배관의 안전을 위해 주펌프 2차측의 V_1은 폐쇄 후 주펌프를 기동한다.

㉲ 조정 전의 V_2, V_3는 잠근 상태이며 체절압력의 90[%] 압력의 성능시험배관을 이용하여 만든다.

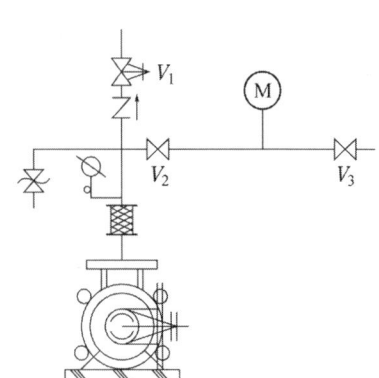

풀이&답

(1) 화재안전기술기준에서 정하는 감시제어반의 기능에 대한 기준을 5가지
 ① 각 펌프의 작동여부를 확인할 수 있는 표시등 및 음향경보기능이 있어야 할 것
 ② 각 펌프를 자동 및 수동으로 작동시키거나 중단시킬 수 있어야 할 것
 ③ 비상전원을 설치한 경우에는 상용전원 및 비상전원의 공급여부를 확인할 수 있어야 할 것
 ④ 수조 또는 물올림탱크가 저수위로 될 때 표시등 및 음향으로 경보할 것
 ⑤ 다음의 각 확인회로마다 도통시험 및 작동시험을 할 수 있도록 할 것
  (1) 기동용수압개폐장치의 압력스위치회로
  (2) 수조 또는 물올림수조의 저수위감시회로
  (3) 2.3.10에 따른 개폐밸브의 폐쇄상태 확인회로
  (4) 그 밖의 이와 비슷한 회로
 ⑥ 예비전원이 확보되고 예비전원의 적합여부를 시험할 수 있어야 할 것

(2) 릴리프밸브의 개방압력을 조정하는 방법
 ① 펌프 2차측 V_1을 폐쇄한다.
 ② 주펌프를 MCC에서 수동으로 기동한다.
 ③ 압력계로 체절압력을 확인한다.
 ④ 성능시험배관상의 V_2를 완전히 개방한다.
 ⑤ 압력을 확인하면서 V_3를 서서히 개방하여 체절압력의 90%의 압력이 되도록 한다.
 ⑥ 이 상태에서 릴리프밸브를 서서히 개방한다.
 ⑦ 릴리프밸브가 개방되는 순간, 릴리프밸브의 개방압력이 체절압력의 90%로 조정된 상태이다.
 ⑧ 주펌프를 MCC에서 수동으로 정지한다.
 ⑨ 제어밸브를 정상상태(V_1 개방, V_2 폐쇄, V_3 폐쇄)로 복구한다.
 ⑩ 주펌프를 MCC에서 자동 위치로 한다.

제11회 점검실무행정 기출문제
2010. 9. 5

01 ★★★★

다음의 각 물음에 답하시오. (30점)

(1) 스프링클러설비의 화재안전기술기준에서 정하는 감시제어반의 설치기준 중 도통시험 및 작동시험을 하여야 하는 확인회로 5가지를 쓰시오. (10점)

(2) 소방시설 종합정밀점검표에서 자동화재탐지설비의 시각경보장치 점검항목 5가지를 쓰시오. (10점)

(3) 소방시설 종합정밀점검표에서 청정소화약제 소화설비의 수동식 기동장치 점검항목 5가지를 쓰시오. (10점)

풀이&답

(1) 감시제어반의 설치기준 중 도통시험 및 작동시험을 하여야 하는 확인회로
  ① 기동용수압개폐장치의 압력스위치회로
  ② 수조 또는 물올림수조의 저수위감시회로
  ③ 유수검지장치 또는 일제개방밸브의 압력스위치회로
  ④ 일제개방밸브를 사용하는 설비의 화재감지기회로
  ⑤ 개폐밸브의 폐쇄상태 확인회로

(2) 자동화재탐지설비의 시각경보장치 점검항목
  ① 변형·손상·탈락·현저한 부식 등의 유무
  ② 바닥으로부터 2[m]이상 2.5[m]이하의 장소에 설치여부
  ③ 복도·통로·청각장애인용 객실 및 공용으로 사용하는 거실에 설치여부
  ④ 각 부분에 유효하게 경보를 발할 수 있는 위치에 설치여부
  ⑤ 감지기 또는 발신기 동작 시 정상작동 여부

(3) 청정소화약제 소화설비의 수동식 기동장치 점검항목
  ① 방호구역별 또는 방호대상별 설치위치(높이 포함) 및 기능
  ② 조작부의 보호판 및 기동장치의 표지상태
  ③ 전원 및 위치표시등 상태
  ④ 음향경보장치와 연동기능
  ⑤ 방출 지연비상스위치의 기능

02 ★★★

다음의 각 물음에 답하시오. (30점)

(1) 다중이용업소의 영업주는 안전시설 등을 정기적으로 "안전시설 등 세부점검표"를 사용하여 점검하여야 한다. "안전시설 등 세부점검표"의 점검사항 9가지를 쓰시오. (18점)

(2) 소방시설 관리업자가 영업 정지에 해당하는 법령을 위반한 경우 위반 행위의 동기 등을 고려하여 그 처분 기준의 1/2까지 경감하여 처분할 수 있다. 경감처분 요건 중 경미한 위반 사항에 해당하는 요건 3가지를 쓰시오. (6점)

(3) 화재안전기준의 변경으로 그 기준이 강화되는 경우 기존의 특정소방대상물의 소방시설 등에 대하여 변경 전의 화재안전기준을 적용한다. 그러나 일부 소방시설 등의 경우에는 화재안전기준의 변경으로 강화된 기준을 적용한다. 강화된 화재안전기준을 적용하는 소방시설 등을 3가지만 쓰시오. (6점)

풀이&답

(1) 안전시설 등 세부점검표의 점검사항
  ① **소**화기 또는 자동확산소화기의 외관점검
   • 구획된 실마다 설치되어 있는지 확인
   • 약제 응고상태 및 압력게이지 지시침 확인
  ② **간**이스프링클러설비 작동기능점검
   • 시험밸브 개방 시 펌프기동, 음향경보 확인
   • 헤드의 누수·변형·손상·장애 등 확인
  ③ **경**보설비 작동기능점검
   • 비상벨설비의 누름스위치, 표시등, 수신기 확인
   • 자동화재탐지설비의 감지기, 발신기, 수신기 확인
   • 가스누설경보기 정상작동여부 확인
  ④ **피**난설비 작동기능점검 및 외관점검
   • 유도등·유도표지 등 부착상태 및 점등상태 확인
   • 구획된 실마다 휴대용비상조명등 비치 여부
   • 화재신호 시 피난유도선 점등상태 확인
   • 피난기구(완강기, 피난사다리 등) 설치상태 확인
  ⑤ 비상구 관리상태 확인
  ⑥ 영업장 내부 피난통로 관리상태 확인
   • 영업장 내부 피난통로 상 물건 적치 등 관리상태
  ⑦ 창문(고시원) 관리상태 확인
  ⑧ 영상음향차단장치 작동기능점검
   • 경보설비와 연동 및 수동 작동 여부 점검(화재신호 시 영상음향차단 되는지 확인)
  ⑨ 누전차단기 작동 여부 확인
  ⑩ 피난안내도 설치 위치 확인
  ⑪ 피난안내영상물 상영 여부 확인
  ⑫ 실내장식물·내부구획 재료 교체 여부 확인
   • 커튼, 카페트 등 방염 선처리제품 사용 여부
   • 합판·목재 방염성능확보 여부
   • 내부구획재료 불연재료 사용 여부
  ⑬ 방염 소파·의자 사용 여부 확인
  ⑭ 안전시설등 세부점검표 분기별 작성 및 1년간 보관여부
  ⑮ 화재배상책임보험 가입여부 및 계약기간 확인

(2) 경감 처분 요건 중 경미한 위반 사항에 해당하는 요건
  ① 스프링클러설비 헤드가 살수반경에 미달되는 경우
  ② 자동화재탐지설비 감지기 2개 이하가 설치되지 않은 경우
  ③ 유도등이 일시적으로 점등되지 않는 경우
  ④ 유도표지가 탈락된 경우 중 3가지

(3) 강화된 화재안전기준을 적용하는 소방시설
  1. 다음 소방시설 중 대통령령으로 정하는 것
     가. 소화기구
     나. 비상경보설비
     다. 자동화재속보설비
     라. 피난구조설비
  2. 지하구 가운데 「국토의 계획 및 이용에 관한 법률」 제2조제9호에 따른 공동구에 설치하여야 하는 소방시설
  3. 노유자(老幼者)시설, 의료시설에 설치하여야 하는 소방시설 중 대통령령으로 정하는 것

03 ★

다음은 방화구획선상에 설치되는 자동방화셔터(국토해양부고시 제2010-528호)에 관한 내용이다. 각 물음에 답하시오. (40점)

(1) 자동방화셔터의 정의를 쓰시오. (5점)

(2) 다음 문장의 ①~⑥의 빈 칸에 알맞은 용어를 쓰시오. (18점)

> • 자동방화셔터는 화재 발생 시 (①)에 의한 일부 폐쇄와 (②)에 의한 완전 폐쇄가 이루어 질 수 있는 구조를 가진 것이어야 한다.
> • 자동방화셔터에 사용되는 열감지기는 소방시설설치유지 및 안전관리에 관한 법률 제36조에서 정한 형식 승인에 합격한 (③) 또는 (④)의 것으로서 특종의 공칭작동온도가 각각 (⑤)~(⑥)℃인 것으로 하여야 한다.

(3) 일체형 자동방화셔터의 출입구 설치기준 3가지를 쓰시오. (9점)

(4) 자동방화셔터의 작동기능을 점검하고자 한다. 셔터 작동 시 확인사항 4가지를 쓰시오. (8점)

풀이&답

(1) 자동방화셔터의 정의
자동방화셔터라 함은 방화구획의 용도로 화재 시 연기 및 열을 감지하여 자동 폐쇄되는 것으로서, 공항·체육관 등 넓은 공간에 부득이 하게 내화구조로 된 벽을 설치하지 못하는 경우에 사용하는 방화셔터를 말한다.

(2) 빈 칸에 알맞은 용어
① 연기감지기   ② 열감지기   ③ 보상식
④ 정온식   ⑤ 60   ⑥ 70

(3) 일체형 자동방화셔터의 출입구 설치기준 〈기준 개정으로 현재는 삭제된 조항이다.〉
① 행정자치부장관이 정하는 기준에 적합한 비상구유도등 또는 비상구유도표지를 하여야 한다.
② 출입구 부분은 셔터의 다른 부분과 색상을 달리하여 쉽게 구분되도록 하여야 한다.
③ 출입구의 유효너비는 0.9미터 이상, 유효높이는 2미터 이상이어야 한다.

(4) 셔터 작동 시 확인사항 4가지
① 누름 버튼에 의한 조작 상황   ② 리밋 장치의 작동 상황
③ 개폐 조작 중의 이상음   ④ 수동 폐쇄의 상태
⑤ 연동 폐쇄의 상태   ⑥ 폐쇄 속도
⑦ 수동 조작력
⑧ 장애물 감지 장치 부착 셔터의 작동 상태. 중 4가지

제12회 점검실무행정 기출문제

2011. 8. 21

01 ★★

다음의 각 물음에 답하시오. (40점)

(1) 불꽃감지기 설치기준 5가지를 모두 쓰시오. (10점)
(2) 광원점등방식의 피난유도선 설치기준 6가지를 쓰시오. (12점)
(3) 연기감지기를 설치하여야 하는 장소 중 먼지 또는 미분 등이 다량으로 체류하여 연기감지기를 설치할 수 없는 장소인 경우 고려하여야 하는 사항 5가지를 쓰시오. (10점)
(4) 피난구 유도등 설치제외 기준 4가지를 쓰시오. (8점)

풀이&답

(1) 불꽃감지기 설치기준 5가지를 모두 쓰시오. (10점)
  ① 공칭감시거리 및 공칭시야각은 형식승인 내용에 따를 것
  ② 감지기는 공칭감시거리와 공칭시야각을 기준으로 감시구역이 모두 포용될 수 있도록 설치할 것
  ③ 감지기는 화재감지를 유효하게 감지할 수 있는 모서리 또는 벽 등에 설치할 것
  ④ 감지기를 천장에 설치하는 경우에는 감지기는 바닥을 향하여 설치할 것
  ⑤ 수분이 많이 발생할 우려가 있는 장소에는 방수형으로 설치할 것
  ⑥ 그 밖의 설치기준은 형식승인 내용에 따르며 형식승인 사항이 아닌 것은 제조사의 시방에 따라 설치할 것

(2) 광원점등방식의 피난유도선 설치기준 6가지를 쓰시오. (12점)
  ① 구획된 각 실로부터 주출입구 또는 비상구까지 설치할 것
  ② 피난유도 표시부는 바닥으로부터 높이 1[m] 이하의 위치 또는 바닥 면에 설치할 것
  ③ 피난유도 표시부는 50[cm] 이내의 간격으로 연속되도록 설치하되 실내장식물 등으로 설치가 곤란할 경우 1[m] 이내로 설치할 것
  ④ 수신기로부터의 화재신호 및 수동조작에 의하여 광원이 점등되도록 설치할 것
  ⑤ 비상전원이 상시 충전상태를 유지하도록 설치할 것
  ⑥ 바닥에 설치되는 피난유도 표시부는 매립하는 방식을 사용할 것
  ⑦ 피난유도 제어부는 조작 및 관리가 용이하도록 바닥으로부터 0.8[m]이상 1.5[m]이하의 높이에 설치할 것. 중 6가지 선택

(3) 고려하여야 하는 사항 5가지를 쓰시오. (10점)
  ① 불꽃감지기에 따라 감시가 곤란한 장소는 적응성이 있는 열감지기를 설치할 것.
  ② 차동식분포형감지기를 설치하는 경우에는 검출부에 먼지, 미분 등이 침입하지 않도록 조치할 것.
  ③ 차동식스포트형감지기 또는 보상식스포트형감지기를 설치하는 경우에는 검출부에 먼지, 미분 등이 침입하지 않도록 조치할 것.
  ④ 섬유, 목재가공 공장 등 화재확대가 급속하게 진행될 우려가 있는 장소에 설치하는 경우 정온식감지기는 특종으로 설치할 것, 공칭작동온도 75[℃]이하, 열아날로그식스포트형 감지기는 화재표시 설정은 80[℃]이하가 되도록 할 것.
  ※ 기준개정으로 삭제⟨2022.12.1.⟩된 내용을 제외함

(4) 피난구 유도등 설치제외 기준 4가지를 쓰시오. (8점)
① 바닥면적이 1,000[m²] 미만인 층으로서 옥내로부터 직접 지상으로 통하는 출입구(외부의 식별이 용이한 경우에 한한다)
② 대각선 길이가 15[m] 이내인 구획된 실의 출입구
③ 거실 각 부분으로부터 하나의 출입구에 이르는 보행거리가 20[m] 이하이고 비상조명등과 유도표지가 설치된 거실의 출입구
④ 출입구가 3개소 이상 있는 거실로서 그 거실 각 부분으로부터 하나의 출입구에 이르는 보행거리가 30[m] 이하인 경우에는 주된 출입구 2개소 외의 출입구(유도표지가 부착된 출입구를 말한다). 다만, 공연장ㆍ집회장ㆍ관람장ㆍ전시장ㆍ판매시설ㆍ운수시설ㆍ숙박시설ㆍ노유자시설ㆍ의료시설ㆍ장례식장의 경우에는 그렇지 않다.

02 ★★★

다음의 각 물음에 답하시오. (30점)

(1) 일반 대상물 및 공공기관의 점검시기와 점검 면제기준을 쓰시오. (10점)
(2) 소방시설별 점검기구 및 규격에 대한 다음의 빈칸을 완성하시오. (10점)

소방시설	점검기구	규격
소화기구		
스프링클러설비 포소화설비		
이산화탄소소화설비 분말소화설비 할론소화설비 할로겐화합물 및 불활성기체 소화설비		

(3) 숙박시설이 설치되지 않은 특정소방대상물의 경우 수용인원 산정기준을 쓰시오. (10점)

 (1) 일반 대상물 및 공공기관의 점검시기와 점검 면제기준
① 일반 대상물

점검시기	건축물 사용승인일(건축물관리대장 또는 건축물의 등기부등본에 기재된 날을 말한다)이 속하는 달까지 실시. 다만, 소방시설완공검사필증을 발급받은 신축 건축물의 경우에는 다음 연도부터 실시한다.
면제기준	소방본부장 또는 소방서장은 소방청장이 소방안전관리가 우수하다고 인정한 특정소방대상물의 경우에는 해당 연도부터 3년간 종합정밀점검을 면제할 수 있되, 면제기간 중 화재가 발생한 경우를 제외한다.

② 공공기관

점검시기	① 해당 공공기관의 건축물의 사용승인일(건축물대장 또는 건축물의 등기부등본에 기재된 날을 말한다. 이하 같다)이 속하는 해의 다음 해부터 건축물의 사용승인일이 속하는 달의 말일까지 ② 학교의 경우 해당 건축물의 사용승인일이 1월에서 6월 사이인 경우에는 6월 30일까지
면제기준	소방대가 근무하는 공공기관은 제외한다.

(2) 소방시설별 점검기구 및 규격에 대한 다음의 빈칸을 완성하시오.(10점)

소방시설	점검기구	규격
소화기구	저울	
스프링클러설비 포소화설비	헤드결합렌치	
이산화탄소소화설비 분말소화설비 할론소화설비 할로겐화합물 및 불활성 기체 소화설비	검량계, 기동관누설시험기, 그 밖에 소화약제의 저장량을 측정할 수 있는 점검기구	

보충설명

소방시설별 점검장비〈소방시설법 시행규칙 [별표2의2]〉

소방시설	장 비	규 격
공통시설	방수압력측정계, 절연저항계, 전류전압측정계	
소화기구	저울	
옥내소화전설비 옥외소화전설비	소화전밸브압력계	
스프링클러설비 포소화설비	헤드결합렌치	
이산화탄소소화설비 분말소화설비 할론소화설비 할로겐화합물 및 불활성 기체 소화설비	검량계, 기동관누설시험기, 그 밖에 소화약제의 저장량을 측정할 수 있는 점검기구	
자동화재탐지설비 시각경보기	열감지기시험기, 연(煙)감지기시험기, 공기주입시험기, 감지기시험기연결폴대, 음량계	
누전경보기	누전계	누전전류 측정용
무선통신보조설비	무선기	통화시험용
제연설비	풍속풍압계, 폐쇄력측정기, 차압계	
통로유도등 비상조명등	조도계	최소눈금이 0.1럭스 이하인 것

(3) 숙박시설이 설치되지 않은 특정소방대상물의 경우 수용인원 산정기준
① 강의실·교무실·상담실·실습실·휴게실 용도로 쓰이는 특정소방대상물
해당 용도로 사용하는 바닥면적의 합계를 1.9$[m^2]$로 나누어 얻은 수
② 강당, 문화 및 집회시설, 운동시설, 종교시설
해당 용도로 사용하는 바닥면적의 합계를 4.6$[m^2]$로 나누어 얻은 수(관람석이 있는 경우 고정식 의자를 설치한 부분에 있어서는 해당 부분의 의자수로 하고, 긴 의자의 경우에는 의자의 정면너비를 0.45$[m]$로 나누어 얻은 수로 한다.)
③ 그 밖의 특정소방대상물
해당 용도로 사용하는 바닥면적의 합계를 3$[m^2]$로 나누어 얻은 수

03 ★★

스프링클러헤드의 형식승인 및 제품검사기준에 대한 다음의 각 물음에 대하여 답하시오. (30점)

(1) RTI 식을 쓰고 설명하시오. (5점)

(2) 스프링클러헤드에 반드시 표시하여야 하는 사항 5가지를 쓰시오. (5점)

(3) 유리벌브형과 퓨지블링크형의 표시온도에 따른 색상에 대한 다음의 표를 완성하시오. (10점)

유리벌브형		퓨지블링크형	
표시온도[℃]	액체의 색별	표시온도(℃)	액체의 색별
57[℃]	①	77[℃] 미만	⑥
68[℃]	②	78~120[℃]	⑦
79[℃]	③	121~162[℃]	⑧
93[℃]	④	163~203[℃]	⑨
141[℃]	파랑	204~259[℃]	초록
182[℃]	연한자주	260~319[℃]	오렌지
227[℃] 이상	⑤	320 이상[℃]	⑩

(4) 소방청 소방시설자체점검 등에 관한 고시에서 정한 다음의 소방시설 도시기호를 쓰시오.
   (단, 평면도 기준이다.) (10점)
   ① 개방형 스프링클러 헤드
   ② 폐쇄형 스프링클러 헤드
   ③ 프리액션 밸브
   ④ 경보데류지 밸브
   ⑤ 솔레노이드 밸브

풀이&답 (1) RTI 식을 쓰고 설명
   ① 식
   $$RTI = \tau\sqrt{u}$$
   RTI : 반응시간지수 $[m \cdot s]^{0.5}$
   τ : 감열체의 시간상수[s]
   u : 기류속도[m/s]
   ② 설명
   RTI(Response Time Index) : 반응시간지수
   기류의 온도, 속도 및 작동시간에 대하여 스프링클러헤드의 반응을 예상한 지수로서 아래 식에 의하여 계산한다.

(2) 스프링클러헤드에 반드시 표시하여야 하는 사항 5가지
   ① 종별
   ② 형식
   ③ 형식승인번호
   ④ 제조번호 또는 로트번호
   ⑤ 제조년도
   ⑥ 제조업체명 또는 상호
   ⑦ 표시온도(폐쇄형헤드에 한한다.)

⑧ 표시온도에 따른 다음표의 색표시(폐쇄형헤드에 한한다.)

유리벌브형		퓨지블링크형	
표시온도[℃]	액체의 색별	표시온도(℃)	액체의 색별
57[℃]	오렌지	77[℃] 미만	색 표시 안함
68[℃]	빨강	78~120[℃]	흰색
79[℃]	노랑	121~162[℃]	파랑
93[℃]	초록	163~203[℃]	빨강
141[℃]	파랑	204~259[℃]	초록
182[℃]	연한자주	260~319[℃]	오렌지
227[℃] 이상	검정	320 이상[℃]	검정

⑨ 최고주위온도(폐쇄형헤드에 한한다.)
⑩ 취급상의 주의사항
⑪ 품질보증에 관한 사항(보증기간, 보증내용, A/S방법, 자체검사필증 등) 중 5가지 선택

(3) 유리벌브형과 퓨지블링크형의 표시온도에 따른 색상에 대한 다음의 표
① 오렌지　　② 빨 강　　③ 노 랑　　④ 초 록　　⑤ 검 정
⑥ 색 표시 않함　⑦ 흰 색　　⑧ 파 랑　　⑨ 빨 강　　⑩ 검 정

(4) 소방시설 도기호

스프링클러헤드폐쇄형 하향식(평면도)	
스프링클러헤드개방형 하향식(평면도)	
프리액션 밸브	
경보데류지 밸브	
솔레노이드 밸브	

제13회 점검실무행정 기출문제

2013. 5. 11

01 ★★★

다음의 각 물음에 답하시오. (40점)

(1) 연소방지도료는 각 부분의 중심으로부터 양쪽방향으로 전력용케이블의 경우에는 20[m](단, 통신케이블의 경우에는 10[m]) 이상 도포하여야 한다. 여기에 해당하는 부분 5가지를 쓰시오. (10점)

(2) 소방시설 종합정밀점검표에서 거실제연설비의 제어반 점검항목 5가지를 쓰시오. (10점)

(3) 스프링클러설비의 화재안전기술기준(NFTC 103)에서 규정하고 있는 폐쇄형 스프링클러설비의 유수검지장치 설치기준 5가지를 쓰시오. (10점)

(4) 공공기관의 소방안전관리에 관한 규정에서 정하고 있는 공공기관 종합정밀점검 점검인력 배치기준을 쓰시오. (10점)

풀이&답

(1) 여기에 해당하는 부분 5가지(10점)
① 지하구와 교차된 수직구 또는 분기구
② 집수정 또는 환풍기가 설치된 부분
③ 지하구로 인입 및 인출되는 부분
④ 분전반, 절연유 순환펌프 등이 설치된 부분
⑤ 케이블이 상호 연결된 부분
⑥ 기타 화재발생 위험이 우려되는 부분. 중 5가지 선택

(2) 거실제연설비의 제어반 점검항목 5가지(10점)
① 스위치등 조작시 표시등은 정상적으로 점등되는지 여부
② 배선의 단선, 단자의 풀림은 없는지 확인
③ 계전기류 단자의 풀림, 접점이 손상 및 기능의 정상여부
④ 감시제어반의 확인표시는 정상적으로 확인되는지 여부
⑤ 제어반에서 제연설비의 수동 기동시 정상적으로 동작되는지 여부

(3) 유수검지장치 적합기준 5가지(10점)
① 하나의 방호구역에는 1개 이상의 유수검지장치를 설치하되, 화재발생시 접근이 쉽고 점검하기 편리한 장소에 설치할 것
② 유수검지장치를 실내에 설치하거나 보호용 철망 등으로 구획하여 바닥으로부터 0.8[m] 이상 1.5[m] 이하의 위치에 설치하되, 그 실 등에는 가로 0.5[m] 이상 세로 1[m] 이상의 출입문을 설치하고 그 출입문 상단에 "유수검지장치실" 이라고 표시한 표지를 설치할 것. 다만, 유수검지장치를 기계실(공조용기계실을 포함한다)안에 설치하는 경우에는 별도의 실 또는 보호용 철망을 설치하지 아니하고 기계실 출입문 상단에 "유수검지장치실"이라고 표시한 표지를 설치할 수 있다.
③ 스프링클러헤드에 공급되는 물은 유수검지장치를 지나도록 할 것. 다만, 송수구를 통하여 공급되는 물은 그렇지 않다.

④ 자연낙차에 따른 압력수가 흐르는 배관 상에 설치된 유수검지장치는 화재시 물의 흐름을 검지할 수 있는 최소한의 압력이 얻어질 수 있도록 수조의 하단으로부터 낙차를 두어 설치할 것
⑤ 조기반응형 스프링클러헤드를 설치하는 경우에는 습식유수검지장치 또는 부압식스프링클러설비를 설치할 것

(4) 공공기관 종합정밀점검 점검인력 배치기준(10점)

2013년 제13회 시험당시에 존재하던 법 조항이나 2016년 현재는 법의 개정으로 인해 삭제된 조항입니다. 따라서 (4) 공공기관 종합정밀점검 점검인력 배치기준은 공부하지 않으셔도 됩니다.

1) 소방시설관리사 1명과 보조인력 2명을 점검인력 1단위로 하되, 점검인력 1단위에 2명(같은 건축물을 점검할 때에는 4명) 이내의 보조인력을 추가할 수 있다.
2) 점검인력 1단위가 하루에 점검할 수 있는 최대 연면적(이하 "점검한도 면적"이라 한다)은 1만제곱미터로 하되, 보조인력이 추가될 경우 추가되는 보조인력 1명당 3천제곱미터를 점검한도 면적에 더한다.
3) 점검하려는 건축물에 다음 각 호의 소방시설이 설치되어 있지 않은 경우에는 다음 각 호의 구분에 따른 값을 점검한도 면적에 더한다.
   ① 스프링클러설비가 설치되어 있지 않은 경우: 1천제곱미터
   ② 제연설비가 설치되어 있지 않은 경우: 1천제곱미터
   ③ 물분무등소화설비가 설치되어 있지 않은 경우: 1천5백제곱미터
4) 2개 이상의 건축물을 하루에 점검하는 경우에는 건축물 상호간의 최단 주행거리 5킬로미터마다 2백제곱미터를 점검한도 면적에서 뺀다.

02 ★★★

초고층 및 지하연계 복합건축물 재난관리에 관한 특별법에 대한 다음 각 물음에 답하시오.(30점)

(1) 초고층 건축물의 정의 (3점)
(2) 다음의 피난안전구역 설치기준 (6점)
    ① 초고층 건축물 (3점)
    ② 16층 이상 29층 이하인 지하연계 복합건축물 (3점)
(3) 피난안전구역에 갖추어야 하는 피난설비의 종류를 5가지 쓰시오. (5점) (단, 피난안전구역으로 피난을 유도하기 위한 유도등 및 유도표지는 제외한다.)
(4) 피난안전구역의 면적 산정 기준(8점)
(5) 95층 건축물에 설치하는 종합방재실의 최소 설치개수 및 위치기준을 쓰시오.(8점)

[풀이&답] (1) 초고층 건축물의 정의(3점)
         층수가 50층 이상 또는 높이가 200미터 이상인 건축물
     (2) 다음의 피난안전구역 설치기준(6점)
         ① 초고층 건축물(3점)
            건축법 시행령 제34조제3항에 따른 피난안전구역을 설치할 것

> 초고층 건축물에는 피난층 또는 지상으로 통하는 직통계단과 직접 연결되는 피난안전구역(건축물의 피난·안전을 위하여 건축물 중간에 설치하는 대피공간을 말한다. 이와 같다)을 지상층으로부터 최대 30개 층마다 1개소 이상 설치하여야 한다.

② 16층 이상 29층 이하인 지하연계 복합건축물(3점)
　　지상층별 거주밀도가 제곱미터당 1.5명을 초과하는 층은 해당 층의 사용형태별 면적의 합의 10분의 1에 해당하는 면적을 피난안전구역으로 설치할 것
(3) 피난안전구역에 갖추어야 하는 피난설비의 종류를 5가지(5점)
　① 방열복
　② 공기호흡기(보조마스크를 포함한다)
　③ 인공소생기
　④ 피난유도선(피난안전구역으로 통하는 직통계단 및 특별피난계단을 포함한다)
　⑤ 비상조명등 및 휴대용비상조명등
(4) 피난안전구역의 면적 산정 기준(8점)
　① 지하층이 하나의 용도로 사용되는 경우
　　피난안전구역 면적 = (수용인원 × 0.1) × 0.28[m^2]
　② 지하층이 둘 이상의 용도로 사용되는 경우
　　피난안전구역 면적 = (사용형태별 수용인원의 합 × 0.1) × 0.28[m^2]
(5) 95층 건축물에 설치하는 종합방재실의 최소 설치개수 및 위치기준(8점)
　1) 종합방재실의 최소 설치개수 : 1개
　2) 종합방재실의 위치기준
　　① 1층 또는 피난층. 다만, 특별피난계단이 설치되어 있고, 특별피난계단 출입구로부터 5미터 이내에 종합방재실을 설치하려는 경우에는 2층 또는 지하 1층에 설치할 수 있으며, 공동주택의 경우에는 관리사무소 내에 설치할 수 있다.
　　② 비상용승강장, 피난 전용 승강장 및 특별피난계단으로 이동하기 쉬운 곳
　　③ 재난정보 수집 및 제공, 방재 활동의 거점(據點) 역할을 할 수 있는 곳
　　④ 소방대(消防隊)가 쉽게 도달할 수 있는 곳
　　⑤ 화재 및 침수 등으로 인하여 피해를 입을 우려가 적은 곳

03 ★★

다음 각 물음에 답하시오. (30점)

(1) 위험물 안전관리에 관한 세부기준에서 규정하고 있는 이산화탄소소화설비의 배관기준 5가지를 쓰시오. (10점)

(2) 위험물 안전관리에 관한 세부기준에서 규정하고 있는 고정식 포소화설비의 포방출구 중 Ⅱ형과 Ⅵ형에 대하여 설명하시오. (10점)

(3) 피난기구의 화재안전기술기준(NFTC)에서 규정하고 있는 다수인피난장비의 설치기준 9가지를 쓰시오. (10점)

풀이&답　(1) 이산화탄소소화설비의 배관기준 5가지(10점)
　① 전용으로 할 것
　② 강관의 배관은 「압력배관용 탄소강관」(KS D 3562) 중에서 고압식인 것은 스케줄80 이상, 저압식인 것은 스케줄40 이상의 것 또는 이와 동등 이상의 강도를 갖는 것으로서 아연도금 등에 의한 방식처리를 한 것을 사용할 것
　③ 동관의 배관은 「이음매 없는 구리 및 구리합금관」(KS D 5301) 또는 이와 동등 이상의 강도를 갖는 것으로서 고압식인 것은 16.5[MPa]이상, 저압식인 것은 3.75[MPa] 이상의 압력에 견딜 수 있는 것을 사용할 것

④ 관이음쇠는 고압식인 것은 16.5[MPa] 이상, 저압식인 것은 3.75[MPa] 이상의 압력에 견딜 수 있는 것으로서 적절한 방식처리를 한 것을 사용할 것
⑤ 낙차(배관의 가장 낮은 위치로부터 가장 높은 위치까지의 수직거리를 말한다. 제135조에서 같다)는 50[m] 이하일 것

(2) 고정식 포소화설비의 포방출구 중 Ⅱ형과 Ⅵ형(10점)
① Ⅱ형 : 고정지붕구조 또는 부상덮개부착고정지붕구조(옥외저장탱크의 액상에 금속제의 플로팅, 팬 등의 덮개를 부착한 고정지붕구조의 것을 말한다. 이하 같다)의 탱크에 상부포주입법을 이용하는 것으로서 방출된 포가 탱크옆판의 내면을 따라 흘러내려 가면서 액면 아래로 몰입되거나 액면을 뒤섞지 않고 액면상을 덮을 수 있는 반사판 및 탱크내의 위험물증기가 외부로 역류되는 것을 저지할 수 있는 구조·기구를 갖는 포방출구
② Ⅳ형 : 고정지붕구조의 탱크에 저부포주입법을 이용하는 것으로서 평상시에는 탱크의 액면 하의 저부에 설치된 격납통(포를 보내는 것에 의하여 용이하게 이탈되는 캡을 갖는 것을 포함한다)에 수납되어 있는 특수호스 등이 송포관의 말단에 접속되어 있다가 포를 보내는 것에 의하여 특수호스 등이 전개되어 그 선단이 액면까지 도달한 후 포를 방출하는 포방출구

(3) 다수인피난장비의 설치기준 9가지(10점)
① 피난에 용이하고 안전하게 하강할 수 있는 장소에 적재 하중을 충분히 견딜 수 있도록 「건축물의 구조기준 등에 관한 규칙」제3조에서 정하는 구조안전의 확인을 받아 견고하게 설치할 것
② 다수인피난장비 보관실(이하 "보관실"이라 한다)은 건물 외측보다 돌출되지 아니하고, 빗물·먼지 등으로부터 장비를 보호할 수 있는 구조일 것
③ 사용 시에 보관실 외측 문이 먼저 열리고 탑승기가 외측으로 자동으로 전개될 것
④ 하강시에 탑승기가 건물 외벽이나 돌출물에 충돌하지 않도록 설치할 것
⑤ 상·하층에 설치할 경우에는 탑승기의 하강경로가 중첩되지 않도록 할 것
⑥ 하강 시에는 안전하고 일정한 속도를 유지하도록 하고 전복, 흔들림, 경로이탈 방지를 위한 안전조치를 할 것
⑦ 보관실의 문에는 오작동 방지조치를 하고, 문 개방 시에는 해당 특정소방대상물에 설치된 경보설비와 연동하여 유효한 경보음을 발하도록 할 것
⑧ 피난층에는 해당 층에 설치된 피난기구가 착지에 지장이 없도록 충분한 공간을 확보할 것
⑨ 한국소방산업기술원 또는 법 제46조제1항에 따라 성능시험기관으로 지정받은 기관에서 그 성능을 검증받은 것으로 설치할 것

제14회 점검실무행정 기출문제
2014. 5. 17

01 ★★

소방시설에 대하여 각 물음에 답하시오. (40점)

1-1) 자동화재탐지설비의 NFTC에서 정하는 설치기준에 따라 다음 각 물음에 답하시오. (23점)

① 일시적으로 발생한 열·연기 또는 먼지 등으로 인하여 화재신호를 발신할 우려가 있는 장소에 설치장소별 적응성 있는 감지기를 설치하기 위한(별표2)의 환경상태 구분 장소 7가지를 쓰시오. (7점)

1. 흡연에 의해 연기가 체류하며 환기가 되지 않는 장소
2. 취침시설로 사용하는 장소
3. 연기 이외의 미분이 떠다니는 장소
4. 바람에 영향을 받기 쉬운 장소
5. 연기가 멀리 이동해서 감지기에 도달하는 장소
6. 훈소 화재의 우려가 있는 장소
7. 넓은 공간으로 천장이 높아 열 및 연기가 확산하는 장소

② 정온식 감지선형 감지기 설치기준 8가지를 쓰시오. (16점)

1. 보조선이나 고정금구를 사용하여 감지선이 늘어지지 않도록 할 것
2. 단자부와 마감 고정금구와의 설치간격은 10[cm] 이내로 설치 할 것
3. 감지선형 감지기의 굴곡반경은 5[cm] 이상으로 할 것
4. 감지기와 감지구역의 각 부분과의 수평거리가 내화구조의 경우 1종 4.5[m] 이하, 2종 3[m] 이하로 할 것. 기타 구조의 경우 1종 3[m] 이하, 2종 1[m] 이하로 할 것
5. 케이블트레이에 감지기를 설치하는 경우에는 케이블트레이 받침대에 마감금구를 사용하여 설치할 것
6. 지하구나 창고의 천장 등에 지지물이 적당하지 않는 장소에서는 보조선을 설치하고 그 보조선에 설치할 것
7. 분전반 내부에 설치하는 경우 접착제를 이용하여 돌기를 바닥에 고정시키고 그곳에서 감지기를 설치할 것
8. 그 밖의 설치방법은 형식승인 내용에 따르며 형식승인 사항이 아닌 것은 제조사의 시방에 따라 설치할 것

1-2) CO_2 소화설비의 NFTC 기준에서 호스릴 이산화탄소 소화설비의 설치기준 5가지를 쓰시오. (10점)

1. 방호대상물의 각 부분으로부터 하나의 호스접결구까지의 수평거리가 15[m] 이하가 되도록 할 것
2. 노즐은 20[℃]에서 하나의 노즐마다 60[kg/min] 이상의 소화약제를 방사할 수 있는 것으로 할 것
3. 소화약제 저장용기는 호스릴을 설치하는 장소마다 설치할 것

4. 소화약제 저장용기의 개방밸브를 호스의 설치장소에서 수동으로 개폐할 수 있는 것으로 할 것
5. 소화약제 저장용기의 가장 가까운 곳의 보기 쉬운 곳에 표시등을 설치하고, 호스릴 이산화탄소 소화설비가 있다는 뜻을 표시한 표지를 할 것

1-3) 옥외소화전설비의 화재안전기술기준에서 옥외소화전설비에 표시하여야 하는 표지의 명칭과 설치위치 6개소를 쓰시오. (7점)

풀이&답

표지의 명칭	설치위치
옥외소화전설비용수조	옥외소화전설비용 수조의 외측의 보기 쉬운 곳
옥외소화전설비용 배관	소화설비용 흡수배관 또는 소화설비의 수직배관과 수조의 접속부분
옥외소화전 펌프	전동기 또는 내연기관에 따른 펌프를 이용하는 가압송수장치
옥외소화전설비용 동력제어반	옥외소화전설비용 동력제어반의 앞면
옥외소화전설비용	소화설비의 과전류차단기 및 개폐기
옥외소화전단자	소화설비용 전기배선의 접속단자

02 ★★

다음 각 물음에 답하시오. (30점)

2-1) 무선통신보조설비의 종합정밀점검표에 대하여 다음 각 물음에 답하시오. (14점)

① 종합정밀점검표에서 분배기, 분파기, 혼합기의 점검항목 2가지를 쓰시오. (2점)

풀이&답
① 먼지, 습기, 부식 등에 의한 기능의 이상 여부
② 설치장소 환경의 적부

② 종합정밀점검표에서 누설동축케이블의 점검항목 6가지를 쓰시오. (12점)

풀이&답
① 소방전용주파수대에서 전송 또는 복사의 적부
② 누설동축케이블인 경우 공중선과 접속 적부
③ 동축케이블인 경우 공중선과 접속 적부
④ 누설동축케이블의 고정·지지 적부
⑤ 누설동축케이블 및 공중선의 설치위치의 적부
⑥ 누설동축케이블의 말단에 종단저항 설치 적부

> **소방시설 자체점검사항 등에 관한 고시〈2019.1.22. 시행〉**
> ① 누설동축케이블인 경우 안테나와 접속 적부
> ② 동축케이블인 경우 안테나와 접속 적부
> ③ 누설동축케이블의 고정·지지 적부
> ④ 누설동축케이블 및 안테나의 설치위치의 적부
> ⑤ 누설동축케이블의 말단에 종단저항 설치 적부

2-2) 제연설비의 NFTC 및 작동기능점검표에서 정하는 기준에 따라 다음 각 물음에 답하시오. (16점)

① 예상제연구역의 바닥면적 400[m²] 미만인 예상제연구역(통로인 예상제연구역은 제외)에 대한 배출구의 설치기준 2가지를 쓰시오. (4점)

[풀이&답]
1. 예상제연구역이 벽으로 구획되어 있는 경우의 배출구는 천장 또는 반자와 바닥사이의 중간 윗부분에 설치할 것
2. 예상제연구역 중 어느 한 부분이 제연경계로 구획되어 있는 경우에는 천장·반자 또는 이에 가까운 벽의 부분에 설치할 것. 다만, 배출구를 벽에 설치하는 경우에는 배출구의 하단이 해당 예상제연구연에서 제연경계의 폭이 가장 짧은 제연경계의 하단보다 높이 되도록 하여야 한다.

② 소방시설 작동기능점검표에서 배연기 점검항목 및 점검내용 6가지를 쓰시오. (12점)

[풀이&답]

점검항목		점검 내용
전동기	회전축	• 회전이 원활한지 여부
	축받침	• 윤활유에 오염, 변질이 없고 필요량의 충전 여부 확인
	동력전달장치	• 변형, 손실 등이 없고 V-벨트의 기능이 정상인지 여부 확인
	본체	• 기동장치 조작에 의해 기능의 정상 여부 확인
회전날개	회전축	• 전동기를 회전시켜 날개가 정상방향으로 원활하게 회전하는지 여부
	축받침	• 윤활유에 오염, 변질 등이 없고 필요량이 충전 여부

소방시설 자체점검사항 등에 관한 고시〈2019.1.22. 시행〉

	회전축	• 회전이 원활한지 여부
전동기	동력전달장치	• 변형, 손실 등이 없고 V-벨트의 기능이 정상인지 여부 확인
	본체	• 기동장치 조작에 의해 기능의 정상 여부 확인
회전날개	회전축	• 전동기를 회전시켜 날개가 정상방향으로 원활하게 회전하는지 여부

03 ★★

다음 각 물음에 답하시오. (30점)

3-1) 소방시설 설치유지 및 안전관리에 관한 법률 시행령에 따라 다음 물음에 답하시오. (20점)

① 특정소방대상물 [별표2]의 복합건축물 구분 항목에서 하나의 건축물에 둘 이상의 용도로 사용되는 경우에도 복합건축물에 해당되지 않는 경우를 모두 쓰시오. (10점)

[풀이&답]
1) 관계 법령에서 주된 용도의 부수시설로서 그 설치를 의무화하고 있는 용도 또는 시설
2) 「주택법」 제21조제1항제2호 및 제3호에 따라 주택 안에 부대시설 또는 복리시설이 설치되는 특정소방대상물

3) 건축물의 주된 용도의 기능에 필수적인 용도로서 다음의 어느 하나에 해당하는 용도
　가) 건축의 설비, 대피 또는 위생을 위한 용도, 그 밖에 이와 비슷한 용도
　나) 사무, 작업, 집회, 물품 저장 또는 주차를 위한 용도, 그 밖에 이와 비슷한 용도
　다) 구내식당, 구내세탁소, 구내운동시설 등 종업원후생복리시설(기숙사는 제외한다.) 또는 구내소각시설의 용도, 그 밖에 이와 비슷한 용도

② 형식승인을 득하여야 하는 소방용품[별표3]에서 소화설비, 경보설비, 피난구조설비를 구성하는 각각의 제품 또는 기기를 모두 쓰시오. (10점)

[풀이&답]
1. 소화설비를 구성하는 제품 또는 기기
　가. 별표 1 제1호가목의 소화기구(소화약제 외의 것을 이용한 간이소화용구는 제외한다)
　나. 별표 1 제1호나목의 자동소화장치
　다. 소화설비를 구성하는 소화전, 송수구, 관창(菅槍), 소방호스, 스프링클러헤드, 기동용 수압개폐장치, 유수제어밸브 및 가스관선택밸브
2. 경보설비를 구성하는 제품 또는 기기
　가. 누전경보기 및 가스누설경보기
　나. 경보설비를 구성하는 발신기, 수신기, 중계기, 감지기 및 음향장치(경종만 해당)
3. 피난구조설비를 구성하는 제품 또는 기기
　가. 피난사다리, 구조대, 완강기(간이완강기 및 지지대를 포함한다)
　나. 공기호흡기(충전기를 포함한다)
　다. 피난구유도등, 통로유도등, 객석유도등 및 예비 전원이 내장된 비상조명등

3-2) 소방시설 중 비상전원수전설비의 NFTC에 따라 각 물음에 답하시오. (10점)
　① 인입선 및 인입구 배선의 시설기준 2가지 (2점)

[풀이&답]
1. 인입선은 특정소방대상물에 화재가 발생할 경우에도 화재로 인한 손상을 받지 않도록 설치해야 한다.
2. 인입구 배선은 「옥내소화전설비의 화재안전기술기준(NFTC 102)」 2.7.2의 표 2.7.2(1)에 따른 내화배선으로 해야 한다.

② 특고압 또는 고압으로 수전하는 경우, 큐비클형 방식의 설치기준 중 환기장치의 설치기준 4가지 (8점)

[풀이&답]
1. 내부의 온도가 상승하지 않도록 환기장치를 할 것
2. 자연환기구의 개구부 면적의 합계는 외함의 한 면에 대하여 해당 면적의 3분의 1이하로 할 것. 이 경우 하나의 통기구의 크기는 직경 10[mm]이상의 둥근 막대가 들어가서는 아니된다.
3. 자연환기구에 따라 충분히 환기할 수 없는 경우에는 환기설비를 설치할 것
4. 환기구에는 금속망, 방화댐퍼 등으로 방화조치를 하고, 옥외에 설치하는 것은 빗물에 등이 들어가지 않도록 할 것

제15회 점검실무행정 기출문제
2015. 9. 5

01 ★★★★

다음 각 물음에 답하시오. (40점)

(1) 「기존다중이용업소 건축물의 구조상 비상구를 설치할 수 없는 경우에 관한 고시」에서 규정한 기존 다중이용업소 건축물의 구조상 비상구를 설치할 수 없는 경우를 쓰시오. (15점)

풀이&답
1. 비상구 설치를 위하여 건축법 제2조제1항제6호 규정의 주요구조부를 관통하여야 하는 경우
2. 비상구를 설치하여야 하는 영업장이 인접건축물과의 이격거리(건축물 외벽과 외벽 사이의 거리를 말한다)가 100센티미터 이하인 경우
3. 다음 각목의 어느 하나에 해당하는 경우
   가. 비상구 설치를 위하여 당해 영업장 또는 다른 영업장의 공조설비, 냉·난방설비, 수도설비 등 고정설비를 철거 또는 이전하여야 하는 등 그 설비의 기능과 성능에 지장을 초래하는 경우
   나. 비상구 설치를 위하여 인접건물 또는 다른 사람 소유의 대지경계선을 침범하는 등 재산권분쟁의 우려가 있는 경우
   다. 영업장이 도시미관지구에 위치하여 비상구를 설치하는 경우 건축물 미관을 훼손한다고 인정되는 경우
   라. 당해 영업장으로 사용부분의 바닥면적 합계가 33제곱미터 이하인 경우
4. 그 밖에 관할 소방서장이 현장여건 등을 고려하여 비상구를 설치할 수 없다고 인정하는 경우

(2) 「소방기본법 시행령」 제5조 관련 "보일러 등의 위치·구조 및 관리와 화재예방을 위하여 불의 사용에 있어서 지켜야 하는 사항" 중 보일러 사용 시 지켜야 하는 사항에 대해 쓰시오. (12점)

풀이&답
〈별표1〉 보일러 등의 위치·구조 및 관리와 화재예방을 위하여 불의 사용에 있어서 지켜야 하는 사항(제5조관련)
1. 가연성 벽·바닥 또는 천장과 접촉하는 증기기관 또는 연통의 부분은 규조토·석면 등 난연성 단열재로 덮어씌워야 한다.
2. 경유·등유 등 액체연료를 사용하는 경우에는 다음 각목의 사항을 지켜야 한다.
   가. 연료탱크는 보일러본체로부터 수평거리 1미터 이상의 간격을 두어 설치할 것
   나. 연료탱크에는 화재 등 긴급상황이 발생하는 경우 연료를 차단할 수 있는 개폐밸브를 연료탱크로부터 0.5미터 이내에 설치할 것
   다. 연료탱크 또는 연료를 공급하는 배관에는 여과장치를 설치할 것
   라. 사용이 허용된 연료 외의 것을 사용하지 아니할 것
   마. 연료탱크에는 불연재료(「건축법 시행령」 제2조제10호의 규정에 의한 것을 말한다. 이하 이 표에서 같다)로 된 받침대를 설치하여 연료탱크가 넘어지지 아니하도록 할 것
3. 기체연료를 사용하는 경우에는 다음 각목에 의한다.
   가. 보일러를 설치하는 장소에는 환기구를 설치하는 등 가연성가스가 머무르지 아니하도록 할 것
   나. 연료를 공급하는 배관은 금속관으로 할 것
   다. 화재 등 긴급시 연료를 차단할 수 있는 개폐밸브를 연료용기 등으로부터 0.5미터 이내에 설치할 것

라. 보일러가 설치된 장소에는 가스누설경보기를 설치할 것
4. 보일러와 벽·천장 사이의 거리는 0.6미터 이상 되도록 하여야 한다.
5. 보일러를 실내에 설치하는 경우에는 콘크리트바닥 또는 금속 외의 불연재료로 된 바닥 위에 설치하여야 한다.

※ 화재의 예방 및 안전관리에 관한 법률 시행령 [별표1] "보일러 등의 설비 또는 기구의 위치·구조 및 관리와 화재 예방을 위하여 불을 사용할 때 지켜야 하는 사항"으로 변경(시행 2022.12.01.)됨에 따라 현재 기준에는 맞지 않는 답안입니다. 답안 작성시 상기 기준을 참조하시기 바랍니다.

(3) 「화재예방, 소방시설 설치·유지 및 안전관리에 관한 법률 시행령」의 임시소방시설과 기능 및 성능이 유사한 소방시설로서 임시소방시설을 설치한 것으로 보는 소방시설을 쓰시오. (6점)

풀이&답 〈별표5의2〉 임시소방시설의 종류와 설치기준 등(제15조의4제2항·제3항 관련)
1. 간이소화장치를 설치한 것으로 보는 소방시설: 옥내소화전 및 소방청장이 정하여 고시하는 기준에 맞는 소화기
2. 비상경보장치를 설치한 것으로 보는 소방시설: 비상방송설비 또는 자동화재탐지설비
3. 간이피난유도선을 설치한 것으로 보는 소방시설: 피난유도선, 피난구유도등, 통로유도등 또는 비상조명등

(4) 「다중이용업소의 안전관리에 관한 특별법」에서 다음 각 물음에 답하시오. (7점)
① 밀폐구조의 영업장에 대한 정의를 쓰시오. (2점)

풀이&답 지상층에 있는 다중이용업소의 영업장 중 채광·환기·통풍 및 피난 등이 용이하지 못한 구조로 되어 있으면서 대통령령으로 정하는 기준에 해당하는 영업장

② 밀폐구조의 영업장에 대한 요건을 쓰시오. (5점)

풀이&답 지상층 중 다음 각 목의 요건을 모두 갖춘 개구부(건축물에서 채광·환기·통풍 또는 출입 등을 위하여 만든 창·출입구, 그 밖에 이와 비슷한 것을 말한다)의 면적의 합계가 해당 층의 바닥면적(「건축법 시행령」 제119조제1항제3호에 따라 산정된 면적을 말한다. 이하 같다)의 30분의 1 이하가 되는 층을 말한다.
1. 크기는 지름 50센티미터 이상의 원이 내접(內接)할 수 있는 크기일 것
2. 해당 층의 바닥면으로부터 개구부 밑부분까지의 높이가 1.2미터 이내일 것
3. 도로 또는 차량이 진입할 수 있는 빈터를 향할 것
4. 화재 시 건축물로부터 쉽게 피난할 수 있도록 창살이나 그 밖의 장애물이 설치되지 아니할 것
5. 내부 또는 외부에서 쉽게 부수거나 열 수 있을 것

02 ★

다음 각 물음에 답하시오. (30점)
(1) 소방시설 종합정밀점검표에서 기타사항 확인표의 피난·방화시설 점검내용 8가지를 쓰시오. (8점)

풀이&답 1. 방화문 및 방화셔터 관리상태
2. 계단(직통·피난·특별피난계단) 관리상태
3. 옥상광장으로의 피난장애물(비상구 개방상태 유지여부)

4. 주요 구조부 내장재 불연화상태
5. 비상구 및 피난통로 확보 여부(물품적재, 잠금장치 설치 등)
6. 방화구획, 비상용 승강기 등
7. 피트공간(층) 관리상태
8. 방화구획 관통부 내화충진제 관리상태

소방시설 자체점검사항 등에 관한 고시 기타 사항 확인표〈2019.1.22. 시행〉

구 분	점검항목
방 염	• 방염물품명 기재 • 방염처리 적정여부 • 방염처리등 후처리여부 기재
피난·방화시설	• 방화문 및 방화셔터 관리상태 • 비상구 및 피난통로 확보 여부

(2) 자동화재탐지설비·시각경보기·자동화재속보설비의 작동기능점검표에서 수신기의 점검항목 및 점검내용 10가지를 쓰시오. (10점)

점검항목	점 검 내 용
스위치류	• 단자의 풀림 및 개폐기능의 정상 여부
퓨우즈류	• 적정의 종류 및 용량의 사용 유무
계 전 기	• 기능의 정상 여부 확인
표 시 등	• 정상적인 점등 여부
경계구역 표시장치	• 손상·불선명한 부분 등의 유무
통화장치	• 수신기 상호간 또는 발신기 등과의 통화가 명료하게 이루어지는가의 여부
결선접속	• 단선·단자의 풀림·탈락·손상 등의 유무
화재표시	• 화재표시 시험을 하였을 때 정상적인 화재표시의 여부
회로도통	• 회로도통시험을 하였을 때 시험용 계기의 지시 또는 확인 등의 점검에 의한 도통여부
예비품등	• 퓨우즈·전구등의 예비품 및 회로도 등의 비치 여부

자동화재탐지설비(시각경보기)·자동화재속보설비·비상방송설비의 작동기능점검표상 수신기 점검항목〈2019.1.22. 시행〉

구분	점검항목	점 검 내 용
수신기	전 원	전원 공급 및 전원표시등 정상여부 확인
	절환장치(예비전원)	상용전원 OFF시 자동 예비전원 절환 여부
	스위치	스위치 정위치(자동) 여부
	경계구역일람도	경계구역 일람도 비치여부
	도통시험	회로 단선여부
	동작시험	주, 지구경종 및 시각경보기 작동상태

(3) 다음 명칭에 대한 소방시설 도시기호를 그리시오. (4점)

명 칭	도시기호
① 릴리프밸브(일반)	
② 회로시험기	
③ 연결살수헤드	
④ 화재댐퍼	

풀이&답

명 칭	도시기호
① 릴리프밸브(일반)	(릴리프밸브 기호)
② 회로시험기	⊙
③ 연결살수헤드	─◇─
④ 화재댐퍼	(화재댐퍼 기호)

(4) 이산화탄소소화설비의 종합정밀점검표에서 제어반 및 화재표시등의 점검항목 8가지를 쓰시오. (8점)

풀이&답
① 자동화재탐지설비 수신기로 제어반과 화재표시반을 대신하는 경우 자동 화재탐지설비 수신기의 정상 기능유무
② 제어반의 신호 수신 방법·상태, 음향경보장치의 작동, 소화약제 방출 및 방출시간 지연 등의 기능 상태
③ 화재표시반의 각 방호구역별 음향경보장치 작동과 감지기작동의 명시 표시, 벨 및 부자등 경보기의 기능상태
④ 수동식 기동장치 작동시 화재표시반의 방출 스위치의 작동표시등의 점등상태
⑤ 화재표시반의 소화약제 방출표시등의 설치위치 점등상태
⑥ 자동식기동장치방식의 경우 자동·수동 절환기능 절환표시등의 점등상태
⑦ 제어반 및 화재표시반의 설치장소·환경 적정여부 및 점검의 용이성 여부
⑧ 제어반 및 화재표시반의 취급설명서의 비치 및 적합여부
⑨ 수동잠금밸브의 개폐여부 확인 표시등 점등 여부

03 ★

다음 각 물음에 답하시오. (30점)

(1) 「화재예방, 소방시설 설치·유지 및 안전관리에 관한 법률 시행규칙」 별표 8에서 규정하는 행정처분 일반기준에 대하여 쓰시오. (15점)

풀이&답
가. 위반행위가 동시에 둘 이상 발생한 때에는 그 중 중한 처분기준(중한 처분기준이 동일한 경우에는 그 중 하나의 처분기준을 말한다. 이하 같다)에 의하되, 둘 이상의 처분기준이 동일한 영업정지이거나 사용정지인 경우에는 중한 처분의 2분의 1까지 가중하여 처분할 수 있다.

나. 영업정지 또는 사용정지 처분기간 중 영업정지 또는 사용정지에 해당하는 위반사항이 있는 경우에는 종전의 처분기간 만료일의 다음 날부터 새로운 위반사항에 의한 영업정지 또는 사용정지의 행정처분을 한다.

다. 위반행위의 차수에 의한 행정처분기준은 최근 1년간(소방시설관리사의 경우에는 2년간) 같은 위반행위로 행정처분을 받은 경우에 적용한다. 이 경우 기준적용일은 위반사항에 대한 행정처분일과 그 처분 후 위반한 사항이 다시 적발된 날을 기준으로 한다.

라. 영업정지 등에 해당하는 위반사항으로서 위반행위의 동기ㆍ내용ㆍ횟수ㆍ사유 또는 그 결과를 고려하여 다음의 어느 하나에 해당하는 경우에는 그 처분을 가중하거나 감경할 수 있다. 이 경우 그 처분이 영업정지 또는 자격정지일 때에는 그 처분기준의 2분의 1의 범위에서 가중하거나 감경할 수 있고, 등록취소 또는 자격취소일 때에는 등록취소 또는 자격취소 전 차수의 행정처분이 영업정지 또는 자격정지이면 그 처분기준의 2배 이상의 영업정지 또는 자격정지로 감경(법 제19조 제1항제1호ㆍ제3호, 법 제28조제1호ㆍ제4호ㆍ제5호ㆍ제7호, 및 법 제34조제1항제1호ㆍ제4호ㆍ제7호를 위반하여 등록취소 또는 자격취소된 경우는 제외한다)할 수 있다.

　1) 가중 사유
　　가) 위반행위가 사소한 부주의나 오류가 아닌 고의나 중대한 과실에 의한 것으로 인정되는 경우
　　나) 위반의 내용ㆍ정도가 중대하여 관계인에게 미치는 피해가 크다고 인정되는 경우
　2) 감경 사유
　　가) 위반행위가 사소한 부주의나 오류 등 과실에 의한 것으로 인정되는 경우
　　나) 위반의 내용ㆍ정도가 경미하여 관계인에게 미치는 피해가 적다고 인정되는 경우
　　다) 위반행위를 처음으로 한 경우로서, 5년 이상 방염처리업, 소방시설관리업 등을 모범적으로 해 온 사실이 인정되는 경우
　　라) 그 밖에 다음의 경미한 위반사항에 해당되는 경우
　　　(1) 스프링클러설비 헤드가 살수(撒水)반경에 미치지 못하는 경우
　　　(2) 자동화재탐지설비 감지기 2개 이하가 설치되지 않은 경우
　　　(3) 유도등(誘導燈)이 일시적으로 점등(點燈)되지 않는 경우
　　　(4) 유도표지(誘導標識)가 정해진 위치에 붙어 있지 않은 경우

(2) 「자동화재탐지설비 및 시각경보장치의 화재안전기술기준(NFTC 203)」 표 2.4.6(1)에서 규정한 연기감지기를 설치할 수 없는 장소 중 도금공장 또는 축전지실과 같이 부식성 가스의 발생우려가 있는 장소에 감지기 설치 시 유의사항을 쓰시오. (5점)

풀이&답
1. 차동식분포형감지기를 설치하는 경우에는 감지부가 피복되어 있고 검출부가 부식성가스에 영향을 받지 않는 것 또는 검출부에 부식성가스가 침입하지 않도록 조치할 것.
2. 보상식스포트형감지기, 정온식감지기 또는 열아날로그식스포트형감지기를 설치하는 경우에는 부식성가스의 성상에 반응하지 않는 내산형 또는 내알칼리형으로 설치할 것

(3) 「피난기구의 화재안전기술기준(NFTC 301)」 제6조 피난기구 설치의 감소기준을 쓰시오. (10점)

풀이&답
① 피난기구를 설치해야 할 특정소방대상물 중 다음의 기준에 적합한 층에는 2.1.2에 따른 피난기구의 2분의 1을 감소할 수 있다. 이 경우 설치하여야 할 피난기구의 수에 있어서 소수점 이하의 수는 1로 한다.
　1. 주요구조부가 내화구조로 되어 있을 것
　2. 직통계단인 피난계단 또는 특별피난계단이 2 이상 설치되어 있을 것

② 피난기구를 설치해야 할 특정소방대상물 중 주요구조부가 내화구조이고 다음의 기준에 적합한 건널 복도가 설치되어 있는 층에는 2.1.2에 따른 피난기구의 수에서 해당 건널 복도의 수의 2배의 수를 뺀 수로 한다.
  1. 내화구조 또는 철골조로 되어 있을 것
  2. 건널 복도 양단의 출입구에 자동폐쇄장치를 한 60분+ 방화문 또는 60분 방화문(방화셔터를 제외한다)이 설치되어 있을 것
  3. 피난·통행 또는 운반의 전용 용도일 것
③ 피난기구를 설치하여야 할 소방대상물 중 다음 각 호에 기준에 적합한 노대가 설치된 거실의 바닥면적은 2.1.2에 따른 피난기구의 설치개수 산정을 위한 바닥면적에서 이를 제외한다.
  1. 노대를 포함한 특정소방대상물의 주요구조부가 내화구조일 것
  2. 노대가 거실의 외기에 면하는 부분에 피난 상 유효하게 설치되어 있어야 할 것
  3. 노대가 소방사다리차가 쉽게 통행할 수 있는 도로 또는 공지에 면하여 설치되어 있거나, 또는 거실부분과 방화 구획되어 있거나 또는 노대에 지상으로 통하는 계단 그 밖의 피난기구가 설치되어 있어야 할 것

제16회 점검실무행정 기출문제

2016. 9. 24

01 ★★

다음 물음에 답하시오. (40점)

(1) 다음은 펌프를 작동시키는 압력챔버 방식이다. 아래의 그림을 참고하여 압력챔버의 공기 교체 방법을 쓰시오. (14점)

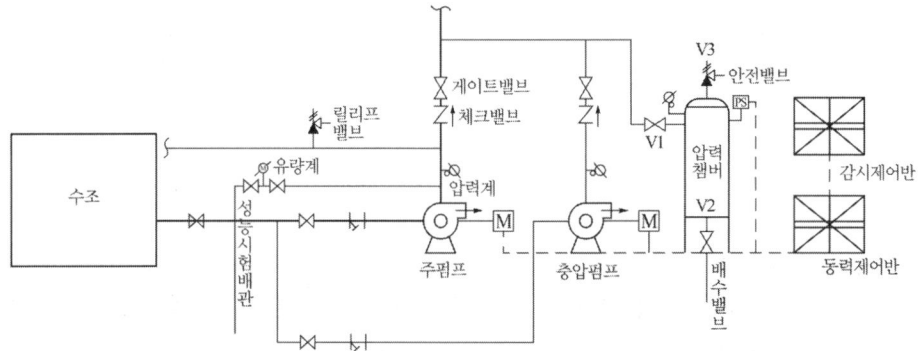

[풀이&답]
① 동력제어반(MCC)에서 주펌프 및 충압펌프의 작동스위치 정지(수동)
② V1 폐쇄
③ V2 및 V3 개방하여 압력탱크 내의 물을 완전 배수
④ V2 및 V3 폐쇄
⑤ V1 개방
⑥ 동력제어반(MCC)에서 충압펌프의 작동스위치를 자동위치
⑦ 충압펌프 정지 후 동력제어반(MCC)에서 주펌프의 작동스위치를 자동위치에 놓는다.

(2) 특정소방대상물의 규모, 용도 및 수용인원 등을 고려하여 갖추어야 하는 소방시설의 종류 중 제연설비에 대하여 다음 물음에 답하시오. (15점)

① 소방시설 설치 및 관리에 관한 법령에 따라 "제연설비를 설치하여야 하는 특정소방대상물"을 쓰시오. (6점)

[풀이&답]
1) 문화 및 집회시설, 종교시설, 운동시설 중 무대부의 바닥면적이 200 m^2 이상인 경우에는 해당 무대부
2) 문화 및 집회시설 중 영화상영관으로서 수용인원 100명 이상인 경우에는 해당 영화상영관
3) 지하층이나 무창층에 설치된 근린생활시설, 판매시설, 운수시설, 숙박시설, 위락시설, 의료시설, 노유자 시설 또는 창고시설(물류터미널로 한정한다)로서 해당 용도로 사용되는 바닥면적의 합계가 1천 m^2 이상인 경우 해당 부분
4) 운수시설 중 시외버스정류장, 철도 및 도시철도 시설, 공항시설 및 항만시설의 대기실 또는 휴게시설로서 지하층 또는 무창층의 바닥면적이 1천 m^2 이상인 경우에는 모든 층

5) 지하가(터널은 제외한다)로서 연면적 1천 m² 이상인 것
6) 지하가 중 예상 교통량, 경사도 등 터널의 특성을 고려하여 행정안전부령으로 정하는 터널
7) 특정소방대상물(갓복도형 아파트등은 제외한다)에 부설된 특별피난계단, 비상용 승강기의 승강장 또는 피난용 승강기의 승강장

② 소방시설 설치 및 관리에 관한 법령에 따라 "제연설비를 면제할 수 있는 기준"을 쓰시오. (6점)

풀이&답
1. 제연설비를 설치하여야 하는 특정소방대상물(별표 4 제5호가목6)은 제외한다)에 다음의 어느 하나에 해당하는 설비를 설치한 경우에는 설치가 면제된다.
    1) 공기조화설비를 화재안전기준의 제연설비기준에 적합하게 설치하고 공기조화설비가 화재 시 제연설비기능으로 자동전환되는 구조로 설치되어 있는 경우
    2) 직접 외부 공기와 통하는 배출구의 면적의 합계가 해당 제연구역[제연경계(제연설비의 일부인 천장을 포함한다)에 의하여 구획된 건축물 내의 공간을 말한다] 바닥면적의 100분의 1 이상이고, 배출구부터 각 부분까지의 수평거리가 30m 이내이며, 공기유입구가 화재안전기준에 적합하게(외부 공기를 직접 자연 유입할 경우에 유입구의 크기는 배출구의 크기 이상이어야 한다) 설치되어 있는 경우
2. 별표 4 제5호가목6)에 따라 제연설비를 설치하여야 하는 특정소방대상물 중 노대(露臺)와 연결된 특별피난계단 또는 노대가 설치된 비상용 승강기의 승강장 또는「건축법 시행령」제91조제5호의 기준에 따라 배연설비가 설치된 피난용 승강기의 승강장에는 설치가 면제된다.

③ 제연설비의 화재안전기술기준(NFTC 501)에 따라 "제연설비를 설치하여야 할 특정소방대상물 중 배출구·공기유입구의 설치 및 배출량 산정에서 이를 제외할 수 있는 부분(장소)"을 쓰시오. (3점)

풀이&답 제연설비를 설치하여야 할 특정소방대상물 중 화장실·목욕실·주차장·발코니를 설치한 숙박시설(가족호텔 및 휴양콘도미니엄에 한한다)의 객실과 사람이 상주하지 아니하는 기계실·전기실·공조실·50[m²] 미만의 창고 등으로 사용되는 부분에 대하여는 배출구·공기유입구의 설치 및 배출량 산정에서 이를 제외할 수 있다.

(3) 다음은 종합정밀점검표에 관한 사항이다. 각 물음에 답하시오. (11점)

① 다중이용업소의 종합정밀점검 시 "가스누설경보기" 점검내용 5가지를 쓰시오. (5점)

풀이&답
① 주방 또는 난방시설이 설치된 장소에 설치 유무 확인
② 표시등에 의하여 전기가 통하는가 확인
③ 가스 누설 시 적정하게 경보가 발하는지 확인
④ 시험장치에 의한 가스차단밸브의 정상 개·폐 여부
⑤ 변형, 손상, 탈락, 현저한 부식 등의 유무

② 할로겐화합물 및 불활성기체 소화설비의 "개구부의 자동폐쇄장치" 점검항목 3가지를 쓰시오. (3점)

풀이&답
① 환기장치 자동정지기능 적합여부
② 개구부 및 통기구의 자동폐쇄장치 설치 및 기능의 적합여부(단, 기능의 적합여부는 전기식 기동방식으로 한정한다.)
③ 자동폐쇄장치의 복구장치의 위치 및 표지 적합여부

③ 거실제연설비의 "기동장치" 점검항목 3가지를 쓰시오. (3점)

① 수동기동조작 장치에 의해 정상적으로 작동되는지 여부
② 자동화재탐지설비 연기감지기의 동작에 의해 자동으로 제연설비가 작동되는지 여부
③ 비상전원확보 여부

02 ★★

다음 물음에 답하시오. (30점)

(1) 소방시설관리사가 건물의 소방펌프를 점검한 결과 에어락 현상(Air Lock)이라고 판단하였다. 에어락 현상이라고 판단한 이유와 적절한 대책 5가지를 쓰시오. (8점)

구 분	답 안
에어락 현상	펌프 내부 또는 배관에 부분적으로 공기가 차서 air pocket을 형성하여 펌프가 흡입을 제대로 하지 못하거나 배관 내 물의 흐름을 방해하는 현상
판단한 이유	펌프를 기동할 때 토출량이 0인 상태(압력계의 눈금이 움직이지 않는다.)
대 책	① 펌프 기동전에 펌프 상단의 공기 빼기밸브를 조작하여 공기를 배출한다. ② 펌프의 흡입측에 편심 레듀서를 설치한다. ③ 펌프 흡입측 배관상 스트레이너를 청소한다. ④ 펌프 흡입측 배관상 배관과 관부속의 연결부위를 조인다. ⑤ 펌프 흡입측 배관을 수조의 하단에 설치한다. ⑥ 펌프 회전부의 누수여부를 확인하고 펌프를 보수한다. ⑦ 펌프 흡입측 개폐표시형 밸브를 개폐여부를 확인하여 잠겨 있는 경우 밸브를 개방한다.

(2) 특별피난계단의 계단실 및 부속실의 제연설비 점검항목 중 방연풍속과 유입공기 배출량 측정방법을 각각 쓰시오. (12점)

방연풍속 측정방법	1. 송풍기에서 가장 먼 층을 기준으로 1개소 이상(20층 초과시 연속되는 층 2개소)측정을 원칙으로 한다. 2. 방연풍속은 최소 10점 이상 균등 분할하여 측정하며, 측정시 각 측정점에 대해 부속실을 기준으로 유입(-) 및 배출(+)상태를 측정지에 기록한다. 3. 부속실의 방연풍속 측정 시 측정하는 층의 유입공기배출댐퍼(있는 경우)를 개방하여 측정하고, 유입공기배출댐퍼의 풍량을 기입한다. 방화문 2개소 개방 시는 2개소 중 측정하는 층에 대해서만 개방하여 측정한다. 4. 직통계단식 부속실의 경우 세대와 면하는 외기 문을 개방하여 측정한다. 방화문 2개소 개방 시는 2개소 중 측정하는 층에 대해서만 세대 외기 문을 개방하여 측정한다.
유입공기 배출량 측정방법	기계배출식은 송풍기에서 가장 먼 층의 유입공기배출댐퍼를 개방하여 측정하는 것을 원칙으로 한다. 기타 방식은 설계조건에 따라 적정한 위치의 유입공기배출구를 개방하여 측정하는 것을 원칙으로 한다.

(3) 소화설비에 사용되는 밸브류에 관하여 다음의 명칭에 맞는 도시기호를 표시하고 그 기능을 쓰시오. (10점)

명 칭	도시기호	기 능
(가) 가스체크밸브		
(나) 앵글밸브		
(다) 후드(Foot) 밸브		
(라) 자동배수밸브		
(마) 감압밸브		

풀이&답

명 칭	도시기호	기 능
(가) 가스체크밸브	▷	가스의 흐름방향을 한 방향으로 조절하여 역류방지
(나) 앵글밸브		유체의 흐름방향을 90°로 변환
(다) 후드(Foot) 밸브		수원이 펌프보다 낮은 경우에 설치하여 이물질을 제거, 역류 방지기능
(라) 자동배수밸브		배관 내 고인 물을 자동으로 배수하여 배관의 동파 및 부식을 방지
(마) 감압밸브	Ⓡ	배관 내 과압발생 시 압력을 감압

03 ★★

다음 물음에 답하시오. (30점)

(1) 복도통로유도등과 계단통로유도등의 설치목적과 각 조도기준을 쓰시오. (8점)

풀이&답

구 분	설치목적	조도기준
복도통로유도등	피난통로가 되는 복도에 설치하는 통로유도등으로서 피난구의 방향을 명시하는 것	바닥면으로부터 1[m] 높이에, 거실통로유도등은 바닥면으로부터 2[m] 높이에 설치하고 그 유도등의 중앙으로부터 0.5[m] 떨어진 위치(그림1 또는 그림2에서 정하는 위치)의 바닥면 조도와 유도등의 전면 중앙으로부터 0.5[m] 떨어진 위치의 조도가 1[lx] 이상이어야 한다. 다만, 바닥면에 설치하는 통로유도등은 그 유도등의 바로 윗부분 1[m]의 높이에서 법선조도가 1[lx] 이상
계단통로유도등	피난통로가 되는 계단이나 경사로에 설치하는 통로유도등으로 바닥면 및 디딤 바닥면을 비추는 것	바닥면 또는 디딤바닥 면으로부터 높이 2.5[m]의 위치에 그 유도등을 설치하고 그 유도등의 바로 밑으로부터 수평거리로 10m 떨어진 위치에서의 법선조도가 0.5[lx] 이상

(2) 화재시 감지기가 동작하지 않고 화재 발견자가 화재구역에 있는 발신기를 눌렀을 경우, 자동 화재탐지설비 수신기에서 발신기 동작상황 및 화재구역을 확인하는 방법을 쓰시오. (3점)

발신기 동작상황 확인	수신기에서 발신기 표시등이 점등되는지 여부 확인
화재구역을 확인하는 방법	화재 지구표시등의 점등 여부 확인

(3) P형1급 수신기(10회로 미만)에 대한 절연저항시험과 절연내력시험을 실시하였다. (9점)

① 수신기의 절연저항시험 방법(측정개소, 계측기, 측정값)을 쓰시오. (3점)

수신기의 절연된 충전부와 외함간의 절연저항은 직류 500[V]의 절연저항계로 측정한 값이 5[MΩ](교류입력측과 외함간에는 20[MΩ]) 이상이어야 한다.

② 수신기의 절연내력시험 방법을 쓰시오. (3점)

수신기의 절연된 충전부와 외함 간의 절연내력은 60[Hz]의 정현파에 가까운 실효전압 500[V](정격전압이 60[V]를 초과하고 150[V] 이하인 것은 1000[V], 정격전압이 150[V]를 초과하는 것은 그 정격전압에 2를 곱하여 1000을 더한 값)의 교류전압을 가하는 시험에서 1분간 견디는 것이어야 한다.

③ 절연저항시험과 절연내력시험의 목적을 각각 쓰시오. (3점)

구 분	목 적
절연저항시험	절연물의 누전여부를 확인
절연내력시험	절연물이 견딜 수 있는 전압을 확인

(4) P형 수신기에 연결된 지구경종이 작동되지 않는 경우 그 원인 5가지를 쓰시오. (10점)

① 수신기에서 지구경종 정지스위치가 눌러진 경우
② 수신기 내 경종 퓨즈가 단선된 경우
③ 수신기 내부 릴레이 불량
④ 수신기 내부 지구 경종선을 분리한 경우
⑤ 수신기 전원 불량
⑥ 지구경종의 불량
⑦ 지구경종 선로의 단선

제17회 점검실무행정 기출문제 (2017. 9. 23)

01 ★

다음 물음에 답하시오. (40점)

(1) 자동화재탐지설비의 감지기 설치기준에서 다음 물음에 답하시오. (7점)

① 설치장소별 감지기 적응성(연기감지기를 설치할 수 없는 경우 적용)에서 설치장소의 환경상태가 "물방울이 발생하는 장소"에 설치할 수 있는 감지기의 종류별 설치조건을 쓰시오. (3점)

풀이&답
1. 보상식스포트형감지기, 정온식감지기 또는 열아날로그식 스포트형감지기를 설치하는 경우에는 방수형으로 설치할 것.
2. 보상식스포트형감지기는 급격한 온도변화가 없는 장소에 한하여 설치할 것.

② 설치장소별 감지기 적응성(연기감지기를 설치할 수 없는 경우 적용)에서 설치장소의 환경상태가 "부식성가스가 발생할 우려가 있는 장소"에 설치할 수 있는 감지기의 종류별 설치조건을 쓰시오. (4점)

풀이&답
1. 차동식분포형감지기를 설치하는 경우에는 감지부가 피복되어 있고 검출부가 부식성가스에 영향을 받지 않는 것 또는 검출부에 부식성가스가 침입하지 않도록 조치할 것.
2. 보상식스포트형감지기, 정온식감지기 또는 열아날로그식 스포트형감지기를 설치하는 경우에는 부식성가스의 성상에 반응하지 않는 내산형 또는 내알칼리형으로 설치할 것
3. 정온식감지기를 설치하는 경우에는 특종으로 설치할 것

(2) 다음 국가화재안전기준(NFSC)에 대하여 각 물음에 답하시오. (5점)

① 무선통신보조설비를 설치하지 아니할 수 있는 경우의 특정소방대상물의 조건을 쓰시오. (2점)

풀이&답 지하층으로서 특정소방대상물의 바닥부분 2면 이상이 지표면과 동일하거나 지표면으로부터의 깊이가 1[m] 이하인 경우에는 해당층에 한하여 무선통신보조설비를 설치하지 아니할 수 있다.

② 분말소화설비의 자동식 기동장치에서 가스압력식 기동장치의 설치기준 3가지를 쓰시오. (3점)

풀이&답
㉮ 기동용 가스용기 및 해당 용기에 사용하는 밸브는 25[MPa] 이상의 압력에 견딜 수 있는 것으로 할 것
㉯ 기동용가스용기에는 내압시험압력의 0.8배 내지 내압시험압력 이하에서 작동하는 안전장치를 설치할 것

㉰ 기동용 가스용기의 용적은 1[ℓ] 이상으로 하고, 해당 용기에 저장하는 이산화탄소의 양은 0.6[kg] 이상으로 하며, 충전비는 1.5 이상으로 할 것

(3) 「소방용품의 품질관리 등에 관한 규칙」에서 성능인증을 받아야 하는 대상의 종류 중 "그 밖에 소방청장이 고시하는 소방용품"에 대하여 아래의 괄호에 적합한 품명을 쓰시오. (6점)

> ① 분기배관 ② 시각경보장치 ③ 자동폐쇄장치
> ④ 방열복 ⑤ 피난유도선 ⑥ 방염제품
> ⑦ 다수인피난장비 ⑧ 승강식피난기 ⑨ 미분무헤드
> ⑩ 압축공기포헤드 ⑪ 플랩댐퍼 ⑫ 비상문자동개폐장치
> ⑬ 포소화약제혼합장치 ⑭ (A) ⑮ (B)
> ⑯ (C) ⑰ (D) ⑱ (E)
> ⑲ (F)

풀이&답
A : 가스계소화설비 설계프로그램   B : 자동차압 과압조절형댐퍼
C : 가압수조식가압송수장치   D : 캐비닛형 간이스프링클러설비
E : 상업용 주방자동소화장치   F : 압축공기포혼합장치

(4) 다음 빈칸에 소방시설 도시기호를 넣고 그 기능을 설명하시오. (6점)

명 칭	도시기호	기 능
시각경보기	A	시각경보기는 소리를 듣지 못하는 청각장애인을 위하여 화재나 피난 등 긴급한 상태를 볼 수 있도록 알리는 기능을 한다.
기압계	B	E
방화문 연동제어기	C	F
포헤드(입면도)	D	포소화설비가 화재등으로 작동되어 포소화약제가 방호구역에 방출될 때 포헤드에서 공기와 혼합하면서 포를 발포한다.

풀이&답

A	▭ (시각경보기 도시기호)
B	⫯ (기압계 도시기호)
C	▱ (방화문 연동제어기 도시기호)
D	✥ (포헤드 입면도 도시기호)
E	대기압 측정용 계기
F	화재감지기 및 수동기동 신호를 수신하여 방화문의 자동폐쇄장치로 기동출력을 전송하여 방화문을 제어하는 장치

(5) 특정소방대상물 가운데 대통령령으로 정하는 "소방시설을 설치하지 아니할 수 있는 특정소방대상물과 그에 따른 소방시설의 범위"를 다음 빈칸에 각각 쓰시오. (4점)

구 분	특정소방대상물	소방시설
화재안전기준을 적용하기 어려운 특정소방대상물	A	B
	C	D

풀이&답 A : 펄프공장의 작업장, 음료수 공장의 세정 또는 충전을 하는 작업장, 그 밖에 이와 비슷한 용도로 사용하는 것
B : 연결살수설비, 상수도소화용수설비 및 스프링클러설비
C : 정수장, 수영장, 목욕장, 축산·농예·어류양식용 시설, 그 밖에 이와 비슷한 용도로 사용되는 것
D : 연결살수설비, 상수도소화용수설비 및 자동화재탐지설비

(6) 다음 조건을 참조하여 물음에 답하시오. (단, 아래조건에서 제시하지 않은 사항은 고려하지 않는다.) (12점)

[조건]
- 최근에 준공한 내화구조의 건축물로서 소방대상물의 용도는 복합건축물이며, 지하는 3층 지상은 11층으로 1개 층의 바닥면적은 1,000제곱미터이다.
- 지하 3층부터 지하 2층까지 주차장, 지하1층은 판매시설, 지상 1층부터 11층까지는 업무시설이다.
- 소방대상물의 각 층별 높이는 5.0m 이다.
- 물탱크는 지하 3층 기계실에 설치되어 있고 소화펌프 흡입구보다 높으며, 기계실과 물탱크실은 별도로 구획되어 있다.
- 옥상에는 옥상수조가 설치되어 있다.
- 펌프의 기동을 위해 기동용수압개폐장치가 설치되어 있다.
- 한 개 층에 설치된 스프링클러헤드 개수는 160개이고, 지하1층부터 11층까지 모두 하향식헤드만 설치되어 있다.
- 스프링클러설비 적용현황
  - 지하 3층, 지하 1층~지상 11층은 습식스프링클러설비(알람밸브) 방식이다.
  - 지하 2층은 준비작동식스프링클러설비 방식이다.
- 옥내소화전은 층별로 5개가 설치되어 있다.
- 소화 주 펌프의 명판을 확인한 결과 정격양정은 105m 이다.
- 체절양정은 정격양정의 130% 이다.
- 소화펌프 및 소화배관은 스프링클러설비와 옥내소화전설비 겸용으로 사용한다.
- 지하 1층과 지상 11층은 콘크리트 슬래브(천장) 하단에 가연성단열재(100mm)로 시공되었다.
- 반자의 재질
  - 지상 1층, 11층은 준불연재료이다.
  - 지하 1층, 지상 2층~10층은 불연재료이다.

- 반자와 콘크리트 슬래브(천장) 하단까지의 거리는 아래와 같다. (주차장 제외)
  - 지하1층은 2.2[m], 지상1층은 1.9[m] 이며 그 외의 층은 모두 0.7[m] 이다.

① 상기 건출물의 점검과정에서 소화수원의 적정여부를 확인하고자 한다. 모든 수원용량 (저수조 및 옥상수조)을 구하시오. (2점)

풀이&답
1. 저수조 수원용량
   ① 스프링클러설비 : 30개 × 1.6[m³] = 48[m³]
   ② 옥내소화전설비 : 5개 × 2.6[m³] = 13[m³]
   ③ 수원용량의 합계 : 48[m³] + 13[m³] = 61[m³]
2. 옥상수조 수원용량 = 저수조의 수원용량 × $\frac{1}{3}$ = 61[m³] × $\frac{1}{3}$ = 20.33[m³]

② 스프링클러헤드의 설치상태를 점검한 결과, 일부 층에서 천장과 반자 사이에 스프링클러헤드가 누락된 것이 확인되었다. 지하주차장을 제외한 층 중 천장과 반자 사이에 스프링클러헤드를 화재안전기준에 적합하게 설치해야 하는 층과 스프링클러헤드가 설치되어야 하는 이유를 쓰시오. (4점)

풀이&답

설치해야 하는 층	설치되어야 하는 이유
지하1층	천장과 반자중 한쪽이 불연재료로 되어 있고 천장과 반자사이의 거리가 1[m] 미만인 부분은 스프링클러헤드의 설치가 제외되나, 콘크리트 슬래브(천장) 하단에 가연성단열재(100[mm])로 시공하고, 반자는 불연재료, 반자와 콘크리트 슬래브(천장) 하단까지의 거리가 2.2[m] 이므로 설치제외 기준을 충족하지 못한다.
지상1층	천장과 반자중 한쪽이 불연재료로 되어 있고 천장과 반자사이의 거리가 1[m] 미만인 부분은 스프링클러헤드의 설치가 제외되나, 반자는 준불연재료이며 반자와 콘크리트 슬래브(천장) 하단까지의 거리가 1.9[m] 이므로 설치제외 기준을 충족하지 못한다.
지상11층	천장 및 반자가 불연재료 외의 것으로 되어 있고 천장과 반자사이의 거리가 0.5[m] 미만인 부분은 스프링클러헤드의 설치가 제외되나, 반자는 준불연재료, 콘크리트 슬래브(천장) 하단에 가연성단열재(100[mm])로 시공하고 반자와 콘크리트 슬래브(천장) 하단까지의 거리가 0.7[m] 이므로 설치제외 기준을 충족하지 못한다.

스프링클러헤드의 설치제외(NFSC 103 제15조)
1. 천장과 반자 양쪽이 불연재료로 되어 있는 경우로서 그 사이의 거리 및 구조가 다음 각 목의 어느 하나에 해당하는 부분
   ① 천장과 반자사이의 거리가 2[m] 미만인 부분
   ② 천장과 반자사이의 벽이 불연재료이고 천장과 반자사이의 거리가 2[m] 이상으로서 그 사이에 가연물이 존재하지 아니하는 부분
2. 천장·반자중 한쪽이 불연재료로 되어있고 천장과 반자사이의 거리가 1[m] 미만인 부분
3. 천장 및 반자가 불연재료 외의 것으로 되어 있고 천장과 반자사이의 거리가 0.5[m] 미만인 부분

③ 무부하시험, 정격부하시험 및 최대부하시험 방법을 설명하고, 실제 성능시험을 실시하여 그 값을 토대로 펌프성능시험곡선을 작성하시오. (6점)

[풀이&답]

1. 무부하시험, 정격부하시험 및 최대부하시험 방법을 설명

구 분	시험방법
무부하시험	① 소화펌프 2차측의 게이트밸브 및 순환배관상의 릴리프밸브, 성능시험배관상의 유량조절밸브 폐쇄 ② 동력제어반(MCC)에서 충압펌프 정지, 주펌프를 수동으로 기동 ③ 압력계의 지시압이 정격양정(토출압력)의 140[%] 이하인지 확인 ④ 동력제어반(MCC)에서 주펌프를 수동으로 정지
정격부하시험	① 소화펌프 2차측의 게이트밸브 및 순환배관상의 릴리프밸브 폐쇄 ② 동력제어반(MCC)에서 충압펌프 정지, 주펌프를 수동으로 기동 ③ 성능시험배관상 유량조절밸브를 개방하여 정격토출유량의 100[%]가 되도록 조정 ④ 압력계의 지시압이 정격양정(토출압력)의 100[%] 이상인지 확인 ⑤ 동력제어반(MCC)에서 주펌프를 수동으로 정지
최대부하시험	① 소화펌프 2차측의 게이트밸브 및 순환배관상의 릴리프밸브 폐쇄 ② 동력제어반(MCC)에서 충압펌프 정지, 주펌프를 수동으로 기동 ③ 성능시험배관상 유량조절밸브를 개방하여 정격토출유량의 150[%]가 되도록 조정 ④ 압력계의 지시압이 정격양정(토출압력)의 65[%] 이상인지 확인 ⑤ 동력제어반(MCC)에서 주펌프를 수동으로 정지

2. 펌프성능시험곡선 작성
   ① 정격양정 : 105[m]
   ② 정격토출량 : 30개 × 80[ℓ/min] + 5개 × 130[ℓ/min]=3,050[ℓ/min]

구 분	토출량[ℓ/min]	양정[m]	비 고
무부하시험	0	136.5	105[m] × 1.3=136.5[m]
정격부하시험	3,050	105	105[m] × 1.0=105[m]
최대부하시험	4,575	68.25	105[m] × 0.65=68.25[m] 3,050[ℓ/min] × 1.5=4,575[ℓ/min]

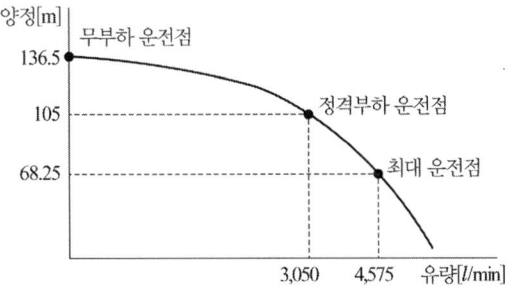

02 ★★

다음 물음에 답하시오. (30점)

(1) 「건축물의 피난·방화구조 등의 기준에 관한 규칙」에 따라 다음 물음에 답하시오. (8점)

① 방화지구 내 건축물의 인접대지경계선에 접하는 외벽에 설치하는 창문 등으로서 연소할 우려가 있는 부분에 설치하는 설비를 쓰시오. (4점)

풀이&답
1. 60분+ 방화문 또는 60분 방화문
2. 소방법령이 정하는 기준에 적합하게 창문 등에 설치하는 드렌처
3. 당해 창문등과 연소할 우려가 있는 다른 건축물의 부분을 차단하는 내화구조나 불연재료로 된 벽·담장 기타 이와 유사한 방화설비
4. 환기구멍에 설치하는 불연재료로 된 방화커버 또는 그물눈이 2밀리미터 이하인 금속망

② 피난용승강기 전용 예비전원의 설치기준을 쓰시오. (4점)

풀이&답
1. 정전시 피난용승강기, 기계실, 승강장 및 폐쇄회로 텔레비전 등의 설비를 작동할 수 있는 별도의 예비전원 설비를 설치할 것
2. 예비전원은 초고층 건축물의 경우에는 2시간 이상, 준초고층 건축물의 경우에는 1시간 이상 작동이 가능한 용량일 것
3. 상용전원과 예비전원의 공급을 자동 또는 수동으로 전환이 가능한 설비를 갖출 것
4. 전선관 및 배선은 고온에 견딜 수 있는 내열성 자재를 사용하고, 방수조치를 할 것

(2) 소방시설관리사가 종합정밀점검 과정에서 해당 건축물 내 다중이용업소 수가 지난해보다 크게 증가하여 이에 대한 화재위험평가를 해야 한다고 판단하였다. 「다중이용업소의 안전관리에 관한 특별법」에 따라 다중이용업소에 대한 화재위험평가를 해야 하는 경우를 쓰시오. (3점)

풀이&답
1. 2천제곱미터 지역 안에 다중이용업소가 50개 이상 밀집하여 있는 경우
2. 5층 이상인 건축물로서 다중이용업소가 10개 이상 있는 경우
3. 하나의 건축물에 다중이용업소로 사용하는 영업장 바닥면적의 합계가 1천제곱미터 이상인 경우

(3) 방화구획 대상건축물에 방화구획을 적용하지 아니하거나 그 사용에 지장이 없는 범위에서 방화구획을 완화하여 적용할 수 있는 경우 7가지를 쓰시오. (7점)

풀이&답
1. 문화 및 집회시설(동·식물원은 제외한다), 종교시설, 운동시설 또는 장례시설의 용도로 쓰는 거실로서 시선 및 활동공간의 확보를 위하여 불가피한 부분
2. 물품의 제조·가공 및 운반 등(보관은 제외한다)에 필요한 고정식 대형 기기(器機) 또는 설비의 설치를 위하여 불가피한 부분. 다만, 지하층인 경우에는 지하층의 외벽 한쪽 면(지하층의 바닥면에서 지상층 바닥 아래면까지의 외벽 면적 중 4분의 1 이상이 되는 면을 말한다) 전체가 건물 밖으로 개방되어 보행과 자동차의 진입·출입이 가능한 경우로 한정한다.
3. 계단실·복도 또는 승강기의 승강장 및 승강로로서 그 건축물의 다른 부분과 방화구획으로 구획된 부분. 다만, 해당 부분에 위치하는 설비배관 등이 바닥을 관통하는 부분은 제외한다.
4. 건축물의 최상층 또는 피난층으로서 대규모 회의장·강당·스카이라운지·로비 또는 피난안전구역 등의 용도로 쓰는 부분으로서 그 용도로 사용하기 위하여 불가피한 부분
5. 복층형 공동주택의 세대별 층간 바닥 부분
6. 주요구조부가 내화구조 또는 불연재료로 된 주차장

7. 단독주택, 동물 및 식물 관련 시설 또는 국방·군사시설(집회, 체육, 창고 등의 용도로 사용되는 시설만 해당한다)로 쓰는 건축물
8. 건축물의 1층과 2층의 일부를 동일한 용도로 사용하며 그 건축물의 다른 부분과 방화구획으로 구획된 부분(바닥면적의 합계가 500제곱미터 이하인 경우로 한정한다)

(4) 제연 TAB(Testing Adjusting Balancing)과정에서 소방시설관리사가 제연설비 작동 중에 거실에서 부속실로 통하는 출입문 개방에 필요한 힘을 구하려고 한다. 다음 조건을 보고 물음에 답하시오. (단, 계산과정을 쓰고, 답은 소수점 셋째자리에서 반올림하여 둘째자리까지 구하시오.) (7점)

[조건]
- 부속실과 거실사이의 차압은 50[Pa]
- 제연설비 작동 전 거실에서 부속실로 통하는 출입문 개방에 필요한 힘은 60[N]
- 출입문 높이 2.1[m], 폭은 1.1[m]
- 문의 손잡이에서 문의 모서리까지의 거리 0.1[m]
- K_d = 상수(1.0)

① 제연설비 작동 중에 거실에서 부속실로 통하는 출입문 개방에 필요한 힘[N]을 구하시오. (5점)

[풀이&답] 출입문 개방에 필요한 힘(F_t)

$$F_t = F_{dc} + F_p = F_{dc} + \frac{K_d \times \triangle P \times A \times W}{2(W-d)}$$

$$= 60[\text{N}] + \frac{1 \times 50[\text{N/m}^2] \times (2.1[\text{m}] \times 1.1[\text{m}]) \times 1.1[\text{m}]}{2(1.1[\text{m}] - 0.1[\text{m}])}$$

$$= 123.525[\text{N}] = 123.53[\text{N}]$$

1[Pa] = 1[N/m²]

② 국가화재안전기준(NFSC 501A) 제연설비가 작동되었을 경우 출입문의 개방에 필요한 최대 힘[N]과 ①에서 구한 거실에서 부속실로 통하는 출입문 개방에 필요한 힘[N]의 차이를 구하시오. (2점)

[풀이&답] 출입문의 개방에 필요한 최대 힘[N]은 110[N]이므로 힘의 차는
123.53[N] - 110[N] = 13.53[N]

(5) 소방시설관리사가 종합정밀점검 중에 연결송수관설비 가압송수장치를 기동하여 연결송수관용 방수구에서 피토게이지(pitot gauge)로 측정한 방수압력이 72.54[psi]일 때 방수량[m³/min]을 계산하시오. (단, 계산과정을 쓰고, 답을 소수점 셋째자리에서 반올림하여 둘째자리까지 구하시오.) (5점)

풀이&답
1. 방수구의 구경 : 65[mm]
2. 압력의 단위환산 : $72.54[\text{psi}] \times \dfrac{10.332[\text{m}]}{14.7[\text{psi}]} = 50.9852 = 50.99[\text{m}]$
3. 방수량 $Q = AV = \dfrac{\pi}{4} \times D^2 \times \sqrt{2gH}$
   $= \dfrac{\pi}{4} \times (0.065[\text{m}])^2 \times \sqrt{2 \times 9.8[\text{m/s}^2] \times 50.99[\text{m}]} = 0.1049[\text{m}^3/\text{s}]$
   $= 0.1049 \times 60 = 6.29[\text{m}^3/\text{min}]$

보충설명

[현장적용] 실제 현장에서는 방수구에 연결한 소방호스를 이용하여 방수압력을 측정한다.
1. 압력의 단위환산
   $72.54[\text{psi}] \times \dfrac{0.101325[\text{MPa}]}{14.7[\text{psi}]} = 0.5[\text{MPa}]$
2. 방수량
   $Q = 0.653D^2\sqrt{10P} = 0.653 \times 19^2 \times \sqrt{10 \times 0.5} = 527.12[\ell/\text{min}] = 0.53[\text{m}^3/\text{min}]$
   D : 노즐의 구경(옥내소화전 13[mm], 옥외소화전 또는 연결송수관 19[mm])

03 ★

다음 물음에 답하시오. (30점)

(1) 종합정밀점검표에 관하여 다음 물음에 답하시오. (12점)

① 화재조기진압용 스프링클러설비의 설치금지 장소 2가지를 쓰시오. (2점)

풀이&답 [단, 공인기관의 시험을 받은 것은 제외]
1. 제4류 위험물 저장장소 설치금지
2. 타이어, 두루마리 종이 및 섬유류, 섬유제품 등 화염의 속도가 빠르고 방사된 물이 하부에 도달하지 못하는 물품의 설치금지

② 미분무소화설비의 가압송수장치 중 압력수조를 이용한 가압송수장치 점검항목 4가지를 쓰시오. (4점)

풀이&답
1. 압력수조 방청조치
2. 압력수조의 경우 수조의 내용적·내용적과 저수량의 비율·가압가스의 평상시 압력·수위계·급수관·배관·급기관·맨홀·압력계·안전장치 및 압력저하 방지장치 설치상태
3. 토출측에 설치된 압력계의 측정 범위 적정성
4. 작동장치의 구조 및 기능 적합성 여부(감지기 신호에 의한 자동 작동 및 수동 작동 장치의 오동작 보호 장치 설치 여부)

③ 피난 기구 및 인명구조기구의 공통사항을 제외한 승강식 피난기·피난사다리 점검항목을 모두 쓰시오 (6점)

풀이&답
1. 구동장치 외장 커버의 봉인상태등 적정여부
2. 구동부 이상음 발생등 기능상 적정여부

3. 하강구 내측에 금속구등 장애요소 적정여부
4. 대피실의 면적과 하강구 크기 적정여부
5. 비상제어장치, 안전 손잡이 적정여부
6. 레일, 로프의 휨이나 변형 등의 적정여부
7. 대피실 방화구획 및 출입문의 적정여부
8. 대피실 비상조명등의 적정여부
9. 각종 표지판(층의 위치표시와 사용설명서 및 주의사항 표지판)의 적정여부

(2) 소방시설관리사가 지상 53층인 건축물의 점검과정에서 설계도면상 자동화재탐지설비의 통신 및 신호배선방식의 적합성 판단을 위해 「고층건축물의 화재안전기준(NFSC604)」에서 확인해야할 배선관련 사항을 모두 쓰시오. (2점)

풀이&답 50층 이상인 건축물에 설치하는 통신·신호배선은 이중배선을 설치하도록 하고 단선(斷線) 시에도 고장표시가 되며 정상 작동할 수 있는 성능을 갖도록 설비를 하여야 한다.
1. 수신기와 수신기 사이의 통신배선
2. 수신기와 중계기 사이의 신호배선
3. 수신기와 감지기 사이의 신호배선

(3) 소방기본법령상 특수가연물의 저장 및 취급 기준을 쓰시오. (3점)

풀이&답 1. 특수가연물을 저장 또는 취급하는 장소에는 품명·최대수량 및 화기취급의 금지표지를 설치할 것
2. 다음의 기준에 따라 쌓아 저장할 것. 다만, 석탄·목탄류를 발전(發電)용으로 저장하는 경우에는 그러하지 아니하다.
  ① 품명별로 구분하여 쌓을 것
  ② 쌓는 높이는 10미터 이하가 되도록 하고, 쌓는 부분의 바닥면적은 50제곱미터(석탄·목탄류의 경우에는 200제곱미터) 이하가 되도록 할 것. 다만, 살수설비를 설치하거나, 방사능력 범위에 해당 특수가연물이 포함되도록 대형수동식소화기를 설치하는 경우에는 쌓는 높이를 15미터 이하, 쌓는 부분의 바닥면적을 200제곱미터(석탄·목탄류의 경우에는 300제곱미터) 이하로 할 수 있다.
  ③ 쌓는 부분의 바닥면적 사이는 1미터 이상이 되도록 할 것
※ 화재의 예방 및 안전관리에 관한 법률 시행령 [별표3] "특수가연물의 저장 및 취급기준"으로 변경(시행 2022.12.01.)됨에 따라 현재 기준에는 맞지 않는 답안입니다. 답안 작성시 상기 기준을 참조하시기 바랍니다.

(4) 포소화약제 저장탱크 내 약제를 보충하고자 한다. 다음 그림을 보고 그 조작순서를 쓰시오.
(단, 모든 설비는 정상상태로 유지되어 있었다.) (6점)

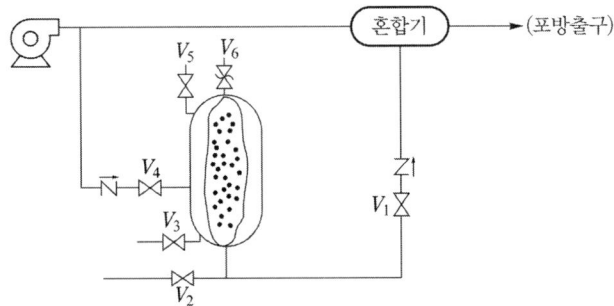

풀이&답
1. V_1, V_4를 폐쇄시킨다.
2. V_3, V_5를 개방하여 저장탱크 내의 물을 배수한다.
3. V_6를 개방한다.
4. V_2에 포소화약제 송액장치(주입장치)를 접속시킨다.
5. V_2를 개방하여 서서히 포소화약제를 주입(송액)시킨다.
6. 포소화약제가 보충되었을 때 V_2, V_3를 폐쇄한다.
7. 본 소화설비용 펌프를 기동한다.
8. V_4를 서서히 개방하면서 저장탱크 내를 가압하여 V_5, V_6로부터 공기를 뺀 후(제거) V_5, V_6를 폐쇄하여 소화펌프를 정지시킨다.
9. V_1를 개방한다.

(5) 할로겐화합물 및 불활성기체 소화설비의 점검과정에서 점검자의 실수로 감지기 A, B가 동시에 작동하여 소화약제가 방출되기 전에 해당 방호구역 앞에서 점검자가 즉시 적절한 조치를 취하여 약제방출을 방지했다. 아래 물음에 답하시오. (단, 여기서 약제방출 지연시간은 30초이며, 제3자의 개입은 없었다. (3점)

① 조치를 취한 장치의 명칭 및 설치위치 (2점)

풀이&답
1. 명칭 : 비상스위치
2. 설치위치 : 수동식 기동장치의 부근

② 조치를 취한 장치의 기능 (1점)

풀이&답 자동복귀형 스위치로서 수동식 기동장치의 타이머를 순간 정지시키는 기능의 스위치

(6) 지하 3층 지상 5층 복합건축물의 소방안전관리자가 소방시설을 유지·관리하는 과정에서 고의로 제어반에서 화재발생 시 소화펌프 및 제연설비가 자동으로 작동되지 않도록 조작하여 실제 화재가 발생했을때 소화설비와 제연설비가 작동하지 않았다. 아래 물음에 답하시오. (단, 이 사고는 「화재예방, 소방시설 설치·유지 및 안전관리에 관한 법률」 제9조 제3항을 위반하여 동법 제48조의 벌칙을 적용 받았다.) (4점)

① 위 사례에서 소방안전관리자의 위반사항과 그에 따른 벌칙을 쓰시오. (2점)

풀이&답
1. 위반사항 : 특정소방대상물의 관계인은 소방시설을 유지·관리할 때 소방시설의 기능과 성능에 지장을 줄 수 있는 폐쇄(잠금을 포함한다. 이하 같다)·차단 등의 행위를 하여서는 아니 된다. 다만, 소방시설의 점검·정비를 위한 폐쇄·차단은 할 수 있다.
2. 벌칙 : 5년 이하의 징역 또는 5천만원 이하의 벌금

② 위 사례에서 화재로 인해 사람이 상해를 입은 경우, 소방안전관리자가 받게 될 벌칙을 쓰시오. (2점)

풀이&답 벌칙 : 7년 이하의 징역 또는 7천만원 이하의 벌금

화재예방, 소방시설의 설치·유지 및 안전관리에 관한 법률 제48조

제48조(벌칙)
① 제9조제3항 본문을 위반하여 소방시설에 폐쇄·차단 등의 행위를 한 자는 5년 이하의 징역 또는 5천만원 이하의 벌금에 처한다.
② 제1항의 죄를 범하여 사람을 상해에 이르게 한 때에는 7년 이하의 징역 또는 7천만원 이하의 벌금에 처하며, 사망에 이르게 한 때에는 10년 이하의 징역 또는 1억원 이하의 벌금에 처한다.

[제9조제3항]
③ 특정소방대상물의 관계인은 제1항에 따라 소방시설을 유지·관리할 때 소방시설의 기능과 성능에 지장을 줄 수 있는 폐쇄(잠금을 포함한다. 이하 같다)·차단 등의 행위를 하여서는 아니 된다. 다만, 소방시설의 점검·정비를 위한 폐쇄·차단은 할 수 있다.

제18회 점검실무행정 기출문제
2018. 10. 13

01 ★

다음 물음에 답하시오. (40점)

물음 1 R형 복합형 수신기 화재표시 및 제어기능(스프링클러설비)의 시험시 표시창에 표시되어야 하는 성능시험 항목에 대하여 세부사항 5가지를 쓰시오. (10점)

(1) 화재 표시창 (5점)

[풀이&답]
① 스프링클러설비 화재감지기 "A"의 작동
② 스프링클러설비 화재감지기 "B"의 작동
③ 대표화재 표시
④ 동작 중계기의 주소 표시
⑤ 방호구역 또는 방수구역 표시
⑥ 전자밸브(솔레노이드 밸브) 작동 표시 중 5가지 선택

(2) 제어 표시창 (5점)

[풀이&답]
① 스프링클러설비 급수배관에 설치된 탬퍼스위치의 작동
② 스프링클러설비 펌프(주, 충압, 예비)의 기동 및 정지
③ 스프링클러설비 기동용수압개폐장치의 압력스위치 작동
④ 유수검지장치 및 일제개방밸브의 밸브개방
⑤ 저수조 및 옥상수조의 저수위 경보장치의 작동
⑥ 사이렌 작동
⑦ 지구경종 작동 중 5가지 선택

물음 2 R형 복합형 수신기 점검 중 1계통에 있는 전체 중계기의 통신램프가 점멸되지 않을 경우 발생 원인과 확인 절차를 각각 쓰시오. (6점)

[풀이&답]

고장형태	고장원인	발생원인	확인절차
중계기 통신램프 점등불량	1개 계통에 물려 있는 전체중계기의 통신램프가 점등되지 않을 경우	① 통신카드 불량 ② 통신선로 단선	① 전류전압측정기를 D.C로 전환한다. ② 통신(+)단자와 통신(-)단자에 리드봉을 접속한다. ③ 전압이 나오지 않으면 통신을 못하고 있는 것이다.

물음 3 소방펌프 동력제어반의 점검 시 화재신호가 정상 출력 되었음에도 동력제어반의 전로기구 및 관리상태 이상으로 소방펌프의 자동기동이 되지 않을 수 있는 주요 원인 5가지를 쓰시오. (5점)

풀이&답
① 동력제어반(MCC)에 설치된 펌프선택스위치가 "수동"위치에 있는 경우
② 동력제어반(MCC)에 배선용차단기(MCCB)가 OFF위치에 있는 경우
③ 동력제어반(MCC)의 전자접촉기(MC)가 고장인 경우
④ 동력제어반(MCC)내 열동계전기(THR) 또는 전자식과전류계전기(EOCR)가 동작(TRIP)된 경우
⑤ 동력제어반(MCC)내 퓨즈(사기형)가 단선된 경우.

물음 4 소방펌프용 농형유도전동기에서 Y결선과 △결선의 피상전력이 $P_a = \sqrt{3}\,VI\,[\text{VA}]$으로 동일함을 전류, 전압을 이용하여 증명하시오. (5점)

풀이&답
1) Y결선 상전압 $V_P = \dfrac{V_l}{\sqrt{3}}$

   상전류 $I_P = I_l$

   피상전력 $P_a = 3V_P I_P = 3 \times \dfrac{V_l}{\sqrt{3}} \times I_l = \sqrt{3}\,V_l I_l = \sqrt{3}\,VI$

2) △결선 상전압 $V_P = V_l$

   상전류 $I_P = \dfrac{I_l}{\sqrt{3}}$

   피상전력 $P_a = 3V_P I_P = 3 \times \dfrac{I_l}{\sqrt{3}} \times V_l = \sqrt{3}\,V_l I_l = \sqrt{3}\,VI$

보충설명 V_l : 선간전압[V], I_l : 선전류[A]

물음 5 아날로그방식 감지기에 관하여 다음 물음에 답하시오. (9점)

(1) 감지기의 동작특성에 대하여 설명하시오. (3점)

풀이&답 주위의 온도 또는 연기의 양의 변화에 따라 각각 다른 전류치 또는 전압치 등의 출력을 발하는 것으로 연속적으로 변화하는 물리량을 전송한다. 이러한 아날로그방식의 감지기는 감지기별로 수신기에 입력된 프로그램에 의해 단계적으로 출력한다.

(2) 감지기의 시공방법에 대하여 설명하시오. (3점)

풀이&답
① 감지기별로 고유의 주소를 부여하고 통신선(2가닥)으로 여러개의 감지기를 접속하여 중계기에 연결한다.
② 전자파의 방해를 받지 아니하는 쉴드선을 사용하여야 하며, 광케이블의 경우에는 전자파의 방해를 받지 않고 내열성이 있는 경우 사용가능하다.

(3) 수신반 회로수 산정에 대하여 설명하시오. (3점)

풀이&답 감지기별로 감시하는 방식으로 감지기당 수신반 회로수 산정

물음 6 중계기 점검 중 감지기가 정상동작 하여도 중계기가 신호입력을 못 받을 때의 확인 절차를 쓰시오. (5점)

고장형태	고장원인	확인절차
감지기가 정상동작 하여도 중계기가 신호입력을 못 받는 경우	중계기 불량	① 전류전압측정기(테스터기)를 D.C로 전환한다. ② 해당구역 중계기의 회로단자와 공통단자에 리드봉을 접속한다. ③ 측정 시 전압이 나오지 않으면 통신을 못하고 있는 것으로 정상일 경우 21[V] 정도가 나오다가 감지기 동작시 0[V]대로 전압이 떨어진다.

02 ★

다음 물음에 답하시오. (30점)

물음 1 물계통 소화설비의 관부속(90도 엘보, 티(분류)) 및 밸브류(볼밸브, 게이트밸브, 체크밸브, 앵글밸브) 상당 직관장(등가길이)이 작은 것부터 순서대로 도시기호를 그리시오. (단, 상당 직관장 배관경은 65mm 이고 동일 시험조건이다.) (8점)

관부속	게이트밸브 (상시개방)	90도 엘보	티	체크밸브	앵글밸브	볼밸브
도시기호	─▷◁─	┼	┼┼	─▷│─	▲	─▷⊗◁─

호칭지름 [mm]	관부속품	관부속품 마찰손실수두 상당 직관장(등가길이)	도시기호
65	게이트밸브(상시개방)	0.48	─▷◁─
	90도 엘보	2.40	┼
	45도 엘보	1.50	╳
	티(분류)	3.60	┼┼
	티(직류)	0.75	
	체크밸브	4.60	─▷│─
	앵글밸브	10.2	▲
	볼밸브	19.5	─▷⊗◁─

물음 2 "소방시설 자체점검사항 등에 관한 고시" 중 소방시설외관점검표에 의한 스프링클러, 물분무, 포소화설비의 점검내용 6가지를 쓰시오. (4점)

풀이&답
① 수원의 양 적정여부
② 제어밸브의 개폐, 작동, 접근 등의 용이성 여부
③ 제어밸브의 수압 및 공기압 계기가 정상압으로 유지되고 있는지 여부
④ 배관 및 헤드의 누수 여부
⑤ 헤드 감열 및 살수 분포의 방해물 설치여부
⑥ 동결 또는 부식할 우려가 있는 부분에 보온, 방호조치가 되고 있는지 여부

물음 3 고시원업 [구획된 실(室) 안에 학습자가 공부할 수 있는 시설을 갖추고 숙박 또는 숙식을 제공하는 형태의 영업]의 영업장에 설치된 간이스프링클러설비에 대하여 작동기능점검표에 의한 점검내용과 종합정밀점검표에 의한 점검내용을 모두 쓰시오. (10점)

풀이&답
1) 다중이용업소 간이스프링클러설비 작동기능점검표에 의한 점검내용
  ① 물탱크는 항상 충분한 양의 물이 들어 있는가 확인
  ② 전동기 및 펌프작동 확인
  ③ 배관은 파손, 변형 및 밸브가 잠겨있나 확인
  ④ 제어반의 사용전원과 비상전원의 이상 유무 확인
  ⑤ 경보장치 스위치는 항상 ON 인가 확인
2) 다중이용업소 간이스프링클러설비 종합정밀점검표에 의한 점검내용
  ① 수원의 양은 적정한가 확인
  ② 가압송수장치의 작동 확인
  ③ 배관 및 밸브 등의 설치순서 확인
  ④ 배관 및 밸브의 파손, 변형 확인
  ⑤ 제어반의 사용전원과 비상전원의 이상 유무 확인
  ⑥ 습식유수검지장치 유무 확인
  ⑦ 헤드의 누수, 변형, 손상, 도색 등이 있는지의 여부
  ⑧ 헤드의 감열 및 살수 장애 확인
  ⑨ 칸막이 설치 등으로 인한 헤드의 미설치 부분의 유무
  ⑩ 송수구 패킹의 노화 및 결합 여부
  ⑪ 시험밸브 개방 시 해당 영업장 내의 음향경보 확인
  ⑫ 유수검지장치의 알람스위치 작동 및 수신반의 화재표시등 점등 확인
  ⑬ 기동용 수압개폐장치의 작동과 가압송수장치의 기동 확인

물음 4 하나의 특정소방대상물에 특별피난계단의 계단실 및 부속실 제연설비를 화재안전기술기준(NFTC 501A)에 의하여 설치한 경우 "시험, 측정 및 조정 등"에 관한 "제연설비 시험 등의 실시 기준"을 모두 쓰시오. (8점)

풀이&답 제25조(시험, 측정 및 조정 등)
① 제연설비는 설계목적에 적합한지 사전에 검토하고 건물의 모든 부분(건축설비를 포함한다)을 완성하는 시점부터 시험 등(확인, 측정 및 조정을 포함한다)을 해야 한다.
② 제연설비의 시험 등은 다음의 기준에 따라 실시해야 한다.
  1. 제연구역의 모든 출입문등의 크기와 열리는 방향이 설계 시와 동일한지 여부를 확인하고, 동일하지 아니한 경우 급기량과 보충량 등을 다시 산출하여 조정가능여부 또는 재설계 · 개수의

여부를 결정할 것
2. 〈삭제 2024. 4. 1.〉
3. 제연구역의 출입문 및 복도와 거실(옥내가 복도와 거실로 되어 있는 경우에 한한다) 사이의 출입문마다 제연설비가 작동하고 있지 아니한 상태에서 그 폐쇄력을 측정할 것
4. 층별로 화재감지기(수동기동장치를 포함한다)를 동작시켜 제연설비가 작동하는지 여부를 확인할 것. 다만, 둘 이상의 특정소방대상물이 지하에 설치된 주차장으로 연결되어 있는 경우에는 특정소방대상물의 화재감지기 및 주차장에서 하나의 특정소방대상물의 제연구역으로 들어가는 입구에 설치된 제연용 연기감지기의 작동에 따라 해당 특정소방대상물의 수직풍도에 연결된 모든 제연구역의 댐퍼가 개방되도록 하거나 해당 특정소방대상물을 포함한 둘 이상의 특정소방대상물의 모든 제연구역의 댐퍼가 개방되도록 하고 비상전원을 작동시켜 급기 및 배기용 송풍기의 성능이 정상인지 확인할 것.
5. 4의 기준에 따라 제연설비가 작동하는 경우 다음 각 목의 기준에 따른 시험 등을 실시 할 것
   가. 부속실과 면하는 옥내 및 계단실의 출입문을 동시에 개방할 경우, 유입공기의 풍속이 2.7의 규정에 따른 방연풍속에 적합한지 여부를 확인하고, 적합하지 아니한 경우에는 급기구의 개구율과 송풍기의 풍량조절댐퍼 등을 조정하여 적합하게 할 것. 이 경우 유입공기의 풍속은 출입문의 개방에 따른 개구부를 대칭적으로 균등 분할하는 10 이상의 지점에서 측정하는 풍속의 평균치로 할 것
   나. 가에 따른 시험 등의 과정에서 출입문을 개방하지 않은 제연구역의 실제 차압이 2.3.3의 기준에 적합한지 여부를 출입문 등에 차압측정공을 설치하고 이를 통하여 차압측정기구로 실측하여 확인·조정할 것
   다. 제연구역의 출입문이 모두 닫혀 있는 상태에서 제연설비를 가동시킨 후 출입문의 개방에 필요한 힘을 측정하여 2.3.2의 규정에 따른 개방력에 적합한지 여부를 확인하고, 적합하지 아니한 경우에는 급기구의 개구율 조정 및 플랩댐퍼(설치하는 경우에 한한다)와 풍량조절용댐퍼 등의 조정에 따라 적합하도록 조치할 것. 이때 제연구역의 출입문과 면하는 옥내에 거실제연설비가 설치된 경우에는 이 기준에 따른 제연설비와 해당 거실제연설비를 동시에 작동시킨 상태에서 출입문의 개방력을 측정할 것.
   라. 가에 따른 시험 등의 과정에서 부속실의 개방된 출입문이 자동으로 완전히 닫히는지 여부를 확인하고, 닫힌 상태를 유지할 수 있도록 조정할 것

03 ★

다음 물음에 답하시오. (30점)

물음 1 피난안전구역에 설치하는 소방시설 중 제연설비 및 휴대용비상조명등의 설치기준을 고층 건축물의 화재안전기준(NFSC 604)에 따라 각각 쓰시오. (6점)

[풀이&답]
1) 제연설비 설치기준
   피난안전구역과 비 제연구역간의 차압은 50[Pa](옥내에 스프링클러설비가 설치된 경우에는 12.5 [Pa]) 이상으로 하여야 한다. 다만 피난안전구역의 한쪽 면 이상이 외기에 개방된 구조의 경우에는 설치하지 아니할 수 있다.
2) 휴대용비상조명등
   가. 피난안전구역에는 휴대용비상조명등을 다음 각호의 기준에 따라 설치하여야 한다.
      1) 초고층 건축물에 설치된 피난안전구역: 피난안전구역 위층의 재실자수(「건축물의 피난·방화구조 등의 기준에 관한 규칙」 별표 1의2에 따라 산정된 재실자 수를 말한다)의 10분의 1 이상

2) 지하연계 복합건축물에 설치된 피난안전구역: 피난안전구역이 설치된 층의 수용인원(영 별표 2에 따라 산정된 수용인원을 말한다)의 10분의 1 이상
나. 건전지 및 충전식 건전지의 용량은 40분 이상 유효하게 사용할 수 있는 것으로 한다. 다만, 피난안전구역이 50층 이상에 설치되어 있을 경우의 용량은 60분 이상으로 할 것

물음 2 연소방지설비의 화재안전기준(NFSC 506)에 관하여 다음 물음에 답하시오. (5점)

(1) 연소방지도료와 난연테이프의 용어 정의를 각각 쓰시오. (2점)

풀이&답
1) 연소방지도료
케이블·전선 등에 칠하여 가열할 경우 칠한 막의 부분이 발포(發泡)하거나 단열의 효과가 있어 케이블·전선 등이 연소하는 것을 지연시키는 도료를 말한다.
2) 난연테이프
케이블·전선 등에 감아 케이블·전선등이 연소하는 것을 지연시키는 테이프를 말한다.

(2) 방화벽의 용어 정의와 설치기준을 각각 쓰시오. (3점)

풀이&답 ※ 지하구의 화재안전기술기준(NFTC 506)상 내용으로 답안을 작성함
1) 방화벽의 용어 정의 : 화재 시 발생한 열, 연기 등의 확산을 방지하기 위하여 설치하는 벽
2) 설치기준
① 내화구조로서 홀로 설 수 있는 구조일 것
② 방화벽의 출입문은 「건축법 시행령」 제64조에 따른 방화문으로서 60분+ 방화문 또는 60분 방화문으로 설치할 것
③ 방화벽을 관통하는 케이블·전선 등에는 국토교통부 고시(「건축자재등 품질인정 및 관리기준」)에 따라 내화채움구조로 마감할 것
④ 방화벽은 분기구 및 국사(局舍, central office)·변전소 등의 건축물과 지하구가 연결되는 부위(건축물로부터 20 m 이내)에 설치할 것
⑤ 자동폐쇄장치를 사용하는 경우에는 「자동폐쇄장치의 성능인증 및 제품검사의 기술기준」에 적합한 것으로 설치할 것

물음 3 화재예방, 소방시설 설치·유지 및 안전관리에 관한 법률 시행령 제15조에 근거한 인명 구조기구 중 공기호흡기를 설치해야 할 특정소방대상물과 설치기준을 각각 쓰시오. (7점)

풀이&답 (1) 공기호흡기를 설치해야 할 특정소방대상물
가) 수용인원 100명 이상인 문화 및 집회시설 중 영화상영관
나) 판매시설 중 대규모점포
다) 운수시설 중 지하역사
라) 지하가 중 지하상가
마) 제1호 바목 및 화재안전기준에 따라 이산화탄소소화설비(호스릴이산화탄소소화설비는 제외한다)를 설치하여야 하는 특정소방대상물

제1호 바목
물분무등소화설비를 설치하여야 하는 특정소방대상물

(2) 공기호흡기 설치기준
(인명구조기구의 화재안전기준 및 고층건축물의 화재안전기준 중 공기호흡기 설치기준)
① 특정소방대상물의 용도 및 장소별로 설치하여야 할 인명구조기구는 별표 1에 따라 설치하여야 한다.

② 화재시 쉽게 반출 사용할 수 있는 장소에 비치할 것
③ 인명구조기구가 설치된 가까운 장소의 보기 쉬운 곳에 "인명구조기구"라는 축광식표지와 그 사용 방법을 표시한 표시를 부착하되, 축광식표지는 소방청장이 고시한 「축광표지의 성능인증 및 제품 검사의 기술기준」에 적합한 것으로 할 것
④ 45분이상 사용할 수 있는 성능의 공기호흡기(보조마스크를 포함한다)를 2개 이상 비치하여야 한다. 다만, 피난안전구역이 50층 이상에 설치되어 있을 경우에는 동일한 성능의 예비용기를 10개 이상 비치할 것

[별표 1] 특정소방대상물의 용도 및 장소별로 설치하여야 할 인명구조기구(제4조제1호 관련)

특정소방대상물	인명구조기구의 종류	설치 수량
○ 지하층을 포함하는 층수가 7층 이상인 관광호텔 및 5층 이상인 병원	○ 방열복 또는 방화복(헬멧, 보호장갑 및 안전화를 포함한다) ○ 공기호흡기 ○ 인공소생기	○ 각 2개 이상 비치할 것. 다만, 병원의 경우에는 인공소생기를 설치하지 않을 수 있다.
○ 문화 및 집회시설 중 수용인원 100명 이상의 영화상영관 ○ 판매시설 중 대규모 점포 ○ 운수시설 중 지하역사 ○ 지하가 중 지하상가	○ 공기호흡기	○ 층마다 2개 이상 비치할 것. 다만, 각 층마다 갖추어 두어야 할 공기호흡기 중 일부를 직원이 상주하는 인근 사무실에 갖추어 둘 수 있다.
○ 물분무등소화설비 중 이산화탄소소화설비를 설치하여야 하는 특정소방대상물	○ 공기호흡기	○ 이산화탄소소화설비가 설치된 장소의 출입구 외부 인근에 1대 이상 비치할 것

| 물음 4 다음 물음에 답하시오. (12점)

(1) LCX 케이블(LCX-FR-SS-42D-146)의 표시사항을 빈 칸에 각각 쓰시오. (5점)

표시	설명
LCX	누설동축케이블
FR	난연성(내열성)
SS	ㄱ :
42	ㄴ :
D	ㄷ :
14	ㄹ :
6	ㅁ :

표시	설명
LCX	누설동축케이블
FR	난연성(내열성)
SS	ㄱ : 자기지지
42	ㄴ : 절연체의 외경(42mm)
D	ㄷ : 특성임피던스
14	ㄹ : 150, 450 MHz 대역 전용
6	ㅁ : 결합손실

LCX : Leaky Coaxial Cable, 누설동축케이블
FR : Flame Resistance, 난연성(내열성)
SS : Self Supporting, 메신저와이어(Messenger Wire)로 지지
42 : 절연체의 외경(Insulation Outer diameter)이 42mm
D : 특성임피던스 50Ω
14 : 150, 450MHz 대역 전용
6 : 결합손실 6dB

(2) 위험물안전관리법 시행규칙에 따른 제5류 위험물에 적응성 있는 대형·소형 소화기의 종류를 모두 쓰시오. (7점)

① 봉상수(棒狀水)소화기
② 무상수(霧狀水)소화기
③ 봉상강화액소화기
④ 무상강화액소화기
⑤ 포소화기

위험물안전관리법 시행규칙 [별표17] 소화설비, 경보설비 및 피난설비의 기준
4. 소화설비의 적응성

소화설비의 구분			건축물·그 밖의 공작물	전기설비	제1류 위험물		제2류 위험물			제3류 위험물		제4류 위험물	제5류 위험물	제6류 위험물
					알칼리금속과산화물등	그 밖의 것	철분·금속분·마그네슘등	인화성 고체	그 밖의 것	금수성 물품	그 밖의 것			
옥내소화전 또는 옥외소화전설비			○			○		○	○		○		○	○
스프링클러설비			○			○		○	○		○	△	○	○
물분무등소화설비	물분무소화설비		○	○		○		○	○		○	○	○	○
	포소화설비		○			○		○	○		○	○	○	○
	불활성가스소화설비			○				○				○		
	할로겐화합물소화설비			○				○				○		
	분말소화설비	인산염류등	○	○		○		○	○			○		○
		탄산수소염류등		○	○		○	○		○		○		
		그 밖의 것			○		○			○				
대형·소형수동식소화기	봉상수(棒狀水)소화기		○			○		○	○		○		○	○
	무상수(霧狀水)소화기		○	○		○		○	○		○		○	○
	봉상강화액소화기		○			○		○	○		○		○	○
	무상강화액소화기		○	○		○		○	○		○	○	○	○
	포소화기		○			○		○	○		○	○	○	○
	이산화탄소소화기			○				○				○		△
	할로겐화합물소화기			○				○				○		
	분말소화기	인산염류소화기	○	○		○		○	○			○		○
		탄산수소염류소화기		○	○		○	○		○		○		
		그 밖의 것			○		○			○				
기타	물통 또는 수조		○			○		○	○		○		○	○
	건조사				○	○	○	○	○	○	○	○	○	○
	팽창질석 또는 팽창진주암				○	○	○	○	○	○	○	○	○	○

제19회 점검실무행정 기출문제

2019. 9. 21

01 ★

다음 물음에 답하시오. (40점)

물음 1 공동주택(아파트)에 설치된 옥내소화전설비에 대해 작동기능점검을 실시하려고 한다. 소화전 방수압 시험의 점검내용과 점검결과에 따른 가부판정기준에 대하여 각각 쓰시오. (5점)

(1) 점검내용 (2점)

풀이&답 최상층 소화전을 이용한 방수상태 확인점검
① 방수압력 및 거리(관계인)적정 확인
② 최상층 소화전 개방 시 소화펌프 자동기동 및 기동표시등 점등확인

(2) 방사시간, 방사압력과 방사거리에 대한 가부판정기준 (3점)

풀이&답 ① 방사시간 : 3분
② 방사거리 측정시 : 8[m] 이상
③ 방사압력 측정시 : 0.17[MPa] 이상

옥내·외 소화전설비의 작동기능점검표

점검항목	점검내용	종별, 제원, 규격 등
방수압 시험	◦최상층 소화전을 이용한 방수상태 확인점검 - 방수압력 및 거리(관계인)적정 확인 - 최상층 소화전 개방 시 소화펌프 자동기동 및 기동표시등 점등확인	- 방수시간 : 3분 - 방수거리 측정시 : 8m이상 - 방수압력 측정시 : 0.17MPa이상

물음 2 공동주택(아파트) 지하 주차장에 설치되어 있는 준비작동식스프링클러설비에 대해 작동기능 점검을 실시하려고 한다. 다음 물음에 관하여 각각 쓰시오. (단, 자동기능점검을 위해 사전 조치사항으로 2차측 개폐밸브는 폐쇄하였다.) (9점)

(1) 준비작동식밸브(프리액션밸브)를 작동시키는 방법에 관하여 모두 쓰시오. (4점)

풀이&답 ① 수신반에서 솔레노이드밸브를 개방한다.
② 준비작동밸브의 긴급해제밸브(수동기동밸브)를 작동한다.
③ 슈퍼비조리패널의 기동스위치를 ON 한다.
④ A·B회로가 다른 두 개의 감지기를 동시에 작동한다.

일반적인 경우에는 아래의 사항이 답안이 될 수 있으나 이 문제의 경우에는 상기의 내용처럼 작동기능점검표에 근거하여 답안을 작성하여야 한다.
① 해당 방호구역의 감지기 2개회로(감지기 A, B) 작동
② 수동조작함(슈퍼비조리판넬, SVP)의 수동조작스위치 작동
③ 준비작동식밸브의 수동기동밸브(또는 수동개방밸브) 개방
④ 감시제어반에서 수동기동스위치 작동
⑤ 감시제어반에서 동작시험스위치와 감지기회로 A, B 선택스위치 작동

(2) 작동기능점검 후 복구절차이다. ( )에 들어갈 내용을 쓰시오. (5점)

> 1. 펌프를 정지시키기 위해 1차측 개폐밸브 폐쇄
> 2. 수신기의 복구스위치를 눌러 경보를 정지, 화재표시등을 끈다.
> 3. (㉠)
> 4. (㉡)
> 5. 급수밸브(세팅밸브) 개방하여 급수
> 6. (㉢)
> 7. (㉣)
> 8. (㉤)
> 9. 펌프를 수동으로 정지한 경우 수신반을 자동으로 놓는다. (복구완료)

풀이&답
㉠ 솔레노이드 밸브(또는 전동볼밸브) 복구
㉡ 오버플로우된 물을 배수한 후 배수밸브 폐쇄
㉢ 중간챔버내 가압수 공급에 의해 밸브시트 자동복구, 급수밸브(세팅밸브) 폐쇄
㉣ 1차측 개폐밸브를 서서히 개방(압력계의 압력이 상승하지 않으면 세팅 정상)
㉤ 2차측 개폐밸브 개방

물음 3 이산화탄소소화설비의 종합정밀점검 시 "전원 및 배선"에 대한 점검항목 5가지를 쓰시오. (5점)

풀이&답
① 수전전압에 따른 배선방식
② 비상전원 화재·침수 등 재해방지환경
③ 비상전원의 종류
④ 비상전원에 대한 전기사업법에 따른 정기점검 결과 확인
⑤ 연료보유 적정여부
⑥ 비상전원의 조명·방화구획 및 비상전원설비외 다른 설비·물품의 설치 또는 비치여부 중 5가지 선택

물음 4 소방대상물의 주요구조부가 내화구조인 장소에 공기관식 차동식 분포형감지기가 설치되어 있다. 다음 물음에 답하시오. (13점)
(1) 공기관식 차동식분포형감지기의 설치기준에 관하여 쓰시오. (6점)

[풀이&답] ① 공기관의 노출부분은 감지구역마다 20[m] 이상이 되도록 할 것
② 공기관과 감지구역의 각 변과의 수평거리는 1.5[m] 이하가 되도록 하고, 공기관 상호간의 거리는 6[m](주요 구조부를 내화구조로 한 특정소방대상물 또는 그 부분에 있어서는 9[m]) 이하가 되도록 할 것
③ 공기관은 도중에서 분기하지 아니하도록 할 것
④ 하나의 검출부분에 접속하는 공기관의 길이는 100[m] 이하로 할 것
⑤ 검출부는 5°이상 경사되지 아니하도록 부착할 것
⑥ 검출부는 바닥으로부터 0.8[m] 이상 1.5[m] 이하의 위치에 설치할 것

(2) 공기관식 차동식분포형감지기의 작동계속시험 방법에 관하여 ( )에 들어갈 내용을 쓰시오. (4점)

1. 검출부의 시험구멍에 (㉠)을/를 접속한다.
2. 시험코크를 조작해서 (㉡)에 놓는다.
3. 검출부에 표시된 공기량을 (㉢)에 투입한다.
4. 공기를 투입한 후 (㉣)을/를 측정한다.

[풀이&답] ㉠ 공기주입시험기
㉡ 시험(P.A)위치
㉢ 공기관
㉣ 감지기가 작동할 때부터 복구할 때까지의 시간

(3) 작동계속시험 결과 작동시간이 기준치 미만으로 측정되었다. 이러한 결과가 나타나는 경우의 조건 3가지를 쓰시오. (3점)

[풀이&답] ① 리크저항치가 기준치보다 작다.
② 접점수고치가 규정치보다 높다.
③ 공기관의 길이가 너무 길다.
④ 공기관의 누설 중 3가지 선택

물음 5 자동화재탐지설비에 대한 작동기능시험을 실시하고자 한다. 다음 물음에 답하시오. (8점)
(1) 수신기에 관한 점검항목과 점검내용이다.( )에 들어갈 내용을 쓰시오. (4점)

점검항목	점검내용
㉠	㉡
절환장치(예비전원)	상용전원 OFF시 자동 예비전원 절환여부
스위치	스위치 정위치(자동)여부
㉢	㉣
㉤	㉥
㉦	㉧

[풀이&답] ㉠ 전원   ㉡ 전원 공급 및 전원표시등 정상여부 확인
㉢ 경계구역일람도   ㉣ 경계구역 일람도 비치여부

ⓜ 도통시험   ⓗ 회로 단선여부
ⓢ 동작시험   ⓞ 주, 지구경종 및 시각경보기 작동상태

자동화재탐지설비의 수신기 작동기능점검표

구분	점검항목	점검내용
수신기	전 원	◦ 전원 공급 및 전원표시등 정상여부 확인
	절환장치(예비전원)	◦ 상용전원 OFF시 자동 예비전원 절환 여부
	스위치	◦ 스위치 정위치(자동) 여부
	경계구역일람도	◦ 경계구역 일람도 비치여부
	도통시험	◦ 회로 단선여부
	동작시험	◦ 주, 지구경종 및 시각경보기 작동상태

(2) 수신기에서 예비전원감시등이 점등상태일 경우 예상원인과 점검방법이다. ( )에 들어갈 내용을 쓰시오. (4점)

예상원인	조치 및 점검방법
1. 퓨즈단선	(ⓒ)
2. 충전불량	(ⓓ)
3. (ⓐ)	(ⓔ)
4. 배터리 완전방전	

 ⓐ 배터리 불량   ⓒ 퓨즈교체   ⓓ 충전부 정비   ⓔ 배터리 교체

02 ★

다음 물음에 답하시오. (30점)

물음 1 「화재예방, 소방시설 설치·유지 및 안전관리에 관한 법률」에 따른 특정소방대상물의 관계인이 특정소방대상물의 규모·용도 및 수용인원 등을 고려하여 갖추어야 하는 소방시설의 종류에서 다음 물음에 답하시오. (13점)

(1) 단독경보형 감지기를 설치하여야 하는 특정소방대상물 (6점)

풀이&답
① 연면적 1천 $[m^2]$ 미만의 아파트등
② 연면적 1천 $[m^2]$ 미만의 기숙사
③ 교육연구시설 또는 수련시설 내에 있는 합숙소 또는 기숙사로서 연면적 2천 $[m^2]$ 미만인 것
④ 연면적 600 $[m^2]$ 미만의 숙박시설
⑤ 라목 7)에 해당하지 않는 수련시설(숙박시설이 있는 것만 해당한다)
⑥ 연면적 400 $[m^2]$ 미만의 유치원

(2) 시각경보기를 설치하여야 하는 특정소방대상물 (4점)

> **풀이&답** 자동화재탐지설비를 설치하여야 하는 특정소방대상물 중 다음의 어느 하나에 해당하는 것
> ① 근린생활시설, 문화 및 집회시설, 종교시설, 판매시설, 운수시설, 운동시설, 위락시설, 창고시설 중 물류터미널
> ② 의료시설, 노유자시설, 업무시설, 숙박시설, 발전시설 및 장례시설
> ③ 교육연구시설 중 도서관, 방송통신시설 중 방송국
> ④ 지하가 중 지하상가

(3) 자동화재탐지설비와 시각경보기 점검에 필요한 점검장비 (3점)

> **풀이&답** 열감지기시험기, 연(煙)감지기시험기, 공기주입시험기, 감지기시험기연결폴대, 음량계, 절연저항계, 전류전압측정계

| 물음 2 화재안전기준 및 다음 조건에 따라 물음에 답하시오.

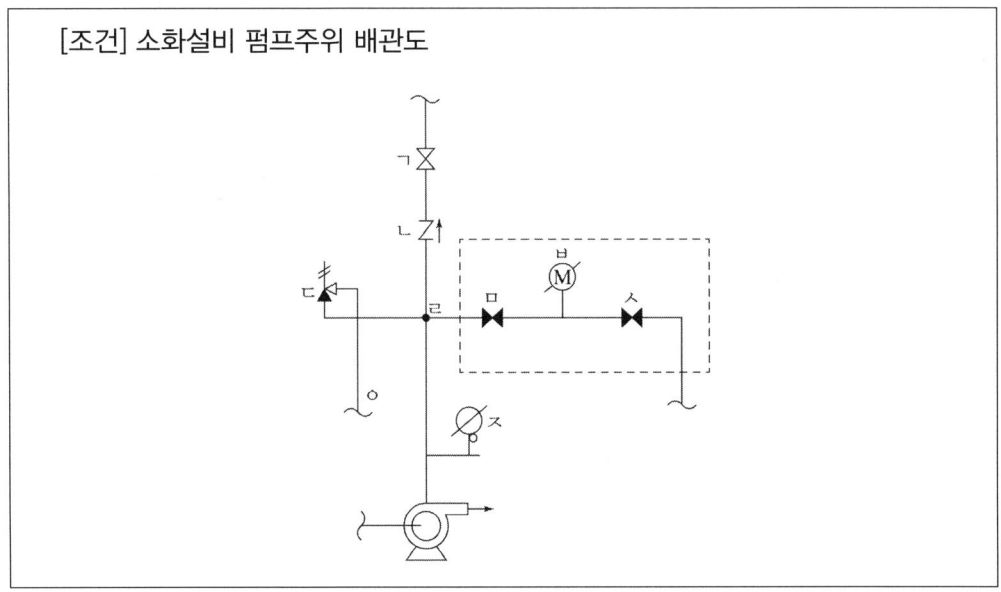

(1) ( )에 들어갈 내용을 쓰시오. (2점)

기호	소방시설 도시기호	명칭 및 기능
ㄴ		(①)
ㄷ		(②)

> **풀이&답** ① 명칭 : 체크밸브
> 　　기능 : 배관 내 유체 흐름을 한쪽방향으로만 흐르게 하는 기능(역류방지기능)
> ② 명칭 : 릴리프밸브
> 　　기능 : 체절운전 시 수온상승을 방지하여 펌프 및 시스템을 보호하는 기능

(2) 점선 부분의 설치기준 2가지를 쓰시오. (2점)

> **풀이&답** ① 성능시험배관은 펌프의 토출측에 설치된 개폐밸브 이전에서 분기하여 설치하고, 유량측정장치를 기준으로 전단 직관부에 개폐밸브를 후단 직관부에는 유량조절밸브를 설치할 것
> ② 유량측정장치는 성능시험배관의 직관부에 설치하되, 펌프의 정격토출량의 175[%] 이상 측정할 수 있는 성능이 있을 것

(3) 펌프성능시험 방법을 ( )에 순서대로 쓰시오. (2점)

```
[보기]
 1. 주펌프 기동      2. 주펌프 정지      3. "㉠" 폐쇄
 4. "㉢" 개방        5. "㉤" 개방        6. "㉥" 확인
 7. "㉦" 개방        8. "㉧" 확인        9. "㉨" 확인
```

① 체절운전 시(1점)

　3 - (　) - (　) - (　) - (　) - (　)

② 정격운전 시(1점)

　3 - (　) - (　) - (　) - (　) - (　) - (　)

> **풀이&답** ① 체절운전 시(1점)
>   3 - (1) - (9) - (4) - (8) - (2)
> ② 정격운전 시(1점)
>   3 - (5) - (1) - (7) - (6) - (9) - (2)

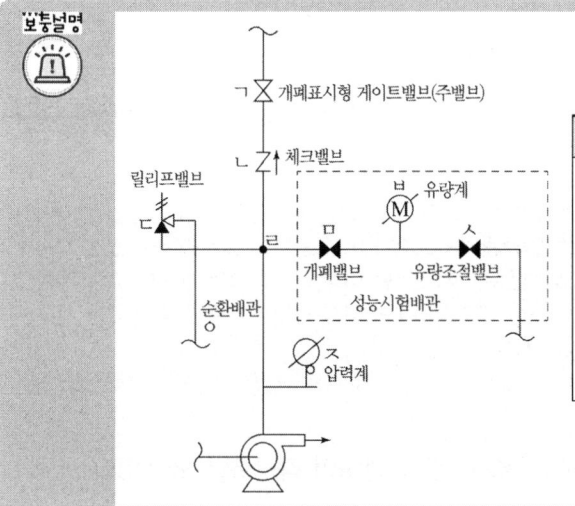

체절운전 시	정격운전 시
㉠ 주밸브 폐쇄	㉠ 주밸브 폐쇄
1. 주펌프 기동	㉤ 개폐밸브 개방
㉨ 압력확인	1. 주펌프 기동
㉢ 릴리프밸브 개방	㉦ 유량조절밸브 개방
㉧ 순환배관 배수확인	㉥ 유량확인
2. 주펌프 정지	㉨ 압력계 압력확인
	2. 주펌프 정지

물음 3 소방시설관리사시험의 응시자격에서 소방안전관리자 자격을 가진 사람은 최소 및 몇 년 이상의 실무경력이 필요한지 각각 쓰시오. (3점)

> ○ 특급 소방안전관리자로 (㉠)년 이상 근무한 실무경력이 있는 사람
> ○ 1급 소방안전관리자로 (㉡)년 이상 근무한 실무경력이 있는 사람
> ○ 3급 소방안전관리자로 (㉢)년 이상 근무한 실무경력이 있는 사람

풀이&답   ㉠ 2년   ㉡ 3년   ㉢ 7년

소방시설관리사시험 응시자격(소방시설법 시행령 제27조)
1. 소방기술사·위험물기능장·건축사·건축기계설비기술사·건축전기설비기술사 또는 공조냉동기계기술사
2. 소방설비기사 자격을 취득한 후 2년 이상 소방청장이 정하여 고시하는 소방에 관한 실무경력(이하 "소방실무경력"이라 한다)이 있는 사람
3. 소방설비산업기사 자격을 취득한 후 3년 이상 소방실무경력이 있는 사람
4. 「국가과학기술 경쟁력 강화를 위한 이공계지원 특별법」 제2조제1호에 따른 이공계(이하 "이공계"라 한다) 분야를 전공한 사람으로서 다음 각 목의 어느 하나에 해당하는 사람
   가. 이공계 분야의 박사학위를 취득한 사람
   나. 이공계 분야의 석사학위를 취득한 후 2년 이상 소방실무경력이 있는 사람
   다. 이공계 분야의 학사학위를 취득한 후 3년 이상 소방실무경력이 있는 사람
5. 소방안전공학(소방방재공학, 안전공학을 포함한다) 분야를 전공한 후 다음 각 목의 어느 하나에 해당하는 사람
   가. 해당 분야의 석사학위 이상을 취득한 사람
   나. 2년 이상 소방실무경력이 있는 사람
6. 위험물산업기사 또는 위험물기능사 자격을 취득한 후 3년 이상 소방실무경력이 있는 사람
7. 소방공무원으로 5년 이상 근무한 경력이 있는 사람
8. 소방안전 관련 학과의 학사학위를 취득한 후 3년 이상 소방실무경력이 있는 사람
9. 산업안전기사 자격을 취득한 후 3년 이상 소방실무경력이 있는 사람
10. 다음 각 목의 어느 하나에 해당하는 사람
    가. 특급 소방안전관리대상물의 소방안전관리자로 2년 이상 근무한 실무경력이 있는 사람
    나. 1급 소방안전관리대상물의 소방안전관리자로 3년 이상 근무한 실무경력이 있는 사람
    다. 2급 소방안전관리대상물의 소방안전관리자로 5년 이상 근무한 실무경력이 있는 사람
    라. 3급 소방안전관리대상물의 소방안전관리자로 7년 이상 근무한 실무경력이 있는 사람
    마. 10년 이상 소방실무경력이 있는 사람

물음 4 제연설비의 설치장소 및 제연구획의 설치기준에 관하여 각각 쓰시오. (8점)

(1) 설치장소에 대한 구획기준 (5점)

풀이&답
① 하나의 제연구역의 면적은 1,000[m²] 이내로 할 것
② 거실과 통로(복도를 포함한다. 이하 같다)는 상호 제연구획 할 것
③ 통로상의 제연구역은 보행중심선의 길이가 60[m]를 초과하지 아니할 것

④ 하나의 제연구역은 직경 60[m] 원내에 들어갈 수 있을 것
⑤ 하나의 제연구역은 2개 이상 층에 미치지 아니하도록 할 것. 다만, 층의 구분이 불분명한 부분은 그 부분을 다른 부분과 별도로 제연구획 하여야 한다.

(2) 제연구획의 설치기준 (3점)

풀이&답 제연구역의 구획은 보·제연경계벽(이하 "제연경계"라 한다) 및 벽(화재 시 자동으로 구획되는 가동벽·샷다·방화문을 포함한다. 이하 같다)으로 하되, 다음 각 호의 기준에 적합하여야 한다.
① 재질은 내화재료, 불연재료 또는 제연경계벽으로 성능을 인정받은 것으로서 화재시 쉽게 변형·파괴되지 아니하고 연기가 누설되지 않는 기밀성 있는 재료로 할 것
② 제연경계는 제연경계의 폭이 0.6[m] 이상이고, 수직거리는 2[m] 이내이어야 한다. 다만, 구조상 불가피한 경우는 2[m]를 초과할 수 있다.
③ 제연경계벽은 배연 시 기류에 따라 그 하단이 쉽게 흔들리지 아니하여야 하며, 또한 가동식의 경우에는 급속히 하강하여 인명에 위해를 주지 아니하는 구조일 것

03 ★

다음 물음에 답하시오. (30점)

물음 1 이산화탄소소화설비(NFSC 106)에 관하여 다음 물음에 답하시오. (8점)

(1) 이산화탄소소화설비의 비상스위치 작동점검 순서를 쓰시오. (4점)

풀이&답 ① 제어반에서 솔레노이드밸브 연동정지, 기동용기와 솔레노이드밸브 분리
② 감지기 A·B 두 개 회로 동작 또는 수동조작함의 수동스위치 작동, 솔레노이드밸브 연동
③ 제어반에서 지연장치(타이머) 작동여부 확인
④ 비상스위치를 조작하여 지연장치(타이머) 정지여부 확인
⑤ 제어반 복구

(2) 분사헤드의 오리피스구경 등에 관하여 ( )에 들어갈 내용을 쓰시오. (4점)

구 분	기 준
표시내용	㉠
분사헤드의 개수	㉡
방출율 및 방출압력	㉢
오리피스의 면적	㉣

풀이&답 ㉠ 오리피스의 크기, 제조일자, 제조업체가 표시되도록 할 것
㉡ 방호구역에 방사시간이 충족되도록 설치할 것
㉢ 제조업체에서 정한 값으로 할 것
㉣ 분사헤드가 연결되는 배관구경면적의 70%를 초과하지 아니할 것

물음 2 자동화재탐지설비(NFTC 203)에 관하여 다음 물음에 답하시오. (17점)

(1) 중계기 설치기준 3가지를 쓰시오. (3점)

[풀이&답]
① 수신기에서 직접 감지기회로의 도통시험을 행하지 아니하는 것에 있어서는 수신기와 감지기 사이에 설치할 것
② 조작 및 점검에 편리하고 화재 및 침수등의 재해로 인한 피해를 받을 우려가 없는 장소에 설치할 것
③ 수신기에 따라 감시되지 아니하는 배선을 통하여 전력을 공급받는 것에 있어서는 전원입력측의 배선에 과전류 차단기를 설치하고 해당 전원의 정전이 즉시 수신기에 표시되는 것으로 하며, 상용전원 및 예비전원의 시험을 할 수 있도록 할 것

(2) 다음 표에 따른 설비별 중계기 입력 및 출력 회로수를 각각 구분하여 쓰시오. (4점)

설비별	회 로	입력(감시)	출력(제어)
자동화재탐지설비	발신기, 경종, 시각경보기	(㉠)	(㉡)
습식 스프링클러설비	압력스위치, 탬퍼스위치, 사이렌	(㉢)	(㉣)
준비작동식 스프링클러설비	감지기A, 감지기B, 압력스위치, 탬퍼스위치, 솔레노이드, 사이렌	(㉤)	(㉥)
할로겐화합물 및 불활성기체소화설비	감지기A, 감지기B, 압력스위치, 지연스위치, 솔레노이드, 사이렌, 방출표시등	(㉦)	(㉧)

[풀이&답]
㉠ 1회로(발신기)
㉡ 2회로(경종, 시각경보기)
㉢ 2회로(압력스위치, 탬퍼스위치)
㉣ 1회로(사이렌)
㉤ 4회로(감지기A, 감지기B, 압력스위치, 탬퍼스위치)
㉥ 2회로(솔레노이드, 사이렌)
㉦ 4회로(감지기A, 감지기B, 압력스위치, 지연스위치)
㉧ 3회로(솔레노이드, 사이렌, 방출표시등)

설비별	회로	입력(감시)	출력(제어)
자동화재탐지설비	발신기, 경종, 시각경보기	㉠ 1회로 발신기	㉡ 2회로 경종, 시각경보기
습식 스프링클러설비	압력스위치, 탬퍼스위치, 사이렌	㉢ 2회로 압력스위치, 탬퍼스위치	㉣ 1회로 사이렌
준비작동식 스프링클러설비	감지기A, 감지기B, 압력스위치, 탬퍼스위치, 솔레노이드, 사이렌	㉤ 4회로 감지기A, 감지기B, 압력스위치, 탬퍼스위치	㉥ 2회로 솔레노이드, 사이렌
할로겐화합물 및 불활성기체소화설비	감지기A, 감지기B, 압력스위치, 지연스위치, 솔레노이드, 사이렌, 방출표시등	㉦ 4회로 감지기A, 감지기B, 압력스위치, 지연스위치	㉧ 3회로 솔레노이드, 사이렌, 방출표시등

(3) 광전식분리형감지기 설치기준 6가지를 쓰시오. (6점)

풀이&답
① 감지기의 수광면은 햇빛을 직접 받지 않도록 설치할 것
② 광축(송광면과 수광면의 중심을 연결한 선)은 나란한 벽으로부터 0.6[m] 이상 이격하여 설치할 것
③ 감지기의 송광부와 수광부는 설치된 뒷벽으로부터 1[m]이내 위치에 설치할 것
④ 광축의 높이는 천장 등(천장의 실내에 면한 부분 또는 상층의 바닥 하부면을 말한다) 높이의 80[%] 이상일 것
⑤ 감지기의 광축의 길이는 공칭감시거리 범위이내 일 것
⑥ 그 밖의 설치기준은 형식승인 내용에 따르며 형식승인 사항이 아닌 것은 제조사의 시방에 따라 설치할 것

(4) 취침·숙박·입원 등 이와 유사한 용도로 사용되는 거실에 설치하여야 하는 연기감지기 설치대상 특정소방대상물 4가지를 쓰시오. (4점)

풀이&답
① 공동주택·오피스텔·숙박시설·노유자시설·수련시설
② 교육연구시설 중 합숙소
③ 의료시설, 근린생활시설 중 입원실이 있는 의원·조산원
④ 교정 및 군사시설
⑤ 근린생활시설 중 고시원

물음 3 지하구의 화재안전기술기준(NFTC 605)에서 정하는 연소방지설비의 헤드 설치기준 3가지를 쓰시오. (3점)

풀이&답
① 천장 또는 벽면에 설치할 것
② 헤드간의 수평거리는 연소방지설비 전용헤드의 경우에는 2 m 이하, 개방형스프링클러헤드의 경우에는 1.5 m 이하로 할 것
③ 소방대원의 출입이 가능한 환기구·작업구마다 지하구의 양쪽방향으로 살수헤드를 설정하되, 한쪽 방향의 살수구역의 길이는 3 m 이상으로 할 것. 다만, 환기구 사이의 간격이 700 m를 초과할 경우에는 700 m 이내마다 살수구역을 설정하되, 지하구의 구조를 고려하여 방화벽을 설치한 경우에는 그렇지 않다.
④ 연소방지설비 전용헤드를 설치할 경우에는 「소화설비용헤드의 성능인증 및 제품검사 기술기준」에 적합한 살수헤드를 설치할 것

물음 4 간이스프링클러(NFTC 103A)의 간이헤드에 관한 것이다. ( )에 들어갈 내용을 쓰시오. (2점)

> 간이헤드의 작동온도는 실내의 최대 주위천정온도가 0[℃] 이상 38[℃] 이하인 경우 공칭작동온도가 (㉠)의 것을 사용하고, 39[℃] 이상 66[℃] 이하인 경우에는 공칭작동온도가 (㉡)의 것을 사용한다.

풀이&답
㉠ 57[℃]에서 77[℃]
㉡ 79[℃]에서 109[℃]

합격자 65

제20회 점검실무행정 기출문제
2020. 9. 26

01 ★

다음 물음에 답하시오. (40점)

물음 1 복합건축물에 관한 다음 물음에 답하시오. (20점)

[조건]
- 건축물의 개요 : 철근콘크리트조, 지하 2층 ~ 지상 8층, 바닥면적 200[m^2], 연면적 2,000[m^2], 1개동
- 지하 1층 · 지하 2층 : 주차장
- 1층(피난층) ~ 3층 : 근린생활시설(소매점)
- 4층 ~ 8층 : 공동주택(아파트등), 각층에 주방(LNG 사용) 설치
- 층고 3[m], 무창층 및 복도식 구조 없음, 계단 1개 설치
- 소화기구, 유도등 · 유도표지는 제외하고 소방시설을 산출하되, 법정 용어를 사용할 것
- 화재예방, 소방시설 설치 · 유지 및 안전관리에 관한 법령상 특정소방대상물의 소방시설 설치의 면제기준을 적용할 것
- 주어진 조건 외에는 고려하지 않는다.

(1) 화재예방, 소방시설 설치 · 유지 및 안전관리에 관한 법령상 설치되어야 하는 소방시설의 종류 6가지를 쓰시오. (단, 물분무등소화설비 및 연결송수관설비는 제외함) (6점)

풀이&답 주거용 주방자동소화장치, 옥내소화전설비, 스프링클러설비, 자동화재탐지설비, 시각경보기, 피난기구

(2) 연결송수관설비의 화재안전기준(NFSC 502)상 연결송수관설비 방수구의 설치 제외가 가능한 층과 제외기준을 위의 조건을 적용하여 각각 쓰시오. (3점)

풀이&답

설치제외가 가능한 층	제외기준
지하 1층	송수구가 부설된 옥내소화전을 설치한 특정소방대상물(지하가 · 도매시장 · 소매시장 · 판매시설 · 집회장 · 공장 · 관람장 · 창고시설 또는 백화점을 제외한다.)로서 지하층의 층수가 2 이하인 특정소방대상물의 지하층
지하 2층	
1층(피난층)	소방차의 접근이 가능하고 소방대원이 소방차로부터 각 부분에 쉽게 도달할 수 있는 피난층

(3) 2층을 노인의료복지시설(노인요양시설)로 구조변경 없이 용도 변경하려고 한다. 다음에 답하시오. (4점)

① 화재예방, 소방시설 설치·유지 및 안전관리에 관한 법령상 2층에 추가로 설치되어야 하는 소방시설의 종류를 쓰시오.

[풀이&답] 피난기구, 자동화재속보설비

② 소방기본법령상 불꽃을 사용하는 용접·용단기구로서 용접 또는 용단하는 작업장에서 지켜야 하는 사항을 쓰시오.(단, 산업안전보건법 제38조의 적용을 받는 사업장은 제외함)

[풀이&답] 용접 또는 용단 작업장에서는 다음 각 호의 사항을 지켜야 한다. 다만, 「산업안전보건법」 제23조의 적용을 받는 사업장의 경우에는 적용하지 아니한다.
  1. 용접 또는 용단 작업자로부터 반경 5[m] 이내에 소화기를 갖추어 둘 것
  2. 용접 또는 용단 작업장 주변 반경 10[m] 이내에는 가연물을 쌓아두거나 놓아두지 말 것. 다만, 가연물의 제거가 곤란하여 방지포 등으로 방호조치를 한 경우는 제외한다.

(4) 2층에 일반음식점영업(영업장 사용면적 100m²)을 하고자 한다. 다음에 답하시오. (7점)

① 다중이용업소의 안전관리에 관한 특별법령상 영업장의 비상구에 부속실을 설치하는 경우 부속실 입구의 문과 부속실에서 건물 외부로 나가는 문(난간높이 1[m])에 설치하여야 하는 추락 등의 방지를 위한 시설을 각각 쓰시오. (3점)

[풀이&답]
  ① 경보음 발생 장치
  ② 추락위험을 알리는 표지
  ③ 쇠사슬 또는 안전로프 등

다중이용업소법 시행규칙 [별표2] 안전시설등의 설치·유지 기준(제9조 관련)
추락 등의 방지를 위하여 다음 사항을 갖추도록 할 것
가) 발코니 및 부속실 입구의 문을 개방하면 경보음이 울리도록 경보음 발생 장치를 설치하고, 추락위험을 알리는 표지를 문(부속실의 경우 외부로 나가는 문도 포함한다)에 부착할 것
나) 부속실에서 건물 외부로 나가는 문 안쪽에는 기둥·바닥·벽 등의 견고한 부분에 탈착이 가능한 쇠사슬 또는 안전로프 등을 바닥에서부터 120센티미터 이상의 높이에 가로로 설치할 것. 다만, 120센티미터 이상의 난간이 설치된 경우에는 쇠사슬 또는 안전로프 등을 설치하지 않을 수 있다.

② 다중이용업소의 안전관리에 관한 특별법령상 안전시설등 세부점검표의 점검사항 중 피난설비 작동기능점검 및 외관점검에 관한 확인사항 4가지를 쓰시오. (4점)

[풀이&답]
  ① 유도등·유도표지 등 부착상태 및 점등상태 확인
  ② 구획된 실마다 휴대용비상조명등 비치 여부
  ③ 화재신호 시 피난유도선 점등상태 확인
  ④ 피난기구(완강기, 피난사다리 등) 설치상태 확인

물음 2 다음 물음에 답하시오. (20점)

(1) 특별피난계단의 계단실 및 부속실 제연설비의 화재안전기준(NFSC 501A)상 방연풍속 측정방법, 측정결과 부적합 시 조치방법을 각각 쓰시오. (4점)

풀이&답

방연풍속 측정방법	부속실과 면하는 옥내 및 계단실의 출입문을 동시에 개방할 경우, 유입공기의 풍속이 제10조의 규정에 따른 방연풍속에 적합한지 여부를 확인 이 경우 유입공기의 풍속은 출입문의 개방에 따른 개구부를 대칭적으로 균등 분할하는 10 이상의 지점에서 측정하는 풍속의 평균치로 할 것
측정결과 부적합 시 조치방법	급기구의 개구율과 송풍기의 풍량조절댐퍼 등을 조정하여 적합하게 할 것.

(2) 특별피난계단의 계단실 및 부속실 제연설비의 성능시험조사표에서 송풍기 풍량측정의 일반사항 중 측정점에 대하여 쓰고, 풍속·풍량 계산식을 각각 쓰시오. (8점)

풀이&답

일반사항 중 측정점	풍량 측정점은 덕트 내의 풍속, 시공상태, 현장 여건 등을 고려하여 송풍기의 흡입측 또는 토출측 덕트에서 정상류가 형성되는 위치를 선정한다. 일반적으로 엘보 등 방향전환 지점 기준 하류쪽은 덕트직경(장방형 덕트의 경우 상당지름)의 7.5배 이상 상류쪽은 2.5배이상 지점에서 측정하여야 하며, 직관길이가 미달하는 경우 최적위치를 선정하여 측정하고 측정기록지에 기록한다.
풍속 계산식	$V = 1.29\sqrt{P_v}$ (V : 풍속 [m/s], P_v : 동압 [Pa])
풍량 계산식	$Q = 3,600\,VA$ (Q : 풍량 [m³/h], V : 평균풍속 [m/s], A : 덕트의 단면적)

(3) 수신기의 기록장치에 저장하여야 하는 데이터는 다음과 같다. ( )에 들어갈 내용을 순서에 관계없이 쓰시오. (4점)

- (ㄱ)
- (ㄴ)
- 수신기와 외부배선(지구음향장치용의 배선, 확인장치용의 배선 및 전화장치용의 배선을 제외한다)과의 단선 상태
- (ㄷ)
- 수신기의 주경종스위치, 지구경종스위치, 복구스위치 등 기준 수신기의 형식승인 및 제품검사의 기술기준 제11조(수신기의 제어기능)을 조작하기 위한 스위치의 정지 상태
- (ㄹ)
- 수신기의 형식승인 및 제품검사의 기술기준 제15조의2제2항에 해당하는 신호(무선식 감지기·무선식 중계기·무선식 발신기와 접속되는 경우에 한함)
- 수신기의 형식승인 및 제품검사의 기술기준 제15조의2제3항에 의한 확인신호를 수신하지 못한 내역(무선식 감지기·무선식 중계기·무선식 발신기와 접속되는 경우에 한함)

[풀이&답]
ㄱ. 주전원과 예비전원의 on/off 상태
ㄴ. 경계구역의 감지기, 중계기 및 발신기 등의 화재신호와 소화설비, 소화활동설비, 소화용수설비의 작동신호
ㄷ. 수신기에서 제어하는 설비로의 출력신호와 수신기에 설비의 작동 확인표시가 있는 경우 확인신호
ㄹ. 가스누설신호(단, 가스누설신호표시가 있는 경우에 한함)

(4) 미분무소화설비의 화재안전기준(NFSC 104A)상 '미분무'의 정의를 쓰고, 미분무소화설비의 사용압력에 따른 저압, 중압 및 고압의 압력(MPa) 범위를 각각 쓰시오. (4점)

[풀이&답]

'미분무'의 정의	물만을 사용하여 소화하는 방식으로 최소설계압력에서 헤드로부터 방출되는 물입자 중 99[%]의 누적체적분포가 400[μm] 이하로 분무되고 A, B, C급 화재에 적응성을 갖는 것
저압 압력범위	최고사용압력이 1.2[MPa] 이하
중압 압력범위	사용압력이 1.2[MPa]을 초과하고 3.5[MPa] 이하
고압 압력범위	최저사용압력이 3.5[MPa]을 초과

02 ★

다음 물음에 답하시오. (30점)

물음 1 화재예방, 소방시설 설치·유지 및 안전관리에 관한 법령상 소방시설등의 자체점검 시 점검인력 배치기준에 관한 다음 물음에 답하시오. (15점)

(1) 다음 ( )에 들어갈 내용을 쓰시오. (9점)

대 상 용 도	가감계수
공동주택(아파트 제외), (ㄱ), 항공기 및 자동차 관련시설, 동물 및 식물 관련시설, 분뇨 및 쓰레기 처리시설, 군사시설, 묘지관련 시설, 관광휴게시설, 장례식장, 지하구, 문화재	(ㅅ)
문화 및 집회시설, (ㄴ), 의료시설(정신보건시설 제외), 교정 및 군사시설(군사시설 제외), 지하가, 복합건축물(1류에 속하는 시설이 있는 경우 제외), 발전시설, (ㄷ)	1.1
공장, 위험물 저장 및 처리시설, 창고시설	0.9
근린생활시설, 운동시설, 업무시설, 방송통신시설, (ㄹ)	(ㅇ)
노유자시설, (ㅁ), 위락시설, 의료시설(정신보건의료기관), 수련시설, (ㅂ)(1류에 속하는 시설이 있는 경우)	(ㅈ)

ㄱ. 교육연구시설   ㄴ. 종교시설   ㄷ. 판매시설
ㄹ. 운수시설   ㅁ. 숙박시설   ㅂ. 복합건축물
ㅅ. 0.8   ㅇ. 1.0   ㅈ. 1.2

(2) 화재예방, 소방시설 설치·유지 및 안전관리에 관한 법령상 소방시설의 자체점검 시 인력배치기준에 따라, 지하구의 길이가 800m, 4차로인 터널의 길이가 1,000m일 때, 다음에 답하시오. (6점)

① 지하구의 실제점검면적[m³]을 구하시오.

풀이&답 실제점검면적 = 800[m] × 1.8[m] = 1,440[m²]

② 한쪽 측벽에 소방시설이 설치되어 있는 터널의 실제점검면적[m²]을 구하시오.

풀이&답 실제점검면적 = 1,000[m] × 3.5[m] = 3,500[m²]

③ 한쪽 측벽에 소방시설이 설치되어 있지 않는 터널의 실제점검면적[m²]을 구하시오.

풀이&답 실제점검면적 = 1,000[m] × 3.5m = 3,500[m²]

소방시설법 [별표2] 소방시설등의 자체점검 시 점검인력 배치기준(제18조제1항 관련)
소방시설관리업자 또는 소방안전관리자로 선임된 소방시설관리사 및 소방기술사가 하루 동안 점검한 면적은 실제 점검면적(지하구는 그 길이에 폭의 길이 1.8[m]를 곱하여 계산된 값을 말하며, 터널은 3차로 이하인 경우에는 그 길이에 폭의 길이 3.5[m]를 곱하고, 4차로 이상인 경우에는 그 길이에 폭의 길이 7[m]를 곱한 값을 말한다. 다만, 한쪽 측벽에 소방시설이 설치된 4차로 이상인 터널의 경우는 그 길이와 폭의 길이 3.5[m]를 곱한 값을 말한다. 이하 같다)에 다음 각 목의 기준을 적용하여 계산한 면적(이하 "점검면적"이라 한다)으로 하되, 점검면적은 점검한도 면적을 초과하여서는 아니 된다.

※ 4차로 이상의 터널의 경우 양쪽에 소방시설이 설치되는 관계로 폭의 길이 7[m]를 적용하지만, 한쪽 측벽에 소방시설이 설치되는 터널의 경우에는 소방시설이 한쪽에만 있으므로 폭의 길이 3.5[m]를 적용한다. 이 문제에서는 한쪽 측벽에 소방시설이 설치되지 아니한 터널이므로 다른 쪽 터널에의 측벽에는 소방시설이 설치된 것으로 판단할 수 있으며 이는 결국 한쪽 측벽에 소방시설이 설치된 터널과 동일하게 해석할 수 있다.

※ 실제 점검면적의 산출방법
1. 지하구 : 지하구의 길이[m] × 1.8[m]
2. 터널
   1) 3차로 이하, 4차로 이상 중 한쪽 측벽에 소방시설이 설치된 터널
      : 터널의 길이[m] × 3.5[m]
   2) 4차로 이상의 터널 : 터널의 길이[m] × 7[m]

| **물음 2** 소방시설 자체점검사항 등에 관한 고시에 관한 다음 물음에 답하시오. (9점)

(1) 통합감시시설 종합정밀점검 시 주·보조수신기 점검항목을 쓰시오. (5점)

풀이&답 ① 설치장소의 환경
② 음향장치의 설치장소 및 음색, 음량의 적합여부
③ 단자의 풀림 및 개폐기능의 정상 여부

④ 손상·불선명한 부분 등의 유무
⑤ 단선·단자의 풀림·탈락·손상 등의 유무
⑥ 화재표시 시험을 하였을 때 정상적인 화재표시의 여부
⑦ 예비품 등의 비치여부
⑧ 주수신기의 원격제어 기능의 정상여부

(2) 거실제연설비 종합정밀점검 시 송풍기 점검사항을 쓰시오. (4점)

풀이&답
① 송풍기의 회전방향은 정상인지의 여부
② 회전축은 회전이 원활한지 여부
③ 축받침의 윤활유에 오염, 변질 등이 없고 필요량이 충전되었는지 여부
④ 동력전달장치의 변형, 손실 등이 없고 V-벨트의 기능이 정상인지 여부

물음 3 자동화재탐지설비 및 시각경보장치의 화재안전기준(NFSC 203)상 감지기에 관한 다음 물음에 답하시오. (6점)

(1) 연기감지기를 설치할 수 없는 경우, 건조실·살균실·보일러실·주조실·영사실·스튜디오에 설치할 수 있는 적응 열감지기 3가지를 쓰시오. (3점)

풀이&답
① 정온식 감지기(특종)
② 정온식 감지기(1종)
③ 열아나로그식 감지기

(2) 감지기회로의 도통시험을 위한 종단저항의 기준 3가지를 쓰시오. (3점)

풀이&답
① 점검 및 관리가 쉬운 장소에 설치할 것
② 전용함을 설치하는 경우 그 설치 높이는 바닥으로부터 1.5m 이내로 할 것
③ 감지기 회로의 끝부분에 설치하며, 종단감지기에 설치할 경우에는 구별이 쉽도록 해당감지기의 기판 및 감지기 외부 등에 별도의 표시를 할 것

03 ★

다음 물음에 답하시오. (30점)

물음 1 소방시설 자체점검사항 등에 관한 고시에서 규정하고 있는 조사표에 관한 사항이다. 다음 물음에 답하시오. (16점)

(1) 내진설비 성능시험 조사표의 종합정밀점검표 중 가압송수장치, 지진분리이음, 수평배관 흔들림 방지 버팀대의 점검항목을 각각 쓰시오. (10점)

구 분	점검항목

가압송수장치	• 앵커볼트
	  ◦ 가동중량 1,000[kg] 이하인 설비에서 바닥면에 고정되는 길이가 긴 변의 양쪽 모서리에 직경 12[mm] 이상의 앵커볼트로 고정 및 앵커볼트의 근입깊이 10[cm] 이상 여부
	  ◦ 가동중량 1,000[kg] 이상인 설비에서 바닥면에 고정되는 길이가 긴 변의 양쪽 모서리에 직경 20[mm] 이상의 앵커볼트로 고정 및 앵커볼트의 근입깊이 10[cm] 이상 여부
	• 펌프와 연결되는 입상배관 연결부의 배관에 대한 내진설계 방법 적용 여부
	• 내진스토퍼
	  ◦ 내진스토퍼 설치상태의 적합여부
	  ◦ 내진스토퍼의 허용하중이 수평지진하중 이상 여부

지진분리이음	◦ 신축이음쇠가 배관의 변형을 최소화하고 주요 부품사이의 유연성을 증가시킬 필요가 있는 위치에 설치여부 ◦ 배관구경 65[mm] 이상의 배관에서 입상관의 상·하 단부의 0.6[m], 0.3[m] 이내에 설치여부 및 입상관의 길이 0.9~2.1[m] 시 1개 이상의 신축이음쇠 설치여부 ◦ 배관구경 65[mm] 이상의 배관에서 입상관의 길이 0.9[m] 미만시 신축이음쇠 미설치 여부 ◦ 배관구경 65[mm] 이상의 배관에서 입상관 또는 수직배관의 중간지지부가 있는 경우 지지부의 윗부분 및 아랫부분으로부터 0.6[m] 이내에 신축이음쇠 설치여부

수평배관 흔들림 방지 버팀대	• 횡방향 흔들림 방지 버팀대
	  ◦ 주배관, 교차배관 및 65[mm] 이상의 가지배관 및 기타배관에 설치여부
	  ◦ 버팀대의 간격이 중심선 기준으로 최대 12[m] 초과여부
	  ◦ 마지막 버팀대와 배관 단부사이의 거리가 1.8[m] 초과여부
	  ◦ 수평지진하중 산정 시 버팀대의 모든 가지배관 포함여부
	• 종방향 흔들림 방지 버팀대
	  ◦ 주배관 및 교차배관에 설치된 종방향 흔들림 방지 버팀대의 간격이 24[m] 초과여부
	  ◦ 마지막 버팀대와 배관 단부사이의 거리가 12[m] 초과여부
	  ◦ 4방향 버팀대의 경우 횡방향 및 종방향 버팀대의 역할을 동시에 수행여부

(2) 미분무소화설비 성능시험 조사표의 성능 및 점검항목 중 "설계도서 등"의 점검항목을 쓰시오. (6점)

① 설계도서는 구분 작성 여부(일반설계도서와 특별설계도서)
② 설계도서 작성 시 고려사항의 적정성(점화원 형태, 초기 점화 연료의 유형, 화재 위치, 개구부 초기 상태 및 시간에 따른 변화상태, 공조조화설비 형태, 시공유형 및 내장재 유형)
③ 특별도서의 위험도 설정 적합성
④ 성능시험기관으로부터의 검증 여부

물음 2 다중이용업소의 안전관리에 관한 특별법령상 다중이용업소의 비상구 공통 기준 중 비상구 구조, 문이 열리는 방향, 문의 재질에 대하여 규정된 사항을 각각 쓰시오. (10점)

비상구 구조	가) 비상구는 구획된 실 또는 천장으로 통하는 구조가 아닌 것으로 할 것. 다만, 영업장 바닥에서 천장까지 불연재료(不燃材料)로 구획된 부속실(전실)은 그러하지 아니하다. 나) 비상구는 다른 영업장 또는 다른 용도의 시설(주차장은 제외한다)을 경유하는 구조가 아닌 것이어야 하고, 층별 영업장은 다른 영업장 또는 다른 용도의 시설과 불연재료·준불연재료로 된 차단벽이나 칸막이로 분리되도록 할 것. 다만, 둘 이상의 영업소가 주방 외에 객실부분을 공동으로 사용하는 등의 구조 또는 「식품위생법 시행규칙」 별표 14 제8호가목5)다)에 따라 각 영업소와 영업소 사이를 분리 또는 구획하는 별도의 차단벽이나 칸막이 등을 설치하지 않을 수 있는 경우는 그러하지 아니하다.
문이 열리는 방향	피난방향으로 열리는 구조로 할 것. 다만, 주된 출입구의 문이 「건축법 시행령」 제35조에 따른 피난계단 또는 특별피난계단의 설치 기준에 따라 설치하여야 하는 문이 아니거나 같은 법 시행령 제46조에 따라 설치되는 방화구획이 아닌 곳에 위치한 주된 출입구가 다음의 기준을 충족하는 경우에는 자동문[미서기(슬라이딩)문을 말한다]으로 설치할 수 있다. 가) 화재감지기와 연동하여 개방되는 구조 나) 정전 시 자동으로 개방되는 구조 다) 정전 시 수동으로 개방되는 구조
문의 재질	주요 구조부(영업장의 벽, 천장 및 바닥을 말한다. 이하 이 표에서 같다)가 내화구조(耐火構造)인 경우 비상구와 주된 출입구의 문은 방화문(防火門)으로 설치할 것. 다만, 다음의 어느 하나에 해당하는 경우에는 불연재료로 설치할 수 있다. 가) 주요 구조부가 내화구조가 아닌 경우 나) 건물의 구조상 비상구 또는 주된 출입구의 문이 지표면과 접하는 경우로서 화재의 연소 확대 우려가 없는 경우 다) 비상구 또는 주 출입구의 문이 「건축법 시행령」 제35조에 따른 피난계단 또는 특별피난계단의 설치 기준에 따라 설치하여야 하는 문이 아니거나 같은 법 시행령 제46조에 따라 설치되는 방화구획이 아닌 곳에 위치한 경우

물음 3 옥내소화전설비의 화재안전기준(NFSC 102)상 배선에 사용되는 전선의 종류 및 공사방법에 관한 다음 물음에 답하시오. (4점)

(1) 내화전선의 내화성능을 설명하시오. (2점)

풀이&답 내화전선의 내화성능은 버너의 노즐에서 75[mm]의 거리에서 온도가 750±5[℃]인 불꽃으로 3시간동안 가열한 다음 12시간 경과 후 전선 간에 허용전류용량 3A의 퓨즈를 연결하여 내화시험 전압을 가한 경우 퓨즈가 단선되지 아니하는 것. 또는 소방청장이 정하여 고시한 「소방용 전선의 성능인증 및 제품검사의 기술기준」에 적합할 것

(2) 내열전선의 내열성능을 설명하시오. (2점)

풀이&답 내열전선의 내열성능은 온도가 816±10[℃]인 불꽃을 20분간 가한 후 불꽃을 제거하였을 때 10초 이내에 자연소화가 되고, 전선의 연소된 길이가 180[mm] 이하이거나 가열온도의 값을 한국산업표준(KS F 2257-1)에서 정한 건축구조 부분의 내화시험방법으로 15분 동안 380[℃]까지 가열한 후 전선의 연소된 길이가 가열로의 벽으로부터 150[mm] 이하일 것. 또는 소방청장이 정하여 고시한 「소방용 전선의 성능인증 및 제품검사의 기술기준」에 적합할 것

제21회 점검실무행정 기출문제 (2021. 9. 18)

01 ★

다음 물음에 답하시오. (40점)

물음 1 비상경보설비 및 단독경보형감지기의 화재안전기준(NFSC 201)에서 발신기의 설치기준이다. ( )에 들어갈 내용을 쓰시오. (5점)

> 1. 조작이 쉬운 장소에 설치하고, 조작스위치는 바닥으로부터 0.8 m 이상 1.5 m 이하의 높이에 설치할 것
> 2. 특정소방대상물의 층마다 설치하되, 해당 특정소방대상물의 각 부분으로부터 하나의 발신기 까지의 (ㄱ)가 25 m 이하가 되도록 할 것. 다만, 복도 또는 별도로 구획된 실로서 (ㄴ)가 40 m 이상일 경우에는 추가로 설치하여야 한다.
> 3. 발신기의 위치표시등은 (ㄷ)에 설치하되, 그 불빛은 부착 면으로부터 (ㄹ)이상의 범위 안에서 부착지점으로부터 10m 이내의 어느 곳에서도 쉽게 식별할 수 있는 (ㅁ) 으로 할 것

[풀이&답] ㄱ. 수평거리 ㄴ. 보행거리 ㄷ. 함의 상부 ㄹ. 15° ㅁ. 적색등

물음 2 옥내소화전설비의 화재안전기준(NFSC 102)에서 소방용 합성수지배관의 성능 인증 및 제품검사의 기술기준에 적합한 소방용 합성수지배관을 설치할 수 있는 경우 3가지를 쓰시오. (6점)

[풀이&답]
1. 배관을 지하에 매설하는 경우
2. 다른 부분과 내화구조로 구획된 덕트 또는 피트의 내부에 설치하는 경우
3. 천장(상층이 있는 경우에는 상층바닥의 하단을 포함한다. 이하 같다)과 반자를 불연재료 또는 준불연 재료로 설치하고 그 내부에 습식으로 배관을 설치하는 경우

물음 3 옥내소화전설비의 방수압력 점검 시 노즐 방수압력이 절대압력으로 2,760 mmHg일 경우 방수량(m^3/s)과 노즐에서의 유속(m/s)을 구하시오. (단, 유량계수는 0.99, 옥내소화전 노즐 구경은 1.3cm이다.) (10점)

[풀이&답] (1) 노즐에서의 유속
   노즐 방수압력은 게이지압이므로

게이지압력 = 절대압력 − 대기압
= 2,760 mmHg − 760 mmHg
= 2,000 mmHg

유속 $V = \sqrt{2gH} = \sqrt{2 \times 9.8 \,\text{m/s}^2 \times 2,000 \,\text{mmHg} \times \dfrac{10.332 \,\text{m}}{760 \,\text{mmHg}}} = 23.0849 = 23.08 \,\text{m/s}$

(2) 방수량 계산

$Q = CAV = 0.99 \times \dfrac{\pi}{4} \times (0.013 \,\text{m})^2 \times 23.08 \,\text{m/s} = 0.00303 = 0.003 \,\text{m}^3/\text{s}$

[별해]

$Q = 0.6597 \times C \times D^2 \times \sqrt{10P}$
$= 0.6597 \times 0.99 \times 13^2 \times \sqrt{10 \times 2,000 \,\text{mmHg} \times \dfrac{0.101325 \,\text{MPa}}{760 \,\text{mmHg}}}$
$= 180.2332405 \,\text{L/min}$
$= 180.2332405 \left(\dfrac{L}{\text{min}}\right) \times \dfrac{1 \,\text{m}^3}{1000 \,\text{L}} \times \dfrac{1 \,\text{min}}{60 \,\text{s}}$
$= 0.003 \,\text{m}^3/\text{s}$

| 물음 4 | 소방시설 자체점검사항 등에 관한 고시의 소방시설외관점검표에 대하여 다음 물음에 답하시오. (7점)

(1) 소화기의 점검내용 5가지를 쓰시오. (3점)

풀이&답
① 잘 보이는 위치에 소화기 설치여부
② 보행거리 적정 설치여부
③ 소화기 용기 변형·손상·부식 여부
④ 안전핀 고정 여부
⑤ 가압식소화기(폐기 대상, 압력계 미부착 분말소화기) 비치 여부

(2) 스프링클러설비의 점검내용 6가지를 쓰시오. (4점)

풀이&답
① 수원의 양 적정여부
② 제어밸브의 개폐, 작동, 접근 등의 용이성 여부
③ 제어밸브의 수압 및 공기압 계기가 정상압으로 유지되고 있는지 여부
④ 배관 및 헤드의 누수 여부
⑤ 헤드 감열 및 살수 분포의 방해물 설치여부
⑥ 동결 또는 부식할 우려가 있는 부분에 보온, 방호조치가 되고 있는지 여부

| 물음 5 | 건축물의 소방점검 중 다음과 같은 사항이 발생하였다. 이에 대한 원인과 조치방법을 각각 3가지씩 쓰시오. (12점)

(1) 아날로그감지기 통신선로의 단선표시등 점등 (6점)

풀이&답

원 인	조 치 방 법
① 아날로그감지기에 연결된 통신선로의 단선	① 단선된 통신선로를 보수(정비)한다.
② 아날로그감지기에 연결된 통신선로와 단자와의 접촉불량	② 아날로그감지기의 단자와 연결된 통신 선로의 접촉상태를 확인하여 정비한다.
③ 아날로그감지기의 자체불량(고장)	③ 불량인 아날로그감지기를 교체한다.

(2) 습식스프링클러설비의 충압펌프의 잦은 기동과 정지 (6점)

(단, 충압펌프는 자동정지, 기동용수압개폐장치는 압력챔버 방식이다.)

원 인	조치방법
① 옥상수조에 설치된 체크밸브가 역류되는 경우	① 체크밸브를 교체한다.
② 알람밸브 배수밸브의 미세한 개방 또는 누수	② 확실히 폐쇄 또는 시트 고무 손상 시 정비한다.
③ 말단시험밸브의 미세한 개방 또는 누수	③ 밸브를 확실히 폐쇄한다.

02 ★

다음 물음에 답하시오. (30점)

물음 1 소방시설 자체점검사항 등에 관한 고시의 소방시설등(작동기능, 종합정밀) 점검표에 대하여 다음 물음에 답하시오. (10점)

(1) 제연설비 배출기의 점검항목 5가지를 쓰시오. (5점)

① 배출기와 배출풍도 사이 캔버스 내열성 확보 여부
② 배출기 회전이 원활하며 회전방향 정상 여부
③ 변형·훼손 등이 없고 V-벨트 기능 정상 여부
④ 본체의 방청, 보존상태 및 캔버스 부식 여부
⑤ 배풍기 내열성 단열재 단열처리 여부

(2) 분말소화설비 가압용 가스용기의 점검항목 5가지를 쓰시오. (5점)

① 가압용 가스용기 저장용기 접속 여부
② 가압용 가스용기 전자개방밸브 부착 적정 여부
③ 가압용 가스용기 압력조정기 설치 적정 여부
④ 가압용 또는 축압용 가스 종류 및 가스량 적정 여부
⑤ 배관 청소용 가스 별도 용기 저장 여부

물음 2 건축물의 피난·방화구조 등의 기준에 관한 규칙에 대하여 다음 물음에 답하시오. (10점)

(1) 건축물의 바깥쪽에 설치하는 피난계단의 구조 기준 4가지를 쓰시오. (4점)

① 계단은 그 계단으로 통하는 출입구외의 창문등(망이 들어 있는 유리의 붙박이창으로서 그 면적이 각각 1제곱미터 이하인 것을 제외한다)으로부터 2미터 이상의 거리를 두고 설치할 것
② 건축물의 내부에서 계단으로 통하는 출입구에는 60분+ 방화문 또는 60분 방화문을 설치할 것
③ 계단의 유효너비는 0.9미터 이상으로 할 것
④ 계단은 내화구조로 하고 지상까지 직접 연결되도록 할 것

(2) 하향식 피난구(덮개, 사다리, 경보시스템을 포함한다.) 구조기준 6가지를 쓰시오. (6점)

① 피난구의 덮개는 품질시험을 실시한 결과 비차열 1시간 이상의 내화성능을 가져야 하며, 피난구의 유효 개구부 규격은 직경 60센티미터 이상일 것

② 상층·하층간 피난구의 설치위치는 수직방향 간격을 15센티미터 이상 띄어서 설치할 것
③ 아래층에서는 바로 위층의 피난구를 열 수 없는 구조일 것
④ 사다리는 바로 아래층의 바닥면으로부터 50센티미터 이하까지 내려오는 길이로 할 것
⑤ 덮개가 개방될 경우에는 건축물관리시스템 등을 통하여 경보음이 울리는 구조일 것
⑥ 피난구가 있는 곳에는 예비전원에 의한 조명설비를 설치할 것

물음 3 비상조명등의 화재안전기준(NFSC 304) 설치기준에 관한 내용 중 일부이다. ( )에 들어갈 내용을 쓰시오. (5점)

> 비상전원은 비상조명등을 20분 이상 유효하게 작동시킬 수 있는 용량으로 할 것.
> 다만, 다음 각 목의 특정소방대상물의 경우에는 그 부분에서 피난층에 이르는 부분의 비상조 명등을 60분 이상 유효하게 작동시킬 수 있는 용량으로 하여야 한다.
> 가. 지하층을 제외한 층수가 11층 이상의 층
> 나. 지하층 또는 무창층으로서 용도가 (ㄱ)·(ㄴ)·(ㄷ)·(ㄹ) 또는 (ㅁ)

[풀이&답]
ㄱ. 도매시장
ㄴ. 소매시장
ㄷ. 여객자동차터미널
ㄹ. 지하역사
ㅁ. 지하상가

물음 4 유도등 및 유도표지의 화재안전기준(NFSC 303)에서 공연장 등 어두워야 할 필요가 있는 장소에 3선식 배선으로 상시 충전되는 유도등의 전기회로에 점멸기를 설치하는 경우, 점등되어야 하는 때에 해당하는 것 5가지를 쓰시오. (5점)

[풀이&답]
① 자동화재탐지설비의 감지기 또는 발신기가 작동되는 때
② 비상경보설비의 발신기가 작동되는 때
③ 상용전원이 정전되거나 전원선이 단선되는 때
④ 방재업무를 통제하는 곳 또는 전기실의 배전반에서 수동으로 점등하는 때
⑤ 자동소화설비가 작동되는 때

03 ★

다음 물음에 답하시오. (30점)

물음 1 할론 1301 소화설비 약제저장용기의 저장량을 측정하려고 한다. 다음 물음에 답하시오. (12점)

(1) 액위측정법을 설명하시오. (3점)

[풀이&답]
① 방사선원의 캡 제거
② 전지(배터리) 체크 : 전원스위치를 체크(Check) 위치로 전환한 후 건전지의 전압확인
③ 온도계를 확인하여 실내 온도 기록
④ 미터계의 미터 조정 : 전원스위치 ON위치로 전환하고 미터계의 지침이 40~45가 되도록 조정볼륨으로 지침을 조정한다.
⑤ 액면 높이 측정
　㉠ 프로브와 방사선원을 저장용기 사이에 끼워 넣는다.
　㉡ 지지암을 상하로 천천히 이동하여 미터지시계의 지침이 많이 흔들린 최초의 위치를 체크한다.
　㉢ 저장용기에 표시하고 높이를 줄자로 측정한다.
⑥ 측정완료 후 전원스위치 OFF
⑦ 방사선원에 캡을 씌운다.

(2) 아래 그림의 레벨메터(Level meter) 구성부품 중 각 부품(㉠ ~ ㉢)의 명칭을 쓰시오. (3점)

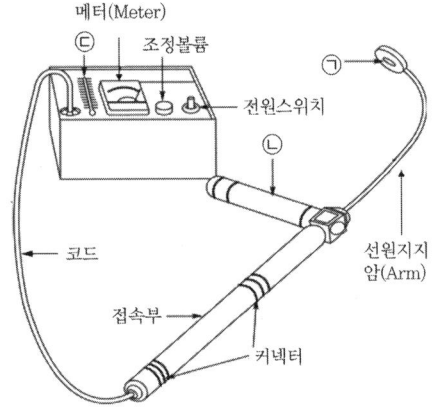

[풀이&답]　㉠ 방사선원　㉡ 프로브(탐침)　㉢ 온도계

(3) 레벨메터(Level meter) 사용 시 주의사항 6가지를 쓰시오. (6점)

[풀이&답]
① 레벨메터 본체와 탐침은 충격에 아주 민감하므로 측정을 위한 조립 및 측정 시 충격이 가해지지 않도록 할 것.
② 측정 시에는 장갑을 착용하고 방사선원이 직접 피부에 닿지 않도록 할 것
③ 약제량 측정을 마친 경우는 전원을 꺼 놓을 것
④ 측정장소의 주위온도가 높을 경우 액면의 판별이 곤란하게 되는 것에 주의할 것
⑤ 지시계는 둔감해지거나, 10회 사용 후에는 재조정하여 사용할 것
⑥ 방사선원의 수명은 3년이므로 3년마다 교체할 것
⑦ 지지암은 용기의 크기가 다르더라도 그 용기에 맞게 조정하지 말 것

물음 2 자동소화장치에 대하여 다음 물음에 답하시오. (5점)

(1) 소화기구 및 자동소화장치의 화재안전기준(NFSC 101)에서 가스용 주방자동소화장치를 사용하는 경우 탐지부 설치위치를 쓰시오. (2점)

풀이&답 공기보다 가벼운 가스를 사용하는 경우에는 천장 면으로 부터 30 cm 이하의 위치에 설치하고, 공기보다 무거운 가스를 사용하는 장소에는 바닥 면으로부터 30 cm 이하의 위치에 설치할 것

(2) 소방시설 자체점검사항 등에 관한 고시의 소방시설등(작동기능, 종합정밀)점검표에서 상업용 주방 자동소화장치의 점검항목을 쓰시오. (3점)

풀이&답
① 소화약제의 지시압력 적정 및 외관의 이상 여부
② 후드 및 덕트에 감지부와 분사헤드의 설치상태 적정 여부
③ 수동기동장치의 설치상태 적정 여부

물음 3 준비작동식 스프링클러설비 전기 계통도(R형 수신기)이다. 최소 배선 수 및 회로명칭을 각각 쓰시오. (4점)

구분	전선의 굵기	최소 배선 수 및 회로명칭
①	1.5 mm²	(ㄱ)
②	2.5 mm²	(ㄴ)
③	2.5 mm²	(ㄷ)
④	2.5 mm²	(ㄹ)

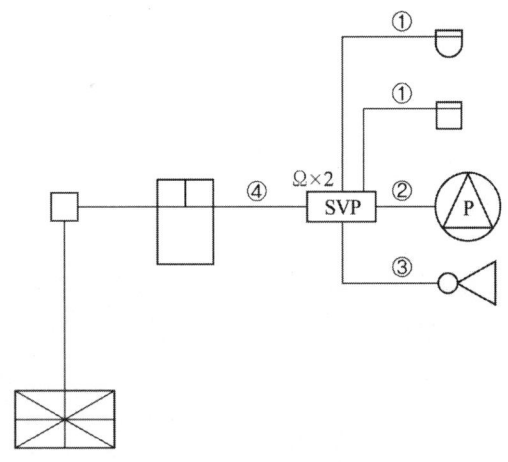

풀이&답
ㄱ : 4선(회로2, 공통2)
ㄴ : 4선(공통 1선, 탬퍼스위치 1선, 압력스위치 1선, 솔레노이드밸브 1선)
ㄷ : 2선(공통 1선, 사이렌 1선)
ㄹ : 8선(전원 2선, 사이렌 1선, 감지기A 1선, 감지기B 1선, 솔레노이드밸브 1선, 압력스위치 1선, 탬퍼스위치 1선)

물음 4 특별피난계단의 부속실(전실) 제연설비에 대하여 다음 물음에 답하시오. (9점)

(1) 소방시설 자체점검사항 등에 관한 고시의 소방시설 성능시험조사표에서 부속실 제연설비의 "차압 등" 점검항목 4가지를 쓰시오. (3점)

> **풀이&답**
> ① 제연구역과 옥내 사이 최소차압 적정 여부
> ② 제연설비 가동 시 출입문 개방력 적정 여부
> ③ 비개방층 최소차압 적정 여부
> ④ 부속실과 계단실 차압 적정 여부(계단실과 부속실 동시 제연의 경우)

(2) 전층이 닫힌 상태에서 차압이 과다한 원인 3가지를 쓰시오. (3점)

> **풀이&답**
> ① 급기송풍기 풍량 과다
> ② 급기송풍기 배출측 풍량조절댐퍼가 많이 열림
> ③ 급기댐퍼가 많이 열린 경우
> ④ 자동차압과압조절형 댐퍼의 차압조절기능 고장
> ⑤ 출입문과 바닥 사이 완전 밀폐 중 3가지 선택

(3) 방연풍속이 부족한 원인 3가지를 쓰시오. (3점)

> **풀이&답**
> ① 송풍기의 용량이 과소 설계된 경우
> ② 충분한 급기댐퍼 누설량에 필요한 풍도의 정압부족
> ③ 급기댐퍼 규격이 과소 설계된 경우
> ④ 덕트 부속류의 손실이 과다한 경우 중 3가지 선택

제22회 점검실무행정 기출문제
2022. 9. 24

01 ★

다음 물음에 답하시오. (40점)

물음 1 누전경보기의 화재안전기준(NFSC 205)에서 누전경보기의 설치방법에 대하여 쓰시오. (7점)

【풀이&답】 누전경보기는 다음 각 호의 방법에 따라 설치하여야 한다.
1. 경계전로의 정격전류가 60A를 초과하는 전로에 있어서는 1급 누전경보기를, 60A 이하의 전로에 있어서는 1급 또는 2급 누전경보기를 설치할 것. 다만, 정격전류가 60A를 초과하는 경계전로가 분기되어 각 분기회로의 정격전류가 60A 이하로 되는 경우 당해 분기회로마다 2급 누전경보기를 설치한 때에는 당해 경계전로에 1급 누전경보기를 설치한 것으로 본다.
2. 변류기는 특정소방대상물의 형태, 인입선의 시설방법 등에 따라 옥외 인입선의 제1지점의 부하측 또는 제2종 접지선측의 점검이 쉬운 위치에 설치할 것. 다만, 인입선의 형태 또는 특정소방대상물의 구조상 부득이한 경우에는 인입구에 근접한 옥내에 설치할 수 있다.
3. 변류기를 옥외의 전로에 설치하는 경우에는 옥외형으로 설치할 것 "끝"

물음 2 누전경보기에 대한 종합정밀점검표에서 수신부의 점검항목 4가지와 전원의 점검항목 3가지를 쓰시오. (7점)

【풀이&답】

수신부 점검항목 4가지	전원의 점검항목 3가지
○ 상용전원 공급 및 전원표시등 정상 점등 여부 ● 가연성 증기, 먼지 등 체류 우려 장소의 경우 차단기구 설치 여부 ○ 수신부의 성능 및 누전경보 시험 적정 여부 ○ 음향장치 설치장소(상시 사람이 근무) 및 음량·음색 적정 여부	● 분전반으로부터 전용회로 구성 여부 ● 개폐기 및 과전류차단기 설치 여부 ● 다른 차단기에 의한 전원차단 여부(전원을 분기할 경우)

물음 3 화재예방, 소방시설 설치·유지 및 안전관리에 관한 법령에 따라 무선통신보조설비를 설치하여야 하는 특정소방대상물(위험물 저장 및 처리시설 중 가스시설은 제외한다) 5가지를 쓰시오. (5점)

【풀이&답】
1. 지하가(터널은 제외한다)로서 연면적 1천 m² 이상인 것
2. 지하층의 바닥면적의 합계가 3천 m² 이상인 것 또는 지하층의 층수가 3층 이상이고 지하층의 바닥면적의 합계가 1천 m² 이상인 것은 지하층의 모든 층
3. 지하가 중 터널로서 길이가 500 m 이상인 것
4. 「국토의 계획 및 이용에 관한 법률」 제2조제9호에 따른 공동구
5. 층수가 30층 이상인 것으로서 16층 이상 부분의 모든 층 "끝"

물음 4
소방시설 자차제검사항 등에 관한 고시에서 무선통신보조설비 종합정밀점검표의 누설동축케이블등의 점검항목 5가지와 증폭기 및 무선이동중계기의 점검항목 3가지를 쓰시오. (8점)

누설동축케이블등의 점검항목 5가지	증폭기 및 무선이동중계기의 점검항목 3가지
○ 피난 및 통행 지장 여부(노출하여 설치한 경우) ● 케이블 구성 적정(누설동축케이블 + 안테나 또는 동축케이블 + 안테나) 여부 ● 지지금구 변형·손상 여부 ● 누설동축케이블 및 안테나 설치 적정 및 변형·손상 여부 ● 누설동축케이블 말단 '무반사 종단저항' 설치 여부	● 상용전원 적정 여부 ○ 전원표시등 및 전압계 설치상태 적정 여부 ● 증폭기 비상전원 부착 상태 및 용량 적정 여부 ○ 적합성 평가 결과 임의 변경 여부

물음 5
소방시설 자차제검사항 등에 관한 고시에서 소방시설외관점검표의 자동화재탐지설비, 자동화재속보설비, 비상경보설비의 점검항목 6가지를 쓰시오. (6점)

1. 수신기 작동에 지장을 주는 장애물 유무
2. 스위치 정위치(자동) 여부
3. 변형·손상·탈락·현저한 부식 등의 유무
4. 구획된 실마다 감지기 설치 여부
5. 속보세트 내 발신기, 경종, 표시등의 변형·손상·단선·현저한 부식 등의 유무
6. 비상전원의 방전 여부 "끝"

〈2022.12.1. 시행〉 소방시설외관점검표
5. 자동화재탐지설비, 비상경보설비, 시각경보기, 비상방송설비, 자동화재속보설비
  수신기
    설치장소 적정 및 스위치 정상 위치 여부
    상용전원 공급 및 전원표시등 정상점등 여부
    예비전원(축전지) 상태 적정 여부
  감지기
    감지기의 변형 또는 손상이 있는지 여부(단독경보형감지기 포함)
  음향장치
    음향장치(경종 등) 변형·손상 여부
  시각경보장치
    시각경보장치 변형·손상 여부
  발신기
    발신기 변형·손상 여부
    위치표시등 변형·손상 및 정상점등 여부
  비상방송설비
    확성기 설치 적정(층마다 설치, 수평거리) 여부
    조작부 상 설비 작동층 또는 작동구역 표시 여부
  자동화재속보설비
    상용전원 공급 및 전원표시등 정상 점등 여부

물음 6 소방시설 자체점검사항 등에 관한 고시에서 이산화탄소소화설비의 종합정밀점검표상 수동식 기동장치의 점검항목 4가지와 안전시설 등의 점검항목 3가지를 쓰시오. (7점)

[풀이&답]

수동식 기동장치의 점검항목 4가지	안전시설 등의 점검항목 3가지
○ 기동장치 부근에 비상스위치 설치 여부 ● 방호구역별 또는 방호대상별 기동장치 설치 여부 ○ 기동장치 설치 적정(출입구 부근 등, 높이, 보호장치, 표지, 전원표시등) 여부 ○ 방출용 스위치 음향경보장치 연동 여부	○ 소화약제 방출알림 시각경보장치 설치기준 적합 및 정상 작동 여부 ○ 방호구역 출입구 부근 잘 보이는 장소에 소화약제 방출 위험경고표지 부착 여부 ○ 방호구역 출입구 외부 인근에 공기호흡기 설치 여부

02 ★

다음 물음에 답하시오. (30점)

물음 1 화재예방, 소방시설 설치·유지 및 안전관리에 관한 법령상 종합정밀점검의 대상인 특정소방대상물을 나열한 것이다. ( )에 들어갈 내용을 쓰시오. (5점)

> 1) (㉠)가 설치된 특정소방대상물
> 2) (㉡)[호스릴(Hose Reel) 방식의 (㉡)만을 설치한 경우는 제외한다]가 설치된 연면적 5,000 m² 이상인 특정소방대상물(위험물 제조소등은 제외한다)
> 3) 「다중이용업소의 안전관리에 관한 특별법 시행령」 제2조제1호나목, 같은 조 제2호(비디오물소극장업은 제외한다)·제6호·제7호·제7호의2 및 제7호의5의 다중이용업의 영업장이 설치된 특정소방대상물로서 연면적이 2,000 m² 이상인 것
> 4) (㉢)가 설치된 터널
> 5) 「공공기관의 소방안전관리에 관한 규정」 제2조에 따른 공공기관 중 연면적(터널·지하구의 경우 그 길이와 평균폭을 곱하여 계산된 값을 말한다)이 1,000 m² 이상인 것으로서 (㉣) 또는 (㉤)가 설치된 것. 다만, 「소방기본법」 제2조제5호에 따른 소방대가 근무하는 공공기관은 제외한다.

[풀이&답]
㉠ 스프링클러설비
㉡ 물분무등소화설비
㉢ 제연설비
㉣ 옥내소화전설비
㉤ 자동화재탐지설비

종합정밀점검의 대상(2022.12.1. 이전)
1) 스프링클러설비가 설치된 특정소방대상물
2) 물분무등소화설비[호스릴(Hose Reel) 방식의 물분무등소화설비만을 설치한 경우는 제외한다]가 설치된 연면적 5,000 m² 이상인 특정소방대상물(위험물 제조소등은 제외한다)
3) 「다중이용업소의 안전관리에 관한 특별법 시행령」 제2조제1호나목, 같은 조 제2호(비디오물소극장업은 제외한다)·제6호·제7호·제7호의2 및 제7호의5의 다중이용업의 영업장이 설치된 특정소방대상물로서 연면적이 2,000 m² 이상인 것
4) 제연설비가 설치된 터널
5) 「공공기관의 소방안전관리에 관한 규정」 제2조에 따른 공공기관 중 연면적(터널·지하구의 경우 그 길이와 평균폭을 곱하여 계산된 값을 말한다)이 1,000 m² 이상인 것으로서 옥내소화전설비 또는 자동화재탐지설비가 설치된 것. 다만, 「소방기본법」 제2조제5호에 따른 소방대가 근무하는 공공기관은 제외한다.

종합점검의 대상(2022.12.1. 시행)
1) 법 제22조제1항제1호에 해당하는 특정소방대상물
2) 스프링클러설비가 설치된 특정소방대상물
3) 물분무등소화설비[호스릴(hose reel) 방식의 물분무등소화설비만을 설치한 경우는 제외한다]가 설치된 연면적 5,000 m² 이상인 특정소방대상물(제조소등은 제외한다)
4) 「다중이용업소의 안전관리에 관한 특별법 시행령」 제2조제1호나목, 같은 조 제2호(비디오물소극장업은 제외한다)·제6호·제7호·제7호의2 및 제7호의5의 다중이용업의 영업장이 설치된 특정소방대상물로서 연면적이 2,000 m² 이상인 것
5) 제연설비가 설치된 터널
6) 「공공기관의 소방안전관리에 관한 규정」 제2조에 따른 공공기관 중 연면적(터널·지하구의 경우 그 길이와 평균 폭을 곱하여 계산된 값을 말한다)이 1,000 m² 이상인 것으로서 옥내소화전설비 또는 자동화재탐지설비가 설치된 것. 다만, 「소방기본법」 제2조제5호에 따른 소방대가 근무하는 공공기관은 제외한다.

물음 2 아래 조건을 참고하여 다음 물음에 답하시오. (11점)

[조건]

용도 : 복합건축물(1류 가감계수 : 1.2)
연면적 : 450,000 m²(아파트, 의료시설, 판매시설, 업무시설)
① 아파트 400세대(아파트용 주차장 및 부속용도 면적 합계 : 180,000 m²)
② 의료시설, 판매시설, 업무시설 및 부속용도 면적 : 270,000 m²
3) 스프링클러설비, 이산화탄소소화설비, 제연설비 설치됨
4) 점검인력 1단위 + 보조인력 2인

(1) 화재예방, 소방시설 설치·유지 및 안전관리에 관한 법령상 위 특정소방대상물에 대해 소방시설관리업자가 종합정밀점검을 실시할 경우 점검면적과 적정한 최소 점검일수를 계산하시오.
(8점)

점검면적	점검일수
① 아파트 환산면적=400세대×33.3=13,320 m² ② 가감계수를 적용한 점검면적 =(아파트 환산면적+의료시설, 판매시설, 업무시설 및 부속용도 면적)×가감계수 =(13,320 m²+270,000 m²)×1.2=339,984 m² ③ 설비가 없을 경우 감소면적 : 0 m² ④ 점검면적=339,984 m²−0 m²=339,984 m²	① 점검한도면적 : =점검인력 1단위 + 보조인력 2인 =10,000+3,000×2 m² =16,000 m² ② 점검일수 $= \dfrac{339,984\,\text{m}^2}{16,000\,\text{m}^2} = 21.249 ≒ 22$일

(2) 화재예방, 소방시설 설치·유지 및 안전관리에 관한 법령상 소방시설관리업자가 위 특정소방대상물의 종합정밀점검을 실시한 후 부착해야 하는 점검기록표의 기재사항 5가지 중 3가지(대상명은 제외)만 쓰시오. (3점)

1. 점검기간
2. 점검업체명
3. 점검자
4. 점검의 구분
5. 유효기간 "끝" 중 3가지 선택

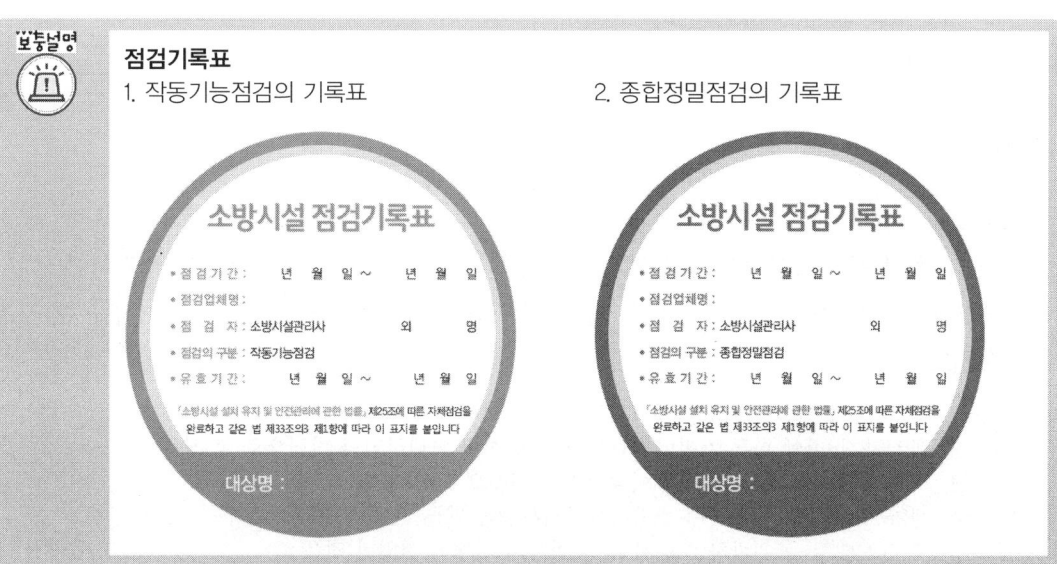

물음 3 화재예방, 소방시설 설치·유지 및 안전관리에 관한 법령상 소방시설등의 자체점검의 횟수 및 시기, 점검결과보고서의 제출기한 등에 관한 내용이다. (　)에 들어갈 내용을 쓰시오. (7점)

> 1) 본 문항의 특정소방대상물은 연면적 1,500 m^2의 종합정밀점검 대상이며, 공공기관, 특급소방안전관리대상물, 종합정밀점검 면제 대상물이 아니다.
> 2) 위 특정소방대상물의 관계인은 종합정밀점검과 작동기능점검을 각각 연 (㉠)이상 실시해야 하고, 관계인이 종합정밀점검 및 작동기능점검을 실시한 경우 (㉡) 이내에 소방본부장 또는 소방서장에게 점검결과보고서를 제출해야 하며, 그 점검결과를 (㉢) 간 자체 보관해야 한다.
> 3) 소방시설관리업자가 점검을 실시한 경우, 점검이 끝난 날부터 (㉣)이내에 점검 인력 배치 상황을 포함한 소방시설등에 대한 자체점검실적을 평가기관에 통보하여야 한다.
> 4) 소방본부장 또는 소방서장은 소방시설이 화재안전기준에 따라 설치 또는 유지·관리되어 있지 아니할 때에는 조치명령을 받은 관계인이 조치명령의 연기를 신청하려면 조치명령의 이행기간 만료 (㉤) 전까지 연기신청서를 소방본부장 또는 소방서장에게 제출하여야 한다.
> 5) 위 특정소방대상물의 사용승인일이 2014년 5월 27일인 경우 특별한 사정이 없는 한 2022년에는 종합정밀점검을 (㉥)까지 실시해야 하고, 작동기능점검을 (㉦)까지 실시해야 한다.

풀이&답 ㉠ 1회 ㉡ 7일 ㉢ 2년 ㉣ 10일 ㉤ 5일
㉥ 5월 31일(또는 5월 말일) ㉦ 11월 30일(또는 11월 말일) "끝"

물음 4 화재예방, 소방시설 설치·유지 및 안전관리에 관한 법령상 소방청장이 소방시설관리사의 자격을 취소하거나 2년 이내의 기간을 정하여 자격의 정지를 명할 수 있는 사유 7가지를 쓰시오. (7점)

풀이&답
1. 거짓이나 그 밖의 부정한 방법으로 시험에 합격한 경우
2. 제20조제6항에 따른 소방안전관리 업무를 하지 아니하거나 거짓으로 한 경우
3. 제25조에 따른 점검을 하지 아니하거나 거짓으로 한 경우
4. 제26조제6항을 위반하여 소방시설관리사증을 다른 자에게 빌려준 경우
5. 제26조제7항을 위반하여 동시에 둘 이상의 업체에 취업한 경우
6. 제26조제8항을 위반하여 성실하게 자체점검 업무를 수행하지 아니한 경우
7. 제27조 각 호의 어느 하나에 따른 결격사유에 해당하게 된 경우 "끝"

화재예방, 소방시설 설치·유지 및 안전관리에 관한 법률 28조(자격의 취소·정지)
소방청장은 관리사가 다음 각 호의 어느 하나에 해당할 때에는 행정안전부령으로 정하는 바에 따라 그 자격을 취소하거나 2년 이내의 기간을 정하여 그 자격의 정지를 명할 수 있다. 다만, 제1호, 제4호, 제5호 또는 제7호에 해당하면 그 자격을 취소하여야 한다.
1. 거짓이나 그 밖의 부정한 방법으로 시험에 합격한 경우
2. 제20조제6항에 따른 소방안전관리 업무를 하지 아니하거나 거짓으로 한 경우
3. 제25조에 따른 점검을 하지 아니하거나 거짓으로 한 경우
4. 제26조제6항을 위반하여 소방시설관리사증을 다른 자에게 빌려준 경우
5. 제26조제7항을 위반하여 동시에 둘 이상의 업체에 취업한 경우
6. 제26조제8항을 위반하여 성실하게 자체점검 업무를 수행하지 아니한 경우
7. 제27조 각 호의 어느 하나에 따른 결격사유에 해당하게 된 경우

03 ★

다음 물음에 답하시오. (30점)

물음 1 화재예방, 소방시설 설치·유지 및 안전관리에 관한 법령상 소방시설별 점검 장비이다. ( )에 들어갈 내용을 쓰시오. (단, 종합정밀점검의 경우임) (5점)

소방시설	장비
스프링클러설비 포소화설비	○ (㉠)
이산화탄소소화설비 분말소화설비 할론소화설비 할로겐화합물 및 불활성기체(다른 원소와 화학반응을 일으키기 어려운 기체) 소화설비	○ (㉡) ○ (㉢) ○ 그 밖에 소화약제의 저장량을 측정할 수 있는 점검기구
자동화재탐지설비 시각경보기	○ 열감지기시험기 ○ 연(煙)감지기시험기 ○ (㉣) ○ (㉤) ○ 음량계

㉠ 헤드결합렌치
㉡ 검량계
㉢ 기동관누설시험기
㉣ 공기주입시험기
㉤ 감지기시험기연결폴대 "끝"

소방시설별 점검장비(2022.12.1. 시행기준)

소방시설	장비	규격
공통시설	방수압력측정계, 절연저항계(절연저항측정기), 전류전압측정계	
소화기구	저울	
옥내소화전설비 옥외소화전설비	소화전밸브압력계	
스프링클러설비 포소화설비	헤드결합렌치(볼트, 너트, 나사등을 죄거나 푸는 공구)	
이산화탄소소화설비 분말소화설비 할론소화설비 할로겐화합물 및 불활성기체소화설비	검량계, 기동관누설시험기, 그 밖에 소화약제의 저장량을 측정할 수 있는 점검기구	
자동화재탐지설비 시각경보기	열감지기시험기, 연(煙)감지기시험기, 공기주입시험기, 감지기시험기연결막대, 음량계	
누전경보기	누전계	누전전류 측정용
무선통신보조설비	무선기	통화시험용
제연설비	풍속풍압계, 폐쇄력측정기, 차압계(압력차 측정기)	
통로유도등 비상조명등	조도계(밝기 측정기)	최소눈금이 0.1럭스 이하인 것

물음 2 소방시설 자체점검사항 등에 관한 고시에서 비상조명등 및 휴대용비상조명등 점검표상의 휴대용비상조명등의 점검항목 7가지를 쓰시오. (7점)

[풀이&답]
○ 설치 대상 및 설치 수량 적정 여부
○ 설치 높이 적정 여부
○ 휴대용비상조명등의 변형 및 손상 여부
○ 어둠 속에서 위치를 확인할 수 있는 구조인지 여부
○ 사용 시 자동으로 점등되는지 여부
○ 건전지를 사용하는 경우 유효한 방전 방지조치가 되어있는지 여부
○ 충전식 배터리의 경우에는 상시 충전되도록 되어 있는지의 여부 "끝"

물음 3 옥내소화전설비의 화재안전기준(NFSC 102)에서 가압송수장치의 압력수조에 설치해야 하는 것을 5가지만 쓰시오. (5점)

[풀이&답] 수위계·급수관·배수관·급기관·맨홀·압력계·안전장치 및 압력저하 방지를 위한 자동식 공기압축기 "끝" 중 5가지 선택

물음 4 소방시설 자체점검사항 등에 관한 고시에서 비상경보설비 및 단독경보형감지기 점검표상의 비상경보설비 점검항목 8가지를 쓰시오. (8점)

풀이&답
- 수신기 설치장소 적정(관리용이) 및 스위치 정상 위치 여부
- 수신기 상용전원 공급 및 전원표시등 정상점등 여부
- 예비전원(축전지) 상태 적정 여부(상시 충전, 상용전원 차단 시 자동절환)
- 지구음향장치 설치기준 적합 여부
- 음향장치(경종 등) 변형·손상 확인 및 정상 작동(음량 포함) 여부
- 발신기 설치 장소, 위치(수평거리) 및 높이 적정 여부
- 발신기 변형·손상 확인 및 정상 작동 여부
- 위치표시등 변형·손상 확인 및 정상 점등 여부 "끝"

물음 5   가스누설경보기의 화재안전기준(NFSC 206)에서 분리형 경보기의 탐지부 및 단독형 경보기 설치 제외 장소 5가지를 쓰시오. (5점)

풀이&답 분리형 경보기의 탐지부 및 단독형 경보기는 다음 각 호의 장소 이외의 장소에 설치한다.
1. 출입구 부근 등으로서 외부의 기류가 통하는 곳
2. 환기구 등 공기가 들어오는 곳으로부터 1.5m 이내인 곳
3. 연소기의 폐가스에 접촉하기 쉬운 곳
4. 가구·보·설비 등에 가려져 누설가스의 유통이 원활하지 못한 곳
5. 수증기, 기름 섞인 연기 등이 직접 접촉될 우려가 있는 곳 "끝"

제23회 점검실무행정 기출문제

2023. 9. 16

01 ★

다음 물음에 답하시오. (40점)

물음 1 소방시설 폐쇄·차단 시 행동요령 등에 관한 고시상 소방시설의 점검·정비를 위하여 소방시설이 폐쇄·차단된 이후 수신기 등으로 화재신호가 수신되거나 화재상황을 인지한 경우 특정소방대상물의 관계인의 행동요령 5가지를 쓰시오. (5점)

[풀이&답]
① 폐쇄·차단되어 있는 모든 소방시설(수신기, 스프링클러 밸브 등)을 정상상태로 복구한다.
② 즉시 소방관서(119)에 신고하고, 재실자를 대피시키는 등 적절한 조치를 취한다.
③ 화재신호가 발신된 장소로 이동하여 화재여부를 확인한다.
④ 화재로 확인된 경우에는 초기소화, 상황전파 등의 조치를 취한다.
⑤ 화재가 아닌 것으로 확인된 경우에는 재실자에게 관련 사실을 안내하고, 수신기에서 화재경보 복구 후 비화재보 방지를 위해 적절한 조치를 취한다.

물음 2 화재안전성능기준(NFPC) 및 화재안전기술기준(NFTC)에 대하여 다음 물음에 답하시오. (10점)

(1) 소화기구 및 자동소화장치의 화재안전기술기준(NFTC 101)상 용어의 정의에서 정한 자동확산소화기의 종류 3가지를 설명하시오. (6점)

[풀이&답]
① 일반화재용자동확산소화기 : 보일러실, 건조실, 세탁소, 대량화기취급소 등에 설치되는 자동확산소화기를 말한다.
② 주방화재용자동확산소화기 : 음식점, 다중이용업소, 호텔, 기숙사, 의료시설, 업무시설, 공장 등의 주방에 설치되는 자동확산소화기를 말한다.
③ 전기설비용자동확산소화기 : 변전실, 송전실, 변압기실, 배전반실, 제어반, 분전반등에 설치되는 자동확산소화기를 말한다.

(2) 유도등 및 유도표지의 화재안전성능기준(NFPC 303)상 유도등 및 유도표지를 설치하지 않을 수 있는 경우 4가지를 쓰시오. (4점)

[풀이&답]
① 바닥면적이 1,000제곱미터 미만인 층으로서 옥내로부터 직접 지상으로 통하는 출입구 또는 거실 각 부분으로부터 쉽게 도달할 수 있는 출입구 등의 경우에는 피난구유도등을 설치하지 않을 수 있다.
② 구부러지지 아니한 복도 또는 통로로서 그 길이가 30미터 미만인 복도 또는 통로 등의 경우에는 통로유도등을 설치하지 않을 수 있다.
③ 주간에만 사용하는 장소로서 채광이 충분한 객석 등의 경우에는 객석유도등을 설치 하지 않을 수 있다.
④ 피난구유도등과 통로유도등 설치기준에 따라 적합하게 설치된 출입구·복도·계단 및 통로 등의 경우에는 유도표지를 설치하지 않을 수 있다.

(3) 전기저장시설의 화재안전기술기준(NFTC 607)에 대하여 다음 물음에 답하시오. (6점)

1) 전기저장장치의 설치장소에 대하여 쓰시오. (2점)

풀이&답 전기저장장치는 관할 소방대의 원활한 소방활동을 위해 지면으로부터 지상 22 m(전기저장장치가 설치된 전용 건축물의 최상부 끝단까지의 높이) 이내, 지하 9 m(전기저장장치가 설치된 바닥면까지의 깊이) 이내로 설치해야 한다.

2) 배출설비 설치기준 4가지를를 쓰시오. (4점)

풀이&답
① 배풍기·배출덕트·후드 등을 이용하여 강제적으로 배출할 것
② 바닥면적 1 m²에 시간당 18 m³ 이상의 용량을 배출할 것
③ 화재감지기의 감지에 따라 작동할 것
④ 옥외와 면하는 벽체에 설치

물음 3 소방시설 자체점검사항 등에 관한 고시에 대하여 다음 물음에 답하시오.(12점)

(1) 평가기관은 배치신고 시 오기로 인한 수정사항이 발생한 경우 점검인력 배치상황 신고사항을 수정해야 한다. 다만, 평가기관이 배치기준 적합여부 확인 결과 부적합인 경우에 관한 소방서의 담당자 승인 후에 평가기관이 수정할 수 있는 사항을 모두 쓰시오. (8점)

풀이&답
가. 소방시설의 설비 유무
나. 점검인력, 점검일자
다. 점검 대상물의 추가·삭제
라. 건축물대장에 기재된 내용으로 확인할 수 없는 사항
    1) 점검 대상물의 주소, 동수
    2) 점검 대상물의 주용도, 아파트(세대수를 포함한다) 여부, 연면적 수정
    3) 점검 대상물의 점검 구분

> **제3조(점검인력 배치상황 신고사항 수정)**
> 관리업자 또는 평가기관은 배치신고 시 오기로 인한 수정사항이 발생한 경우 다음 각 호의 기준에 따라 수정이력이 남도록 전산망을 통해 수정하여야 한다.
> 1. 공통기준
>   가. 배치신고 기간 내에는 관리업자가 직접 수정하여야 한다. 다만 평가기관이 배치기준 적합여부 확인 결과 부적합인 경우에는 제2호에 따라 수정한다.
>   나. 배치신고 기간을 초과한 경우에는 제2호에 따라 수정한다.
> 2. 관할 소방서의 담당자 승인 후에 평가기관이 수정할 수 있는 사항은 다음과 같다.
>   가. 소방시설의 설비 유무
>   나. 점검인력, 점검일자
>   다. 점검 대상물의 추가·삭제
>   라. 건축물대장에 기재된 내용으로 확인할 수 없는 사항
>   1) 점검 대상물의 주소, 동수
>   2) 점검 대상물의 주용도, 아파트(세대수를 포함한다) 여부, 연면적 수정
>   3) 점검 대상물의 점검 구분
> 3. 평가기관은 제2호에도 불구하고 건축물대장 또는 제출된 서류 등에 기재된 내용으로 확인이 가능한 경우에는 수정할 수 있다.

(2) 소방청장, 소방본부장 또는 소방서장이 부실점검을 방지하고 점검품질을 향상시키기 위하여 표본조사를 실시하여야 하는 특정소방대상물 대상 4가지를 쓰시오. (4점)

풀이&답
1. 점검인력 배치상황 확인 결과 점검인력 배치기준 등을 부적정하게 신고한 대상
2. 표준자체점검비 대비 현저하게 낮은 가격으로 용역계약을 체결하고 자체점검을 실시하여 부실점검이 의심되는 대상
3. 특정소방대상물 관계인이 자체점검한 대상
4. 그 밖에 소방청장, 소방본부장 또는 소방서장이 필요하다고 인정한 대상

물음 4 소방시설등(작동점검 · 종합점검) 점검표에 대하여 다음 물음에 답하시오. (7점)

(1) 소방시설등(작동점검 · 종합점검) 점검표의 작성 및 유의사항 2가지를 쓰시오. (2점)

풀이&답
1. 소방시설등 (작동, 종합)점검결과보고서의 '각 설비별 점검결과'에는 본 서식의 점검번호를 기재한다.
2. 자체점검결과(보고서 및 점검표)를 2년간 보관하여야 한다.

(2) 연결살수설비 점검표에서 송수구 점검항목 중 종합점검의 경우에만 해당하는 점검항목 3가지와 배관 등 점검항목 중 작동점검에 해당하는 점검항목 2가지를 쓰시오. (5점)

풀이&답
1. 연결살수설비 송수구 점검항목 중 종합점검의 점검항목 3가지
   ① 송수구에서 주배관 상 연결배관 개폐밸브 설치 여부
   ② 자동배수밸브 및 체크밸브 설치 순서 적정 여부
   ③ 1개 송수구역 설치 살수헤드 수량 적정 여부(개방형 헤드의 경우)
2. 연결살수설비 배관 등 점검항목 중 작동점검 점검항목 2가지
   ① 급수배관 개폐밸브 설치 적정(개폐표시형, 흡입측 버터플라이 제외) 여부
   ② 시험장치 설치 적정 여부(폐쇄형 헤드의 경우)

연결살수설비의 점검표
1) 송수구
   ○ 설치장소 적정 여부
   ○ 송수구 구경(65mm) 및 형태(쌍구형) 적정 여부
   ○ 송수구역별 호스접결구 설치 여부(개방형 헤드의 경우)
   ○ 설치 높이 적정 여부
   ● 송수구에서 주배관 상 연결배관 개폐밸브 설치 여부
   ○ "연결살수설비 송수구"표지 및 송수구역 일람표 설치 여부
   ○ 송수구 마개 설치 여부
   ○ 송수구의 변형 또는 손상 여부
   ● 자동배수밸브 및 체크밸브 설치 순서 적정 여부
   ○ 자동배수밸브 설치 상태 적정 여부
   ● 1개 송수구역 설치 살수헤드 수량 적정 여부(개방형 헤드의 경우)
2) 배관 등
   ○ 급수배관 개폐밸브 설치 적정(개폐표시형, 흡입측 버터플라이 제외) 여부
   ● 동결방지조치 상태 적정 여부(습식의 경우)
   ● 주배관과 타 설비 배관 및 수조 접속 적정 여부(폐쇄형 헤드의 경우)
   ○ 시험장치 설치 적정 여부(폐쇄형 헤드의 경우)
   ● 다른 설비의 배관과의 구분 상태 적정 여부

02 ★

다음 물음에 답하시오. (30점)

물음 1 소방시설 자체점검사항 등에 관한 고시상 소방시설 성능시험조사표에 대하여 다음 물음에 답하시오. (19점)

(1) 스프링클러설비 성능시험조사표의 성능 및 점검항목 중 수압시험 점검항목 3가지를 쓰시오. (3점)

풀이&답
1. 가압송수장치 및 부속장치(밸브류·배관·배관부속류·압력챔버)의 수압시험(접속상태에서 실시한다. 이하 같다)결과
2. 옥외연결송수구 연결배관의 수압시험결과
3. 입상배관 및 가지배관의 수압시험결과

(2) 다음은 스프링클러설비 성능시험조사표의 성능 및 점검항목 중 수압시험 방법을 기술한 것이다. ( )에 들어갈 내용을 쓰시오. (4점)

> 수압시험은 (ㄱ)MPa의 압력으로 (ㄴ)시간 이상 시험하고자 하는 배관의 가장 낮은부분에서 가압하되, 배관과 배관·배관부속류·밸브류·각종장치 및 기구의 접속부분에서 누수현상이 없어야 한다. 이 경우 상용수압이 (ㄷ)MPa 이상인 부분에 있어서의 압력은 그 상용수압에 (ㄹ)MPa을 더한 값을 한다.

풀이&답

ㄱ	ㄴ	ㄷ	ㄹ
1.4	2	1.05	0.35

※ 수압시험은 1.4 MPa의 압력으로 2시간 이상 시험하고자 하는 배관의 가장 낮은 부분에서 가압하되, 배관과 배관·배관부속류·밸브류·각종장치 및 기구의 접속부분에서 누수현상이 없어야 한다. 이 경우 상용수압이 1.05MPa 이상인 부분에 있어서의 압력은 그 상용수압에 0.35 MPa을 더한 값

(3) 도로터널 성능시험조사표의 성능 및 점검항목 중 제연설비 점검항목 7가지만 쓰시오. (7점)

풀이&답
1. 설계 적정(설계화재강도, 연기발생률 및 배출용량) 여부
2. 위험도분석을 통한 설계화재강도 설정 적정 여부(화재강도가 설계화재강도보다 높을 것으로 예상될 경우)
3. 예비용 제트팬 설치 여부(종류환기방식의 경우)
4. 배연용 팬의 내열성 적정 여부((반)횡류환기방식 및 대배기구 방식의 경우)
5. 개폐용 전동모터의 정전 등 전원차단시 조작상태 적정 여부(대배기구 방식의 경우)
6. 화재에 노출 우려가 있는 제연설비, 전원공급선 및 전원공급장치 등의 250℃ 온도에서 60분 이상 운전 가능 여부
7. 제연설비 기동방식(자동 및 수동) 적정 여부
8. 제연설비 비상전원 용량 적정 여부 중 7가지 선택

(3) 스프링클러설비 성능시험조사표의 성능 및 점검항목 중 감시제어반의 전용실(제어실 내에 감시제어반 설치 시 제외) 점검항목 5가지를 쓰시오. (5점)

풀이&답
1. 다른 부분과 방화구획 적정 여부
2. 설치 위치(층) 적정 여부
3. 비상조명등 및 급·배기설비 설치 적정 여부
4. 무선기기 접속단자 설치 적정 여부
5. 바닥면적 적정 확보 여부

| 물음 2 | 소방시설 설치 및 관리에 관한 법령상 소방시설등의 자체점검 결과의 조치 등에 대하여 다음 물음에 답하시오. (6점)

(1) 자체점검 결과의 조치 중 중대위반사항에 해당하는 경우 4가지를 쓰시오. (4점)

풀이&답
1. 소화펌프(가압송수장치를 포함한다. 이하 같다), 동력·감시 제어반 또는 소방시설용 전원(비상전원을 포함한다)의 고장으로 소방시설이 작동되지 않는 경우
2. 화재 수신기의 고장으로 화재경보음이 자동으로 울리지 않거나 화재 수신기와 연동된 소방시설의 작동이 불가능한 경우
3. 소화배관 등이 폐쇄·차단되어 소화수(消火水) 또는 소화약제가 자동 방출되지 않는 경우
4. 방화문 또는 자동방화셔터가 훼손되거나 철거되어 본래의 기능을 못하는 경우

(2) 다음은 자체점검 결과 공개에 관한 내용이다. ( )에 들어갈 내용을 쓰시오. (2점)

> ○ 소방본부장 또는 소방서장은 법 제24조 제2항에 따라 자체점검 결과를 공개하는 경우 (ㄱ)일 이상 법 제48조에 따른 전산시스템 또는 인터넷 홈페이지 등을 통해 공개해야 한다.
> ○ 소방본부장 또는 소방서장은 제3항에 따라 이의신청을 받은 날부터 (ㄴ)일 이내에 심사·결정하여 그 결과를 지체 없이 신청인에게 알려야 한다.

풀이&답

ㄱ	ㄴ
30	10

| 물음 3 | 차동식 분포형 공기관식 감지기의 화재작동시험(공기주입시험)을 했을 경우 동작 시간이 느린 경우(기준치 이상)의 원인 5가지를 쓰시오. (5점)

풀이&답
1. 리크저항치가 규정치보다 작다
2. 접점수고값이 규정치보다 높다
3. 공기관의 길이가 공기주입량보다 길다
4. 공기관의 누설
5. 공기관의 변형(찌그러짐)

03 ★

다음 물음에 답하시오. (30점)

물음 1 소방시설등(작동점검·종합점검) 점검표상 분말소화설비 점검표의 저장용기 점검항목 중 종합점검의 경우에만 해당하는 점검항목 6가지를 쓰시오. (6점)

풀이&답
1. 설치장소 적정 및 관리 여부
2. 저장용기 설치 간격 적정 여부
3. 저장용기와 집합관 연결배관 상 체크밸브 설치 여부
4. 저장용기 안전밸브 설치 적정 여부
5. 저장용기 정압작동장치 설치 적정 여부
6. 저장용기 청소장치 설치 적정 여부

분말소화설비 점검표_저장용기 점검항목
- ● 설치장소 적정 및 관리 여부
- ○ 저장용기 설치장소 표지 설치 여부
- ● 저장용기 설치 간격 적정 여부
- ○ 저장용기 개방밸브 자동·수동 개방 및 안전장치 부착 여부
- ● 저장용기와 집합관 연결배관 상 체크밸브 설치 여부
- ● 저장용기 안전밸브 설치 적정 여부
- ● 저장용기 정압작동장치 설치 적정 여부
- ● 저장용기 청소장치 설치 적정 여부
- ○ 저장용기 지시압력계 설치 및 충전압력 적정 여부(축압식의 경우)

물음 2 지하구의 화재안전성능기준(NFPC 605)상 방화벽 설치기준을 쓰시오. (5점)

풀이&답
1. 내화구조로서 홀로 설 수 있는 구조일 것
2. 방화벽의 출입문은 「건축법 시행령」 제64조에 따른 방화문으로서 60분+ 방화문 또는 60분 방화문으로 설치할 것
3. 방화벽을 관통하는 케이블·전선 등에는 국토교통부 고시(「건축자재등 품질인정 및 관리기준」)에 따라 내화채움구조로 마감할 것
4. 방화벽은 분기구 및 국사(局舍, central office)·변전소 등의 건축물과 지하구가 연결되는 부위(건축물로부터 20 m 이내)에 설치할 것
5. 자동폐쇄장치를 사용하는 경우에는 「자동폐쇄장치의 성능인증 및 제품검사의 기술기준」에 적합한 것으로 설치할 것

물음 3 화재조기진압용 스프링클러설비에서 수리학적으로 가장 먼 가지배관 4개에 각각 4개의 스프링클러헤드가 회향식으로 설치되어 있다. 이 경우 스프링클러헤드가 동시에 개방 되었을 때 헤드선단의 최소방사압력 0.28MPa, K(L/min·MPa$^{1/2}$) = 320일 때 수원의 양 (m³)을 구하시오. (단, 소수점 셋째자리에서 반올림하여 소수점 둘째자리까지 구하시오) (5점)

풀이&답 수원의 양 $Q = 12 \times K\sqrt{10P} \times 60 \times 10^{-3}$
$= 12 \times 320 \times \sqrt{10 \times 0.28} \times 60 \times 10^{-3} = 385.5329 = 385.53 \text{ m}^3$

물음 4 화재안전기술기준(NFTC)에 대하여 다음 물음에 답하시오. (9점)

(1) 포소화설비의 화재안전기술기준(NFTC 105)상 다음 용어의 정의를 쓰시오. (5점)

① 펌프 프로포셔너방식 (1점)

풀이&답 펌프의 토출관과 흡입관 사이의 배관도중에 설치한 흡입기에 펌프에서 토출된 물의 일부를 보내고, 농도 조정밸브에서 조정된 포 소화약제의 필요량을 포 소화약제 저장탱크에서 펌프 흡입측으로 보내어 이를 혼합하는 방식

② 프레셔 프로포셔너방식 (1점)

풀이&답 펌프와 발포기의 중간에 설치된 벤추리관의 벤추리작용과 펌프 가압수의 포 소화약제 저장탱크에 대한 압력에 따라 포 소화약제를 흡입·혼합하는 방식

③ 라인 프로포셔너방식 (1점)

풀이&답 펌프와 발포기의 중간에 설치된 벤추리관의 벤추리작용에 따라 포 소화약제를 흡입·혼합하는 방식

④ 프레셔사이드 프로포셔너방식 (1점)

풀이&답 펌프의 토출관에 압입기를 설치하여 포 소화약제 압입용펌프로 포 소화약제를 압입시켜 혼합하는 방식

⑤ 압축공기포 믹싱챔버방식 (1점)

풀이&답 물, 포 소화약제 및 공기를 믹싱챔버로 강제주입시켜 챔버 내에서 포수용액을 생성한 후 포를 방사하는 방식

(2) 고층건축물의 화재안전기술기준(NFTC 604)상 초고층 및 지하연계 복합건축물 재난관리에 관한 특별법 시행령에 다른 피난안전구역에 설치하는 소방시설 중 인명구조기구의 설치기준을 4가지를 쓰시오. (4점)

풀이&답
1. 방열복, 인공소생기를 각 2개 이상 비치할 것
2. 45분이상 사용할 수 있는 성능의 공기호흡기(보조마스크를 포함한다)를 2개이상 비치하여야 한다. 다만, 피난안전구역이 50층 이상에 설치되어 있을 경우에는 동일한 성능의 예비용기를 10개 이상 비치할 것
3. 화재시 쉽게 반출할 수 있는 곳에 비치할 것
4. 인명구조기구가 설치된 장소의 보기 쉬운 곳에 "인명구조기구"라는 표지판 등을 설치할 것

물음 5 특별피난계단의 계단실 및 부속실 제연설비의 화재안전성능기준(NFPC 501A)상 제연설비의 시험기준 5가지를 쓰시오. (5점)

풀이&답
1. 제연구역의 모든 출입문 등의 크기와 열리는 방향이 설계 시와 동일한지 여부를 확인할 것
2. 출입문 등이 설계 시와 동일한 경우에는 출입문마다 그 바닥 사이의 틈새가 평균적으로 균일한지 여부를 확인할 것

3. 제연구역의 출입문 및 복도와 거실(옥내가 복도와 거실로 되어 있는 경우에 한한다) 사이의 출입문마다 제연설비가 작동하고 있지 아니한 상태에서 그 폐쇄력을 측정할 것
4. 옥내의 층별로 화재감지기(수동기동장치를 포함한다)를 동작시켜 제연설비가 작동하는지 여부를 확인할 것. 다만, 둘 이상의 특정소방대상물이 지하에 설치된 주차장으로 연결되어 있는 경우에는 주차장에서 하나의 특정소방대상물의 제연구역으로 들어가는 입구에 설치된 제연용 연기감지기의 작동에 따라 특정소방대상물의 해당 수직풍도에 연결된 모든 제연구역의 댐퍼가 개방되도록 하고 비상전원을 작동시켜 급기 및 배기용 송풍기의 성능이 정상인지 확인할 것
5. 제4호의 기준에 따라 제연설비가 작동하는 경우 방연풍속, 차압, 및 출입문의 개방력과 자동 닫힘 등이 적합한지 여부를 확인하는 시험을 실시할 것

제25조(성능확인)
① 제연설비는 설계목적에 적합한지 검토하고 제연설비의 성능과 관련된 건물의 모든 부분(건축설비를 포함한다)이 완성되는 시점에 맞추어 시험·측정 및 조정(이하 "시험 등"이라 한다)을 해야 한다. 〈개정 2024. 3. 18.〉
② 제연설비의 시험 등은 다음 각 호의 기준에 따라 실시해야 한다.
 1. 제연구역의 모든 출입문 등의 크기와 열리는 방향이 설계 시와 동일한지 여부를 확인할 것
 2. 삭제
 3. 제연구역의 출입문 및 복도와 거실(옥내가 복도와 거실로 되어 있는 경우에 한한다) 사이의 출입문마다 제연설비가 작동하고 있지 아니한 상태에서 그 폐쇄력을 측정할 것
 4. 층별로 화재감지기(수동기동장치를 포함한다)를 동작시켜 제연설비가 작동하는지 여부를 확인할 것. 다만, 둘 이상의 특정소방대상물이 지하에 설치된 주차장으로 연결되어 있는 경우에는 특정소방대상물의 화재감지기 및 주차장에서 하나의 특정소방대상물의 제연구역으로 들어가는 입구에 설치된 제연용 연기감지기의 작동에 따라 해당 특정소방대상물의 수직풍도에 연결된 모든 제연구역의 댐퍼가 개방되도록 하거나 해당 특정소방대상물을 포함한 둘 이상의 특정소방대상물의 모든 제연구역의 댐퍼가 개방되도록 하고 비상전원을 작동시켜 급기 및 배기용 송풍기의 성능이 정상인지 확인할 것
 5. 제4호의 기준에 따라 제연설비가 작동하는 경우 방연풍속, 차압, 및 출입문의 개방력과 자동 닫힘 등이 적합한지 여부를 확인하는 시험을 실시할 것

제24회 점검실무행정 기출문제

2024. 9. 14

01 ★

다음 물음에 답하시오. (40점)

물음 1 스프링클러설비 펌프 주변의 배관을 소방시설 도시기호를 이용하여 올바르게 그리시오. (13점)

(1) 펌프 흡입측 배관(단, 수원의 수위가 펌프보다 낮고, 연성계(진공계)는 제외) (5점)

[풀이&답]

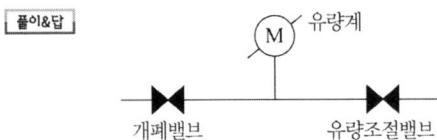

(2) 성능시험배관(유량계 사용) (3점)

[풀이&답]

(3) 기동용 수압개폐장치(압력챔버 방식 적용, 인입측 차단밸브는 제외) (5점)

― 답안 작성예시 ―

순환배관 : ───▶╱╱───

[풀이&답]

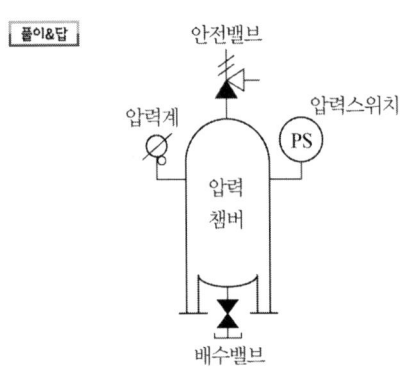

물음 2 소방시설 자체점검사항 등에 관한 고시상 소방시설등 점검표 중 "스프링클러설비 점검표 3-F 배관"에서 아래 내용의 점검항목과 그에 대응하는 스프링클러설비의 화재안전기술기준(NFTC 103)의 내용을 각각 쓰시오. (12점)

(1) 펌프 흡입측 배관 (4점)
  (ㄱ) 점검항목:
  (ㄴ) 스프링클러설비의 화재안전기술기준 펌프의 흡입측 배관 설치 기준:

풀이&답 (ㄱ) 점검항목: 펌프의 흡입측 배관 여과장치의 상태 확인
  (ㄴ) 스프링클러설비의 화재안전기술기준 펌프의 흡입측 배관 설치 기준:
  ① 공기 고임이 생기지 않는 구조로 하고 여과장치를 설치할 것
  ② 수조가 펌프보다 낮게 설치된 경우에는 각 펌프(충압펌프를 포함한다)마다 수조로부터 별도로 설치할 것

(2) 성능시험배관 (6점)
  (ㄱ) 점검항목:
  (ㄴ) 스프링클러설비의 화재안전기술기준 펌프의 성능시험배관 설치 기준:

풀이&답 (ㄱ) 점검항목: 성능시험배관 설치(개폐밸브, 유량조절밸브, 유량측정장치) 적정 여부
  (ㄴ) 스프링클러설비의 화재안전기술기준 펌프의 성능시험배관 설치 기준:
  ① 성능시험배관은 펌프의 토출 측에 설치된 개폐밸브 이전에서 분기하여 직선으로 설치하고, 유량측정장치를 기준으로 전단 직관부에는 개폐밸브를 후단 직관부에는 유량조절밸브를 설치할 것. 이 경우 개폐밸브와 유량측정장치 사이의 직관부 거리 및 유량측정장치와 유량조절밸브 사이의 직관부 거리는 해당 유량측정장치 제조사의 설치사양에 따르고, 성능시험배관의 호칭지름은 유량측정장치의 호칭지름에 따른다.
  ② 유량측정장치는 펌프의 정격토출량의 175 % 이상 측정할 수 있는 성능이 있을 것

(3) 순환배관 (2점)
  (ㄱ) 점검항목:

풀이&답 순환배관 설치(설치위치 · 배관구경, 릴리프밸브 개방압력) 적정 여부

물음 3 소방시설 자체점검사항 등에 관한 고시상 소방시설등 점검표 중 "스프링클러설비 점검표 3-C 가압송수장치"의 펌프방식 작동점검 항목 3가지를 쓰시오.(단, 가압송수장치의 "스프링클러펌프" 표지설치 여부 또는 다른 소화설비와 겸용 시 겸용 설비 이름 표시 부착 여부는 제외) (3점)

풀이&답
○ 성능시험배관을 통한 펌프 성능시험 적정 여부
○ 펌프 흡입측 연성계 · 진공계 및 토출측 압력계 등 부속장치의 변형·손상 유무
○ 내연기관 방식의 펌프 설치 적정(정상기동(기동장치 및 제어반) 여부, 축전지 상태, 연료량) 여부

| 물음 4 | 소방시설 자체점검사항 등에 관한 고시상 소방시설등 점검표 중 "옥내소화전설비 점검표의 2-C 가압송수장치"의 펌프방식과 "스프링클러설비 점검표의 3-C 가압송수장치"의 펌프방식의 점검항목을 비교하였을 때, 공통되는 사항을 제외하고 옥내소화전설비 점검표의 2-C 가압송수장치의 펌프방식에만 있는 점검항목 4가지를 쓰시오.(단, 가압송수장치의 "옥내소화전펌프" 표지설치 여부 또는 다른 소화설비와 겸용 시 겸용설비 이름 표시 부착 여부는 제외) (4점)

○ 옥내소화전 방수량 및 방수압력 적정 여부
● 감압장치 설치 여부(방수압력 0.7MPa 초과 조건)
○ 기동스위치 설치 적정 여부(ON/OFF 방식)
● 주펌프와 동등이상 펌프 추가설치 여부

옥내소화전설비와 스프링클러설비 가압송수장치 중 [펌프방식] 점검표 비교

옥내소화전설비	스프링클러설비
● 동결방지조치 상태 적정 여부	● 동결방지조치 상태 적정 여부
○ 옥내소화전 방수량 및 방수압력 적정 여부	○ 성능시험배관을 통한 펌프 성능시험 적정 여부
● 감압장치 설치 여부(방수압력 0.7MPa 초과 조건)	● 다른 소화설비와 겸용인 경우 펌프 성능 확보 가능 여부
○ 성능시험배관을 통한 펌프 성능시험 적정 여부	● 펌프 흡입측 연성계·진공계 및 토출측 압력계 등 부속장치의 변형·손상 유무
● 다른 소화설비와 겸용인 경우 펌프 성능 확보 가능 여부	● 기동장치 적정 설치 및 기동압력 설정 적정 여부
● 펌프 흡입측 연성계·진공계 및 토출측 압력계 등 부속장치의 변형·손상 유무	● 물올림장치 설치 적정(전용 여부, 유효수량, 배관구경, 자동급수) 여부
● 기동장치 적정 설치 및 기동압력 설정 적정 여부	● 충압펌프 설치 적정(토출압력, 정격토출량) 여부
○ 기동스위치 설치 적정 여부(ON/OFF 방식)	● 내연기관 방식의 펌프 설치 적정(정상기동(기동장치 및 제어반) 여부, 축전지 상태, 연료량) 여부
● 주펌프와 동등이상 펌프 추가설치 여부	○ 가압송수장치의 "스프링클러펌프" 표지설치 여부 또는 다른 소화설비와 겸용 시 겸용설비 이름 표시 부착 여부
● 물올림장치 설치 적정(전용 여부, 유효수량, 배관구경, 자동급수) 여부	
● 충압펌프 설치 적정(토출압력, 정격토출량) 여부	
○ 내연기관 방식의 펌프 설치 적정(정상기동(기동장치 및 제어반) 여부, 축전지 상태, 연료량) 여부	
○ 가압송수장치의 "옥내소화전펌프" 표지설치 여부 또는 다른 소화설비와 겸용 시 겸용설비 이름 표시 부착 여부	

| 물음 5 | 소방시설 자체점검사항 등에 관한 고시상 소방시설등 점검표 중 "기타사항 점검표의 31-A 피난·방화시설" 점검항목 2가지를 쓰시오. (2점)

① 방화문 및 방화셔터의 관리 상태(폐쇄·훼손·변경) 및 정상 기능 적정 여부
② 비상구 및 피난통로 확보 적정 여부(피난·방화시설 주변 장애물 적치 포함)

| 물음 6 소방시설 설치 및 관리에 관한 법령상 다음의 지하2층 지상8층인 특정소방대상물에 설치되어야 하는 소방시설 중 경보설비 4가지와 소화활동설비 2가지를 쓰시오. (6점)

> ○ 건축물의 용도는 근린생활시설(산후조리원 포함)이고, 높이는 32 m
> ○ 건축허가일은 2023년 1월 1일
> ○ 각 층의 바닥면적 1,000 m²
> ○ 스프링클러설비는 설치됨
> ○ 화재 수신기 설치 장소에는 주간에만 근무자가 있음
> ○ 소방시설 설치 및 관리에 관한 법률 시행령 [별표5] 특정소방대상물의 소방시설 설치의 면제 기준을 따른다.
> ○ 기타 조건은 무시한다.

[풀이&답]
1) 경보설비 4가지 : 자동화재탐지설비, 시각경보기, 비상방송설비, 자동화재속보설비
2) 소화활동설비 2가지 : 제연설비, 연결송수관설비

소방시설	관련기준
자동화재탐지설비	근린생활시설(목욕장은 제외한다), 의료시설(정신의료기관 및 요양병원은 제외한다), 위락시설, 장례시설 및 복합건축물로서 연면적 600 m² 이상인 경우에는 모든 층
시각경보기	자동화재탐지설비를 설치해야 하는 특정소방대상물 중 다음의 어느 하나에 해당하는 것 근린생활시설, 문화 및 집회시설, 종교시설, 판매시설, 운수시설, 의료시설, 노유자 시설
비상방송설비	연면적 3천5백 m² 이상인 것은 모든 층
자동화재속보설비	근린생활시설 중 다음의 어느 하나에 해당하는 시설 가) 의원, 치과의원 및 한의원으로서 입원실이 있는 시설 나) 조산원 및 산후조리원
제연설비	지하층이나 무창층에 설치된 근린생활시설, 판매시설, 운수시설, 숙박시설, 위락시설, 의료시설, 노유자 시설 또는 창고시설(물류터미널로 한정한다)로서 해당 용도로 사용되는 바닥면적의 합계가 1천 m² 이상인 경우 해당 부분
연결송수관설비	층수가 5층 이상으로서 연면적 6천 m² 이상인 경우에는 모든 층

02

다음 물음에 답하시오. (30점)

물음 1 이산화탄소소화설비에 대하여 다음 물음에 답하시오. (7점)

(1) 이산화탄소소화설비에서 솔레노이드밸브의 작동시험 방법 4가지만 쓰시오. (4점)

풀이&답
- ㉠ 감지기 2개회로(A, B회로) 작동
- ㉡ 수동조작함에서 수동조작스위치 작동
- ㉢ 제어반에서 수동조작스위치 작동
- ㉣ 제어반에서 동작시험스위치와 회로선택스위치로 작동
- ㉤ 기동용기 솔레노이드밸브의 수동조작버튼 작동 중 4가지 선택

(2) 소방시설 자체점검사항 등에 관한 고시상 "이산화탄소소화설비 점검표 9-N 안전시설 등"의 점검항목 3가지를 쓰시오. (3점)

풀이&답
- 소화약제 방출알림 시각경보장치 설치기준 적합 및 정상 작동 여부
- 방호구역 출입구 부근 잘 보이는 장소에 소화약제 방출 위험경고표지 부착 여부
- 방호구역 출입구 외부 인근에 공기호흡기 설치 여부

물음 2 다음 물음에 답하시오. (8점)

(1) 소방시설 자체점검사항 등에 관한 고시상 "소화용수설비 점검표 23-A 소화수조 및 저수조" 중 채수구의 점검항목 4가지를 쓰시오. (4점)

풀이&답
- 소방차 접근 용이성 적정 여부
  - 결합금속구 구경 적정 여부
  - 채수구 수량 적정 여부
- 개폐밸브의 조작 용이성 여부

(2) 스프링클러설비의 화재안전기술기준(NFTC 103)에 관한 내용이다. ( )에 들어갈 내용을 쓰시오. (4점)

> 준비 작동식유수검지 장치 또는 일제 개방밸브 작동의 화재감지회로는 교차회로방식으로 할 것. 다만, 다음 어느 하나에 해당되는 경우에는 그렇지 않다.
> 가. 스프링클러설비의 배관 또는 헤드에 누설경보용 물 또는 (ㄱ)가 채워지거나 (ㄴ)의 경우
> 나. 화재감지기를 불꽃감지기, 정온식 감지선형감지기, 분포형감지기, 복합형 감지기, (ㄷ), 아날로그방식의 감지기, (ㄹ), 축적방식의 감지기 중 하나로 설치한 때

풀이&답
- ㄱ. 압축공기
- ㄴ. 부압식스프링클러설비
- ㄷ. 광전식분리형감지기
- ㄹ. 다신호방식의 감지기

| 물음 3 다음 물음에 답하시오. (7점)

(1) 소방시설 설치 및 관리에 관한 법령상 특정소방대상물이 증축되는 경우에도 소방본부장 또는 소방서장이 기존 부분에 대해서 증축 당시의 소방시설의 설치에 관한 대통령령 또는 화재안전기준을 적용하지 않는 경우 4가지를 쓰시오. (4점)

풀이&답
1. 기존 부분과 증축 부분이 내화구조(耐火構造)로 된 바닥과 벽으로 구획된 경우
2. 기존 부분과 증축 부분이「건축법 시행령」제46조제1항제2호에 따른 자동방화셔터(이하 "자동방화셔터"라 한다) 또는 같은 영 제64조제1항제1호에 따른 60분+ 방화문(이하 "60분+ 방화문"이라 한다)으로 구획되어 있는 경우
3. 자동차 생산공장 등 화재 위험이 낮은 특정소방대상물 내부에 연면적 33제곱미터 이하의 직원 휴게실을 증축하는 경우
4. 자동차 생산공장 등 화재 위험이 낮은 특정소방대상물에 캐노피(기둥으로 받치거나 매달아 놓은 덮개를 말하며, 3면 이상에 벽이 없는 구조의 것을 말한다)를 설치하는 경우

(2) 다중이용업소의 안전관리에 관한 특별법령상 간이스프링클러설비를 설치하여야 할 다중이용업소의 영업장 3가지만 쓰시오. (3점)

풀이&답
가) 지하층에 설치된 영업장
나) 법 제9조제1항제1호에 따른 숙박을 제공하는 형태의 다중이용업소의 영업장 중 다음에 해당하는 영업장. 다만, 지상 1층에 있거나 지상과 직접 맞닿아 있는 층(영업장의 주된 출입구가 건축물 외부의 지면과 직접 연결된 경우를 포함한다)에 설치된 영업장은 제외한다.
　(1) 제2조제7호에 따른 산후조리업의 영업장
　(2) 제2조제7호의2에 따른 고시원업(이하 이 표에서 "고시원업"이라 한다)의 영업장
다) 법 제9조제1항제2호에 따른 밀폐구조의 영업장
라) 제2조제7호의3에 따른 권총사격장의 영업장 중 3가지 선택

| 물음 4 특별피난계단의 계단실 및 부속실 제연설비의 화재안전성능기준(NFPC 501A)에 관한 다음 물음에 답하시오. (8점)

(1) 특별피난계단의 계단실 및 부속실 제연설비에서 배출댐퍼 및 개폐기의 직근 또는 제연구역에 설치된 수동기동장치로 작동 또는 개방하는 4가지를 쓰시오. (4점)

풀이&답
1. 전 층의 제연구역에 설치된 급기댐퍼의 개방
2. 당해 층의 배출댐퍼 또는 개폐기의 개방
3. 급기송풍기 및 유입공기의 배출용 송풍기의 작동
4. 개방·고정된 모든 출입문(제연구역과 옥내 사이의 출입문에 한한다)의 개폐장치의 작동

(2) 특별피난계단의 계단실 및 부속실 제연설비의 차압 등에 관한 기준이다. ( )에 들어갈 내용을 쓰시오. (4점)

> 제6조(차압 등) ① 제4조제1호의 기준에 따라 제연구역과 옥내와의 사이에 유지해야 하는 최소차압은 40파스칼(옥내에 스프링클러설비가 설치된 경우에는 (ㄱ)파스칼) 이상으로 해야 한다.

② 제연설비가 가동되었을 경우 출입문의 개방에 필요한 힘은 (ㄴ.)뉴턴 이하로 해야 한다.
③ 제4조제2호의 기준에 따라 출입문이 일시적으로 개방되는 경우 개방되지 않은 제연구역과 옥내와의 차압은 제1항의 기준에도 불구하고 제1항의 기준에 따른 차압의 (ㄷ.)퍼센트 이상이어야 한다.
④ 계단실과 부속실을 동시에 제연 하는 경우 부속실의 기압은 계단실과 같게 하거나 계단실의 기압보다 낮게 할 경우에는 부속실과 계단실의 압력 차이는 (ㄹ.)파스칼 이하가 되도록 해야 한다.

풀이&답 ㄱ. 12.5   ㄴ. 110   ㄷ. 70   ㄹ. 5

03 ★

다음 물음에 답하시오. (30점)

물음 1 소방시설 설치 및 관리에 관한 법령상 소방시설등의 자체점검에 관한 내용이다. ( )에 들어갈 내용을 쓰시오. (6점)

- '최초점검'이란 해당 특정소방대상물의 소방시설등이 신설된 경우 「건축법」 제22조에 따라 건축물을 사용할 수 있게 된 날부터 (ㄱ.)일 이내 점검하는 것을 말하며, 이는 자체점검의 구분 중 (ㄴ.)에 해당한다.
- 관리업자 또는 소방안전관리자로 선임된 소방시설관리사 및 소방기술사(이하 "관리업자등"이라 한다)는 자체점검을 실시한 경우에는 그 점검이 끝난 날부터 (ㄷ.)일 이내에 소방시설등 자체점검 실시결과 보고서(전자문서로 된 보고서를 포함한다)에 소방청장이 정하여 고시하는 소방시설등점검표를 첨부하여 관계인에게 제출해야 한다.
- 관리업자등으로부터 자체점검 실시결과 보고서를 제출받거나 스스로 자체점검을 실시한 관계인은 자체점검이 끝난 날부터 (ㄹ.)일 이내에 소방시설등 자체점검 실시결과 보고서(전자문서로 된 보고서를 포함한다)에 다음 각 호의 서류를 첨부하여 소방본부장 또는 소방서장에게 서면이나 소방청장이 지정하는 전산망을 통하여 보고해야 한다.
  1. 점검인력 배치확인서(관리업자가 점검한 경우만 해당한다)
  2. 별지 제10호서식의 소방시설등의 자체점검 결과 이행계획서
- 소방시설등의 자체점검 결과 이행계획서를 보고받은 소방본부장 또는 소방서장은 다음 각 호의 구분에 따라 이행계획의 완료 기간을 정하여 관계인에게 통보해야 한다. 다만, 소방시설등에 대한 수리·교체·정비의 규모 또는 절차가 복잡하여 다음 각 호의 기간 내에 이행을 완료하기가 어려운 경우에는 그 기간을 달리 정할 수 있다.

1. 소방시설등을 구성하고 있는 기계·기구를 수리하거나 정비하는 경우
   : 보고일부터 (ㅁ.)일 이내
2. 소방시설등의 전부 또는 일부를 철거하고 새로 교체하는 경우
   : 보고일부터 (ㅂ.)일 이내

[풀이&답] ㄱ. 60   ㄴ. 종합점검   ㄷ. 10   ㄹ. 15   ㅁ. 10   ㅂ. 20

물음 2 소방시설 설치 및 관리에 관한 법령에 관한 다음 물음에 답하시오. (12점)

(1) 다음 아파트에 대한 종합(정밀)점검을 실시할 경우, 소방시설 설치 및 관리에 관한 법령상 점검세대수와 종합(정밀)점검에 필요한 최소한의 일수를 계산과정과 함께 답하시오. (6점)

- 세대수는 총 2,700세대이다.
- 스프링클러설비와 제연설비가 설치되어 있고, 물분무등소화설비는 없다.
- 점검인력 1단위에 보조(기술)인력 2명을 추가하여 종합(정밀)점검을 실시한다.
- 다른 조건은 고려하지 않는다.

[풀이&답]
1) 법령상 점검세대수
   ① A : 실 점검세대수 = 2,700세대
   ② B : 해당 설비가 설치되지 않은 경우 감소면적
       물분무등소화설비가 설치되지 않은 경우 : 2,700 × 0.15 = 405세대
   ③ 점검세대수 = A − B = 2,700세대 − 405세대 = 2,295세대
2) 최소한의 일수
   점검일수 = $\dfrac{\text{점검세대수}}{\text{점검한도세대수}} = \dfrac{2{,}295\text{세대}}{(300\text{세대} + 70\text{세대} \times 2)} = 5.22 \rightarrow 6$일

(2) 다음 공장에 대한 작동(기능)점검(단, 소규모점검이 아님)을 실시할 경우, 소방시설 설치 및 관리에 관한 법령상 점검면적과 작동(기능)점검에 필요한 최소한의 일수를 계산과정과 함께 답하시오. (6점)

- 연면적은 50,000 m² 이다.
- 스프링클러설비, 물분무등소화설비, 제연설비는 없다.
- 점검인력 1단위에 보조(기술)인력 1명을 추가하여 작동(기능)점검을 실시한다.
- 다른 조건은 고려하지 않는다.

[풀이&답]
1) 법령상 점검면적
   ① A : 실연면적 × 가감계수 = 50,000 m² × 0.9 = 45,000 m²
   ② B : 해당 설비가 설치되지 않은 경우 감소면적
       가. 스프링클러설비가 설치되지 않은 경우 : 45,000 m² × 0.1 = 4,500 m²

나. 물분무등소화설비가 설치되지 않은 경우 : $45{,}000 \text{ m}^2 \times 0.15 = 6{,}750 \text{ m}^2$

다. 제연설비가 설치되지 않은 경우 : $45{,}000 \text{ m}^2 \times 0.1 = 4{,}500 \text{ m}^2$

라. 합계 : $4{,}500 \text{ m}^2 + 6{,}750 \text{ m}^2 + 4{,}500 \text{ m}^2 = 15{,}750 \text{ m}^2$

③ 점검면적 = A − B + C = $45{,}000 \text{ m}^2 - 15{,}750 \text{ m}^2 + 0 \text{ m}^2 = 29{,}250 \text{ m}^2$

2) 최소한의 일수

$$\text{점검일수} = \frac{\text{점검면적}}{\text{점검한도면적}} = \frac{29{,}250 \text{ m}^2}{(12{,}000 \text{ m}^2 + 3{,}500 \text{ m}^2)} = 1.89 \rightarrow 2\text{일}$$

| 물음 3 소방시설 설치 및 관리에 관한 법령상 특정소방대상물의 수용인원 산정에 관하여 다음 물음에 답하시오. (단, 다른 조건은 고려하지 않음) (4점)

(1) 침대가 없는 숙박시설 바닥면적의 합계가 260 m²이고 숙박시설 종사자가 13명인 경우, 이 숙박시설의 수용인원을 계산 과정과 함께 답하시오. (2점)

 수용인원 = 종사자 수 + $\dfrac{\text{바닥면적의 합계 m}^2}{3.0 \text{ m}^2/\text{명}}$ = 13명 + $\dfrac{260 \text{ m}^2}{3.0 \text{ m}^2/\text{명}}$ = 99.6 = 100 명

(2) 휴게실 용도로 사용하는 바닥면적의 합계가 150 m²인 특정소방대상물의 수용인원을 계산 과정과 함께 답하시오. (2점)

 수용인원 = $\dfrac{\text{바닥면적의 합계 m}^2}{1.9 \text{ m}^2/\text{명}}$ = $\dfrac{150 \text{ m}^2}{1.9 \text{ m}^2/\text{명}}$ = 78.94 = 79 명

수용인원의 산정 방법

1. 숙박시설이 있는 특정소방대상물

   가. 침대가 있는 숙박시설 : 해당 특정소방대상물의 종사자 수에 침대 수(2인용 침대는 2개로 산정한다)를 합한 수

   나. 침대가 없는 숙박시설 : 해당 특정소방대상물의 종사자 수에 숙박시설 바닥면적의 합계를 3 m²로 나누어 얻은 수를 합한 수

2. 제1호 외의 특정소방대상물

   가. 강의실 · 교무실 · 상담실 · 실습실 · 휴게실 용도로 쓰는 특정소방대상물: 해당 용도로 사용하는 바닥면적의 합계를 1.9 m²로 나누어 얻은 수

   나. 강당, 문화 및 집회시설, 운동시설, 종교시설: 해당 용도로 사용하는 바닥면적의 합계를 4.6 m²로 나누어 얻은 수(관람석이 있는 경우 고정식 의자를 설치한 부분은 그 부분의 의자 수로 하고, 긴 의자의 경우에는 의자의 정면너비를 0.45 m로 나누어 얻은 수로 한다)

   다. 그 밖의 특정소방대상물: 해당 용도로 사용하는 바닥면적의 합계를 3 m²로 나누어 얻은 수

[비고] 1. 위 표에서 바닥면적을 산정할 때에는 복도(「건축법 시행령」 제2조제11호에 따른 준불연재료 이상의 것을 사용하여 바닥에서 천장까지 벽으로 구획한 것을 말한다), 계단 및 화장실의 바닥면적을 포함하지 않는다.

2. 계산 결과 소수점 이하의 수는 반올림한다.

물음 4 소방시설 설치 및 관리에 관한 법령상 소방시설을 설치하지 않을 수 있는 특정소방대상물 및 소방시설의 범위에 관한 내용이다. (　)에 들어갈 내용을 쓰시오. (4점)

구분	특정소방대상물	설치하지 않을 수 있는 소방시설
1. 화재 위험도가 낮은 특정소방대상물	석재, 불연성금속, 불연성 건축재료 등의 가공공장·기계조립공장 또는 불연성 물품을 저장하는 창고	(ㄱ) 및 연결살수설비
2. 화재안전기준을 적용하기 어려운 특정소방대상물	펄프공장의 작업장, 음료수 공장의 세정 또는 충전을 하는 작업장, 그 밖에 이와 비슷한 용도로 사용하는 것	(ㄴ), 상수도소화용수설비 및 연결살수설비
	정수장, 수영장, 목욕장, 농예·축산·어류양식용 시설, 그 밖에 이와 비슷한 용도로 사용되는 것	(ㄷ), 상수도소화용수설비 및 연결살수설비
3. 화재안전기준을 달리 적용해야 하는 특수한 용도 또는 구조를 가진 특정소방대상물	원자력발전소, 중·저준위방사성폐기물의 저장시설	연결송수관설비 및 연결살수설비
4. 「위험물 안전관리법」제19조에 따른 자체소방대가 설치된 특정소방대상물	자체소방대가 설치된 제조소등에 부속된 사무실	(ㄹ), 소화용수설비, 연결살수설비 및 연결송수관설비

풀이&답　ㄱ. 옥외소화전
　　　　　ㄴ. 스프링클러설비
　　　　　ㄷ. 자동화재탐지설비
　　　　　ㄹ. 옥내소화전설비

물음 5 소방시설 설치 및 관리에 관한 법령상 대통령령이나 화재안전기준이 변경되어 그 기준이 강화되는 경우 강화된 기준을 적용할 수 있는 소방시설 중 의료시설에 설치하는 것 4가지를 쓰시오. (4점)

풀이&답　스프링클러설비, 간이스프링클러설비, 자동화재탐지설비, 자동화재속보설비

강화된 소방시설기준의 적용대상	
공동구	소화기, 자동소화장치, 자동화재탐지설비, 통합감시시설, 유도등 및 연소방지설비
전력 및 통신사업용 지하구	소화기, 자동소화장치, 자동화재탐지설비, 통합감시시설, 유도등 및 연소방지설비
노유자 시설	간이스프링클러설비, 자동화재탐지설비 및 단독경보형 감지기
의료시설	스프링클러설비, 간이스프링클러설비, 자동화재탐지설비 및 자동화재속보설비

제25회 점검실무행정 기출문제

2025. 9. 6

01 ★

다음 물음에 답하시오. (40점)

물음 1 기동관누설시험기를 사용하여 이산화탄소소화설비의 기동용 조작동관 및 주변장치의 누설여부를 확인할 경우 다음의 사항을 쓰시오. (단, 점검 순서에 따라서 작성하고, 기동관누설시험기 사용과 관련된 내용만 작성하시오.) (10점)
(1) 사전 준비사항 (2점)
(2) 점검방법 (3점)
(3) 확인사항 (3점)
(4) 복구방법 (2점)

풀이&답 (1) 사전 준비사항 (2점)
 (가) 각 기동용기의 솔레노이드밸브에 안전핀을 결합하고, 솔레노이드밸브를 분리한다.
 (나) 각 기동용기에서 기동용 조작동관을 분리한다.
 (다) 저장용기 개방장치(니들밸브)를 저장용기에서 모두 분리한다.
 (라) 호스에 부착된 볼밸브를 잠그고 압력조정기 연결부에 호스를 연결한다.
 (마) 기동용기에 접속되었던 조작동관 너트에 시험기의 가압호스를 견고히 접속한다.

(2) 점검방법 (3점)
 점검은 아래의 순서에 입각하여 각 방호구역별 조작동관에 대하여 차례로 시험을 실시한다.
 (가) 기동관누설시험기의 고압가스용기에 부착된 밸브를 서서히 개방하여 압력조정기의 1차측 압력이 1 MPa 미만이 되도록 한다.
 (나) 압력조정기의 핸들을 돌려 2차측 압력이 0.5 MPa이 되도록 조정한다.
 (다) 호스 끝에 부착된 개폐밸브를 서서히 개방하여 조작 동관 내 질소가스를 가압한다.

(3) 확인사항 (3점)
 (가) 조작동관 상태 확인
  ① 비눗물을 붓에 묻혀 조작동관의 각 부분에 칠하여 누설 여부를 확인한다.
  ② 조작동관의 찌그러진 부분 또는 막힌 부분이 있는지 확인한다.
  ③ 가스체크밸브의 위치, 방향이 맞는지 확인한다.
 (나) 해당 구역의 선택밸브 개방 여부를 확인한다.
 (다) 방호구역에 맞도록 조작동관이 정확히 연결되어 니들밸브가 동작되는지 확인한다.

(4) 복구방법 (2점)
 확인이 끝나면 고압가스용기밸브를 먼저 잠그고, 호스밸브를 잠근 후 연결부를 분리시킨다. 방호구역별 전체 점검이 끝나면 재조립하여 정상 상태로 복구한다.

| 물음 2 | 방수압력측정계(피토게이지)를 사용하여 옥내소화전설비의 방수압력을 측정할 경우 다음의 사항을 쓰시오. (5점)
(1) 방수압력측정계 측정방법 (2점)
(2) 측정 시 주의사항 (3점)

풀이&답 (1) 방수압력측정계 측정방법 (2점)
① 측정하고자 하는 소화전의 호스를 연결하고 직사형 관창을 호스 말단에 연결한다.
 (반드시 직사형 관창을 사용할 것)
② 옥내소화전의 앵글밸브를 개방한다.
③ 노즐선단으로부터 노즐구경의 1/2 떨어진 위치에서 방수압력측정계의 선단을 위치시켜 이 때 압력계의 지시값을 읽는다.

(2) 측정 시 주의사항 (3점)
① 불순물이 완전히 배출된 후에 측정
② 공기가 완전히 배출된 후에 측정
③ 반드시 직사형 관창 사용
④ 설치된 소화전을 모두 개방한 후에 측정
 • 측정하고자 하는 층의 옥내소화전이 5개 이상인 경우 : 5개를 개방
 • 측정하고자 하는 층의 옥내소화전이 5개 미만인 경우 : 설치수량
⑤ 봉상주수 상태에서 직각으로 측정
⑥ 최상층, 최하층, 최다층에 대하여 실시
⑦ 방사 시 반동력이 있으므로 안전사고에 대비할 것

| 물음 3 | 화재의 예방 및 안전관리에 관한 법령상 소방안전관리업무 대행에 관한 다음 물음에 답하시오. (5점)
(1) 2급 소방안전관리대상물의 관계인이 관리업자에게 대행하게 할 수 있는 소방안전 관리업무 2가지를 쓰시오. (2점)
(2) 소방안전관리업무 대행인력의 배치기준·자격 및 방법 등 준수사항 중 "소방안전관리등급 및 설치된 소방시설에 따른 대행인력의 배치등급"에 관한 내용이다. ( )에 들어갈 내용을 쓰시오. (단, 화재의 예방 및 안전관리에 관한 법률 시행규칙 [별표 1] 내의 비고 사항은 고려하지 않음) (3점)

소방안전관리 대상물의 등급	설치된 소방시설의 종류	대행인력의 기술등급
1급 또는 2급	스프링클러설비, 물분무등소화설비 또는 (ㄱ)	(ㄴ) 점검자 이상 1명 이상
	옥내소화전설비 또는 옥외소화전설비	(ㄷ) 점검자 이상 1명 이상

풀이&답 (1) 1. 법 제24조제5항제3호에 따른 피난시설, 방화구획 및 방화시설의 관리
 2. 법 제24조제5항제4호에 따른 소방시설이나 그 밖의 소방 관련 시설의 관리

(2)
ㄱ	ㄴ	ㄷ
스프링클러설비	중급	초급

제28조(소방안전관리 업무의 대행 대상 및 업무)
① 법 제25조제1항 전단에서 "대통령령으로 정하는 소방안전관리대상물"이란 다음 각 호의 소방안전관리대상물을 말한다.
  1. 별표 4 제2호가목3)에 따른 지상층의 층수가 11층 이상인 1급 소방안전관리대상물(연면적 1만 5천제곱미터 이상인 특정소방대상물과 아파트는 제외한다)
  2. 별표 4 제3호에 따른 2급 소방안전관리대상물
  3. 별표 4 제4호에 따른 3급 소방안전관리대상물
② 법 제25조제1항 전단에서 "대통령령으로 정하는 업무"란 다음 각 호의 업무를 말한다.
  1. 법 제24조제5항제3호에 따른 피난시설, 방화구획 및 방화시설의 관리
  2. 법 제24조제5항제4호에 따른 소방시설이나 그 밖의 소방 관련 시설의 관리

물음 4 소화펌프의 성능 부족(미달) 현상에 대하여 기계적 원인과 전기적 원인을 각 6가지씩 쓰시오. (6점)

(1) 기계적 원인 (3점)
(2) 전기적 원인 (3점)

기계적 원인	전기적 원인
① 펌프 흡입측 및 토출측 개폐밸브 폐쇄	① 감시제어반의 펌프 연동스위치 위치 부적합
② 소화수조의 개폐밸브 폐쇄 및 수원 부족	② 동력제어반의 운전모드 설정 부적합
③ 그랜드 패킹 불량	③ 동력제어반의 조작전원의 불량
④ 메커니칼씰 불량	④ 모터전원선의 결상
⑤ 펌프 케이싱 파손	⑤ 모터전원선의 역상 결선
⑥ 펌프 스트레이너 막힘	⑥ 모터 권선의 소손
⑦ 펌프 회전축 휨 또는 파손	⑦ 펌프 압력스위치의 불량
⑧ 전동기의 샤프트와 펌프의 연결축 분리	⑧ 펌프기동 릴레이 불량
⑨ 펌프 임펠러 고착 및 파손	⑨ 펌프기동 중계기 불량
⑩ 베어링 불량	⑩ 과전류보호계전기 불량
⑪ 압력 챔버의 공기 부족	⑪ 보호계전기 설정 불량
중 6가지 선택	⑫ 각 제어반의 결선 및 공급전원 불량
	중 6가지 선택

물음 5 다음 물음에 답하시오. (14점)

(1) 소방시설 설치 및 관리에 관한 법령상 소방시설등 자체점검의 구분 및 대상, 점검자의 자격, 점검 장비, 점검 방법 및 횟수등 자체점검 시 준수해야 할 사항 중 "공동주택(아파트등으로 한정한다) 세대별 점검방법"에 관한 내용이다. (   )에 들어갈 내용을 쓰시오. (3점)

가. 관리자(관리소장, 입주자대표회의 및 소방안전관리자를 포함한다. 이하 같다) 및 입주민(세대 거주자를 말한다)은 (ㄱ) 주기로 모든 세대에 대하여 점검을 해야 한다.

나. 가목에도 불구하고 아날로그감지기 등 특수감지기가 설치되어 있는 경우에는 수신기에서 (ㄴ)할 수 있으며, 점검할 때마다 모든 세대를 점검해야 한다. 다만, 자동화재탐지설비의 선로 단선이 확인되는 때에는 단선이 난 세대 또는 그 경계구역에 대하여 현장점검을 해야 한다.

다. 관리자는 수신기에서 원격 점검이 불가능한 경우 매년 (ㄷ)만 실시하는 공동 주택은 1회 점검 시 마다 전체 세대수의 (ㄹ) 퍼센트 이상, (ㅁ)을 실시하는 공동주택은 1회 점검 시 마다 전체 세 대수의 (ㅂ) 퍼센트 이상 점검하도록 자체점검 계획을 수립·시행해야 한다.

(2) 소방시설 설치 및 관리에 관한 법령상 특정소방대상물에 관한 내용 중에서 "둘 이상의 특정소방대상물을 하나의 특정소방대상물로 볼 수 있는 경우" 6가지를 쓰시오. (6점)

(3) 할로겐화합물 및 불활성기체소화설비의 화재안전기술기준(NFTC 107A)상 분사헤드의 설치기준 5가지를 쓰시오. (5점)

풀이&답

(1) ㄱ. 2년 ㄴ. 원격점검 ㄷ. 작동점검 ㄹ. 50 ㅁ. 종합점검 ㅂ. 30

(2) 가. 내화구조로 된 연결통로가 다음의 어느 하나에 해당되는 경우
  1) 벽이 없는 구조로서 그 길이가 6 m 이하인 경우
  2) 벽이 있는 구조로서 그 길이가 10 m 이하인 경우. 다만, 벽 높이가 바닥에서 천장까지의 높이의 2분의 1 이상인 경우에는 벽이 있는 구조로 보고, 벽 높이가 바닥에서 천장까지의 높이의 2분의 1 미만인 경우에는 벽이 없는 구조로 본다.
 나. 내화구조가 아닌 연결통로로 연결된 경우
 다. 컨베이어로 연결되거나 플랜트설비의 배관 등으로 연결되어 있는 경우
 라. 지하보도, 지하상가, 터널로 연결된 경우
 마. 자동방화셔터 또는 60분+ 방화문이 설치되지 않은 피트(전기설비 또는 배관설비 등이 설치되는 공간을 말한다)로 연결된 경우
 바. 지하구로 연결된 경우

(3) 1. 할로겐화합물 및 불활성기체소화설비의 분사헤드는 다음의 기준에 따라야 한다.
  1) 분사헤드의 설치 높이는 방호구역의 바닥으로부터 최소 0.2 m 이상 최대 3.7 m 이하로 해야 하며 천장높이가 3.7 m를 초과할 경우에는 추가로 다른 열의 분사헤드를 설치할 것. 다만, 분사헤드의 성능인정 범위 내에서 설치하는 경우에는 그렇지 않다.
  2) 분사헤드의 개수는 방호구역에 2.7.3에 따른 방출시간이 충족되도록 설치할 것
  3) 분사헤드에는 부식방지조치를 해야 하며 오리피스의 크기, 제조일자, 제조업체가 표시되도록 할 것
 2. 분사헤드의 방출률 및 방출압력은 제조업체에서 정한 값으로 할 것
 3. 분사헤드의 오리피스의 면적은 분사헤드가 연결되는 배관구경 면적의 70 % 이하가 되도록 할 것

02 ★

다음 물음에 답하시오. (30점)

물음 1 조건을 참고하여 다음 물음에 답하시오. (6점)

> [조건]
> - 특정소방대상물에 옥내소화전설비와 스프링클러설비가 설치되어 있음
> - 주펌프의 정격토출량은 1,450 L/min, 정격토출압력은 1.1 MPa 임
> - 충압펌프의 정격토출량은 60 L/min, 정격토출압력은 1.1 MPa 임
> - 주펌프의 체절압력은 정격토출압력의 130 % 임
> - 유량측정장치 제조사의 설치 사양은 다음과 같음
>   - 오리피스 타입(Orifice Type) 유량측정장치의 호칭지름별 유량범위(L/min)
>
> | 호칭지름 | 32A | 40A | 50A | 65A | 80A | 100A | 125A |
> |---|---|---|---|---|---|---|---|
> | 유량범위 | 70~360 | 100~550 | 220~1,100 | 450~2,200 | 700~3,300 | 900~4,500 | 1,200~6,000 |
>
>   - 개폐밸브와 유량측정장치 사이의 직관부의 거리는 8 D 이상으로 하고, 유량측정장치와 유량조절밸브 사이의 직관부의 거리는 5 D 이상이 되도록 설치할 것. 여기서 D는 성능시험배관의 호칭지름임
> - 유량측정장치의 성능기준을 고려할 것
> - 기타 사항은 옥내소화전설비와 스프링클러설비의 화재안전기술기준을 따름

(1) 특정소방대상물의 점검 중 성능시험배관의 유량측정장치 불량을 발견하여 교체를 의뢰받았다. 위 조건을 참고하여 교체하려는 유량측정장치의 최소호칭지름을 선정하고 그 이유를 설명하시오. (4점)

  ○ 유량측정장치의 최소호칭지름 (ㄱ)
  ○ 선정이유 (ㄴ)

풀이&답 (ㄱ) 80 A

(ㄴ) 유량측정장치는 펌프의 정격토출량의 175 % 이상 측정할 수 있는 성능이 있을 것
유량측정장치의 측정범위 : 정격토출량의 100~175 % 이상이어야 하므로
1,450 L/min × (1~1.75) = 1,450 L/min ~ 2,537.5 L/min을 만족하는 유량범위(700~3,300 L/min)를 갖는 호칭지름은 80 A이다.

보충설명 **스프링클러설비의 화재안전기술기준 [펌프의 성능시험배관]**
1. 성능시험배관은 펌프의 토출 측에 설치된 개폐밸브 이전에서 분기하여 직선으로 설치하고, 유량측정장치를 기준으로 전단 직관부에는 개폐밸브를 후단 직관부에는 유량조절밸브를 설치할 것. 이 경우 개폐밸브와 유량측정장치 사이의 직관부 거리 및 유량측정장치와 유량조절밸브 사이의 직관부 거리는 해당 유량측정장치 제조사의 설치사양에 따르고, 성능시험배관의 호칭지름은 유량측정장치의 호칭지름에 따른다.
2. 유량측정장치는 펌프의 정격토출량의 175 % 이상 측정할 수 있는 성능이 있을 것

(2) 성능시험배관의 최소호칭지름을 선정한 이유를 설명하고, 성능시험배관의 개폐밸브와 유량측정장치 사이의 직관부의 최소거리(mm) 및 유량측정장치와 유량조절밸브 사이의 직관부의 최소거리(mm)를 쓰시오. (2점)

- 성능시험배관의 최소호칭지름 (ㄱ)
- 선정이유 (ㄴ)
- (ㄷ) mm
- (ㄹ) mm

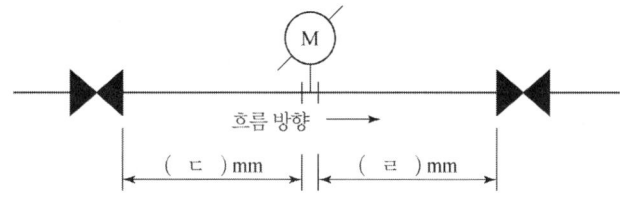

풀이&답
(ㄱ) 80A
(ㄴ) 스프링클러설비의 화재안전기술기준상 성능시험배관의 호칭지름은 유량측정장치의 호칭지름에 따른다.
(ㄷ) 640(8 D 이상이므로 8×80 = 640)
(ㄹ) 400(5 D 이상이므로 5×80 = 400)

물음 2 스프링클러설비에 관한 다음 물음에 답하시오. (15점)

(1) 스프링클러설비의 화재안전기술기준(NFTC 103)상 습식유수검지장치 또는 건식유수검지장치를 사용하는 스프링클러설비와 부압식 스프링클러설비에 설치해야 하는 시험장치의 설치기준 3가지를 쓰시오. (6점)

풀이&답
1. 습식스프링클러설비 및 부압식스프링클러설비에 있어서는 유수검지장치 2차 측 배관에 연결하여 설치하고 건식스프링클러설비인 경우 유수검지장치에서 가장 먼 거리에 위치한 가지배관의 끝으로부터 연결하여 설치할 것. 이 경우 유수검지장치 2차 측 설비의 내용적이 2,840 L를 초과하는 건식스프링클러설비는 시험장치 개폐밸브를 완전 개방 후 1분 이내에 물이 방사되어야 한다.
2. 시험장치 배관의 구경은 25 mm 이상으로 하고, 그 끝에 개폐밸브 및 개방형헤드 또는 스프링클러헤드와 동등한 방수성능을 가진 오리피스를 설치할 것. 이 경우 개방형헤드는 반사판 및 프레임을 제거한 오리피스만으로 설치할 수 있다.
3. 시험배관의 끝에는 물받이 통 및 배수관을 설치하여 시험 중 방사된 물이 바닥에 흘러내리지 않도록 할 것. 다만, 목욕실·화장실 또는 그 밖의 곳으로서 배수처리가 쉬운 장소에 시험배관을 설치한 경우에는 그렇지 않다.

(2) 준비작동식 스프링클러설비의 해당 방호구역 내 감지기 2개 회로를 동시에 작동시킨 경우에 설비가 정상 작동하고 있음을 판단할 수 있는 수신기에서의 확인사항 3가지를 쓰시오. (3점)

[풀이&답] ① 화재표시등 점등, 교차회로 감지기(A감지기 및 B감지기) 지구표시등 점등
② 스프링클러설비 주펌프 및 충압펌프의 압력스위치 동작 및 펌프 기동확인
③ 준비작동식밸브 개방표시등 점등(압력스위치 동작 확인)

(3) 스프링클러설비의 화재안전기술기준(NFTC 103)상 보의 수평거리에 따른 스프링클러헤드의 수직거리에 관한 내용이다. ( )에 들어갈 내용을 쓰시오. (6점)

특정소방대상물의 보와 가장 가까운 스프링클러헤드는 아래표의 기준에 따라 설치해야 한다. 다만, (ㄱ)

보의 수평거리에 따른 스프링클러헤드의 수직거리

스프링클러헤드의 반사판 중심과 보의 수평거리	스프링클러헤드의 반사판 높이와 보의 하단 높이의 수직거리
(ㄴ)	(ㄷ)
(ㄹ)	(ㅁ)
(ㅂ)	(ㅅ)
(ㅇ)	(ㅈ)

[풀이&답] (ㄱ) 천장 면에서 보의 하단까지의 길이가 55 cm를 초과하고 보의 하단 측면 끝부분으로부터 스프링클러헤드까지의 거리가 스프링클러헤드 상호간 거리의 2분의 1 이하가 되는 경우에는 스프링클러헤드와 그 부착 면과의 거리를 55 cm 이하로 할 수 있다.
(ㄴ)~(ㅈ)

스프링클러헤드의 반사판 중심과 보의 수평거리	스프링클러헤드의 반사판 높이와 보의 하단 높이의 수직거리
(ㄴ 0.75 m 미만)	(ㄷ 보의 하단보다 낮을 것)
(ㄹ 0.75 m 이상 1 m 미만)	(ㅁ 0.1 m 미만일 것)
(ㅂ 1 m 이상 1.5 m 미만)	(ㅅ 0.15 m 미만일 것)
(ㅇ 1.5 m 이상)	(ㅈ 0.3 m 미만일 것)

|물음 3 | 다음 물음에 답하시오. (9점)

(1) 소방시설 자체점검사항 등에 관한 고시상 소방시설등 점검표 중 "이산화탄소 소화설비 점검표 9-C 기동장치 중 자동식 기동장치"의 점검항목이다. ( )에 들어갈 점검항목을 쓰시오. (단, 기동장치 방식별로 구분하여 쓰시오.) (4점)

○ 감지기 작동과의 연동 및 수동기동 가능 여부
○ (ㄱ)
○ (ㄴ)
○ (ㄷ)
○ (ㄹ)

풀이&답
- 감지기 작동과의 연동 및 수동기동 가능 여부
  - (ㄱ 저장용기 수량에 따른 전자 개방밸브 수량 적정 여부(전기식 기동장치의 경우))
  - (ㄴ 기동용 가스용기의 용적, 충전압력 적정 여부(가스압력식 기동장치의 경우))
  - (ㄷ 기동용 가스용기의 안전장치, 압력게이지 설치 여부(가스압력식 기동장치의 경우))
  - (ㄹ 저장용기 개방구조 적정 여부(기계식 기동장치의 경우))

(2) 소방시설 자체점검사항 등에 관한 고시상 소방시설등 점검표 중 "스프링클러설비 점검표 3 – G 음향장치 및 기동장치 중 펌프작동"의 점검항목 2가지를 쓰시오. (단, 설비방식별로 구분하여 쓰시오.) (2점)

풀이&답
- 유수검지장치의 발신이나 기동용 수압개폐장치의 작동에 따른 펌프 기동 확인(습식·건식의 경우)
- 화재감지기의 감지나 기동용 수압개폐장치의 작동에 따른 펌프 기동 확인(준비작동식 및 일제개방밸브의 경우)

(3) 소방시설 설치 및 관리에 관한 법령상 스프링클러설비를 설치해야 하는 특정소방대상물의 일부 내용이다. ( )에 들어갈 내용을 쓰시오. (3점)

> ○ 문화 및 집회시설(동·식물원은 제외한다, 종교시설(주요구조부가 목조인 것은 제외한다), 운동시설(물놀이형 시설 및 바닥이 불연재료이고 관람석이 없는 운동시설은 제외한다)로서 다음의 어느 하나에 해당하는 경우에는 모든 층
> 가) 수용인원이 100명 이상인 것
> 나) (ㄱ)
> 다) (ㄴ)
> 라) (ㄷ)

풀이&답
(ㄱ) 영화상영관의 용도로 쓰는 층의 바닥면적이 지하층 또는 무창층인 경우에는 500 m² 이상, 그 밖의 층의 경우에는 1천 m² 이상인 것
(ㄴ) 무대부가 지하층·무창층 또는 4층 이상의 층에 있는 경우에는 무대부의 면적이 300 m² 이상인 것
(ㄷ) 무대부가 다) 외의 층에 있는 경우에는 무대부의 면적이 500 m² 이상인 것

03 ★

다음 물음에 답하시오. (40점)

물음 1 옥내소화전설비의 방수압력 점검 시 다음 물음에 답하시오. (10점)

(1) 최상층에서 방수압력이 0.21 MPa로 측정되었다. 이 때 노즐을 통한 방수량(L/min)을 계산하시오. (단, 옥내소화전 노즐 구경은 13 mm이며, 소수점 셋째자리에서 반올림하여 소수점 둘째자리까지 구하시오.) (6점)

(2) 노즐선단의 방수압력이 0.7 MPa을 초과 시 감압방식 4가지를 쓰고 각 방식에 대하여 설명하시오. (4점)

풀이&답

(1) $Q = 2.065 \times D^2 \times \sqrt{P} = 2.065 \times 13^2 \times \sqrt{0.21} = 159.925 = 159.93$ L/min

[별해]
방수량 $Q = 0.653 \times D^2 \times \sqrt{10P} = 0.653 \times 13^2 \times \sqrt{10 \times 0.21} = 159.922 = 159.92$ L/min

(2) 감압방식
1. 고가수조 방식 : 고가수조를 건축물의 옥상에 설치하여 저층부에 대하여 압력을 초과하지 않는 범위 내에서 사용하는 방식
2. 전용배관 방식 : 저층부와 고층부로 분리하여 별도의 입상관 및 펌프를 설치하여 압력을 공급하는 방식
3. 부스터(중계)펌프 방식 : 별도의 중간 부스터펌프 및 중간 수조를 설치하여 고층부에 압력을 공급하는 방식
4. 감압밸브 방식 : 압력을 초과하는 배관 상에 감압밸브를 설치하여 감압하는 방식
5. 감압용 오리피스방식 : 호스 접결구의 인입측에 감압용 오리피스를 설치하여 감압하는 방식

물음 2 초고층 및 지하연계 복합건축물 재난관리에 관한 특별법령상 피난안전구역에 관한 사항이다. 다음 물음에 답하시오. (7점)

(1) 지하층에 설치된 피난안전구역의 면적 산정기준을 쓰시오. (3점)
  ○ 지하층이 하나의 용도로 사용되는 경우
  ○ 지하층이 둘 이상의 용도로 사용되는 경우

풀이&답
○ 지하층이 하나의 용도로 사용되는 경우
  피난안전구역의 면적 (수용인원×0.1)×0.28 m²
○ 지하층이 둘 이상의 용도로 사용되는 경우
  피난안전구역의 면적 (사용형태별 수용인원의 합×0.1)×0.28 m²

(2) 피난안전구역에 설치해야 하는 소방시설의 종류를 소방설비별로 모두 쓰시오. (4점)
  ○ 소화설비
  ○ 경보설비
  ○ 피난설비
  ○ 소화활동설비

풀이&답
○ 소화설비 : 소화기구(소화기 및 간이소화용구만 해당한다), 옥내소화전설비 및 스프링클러설비
○ 경보설비 : 자동화재탐지설비
○ 피난설비 : 방열복, 공기호흡기(보조마스크를 포함한다), 인공소생기, 피난유도선(피난안전구역으로 통하는 직통계단 및 특별피난계단을 포함한다), 피난안전구역으로 피난을 유도하기 위한 유도등·유도표지, 비상조명등 및 휴대용비상조명등
○ 소화활동설비 : 제연설비, 무선통신보조설비

| 물음 3 소방시설 자체점검사항 등에 관한 고시상 다음 물음에 답하시오. (8점)
  (1) 자동화재탐지설비 및 시각경보장치 점검표에서 "수신기"의 점검항목 중 종합점검의 경우에만 해당하는 점검항목 5가지를 쓰시오. (5점)
  (2) 가스누설경보기 점검표에서 "수신부" 점검항목 3가지를 쓰시오. (3점)

풀이&답 (1) ● 개별 경계구역 표시 가능 회선수 확보 여부
           ● 축적기능 보유 여부(환기·면적·높이 조건 해당할 경우)
           ● 감지기·중계기·발신기 작동 경계구역 표시 여부(종합방재반 연동 포함)
           ● 1개 경계구역 1개 표시등 또는 문자 표시 여부
           ● 하나의 대상물에 수신기가 2 이상 설치된 경우 상호 연동되는지 여부

> **수신기 점검항목**
> ○ 수신기 설치장소 적정(관리용이) 여부
> ○ 조작스위치의 높이는 적정하며 정상 위치에 있는지 여부
> ● 개별 경계구역 표시 가능 회선수 확보 여부
> ● 축적기능 보유 여부(환기·면적·높이 조건 해당할 경우)
> ○ 경계구역 일람도 비치 여부
> ○ 수신기 음향기구의 음량·음색 구별 가능 여부
> ● 감지기·중계기·발신기 작동 경계구역 표시 여부(종합방재반 연동 포함)
> ● 1개 경계구역 1개 표시등 또는 문자 표시 여부
> ● 하나의 대상물에 수신기가 2 이상 설치된 경우 상호 연동되는지 여부
> ○ 수신기 기록장치 데이터 발생 표시시간과 표준시간 일치 여부

       (2) ○ 수신부 설치장소 적정 여부
           ○ 상용전원 공급 및 전원표시등 정상 점등 여부
           ○ 음향장치의 음량·음색·음압 적정 여부

| 물음 4 다음 물음에 답하시오. (5점)
(1) 공동주택의 화재안전기술기준(NFTC 608)상 옥내소화전설비 설치기준 3가지를 쓰시오. (3점)

풀이&답 1. 호스릴(hose reel) 방식으로 설치할 것
       2. 복층형 구조인 경우에는 출입구가 없는 층에 방수구를 설치하지 아니할 수 있다.
       3. 감시제어반 전용실은 피난층 또는 지하 1층에 설치할 것. 다만, 상시 사람이 근무하는 장소 또는 관계인이 쉽게 접근할 수 있고 관리가 용이한 장소에 감시제어반 전용실을 설치할 경우에는 지상 2층 또는 지하 2층에 설치할 수 있다.

(2) 전기저장시설의 화재안전기술기준(NFTC 607)상 자동화재탐지설비의 화재감지기에 관한 내용이다. ( )에 들어갈 내용을 쓰시오. (단, 옥외형 전기저장장치 설비는 제외한다.) (2점)

> ○ 화재감지기는 다음의 어느 하나에 해당하는 감지기를 설치해야 한다.
>   – (ㄱ) 또는 (ㄴ)(감지기의 신호처리방식은 「자동화재탐지설비 및 시각경보장치의 화재안전기술기준(NFTC 203)」 1.7.2에 따른다)
>   – 중앙소방기술심의위원회의 심의를 통해 전기저장장치 화재에 적응성이 있다고 인정된 감지기

풀이&답 (ㄱ) 공기흡입형 감지기
(ㄴ) 아날로그식 연기감지기

전기저장시설의 화재안전기술기준 자동화재탐지설비
2.4.2 화재감지기는 다음의 어느 하나에 해당하는 감지기를 설치해야 한다.
　2.4.2.1 공기흡입형 감지기 또는 아날로그식 연기감지기(감지기의 신호처리방식은 「자동화재탐지설비 및 시각경보장치의 화재안전기술기준(NFTC 203)」 1.7.2에 따른다)
　2.4.2.2 중앙소방기술심의위원회의 심의를 통해 전기저장장치 화재에 적응성이 있다고 인정된 감지기

소방시설관리사 2차

부록 1
소방시설등 점검표 출제예상문제

[비고]
※ 점검항목 중 "●"는 종합점검의 경우에만 해당한다.
※ 점검결과란은 양호 "○", 불량 "×", 해당없는 항목은 "/"로 표시한다.
※ 점검항목 내용 중 "설치기준" 및 "설치상태"에 대한 점검은 정상적인 작동 가능 여부를 포함한다.
※ '비고'란에는 특정소방대상물의 위치·구조·용도 및 소방시설의 상황 등이 이 표의 항목대로 기재하기 곤란하거나 이 표에서 누락된 사항을 기재한다.(이하 같다)

01 소화기구 및 자동소화장치 점검표

01 소화기구 및 자동소화장치의 점검표상 소화기구(소화기, 자동확산소화기, 간이소화용구)의 점검항목을 쓰시오.

풀이&답
○ 거주자 등이 손쉽게 사용할 수 있는 장소에 설치되어 있는지 여부
○ 설치높이 적합 여부
○ 배치거리(보행거리 소형 20 m 이내, 대형 30 m 이내) 적합 여부
○ 구획된 거실(바닥면적 33 m² 이상)마다 소화기 설치 여부
○ 소화기 표지 설치상태 적정 여부
○ 소화기의 변형·손상 또는 부식 등 외관의 이상 여부
○ 지시압력계(녹색범위)의 적정 여부
○ 수동식 분말소화기 내용연수(10년) 적정 여부
● 설치수량 적정 여부
● 적응성 있는 소화약제 사용 여부

02 소화기구 및 자동소화장치의 점검표상 주거용 주방 자동소화장치의 점검항목을 쓰시오.

풀이&답
○ 수신부의 설치상태 적정 및 정상(예비전원, 음향장치 등) 작동 여부
○ 소화약제의 지시압력 적정 및 외관의 이상 여부
○ 소화약제 방출구의 설치상태 적정 및 외관의 이상 여부
○ 감지부 설치상태 적정 여부
○ 탐지부 설치상태 적정 여부
○ 차단장치 설치상태 적정 및 정상 작동 여부

03 소화기구 및 자동소화장치의 점검표상 상업용 주방 자동소화장치의 점검항목을 쓰시오.

풀이&답
○ 소화약제의 지시압력 적정 및 외관의 이상 여부
○ 후드 및 덕트에 감지부와 분사헤드의 설치상태 적정 여부
○ 수동기동장치의 설치상태 적정 여부

04 소화기구 및 자동소화장치의 점검표상 캐비닛형 자동소화장치의 점검항목을 쓰시오.

풀이&답
○ 분사헤드의 설치상태 적합 여부
○ 화재감지기 설치상태 적합 여부 및 정상 작동 여부
○ 개구부 및 통기구 설치 시 자동폐쇄장치 설치 여부

05 소화기구 및 자동소화장치의 점검표상 가스·분말·고체에어로졸 자동소화장치의 점검항목을 쓰시오.

풀이&답
○ 수신부의 정상(예비전원, 음향장치 등) 작동 여부
○ 소화약제의 지시압력 적정 및 외관의 이상 여부
○ 감지부(또는 화재감지기) 설치상태 적정 및 정상 작동 여부

02 옥내소화전설비 점검표

01 옥내소화전설비 점검표상 수원의 점검항목을 쓰시오.

풀이&답
- ○ 주된수원의 유효수량 적정 여부(겸용설비 포함)
- ○ 보조수원(옥상)의 유효수량 적정 여부

02 옥내소화전설비 점검표상 수조의 점검항목을 쓰시오.

풀이&답
- ● 동결방지조치 상태 적정 여부
- ○ 수위계 설치상태 적정 또는 수위 확인 가능 여부
- ● 수조 외측 고정사다리 설치상태 적정 여부(바닥보다 낮은 경우 제외)
- ● 실내설치 시 조명설비 설치상태 적정 여부
- ○ "옥내소화전설비용 수조" 표지 설치상태 적정 여부
- ● 다른 소화설비와 겸용 시 겸용설비의 이름 표시한 표지 설치상태 적정 여부
- ● 수조–수직배관 접속부분 "옥내소화전설비용 배관" 표지 설치상태 적정 여부

03 옥내소화전설비 점검표상 가압송수장치[펌프방식]의 점검항목을 쓰시오.

풀이&답
- ● 동결방지조치 상태 적정 여부
- ○ 옥내소화전 방수량 및 방수압력 적정 여부
- ● 감압장치 설치 여부(방수압력 0.7MPa 초과 조건)
- ○ 성능시험배관을 통한 펌프 성능시험 적정 여부
- ● 다른 소화설비와 겸용인 경우 펌프 성능 확보 가능 여부
- ○ 펌프 흡입측 연성계·진공계 및 토출측 압력계 등 부속장치의 변형·손상 유무
- ● 기동장치 적정 설치 및 기동압력 설정 적정 여부
- ○ 기동스위치 설치 적정 여부(ON/OFF 방식)
- ● 주펌프와 동등이상 펌프 추가설치 여부
- ● 물올림장치 설치 적정(전용 여부, 유효수량, 배관구경, 자동급수) 여부
- ● 충압펌프 설치 적정(토출압력, 정격토출량) 여부
- ○ 내연기관 방식의 펌프 설치 적정(정상기동(기동장치 및 제어반) 여부, 축전지 상태, 연료량) 여부
- ○ 가압송수장치의 "옥내소화전펌프" 표지설치 여부 또는 다른 소화설비와 겸용 시 겸용설비 이름 표시 부착 여부

04 옥내소화전설비 점검표상 다음에 대한 가압송수장치의 점검항목을 쓰시오.
(1) 고가수조방식
(2) 압력수조방식
(3) 가압수조방식

풀이&답
(1) 고가수조방식
- ○ 수위계·배수관·급수관·오버플로우관·맨홀 등 부속장치의 변형·손상 유무

(2) 압력수조방식
- 압력수조의 압력 적정 여부
- 수위계·급수관·급기관·압력계·안전장치·공기압축기 등 부속장치의 변형·손상 유무
(3) 가압수조방식
- 가압수조 및 가압원 설치장소의 방화구획 여부
- 수위계·급수관·배수관·급기관·압력계 등 부속장치의 변형·손상 유무

05 옥내소화전설비 점검표상 송수구의 점검항목을 쓰시오.

풀이&답
- 설치장소 적정 여부
- 연결배관에 개폐밸브를 설치한 경우 개폐상태 확인 및 조작가능 여부
- 송수구 설치 높이 및 구경 적정 여부
- 자동배수밸브(또는 배수공)·체크밸브 설치 여부 및 설치 상태 적정 여부
- 송수구 마개 설치 여부

06 옥내소화전설비 점검표상 배관 등에 대한 점검항목을 쓰시오.

풀이&답
- 펌프의 흡입측 배관 여과장치의 상태 확인
- 성능시험배관 설치(개폐밸브, 유량조절밸브, 유량측정장치) 적정 여부
- 순환배관 설치(설치위치·배관구경, 릴리프밸브 개방압력) 적정 여부
- 동결방지조치 상태 적정 여부
- 급수배관 개폐밸브 설치(개폐표시형, 흡입측 버터플라이 제외) 적정 여부
- 다른 설비의 배관과의 구분 상태 적정 여부

07 옥내소화전설비 점검표상 함 및 방수구 등에 대한 점검항목을 쓰시오.

풀이&답
- 함 개방 용이성 및 장애물 설치 여부 등 사용 편의성 적정 여부
- 위치·기동 표시등 적정 설치 및 정상 점등 여부
- "소화전" 표시 및 사용요령(외국어 병기) 기재 표지판 설치상태 적정 여부
- 대형공간(기둥 또는 벽이 없는 구조) 소화전 함 설치 적정 여부
- 방수구 설치 적정 여부
- 함 내 소방호스 및 관창 비치 적정 여부
- 호스의 접결상태, 구경, 방수 압력 적정 여부
- 호스릴방식 노즐 개폐장치 사용 용이 여부

08 옥내소화전설비 점검표상 전원 등에 대한 점검항목을 쓰시오.

풀이&답
- 대상물 수전방식에 따른 상용전원 적정 여부
- 비상전원 설치장소 적정 및 관리 여부
- 자가발전설비인 경우 연료 적정량 보유 여부
- 자가발전설비인 경우 「전기사업법」에 따른 정기점검 결과 확인

09 옥내소화전설비 점검표상 감시제어반에 대한 점검항목을 쓰시오.

○ 펌프 작동 여부 확인 표시등 및 음향경보장치 정상작동 여부
○ 펌프 별 자동·수동 전환스위치 정상작동 여부
● 펌프 별 수동기동 및 수동중단 기능 정상작동 여부
● 상용전원 및 비상전원 공급 확인 가능 여부(비상전원 있는 경우)
● 수조·물올림탱크 저수위 표시등 및 음향경보장치 정상작동 여부
○ 각 확인회로 별 도통시험 및 작동시험 정상작동 여부
○ 예비전원 확보 유무 및 시험 적합 여부
● 감시제어반 전용실 적정 설치 및 관리 여부
● 기계·기구 또는 시설 등 제어 및 감시설비 외 설치 여부

10 옥내소화전설비 점검표상 동력제어반 및 발전기제어반에 대한 점검항목을 쓰시오.

[동력제어반]
○ 앞면은 적색으로 하고, "옥내소화전설비용 동력제어반" 표지 설치 여부
[발전기제어반]
● 소방전원보존형발전기는 이를 식별할 수 있는 표지 설치 여부

펌프성능시험(펌프 명판 및 설계치 참조)

구분		체절운전	정격운전 (100%)	정격유량의 150% 운전	적정 여부
토출량 (L/min)	주				1. 체절운전 시 토출압은 정격토출압의 140% 이하일 것 ( )
	예비				2. 정격운전 시 토출량과 토출압이 규정치 이상일 것 ( )
토출압 (MPa)	주				3. 정격토출량의 150%에서 토출압이 정격토출압의 65% 이상일 것 ( )
	예비				

※ 릴리프밸브 작동압력 :   MPa

○설정압력:
○주펌프
　기동:　　MPa
　정지:　　MPa
○예비펌프
　기동:　　MPa
　정지:　　MPa
○충압펌프
　기동:　　MPa
　정지:　　MPa

03 스프링클러설비 점검표

01 스프링클러설비 점검표상 수원의 점검항목을 쓰시오.

풀이&답
○ 주된수원의 유효수량 적정 여부(겸용설비 포함)
○ 보조수원(옥상)의 유효수량 적정 여부

02 스프링클러설비 점검표상 수조의 점검항목을 쓰시오.

풀이&답
● 동결방지조치 상태 적정 여부
○ 수위계 설치 또는 수위 확인 가능 여부
● 수조 외측 고정사다리 설치 여부(바닥보다 낮은 경우 제외)
● 실내설치 시 조명설비 설치 여부
○ "스프링클러설비용 수조" 표지설치 여부 및 설치 상태
● 다른 소화설비와 겸용 시 겸용설비의 이름 표시한 표지설치 여부
● 수조-수직배관 접속부분 "스프링클러설비용 배관" 표지설치 여부

03 스프링클러설비 점검표상 가압송수장치[펌프방식]의 점검항목을 쓰시오.

풀이&답
[펌프방식]
● 동결방지조치 상태 적정 여부
○ 성능시험배관을 통한 펌프 성능시험 적정 여부
● 다른 소화설비와 겸용인 경우 펌프 성능 확보 가능 여부
○ 펌프 흡입측 연성계·진공계 및 토출측 압력계 등 부속장치의 변형·손상 유무
● 기동장치 적정 설치 및 기동압력 설정 적정 여부
○ 물올림장치 설치 적정(전용 여부, 유효수량, 배관구경, 자동급수) 여부
● 충압펌프 설치 적정(토출압력, 정격토출량) 여부
○ 내연기관 방식의 펌프 설치 적정(정상기동(기동장치 및 제어반) 여부, 축전지 상태, 연료량) 여부
○ 가압송수장치의 "스프링클러펌프" 표지설치 여부 또는 다른 소화설비와 겸용 시 겸용설비 이름 표시 부착 여부

05 스프링클러설비 점검표상 다음에 대한 가압송수장치의 점검항목을 쓰시오.

(1) 고가수조방식
(2) 압력수조방식
(3) 가압수조방식

풀이&답
(1) 고가수조방식
  ○ 수위계·배수관·급수관·오버플로우관·맨홀 등 부속장치의 변형·손상 유무
(2) 압력수조방식
  ● 압력수조의 압력 적정 여부
  ○ 수위계·급수관·급기관·압력계·안전장치·공기압축기 등 부속장치의 변형·손상 유무

(3) 가압수조방식
- 가압수조 및 가압원 설치장소의 방화구획 여부
- 수위계·급수관·배수관·급기관·압력계 등 부속장치의 변형·손상 유무

05 스프링클러설비 점검표상 폐쇄형스프링클러설비 방호구역 및 유수검지장치의 점검항목을 쓰시오.

풀이&답
- 방호구역 적정 여부
- 유수검지장치 설치 적정(수량, 접근·점검 편의성, 높이) 여부
- 유수검지장치실 설치 적정(실내 또는 구획, 출입문 크기, 표지) 여부
- 자연낙차에 의한 유수압력과 유수검지장치의 유수검지압력 적정여부
- 조기반응형헤드 적합 유수검지장치 설치 여부

06 스프링클러설비 점검표상 개방형스프링클러설비 방수구역 및 일제개방밸브의 점검항목을 쓰시오.

풀이&답
- 방수구역 적정 여부
- 방수구역 별 일제개방밸브 설치 여부
- 하나의 방수구역을 담당하는 헤드 개수 적정 여부
- 일제개방밸브실 설치 적정(실내(구획), 높이, 출입문, 표지) 여부

07 스프링클러설비 점검표상 배관의 점검항목을 쓰시오.

풀이&답
- 펌프의 흡입측 배관 여과장치의 상태 확인
- 성능시험배관 설치(개폐밸브, 유량조절밸브, 유량측정장치) 적정 여부
- 순환배관 설치(설치위치·배관구경, 릴리프밸브 개방압력) 적정 여부
- 동결방지조치 상태 적정 여부
- 급수배관 개폐밸브 설치(개폐표시형, 흡입측 버터플라이 제외) 및 작동표시스위치 적정(제어반 표시 및 경보, 스위치 동작 및 도통시험) 여부
- 준비작동식 유수검지장치 및 일제개방밸브 2차측 배관 부대설비 설치 적정(개폐표시형 밸브, 수직배수배관·개폐밸브, 자동배수장치, 압력스위치 설치 및 감시제어반 개방 확인) 여부
- 유수검지장치 시험장치 설치 적정(설치위치, 배관구경, 개폐밸브 및 개방형 헤드, 물받이 통 및 배수관) 여부
- 주차장에 설치된 스프링클러 방식 적정(습식 외의 방식) 여부
- 다른 설비의 배관과의 구분 상태 적정 여부

08 스프링클러설비 점검표상 음향장치 및 기동장치의 점검항목을 쓰시오.

풀이&답
- 유수검지에 따른 음향장치 작동 가능 여부(습식·건식의 경우)
- 감지기 작동에 따라 음향장치 작동 여부(준비작동식 및 일제개방밸브의 경우)
- 음향장치 설치 담당구역 및 수평거리 적정 여부
- 주 음향장치 수신기 내부 또는 직근 설치 여부

● 우선경보방식에 따른 경보 적정 여부
○ 음향장치(경종 등) 변형·손상 확인 및 정상 작동(음량 포함) 여부

09 스프링클러설비 점검표상 음향장치 및 기동장치[펌프 작동]의 점검항목을 쓰시오.

풀이&답
○ 유수검지장치의 발신이나 기동용 수압개폐장치의 작동에 따른 펌프 기동 확인
  (습식·건식의 경우)
○ 화재감지기의 감지나 기동용 수압개폐장치의 작동에 따른 펌프 기동 확인
  (준비작동식 및 일제개방밸브의 경우)

10 스프링클러설비 점검표상 음향장치 및 기동장치[준비작동식유수검지장치 또는 일제개발밸브 작동]의 점검항목을 쓰시오.

풀이&답
○ 담당구역내 화재감지기 동작(수동 기동 포함)에 따라 개방 및 작동 여부
○ 수동조작함 (설치높이, 표시등) 설치 적정 여부

11 스프링클러설비 점검표상 헤드의 점검항목을 쓰시오.

풀이&답
○ 헤드의 변형·손상 유무
○ 헤드 설치 위치·장소·상태(고정) 적정 여부
○ 헤드 살수장애 여부
● 무대부 또는 연소우려 있는 개구부 개방형 헤드 설치 여부
● 조기반응형 헤드 설치 여부(의무 설치 장소의 경우)
● 경사진 천장의 경우 스프링클러헤드의 배치상태
● 연소할 우려가 있는 개구부 헤드 설치 적정 여부
● 습식·부압식스프링클러 외의 설비 상향식 헤드 설치 여부
● 측벽형 헤드 설치 적정 여부
● 감열부에 영향을 받을 우려가 있는 헤드의 차폐판 설치 여부

12 스프링클러설비 점검표상 송수구의 점검항목을 쓰시오.

풀이&답
○ 설치장소 적정 여부
● 연결배관에 개폐밸브를 설치한 경우 개폐상태 확인 및 조작가능 여부
● 송수구 설치 높이 및 구경 적정 여부
○ 송수압력범위 표시 표지 설치 여부
● 송수구 설치 개수 적정 여부(폐쇄형 스프링클러설비의 경우)
● 자동배수밸브(또는 배수공)·체크밸브 설치 여부 및 설치 상태 적정 여부
○ 송수구 마개 설치 여부

13 스프링클러설비 점검표상 전원의 점검항목을 쓰시오.

풀이&답
- ● 대상물 수전방식에 따른 상용전원 적정 여부
- ● 비상전원 설치장소 적정 및 관리 여부
- ○ 자가발전설비인 경우 연료 적정량 보유 여부
- ○ 자가발전설비인 경우 「전기사업법」에 따른 정기점검 결과 확인

14 스프링클러설비 점검표상 제어반[감시제어반]의 점검항목을 쓰시오.

풀이&답
- ○ 펌프 작동 여부 확인 표시등 및 음향경보장치 정상작동 여부
- ○ 펌프 별 자동·수동 전환스위치 정상작동 여부
- ● 펌프 별 수동기동 및 수동중단 기능 정상작동 여부
- ● 상용전원 및 비상전원 공급 확인 가능 여부(비상전원 있는 경우)
- ● 수조·물올림탱크 저수위 표시등 및 음향경보장치 정상작동 여부
- ○ 각 확인회로 별 도통시험 및 작동시험 정상작동 여부
- ○ 예비전원 확보 유무 및 시험 적합 여부
- ● 감시제어반 전용실 적정 설치 및 관리 여부
- ● 기계·기구 또는 시설 등 제어 및 감시설비 외 설치 여부
- ○ 유수검지장치·일제개방밸브 작동 시 표시 및 경보 정상작동 여부
- ○ 일제개방밸브 수동조작스위치 설치 여부
- ● 일제개방밸브 사용 설비 화재감지기 회로별 화재표시 적정 여부
- ● 감시제어반과 수신기 간 상호 연동 여부(별도로 설치된 경우)

15 스프링클러설비 점검표상 제어반[동력제어반 및 발전기제어반]의 점검항목을 쓰시오.

풀이&답
[동력제어반]
- ○ 앞면은 적색으로 하고, "스프링클러설비용 동력제어반" 표지 설치 여부

[발전기제어반]
- ● 소방전원보존형발전기는 이를 식별할 수 있는 표지 설치 여부

16 스프링클러설비 점검표상 헤드 설치제외의 점검항목을 쓰시오.

풀이&답
- ● 헤드 설치 제외 적정 여부(설치 제외된 경우)
- ● 드렌처설비 설치 적정 여부

04 간이스프링클러설비 점검표

01 간이스프링클러설비 점검표상 수조의 점검항목을 쓰시오.

풀이&답
- ○ 자동급수장치 설치 여부
- ● 동결방지조치 상태 적정 여부
- ○ 수위계 설치 또는 수위 확인 가능 여부
- ● 수조 외측 고정사다리 설치 여부(바닥보다 낮은 경우 제외)
- ● 실내설치 시 조명설비 설치 여부
- ○ "간이스프링클러설비용 수조" 표지 설치상태 적정 여부
- ● 다른 소화설비와 겸용 시 겸용설비의 이름 표시한 표지설치 여부
- ● 수조-수직배관 접속부분 "간이스프링클러설비용 배관" 표지설치 여부

02 간이스프링클러설비 점검표상 가압송수장치[펌프방식]의 점검항목을 쓰시오.

풀이&답
- ● 동결방지조치 상태 적정 여부
- ○ 성능시험배관을 통한 펌프 성능시험 적정 여부
- ● 다른 소화설비와 겸용인 경우 펌프 성능 확보 가능 여부
- ○ 펌프 흡입측 연성계·진공계 및 토출측 압력계 등 부속장치의 변형·손상 유무
- ● 기동장치 적정 설치 및 기동압력 설정 적정 여부
- ● 물올림장치 설치 적정(전용 여부, 유효수량, 배관구경, 자동급수) 여부
- ● 충압펌프 설치 적정(토출압력, 정격토출량) 여부
- ○ 내연기관 방식의 펌프 설치 적정(정상기동(기동장치 및 제어반) 여부, 축전지 상태, 연료량) 여부
- ○ 가압송수장치의 "간이스프링클러펌프" 표지설치 여부 또는 다른 소화설비와 겸용 시 겸용설비 이름 표시 부착 여부

03 간이스프링클러설비 점검표상 다음의 가압송수장치의 점검항목을 쓰시오.

(1) 상수도직결형
(2) 고가수조방식
(3) 압력수조방식
(4) 가압수조방식

풀이&답
(1) 상수도직결형
  - ○ 방수량 및 방수압력 적정 여부
(2) 고가수조방식
  - ○ 수위계·배수관·급수관·오버플로우관·맨홀 등 부속장치의 변형·손상 유무
(3) 압력수조방식
  - ● 압력수조의 압력 적정 여부
  - ○ 수위계·급수관·급기관·압력계·안전장치·공기압축기 등 부속장치의 변형·손상 유무
(4) 가압수조방식
  - ● 가압수조 및 가압원 설치장소의 방화구획 여부
  - ○ 수위계·급수관·배수관·급기관·압력계 등 부속장치의 변형·손상 유무

04 간이스프링클러설비 점검표상 방호구역 및 유수검지장치의 점검항목을 쓰시오.

- 방호구역 적정 여부
- 유수검지장치 설치 적정(수량, 접근·점검 편의성, 높이) 여부
◦ 유수검지장치실 설치 적정(실내 또는 구획, 출입문 크기, 표지) 여부
- 자연낙차에 의한 유수압력과 유수검지장치의 유수검지압력 적정여부
- 주차장에 설치된 간이스프링클러 방식 적정(습식 외의 방식) 여부

05 간이스프링클러설비 점검표상 배관 및 밸브의 점검항목을 쓰시오.

◦ 상수도직결형 수도배관 구경 및 유수검지에 따른 다른 배관 자동 송수 차단 여부
◦ 급수배관 개폐밸브 설치(개폐표시형, 흡입측 버터플라이 제외) 및 작동표시스위치 적정(제어반 표시 및 경보, 스위치 동작 및 도통시험) 여부
- 펌프의 흡입측 배관 여과장치의 상태 확인
- 성능시험배관 설치(개폐밸브, 유량조절밸브, 유량측정장치) 적정 여부
- 순환배관 설치(설치위치·배관구경, 릴리프밸브 개방압력) 적정 여부
- 동결방지조치 상태 적정 여부
◦ 준비작동식 유수검지장치 2차측 배관 부대설비 설치 적정(개폐표시형 밸브, 수직배수배관·개폐밸브, 자동배수장치, 압력스위치 설치 및 감시제어반 개방 확인) 여부
◦ 유수검지장치 시험장치 설치 적정(설치위치, 배관구경, 개폐밸브 및 개방형 헤드, 물받이 통 및 배수관) 여부
- 간이스프링클러설비 배관 및 밸브 등의 순서의 적정 시공 여부
- 다른 설비의 배관과의 구분 상태 적정 여부

06 간이스프링클러설비 점검표상 음향장치 및 기동장치의 점검항목을 쓰시오.

◦ 유수검지에 따른 음향장치 작동 가능 여부(습식의 경우)
- 음향장치 설치 담당구역 및 수평거리 적정 여부
- 주 음향장치 수신기 내부 또는 직근 설치 여부
- 우선경보방식에 따른 경보 적정 여부
◦ 음향장치(경종 등) 변형·손상 확인 및 정상 작동(음량 포함) 여부

07 간이스프링클러설비 점검표상 음향장치 및 기동장치[펌프방식과 준비작동식유수검지장치의 작동]의 점검항목을 쓰시오.

[펌프 작동]
◦ 유수검지장치의 발신이나 기동용 수압개폐장치의 작동에 따른 펌프 기동 확인(습식의 경우)
◦ 화재감지기의 감지나 기동용 수압개폐장치의 작동에 따른 펌프 기동 확인(준비작동식의 경우)

[준비작동식유수검지장치 작동]
◦ 담당구역내 화재감지기 동작(수동 기동 포함)에 따라 개방 및 작동 여부
◦ 수동조작함 (설치높이, 표시등) 설치 적정 여부

08 간이스프링클러설비 점검표상 간이헤드의 점검항목을 쓰시오.

풀이&답
- ○ 헤드의 변형·손상 유무
- ○ 헤드 설치 위치·장소·상태(고정) 적정 여부
- ○ 헤드 살수장애 여부
- ● 감열부에 영향을 받을 우려가 있는 헤드의 차폐판 설치 여부
- ● 헤드 설치 제외 적정 여부(설치 제외된 경우)

09 간이스프링클러설비 점검표상 송수구의 점검항목을 쓰시오.

풀이&답
- ○ 설치장소 적정 여부
- ● 연결배관에 개폐밸브를 설치한 경우 개폐상태 확인 및 조작가능 여부
- ● 송수구 설치 높이 및 구경 적정 여부
- ● 자동배수밸브(또는 배수공)·체크밸브 설치 여부 및 설치 상태 적정 여부
- ○ 송수구 마개 설치 여부

010 간이스프링클러설비 점검표상 제어반[감시제어반]의 점검항목을 쓰시오.

풀이&답
- ○ 펌프 작동 여부 확인 표시등 및 음향경보장치 정상작동 여부
- ○ 펌프 별 자동·수동 전환스위치 정상작동 여부
- ● 펌프 별 수동기동 및 수동중단 기능 정상작동 여부
- ● 상용전원 및 비상전원 공급 확인 가능 여부(비상전원 있는 경우)
- ● 수조·물올림탱크 저수위 표시등 및 음향경보장치 정상작동 여부
- ○ 각 확인회로 별 도통시험 및 작동시험 정상작동 여부
- ○ 예비전원 확보 유무 및 시험 적합 여부
- ● 감시제어반 전용실 적정 설치 및 관리 여부
- ● 기계·기구 또는 시설 등 제어 및 감시설비 외 설치 여부
- ○ 유수검지장치 작동 시 표시 및 경보 정상작동 여부
- ● 감시제어반과 수신기 간 상호 연동 여부(별도로 설치된 경우)

11 간이스프링클러설비 점검표상 전원의 점검항목을 쓰시오.

풀이&답
- ● 대상물 수전방식에 따른 상용전원 적정 여부
- ● 비상전원 설치장소 적정 및 관리 여부
- ○ 자가발전설비인 경우 연료 적정량 보유 여부
- ○ 자가발전설비인 경우「전기사업법」에 따른 정기점검 결과 확인

05 화재조기진압용 스프링클러설비 점검표

01 화재조기진압용 스프링클러설비 점검표상 설치장소의 구조 점검항목을 쓰시오.

풀이&답
- 설비 설치장소의 구조(층고, 내화구조, 방화구획, 천장 기울기, 천장 자재 돌출부 길이, 보 간격, 선반 물 침투구조) 적합 여부

02 화재조기진압용 스프링클러설비 점검표상 수원의 점검항목을 쓰시오.

풀이&답
○ 주된수원의 유효수량 적정 여부(겸용설비 포함)
○ 보조수원(옥상)의 유효수량 적정 여부

03 화재조기진압용 스프링클러설비 점검표상 수조의 점검항목을 쓰시오.

풀이&답
- 동결방지조치 상태 적정 여부
○ 수위계 설치 또는 수위 확인 가능 여부
- 수조 외측 고정사다리 설치 여부(바닥보다 낮은 경우 제외)
- 실내설치 시 조명설비 설치 여부
○ "화재조기진압용 스프링클러설비용 수조" 표지설치 여부 및 설치 상태
- 다른 소화설비와 겸용 시 겸용설비의 이름 표시한 표지설치 여부
- 수조-수직배관 접속부분 "화재조기진압용 스프링클러설비용 배관" 표지설치 여부

04 화재조기진압용 스프링클러설비 점검표상 가압송수장치[펌프방식]의 점검항목을 쓰시오.

풀이&답
- 동결방지조치 상태 적정 여부
○ 성능시험배관을 통한 펌프 성능시험 적정 여부
- 다른 소화설비와 겸용인 경우 펌프 성능 확보 가능 여부
○ 펌프 흡입측 연성계·진공계 및 토출측 압력계 등 부속장치의 변형·손상 유무
- 기동장치 적정 설치 및 기동압력 설정 적정 여부
○ 물올림장치 설치 적정(전용 여부, 유효수량, 배관구경, 자동급수) 여부
- 충압펌프 설치 적정(토출압력, 정격토출량) 여부
○ 내연기관 방식의 펌프 설치 적정(정상기동(기동장치 및 제어반) 여부, 축전지 상태, 연료량) 여부
○ 가압송수장치의 "화재조기진압용 스프링클러펌프" 표지설치 여부 또는 다른 소화설비와 겸용 시 겸용설비 이름 표시 부착 여부

05 화재조기진압용 스프링클러설비 점검표상 다음 가압송수장치의 점검항목을 쓰시오.
(1) 고가수조방식
(2) 압력수조방식
(3) 가압수조방식

풀이&답
(1) 고가수조방식
  ○ 수위계·배수관·급수관·오버플로우관·맨홀 등 부속장치의 변형·손상 유무
(2) 압력수조방식
  ● 압력수조의 압력 적정 여부
  ○ 수위계·급수관·급기관·압력계·안전장치·공기압축기 등 부속장치의 변형·손상 유무
(3) 가압수조방식
  ● 가압수조 및 가압원 설치장소의 방화구획 여부
  ○ 수위계·급수관·배수관·급기관·압력계 등 부속장치의 변형·손상 유무

06 화재조기진압용 스프링클러설비 점검표상 방호구역 및 유수검지장치의 점검항목을 쓰시오.

풀이&답
● 방호구역 적정 여부
● 유수검지장치 설치 적정(수량, 접근·점검 편의성, 높이) 여부
○ 유수검지장치실 설치 적정(실내 또는 구획, 출입문 크기, 표지) 여부
● 자연낙차에 의한 유수압력과 유수검지장치의 유수검지압력 적정여부

07 화재조기진압용 스프링클러설비 점검표상 배관의 점검항목을 쓰시오.

풀이&답
● 펌프의 흡입측 배관 여과장치의 상태 확인
● 성능시험배관 설치(개폐밸브, 유량조절밸브, 유량측정장치) 적정 여부
● 순환배관 설치(설치위치·배관구경, 릴리프밸브 개방압력) 적정 여부
● 동결방지조치 상태 적정 여부
○ 급수배관 개폐밸브 설치(개폐표시형, 흡입측 버터플라이 제외) 및 작동표시스위치 적정(제어반 표시 및 경보, 스위치 동작 및 도통시험) 여부
○ 유수검지장치 시험장치 설치 적정(설치위치, 배관구경, 개폐밸브 및 개방형 헤드, 물받이 통 및 배수관) 여부
● 다른 설비의 배관과의 구분 상태 적정 여부

08 화재조기진압용 스프링클러설비 점검표상 음향장치 및 기동장치의 점검항목을 쓰시오.

풀이&답
○ 유수검지에 따른 음향장치 작동 가능 여부
● 음향장치 설치 담당구역 및 수평거리 적정 여부
● 주 음향장치 수신기 내부 또는 직근 설치 여부
● 우선경보방식에 따른 경보 적정 여부
○ 음향장치(경종 등) 변형·손상 확인 및 정상 작동(음량 포함) 여부

09 화재조기진압용 스프링클러설비 점검표상 헤드의 점검항목을 쓰시오.

풀이&답
○ 헤드의 변형·손상 유무
○ 헤드 설치 위치·장소·상태(고정) 적정 여부
○ 헤드 살수장애 여부
● 감열부에 영향을 받을 우려가 있는 헤드의 차폐판 설치 여부

10 화재조기진압용 스프링클러설비 점검표상 저장물의 간격 및 환기구의 점검항목을 쓰시오.

[풀이&답]
- 저장물품 배치 간격 적정 여부
- 환기구 설치 상태 적정 여부

11 화재조기진압용 스프링클러설비 점검표상 송수구의 점검항목을 쓰시오.

[풀이&답]
○ 설치장소 적정 여부
● 연결배관에 개폐밸브를 설치한 경우 개폐상태 확인 및 조작가능 여부
● 송수구 설치 높이 및 구경 적정 여부
○ 송수압력범위 표시 표지 설치 여부
● 송수구 설치 개수 적정 여부
● 자동배수밸브(또는 배수공)·체크밸브 설치 여부 및 설치 상태 적정 여부
○ 송수구 마개 설치 여부

12 화재조기진압용 스프링클러설비 점검표상 전원의 점검항목을 쓰시오.

[풀이&답]
● 대상물 수전방식에 따른 상용전원 적정 여부
● 비상전원 설치장소 적정 및 관리 여부
○ 자가발전설비인 경우 연료 적정량 보유 여부
○ 자가발전설비인 경우「전기사업법」에 따른 정기점검 결과 확인

13 화재조기진압용 스프링클러설비 점검표상 제어반[감시제어반]의 점검항목을 쓰시오.

[풀이&답]
○ 펌프 작동 여부 확인 표시등 및 음향경보장치 정상작동 여부
○ 펌프 별 자동·수동 전환스위치 정상작동 여부
● 펌프 별 수동기동 및 수동중단 기능 정상작동 여부
● 상용전원 및 비상전원 공급 확인 가능 여부(비상전원 있는 경우)
● 수조·물올림탱크 저수위 표시등 및 음향경보장치 정상작동 여부
○ 각 확인회로 별 도통시험 및 작동시험 정상작동 여부
○ 예비전원 확보 유무 및 시험 적합 여부
● 감시제어반 전용실 적정 설치 및 관리 여부
● 기계·기구 또는 시설 등 제어 및 감시설비 외 설치 여부
○ 유수검지장치 작동 시 표시 및 경보 정상작동 여부
○ 감시제어반과 수신기 간 상호 연동 여부(별도로 설치된 경우)

14 화재조기진압용 스프링클러설비 점검표상 설치금지장소의 점검항목을 쓰시오.

[풀이&답]
● 설치가 금지된 장소(제4류 위험물 등이 보관된 장소) 설치 여부

06 물분무소화전설비 점검표

01 물분무소화설비 점검표상 수조의 점검항목을 쓰시오.

풀이&답
- 동결방지조치 상태 적정 여부
- 수위계 설치 또는 수위 확인 가능 여부
- 수조 외측 고정사다리 설치 여부(바닥보다 낮은 경우 제외)
- 실내설치 시 조명설비 설치 여부
- "물분무소화설비용 수조" 표지 설치상태 적정 여부
- 다른 소화설비와 겸용 시 겸용설비의 이름 표시한 표지설치 여부
- 수조-수직배관 접속부분 "물분무소화설비용 배관" 표지설치 여부

02 물분무소화설비 점검표상 가압송수장치[펌프방식]의 점검항목을 쓰시오.

풀이&답
- 동결방지조치 상태 적정 여부
- 성능시험배관을 통한 펌프 성능시험 적정 여부
- 다른 소화설비와 겸용인 경우 펌프 성능 확보 가능 여부
- 펌프 흡입측 연성계·진공계 및 토출측 압력계 등 부속장치의 변형·손상 유무
- 기동장치 적정 설치 및 기동압력 설정 적정 여부
- 물올림장치 설치 적정(전용 여부, 유효수량, 배관구경, 자동급수) 여부
- 충압펌프 설치 적정(토출압력, 정격토출량) 여부
- 내연기관 방식의 펌프 설치 적정(정상기동(기동장치 및 제어반) 여부, 축전지 상태, 연료량) 여부
- 가압송수장치의 "물분무소화설비펌프" 표지설치 여부 또는 다른 소화설비와 겸용 시 겸용설비 이름 표시 부착 여부

03 물분무소화설비 점검표상 다음 가압송수장치의 점검항목을 쓰시오.
(1) 고가수조방식
(2) 압력수조방식
(3) 가압수조방식

풀이&답
(1) 고가수조방식
- 수위계·배수관·급수관·오버플로우관·맨홀 등 부속장치의 변형·손상 유무

(2) 압력수조방식
- 압력수조의 압력 적정 여부
- 수위계·급수관·급기관·압력계·안전장치·공기압축기 등 부속장치의 변형·손상 유무

(3) 가압수조방식
- 가압수조 및 가압원 설치장소의 방화구획 여부
- 수위계·급수관·배수관·급기관·압력계 등 부속장치의 변형·손상 유무

04 물분무소화설비 점검표상 기동장치의 점검항목을 쓰시오.

풀이&답
○ 수동식 기동장치 조작에 따른 가압송수장치 및 개방밸브 정상 작동 여부
○ 수동식 기동장치 인근 "기동장치" 표지설치 여부
○ 자동식 기동장치는 화재감지기의 작동 및 헤드 개방과 연동하여 경보를 발하고, 가압송수장치 및 개방밸브 정상 작동 여부

05 물분무소화설비 점검표상 제어밸브 등의 점검항목을 쓰시오.

풀이&답
○ 제어밸브 설치 위치(높이) 적정 및 "제어밸브" 표지 설치 여부
● 자동개방밸브 및 수동식 개방밸브 설치위치(높이) 적정 여부
● 자동개방밸브 및 수동식 개방밸브 시험장치 설치 여부

06 물분무소화설비 점검표상 물분무헤드의 점검항목을 쓰시오.

풀이&답
○ 헤드의 변형·손상 유무
○ 헤드 설치 위치·장소·상태(고정) 적정 여부
● 전기절연 확보 위한 전기기기와 헤드 간 거리 적정 여부

07 물분무소화설비 점검표상 배관 등의 점검항목을 쓰시오.

풀이&답
● 펌프의 흡입측 배관 여과장치의 상태 확인
● 성능시험배관 설치(개폐밸브, 유량조절밸브, 유량측정장치) 적정 여부
● 순환배관 설치(설치위치·배관구경, 릴리프밸브 개방압력) 적정 여부
● 동결방지조치 상태 적정 여부
○ 급수배관 개폐밸브 설치(개폐표시형, 흡입측 버터플라이 제외) 및 작동표시스위치 적정(제어반 표시 및 경보, 스위치 동작 및 도통시험) 여부
● 다른 설비의 배관과의 구분 상태 적정 여부

08 물분무소화설비 점검표상 송수구의 점검항목을 쓰시오.

풀이&답
○ 설치장소 적정 여부
● 연결배관에 개폐밸브를 설치한 경우 개폐상태 확인 및 조작가능 여부
● 송수구 설치 높이 및 구경 적정 여부
○ 송수압력범위 표시 표지 설치 여부
● 송수구 설치 개수 적정 여부
● 자동배수밸브(또는 배수공)·체크밸브 설치 여부 및 설치 상태 적정 여부
○ 송수구 마개 설치 여부

09 물분무소화설비 점검표상 제어반[감시제어반, 동력제어반, 발전기제어반]의 점검항목을 쓰시오.

풀이&답

[감시제어반]
○ 펌프 작동 여부 확인 표시등 및 음향경보장치 정상작동 여부
○ 펌프 별 자동·수동 전환스위치 정상작동 여부
● 펌프 별 수동기동 및 수동중단 기능 정상작동 여부
● 상용전원 및 비상전원 공급 확인 가능 여부(비상전원 있는 경우)
● 수조·물올림탱크 저수위 표시등 및 음향경보장치 정상작동 여부
○ 각 확인회로 별 도통시험 및 작동시험 정상작동 여부
○ 예비전원 확보 유무 및 시험 적합 여부
● 감시제어반 전용실 적정 설치 및 관리 여부
● 기계·기구 또는 시설 등 제어 및 감시설비 외 설치 여부

[동력제어반]
○ 앞면은 적색으로 하고, "물분무소화설비용 동력제어반" 표지 설치 여부

[발전기제어반]
○ 소방전원보존형발전기는 이를 식별할 수 있는 표지 설치 여부

10 물분무소화설비 점검표상 전원의 점검항목을 쓰시오.

풀이&답

● 대상물 수전방식에 따른 상용전원 적정 여부
● 비상전원 설치장소 적정 및 관리 여부
○ 자가발전설비인 경우 연료 적정량 보유 여부
○ 자가발전설비인 경우 「전기사업법」에 따른 정기점검 결과 확인

07 미분무소화설비 점검표

01 미분무소화설비 점검표상 수원의 점검항목을 쓰시오.

풀이&답
- ○ 수원의 수질 및 필터(또는 스트레이너) 설치 여부
- ● 주배관 유입측 필터(또는 스트레이너) 설치 여부
- ○ 수원의 유효수량 적정 여부
- ● 첨가제의 양 산정 적정 여부(첨가제를 사용한 경우)

02 미분무소화설비 점검표상 수조의 점검항목을 쓰시오.

풀이&답
- ○ 전용 수조 사용 여부
- ● 동결방지조치 상태 적정 여부
- ○ 수위계 설치 또는 수위 확인 가능 여부
- ● 수조 외측 고정사다리 설치 여부(바닥보다 낮은 경우 제외)
- ● 실내설치 시 조명설비 설치 여부
- ○ "미분무설비용 수조" 표지 설치상태 적정 여부
- ● 수조-수직배관 접속부분 "미분무설비용 배관" 표지설치 여부

03 미분무소화설비 점검표상 가압송수장치[펌프방식]의 점검항목을 쓰시오.

풀이&답
- ● 동결방지조치 상태 적정 여부
- ● 전용 펌프 사용 여부
- ○ 펌프 토출측 압력계 등 부속장치의 변형·손상 유무
- ○ 성능시험배관을 통한 펌프 성능시험 적정 여부
- ○ 내연기관 방식의 펌프 설치 적정(정상기동(기동장치 및 제어반) 여부, 축전지 상태, 연료량) 여부
- ○ 가압송수장치의 "미분무펌프"등 표지설치 여부

04 미분무소화설비 점검표상 가압송수장치[압력수조방식]의 점검항목을 쓰시오.

풀이&답
- ○ 동결방지조치 상태 적정 여부
- ● 전용 압력수조 사용 여부
- ○ 압력수조의 압력 적정 여부
- ○ 수위계·급수관·급기관·압력계·안전장치·공기압축기 등 부속장치의 변형·손상 유무
- ○ 압력수조 토출측 압력계 설치 및 적정 범위 여부
- ○ 작동장치 구조 및 기능 적정 여부

05 미분무소화설비 점검표상 가압송수장치[가압수조방식]의 점검항목을 쓰시오.

풀이&답
- ● 전용 가압수조 사용 여부
- ● 가압수조 및 가압원 설치장소의 방화구획 여부
- ○ 수위계·급수관·배수관·급기관·압력계 등 구성품의 변형·손상 유무

06 미분무소화설비 점검표상 배관 등의 점검항목을 쓰시오.

- ○ 급수배관 개폐밸브 설치(개폐표시형, 흡입측 버터플라이 제외) 및 작동표시스위치 적정(제어반 표시 및 경보, 스위치 동작 및 도통시험) 여부
- ● 성능시험배관 설치(개폐밸브, 유량조절밸브, 유량측정장치) 적정 여부
- ● 동결방지조치 상태 적정 여부
- ○ 유수검지장치 시험장치 설치 적정(설치위치, 배관구경, 개폐밸브 및 개방형 헤드, 물받이 통 및 배수관) 여부
- ● 주차장에 설치된 미분무소화설비 방식 적정(습식 외의 방식) 여부
- ● 다른 설비의 배관과의 구분 상태 적정 여부

07 미분무소화설비 점검표상 배관 등[호스릴 방식]의 점검항목을 쓰시오.

- ● 방호대상물 각 부분으로부터 호스접결구까지 수평거리 적정 여부
- ○ 소화약제저장용기의 위치표시등 정상 점등 및 표지 설치 여부

08 미분무소화설비 점검표상 음향장치의 점검항목을 쓰시오.

- ○ 유수검지에 따른 음향장치 작동 가능 여부
- ○ 개방형 미분무설비는 감지기 작동에 따라 음향장치 작동 여부
- ● 음향장치 설치 담당구역 및 수평거리 적정 여부
- ● 주 음향장치 수신기 내부 또는 직근 설치 여부
- ● 우선경보방식에 따른 경보 적정 여부
- ○ 음향장치(경종 등) 변형·손상 확인 및 정상 작동(음량 포함) 여부
- ○ 발신기(설치높이, 설치거리, 표시등) 설치 적정 여부

09 미분무소화설비 점검표상 헤드의 점검항목을 쓰시오.

- ○ 헤드 설치 위치·장소·상태(고정) 적정 여부
- ○ 헤드의 변형·손상 유무
- ○ 헤드 살수장애 여부

10 미분무소화설비 점검표상 전원의 점검항목을 쓰시오.

- ● 대상물 수전방식에 따른 상용전원 적정 여부
- ● 비상전원 설치장소 적정 및 관리 여부
- ○ 자가발전설비인 경우 연료 적정량 보유 여부
- ○ 자가발전설비인 경우「전기사업법」에 따른 정기점검 결과 확인

11 미분무소화설비 점검표상 제어반[감시제어반, 동력제어반, 발전기제어반]의 점검항목을 쓰시오.

[감시제어반]
○ 펌프 작동 여부 확인 표시등 및 음향경보장치 정상작동 여부
○ 펌프 별 자동·수동 전환스위치 정상작동 여부
● 펌프 별 수동기동 및 수동중단 기능 정상작동 여부
● 상용전원 및 비상전원 공급 확인 가능 여부(비상전원 있는 경우)
● 수조·물올림탱크 저수위 표시등 및 음향경보장치 정상작동 여부
○ 각 확인회로 별 도통시험 및 작동시험 정상작동 여부
○ 예비전원 확보 유무 및 시험 적합 여부
● 감시제어반 전용실 적정 설치 및 관리 여부
● 기계·기구 또는 시설 등 제어 및 감시설비 외 설치 여부
○ 감시제어반과 수신기 간 상호 연동 여부(별도로 설치된 경우)

[동력제어반]
○ 앞면은 적색으로 하고, "미분무소화설비용 동력제어반" 표지 설치 여부

[발전기제어반]
○ 소방전원보존형발전기는 이를 식별할 수 있는 표지 설치 여부

08 포소화설비 점검표

01 포소화설비 점검표상 수조의 점검항목을 쓰시오.

[풀이&답]
- ● 동결방지조치 상태 적정 여부
- ○ 수위계 설치 또는 수위 확인 가능 여부
- ● 수조 외측 고정사다리 설치 여부(바닥보다 낮은 경우 제외)
- ● 실내설치 시 조명설비 설치 여부
- ○ "포소화설비용 수조" 표지설치 여부 및 설치 상태
- ● 다른 소화설비와 겸용 시 겸용설비의 이름 표시한 표지설치 여부
- ● 수조-수직배관 접속부분 "포소화설비용 배관" 표지설치 여부

02 포소화설비 점검표상 가압송수장치의 점검항목을 쓰시오.

[풀이&답]
[펌프방식]
- ● 동결방지조치 상태 적정 여부
- ○ 성능시험배관을 통한 펌프 성능시험 적정 여부
- ● 다른 소화설비와 겸용인 경우 펌프 성능 확보 가능 여부
- ○ 펌프 흡입측 연성계·진공계 및 토출측 압력계 등 부속장치의 변형·손상 유무
- ● 기동장치 적정 설치 및 기동압력 설정 적정 여부
- ○ 물올림장치 설치 적정(전용 여부, 유효수량, 배관구경, 자동급수) 여부
- ● 충압펌프 설치 적정(토출압력, 정격토출량) 여부
- ○ 내연기관 방식의 펌프 설치 적정(정상기동(기동장치 및 제어반) 여부, 축전지 상태, 연료량) 여부
- ○ 가압송수장치의 "포소화설비펌프" 표지설치 여부 또는 다른 소화설비와 겸용 시 겸용설비 이름 표시 부착 여부

[고가수조방식]
- ○ 수위계·배수관·급수관·오버플로우관·맨홀 등 부속장치의 변형·손상 유무

[압력수조방식]
- ● 압력수조의 압력 적정 여부
- ○ 수위계·급수관·급기관·압력계·안전장치·공기압축기 등 부속장치의 변형·손상 유무

[가압수조방식]
- ● 가압수조 및 가압원 설치장소의 방화구획 여부
- ○ 수위계·급수관·배수관·급기관·압력계 등 부속장치의 변형·손상 유무

03 포소화설비 점검표상 배관 등의 점검항목을 쓰시오.

[풀이&답]
- ● 송액관 기울기 및 배액밸브 설치 적정 여부
- ● 펌프의 흡입측 배관 여과장치의 상태 확인
- ● 성능시험배관 설치(개폐밸브, 유량조절밸브, 유량측정장치) 적정 여부
- ● 순환배관 설치(설치위치·배관구경, 릴리프밸브 개방압력) 적정 여부
- ● 동결방지조치 상태 적정 여부

○ 급수배관 개폐밸브 설치(개폐표시형, 흡입측 버터플라이 제외) 적정 여부
○ 급수배관 개폐밸브 작동표시스위치 설치 적정(제어반 표시 및 경보, 스위치 동작 및 도통시험, 전기배선 종류) 여부
● 다른 설비의 배관과의 구분 상태 적정 여부

04 포소화설비 점검표상 송수구의 점검항목을 쓰시오.

풀이&답
○ 설치장소 적정 여부
● 연결배관에 개폐밸브를 설치한 경우 개폐상태 확인 및 조작가능 여부
● 송수구 설치 높이 및 구경 적정 여부
○ 송수압력범위 표시 표지 설치 여부
● 송수구 설치 개수 적정 여부
● 자동배수밸브(또는 배수공)·체크밸브 설치 여부 및 설치 상태 적정 여부
○ 송수구 마개 설치 여부

05 포소화설비 점검표상 저장탱크의 점검항목을 쓰시오.

풀이&답
● 포약제 변질 여부
● 액면계 또는 계량봉 설치상태 및 저장량 적정 여부
● 그라스게이지 설치 여부(가압식이 아닌 경우)
○ 포소화약제 저장량의 적정 여부

06 포소화설비 점검표상 개방밸브의 점검항목을 쓰시오.

풀이&답
○ 자동 개방밸브 설치 및 화재감지장치의 작동에 따라 자동으로 개방되는지 여부
○ 수동식 개방밸브 적정 설치 및 작동 여부

07 포소화설비 점검표상 기동장치[수동식 기동장치, 자동식 기동장치]의 점검항목을 쓰시오.

풀이&답
[수동식 기동장치]
○ 직접·원격조작 가압송수장치·수동식개방밸브·소화약제혼합장치 기동 여부
● 기동장치 조작부의 접근성 확보, 설치 높이, 보호장치 설치 적정 여부
○ 기동장치 조작부 및 호스접결구 인근 "기동장치의 조작부" 및 "접결구" 표지설치 여부
● 수동식 기동장치 설치개수 적정 여부

[자동식 기동장치]
○ 화재감지기 또는 폐쇄형 스프링클러헤드의 개방과 연동하여 가압송수장치·일제개방밸브 및 포소화약제 혼합장치 기동 여부
● 폐쇄형 스프링클러헤드 설치 적정 여부
● 화재감지기 및 발신기 설치 적정 여부
● 동결우려 장소 자동식기동장치 자동화재탐지설비 연동 여부

08 포소화설비 점검표상 기동장치[자동경보장치]의 점검항목을 쓰시오.

풀이&답
- ○ 방사구역 마다 발신부(또는 층별 유수검지장치) 설치 여부
- ○ 수신기는 설치 장소 및 헤드개방·감지기 작동 표시장치 설치 여부
- ● 2 이상 수신기 설치 시 수신기간 상호 동시 통화 가능 여부

09 포소화설비 점검표상 포헤드의 점검항목을 쓰시오.

풀이&답
- ○ 헤드의 변형·손상 유무
- ○ 헤드 수량 및 위치 적정 여부
- ○ 헤드 살수장애 여부

10 포소화설비 점검표상 호스릴포소화설비 및 포소화전설비의 점검항목을 쓰시오.

풀이&답
- ○ 방수구와 호스릴함 또는 호스함 사이의 거리 적정 여부
- ○ 호스릴함 또는 호스함 설치 높이, 표지 및 위치표시등 설치 여부
- ● 방수구 설치 및 호스릴·호스 길이 적정 여부

11 포소화설비 점검표상 전역방출방식의 고발포용 고정포 방출구의 점검항목을 쓰시오.

풀이&답
- ○ 개구부 자동폐쇄장치 설치 여부
- ● 방호구역의 관포체적에 대한 포수용액 방출량 적정 여부
- ● 고정포방출구 설치 개수 적정 여부
- ○ 고정포방출구 설치 위치(높이) 적정 여부

12 포소화설비 점검표상 국소방출방식의 고발포용 고정포 방출구의 점검항목을 쓰시오.

풀이&답
- ● 방호대상물 범위 설정 적정 여부
- ● 방호대상물별 방호면적에 대한 포수용액 방출량 적정 여부

13 포소화설비 점검표상 전원의 점검항목을 쓰시오.

풀이&답
- ● 대상물 수전방식에 따른 상용전원 적정 여부
- ● 비상전원 설치장소 적정 및 관리 여부
- ○ 자가발전설비인 경우 연료 적정량 보유 여부
- ○ 자가발전설비인 경우「전기사업법」에 따른 정기점검 결과 확인

14 포소화설비 점검표상 제어반[감시제어반, 동력제어반, 발전기제어반]의 점검항목을 쓰시오.

풀이&답

[감시제어반]
- ○ 펌프 작동 여부 확인 표시등 및 음향경보장치 정상작동 여부
- ○ 펌프 별 자동·수동 전환스위치 정상작동 여부
- ● 펌프 별 수동기동 및 수동중단 기능 정상작동 여부
- ● 상용전원 및 비상전원 공급 확인 가능 여부(비상전원 있는 경우)
- ● 수조·물올림탱크 저수위 표시등 및 음향경보장치 정상작동 여부
- ○ 각 확인회로 별 도통시험 및 작동시험 정상작동 여부
- ○ 예비전원 확보 유무 및 시험 적합 여부
- ● 감시제어반 전용실 적정 설치 및 관리 여부
- ● 기계·기구 또는 시설 등 제어 및 감시설비 외 설치 여부

[동력제어반]
- ○ 앞면은 적색으로 하고, "포소화설비용 동력제어반" 표지 설치 여부

[발전기제어반]
- ● 소방전원보존형발전기는 이를 식별할 수 있는 표지 설치 여부

09 이산화탄소소화설비 점검표

01 이산화탄소소화설비 점검표상 저장용기(저압식 포함)의 점검항목을 쓰시오.

[풀이&답]
- 설치장소 적정 및 관리 여부
- 저장용기 설치장소 표지 설치 여부
- 저장용기 설치 간격 적정 여부
- 저장용기 개방밸브 자동·수동 개방 및 안전장치 부착 여부
- 저장용기와 집합관 연결배관 상 체크밸브 설치 여부
- 저장용기와 선택밸브(또는 개폐밸브) 사이 안전장치 설치 여부

[저압식]
- 안전밸브 및 봉판 설치 적정(작동 압력) 여부
- 액면계·압력계 설치 여부 및 압력강하경보장치 작동 압력 적정 여부
- 자동냉동장치의 기능

02 이산화탄소소화설비 점검표상 기동장치의 점검항목을 쓰시오.

[풀이&답]
- 방호구역별 출입구 부근 소화약제 방출표시등 설치 및 정상 작동 여부

[수동식 기동장치]
- 기동장치 부근에 비상스위치 설치 여부
- 방호구역별 또는 방호대상별 기동장치 설치 여부
- 기동장치 설치 적정(출입구 부근 등, 높이, 보호장치, 표지, 전원표시등) 여부
- 방출용 스위치 음향경보장치 연동 여부

[자동식 기동장치]
- 감지기 작동과의 연동 및 수동기동 가능 여부
- 저장용기 수량에 따른 전자 개방밸브 수량 적정 여부(전기식 기동장치의 경우)
- 기동용 가스용기의 용적, 충전압력 적정 여부(가스압력식 기동장치의 경우)
- 기동용 가스용기의 안전장치, 압력게이지 설치 여부(가스압력식 기동장치의 경우)
- 저장용기 개방구조 적정 여부(기계식 기동장치의 경우)

03 이산화탄소소화설비 점검표상 제어반 및 화재표시반의 점검항목을 쓰시오.

[풀이&답]
- 설치장소 적정 및 관리 여부
- 회로도 및 취급설명서 비치 여부
- 수동잠금밸브 개폐여부 확인 표시등 설치 여부

[제어반]
- 수동기동장치 또는 감지기 신호 수신 시 음향경보장치 작동 기능 정상 여부
- 소화약제 방출·지연 및 기타 제어 기능 적정 여부
- 전원표시등 설치 및 정상 점등 여부

[화재표시반]
○ 방호구역별 표시등(음향경보장치 조작, 감지기 작동), 경보기 설치 및 작동 여부
○ 수동식 기동장치 작동표시 표시등 설치 및 정상 작동 여부
○ 소화약제 방출표시등 설치 및 정상 작동 여부
● 자동식기동장치 자동·수동 절환 및 절환표시등 설치 및 정상 작동 여부

04 이산화탄소소화설비 점검표상 배관 등의 점검항목을 쓰시오.

풀이&답
○ 배관의 변형·손상 유무
● 수동잠금밸브 설치 위치 적정 여부

05 이산화탄소소화설비 점검표상 분사헤드의 점검항목을 쓰시오.

풀이&답
[전역방출방식]
○ 분사헤드의 변형·손상 유무
● 분사헤드의 설치위치 적정 여부

[국소방출방식]
○ 분사헤드의 변형·손상 유무
● 분사헤드의 설치장소 적정 여부

[호스릴방식]
● 방호대상물 각 부분으로부터 호스접결구까지 수평거리 적정 여부
○ 소화약제저장용기의 위치표시등 정상 점등 및 표지 설치 여부
● 호스릴소화설비 설치장소 적정 여부

06 이산화탄소소화설비 점검표상 화재감지기의 점검항목을 쓰시오.

풀이&답
○ 방호구역별 화재감지기 감지에 의한 기동장치 작동 여부
● 교차회로(또는 NFSC 203 제7조제1항 단서 감지기) 설치 여부
● 화재감지기별 유효 바닥면적 적정 여부

07 이산화탄소소화설비 점검표상 음향경보장치의 점검항목을 쓰시오.

풀이&답
○ 기동장치 조작 시(수동식-방출용스위치, 자동식-화재감지기) 경보 여부
○ 약제 방사 개시(또는 방출 압력스위치 작동) 후 경보 적정 여부
● 방호구역 또는 방호대상물 구획 안에서 유효한 경보 가능 여부

[방송에 따른 경보장치]
● 증폭기 재생장치의 설치장소 적정 여부
● 방호구역·방호대상물에서 확성기 간 수평거리 적정 여부
● 제어반 복구스위치 조작 시 경보 지속 여부

08 이산화탄소소화설비 점검표상 자동폐쇄장치의 점검항목을 쓰시오.

풀이&답
○ 환기장치 자동정지 기능 적정 여부
○ 개구부 및 통기구 자동폐쇄장치 설치 장소 및 기능 적합 여부
● 자동폐쇄장치 복구장치 설치기준 적합 및 위치표지 적합 여부

09 이산화탄소소화설비 점검표상 비상전원의 점검항목을 쓰시오.

풀이&답
● 설치장소 적정 및 관리 여부
○ 자가발전설비인 경우 연료 적정량 보유 여부
○ 자가발전설비인 경우「전기사업법」에 따른 정기점검 결과 확인

10 이산화탄소소화설비 점검표상 (1) 배출설비, (2) 과압배출구의 점검항목을 쓰시오.

풀이&답
(1) 배출설비
 ● 배출설비 설치상태 및 관리 여부
(2) 과압배출구
 ● 과압배출구 설치상태 및 관리 여부

11 이산화탄소소화설비 점검표상 안전시설 등의 점검항목을 쓰시오.

풀이&답
○ 소화약제 방출알림 시각경보장치 설치기준 적합 및 정상 작동 여부
○ 방호구역 출입구 부근 잘 보이는 장소에 소화약제 방출 위험경고표지 부착 여부
○ 방호구역 출입구 외부 인근에 공기호흡기 설치 여부

10 할론소화설비 점검표

01 할론소화설비 점검표상 저장용기의 점검항목을 쓰시오.

풀이&답
- 설치장소 적정 및 관리 여부
- ○ 저장용기 설치장소 표지 설치상태 적정 여부
- 저장용기 설치 간격 적정 여부
- ○ 저장용기 개방밸브 자동·수동 개방 및 안전장치 부착 여부
- 저장용기와 집합관 연결배관 상 체크밸브 설치 여부
- 저장용기와 선택밸브(또는 개폐밸브) 사이 안전장치 설치 여부
- ○ 축압식 저장용기의 압력 적정 여부
- 가압용 가스용기 내 질소가스 사용 및 압력 적정 여부
- 가압식 저장용기 압력조정장치 설치 여부

02 할론소화설비 점검표상 기동장치의 점검항목을 쓰시오.

풀이&답
○ 방호구역별 출입구 부근 소화약제 방출표시등 설치 및 정상 작동 여부

[수동식 기동장치]
○ 기동장치 부근에 비상스위치 설치 여부
● 방호구역별 또는 방호대상별 기동장치 설치 여부
○ 기동장치 설치상태 적정(출입구 부근 등, 높이, 보호장치, 표지, 전원표시등) 여부
○ 방출용 스위치 음향경보장치 연동 여부

[자동식 기동장치]
○ 감지기 작동과의 연동 및 수동기동 가능 여부
● 저장용기 수량에 따른 전자 개방밸브 수량 적정 여부(전기식 기동장치의 경우)
○ 기동용 가스용기의 용적, 충전압력 적정 여부(가스압력식 기동장치의 경우)
● 기동용 가스용기의 안전장치, 압력게이지 설치 여부(가스압력식 기동장치의 경우)
● 저장용기 개방구조 적정 여부(기계식 기동장치의 경우)

03 할론소화설비 점검표상 제어반 및 화재표시반의 점검항목을 쓰시오.

풀이&답
○ 설치장소 적정 및 관리 여부
○ 회로도 및 취급설명서 비치 여부

[제어반]
○ 수동기동장치 또는 감지기 신호 수신 시 음향경보장치 작동 기능 정상 여부
○ 소화약제 방출·지연 및 기타 제어 기능 적정 여부
○ 전원표시등 설치 및 정상 점등 여부

[화재표시반]
○ 방호구역별 표시등(음향경보장치 조작, 감지기 작동), 경보기 설치 및 작동 여부
○ 수동식 기동장치 작동표시 표시등 설치 및 정상 작동 여부
○ 소화약제 방출표시등 설치 및 정상 작동 여부
● 자동식기동장치 자동·수동 절환 및 절환표시등 설치 및 정상 작동 여부

04 할론소화설비 점검표상 분사헤드의 점검항목을 쓰시오.

[전역방출방식]
- ○ 분사헤드의 변형·손상 유무
- ● 분사헤드의 설치위치 적정 여부

[국소방출방식]
- ○ 분사헤드의 변형·손상 유무
- ● 분사헤드의 설치장소 적정 여부

[호스릴방식]
- ● 방호대상물 각 부분으로부터 호스접결구까지 수평거리 적정 여부
- ○ 소화약제저장용기의 위치표시등 정상 점등 및 표지 설치상태 적정 여부
- ● 호스릴소화설비 설치장소 적정 여부

05 할론소화설비 점검표상 화재감지기의 점검항목을 쓰시오.

- ○ 방호구역별 화재감지기 감지에 의한 기동장치 작동 여부
- ● 교차회로(또는 NFSC 203 제7조제1항 단서 감지기) 설치 여부
- ● 화재감지기별 유효 바닥면적 적정 여부

06 할론소화설비 점검표상 음향경보장치의 점검항목을 쓰시오.

- ○ 기동장치 조작 시(수동식-방출용스위치, 자동식-화재감지기) 경보 여부
- ○ 약제 방사 개시(또는 방출 압력스위치 작동) 후 경보 적정 여부
- ● 방호구역 또는 방호대상물 구획 안에서 유효한 경보 가능 여부

[방송에 따른 경보장치]
- ● 증폭기 재생장치의 설치장소 적정 여부
- ● 방호구역·방호대상물에서 확성기 간 수평거리 적정 여부
- ● 제어반 복구스위치 조작 시 경보 지속 여부

07 할론소화설비 점검표상 자동폐쇄장치의 점검항목을 쓰시오.

- ○ 환기장치 자동정지 기능 적정 여부
- ○ 개구부 및 통기구 자동폐쇄장치 설치 장소 및 기능 적합 여부
- ● 자동폐쇄장치 복구장치 및 위치표지 설치상태 적정 여부

08 할론소화설비 점검표상 비상전원의 점검항목을 쓰시오.

- ● 설치장소 적정 및 관리 여부
- ○ 자가발전설비인 경우 연료 적정량 보유 여부
- ○ 자가발전설비인 경우 「전기사업법」에 따른 정기점검 결과 확인

11 할로겐화합물 및 불활성기체소화설비 점검표

01 할로겐화합물 및 불활성기체소화설비 점검표상 저장용기의 점검항목을 쓰시오.

풀이&답
- 설치장소 적정 및 관리 여부
- 저장용기 설치장소 표지 설치 여부
- 저장용기 설치 간격 적정 여부
- 저장용기 개방밸브 자동·수동 개방 및 안전장치 부착 여부
- 저장용기와 집합관 연결배관 상 체크밸브 설치 여부

02 할로겐화합물 및 불활성기체소화설비 점검표상 기동장치의 점검항목을 쓰시오.

풀이&답
- 방호구역별 출입구 부근 소화약제 방출표시등 설치 및 정상 작동 여부

[수동식 기동장치]
- 기동장치 부근에 비상스위치 설치 여부
- 방호구역별 또는 방호대상별 기동장치 설치 여부
- 기동장치 설치 적정(출입구 부근 등, 높이, 보호장치, 표지, 전원표시등) 여부
- 방출용 스위치 음향경보장치 연동 여부

[자동식 기동장치]
- 감지기 작동과의 연동 및 수동기동 가능 여부
- 저장용기 수량에 따른 전자 개방밸브 수량 적정 여부(전기식 기동장치의 경우)
- 기동용 가스용기의 용적, 충전압력 적정 여부(가스압력식 기동장치의 경우)
- 기동용 가스용기의 안전장치, 압력게이지 설치 여부(가스압력식 기동장치의 경우)
- 저장용기 개방구조 적정 여부(기계식 기동장치의 경우)

03 할로겐화합물 및 불활성기체소화설비 점검표상 제어반 및 화재표시반의 점검항목을 쓰시오.

풀이&답
- 설치장소 적정 및 관리 여부
- 회로도 및 취급설명서 비치 여부

[제어반]
- 수동기동장치 또는 감지기 신호 수신 시 음향경보장치 작동 기능 정상 여부
- 소화약제 방출·지연 및 기타 제어 기능 적정 여부
- 전원표시등 설치 및 정상 점등 여부

[화재표시반]
- 방호구역별 표시등(음향경보장치 조작, 감지기 작동), 경보기 설치 및 작동 여부
- 수동식 기동장치 작동표시 표시등 설치 및 정상 작동 여부
- 소화약제 방출표시등 설치 및 정상 작동 여부
- 자동식기동장치 자동·수동 절환 및 절환표시등 설치 및 정상 작동 여부

04 할로겐화합물 및 불활성기체소화설비 점검표상 분사헤드의 점검항목을 쓰시오.

○ 분사헤드의 변형·손상 유무
● 분사헤드의 설치높이 적정 여부

05 할로겐화합물 및 불활성기체소화설비 점검표상 화재감지기의 점검항목을 쓰시오.

○ 방호구역별 화재감지기 감지에 의한 기동장치 작동 여부
● 교차회로(또는 NFSC 203 제7조제1항 단서 감지기) 설치 여부
● 화재감지기별 유효 바닥면적 적정 여부

06 할로겐화합물 및 불활성기체소화설비 점검표상 음향경보장치의 점검항목을 쓰시오.

○ 기동장치 조작 시(수동식-방출용스위치, 자동식-화재감지기) 경보 여부
○ 약제 방사 개시(또는 방출 압력스위치 작동) 후 경보 적정 여부
● 방호구역 또는 방호대상물 구획 안에서 유효한 경보 가능 여부

[방송에 따른 경보장치]
● 증폭기 재생장치의 설치장소 적정 여부
● 방호구역·방호대상물에서 확성기 간 수평거리 적정 여부
● 제어반 복구스위치 조작 시 경보 지속 여부

07 할로겐화합물 및 불활성기체소화설비 점검표상 자동폐쇄장치의 점검항목을 쓰시오.

○ 환기장치 자동정지 기능 적정 여부
○ 개구부 및 통기구 자동폐쇄장치 설치 장소 및 기능 적합 여부
● 자동폐쇄장치 복구장치 설치기준 적합 및 위치표지 적합 여부

08 할로겐화합물 및 불활성기체소화설비 점검표상 비상전원의 점검항목을 쓰시오.

● 설치장소 적정 및 관리 여부
○ 자가발전설비인 경우 연료 적정량 보유 여부
○ 자가발전설비인 경우 「전기사업법」에 따른 정기점검 결과 확인

09 할로겐화합물 및 불활성기체소화설비 점검표상 과압배출구의 점검항목을 쓰시오.

● 과압배출구 설치상태 및 관리 여부

12 분말소화설비 점검표

01 분말소화설비 점검표상 저장용기의 점검항목을 쓰시오.

풀이&답
- ● 설치장소 적정 및 관리 여부
- ○ 저장용기 설치장소 표지 설치 여부
- ● 저장용기 설치 간격 적정 여부
- ○ 저장용기 개방밸브 자동·수동 개방 및 안전장치 부착 여부
- ● 저장용기와 집합관 연결배관 상 체크밸브 설치 여부
- ● 저장용기 안전밸브 설치 적정 여부
- ● 저장용기 정압작동장치 설치 적정 여부
- ● 저장용기 청소장치 설치 적정 여부
- ○ 저장용기 지시압력계 설치 및 충전압력 적정 여부(축압식의 경우)

> **[23회 점검]**
> 소방시설등(작동점검·종합점검) 점검표상 분말소화설비 점검표의 저장용기 점검항목 중 종합점검의 경우에만 해당하는 점검항목 6가지를 쓰시오. (6점)

02 분말소화설비 점검표상 가압용 가스용기의 점검항목을 쓰시오.

풀이&답
- ○ 가압용 가스용기 저장용기 접속 여부
- ○ 가압용 가스용기 전자개방밸브 부착 적정 여부
- ○ 가압용 가스용기 압력조정기 설치 적정 여부
- ○ 가압용 또는 축압용 가스 종류 및 가스량 적정 여부
- ● 배관 청소용 가스 별도 용기 저장 여부

03 분말소화설비 점검표상 기동장치의 점검항목을 쓰시오.

풀이&답
○ 방호구역별 출입구 부근 소화약제 방출표시등 설치 및 정상 작동 여부

[수동식 기동장치]
- ○ 기동장치 부근에 비상스위치 설치 여부
- ● 방호구역별 또는 방호대상별 기동장치 설치 여부
- ○ 기동장치 설치 적정(출입구 부근 등, 높이, 보호장치, 표지, 전원표시등) 여부
- ○ 방출용 스위치 음향경보장치 연동 여부

[자동식 기동장치]
- ○ 감지기 작동과의 연동 및 수동기동 가능 여부
- ● 저장용기 수량에 따른 전자 개방밸브 수량 적정 여부(전기식 기동장치의 경우)
- ○ 기동용 가스용기의 용적, 충전압력 적정 여부(가스압력식 기동장치의 경우)
- ● 기동용 가스용기의 안전장치, 압력게이지 설치 여부(가스압력식 기동장치의 경우)
- ● 저장용기 개방구조 적정 여부(기계식 기동장치의 경우)

04 분말소화설비 점검표상 제어반 및 화재표시반의 점검항목을 쓰시오.

풀이&답
○ 설치장소 적정 및 관리 여부
○ 회로도 및 취급설명서 비치 여부

[제어반]
○ 수동기동장치 또는 감지기 신호 수신 시 음향경보장치 작동 기능 정상 여부
○ 소화약제 방출·지연 및 기타 제어 기능 적정 여부
○ 전원표시등 설치 및 정상 점등 여부

[화재표시반]
○ 방호구역별 표시등(음향경보장치 조작, 감지기 작동), 경보기 설치 및 작동 여부
○ 수동식 기동장치 작동표시 표시등 설치 및 정상 작동 여부
○ 소화약제 방출표시등 설치 및 정상 작동 여부
● 자동식기동장치 자동·수동 절환 및 절환표시등 설치 및 정상 작동 여부

05 분말소화설비 점검표상 분사헤드의 점검항목을 쓰시오.

풀이&답
[전역방출방식]
○ 분사헤드의 변형·손상 유무
● 분사헤드의 설치위치 적정 여부

[국소방출방식]
○ 분사헤드의 변형·손상 유무
● 분사헤드의 설치장소 적정 여부

[호스릴방식]
● 방호대상물 각 부분으로부터 호스접결구까지 수평거리 적정 여부
○ 소화약제저장용기의 위치표시등 정상 점등 및 표지 설치 여부
● 호스릴소화설비 설치장소 적정 여부

06 분말소화설비 점검표상 화재감지기의 점검항목을 쓰시오.

풀이&답
○ 방호구역별 화재감지기 감지에 의한 기동장치 작동 여부
● 교차회로(또는 NFSC 203 제7조제1항 단서 감지기) 설치 여부
● 화재감지기별 유효 바닥면적 적정 여부

07 분말소화설비 점검표상 음향경보장치의 점검항목을 쓰시오.

풀이&답
○ 기동장치 조작 시(수동식-방출용스위치, 자동식-화재감지기) 경보 여부
○ 약제 방사 개시(또는 방출 압력스위치 작동) 후 1분 이상 경보 여부
● 방호구역 또는 방호대상물 구획 안에서 유효한 경보 가능 여부

[방송에 따른 경보장치]
● 증폭기 재생장치의 설치장소 적정 여부
● 방호구역·방호대상물에서 확성기 간 수평거리 적정 여부
● 제어반 복구스위치 조작 시 경보 지속 여부

08 분말소화설비 점검표상 비상전원의 점검항목을 쓰시오.

[풀이&답]
- ● 설치장소 적정 및 관리 여부
- ○ 자가발전설비인 경우 연료 적정량 보유 여부
- ○ 자가발전설비인 경우 「전기사업법」에 따른 정기점검 결과 확인

13 옥외소화전설비 점검표

01 옥외소화전설비 점검표상 수조의 점검항목을 쓰시오.

풀이&답
- 동결방지조치 상태 적정 여부
- 수위계 설치 또는 수위 확인 가능 여부
- 수조 외측 고정사다리 설치 여부(바닥보다 낮은 경우 제외)
- 실내설치 시 조명설비 설치 여부
- "옥외소화전설비용 수조" 표지설치 여부 및 설치 상태
- 다른 소화설비와 겸용 시 겸용설비의 이름 표시한 표지설치 여부
- 수조-수직배관 접속부분 "옥외소화전설비용 배관" 표지설치 여부

02 옥외소화전설비 점검표상 가압송수장치[펌프방식]의 점검항목을 쓰시오.

풀이&답
- 동결방지조치 상태 적정 여부
- 옥외소화전 방수량 및 방수압력 적정 여부
- 감압장치 설치 여부(방수압력 0.7MPa 초과 조건)
- 성능시험배관을 통한 펌프 성능시험 적정 여부
- 다른 소화설비와 겸용인 경우 펌프 성능 확보 가능 여부
- 펌프 흡입측 연성계·진공계 및 토출측 압력계 등 부속장치의 변형·손상 유무
- 기동장치 적정 설치 및 기동압력 설정 적정 여부
- 기동스위치 설치 적정 여부(ON/OFF 방식)
- 물올림장치 설치 적정(전용 여부, 유효수량, 배관구경, 자동급수) 여부
- 충압펌프 설치 적정(토출압력, 정격토출량) 여부
- 내연기관 방식의 펌프 설치 적정(정상기동(기동장치 및 제어반) 여부, 축전지 상태, 연료량) 여부
- 가압송수장치의 "옥외소화전펌프" 표지설치 여부 또는 다른 소화설비와 겸용 시 겸용설비 이름 표시 부착 여부

03 옥외소화전설비 점검표상 가압송수장치[고가수조방식, 압력수조방식, 가압수조방식]의 점검항목을 쓰시오.

풀이&답
[고가수조방식]
- 수위계·배수관·급수관·오버플로우관·맨홀 등 부속장치의 변형·손상 유무

[압력수조방식]
- 압력수조의 압력 적정 여부
- 수위계·급수관·급기관·압력계·안전장치·공기압축기 등 부속장치의 변형·손상 유무

[가압수조방식]
- 가압수조 및 가압원 설치장소의 방화구획 여부
- 수위계·급수관·배수관·급기관·압력계 등 부속장치의 변형·손상 유무

04 옥외소화전설비 점검표상 배관 등의 점검항목을 쓰시오.

[풀이&답]
- 호스접결구 높이 및 각 부분으로부터 호스접결구까지의 수평거리 적정 여부
- 호스 구경 적정 여부
- 펌프의 흡입측 배관 여과장치의 상태 확인
- 성능시험배관 설치(개폐밸브, 유량조절밸브, 유량측정장치) 적정 여부
- 순환배관 설치(설치위치·배관구경, 릴리프밸브 개방압력) 적정 여부
- 동결방지조치 상태 적정 여부
- 급수배관 개폐밸브 설치(개폐표시형, 흡입측 버터플라이 제외) 적정 여부
- 다른 설비의 배관과의 구분 상태 적정 여부

05 옥외소화전설비 점검표상 소화전함 등의 점검항목을 쓰시오.

[풀이&답]
- 함 개방 용이성 및 장애물 설치 여부 등 사용 편의성 적정 여부
- 위치·기동 표시등 적정 설치 및 정상 점등 여부
- "옥외소화전" 표시 설치 여부
- 소화전함 설치 수량 적정 여부
- 옥외소화전함 내 소방호스, 관창, 옥외소화전개방 장치 비치 여부
- 호스의 접결상태, 구경, 방수 거리 적정 여부

06 옥외소화전설비 점검표상 전원의 점검항목을 쓰시오.

[풀이&답]
- 대상물 수전방식에 따른 상용전원 적정 여부
- 비상전원 설치장소 적정 및 관리 여부
- 자가발전설비인 경우 연료 적정량 보유 여부
- 자가발전설비인 경우 「전기사업법」에 따른 정기점검 결과 확인

07 옥외소화전설비 점검표상 제어반의 점검항목을 쓰시오.

[풀이&답]
- 겸용 감시·동력 제어반 성능 적정 여부(겸용으로 설치된 경우)

[감시제어반]
- 펌프 작동 여부 확인 표시등 및 음향경보장치 정상작동 여부
- 펌프 별 자동·수동 전환스위치 정상작동 여부
- 펌프 별 수동기동 및 수동중단 기능 정상작동 여부
- 상용전원 및 비상전원 공급 확인 가능 여부(비상전원 있는 경우)
- 수조·물올림탱크 저수위 표시등 및 음향경보장치 정상작동 여부
- 각 확인회로 별 도통시험 및 작동시험 정상작동 여부
- 예비전원 확보 유무 및 시험 적합 여부
- 감시제어반 전용실 적정 설치 및 관리 여부
- 기계·기구 또는 시설 등 제어 및 감시설비 외 설치 여부

[동력제어반]
- 앞면은 적색으로 하고, "옥외소화전설비용 동력제어반" 표지 설치 여부

[발전기제어반]
- 소방전원보존형발전기는 이를 식별할 수 있는 표지 설치 여부

14 비상경보설비 및 단독경보형감지기 점검표

01 비상경보설비 및 단독경보형감지기 점검표상 비상경보설비의 점검항목을 쓰시오.

○ 수신기 설치장소 적정(관리용이) 및 스위치 정상 위치 여부
○ 수신기 상용전원 공급 및 전원표시등 정상점등 여부
○ 예비전원(축전지) 상태 적정 여부(상시 충전, 상용전원 차단 시 자동절환)
○ 지구음향장치 설치기준 적합 여부
○ 음향장치(경종 등) 변형·손상 확인 및 정상 작동(음량 포함) 여부
○ 발신기 설치 장소, 위치(수평거리) 및 높이 적정 여부
○ 발신기 변형·손상 확인 및 정상 작동 여부
○ 위치표시등 변형·손상 확인 및 정상 점등 여부

02 비상경보설비 및 단독경보형감지기 점검표상 단독경보형감지기의 점검항목을 쓰시오.

○ 설치 위치(각 실, 바닥면적 기준 추가설치, 최상층 계단실) 적정 여부
○ 감지기의 변형 또는 손상이 있는지 여부
○ 정상적인 감시상태를 유지하고 있는지 여부(시험작동 포함)

15 자동화재탐지설비 및 시각경보장치 점검표

01 자동화재탐지설비 및 시각경보장치 점검표상 경계구역의 점검항목을 쓰시오.

풀이&답
- 경계구역 구분 적정 여부
- 감지기를 공유하는 경우 스프링클러·물분무소화·제연설비 경계구역 일치 여부

02 자동화재탐지설비 및 시각경보장치 점검표상 수신기의 점검항목을 쓰시오.

풀이&답
○ 수신기 설치장소 적정(관리용이) 여부
○ 조작스위치의 높이는 적정하며 정상 위치에 있는지 여부
● 개별 경계구역 표시 가능 회선수 확보 여부
● 축적기능 보유 여부(환기·면적·높이 조건 해당할 경우)
○ 경계구역 일람도 비치 여부
○ 수신기 음향기구의 음량·음색 구별 가능 여부
● 감지기·중계기·발신기 작동 경계구역 표시 여부(종합방재반 연동 포함)
● 1개 경계구역 1개 표시등 또는 문자 표시 여부
● 하나의 대상물에 수신기가 2 이상 설치된 경우 상호 연동되는지 여부
○ 수신기 기록장치 데이터 발생 표시시간과 표준시간 일치 여부

03 자동화재탐지설비 및 시각경보장치 점검표상 중계기의 점검항목을 쓰시오.

풀이&답
- 중계기 설치위치 적정 여부(수신기에서 감지기회로 도통시험하지 않는 경우)
- 설치 장소(조작·점검 편의성, 화재·침수 피해 우려) 적정 여부
- 전원입력 측 배선 상 과전류차단기 설치 여부
- 중계기 전원 정전 시 수신기 표시 여부
- 상용전원 및 예비전원 시험 적정 여부

04 자동화재탐지설비 및 시각경보장치 점검표상 감지기의 점검항목을 쓰시오.

풀이&답
● 부착 높이 및 장소별 감지기 종류 적정 여부
● 특정 장소(환기불량, 면적협소, 저층고)에 적응성이 있는 감지기 설치 여부
○ 연기감지기 설치장소 적정 설치 여부
● 감지기와 실내로의 공기유입구 간 이격거리 적정 여부
● 감지기 부착면 적정 여부
○ 감지기 설치(감지면적 및 배치거리) 적정 여부
● 감지기별 세부 설치기준 적합 여부
● 감지기 설치제외 장소 적합 여부
○ 감지기 변형·손상 확인 및 작동시험 적합 여부

05 자동화재탐지설비 및 시각경보장치 점검표상 음향장치의 점검항목을 쓰시오.

풀이&답
- ○ 주음향장치 및 지구음향장치 설치 적정 여부
- ○ 음향장치(경종 등) 변형·손상 확인 및 정상 작동(음량 포함) 여부
- ● 우선경보 기능 정상작동 여부

06 자동화재탐지설비 및 시각경보장치 점검표상 시각경보장치의 점검항목을 쓰시오.

풀이&답
- ○ 시각경보장치 설치 장소 및 높이 적정 여부
- ○ 시각경보장치 변형·손상 확인 및 정상 작동 여부

07 자동화재탐지설비 및 시각경보장치 점검표상 발신기의 점검항목을 쓰시오.

풀이&답
- ○ 발신기 설치 장소, 위치(수평거리) 및 높이 적정 여부
- ○ 발신기 변형·손상 확인 및 정상 작동 여부
- ○ 위치표시등 변형·손상 확인 및 정상 점등 여부

08 자동화재탐지설비 및 시각경보장치 점검표상 전원의 점검항목을 쓰시오.

풀이&답
- ○ 상용전원 적정 여부
- ○ 예비전원 성능 적정 및 상용전원 차단 시 예비전원 자동전환 여부

09 자동화재탐지설비 및 시각경보장치 점검표상 배선의 점검항목을 쓰시오.

풀이&답
- ● 종단저항 설치 장소, 위치 및 높이 적정 여부
- ● 종단저항 표지 부착 여부(종단감지기에 설치할 경우)
- ○ 수신기 도통시험 회로 정상 여부
- ● 감지기회로 송배전식 적용 여부
- ● 1개 공통선 접속 경계구역 수량 적정 여부(P형 또는 GP형의 경우)

16 비상방송설비 점검표

01 비상방송설비 점검표상 음향장치의 점검항목을 쓰시오.

[풀이&답]
- 확성기 음성입력 적정 여부
- 확성기 설치 적정(층마다 설치, 수평거리, 유효하게 경보) 여부
- 조작부 조작스위치 높이 적정 여부
- 조작부 상 설비 작동층 또는 작동구역 표시 여부
- 증폭기 및 조작부 설치 장소 적정 여부
- 우선경보방식 적용 적정 여부
- 겸용설비 성능 적정(화재 시 다른 설비 차단) 여부
- 다른 전기회로에 의한 유도장애 발생 여부
- 2 이상 조작부 설치 시 상호 동시통화 및 전 구역 방송 가능 여부
- 화재신호 수신 후 방송개시 소요시간 적정 여부
- 자동화재탐지설비 작동과 연동하여 정상 작동 가능 여부

02 비상방송설비 점검표상 배선 등의 점검항목을 쓰시오.

[풀이&답]
- 음량조절기를 설치한 경우 3선식 배선 여부
- 하나의 층에 단락, 단선 시 다른 층의 화재통보 적부

03 비상방송설비 점검표상 전원의 점검항목을 쓰시오.

[풀이&답]
- 상용전원 적정 여부
- 예비전원 성능 적정 및 상용전원 차단 시 예비전원 자동전환 여부

17 자동화재속보설비 및 통합감시시설 점검표

01 자동화재속보설비 및 통합감시시설 점검표상 자동화재속보설비의 점검항목을 쓰시오.

풀이&답
○ 상용전원 공급 및 전원표시등 정상 점등 여부
○ 조작스위치 높이 적정 여부
○ 자동화재탐지설비 연동 및 화재신호 소방관서 전달 여부

02 자동화재속보설비 및 통합감시시설 점검표상 통합감시시설의 점검항목을 쓰시오.

풀이&답
● 주·보조 수신기 설치 적정 여부
○ 수신기 간 원격제어 및 정보공유 정상 작동 여부
● 예비선로 구축 여부

18 누전경보기 점검표

01 누전경보기 점검표상 설치방법의 점검항목을 쓰시오.

풀이&답
- 정격전류에 따른 설치 형태 적정 여부
- 변류기 설치위치 및 형태 적정 여부

02 누전경보기 점검표상 수신부의 점검항목을 쓰시오.

풀이&답
○ 상용전원 공급 및 전원표시등 정상 점등 여부
● 가연성 증기, 먼지 등 체류 우려 장소의 경우 차단기구 설치 여부
○ 수신부의 성능 및 누전경보 시험 적정 여부
○ 음향장치 설치장소(상시 사람이 근무) 및 음량·음색 적정 여부

03 누전경보기 점검표상 전원의 점검항목을 쓰시오.

풀이&답
- 분전반으로부터 전용회로 구성 여부
- 개폐기 및 과전류차단기 설치 여부
- 다른 차단기에 의한 전원차단 여부(전원을 분기할 경우)

19 가스누설경보기 점검표

01 가스누설경보기 점검표상 수신부의 점검항목을 쓰시오.

[풀이&답]
○ 수신부 설치장소 적정 여부
○ 상용전원 공급 및 전원표시등 정상 점등 여부
○ 음향장치의 음량·음색·음압 적정 여부

02 가스누설경보기 점검표상 탐지부의 점검항목을 쓰시오.

[풀이&답]
○ 탐지부의 설치방법 및 설치상태 적정 여부
○ 탐지부의 정상 작동 여부

03 가스누설경보기 점검표상 차단기구의 점검항목을 쓰시오.

[풀이&답]
○ 차단기구는 가스 주배관에 견고히 부착되어 있는지 여부
○ 시험장치에 의한 가스차단밸브의 정상 개·폐 여부

20 피난기구 및 인명구조기구 점검표

01 피난기구 및 인명구조기구 점검표상 피난기구 공통사항의 점검항목을 쓰시오.

- 대상물 용도별·층별·바닥면적별 피난기구 종류 및 설치개수 적정 여부
- 피난에 유효한 개구부 확보(크기, 높이에 따른 발판, 창문 파괴장치) 및 관리상태
- 개구부 위치 적정(동일직선상이 아닌 위치) 여부
- 피난기구의 부착 위치 및 부착 방법 적정 여부
- 피난기구(지지대 포함)의 변형·손상 또는 부식이 있는지 여부
- 피난기구의 위치표시 표지 및 사용방법 표지 부착 적정 여부
- 피난기구의 설치제외 및 설치감소 적합 여부

02 피난기구 및 인명구조기구 점검표상 공기안전매트·피난사다리·(간이)완강기·미끄럼대·구조대의 점검항목을 쓰시오.

- 공기안전매트 설치 여부
- 공기안전매트 설치 공간 확보 여부
- 피난사다리(4층 이상의 층)의 구조(금속성 고정사다리) 및 노대 설치 여부
- (간이)완강기의 구조(로프 손상방지) 및 길이 적정 여부
- 숙박시설의 객실마다 완강기(1개) 또는 간이완강기(2개 이상) 추가 설치 여부
- 미끄럼대의 구조 적정 여부
- 구조대의 길이 적정 여부

03 피난기구 및 인명구조기구 점검표상 다수인피난장비의 점검항목을 쓰시오.

- 설치장소 적정(피난용이, 안전하게 하강, 피난층의 충분한 착지 공간) 여부
- 보관실 설치 적정(건물외측 돌출, 빗물·먼지 등으로부터 장비 보호) 여부
- 보관실 외측문 개방 및 탑승기 자동 전개 여부
- 보관실 문 오작동 방지조치 및 문 개방 시 경보설비 연동(경보) 여부

04 피난기구 및 인명구조기구 점검표상 승강식 피난기·하향식 피난구용 내림식 사다리의 점검항목을 쓰시오.

- 대피실 출입문 갑종방화문 설치 및 표지 부착 여부
- 대피실 표지(층별 위치표시, 피난기구 사용설명서 및 주의사항) 부착 여부
- 대피실 출입문 개방 및 피난기구 작동 시 표시등·경보장치 작동 적정 여부 및 감시제어반 피난기구 작동 확인 가능 여부
- 대피실 면적 및 하강구 규격 적정 여부
- 하강구 내측 연결금속구 존재 및 피난기구 전개 시 장애발생 여부
- 대피실 내부 비상조명등 설치 여부

05 피난기구 및 인명구조기구 점검표상 인명구조기구의 점검항목을 쓰시오.

풀이&답
- ○ 설치 장소 적정(화재시 반출 용이성) 여부
- ○ "인명구조기구" 표시 및 사용방법 표지 설치 적정 여부
- ○ 인명구조기구의 변형 또는 손상이 있는지 여부
- ● 대상물 용도별·장소별 설치 인명구조기구 종류 및 설치개수 적정 여부

21 유도등 및 유도표지 점검표

01 유도등 및 유도표지 점검표상 유도등의 점검항목을 쓰시오.

풀이&답
- ○ 유도등의 변형 및 손상 여부
- ○ 상시(3선식의 경우 점검스위치 작동시) 점등 여부
- ○ 시각장애(규정된 높이, 적정위치, 장애물 등으로 인한 시각장애 유무) 여부
- ○ 비상전원 성능 적정 및 상용전원 차단 시 예비전원 자동전환 여부
- ● 설치 장소(위치) 적정 여부
- ● 설치 높이 적정 여부
- ● 객석유도등의 설치 개수 적정 여부

02 유도등 및 유도표지 점검표상 유도표지의 점검항목을 쓰시오.

풀이&답
- ○ 유도표지의 변형 및 손상 여부
- ○ 설치 상태(유사 등화광고물·게시물 존재, 쉽게 떨어지지 않는 방식) 적정 여부
- ○ 외광·조명장치로 상시 조명 제공 또는 비상조명등 설치 여부
- ○ 설치 방법(위치 및 높이) 적정 여부

03 유도등 및 유도표지 점검표상 피난유도선의 점검항목을 쓰시오.

풀이&답
- ○ 피난유도선의 변형 및 손상 여부
- ○ 설치 방법(위치·높이 및 간격) 적정 여부

[축광방식의 경우]
- ● 부착대에 견고하게 설치 여부
- ○ 상시조명 제공 여부

[광원점등방식의 경우]
- ○ 수신기 화재신호 및 수동조작에 의한 광원점등 여부
- ○ 비상전원 상시 충전상태 유지 여부
- ● 바닥에 설치되는 경우 매립방식 설치 여부
- ● 제어부 설치위치 적정 여부

22 비상조명등 및 휴대용비상조명등 점검표

01 비상조명등 및 휴대용비상조명등 점검표상 비상조명등의 점검항목을 쓰시오.

[풀이&답]
- 설치 위치(거실, 지상에 이르는 복도·계단, 그 밖의 통로) 적정 여부
- 비상조명등 변형·손상 확인 및 정상 점등 여부
- ● 조도 적정 여부
- 예비전원 내장형의 경우 점검스위치 설치 및 정상 작동 여부
- ● 비상전원 종류 및 설치장소 기준 적합 여부
- 비상전원 성능 적정 및 상용전원 차단 시 예비전원 자동전환 여부

02 비상조명등 및 휴대용비상조명등 점검표상 휴대용비상조명등의 점검항목을 쓰시오.

[풀이&답]
- 설치 대상 및 설치 수량 적정 여부
- 설치 높이 적정 여부
- 휴대용비상조명등의 변형 및 손상 여부
- 어둠 속에서 위치를 확인할 수 있는 구조인지 여부
- 사용 시 자동으로 점등되는지 여부
- 건전지를 사용하는 경우 유효한 방전방지조치가 되어있는지 여부
- 충전식 배터리의 경우에는 상시 충전되도록 되어 있는지의 여부

23 소화용수설비 점검표

01 소화용수설비 점검표상 소화수조 및 저수조의 점검항목을 쓰시오.
(1) 수원
(2) 흡수관투입구
(3) 채수구
(4) 가압송수장치

풀이&답
(1) 수원
  ○ 수원의 유효수량 적정 여부
(2) 흡수관투입구
  ○ 소방차 접근 용이성 적정 여부
  ● 크기 및 수량 적정 여부
  ○ "흡수관투입구" 표지 설치 여부
(3) 채수구
  ○ 소방차 접근 용이성 적정 여부
  ● 결합금속구 구경 적정 여부
  ● 채수구 수량 적정 여부
  ○ 개폐밸브의 조작 용이성 여부
(4) 가압송수장치
  ○ 기동스위치 채수구 직근 설치 여부 및 정상 작동 여부
  ○ "소화용수설비펌프" 표지 설치상태 적정 여부
  ● 동결방지조치 상태 적정 여부
  ● 토출측 압력계, 흡입측 연성계 또는 진공계 설치 여부
  ○ 성능시험배관 적정 설치 및 정상작동 여부
  ○ 순환배관 설치 적정 여부
  ○ 물올림장치 설치 적정(전용 여부, 유효수량, 배관구경, 자동급수) 여부
  ○ 내연기관 방식의 펌프 설치 적정(제어반 기동, 채수구 원격조작, 기동표시등 설치, 축전지 설비) 여부

02 소화용수설비 점검표상 상수도소화용수설비의 점검항목을 쓰시오.

풀이&답
○ 소화전 위치 적정 여부
○ 소화전 관리상태(변형·손상 등) 및 방수 원활 여부

24 제연설비 점검표

01 제연설비 점검표상 제연구역의 구획 점검항목을 쓰시오.

[풀이&답]
- 제연구역의 구획 방식 적정 여부
  - 제연경계의 폭, 수직거리 적정 설치 여부
  - 제연경계벽은 가동 시 급속하게 하강되지 아니하는 구조

02 제연설비 점검표상 배출구의 점검항목을 쓰시오.

[풀이&답]
- 배출구 설치 위치(수평거리) 적정 여부
- 배출구 변형·훼손 여부

03 제연설비 점검표상 유입구의 점검항목을 쓰시오.

[풀이&답]
- 공기유입구 설치 위치 적정 여부
- 공기유입구 변형·훼손 여부
- 옥외에 면하는 배출구 및 공기유입구 설치 적정 여부

04 제연설비 점검표상 배출기의 점검항목을 쓰시오.

[풀이&답]
- 배출기와 배출풍도 사이 캔버스 내열성 확보 여부
- 배출기 회전이 원활하며 회전방향 정상 여부
- 변형·훼손 등이 없고 V-벨트 기능 정상 여부
- 본체의 방청, 보존상태 및 캔버스 부식 여부
- 배풍기 내열성 단열재 단열처리 여부

05 제연설비 점검표상 비상전원의 점검항목을 쓰시오.

[풀이&답]
- 비상전원 설치장소 적정 및 관리 여부
- 자가발전설비인 경우 연료 적정량 보유 여부
- 자가발전설비인 경우 「전기사업법」에 따른 정기점검 결과 확인

06 제연설비 점검표상 기동의 점검항목을 쓰시오.

[풀이&답]
- 가동식의 벽·제연경계벽·댐퍼 및 배출기 정상 작동(화재감지기 연동) 여부
- 예상제연구역 및 제어반에서 가동식의 벽·제연경계벽·댐퍼 및 배출기 수동 기동 가능 여부
- 제어반 각종 스위치류 및 표시장치(작동표시등 등) 기능의 이상 여부

25 특별피난계단의 계단실 및 부속실 제연설비 점검표

01 특별피난계단의 계단실 및 부속실 제연설비 점검표상 과압방지조치의 점검항목을 쓰시오.

풀이&답
- 자동차압·과압조절형 댐퍼(또는 플랩댐퍼)를 사용한 경우 성능 적정 여부

02 특별피난계단의 계단실 및 부속실 제연설비 점검표상 수직풍도에 따른 배출의 점검항목을 쓰시오.

풀이&답
○ 배출댐퍼 설치(개폐여부 확인 기능, 화재감지기 동작에 따른 개방) 적정 여부
○ 배출용송풍기가 설치된 경우 화재감지기 연동 기능 적정 여부

03 특별피난계단의 계단실 및 부속실 제연설비 점검표상 급기구의 점검항목을 쓰시오.

풀이&답
○ 급기댐퍼 설치 상태(화재감지기 동작에 따른 개방) 적정 여부

04 특별피난계단의 계단실 및 부속실 제연설비 점검표상 송풍기의 점검항목을 쓰시오.

풀이&답
○ 설치장소 적정(화재영향, 접근·점검 용이성) 여부
○ 화재감지기 동작 및 수동조작에 따라 작동하는지 여부
- 송풍기와 연결되는 캔버스 내열성 확보 여부

05 특별피난계단의 계단실 및 부속실 제연설비 점검표상 외기취입구의 점검항목을 쓰시오.

풀이&답
○ 설치위치(오염공기 유입방지, 배기구 등으로부터 이격거리) 적정 여부
- 설치구조(빗물·이물질 유입방지, 옥외의 풍속과 풍향에 영향) 적정 여부

06 특별피난계단의 계단실 및 부속실 제연설비 점검표상 제연구역의 출입문의 점검항목을 쓰시오.

풀이&답
○ 폐쇄상태 유지 또는 화재 시 자동폐쇄 구조 여부
- 자동폐쇄장치 폐쇄력 적정 여부

07 특별피난계단의 계단실 및 부속실 제연설비 점검표상 수동기동장치의 점검항목을 쓰시오.

풀이&답
○ 기동장치 설치(위치, 전원표시등 등) 적정 여부
○ 수동기동장치(옥내 수동발신기 포함) 조작 시 관련 장치 정상 작동 여부

08 특별피난계단의 계단실 및 부속실 제연설비 점검표상 제어반의 점검항목을 쓰시오.

○ 비상용축전지의 정상 여부
○ 제어반 감시 및 원격조작 기능 적정 여부

09 특별피난계단의 계단실 및 부속실 제연설비 점검표상 비상전원의 점검항목을 쓰시오.

● 비상전원 설치장소 적정 및 관리 여부
○ 자가발전설비인 경우 연료 적정량 보유 여부
○ 자가발전설비인 경우 「전기사업법」에 따른 정기점검 결과 확인

26 연결송수관설비 점검표

01 연결송수관설비 점검표상 송수구의 점검항목을 쓰시오.

[풀이&답]
○ 설치장소 적정 여부
○ 지면으로부터 설치 높이 적정 여부
○ 급수개폐밸브가 설치된 경우 설치 상태 적정 및 정상 기능 여부
○ 수직배관별 1개 이상 송수구 설치 여부
○ "연결송수관설비송수구" 표지 및 송수압력범위 표지 적정 설치 여부
○ 송수구 마개 설치 여부

02 연결송수관설비 점검표상 배관 등의 점검항목을 쓰시오.

[풀이&답]
● 겸용 급수배관 적정 여부
● 다른 설비의 배관과의 구분 상태 적정 여부

03 연결송수관설비 점검표상 방수구의 점검항목을 쓰시오.

[풀이&답]
● 설치기준(층, 개수, 위치, 높이) 적정 여부
○ 방수구 형태 및 구경 적정 여부
○ 위치표시(표시등, 축광식표지) 적정 여부
○ 개폐기능 설치 여부 및 상태 적정(닫힌 상태) 여부

04 연결송수관설비 점검표상 방수기구함의 점검항목을 쓰시오.

[풀이&답]
● 설치기준(층, 위치) 적정 여부
○ 호스 및 관창 비치 적정 여부
○ "방수기구함" 표지 설치상태 적정 여부

05 연결송수관설비 점검표상 가압송수장치의 점검항목을 쓰시오.

[풀이&답]
● 가압송수장치 설치장소 기준 적합 여부
● 펌프 흡입측 연성계·진공계 및 토출측 압력계 설치 여부
● 성능시험배관 및 순환배관 설치 적정 여부
○ 펌프 토출량 및 양정 적정 여부
○ 방수구 개방시 자동기동 여부
○ 수동기동스위치 설치 상태 적정 및 수동스위치 조작에 따른 기동 여부
○ 가압송수장치 "연결송수관펌프" 표지 설치 여부
● 비상전원 설치장소 적정 및 관리 여부
○ 자가발전설비인 경우 연료 적정량 보유 여부
○ 자가발전설비인 경우 「전기사업법」에 따른 정기점검 결과 확인

27 연결살수설비 점검표

01 연결살수설비 점검표상 송수구의 점검항목을 쓰시오.

풀이&답
○ 설치장소 적정 여부
○ 송수구 구경(65mm) 및 형태(쌍구형) 적정 여부
○ 송수구역별 호스접결구 설치 여부(개방형 헤드의 경우)
○ 설치 높이 적정 여부
● 송수구에서 주배관 상 연결배관 개폐밸브 설치 여부
○ "연결살수설비 송수구" 표지 및 송수구역 일람표 설치 여부
○ 송수구 마개 설치 여부
○ 송수구의 변형 또는 손상 여부
● 자동배수밸브 및 체크밸브 설치 순서 적정 여부
○ 자동배수밸브 설치 상태 적정 여부
● 1개 송수구역 설치 살수헤드 수량 적정 여부(개방형 헤드의 경우)

02 연결살수설비 점검표상 선택밸브의 점검항목을 쓰시오.

풀이&답
○ 선택밸브 적정 설치 및 정상 작동 여부
○ 선택밸브 부근 송수구역 일람표 설치 여부

03 연결살수설비 점검표상 배관 등의 점검항목을 쓰시오.

풀이&답
○ 급수배관 개폐밸브 설치 적정(개폐표시형, 흡입측 버터플라이 제외) 여부
● 동결방지조치 상태 적정 여부(습식의 경우)
● 주배관과 타 설비 배관 및 수조 접속 적정 여부(폐쇄형 헤드의 경우)
○ 시험장치 설치 적정 여부(폐쇄형 헤드의 경우)
● 다른 설비의 배관과의 구분 상태 적정 여부

04 연결살수설비 점검표상 헤드의 점검항목을 쓰시오.

풀이&답
○ 헤드의 변형·손상 유무
○ 헤드 설치 위치·장소·상태(고정) 적정 여부
○ 헤드 살수장애 여부

28 비상콘센트설비 점검표

01 비상콘센트설비 점검표상 전원의 점검항목을 쓰시오.

풀이&답
- 상용전원 적정 여부
- 비상전원 설치장소 적정 및 관리 여부
- 자가발전설비인 경우 연료 적정량 보유 여부
- 자가발전설비인 경우 「전기사업법」에 따른 정기점검 결과 확인

02 비상콘센트설비 점검표상 전원회로의 점검항목을 쓰시오.

풀이&답
- 전원회로 방식(단상교류 220V) 및 공급용량(1.5kVA 이상) 적정 여부
- 전원회로 설치개수(각 층에 2이상) 적정 여부
- 전용 전원회로 사용 여부
- 1개 전용회로에 설치되는 비상콘센트 수량 적정(10개 이하) 여부
- 보호함 내부에 분기배선용 차단기 설치 여부

03 비상콘센트설비 점검표상 콘센트의 점검항목을 쓰시오.

풀이&답
- 변형·손상·현저한 부식이 없고 전원의 정상 공급여부
- 콘센트별 배선용 차단기 설치 및 충전부 노출 방지 여부
- 비상콘센트 설치 높이, 설치 위치 및 설치 수량 적정 여부

04 비상콘센트설비 점검표상 보호함 및 배선의 점검항목을 쓰시오.

풀이&답
- 보호함 개폐용이한 문 설치 여부
- "비상콘센트" 표지 설치상태 적정 여부
- 위치표시등 설치 및 정상 점등 여부
- 점검 또는 사용상 장애물 유무

29 무선통신보조설비 점검표

01 무선통신보조설비 점검표상 누설동축케이블 등의 점검항목을 쓰시오.

[풀이&답]
○ 피난 및 통행 지장 여부(노출하여 설치한 경우)
● 케이블 구성 적정(누설동축케이블 + 안테나 또는 동축케이블 + 안테나) 여부
● 지지금구 변형·손상 여부
● 누설동축케이블 및 안테나 설치 적정 및 변형·손상 여부
● 누설동축케이블 말단 '무반사 종단저항' 설치 여부

02 무선통신보조설비 점검표상 무선기기접속단자, 옥외안테나의 점검항목을 쓰시오.

[풀이&답]
○ 설치장소(소방활동 용이성, 상시 근무장소) 적정 여부
● 단자 설치높이 적정 여부
● 지상 접속단자 설치거리 적정 여부
● 접속단자 보호함 구조 적정 여부
○ 접속단자 보호함 "무선기기접속단자" 표지 설치 여부
○ 옥외안테나 통신장애 발생 여부
○ 안테나 설치 적정(견고함, 파손우려) 여부
○ 옥외안테나에 "무선통신보조설비 안테나" 표지 설치 여부
○ 옥외안테나 통신 가능거리 표지 설치 여부
○ 수신기 설치장소 등에 옥외안테나 위치표시도 비치 여부

03 무선통신보조설비 점검표상 분배기, 분파기, 혼합기의 점검항목을 쓰시오.

[풀이&답]
● 먼지, 습기, 부식 등에 의한 기능 이상 여부
● 설치장소 적정 및 관리 여부

04 무선통신보조설비 점검표상 증폭기 및 무선중계기의 점검항목을 쓰시오.

[풀이&답]
● 상용전원 적정 여부
○ 전원표시등 및 전압계 설치상태 적정 여부
● 증폭기 비상전원 부착 상태 및 용량 적정 여부
○ 적합성 평가 결과 임의 변경 여부

※ **기능점검 항목** : ● 무선통신 가능 여부

30 연소방지설비 점검표

01 연소방지설비 점검표상 배관의 점검항목을 쓰시오.

풀이&답
- ○ 급수배관 개폐밸브 적정(개폐표시형) 설치 및 관리상태 적합 여부
- ● 다른 설비의 배관과의 구분 상태 적정 여부

02 연소방지설비 점검표상 방수헤드의 점검항목을 쓰시오.

풀이&답
- ○ 헤드의 변형·손상 유무
- ○ 헤드 살수장애 여부
- ○ 헤드상호 간 거리 적정 여부
- ● 살수구역 설정 적정 여부

03 연소방지설비 점검표상 송수구의 점검항목을 쓰시오.

풀이&답
- ○ 설치장소 적정 여부
- ● 송수구 구경(65 mm) 및 형태(쌍구형) 적정 여부
- ○ 송수구 1 m 이내 살수구역 안내표지 설치상태 적정 여부
- ○ 설치 높이 적정 여부
- ● 자동배수밸브 설치상태 적정 여부
- ● 연결배관에 개폐밸브를 설치한 경우 개폐상태 확인 및 조작 가능 여부
- ○ 송수구 마개 설치상태 적정 여부

04 연소방지설비 점검표상 방화벽의 점검항목을 쓰시오.

풀이&답
- ● 방화문 관리상태 및 정상기능 적정 여부
- ● 관통부위 내화성 화재차단제 마감 여부

31 기타사항 점검표

01 기타사항 점검표상 피난·방화시설의 점검항목을 쓰시오.

풀이&답
○ 방화문 및 방화셔터의 관리 상태(폐쇄·훼손·변경) 및 정상 기능 적정 여부
● 비상구 및 피난통로 확보 적정 여부(피난·방화시설 주변 장애물 적치 포함)

02 기타사항 점검표상 방염의 점검항목을 쓰시오.

풀이&답
● 선처리 방염대상물품의 적합 여부(방염성능시험성적서 및 합격표시 확인)
● 후처리 방염대상물품의 적합 여부(방염성능검사결과 확인)

32 다중이용업소 점검표

01 다중이용업소 점검표상 소화기구(소화기, 자동확산소화기)의 점검항목을 쓰시오.

풀이&답
- ○ 설치수량(구획된 실 등) 및 설치거리(보행거리) 적정 여부
- ○ 설치장소(손쉬운 사용) 및 설치 높이 적정 여부
- ○ 소화기 표지 설치상태 적정 여부
- ○ 외형의 이상 또는 사용상 장애 여부
- ○ 수동식 분말소화기 내용연수 적정여부

02 다중이용업소 점검표상 간이스프링클러설비의 점검항목을 쓰시오.

풀이&답
- ○ 수원의 양 적정 여부
- ○ 가압송수장치의 정상 작동 여부
- ○ 배관 및 밸브의 파손, 변형 및 잠김 여부
- ○ 상용전원 및 비상전원의 이상 여부
- ● 유수검지장치의 정상 작동 여부
- ● 헤드의 적정 설치 여부(미설치, 살수장애, 도색 등)
- ● 송수구 결합부의 이상 여부
- ● 시험밸브 개방시 펌프기동 및 음향 경보 여부

03 다중이용업소 점검표상 경보설비의 점검항목을 쓰시오.

풀이&답
비상벨·자동화재탐지설비
- ○ 구획된 실마다 감지기(발신기), 음향장치 설치 및 정상 작동 여부
- ○ 전용 수신기가 설치된 경우 주수신기와 상호 연동되는지 여부
- ○ 수신기 예비전원(축전지) 상태 적정 여부(상시 충전, 상용전원 차단 시 자동절환)

가스누설경보기
- ● 주방 또는 난방시설이 설치된 장소에 설치 및 정상 작동 여부

04 다중이용업소 점검표상 피난구조설비의 피난기구 점검항목을 쓰시오.

풀이&답
- ● 피난기구 종류 및 설치개수 적정 여부
- ○ 피난기구의 부착 위치 및 부착 방법 적정 여부
- ○ 피난기구(지지대 포함)의 변형·손상 또는 부식이 있는지 여부
- ○ 피난기구의 위치표시 표지 및 사용방법 표지 부착 적정 여부
- ● 피난에 유효한 개구부 확보(크기, 높이에 따른 발판, 창문 파괴장치) 및 관리상태

05 다중이용업소 점검표상 피난구조설비의 피난유도선 점검항목을 쓰시오.

풀이&답
- ○ 피난유도선의 변형 및 손상 여부
- ● 정상 점등(화재 신호와 연동 포함) 여부

06 다중이용업소 점검표상 피난구조설비의 유도등 점검항목을 쓰시오.

[풀이&답]
- 상시(3선식의 경우 점검스위치 작동시) 점등 여부
- 시각장애(규정된 높이, 적정위치, 장애물 등으로 인한 시각장애 유무) 여부
- 비상전원 성능 적정 및 상용전원 차단 시 예비전원 자동전환 여부

07 다중이용업소 점검표상 피난구조설비의 유도표지 점검항목을 쓰시오.

[풀이&답]
- 설치 상태(유사 등화광고물·게시물 존재, 쉽게 떨어지지 않는 방식) 적정 여부
- 외광·조명장치로 상시 조명 제공 또는 비상조명등 설치 여부

08 다중이용업소 점검표상 피난구조설비의 비상조명등 점검항목을 쓰시오.

[풀이&답]
- 설치위치의 적정 여부
- ● 예비전원 내장형의 경우 점검스위치 설치 및 정상 작동 여부

09 다중이용업소 점검표상 피난구조설비의 휴대용비상조명등 점검항목을 쓰시오.

[풀이&답]
- 영업장안의 구획된 실마다 잘 보이는 곳에 1개 이상 설치 여부
- ● 설치높이 및 표지의 적합 여부
- ● 사용 시 자동으로 점등되는지 여부

10 다중이용업소 점검표상 비상구의 점검항목을 쓰시오.

[풀이&답]
- 피난동선에 물건을 쌓아두거나 장애물 설치 여부
- 피난구, 발코니 또는 부속실의 훼손 여부
- 방화문·방화셔터의 관리 및 작동상태

11 다중이용업소 점검표상 영업장 내부 피난통로·영상음향차단장치·누전차단기·창문 점검항목을 쓰시오.

[풀이&답]
- 영업장 내부 피난통로 관리상태 적합 여부
- ● 영상음향차단장치 설치 및 정상작동 여부
- ● 누전차단기 설치 및 정상작동 여부
- 영업장 창문 관리상태 적합 여부

12 다중이용업소 점검표상 (1) 피난안내도·피난안내영상물, (2) 방염의 점검항목을 쓰시오.

[풀이&답]
(1) 피난안내도·피난안내영상물
- 피난안내도의 정상 부착 및 피난안내영상물 상영 여부

(2) 방염
- ● 선처리 방염대상물품의 적합 여부(방염성능시험성적서 및 합격표시 확인)
- ● 후처리 방염대상물품의 적합 여부(방염성능검사결과 확인)

소방시설관리사 2차

부록 2
소방시설등 외관점검표 출제예상문제

01 소방시설외관점검표상 소화기구 및 자동소화장치 중 소화기(간이소화용구 포함)의 점검 내용을 쓰시오.

풀이&답
- **거주자** 등이 손쉽게 사용할 수 있는 장소에 설치되어 있는지 여부
- **구획된 거실**(바닥면적 33 m² 이상)마다 소화기 설치 여부
- 소화기 **표지** 설치 여부
- 소화기의 **변형·손상 또는 부식**이 있는지 여부
- **지시압력계(녹색범위)**의 적정 여부
- 수동식 분말소화기 **내용연수(10년)** 적정 여부

02 소방시설외관점검표상 소화기구 및 자동소화장치 중 자동확산소화기의 점검내용을 쓰시오.

풀이&답
- 견고하게 **고정**되어 있는지 여부
- 소화기의 **변형·손상 또는 부식**이 있는지 여부
- **지시압력계(녹색범위)**의 적정 여부

03 소방시설외관점검표상 소화기구 및 자동소화장치 중 자동소화장치의 점검내용을 쓰시오.

풀이&답
- **수신부**가 설치된 경우 수신부 정상(예비전원, 음향장치 등) 여부
- 본체용기, 방출구, 분사헤드 등의 **변형·손상 또는 부식**이 있는지 여부
- 소화약제의 **지시압력** 적정 및 외관의 이상 여부
- **감지부(또는 화재감지기) 및 차단장치** 설치상태 적정 여부

04 소방시설외관점검표상 옥내·외 소화전 설비의 점검내용을 쓰시오.

풀이&답
수원
- 주된 수원의 유효수량 적정여부(겸용설비 포함)
- 보조수원(옥상)의 유효수량 적정여부
- 수조 표시 설치상태 적정 여부

가압송수장치
- 펌프 흡입측 연성계·진공계 및 토출측 압력계 등 부속장치의 변형·손상 유무

송수구
- 송수구 설치장소 적정 여부(소방차가 쉽게 접근할 수 있는 장소)

배관
- 급수배관 개폐밸브 설치(개폐표시형, 흡입측 버터플라이 제외) 적정 여부

함 및 방수구 등
- 함 개방 용이성 및 장애물 설치 여부 등 사용 편의성 적정 여부
- 위치표시등 적정 설치 및 정상 점등 여부

○ 소화전 표시 및 사용요령(외국어 병기)기재 표지판 설치상태 적정 여부
○ 함 내 소방호스 및 관창 비치 적정 여부

제어반
○ 펌프별 자동·수동 전환스위치 위치 적정 여부

05 소방시설등 외관점검표상 (간이)스프링클러설비, 물분무소화설비, 미분무소화설비, 포소화설비의 점검내용을 쓰시오.

[풀이&답]

수원
○ 주된수원의 유효수량 적정여부(겸용설비 포함)
○ 보조수원(옥상)의 유효수량 적정여부
○ 수조 표시 설치상태 적정 여부

저장탱크(포소화설비)
○ 포소화약제 저장량의 적정 여부

가압송수장치
○ 펌프 흡입측 연성계·진공계 및 토출측 압력계 등 부송장치의 변형·손상 유무

유수검지장치
○ 유수검지장치실 설치 적정(실내 또는 구획, 출입문 크기, 표지) 여부

배관
○ 급수배관 개폐밸브 설치(개폐표시형, 흡입측 버터플라이 제외) 적정 여부
○ 준비작동식 유수검지장치 및 일제개방밸브 2차측 배관 부대설비 설치 적정
○ 유수검지장치 시험장치 설치 적정(설치위치, 배관구경, 개폐밸브 및 개방형 헤드, 물받이통 및 배수관) 여부
○ 다른 설비의 배관과의 구분 상태 적정 여부

기동장치
○ 수동조작함(설치높이, 표시등) 설치 적정 여부

제어밸브 등(물분무소화설비)
○ 제어밸브 설치 위치 적정 및 표지 설치 여부

배수설비(물분무소화설비가 설치된 차고·주차장)
○ 배수설비(배수구, 기름분리장치 등) 설치 적정 여부

헤드
○ 헤드의 변형·손상 유무 및 살수장애 여부

호스릴방식(미분무소화설비, 포소화설비)
○ 소화약제저장용기 근처 및 호스릴함 위치표시등 정상 점등 및 표지 설치 여부

송수구
○ 송수구 설치장소 적정 여부(소방차가 쉽게 접근할 수 있는 장소)

제어반
○ 펌프별 자동·수동 전환스위치 정상위치에 있는지 여부

06 소방시설등 외관점검표상 이산화탄소, 할론소화설비, 할로겐화합물 및 불활성기체소화설비, 분말소화설비의 점검내용을 쓰시오.

풀이&답

저장용기
○ 설치장소 적정 및 관리 여부
○ 저장용기 설치장소 표지 설치 여부
○ 소화약제 저장량 적정 여부

기동장치
○ 기동장치 설치 적정(출입구 부근 등, 높이 보호장치, 표지 전원표시등) 여부

배관 등
○ 배관의 변형·손상 유무

분사헤드
○ 분사헤드의 변형·손상 유무

호스릴방식
○ 소화약제저장용기의 위치표시등 정상 점등 및 표지 설치 여부

안전시설 등(이산화탄소소화설비)
○ 방호구역 출입구 부근 잘 보이는 장소에 소화약제 방출 위험경고표지 부착 여부
○ 방호구역 출입구 외부 인근에 공기호흡기 설치 여부

07 소방시설등 외관점검표상 자동화재탐지설비, 비상경보설비, 시각경보기, 비상방송설비, 자동화재속보설비의 점검내용을 쓰시오.

풀이&답

수신기
○ 설치장소 적정 및 스위치 정상 위치 여부
○ 상용전원 공급 및 전원표시등 정상점등 여부
○ 예비전원(축전지) 상태 적정 여부

감지기
○ 감지기의 변형 또는 손상이 있는지 여부(단독경보형감지기 포함)

음향장치
○ 음향장치(경종 등) 변형·손상 여부

시각경보장치
○ 시각경보장치 변형·손상 여부

발신기
○ 발신기 변형·손상 여부
○ 위치표시등 변형·손상 및 정상점등 여부

비상방송설비
○ 확성기 설치 적정(층마다 설치, 수평거리) 여부
○ 조작부 상 설비 작동층 또는 작동구역 표시 여부

자동화재속보설비
○ 상용전원 공급 및 전원표시등 정상 점등 여부

08 소방시설등 외관점검표상 피난기구, 유도등(유도표지), 비상조명등 및 휴대용비상조명등의 점검내용을 쓰시오.

피난기구
- 피난에 유효한 개구부 확보(크기, 높이에 따른 발판, 창문 파괴장치) 및 관리 상태
- 피난기구(지지대 포함)의 변형·손상 또는 부식이 있는지 여부
- 피난기구의 위치표시 표지 및 사용방법 표지 부착 적정 여부

유도등
- 유도등 상시(3선식의 경우 점검스위치 작동 시) 점등 여부
- 유도등의 변형 및 손상 여부
- 장애물 등으로 인한 시각장애 여부

유도표지
- 유도표지의 변형 및 손상 여부
- 설치 상태(쉽게 떨어지지 않는 방식, 장애물 등으로 시각장애 유무) 적정 여부

비상조명등
- 비상조명등 변형·손상 여부
- 예비전원 내장형의 경우 점검스위치 설치 및 정상 작동 여부

휴대용비상조명등
- 휴대용비상조명등의 변형 및 손상 여부
- 사용 시 자동으로 점등되는지 여부

09 소방시설등 외관점검표상 제연설비, 특별피난계단의 계단실 및 부속실 제연설비의 점검내용을 쓰시오.

제연구역의 구획
- 제연경계의 폭, 수직거리 적성 설치 여부

배출구, 유입구
- 배출구, 공기유입구 변형·훼손 여부

기동장치
- 제어반 각종 스위치류 표시장치(작동표시등 등) 정상 여부

외기취입구(특별피난계단의 계단실 및 부속실 제연설비)
- 설치위치(오염공기 유입방지, 배기구 등으로부터 이격거리) 적정 여부
- 설치구조(빗물·이물질 유입방지 등) 적정여부

제연구역의 출입문(특별피난계단의 계단실 및 부속실 제연설비)
- 폐쇄상태 유지 또는 화재 시 자동폐쇄구조 여부

수동기동장치(특별피난계단의 계단실 및 부속실 제연설비)
- 기동장치 설치(위치, 전원표시등 등) 적정 여부

10 소방시설등 외관점검표상 연결송수관설비, 연결살수설비의 점검내용을 쓰시오.

풀이&답

연결송수관설비 송수구
○ 표지 및 송수압력범위 표지 적정 설치 여부

방수구
○ 위치표시(표시등, 축광식표지) 적정 여부

방수기구함
○ 호스 및 관창 비치 적정 여부
○ '방수기구함' 표지 설치상태 적정 여부

연결살수설비 송수구
○ 표지 및 송수구역 일람표 설치 여부
○ 송수구의 변형 또는 손상 여부

연결살수설비 헤드
○ 헤드의 변형·손상 유무
○ 헤드 살수장애 여부

11 소방시설등 외관점검표상 비상콘센트설비, 무선통신보조설비, 지하구의 점검내용을 쓰시오.

풀이&답

비상콘센트설비 콘센트
○ 변형·손상·현저한 부식이 없고 전원의 정상 공급여부

비상콘센트설비 보호함
○ '비상콘센트' 표지 설치상태 적정 여부
○ 위치표시등 설치 및 정상점등 여부

무선통신보조설비 무선기기접속단자
○ 설치장소(소방활동 용이성, 상시 근무장소) 적정여부
○ 보호함 '무선기기접속단지' 표지 설치 여부

지하구(연소방지설비 등)
○ 연소방지설비 헤드의 변형·손상 여부
○ 연소방지설비 송수구 1m 이내 살수구역 안내표지 설치상태 적정 여부

방화벽
○ 방화문 관리상태 및 정상기능 적정 여부

12 소방시설등 외관점검표상 기타사항 점검표 중 피난·방화시설의 점검내용을 쓰시오.

풀이&답
○ 방화문 및 방화셔터의 관리 상태(폐쇄·훼손·변경) 및 정상 기능 적정 여부
○ 비상구 및 피난통로 확보 적정여부(피난·방화시설 주변 장애물 적치 포함)

13. 소방시설등 외관점검표상 기타사항 점검표 중 방염의 점검내용을 쓰시오.

풀이&답
- 선처리 방염대상물품의 적합 여부(방염성능시험성적서 및 합격표시 확인)
- 후처리 방염대상물품의 적합 여부(방염성능검사결과 확인)

14. 소방시설등 외관점검표상 위험물 저장·취급시설의 점검내용을 쓰시오.

풀이&답
- 가연물 방치 여부
- 차광 및 환기 설비 관리상태 이상 유무
- 위험물 종류에 따른 **주의사항**을 표시한 게시판 설치 유무
- 기름찌꺼기나 폐액 방치 여부
- 위험물 안전관리자 선임 여부
- 화재 시 **응급조치** 방법 및 소방관서 등 **비상연락망** 확보 여부

15. 소방시설등 외관점검표상 화기시설의 점검내용을 쓰시오.

풀이&답
- 화기시설 주변 적정(거리, 수량, 능력단위) 소화기 설치 유무
- 건축물의 가연성 부분 및 가연성물질로부터 1m 이상의 안전거리 확보 유무
- 가연성가스 또는 증기가 발생하거나 체류할 우려가 없는 장소에 설치 유무
- 연료탱크가 연소기로부터 2m 이상의 수평 거리 확보 유무
- 채광 및 환기설비 설치 유무
- 방화환경조성 및 주의, 경고표시 유무

16. 소방시설등 외관점검표상 가연성 가스시설의 점검내용을 쓰시오.

풀이&답
- 「도시가스사업법」 등에 따른 검사 실시 유무
- 채광이 되어 있고 환기 및 비를 피할 수 있는 장소에 용기 설치 유무
- 가스누설경보기 설치 유무
- 용기, 배관, 밸브 및 연소기의 파손, 변형, 노후 또는 부식 여부
- 환기설비 설치 유무
- 화재 시 연료를 차단할 수 있는 개폐밸브 설치상태 적정 여부
- 방화환경조성 및 주의, 경고표시 유무

17. 소방시설등 외관점검표상 전기시설의 점검내용을 쓰시오.

풀이&답
- 「전기사업법」에 따른 점검 또는 검사 실시 유무
- 개폐기 설치상태 등 손상 여부
- 규격 전선 사용 여부
- 전선의 접속 상태 및 전선피복의 손상 여부
- 누전차단기 설치상태 적정여부
- 방화환경조성 및 주의, 경고표시 설치 유무
- 전기 관련 기술자 등의 근무 여부

Non-Stop High-Pass
소방시설관리사 제2차
소방시설의 점검실무행정

발 행 / 2025년 12월 30일	판 권 소 유

저 자 / 김 상 현
펴 낸 이 / 정 창 희
펴 낸 곳 / 동일출판사
주 소 / 서울시 강서구 곰달래로31길7 (2층)
전 화 / (02) 2608-8250
팩 스 / (02) 2608-8265
등록번호 / 제109-90-92166호

ISBN 978-89-381-1752-6 13530
값 / 30,000원

이 책은 저작권법에 의해 저작권이 보호됩니다. 동일출판사 발행인의 승인자료 없이 무단 전재하거나 복제하는 행위는 저작권법 제136조에 의해 5년 이하의 징역 또는 5,000만원 이하의 벌금에 처하거나 이를 병과(倂科)할 수 있습니다.